AF671486

Mathematik im Fraunhofer-Institut

Helmut Neunzert · Dieter Prätzel-Wolters
(Hrsg.)

Mathematik im Fraunhofer-Institut

Problemgetrieben — Modellbezogen — Lösungsorientiert

Herausgeber
Helmut Neunzert
Fraunhofer Institut für Techno- und Wirtschaftsmathematik (ITWM)
Kaiserslautern, Germany

Dieter Prätzel-Wolters
Fraunhofer Institut für Techno- und Wirtschaftsmathematik (ITWM)
Kaiserslautern, Germany

ISBN 978-3-662-44876-2
ISBN 978-3-662-44877-9 (eBook)
DOI 10.1007/978-3-662-44877-9

Die Deutsche Nationalbibliothek verzeichnet diese Publikation in der Deutschen Nationalbibliografie; detaillierte bibliografische Daten sind im Internet über http://dnb.d-nb.de abrufbar.

Mathematics Subject Classification (2010): 00-02, 00A07, 00A35, 00A69, 01A74, 00A71, 34-XX, 35-XX, 60Gxx, 62-07, 93-XX, 76-XX, 91Gxx, 97-XX

Springer Spectrum

Einbandabbildung: G. Ermel, Fraunhofer ITWM

Gedruckt auf säurefreiem und chlorfrei gebleichtem Papier

Springer Berlin Heidelberg ist Teil der Fachverlagsgruppe Springer Science+Business Media
(www.springer.com)

Vorwort

Die Mitarbeiter eines mathematischen Fraunhofer-Instituts sind sehr damit beschäftigt, mit industriellen Auftraggebern Probleme zu diskutieren und diese Probleme dann mit Hilfe der Mathematik und des Computers zu lösen. Nachdenkphasen, die Projekte der öffentlichen Hand und aus Eigenmitteln finanzierte Vorlaufforschung hin und wieder ermöglichen, dienen meist der mathematischen Grundlegung dieser Problemlösungen. Da auch noch einen Schritt zurückzutreten, um das eigene Tun kritisch zu betrachten und es dann verständlich und präzise darzustellen, bedarf großen Einsatzes und großer Begeisterung.

Trotzdem haben es 18 Mitarbeiter und 5 andere, dem Institut eng verbundene Mathematiker unternommen, in diesem Buch über ihr Denken und Tun zu berichten. Da geht es zunächst um die vier Grundkonzepte, die unsere Arbeit bestimmen: Wir modellieren, berechnen, optimieren und analysieren Daten; was das in unseren Fall bedeutet, beschreiben vier kürzere Konzeptartikel.

Und dann werden exemplarisch fünf Projekte, vielleicht besser Projektgruppen vorgestellt – und dieses „Vorstellen" meinen wir ernst:

Da wird erst das nicht-mathematische Problem beschrieben und erklärt, warum die üblichen Lösungsansätze nicht funktionieren; auch, warum die schon existierende Mathematik oft nicht genügt und wieviel Vorarbeiten im Umfeld der Fragestellungen, etwa in Form von Doktorarbeiten, schon im ITWM entstanden sind. Der Kern dieser fünf Forschungskapitel ist dann aber harte Mathematik – die Modelle und ihre numerische Auswertung. Und schließlich wird die „Lösung" beschrieben, das, was der Kunde erhält, oft auch Software.

In einem abschließenden Kapitel beschreiben wir detailliert, wie man diese Problemgetriebene, Modellbasierte und Lösungsorientierte Mathematik auch in die Schulmathematik einführen kann, um so dieser wieder mehr Bedeutung zu geben und die Freude der Schüler an der Mathematik zu verstärken.

Wir haben ganz verschiedene Lesergruppen im Auge: Da sind die Menschen in der Industrie und der Wirtschaft, denen deutlich gemacht werden soll, dass Mathematiker Probleme nicht nur diskutieren oder analysieren, sondern sie auch lösen. Da sind die Hochschulmathematiker, die überzeugt werden sollen, dass dieses Tun auch der Mathematik neue Impulse gibt. Wir denken an Studierende, die ja doch wissen wollen, was sie später in ihrem Beruf wirklich tun; Hochschullehrer werden ja doch die wenigsten. Die, die Lehrer werden wollen oder schon sind, können nachlesen, wie sie der Schulmathematik neuen Schwung verleihen können.

Erhebt „das Fraunhofer-Institut“ zu Recht den Anspruch, all diese Versprechen einlösen zu können? „Das Fraunhofer-Institut“ des Titels persifliert die Sprechweise der Medien, die bei fast jeder von Fraunhofer gemachten Erfindung von einer Erfindung „des Fraunhofer-Instituts“ sprechen. Nun gibt es ja über 65 solcher Institute in der Fraunhofer-Gesellschaft; drei davon basieren auf mathematischen Methoden, das ITWM in Kaiserslautern, das SCAI in Sankt Augustin und das Mevis in Bremen. Das ITWM ist von diesen heute das Institut mit den höchsten Industrieerträgen und dem stärksten Wachstum. Dieses phantastische Wachstum des Instituts in den fast 20 Jahren seines Bestehens ist ein glänzender Beweis dafür, dass Mathematik wirklich eine Schlüsseltechnologie geworden ist. Und deshalb glauben wir, alle Leser von dieser Art von Mathematik überzeugen zu können!

Kaiserslautern, Germany
August 2014

Dieter Prätzel-Wolters

Helmut Neunzert

Inhaltsverzeichnis

Teil I Einleitung

Probleme dominieren Methoden: Eine etwas andere Mathematik aus einem etwas anderen Haus 3
Dieter Prätzel-Wolters und Helmut Neunzert

Teil II Die Konzepte

Modellierung 33
Helmut Neunzert

Berechnung 49
Oleg Iliev, Konrad Steiner und Oliver Wirjadi

Datenanalyse 65
Patrick Lang und Jürgen Franke

Optimierungsprozesse 85
Karl-Heinz Küfer

Teil III Die Forschung

Virtuelle Produktion von Filamenten und Vliesstoffen 105
Raimund Wegener, Nicole Marheineke und Dietmar Hietel

Modellierung und Simulation von Filtrationsprozessen 167
Oleg Iliev, Ralf Kirsch, Zahra Lakdawala, Stefan Rief und Konrad Steiner

Maximale Materialausbeute bei der Edelsteinverwertung 239
Karl-Heinz Küfer, Volker Maag und Jan Schwientek

Robuste Zustandsschätzung komplexer Systeme 303
Jan Hauth, Patrick Lang und Andreas Wirsen

Optionsbewertung in der Praxis: Das stochastische Volatilitätsmodell nach Heston 367
Sascha Desmettre, Ralf Korn und Tilman Sayer

Teil IV Die Ausbildung

Angewandte Schulmathematik – Made in Kaiserslautern 421
Wolfgang Bock und Martin Bracke

Teil I
Einleitung

Probleme dominieren Methoden: Eine etwas andere Mathematik aus einem etwas anderen Haus

Dieter Prätzel-Wolters und Helmut Neunzert

Das vorliegende Buch widmet sich Mathematik basierten Themenfelder, die getrieben sind durch Probleme aus der Praxis und deren Lösungen Innovation erzeugt. Die Problemstellungen sind entstanden im Kontext von Projekten des Fraunhofer ITWM und die überwiegende Zahl der Autoren[1] des vorliegenden Buches sind Mitarbeiter des Fraunhofer-Instituts für Techno- und Wirtschaftsmathematik ITWM oder dem Institut eng verbunden. Auf den Titel „Mathematik im Fraunhofer-Institut", den wir für unser Buch gewählt haben, konnten sich letztendlich alle beteiligten Autoren einigen. Wir haben damit eine Sprechweise aufgenommen, die in den Medien weit verbreitet ist, wenn es um die Berichterstattung über Forschungsergebnisse der Fraunhofer-Gesellschaft und ihrer 67 Institute geht. Sehr häufig wird über die Forschung an „dem" Fraunhofer-Institut berichtet, das es so natürlich nicht gibt. In diesem Sinne bezeichnet der Titel des Buches und insbesondere der Untertitel: „Problemgetrieben – Modellbezogen – Lösungsorientiert" die Mathematik, wie sie im Fraunhofer ITWM, aber nicht nur hier, sondern auch an anderen Fraunhofer-Instituten betrieben wird, in deren Fokus mathematische Forschung und Mathematiktransfer steht.

Die Herausgeber des Buches hatten ursprünglich „Fraunhofer-Mathematik" als Titel des Buches vorgeschlagen. Dieser Vorschlag wurde jedoch verworfen, weil er unter den Autoren nicht konsensfähig war. Ein Buch über „Fraunhofer-Mathematik" hätte vielleicht auch polarisiert. Für viele Mathematiker wäre dies wohl auch ein provokanter Titel gewesen, der Verwirrung darüber erzeugt hätte, wofür denn „Fraunhofer-Mathematik" stehen soll.

[1] Zu Gunsten der einfacheren Lesbarkeit wird in diesem Buch für beide Geschlechter die männliche Form verwendet.

D. Prätzel-Wolters · H. Neunzert (✉)
Fraunhofer Institut für Techno- und Wirtschaftsmathematik (ITWM), Kaiserslautern, Deutschland
e-mail: helmut.neunzert@itwm.fraunhofer.de

H. Neunzert, D. Prätzel-Wolters (eds.), *Mathematik im Fraunhofer-Institut*,
DOI 10.1007/978-3-662-44877-9_1

Mathematik ist die Wissenschaft mit dem höchsten Abstraktionsgrad, es gibt einen nahezu hundertprozentigen Konsens darüber, was als Mathematik anerkannt wird, die erzielten mathematische Ergebnisse sind in höchstem Maße objektiv, immanent verifizierbar und in einer weitgehend genormten Sprache formuliert. Es gibt reine und angewandte Mathematik, obwohl auch hier schon die Abgrenzung schwierig ist. Zuweilen kommt es vor, dass das Werk bedeutender Mathematiker mit ihrem Namen verbunden wird und man spricht dann zum Beispiel von der Hilbertschen oder Riemannschen Mathematik. Auch gibt es Schulen, die einen bestimmten strukturellen Aufbau des mathematischen Gedankengebäudes entwickelt haben und deren Arbeiten dann z. B. als die Bourbaki- oder die Konstruktivistische Mathematik zitiert werden.

Aber wie hätte sich dort die Fraunhofer-Mathematik eingeordnet? Als die Mathematik des Joseph von Fraunhofer? Wohl kaum. Obwohl er auch einige mathematisch orientierte Arbeiten geschrieben hat, war Joseph von Fraunhofer (1787–1826) kein Mathematiker. Er war ein sehr erfolgreicher Wissenschaftler, der die nach ihm benannten „Fraunhofer-Linien“ im Sonnenspektrum entdeckt hat und der sich bestens mit der Physik und der Berechnung von Linsen und optischen Geräten auskannte. Gleichzeitig war er ein erfolgreicher Unternehmer, der bereits im Alter von 22 Jahren Leiter der Glashütte in Benediktbeuren wurde und sie erfolgreich betrieben hat (das unten abgebildete Teleskop, geliefert für die Universität Dorpat, war das größte und beste seiner Zeit) und Joseph von Fraunhofer ist der Namensgeber für die Fraunhofer-Gesellschaft, der nach dem MIT weltweit zweitgrößten Institution für angewandte Forschung (Abb. 1).

Abb. 1 Joseph von Fraunhofer: Forscher, Erfinder und Unternehmer (© Fraunhofer-Gesellschaft)

Das Selbstverständnis der Fraunhofer-Forschung ist durch Anwendungsnähe, Industrierelevanz und Innovation gekennzeichnet. Die Fraunhofer-Gesellschaft hat erkannt, dass angewandte mathematische Forschung nicht nur Hilfsmittel für andere Wissenschaftsdisziplinen zur Lösung praktischer, insbesondere technischer und organisatorischer Probleme bereitstellt, sondern dass Mathematik eine für die Wettbewerbsfähigkeit der Wirtschaft und die Bewältigung gesellschaftlicher Aufgaben unverzichtbare Technologie darstellt, die sich von einer Schlüsseltechnologie für die Grundlagenforschung und Technik zu einer „enabling technology" für nahezu alle wirtschaftlich relevanten Schlüsseltechnologien entwickelt hat.

Die Fraunhofer-Gesellschaft hat dieser Entwicklung Rechnung getragen und im letzten Jahrzehnt drei mathematikbasierte Institute neu in die Gesellschaft aufgenommen:

- das Fraunhofer-Institut für Techno- und Wirtschaftsmathematik ITWM in Kaiserslautern,
- das Fraunhofer-Institut für Algorithmen und Wissenschaftliches Rechnen SCAI in Sankt Augustin und
- das Fraunhofer-Institut für Bildgestützte Medizin MEVIS in Bremen.

Diese Institute widmen sich in ihrer Forschungsmission und ihren Forschungsschwerpunkten der anwendungsorientierten Mathematik und dem Mathematiktransfer in Gesellschaft und Industrie.

Unser Buch ist der Mathematik gewidmet, die im ITWM betrieben wird, deren Geist aber auch an den anderen Instituten vorherrscht. Der im Untertitel aufgeführte Dreiklang „Problemgetrieben – Modellbasiert – Lösungsorientiert" beschreibt die aus unserer Sicht wesentlichen Merkmale dieser Mathematik. Wir gehen darauf an anderer Stelle näher ein. Wenn man ein identitätsstiftendes Alleinstellungsmerkmal akzentuieren möchte, dann ist es sicherlich die Attribuierung „problemgetrieben" versus „methodengetrieben". Der Stil und der Aufbau dieses Buches sind dadurch geprägt worden.

Darüber hinaus war natürlich auch ein Motiv, die „Erfolgsgeschichte" des Fraunhofer ITWM zu erzählen. Wir wollen aufzeigen, wie Innovation in der Mathematik und Transfer ihrer Ergebnisse in Gesellschaft und Wirtschaft effektiv in einem großen Forschungsinstitut mit relativ wenig Grundfinanzierung betrieben werden kann. Der Erfolg des „ITWM-Modells", der ja auch die überragende Rolle der Mathematik in der heutigen Industrie beweist, ist vielleicht auch ein Motivationsfaktor, an anderen Standorten und in anderen Ländern, adaptiert an regionale und nationale Besonderheiten, ähnliche Institutionen aufzubauen.

1 „Mathematik im Fraunhofer-Institut" versus „Angewandter Mathematik"[2]

Viele Wissenschaftsdisziplinen profitieren bei der Lösung praktischer Probleme von angewandter mathematischer Forschung. In der traditionellen, akademisch geprägten Angewandten Mathematik werden in der Regel allerdings nur solche Probleme betrachtet und numerisch behandelt, die auch einer rigorosen mathematischen Analyse zugänglich sind, für die sich also z. B. Existenz- und Eindeutigkeitsaussagen für die Lösung und Konvergenzaussagen für die verwendeten numerischen Methoden beweisen lassen. Dadurch sind die in der mathematischen Literatur behandelten Probleme oft stark idealisiert und nicht wirklich realistisch.

Erst mit der Etablierung von Technomathematik, Wirtschaftmathematik und Wissenschaftlichem Rechnen als neuen mathematischen Disziplinen wurde die effektive Lösung großer realer Probleme zum Gegenstand intensiver mathematischer Forschung.

Diese praxisorientierte Mathematik, die mathematische Methoden problemorientiert weiter entwickelt und deren Modelle und Algorithmen die Basis für die Simulation und Optimierung von komplexen Produkten und Prozessen bilden, steht im Fokus der mathematisch orientierten Fraunhofer-Institute. Dass diese Forschung weit entfernt davon ist, lediglich Mathematiktransfer zu sein, wird in der stärker akademisch geprägten, universitären Welt häufig verkannt. Hier findet man zuweilen die Position, dass eine solche praxisorientierte Mathematik keine „richtige" Mathematik sei, oder dass die wirklich „neue" Mathematik an den Universitäten – losgelöst von praktischen Anwendungen – entwickelt wird und nur mit Zeitverzögerungen in der Industrie Anwendung findet. Die Erfahrungen der mathematikorientierten Fraunhofer-Institute – gesammelt in langjähriger umfangreicher Zusammenarbeit mit der Industrie – widersprechen diesen Einschätzungen.

So resultieren z. B. aus der Modellierung und Simulation des Verhaltens komplexer Materialien mathematisch anspruchsvolle Problemstellungen für die Kopplung sehr verschiedener Differentialgleichungen, z. B. der Strömungsmechanik und der Maxwell-Gleichungen; diese Kopplung stellt nicht nur für die Numerik, sondern auch für die Theorie eine erhebliche Herausforderung dar. Die bei der Risikobewertung von Finanztiteln entstehenden hochdimensionalen partiellen Differentialgleichungen erfordern ganz neue numerische Lösungsmethoden. Der Übergang von kleineren zu großen Skalen funktioniert mit Homogenisierungsmethoden, aber nur dann, wenn die wesentlichen Skalen gut getrennt sind. Ist dies nicht der Fall – und das ist so in vielen praktischen Anwendungen, zum Beispiel in der Turbulenz und bei der Rissbildung in Materialien unter Belastung

[2]Einzelne Abschnitte dieser Einleitung sind aus den folgenden Publikationen übernommen worden: H. Neunzert, U. Trottenberg: Mathematik ist Technologie – Ein Beitrag zur Innovations-Initiative aus Fraunhofer-Sicht, Fraunhofer ITWM und Fraunhofer SCAI, Kaiserslautern und Sankt Augustin, 2007;
D. Prätzel-Wolters, U. Trottenberg: Rechnen für Fortschritt und Zukunft – Innovationen brauchen Mathematik, Jahresbericht der Fraunhofer-Gesellschaft 2007, S. 47ff., München, 2008.

und in Gesteinen – so gibt es zur Zeit noch wenige fruchtbare Ansätze zur Vereinfachung der Modelle bzw. der Numerik. Die digitale Vernetzung von Regelungssystemen erfordert neue Verfahren zur Analyse und Synthese von hybriden Systemen mit kontinuierlichen und diskreten Dynamiken und logikbasierten Schaltfunktionen.

Das sind nur einige wenige Beispiele dafür, dass wesentliche Impulse zur Entwicklung „neuer" und „richtiger" Mathematik direkt aus der Behandlung komplexer praktischer Probleme resultieren.

Der Mathematiktransfer ist dennoch für die mathematisch orientierten Fraunhofer-Institute eine zentrale Aufgabe. Sie beschränken sich dabei aber nicht auf die Bereitstellung allgemeiner mathematischer Hilfsmittel zur Lösung der praktischen Probleme und überlassen die Lösung dann dem Anwender oder technisch orientierten Softwarehäusern. Sie engagieren sich selbst – in enger Kooperation mit den Anwendern – für die komplette Lösung und entwickeln entsprechende Softwaremodule. Der Anspruch, einen direkten Nutzen für die Wirtschaft nachzuweisen, also die Forschungsergebnisse direkt mit den Wirtschaftspartnern in die Praxis umzusetzen, ist Teil ihres Selbstverständnisses und ihrer Mission. Dabei akzeptieren sie, dass sich die Relevanz ihrer Forschungsergebnisse auch darin spiegelt, dass sich die adressierten Wirtschaftsunternehmen direkt und in erheblichem Umfang an den Kosten für die Forschungsarbeiten beteiligen. Das Fraunhofer-Finanzierungsmodell geht davon aus, dass ein Institut mindestens ein Drittel seines Betriebshaushaltes durch Wirtschaftserträge finanziert.

Aber für einen nachhaltig erfolgreichen Mathematiktransfer ist es auch essenziell, Anschluss an die Frontlinien der Grundlagenforschung zu halten und selber aktiv neue Mathematik mit zu entwickeln. Die Probleme der Praxis sind dabei eine wunderbare Quelle für neue Fragestellungen und Methoden, aus der die Grundlagenforschung an den Instituten gespeist wird.

In diesem Kontext besitzt die Zusammenarbeit der Institute mit anderen Forschungseinrichtungen, Universitäten, aber auch Industrieunternehmen im Rahmen öffentlich z. B. durch das BMBF, die DFG oder die EU geförderter Projekte eine sehr große Bedeutung. Sie dient zum Aufbau neuer Forschungsgebiete und zur Herstellung einer vertrauensvollen Zusammenarbeit mit den beteiligten Institutionen. Die Ergebnisse dieser Forschung schaffen Innovationen in wirtschaftlich und gesellschaftlich relevanten Anwendungsdomänen und finanzieren den Instituten einen Teil ihrer erkenntnisorientierten Grundlagenforschung.

2 Problemgetrieben oder Methodengetrieben?

Die Mathematik ist aus Sicht vieler ihrer Vertreter als Wissenschaft wertfrei, ihr Forschungsgegenstand definiert sich aus sich selbst heraus und bedarf keiner gesellschaftlich, technologisch oder ethisch bedingten Reflexionen.

Das spiegelt sich in dem immer noch häufig in der Öffentlichkeit anzutreffenden Klischee von der Mathematik als einem schwierigen, trockenen, weltabgewandten Tätigkeitsfeld. Mittelmäßige oder schlechte Schulleistungen in Mathematik werden von der Gesellschaft augenzwinkernd akzeptiert und sympathisierend kommentiert.

Wahrgenommen werden dabei weder die Faszination der Mathematik als freies Spiel des Geistes noch die Bedeutung der Mathematik als ein entscheidendes Instrument zur Gestaltung des technologischen Fortschritts.

Der Mathematiker selbst wird gesehen als ein Mensch, der – isoliert von der realen Welt – in seinem eigenen Gedankensystem über von ihm selbst erzeugte Fragestellungen forscht. Seine Forschung wird von Mathematik immanenten Methoden und Strukturen getrieben, die Lösung praktischer Probleme interessiert ihn wenig. Der ideale Ort für diese Tätigkeit ist im übertragenen Sinne der Elfenbeinturm, ein geistiger Ort der Abgeschiedenheit und Unberührtheit von der Welt.

Der Elfenbeinturm steht für die Isolation des Wissenschaftlers, der sich vom Weltgeschehen zurückzieht, sich nur der reinen Forschung widmet und dabei weder auf praktischen Nutzen noch die Konsequenzen seiner Forschung achtet und mit Leidenschaft in ihr aufgeht.

Dieses Bild der Mathematik passt nicht mehr in die Forschungslandschaft des 21. Jahrhunderts. Die angewandte Mathematik hat längst die Elfenbeintürme verlassen, den Computer als Arbeitsmittel besetzt und sich praxisrelevanten Problemen zugewandt. Aber es ist eine verkürzte Sichtweise, davon auszugehen, dass die Mathematik erst durch den Computer in die Lage versetzt und darauf orientiert wurde, praktische Probleme zu lösen.

Mathematik war immer beides: Sie war problemgetrieben und sie war methodengetrieben. Sie half, praktische Probleme zu lösen und sie schuf Kultur, indem sie sich aus sich selbst heraus weiterentwickelte.

Für die handelnden Personen – also meist Mathematiker – stand in den letzten hundert Jahren überwiegend die Fortentwicklung der Methoden im Vordergrund. Dies geschah entweder, um innerhalb der Mathematik aufgetretene Fragen zu beantworten – wie etwa in der reinen Mathematik, z. B. der algebraischen Geometrie – oder auch, um die Lösung von Problemen, die in praktischen Fragestellungen typischerweise auftreten, voranzutreiben – wie in der angewandten Mathematik z. B. bei inversen Problemen. Mathematiker an Universitäten hatten und haben das Privileg, sich über längere Zeit vertieft der Untersuchung einer mathematischen Problemklasse widmen zu können.

Das war früher anders, als das Einkommen von der erfolgreichen Behandlung von außen gestellter Probleme abhing. Typische Beispiele sind die strömungsdynamischen Probleme, die Euler zu lösen hatte oder die geodätischen Probleme von Gauß. Und es ist heute auch wieder anders, weil die Mathematik mit Hilfe ihres Werkzeuges Computer eine eigene Technologie geworden ist und die praktischen Probleme sozusagen vor ihrer Türe Schlange stehen.

Die Türen der Fraunhofer-Institute sind für solche Probleme weit geöffnet. Ihre mathematische Forschung wird ganz wesentlich durch die Notwendigkeit, diese Probleme zu lösen, getrieben. Das bedeutet, dass nicht die Weiterentwicklung von vorhandenen mathematischen Methoden im Fokus der Forschung steht, sondern neue Methoden zur Formulierung und Lösung des Problems entwickelt oder bekannte Methoden an das zu lösende Problem adaptiert werden. Der Anspruch, das Problem zu lösen, bestimmt die Richtung, in der die Methoden entwickelt und ausgebaut werden.

3 Modellbasiert und lösungsorientiert

Effiziente mathematische Behandlung praxisrelevanter Probleme erfordert die Aufstellung „ökonomischer“ mathematischer Modelle und sie erfordert die Entwicklung effizienter Algorithmen. „Ökonomisch“ ist ein Modell, wenn es so komplex wie nötig, so einfach wie möglich ist. Die Einfachheit wird oft auch dadurch erzwungen, dass Echtzeit-Simulationen gewünscht sind oder die Simulationen die Zielfunktion(en) einer Optimierungsaufgabe berechnen. Die Algorithmen sind effizient, wenn sie bei gegebenen Rechnern und beschränkter Rechenzeit maximale Genauigkeit erreichen.

Für die meisten Probleme der industriellen Praxis stellt die Physik Modelle zur Verfügung; es sind häufig kontinuumsmechanische, thermodynamische oder elektromagnetische Gleichungen, die den Herstellungsprozess von Industriewaren oder auch deren Verhalten mit großer Präzision beschreiben. So kann man natürlich das Verhalten von Tausenden von polymeren Fasern, die im Übergang von der flüssigen zur festen Phase sind, in turbulenten Luftströmungen beschreiben. Oder man kann das Strömen eines Gases und die Absorption von mitfliegenden Partikeln durch ein poröses Medium auf der Skala der Teilchen sehr genau modellieren.

Aber man kann die beschreibenden Gleichungen auch mit Hochleistungsrechnern und modernsten Algorithmen nicht einmal in grober Näherung lösen. Man wird das vermutlich auch nicht in Jahrzehnten können. Und man muss es auch nicht, denn man kann die Modelle vereinfachen, sie reduzieren, ohne die gestellten Genauigkeitsforderungen zu verletzen. Die Algorithmen müssen dann den Modellreduktionen angepasst werden – und umgekehrt: Erste Näherungen in iterativen Lösern kommen vielleicht mit einfacheren Modellen aus, mit zunehmender Genauigkeit werden dann auch die Modelle genauer. Solche Wechselwirkungen von Modellen und Algorithmen sind insbesondere auch bei Optimierungsaufgaben nötig. Modellreduktionen haben oft mit asymptotischer Analysis oder Multiskalenansätzen usw. zu tun, wenn etwa kleine Parameter durch den Grenzwert Null ersetzt werden; oder ihnen liegen Projektionsmethoden auf Unterräume mit geringerer Dimension zu Grunde. Es ist aber auch gut möglich, dass völlig neue Modelle, basierend auf einer anderen mathematischen Theorie zum Zuge kommen, z. B. stochastische Modelle bei sehr komplexem deterministischem Verhalten.

Da es bei „echten“ Problemen wichtig ist, nutzbare Lösungen zu finden, kommt, wie schon mehrfach erwähnt, noch die Entwicklung effizienter Algorithmen hinzu. So passen Multicore-Ansätze aus der modernen Rechnerarchitektur gut mit Multigrid-Ansätzen zusammen, die ihrerseits oft mit Multiskalen-Modellen gekoppelt sind. Einen wichtigen Bereich bilden heute die parallelen Algorithmen. All dies allerdings nicht, wie meist sonst, als methodischer Selbstzweck, sondern – wir wiederholen es – problemgetrieben.

4 Mathematik als Motor für Innovation in Technik und Gesellschaft

Das Anwendungspotenzial für Mathematik ist riesig. Der Umfang der in die industrielle Praxis eingehenden Mathematik ist in den letzten vierzig Jahren explosionsartig gewachsen. Dies begründet sich im Wesentlichen dadurch, dass Arbeit am Realmodell durch Simulationen, d. h. Arbeit mit mathematischen Modellen, ersetzt wurde. Ergänzt wurde diese Entwicklung durch die Automatisierung von Arbeitsprozessen, Sinneswahrnehmungen oder Erfahrungen in Form von Algorithmen, Computerprogrammen oder Expertensystemen. Die Mathematik ist zu einer Schlüsseltechnologie geworden, die auf der gleichen Stufe wie Nano- oder Biotechnologie genannt werden sollte.

Dies mag auf den ersten Blick als eine kühne Konstruktion erscheinen. Zumindest besitzt sie Erklärungsbedarf. Sicherlich benutzen die Naturwissenschaftler die Mathematik seit Jahrtausenden als Hilfsmittel, als Sprache, in der sie ihre Theorien formulieren und sie bildet die Basis für die Berechnungen der Ingenieure. So ist sie zumindest ein Rohstoff, der Rohstoff von Modellen, die dann in Technik umgesetzt werden. Aber ein Rohstoff ist zu wenig für eine Schlüsseltechnologie. In den Rang einer Technologie erhoben wurde die Mathematik durch den Computer. Der Computer ist in gewisser Weise die reinste Form von zu Technik gewordener Mathematik. Die Mathematik hat sich im Computer materialisiert und sie bildet den Geist jeder Computersimulation. Simulationen benötigen Modelle, Algorithmen zu ihrer Auswertung und Visualisierung der Ergebnisse. Wenn man genauer hinsieht, dann ist die Basis, sozusagen der „Quellcode" dieser Arbeitsschritte immer Mathematik.

Computer haben unsere Welt verändert. Sie sind im Sinne des Kulturphilosophen Ivan Illich (1926–2002) zu einem universellen, einem konvivialen Werkzeug geworden. Computersimulationen – und damit eben auch die Mathematik – sind heute das wesentliche Werkzeug zur Gestaltung und Optimierung von Produkten und Arbeitsprozessen.

Reale Modelle werden durch virtuelle Modelle ersetzt. Mathematik bildet, als Rohstoff und Schlüsseltechnologie das Fundament für den Brückenschlag in diese zweite Welt – die virtuelle Simulationswelt – die in nahezu allen Bereichen der Gesellschaft und Wirtschaft Fuß gefasst hat (Abb. 2).

5 Mathematik ist universell anwendbar, weil sie quer liegt

Diese universelle Anwendbarkeit von Mathematik beruht darauf, dass ihre Methoden und Werkzeuge, die für einen Wirklichkeits- oder Wissenschaftsbereich entwickelt und bereitgestellt werden, auch für andere Anwendungsbereiche direkt oder in ähnlicher Ausprägung nutzbar gemacht werden können. Mathematische Modelle liegen horizontal in einer Landschaft von vertikal angeordneten Wissenschaftsdisziplinen und technologischen Anwendungen. Dieser Querschnittscharakter der Mathematik macht sie zu einer „generischen Technologie".

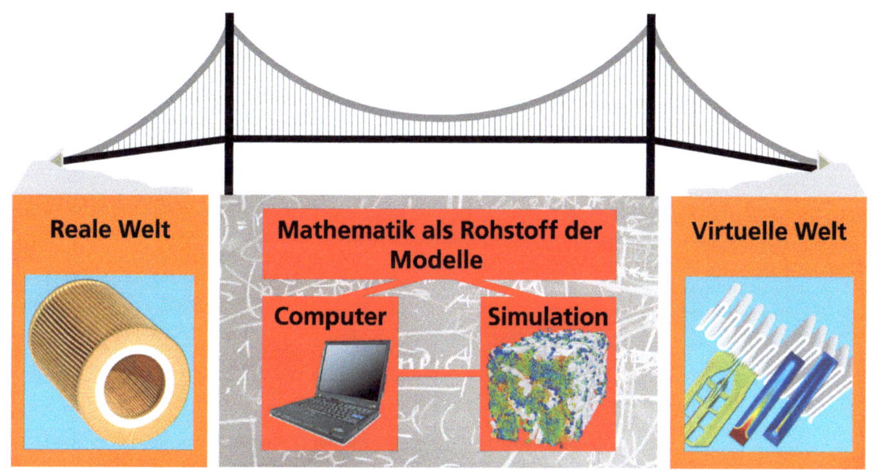

Abb. 2 Mathematik ist Schlüsseltechnologie (Grafik: S. Grützner, Fraunhofer ITWM)

Die Ideen, die in einem Bereich entwickelt worden sind, können in anderen Bereichen fruchtbar werden. In diesem Sinne schafft Mathematik Querverbindungen zwischen Disziplinen und ermöglicht übergreifende Erkenntnisse. „Querdenken" als Charakteristikum mathematischer Vorgehens- und Arbeitsweise schafft – durch die Überlagerung verschiedener Bezugsebenen – Innovation.

Ihre Modelle sind gefragt, Lösungen benötigen Simulationen. In der Regel gibt es nicht nur eine Lösung und um die besten Lösungen zu finden, benötigt man mathematische Optimierung. Das Kürzel für diesen Dreiklang ist MSO. MSO ist heute in den Forschungs- und Entwicklungsabteilungen großer Technologiekonzerne als Kompetenzfeld – zum Teil sogar strukturbildend – verankert. MSO bildet in fast allen mathematikbasierten, praxisorientierten Forschungsprojekten einen integralen Bestandteil der Projektbearbeitung.

Insgesamt kann von einem Quantensprung in der Sichtbarkeit der Mathematik als Motor für Innovation in Technik und Gesellschaft in den letzten Jahrzehnten gesprochen werden.

Es gibt eine Vielzahl von Belegen für diese Veränderung, die inzwischen in Politik, Wissenschaft und der Industrie verankert ist.

5.1 Komitee für mathematische Modellierung, Simulation und Optimierung (KoMSO)

Dieses Komitee wurde im Rahmen des vom BMBF ausgerufenen „Strategiedialogs Mathematik" eingerichtet. Das Zielvorhaben von KoMSO ist:

> *„die Triade mathematische Modellierung, Simulation und Optimierung als neues Technologiefeld in Forschung und Entwicklung zu verankern, um die Innovationskraft des Technologiestandortes Deutschland zu stärken. Auf Forschung und Innova-*

tion fußt der gesamte gesellschaftliche Wohlstand. Daher müssen die bislang unentdeckten oder nur teilweise genutzten Potenziale von MSO erschlossen und sichtbar gemacht werden"

und weiter heißt es im Strategiepapier der BMBF-Strategiekommission:

> *„Verbesserte mathematische Methoden bei gleichzeitig stetig verbesserter Rechnerleistung erlauben es, zunehmend extrem komplexe physikalisch-technische, ökonomische oder medizinische Fragestellungen durch mathematische Modellierung zu beschreiben, im Rechner virtuell zu simulieren und bezüglich einer vorgegebenen technologischen Zielstellung zu optimieren. So haben sich verschiedenste Simulationstechniken als dritte Säule des Erkenntnisgewinns neben Theorie und Experiment genauso fest etabliert wie Verfahren der Optimierung zur Automatisierung und Entscheidungsunterstützung in einer zunehmend hochkomplexen und vernetzten Welt."*

5.2 „Mathematik – Motor der Wirtschaft"

Das im Jahr der Mathematik 2008 in enger Zusammenarbeit mit der Oberwolfach Stiftung und dem Mathematischen Forschungsinstitut Oberwolfach entstandene Buch „Mathematik – Motor der Wirtschaft"[3] enthält unter anderem eine Reihe von Beiträgen prominenter Vertreter der deutschen Industrie. Das Buch zeigt auf, dass Mathematik heute in nahezu allen Branchen, in allen Bereichen von Industrie, Wirtschaft und Finanzwesen von großer Bedeutung ist. So schreibt z. B. Peter Löscher, ehemaliger Vorsitzender des Vorstands der Siemens AG:

> *„Mathematik – das ist die Sprache der Wissenschaft und Technik. Damit ist sie eine treibende Kraft hinter allen Hochtechnologien und daher eine Schlüsseldisziplin für Industrienationen. Ohne Mathematik gibt es keinen Fortschritt und keine technischen Innovationen."*

oder Dr. Dieter Zetsche, Vorstandsvorsitzender der Daimler AG:

> *„Wie keine andere Wissenschaft hilft die Mathematik in unserer Branche, die unterschiedlichsten Probleme zu lösen – und genau diese universelle Anwendbarkeit macht sie zur Königsdisziplin."*

Nicht alle von der Oberwolfach-Stiftung angefragten Firmen haben geantwortet und der riesige Bereich der kleinen und mittelständigen Unternehmen, die ja einen Großteil der wirtschaftlichen Kraft Deutschlands ausmachen, ist nicht erfasst. Aber dies begründet nicht den leisesten Zweifel an der allgemeinen Gültigkeit dieser Aussagen.[4]

[3] G.-M. Greuel, R. Remmert, G. Rupprecht (Hrsg.): Mathematik – Motor der Wirtschaft, Springer-Verlag, Berlin, Heidelberg, 2008.

[4] Vergl. H. Neunzert: Mathematik ist überall – Anmerkungen eines Mathematikers zu den Beiträgen der Wirtschaftsunternehmen in G.-M. Greuel, R. Remmert, G. Rupprecht (Hrsg.): Mathematik – Motor der Wirtschaft, Springer-Verlag, Berlin, Heidelberg, 2008.

Es gibt andere Untersuchungen, die sie vollständig bestätigen, wie z. B. die von ECMI 2004 veröffentliche „MACSI-net roadmap", die im Jahre 2002 vom Smith Institute in Oxford herausgegebene Studie „Mathematics: Giving Industry at the Edge" oder der von der European Science Foundation unter Mitarbeit der EMS 2010 erstellte Report „Forward Look: Mathematics in industry". Die Erfahrungen der mathematischen Fraunhofer-Institute, deren Aufgabe ja die Forschungskooperation mit der Industrie ist, stützen sie ebenfalls.

5.3 ECMI

Seit 1986 bemüht sich das „European Consortium for Mathematics in Industry ECMI", dem viele europäische Institutionen angehören – darunter auch Einrichtungen in Barcelona (E), Dresden (D), Eindhoven (NL), Glasgow (GB), Göteburg (S), Graz (A), Grenoble (F), Kaiserslautern (D), Lappeenranta (FIN), Limerick (IRL), Linz (A), Lund (S), Lyngby (DK), Madrid (E), Mailand (I), Oxford (GB), Sofia (BG), Trondheim (N) und Wroclaw (PL) – die Bedeutung der Mathematik für die europäische Industrie zu verdeutlichen und die Ausbildung und Kooperation der europäischen „Industriemathematiker" zu organisieren.

Die angewandte Mathematik in Deutschland spielt international eine hervorragende Rolle; es ist einer der wenigen Bereiche, in denen Deutschland unter den Top 3 der Welt rangiert. In „Industrial Mathematics" liegt Europa insgesamt und Deutschland insbesondere ebenfalls weltweit mit an der Spitze, die USA und Asien orientieren sich hier weitgehend an europäischen Vorbildern – auch dafür gibt es zahlreiche Belege.

Die DFG fördert eine Reihe von Graduiertenkollegs, Beteiligungen an Exzellenzclustern und Sonderforschungsbereiche, die einen starken Bezug zur angewandten Mathematik haben. Auch in den großen Leuchtturmprojekten des BMBF, wie den Spitzenclustern und dem Forschungscampus-Programm, ist die angewandte Mathematik gut vertreten.

5.4 Berlin

Berlin hat sich in den letzten Jahrzehnten zu einem national und international anerkannten Exzellenzstandort im Bereich der angewandten Mathematik entwickelt. Das Konrad-Zuse-Zentrum für Informationstechnik Berlin (ZIB) ist eines der erfolgreichsten, weltweit exzellent vernetzten Institute im Bereich des Scientific Computing. Am ZIB ist auch der einzige mathematisch orientierte Forschungscampus „MODAL – Mathematical Optimization and Data Analysis Laboratories" angesiedelt. Neben dem Graduiertenkolleg 1845 „Stochastische Analysis mit Anwendungen in Biologie, Finanz und Physik" und der Graduiertenschule „Berlin Mathematical School" ist wohl das DFG-Forschungszentrum „Matheon – Mathematik für Schlüsseltechnologien: Modellierung, Simulation und Optimierung realer Prozesse" das international bekannteste deutsche Zentrum für Angewandte Mathematik. Das Matheon wird von den Mathematikinstituten der Technischen Universität Berlin (TU

Berlin), der Humboldt-Universität zu Berlin (HU Berlin) und der Freien Universität Berlin (FU Berlin) sowie dem ZIB und dem Weierstraß-Institut für Angewandte Analysis und Stochastik (WIAS) getragen (siehe auch[5]).

Seit 2010 ist Berlin mit dem WIAS auch der permanente Sitz der Internationalen Mathematischen Union (IMU), der Dachorganisation von 77 nationalen mathematischen Gesellschaften, die unter anderem Ausbildung und Forschung in Entwicklungsländern unterstützt und den Internationalen Mathematiker Kongress (International Congress of Mathematicians, ICM), den größten Kongress auf dem Gebiet der Mathematik organisiert, auf dem auch die Fields-Medaillen vergeben werden.

5.5 Kaiserslautern

Der Fachbereich Mathematik der TU Kaiserslautern hat sich mit seinen Forschungsaktivitäten in theoretischer und praktischer Mathematik und neuen Wegen in der Ausbildung weltweit einen hervorragenden Ruf erworben. In Kaiserslautern wurde der Studiengang Technomathematik „erfunden“ und konzipiert und der hiesige Fachbereich war nach Ulm einer der ersten in Deutschland, der den Studiengang Wirtschaftsmathematik einführte. Beide Bereiche haben sich zu erfolgreichen Studiengängen in Deutschland und zu besonders großen Schwerpunkten in Kaiserslautern entwickelt. Die DFG hat in der Vergangenheit zwei Graduiertenkollegs in der Mathematik in Kaiserslautern gefördert, das dritte über „Stochastic Models for Innovations in the Engineering Sciences“ ist gerade genehmigt worden.

Die TU Kaiserslautern gehört bezogen auf die Mathematik zur Elite der deutschen Universitäten. Das belegen die seit 2003 von den Zeitschriften Focus, Stern, Spiegel und Zeit sowie dem CHE durchgeführten Hochschulrankings, in denen die Mathematik in Kaiserslautern stets der Spitzengruppe zugeordnet wird.

Im Rahmen einer vom Land Rheinland-Pfalz, der TU Kaiserslautern und dem Fraunhofer ITWM getragenen Mathematikinitiative wurden während der letzten fünf Jahre dringend benötigte Spezialisten für differential-algebraische Gleichungen, für Bildverarbeitung, Biomathematik und für stochastische Algorithmen nach Kaiserslautern geholt.

Aus der Arbeitsgruppe Technomathematik ist das Fraunhofer ITWM entstanden, das als erstes Mathematikinstitut in die Fraunhofer-Gesellschaft aufgenommen wurde und das heute mit jährlich über 10 Millionen Euro Wirtschaftserträgen und ca. 260 Vollzeitmitarbeitern und Doktoranden eines der weltweit größten Institute in der angewandten Mathematik ist.

Das Institut erhält durch die Zusammenarbeit mit dem Fachbereich ständig Impulse für Innovationen. Andererseits ist der Fachbereich mit dem ITWM über Drittmittelprojekte und Doktorandenprogramme eng verzahnt und die Forschung am Fachbereich wird

[5] P. Deuflhard, M. Grötschel, D. Hömberg, U. Horst, J. Kramer, V. Mehrmann, K. Polthier, F. Schmidt, C. Schütte, M. Skutella, J. Sprekels (Hrsg.): MATHEON – Mathematics for Key Technologies; EMS Series in Industrial and Applied Mathematics 1, European Mathematical Society Publishing House, Zürich, 2014.

durch projektgetriebene Themen des ITWM stimuliert. Diese enge Verzahnung wird leider im Außenraum nicht immer wahrgenommen und wir begegnen dem Vorurteil: Es gibt einen in der Grundlagenforschung sehr gut aufgestellten Fachbereich Mathematik und ein Fraunhofer-Institut, das erfolgreich Mathematiktransfer in die Wirtschaft betreibt. Beides hat wenig miteinander zu tun. Die darin zum Ausdruck kommende Trennung von Grundlagenforschung am Fachbereich und Mathematiktransfer am ITWM entspricht nicht der Realität. Das ITWM betreibt in großem Umfang eigene Grundlagenforschung in der angewandten Mathematik. Seit dem Jahre 2000 sind z. B. 150 (Stand: 2013) Promotionen und Habilitationen, die natürlich an der TU Kaiserslautern vollzogen werden, im Institut und seinem direkten Umfeld erfolgreich abgeschlossen worden.

Um die Verbindung zwischen dem Fachbereich Mathematik und dem ITWM weiter zu stärken, wurde im Rahmen der „Mathematikinitiative“ des Landes Rheinland-Pfalz Ende 2008 das „Felix-Klein-Zentrum für Mathematik“ (FKZM) gegründet – benannt nach dem bedeutenden Mathematiker und Wissenschaftsorganisator Felix Klein (1849–1925). Der Name wurde gewählt, weil Felix Klein wie kein anderer historischer Mathematiker Deutschlands reine und angewandte Mathematik verband, die Mathematik in Deutschland vor 100 Jahren neu organisierte, eine starke Brücke zur Industrie baute, akademische und schulische Mathematik koppelte und auch die Wissenschaftsgeschichte pflegte – Aktivitäten, die für die Kaiserslauterer Mathematiker Vorbild waren und sind. Deshalb bietet das FKZM eine Plattform und Infrastruktur für gemeinsame Forschungsprojekte, Gäste- und Stipendienprogramme oder Schulaktivitäten. Last not least auch ein Forum für die Zusammenarbeit mit anderen Fachbereichen und der Industrie.

5.6 Weitere Aktivitäten in Deutschland

Es würde den Rahmen dieser Einleitung sprengen, auf alle Standorte in Deutschland näher einzugehen, an denen die angewandte Mathematik prominent vertreten ist.

Heidelberg ist sicherlich ein weiterer exponierter Standort der angewandten Mathematik, an dem die Kooperation mit der Industrie einen hohen Stellenwert einnimmt. Neben der „Heidelberger Graduiertenschule der mathematischen und computergestützten Methoden für die Wissenschaften (HGS MathComp)“ gehört das Interdisziplinäre Zentrum für Wissenschaftliches Rechnen (IWR) – ein Forschungsinstitut der Ruprecht-Karls-Universität Heidelberg – weltweit zu den größten universitären Zentren für Wissenschaftliches Rechnen. Die schon weiter vorne erwähnten Fraunhofer-Institute für Algorithmen und Wissenschaftliches Rechnen SCAI in Sankt Augustin und für Bildgestützte Medizin MEVIS in Bremen sind genauso wie das Max-Planck-Institute für Mathematik in den Naturwissenschaften in Leipzig Zentren der angewandten Mathematik. Hinzu kommen zahlreiche Standorte mit größeren Lehrstühlen, Landesinstituten und Sonderforschungsbereichen, die die Landschaft der angewandten Mathematik in Deutschland mit prägen. Beispiele sind Bremen, Paderborn, München, Erlangen, Bonn, Stuttgart, Freiburg, Saarbrücken, Wuppertal und Dresden, wobei diese Liste weit entfernt davon ist, vollständig zu sein.

Zum Schluss der Einleitung möchten wir dem Leser einige Hinweise, dafür geben, wie das vorliegende Buch aufgebaut ist und welche Schwerpunkte in den einzelnen Kapiteln adressiert werden.

6 Wie ist das Buch aufgebaut?

Bei der Strukturierung unseres Buches haben wir verschiedene Gruppen potenzieller Leser im Auge gehabt:

- „Praktiker" und interessierte Laien, die sich – ohne dass sie in technische Details einsteigen müssen – darüber informieren wollen, was Mathematik heute für die Lösung der Probleme aus der Praxis leisten kann.
- Professionelle Mathematiker und Mathematikstudenten, die die am ITWM entwickelte Mathematik verstehen wollen
- Lehrer, Schüler und Didaktiker, die verstehen wollen, wie man das neue Bild der Mathematik in die Schule tragen kann.

Der im Untertitel aufgeführte Dreiklang „problemgetrieben, modellbasiert, lösungsorientiert" hat den Stil und den Aufbau dieses Buches bestimmt. Der Teil „Die Konzepte" ist den übergeordneten Themen

- Mathematische Modellierung,
- Berechnung,
- Datenanalyse,
- Optimierungsprozesse

gewidmet. Sie haben den Charakter von Übersichtsartikeln, die die wesentlichen Fragestellungen, methodische Ansätze, Stärken und Potenziale, aber auch Schwächen und Grenzen in den einzelnen Themenbereichen aufzeigen. Sie adressieren sowohl Praktiker und interessierte Laien als auch professionelle Mathematiker und Mathematikstudenten. Es geht dabei nicht um eine mathematische Darstellung bestimmter Modelle oder Algorithmen, sondern um Beiträge, die die Arbeit des Instituts, auch wie sie sich in den später folgenden Forschungsbeiträgen niederschlägt, kommentieren und strukturieren und die deshalb eher im „Prosastil" geschrieben sind.

Diese Vorgehensweise trägt der Tatsache Rechnung, dass die Mathematik im ITWM problembetrieben ist und dass die Realität, die von unseren Modellen beschrieben wird, sehr viel komplexer ist als die der akademischen Arbeit zu Grunde liegende. Es gibt kompliziertere Randbedingungen, die Materialien sind inhomogen, die Zielfunktionen nicht sofort klar, die Modelle müssen vereinfacht werden, um wirklich anwendbar zu sein. Solche Gesichtspunkte werden in den Übersichtsartikeln herausgearbeitet, aber auch wichtige Modelle oder Algorithmen, die in den „Forschungs" -Beiträgen nicht vorkommen werden hier kurz angesprochen.

Wesentliche Ergebnisse der am ITWM entstandenen Mathematik werden dann in den folgenden fünf Kapiteln unter dem Schwerpunkt „Die Forschung" vorgestellt, die in einzelnen Abteilungen des Instituts entstanden sind. Diese abteilungsbezogenen Kapitel des Buches adressieren prototypisch die modellbasierte, problemgetriebene und ergebnisorientierte mathematische Forschung am ITWM. Sie beinhalten keinen auch nur annähernd vollständigen Überblick über die Projekte und Ergebnisse, die in 18 Jahren ITWM-Forschung erzielt wurden, sondern thematisieren exemplarisch Arbeitsgebiete, die sich in besonderer Weise dafür eignen, das Spezifische der „Fraunhofer-Mathematik" zu verdeutlichen. Alle fünf Kapitel sind strukturell gleich aufgebaut. Der Abschnitt 3 jedes Kapitels ist jeweils so geschrieben, dass er auch für den interessierten Laien ohne einschlägige Kenntnisse in der Mathematik verständlich ist.

Dagegen richtet sich der Abschnitt 4 vornehmlich an Mathematiker. Er enthält eine „in sich verständliche" kompakte mathematische Darstellung zu ein oder zwei Problembereichen, nimmt die mathematischen Herausforderungen auf und beschreibt die wesentlichen erzielten Resultate einschließlich ihrer Relevanz für „die Problemlösung". Simulationen illustrieren die Ergebnisse. Das jeweilige Forschungskapitel wird im Abschnitt 5 abgeschlossen durch Beschreibung von konkreten Beispielen, die aus der „Praxis" stammen und die in Kooperationsprojekten bearbeitet wurden.

Die einzelnen Abschnitte der Kapitel orientieren sich an den folgenden Fragestellungen:

Aufbau der Forschungskapitel

1. Warum kommt die Industrie zu uns?
   - Was sind die Probleme und Herausforderungen der Industrie in einem ausgewählten Themenfokus der Abteilung?
2. Was sind die mathematischen Herausforderungen?
   - Welche mathematischen Methoden werden benötigt, und welche Resultate stehen zur Verfügung, um diese Probleme zu lösen?
   - Warum genügt die schon bekannte Mathematik sehr häufig nicht, d. h. warum handelt es sich nicht nur um Mathematiktransfer?
3. Was wurde in der Abteilung erreicht?
   - Was sind die Schwerpunktthemen der Abteilung und welche Ergebnisse wurden erzielt?
   - Was ist der Impact aus Promotionen und Graduierungsarbeiten und wer sind die exponierten Kooperationspartner und Kunden?
4. Welche problemorientierten mathematischen Ergebnisse wurden erzielt?
   - Was sind die erzielten Resultate und inwieweit sind sie relevant für die „Problemlösung"?
   - Was geht und was geht nicht?
5. Wie fließen die Ergebnisse in die Praxis?
   - Was wird den Kunden bei konkreten Problemen am Ende in die Hand gegeben?

Der letzte Teil „Die Ausbildung“ mit dem Kapitel „Angewandte Schulmathematik – Made in Kaiserslautern“ richtet sich vornehmlich an Lehrer, Didaktiker und Schüler. Wie schon ausführlich beschrieben, hat in den letzten Jahrzehnten ein Quantensprung in der Sichtbarkeit der Mathematik als Motor für Innovation in Technik und Gesellschaft stattgefunden. Leider ist diese neue Rolle der Mathematik als einer Schlüsseltechnologie bisher in der Schule noch nicht angekommen. Mathematisches Modellieren, Berechnen zur Lösung realer Probleme aus der Praxis und interdisziplinäres Arbeiten werden in den Schulen kaum eingeübt. Es gibt natürlich die sogenannten Textaufgaben, die aber ganz selten „authentische Probleme“ beschreiben, deren Relevanz für die Lernenden eingängig wäre und für deren Lösung sie sich begeistern könnten. In der Schule kommen Algorithmen vor, aber kaum solche, wie sie in den letzten Jahrzehnten zur Bewältigung großer Aufgaben entwickelt wurden.

Die Vernetzung der MINT-Fächer (Mathematik, Informatik, Naturwissenschaften, Technik) ist weder im Lehrplan noch in der praktischen Unterrichtsgestaltung im nötigen Maße sichtbar. Die Schülerinnen und Schüler nehmen den Unterricht in den MINT-Fächern jeweils als eine Aneinanderreihung von Inhalten und Werkzeugen wahr, die – selbst innerhalb eines Faches – oft keinen größeren Zusammenhang erkennen lässt. Die Vernetzung der Fächer untereinander gelingt noch deutlich seltener.

Eine Ursache dafür ist die Struktur der Lehrerausbildung: Die angewandte Mathematik nimmt in der Ausbildung der Lehrer bis heute einen bescheidenen Teil ein. Weder das Modellieren noch das Arbeiten mit Algorithmen, welche die Anwendung komplizierter Formeln in der Praxis weitgehend verdrängt haben, spielen in der Schule eine Rolle. Gleichermaßen wird innerhalb des Lehramtsstudiums das interdisziplinäre Zusammenspiel von Mathematik, Informatik, den Naturwissenschaften und Technik weder in ausreichender Form aufgezeigt noch trainiert.

Im abschließenden Kapitel unseres Buches wollen wir Ansätze und Wege für eine Reform des Unterrichts in den Schulen sowie der Lehreraus- und -fortbildung aufzeigen, wie sie in Kaiserslautern schon seit einer Reihe von Jahren praktiziert werden.

Nach einer kurzen und anwenderorientierten Einführung in die mathematische Modellierung wird aufgezeigt, welche Maßnahmen umgesetzt werden können, um Schülerinnen und Schülern angewandte Mathematik und interdisziplinäres Arbeiten näher zu bringen. Hierbei werden sowohl inner- als auch außerschulische Veranstaltungen vorgestellt:

Mit Aktivitäten wie „Modellierungswochen“, „Modellierungstagen“ und Wettbewerben kann Schülern die Möglichkeit geboten werden, innerhalb eines kompakten Projekts die Rolle der Mathematik näher kennen zu lernen, selbst Mathematik aktiv und kreativ zu betreiben und auch die interdisziplinären Zusammenhänge zu sehen. Die Beispielaufgaben laden interessierte Lehrerinnen und Lehrer dazu ein, Modellierung in ihren Unterricht einfließen zu lassen. In der „Junior-Ingenieur-Akademie“ oder dem bundesweiten „Fraunhofer MINT-EC Math Talents“ -Programm bekommen die Teilnehmer die Gelegenheit, über einen längeren Zeitraum eine neue Philosophie der Verknüpfung von Ausbildung und Anwendung des Gelernten zu erfahren.

Es werden darüber hinaus Wege aufgezeigt, wie zukünftige Lehrer so ausgebildet bzw. fortgebildet werden könnten, dass sie ihren Unterricht und zusätzliche Angebote innerhalb der Schule entsprechend gestalten können. Dafür besitzt fertiges Unterrichtsmaterial einen weitaus geringeren Stellenwert als die notwendige fachliche Ausbildung und eine positive Grundeinstellung dafür, sich überhaupt mit neuen Methoden und Arbeitsformen an die Bearbeitung von Fragestellungen mit offenem Ausgang zu wagen. Die Hinweise zur didaktischen Einordnung neuer Unterrichtsformen sollen Erklärungen zur Wirksamkeit geben und Anknüpfungspunkte zum regulären Unterricht liefern.

7 Kurzportrait des Fraunhofer-Institutes für Techno- und Wirtschaftsmathematik ITWM

Das Fraunhofer ITWM wurde 1995 von der Arbeitsgruppe „Technomathematik" der Universität Kaiserslautern gegründet. Als Forschungseinrichtung des Landes Rheinland-Pfalz stand es von Beginn an unter Fraunhofer-Verwaltung. Nach einer erfolgreichen Evaluierung im Jahre 1999 wurde es zu Beginn des Jahres 2001 als erstes mathematisches Forschungsinstitut Mitglied der Fraunhofer-Gesellschaft. Damit wurde es Teil einer der größten und erfolgreichsten Forschungsorganisationen der Welt (Abb. 3).

Das Institut ist einerseits als Mathematikinstitut einer der ältesten den Geisteswissenschaften zugerechneten Wissenschaften verpflichtet, hat sich andererseits seit seiner Gründung zu einem der, auf die Wirtschaftserträge bezogen, erfolgreichsten Institute in der Fraunhofer-Gesellschaft entwickelt. Die Basis für diesen Spagat bildet die schon erwähnte dramatische Veränderung der Relevanz von Mathematik für alle Produktions-, Dienstleistungs-, Informations- und Kommunikationsprozesse in der modernen Industriegesellschaft.

Abb. 3 Institutsgebäude des ITWM im Fraunhofer-Zentrum Kaiserslautern (Foto: G. Ermel, Fraunhofer ITWM)

Die Vision, mit der das ITWM angetreten ist – Mathematik aus den Elfenbeintürmen und den Kathedralen der reinen Wissenschaft abzuholen und zu einer Schlüsseltechnologie für Innovation in Technik und Wirtschaft zu machen – ist nach jetzt fast 20 Jahren Arbeit ein gutes Stück Realität geworden. Diese Vision traf nicht immer auf ungeteilte Zustimmung. Kaum jemand hat bei Gründung des Instituts daran geglaubt, dass sich aus den Keimzellen der Techno- und Wirtschaftsmathematik an der Universität Kaiserslautern in so kurzer Zeit ein großes und erfolgreiches Fraunhofer-Institut für Mathematik entwickeln würde.

Die Warnungen gingen oft in die Richtung, dass „moderne Technologie zwar Mathematik braucht, aber keine Mathematiker, dies bleibt Domaine der Ingenieure und Naturwissenschaftler". Inzwischen hat hier ein Umdenken stattgefunden.

Der Umfang der in die industrielle Praxis eingehenden Mathematik ist in den letzten dreißig Jahren explosionsartig gewachsen. Dies begründet sich im Wesentlichen dadurch, dass Arbeit am Realmodell durch Simulationen, d. h. Arbeit mit mathematischen Modellen, ersetzt wurde. Ergänzt wurde diese Entwicklung durch die Automatisierung von Arbeitsprozessen, kognitiven Fähigkeiten, Sinneswahrnehmungen oder Erfahrungen in Form von Algorithmen, Computerprogrammen oder Expertensystemen. Hinzu kommt die Materialisierung von Mathematik im Computer und Softwareprogrammen. Die Mathematik bildet dabei als Rohstoff der Modelle und als Kern jedes Simulationsprogramms eine Schlüsseltechnologie und das Fundament für den Brückenschlag in diese Simulationswelt, die auf dem Computer als höchst effizientem Hilfsmittel basiert und die in nahezu allen Bereichen der Gesellschaft und Wirtschaft Fuß gefasst hat.

Integrale Bausteine dieser Umsetzung sind Forschungs- und Entwicklungsprojekte mit der Industrie, Bereitstellung maßgeschneiderter Softwarelösungen und Systeme sowie Unterstützung bei der Anwendung von Hochleistungsrechnertechnologie. Das ITWM spannt mit seinen Projekten einen weiten Bogen von Lowtech- zu Hightech-Firmen, von kleinen und mittelständischen Unternehmen zur Großindustrie, von regionalen Firmen zu Kunden in Europa und Übersee. Die Industrie schätzt und benötigt die Modellierungskompetenz, die Algorithmen und die Softwareprodukte des Instituts. Hohe Wirtschaftserträge gepaart mit einer starken Forschungsorientierung – allein 62 Doktoranden arbeiten 2014 an ihrer Dissertation im Institut – bilden die Basis für nachhaltigen Erfolg und kontinuierliches Wachstum.

Seit seiner Gründung Ende 1995 hat das ITWM für über 81 Millionen Euro Industrieprojekte und für fast 51 Millionen Euro öffentlich geförderte Projekte eingeworben. Allein in den letzten drei Jahren wurden über 700 Industrieprojekte erfolgreich bearbeitet.

Dies belegt, dass seitens der Industrie eine große Nachfrage nach innovativer Mathematik besteht und gleichzeitig Industrieprobleme als treibende Kraft zur Entwicklung von innovativen mathematischen Methoden und Werkzeugen dienen können.

Der ITWM-Haushalt ist seit der Gründung des Instituts kontinuierlich gewachsen und wird im Jahr 2014 ein Volumen von über 24 Millionen Euro ausweisen, knapp die Hälfte davon wird aus Industrieprojekten finanziert sein. Damit gehört das ITWM weltweit zu den größten Instituten im Bereich der angewandten und industrieorientierten Mathematik.

Ein Viertel der Wirtschaftserträge des ITWM entfallen auf Aufträge von kleinen und mittelständischen Unternehmen (KMU). Ein Drittel der Wirtschaftsprojekte des ITWM sind Aufträgen aus der regionalen Wirtschaft und ein weiteres Drittel Auslandsaufträgen zuzurechnen.

Aus der Analyse der Industrieprojekte des ITWM lassen sich einige Trends ableiten, die aus unserer Sicht nicht lokalen oder regionalen Besonderheiten geschuldet sind, sondern allgemeiner gültig sind:

- Mathematische Modellierung, Simulation und Optimierung werden branchenübergreifend von Großunternehmen nachgefragt.
- Auch für kleine und mittelständische Unternehmen ist der Einsatz mathematischer Methoden ein wesentlichen Innovationsfaktor.
- Mathematiktransfer in die Industrie unterliegt der Globalisierung.
- Firmen aus der Region bilden ein großes Kundenpotenzial.
- Kleine Losgrößen dominieren bei den Projekten.

Das Kundenspektrum des ITWM ist breit, die hauptsächlich adressierten Branchen sind: Anlagen- und Maschinenbau, Fahrzeugindustrie, kunststoffverarbeitende, metallverarbeitende und mineralverarbeitende Industrie, Informationstechnologie und Kommunikationstechnik, Holz-, Papier- und Druckindustrie, Mikroelektronik, Medizintechnik, Pharmaindustrie, chemische Industrie und technische Textilien sowie Banken und Versicherungen. Viele Projekte entfallen dabei auf große DAX-notierte Unternehmen. In der Fahrzeugindustrie arbeitet das ITWM z. B. mit allen deutschen und vielen ausländischen Firmen zusammen. Das problemorientierte Arbeiten in einer Projektlandschaft, die unterschiedlichste Branchen adressiert und wegen des Querschnittscharakters der Mathematik einen effizienten Methodentransfer erlaubt, schafft strukturelle Stabilität und macht das Institut robust gegen Konjunkturschwächen einzelner Branchen.

Viele kleine und mittelständische Unternehmen nutzen im enormen Wettbewerbsdruck, dem sie unterliegen, die Modellierungs- und Simulationskompetenz des ITWM. Die Vorreiter dieser Entwicklung haben am Markt durch den Einsatz von Simulationen als Ausweis von Innovation und Qualitätssicherung ihrer Produkte profitiert. Den KMU mit ihren beschränkteren finanziellen Ressourcen kommt entgegen, dass Rechenleistung immer günstiger gekauft werden kann. Nicht die Investitionen in neue Computer, sondern die vergleichsweise teure Software bildet hier einen Engpass. Hinzu kommt, dass qualifiziertes Personal eingestellt werden muss, das die immer leistungsfähigeren Softwareprogramme fachmännisch bedienen kann. Da KMU häufig über keine oder nur sehr kleine FuE-Abteilungen verfügen, bedeutet Einsatz von Simulation häufig Einstellung von zusätzlichem Personal, das dauerhaft Kosten erzeugt. Dieser Kostenfaktor und die psychologische Seite, bewährte und vertraute, in der Regel experimentbasierte Verfahren – bei denen man immer sieht und messen kann, was herauskommt – aufzugeben zugunsten von Simulationen, bei denen man dem Computer und dem Softwarewerkzeug vertrauen muss, behindern zuweilen noch das Projektgeschäft. Die bei richtiger Handhabung unglaubliche Zuverlässigkeit und fast uneingeschränkte Flexibilität der Simulationen wird aber über kurz oder lang alle überzeugen – die Kooperationspotenziale sind riesig.

Firmen am Standort und aus der Region nutzen die Kompetenzen des ITWM. Fast ein Drittel der Projekte wurden im Jahr 2013 mit Kooperationspartnern aus Kaiserslautern und der umliegenden Region durchgeführt, wobei hier die KMU klar dominieren. Dies zeigt, dass auch ein mathematikbasiertes Forschungsinstitut einen signifikanten Beitrag zur Unterstützung der regionalen Wirtschaft im FuE-Bereich leisten und Innovationen befördern kann.

Die Globalisierung der Wirtschaft spiegelt sich in den Auftraggebern des ITWM. Mehr als ein Drittel der Industrieerträge entfällt inzwischen auf Aufträge aus dem Ausland. Viele Kunden kommen aus dem europäischen Ausland, aber die Zusammenarbeit mit Firmen aus den USA und Asien gewinnt zunehmend an Bedeutung.

Der für das ITWM hinsichtlich Akquisitionsaufwand, langfristiger Planung des Einsatzes von Personalressourcen und Kompetenzaufbau und Minimierung des Verwaltungsaufwandes ideale Kooperationspartner ist ein Auftraggeber, der mit uns einen mehrjährigen Kooperationsvertrag abschließt, in dessen Rahmen Einzelprojekte abgewickelt werden. Solche bereits existierenden Kunden sind für das Institut sehr wertvoll.

KMU beauftragen in der Regel kleinere Einzelprojekte. Viele Firmen, mit denen das Auftragsvolumen insgesamt durchaus groß ist, haben verschiedene FuE-Abteilungen, die jeweils für sich Einzelverträge mit dem ITWM abschließen. Neukunden neigen dazu, die Kompetenz und Leistungsfähigkeit des Instituts zunächst durch kleinere Machbarkeitsstudien und Berechnungsaufträge zu testen. Das führt insgesamt dazu, dass die Anzahl der jährlich abzuwickelnden Industrieprojekte am ITWM inzwischen die Zahl 250 überschritten hat und die durchschnittliche Losgröße der Projekte 2013 bei knapp 40 000 Euro lag. Sehr erfreulich und ein deutlicher Ausweis der Qualität der Projektarbeit ist dabei die hohe Anzahl von Folgeprojekten.

7.1 Welche Kompetenzen und welche Strukturen werden benötigt, um erfolgreich Mathematiktransfer zu betreiben?

Die Grundpfeiler für einen erfolgreichen Mathematiktransfer sind die klassischen Disziplinen der angewandten Mathematik wie Numerik, Optimierung, Stochastik und Statistik, Differentialgleichungen und die mathematische Modellierung. Ergänzt werden sie durch stark mathematisch orientierte Theoriefelder, wie z. B. 3D-Differentialgeometrie, Kontinuumsmechanik, Elektrodynamik, System- und Kontrolltheorie, Finanzmathematik, inverse Probleme oder Bild- und Signalverarbeitung, die sich im Verlauf der letzten Jahrzehnte als Grenzgebiete zwischen Mathematik und Technologie herausgebildet haben (Abb. 4). Sie sind unverzichtbare Bestandteile für eine erfolgreiche Bearbeitung von Anwendungsprojekten.

Das Hauptbetätigungsfeld des ITWM besteht darin, anwendbare Mathematik in wirklich angewendete Mathematik umzusetzen. Theoreme und Algorithmen an Modelle, die

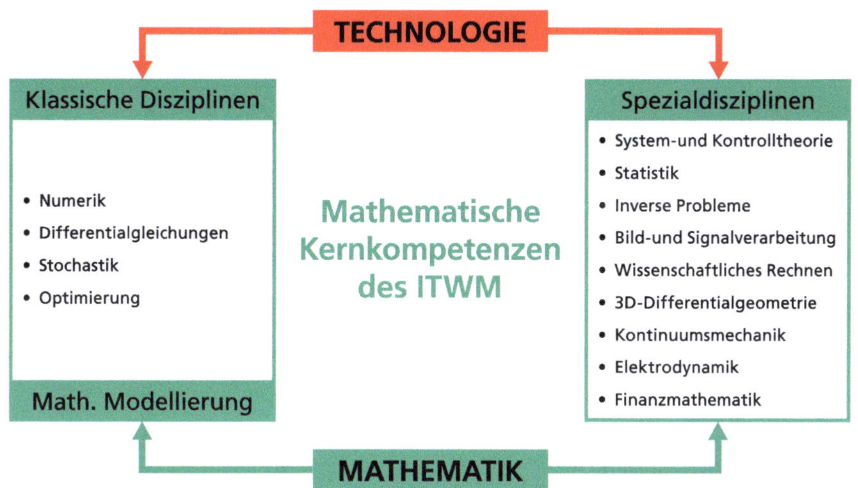

Abb. 4 Mathematische Kernkompetenzen des ITWM (Grafik: S. Grützner, Fraunhofer ITWM)

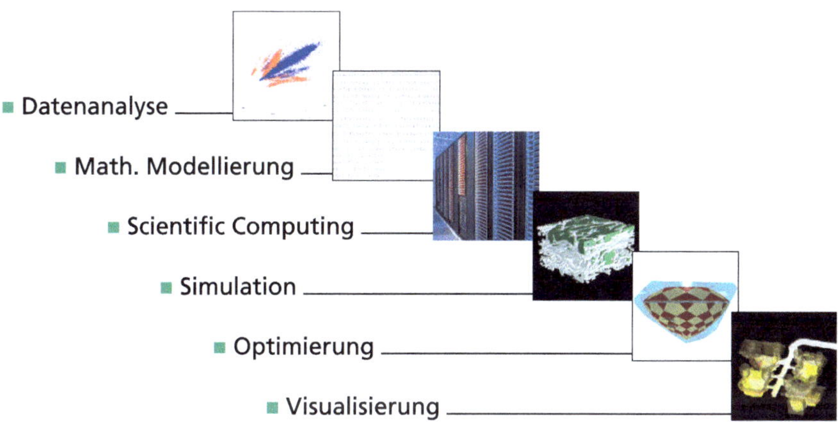

Abb. 5 Prozesskette am ITWM (Grafik: S. Grützner, Fraunhofer ITWM)

aus der Praxis kommen, anzupassen, theoretisch existierende optimale Lösungen in praktikable Lösungen zu verwandeln. Diese Umsetzung erfordert jedoch über die Grundpfeiler hinaus spezifische Kompetenzen, mit denen die eigentliche Brücke in die virtuelle Welt gebaut wird. Sie sind bezogen auf die Verarbeitung der aus Experimenten und Beobachtungen zur Verfügung stehenden Daten, die Aufsetzung der mathematischen Modelle, die Umsetzung der mathematischen Problemlösungen in numerische Algorithmen, die Zusammenfassung von Daten, Modellen und Algorithmen in Simulationsprogrammen, die Optimierung von Lösungen in Interaktion mit der Simulation und schließlich die Visualisierung der Simulationsläufe in Bildern und Grafiken. Die zur Gestaltung dieser Prozesskette benötigten Kompetenzen bilden die Kernkompetenzen des ITWM (Abb. 5).

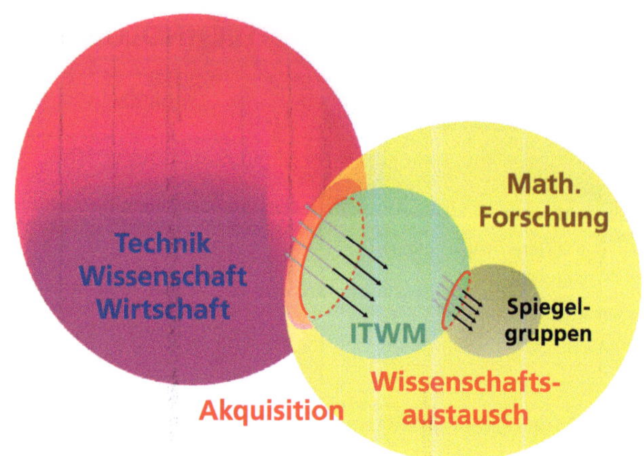

Abb. 6 Wissenschaftsaustausch (Grafik: S. Grützner, Fraunhofer ITWM)

Die gesamte Prozesskette wird häufig unter dem Begriff der „numerischen Simulation" subsummiert. Hierfür haben sich durch die wachsende Leistungsfähigkeit im Rechnerbereich in den letzten 20 Jahren ganz neue Potenziale für industrielle Simulationsaufgaben eröffnet. In zunehmendem Maße hat dabei die Vernetzung von Rechnern eine zentrale Bedeutung gewonnen. In der Bereitstellung von Höchstrechenleistung für industrielle Applikationen fand ein dramatischer Paradigmenwechsel statt. PC-Cluster, Multicore-Systeme und Cloud Computing ersetzen Supercomputer. Parallele Rechnersysteme – vor wenigen Jahren nur in wenigen Forschungszentren und in der Meteorologie zu finden – haben Einzug in die Industrie gehalten. Die Anpassung der numerischen Algorithmen an diese rasanten Veränderungen im Hardwarebereich stellt heute noch einen großen Engpass für die volle Entfaltung der Leistungspotenziale dieser neuen Rechnersysteme dar.

Die komplette Prozesskette bildet sich in sehr vielen ITWM-Projekten ab. Ein großer Vorteil des Instituts besteht darin, dass alle diese Kompetenzen „inhouse" zur Verfügung stehen und ihr Einsatz in den Projekten zentral geplant werden kann. Aus anfangs 34 Wissenschaftlern, Doktoranden und Mitarbeitern in den zentralen Bereichen ist heute eine Mannschaft von 260 Mitarbeitern geworden. Insgesamt 170 überwiegend promovierte Wissenschaftler aus der Mathematik, aber auch aus der Physik, den Ingenieurswissenschaften und der Informatik bearbeiten eine Vielzahl von Themen und entwickeln Simulationssoftware (vergl. auch Anhang: Das Fraunhofer ITWM in Zahlen). Im Vergleich zur universitären Bearbeitung von Projekten bedarf es keiner inhaltlichen und zeitlichen Abstimmung zwischen Arbeitsgruppen verschiedener Lehrstühle. Zuständigkeiten und Verantwortlichkeiten wie auch Zeitpläne und Ablieferung einzelner Arbeitspakete sind bereits bei Angebotserstellung klar geregelt.

Andererseits ist, um den Anschluss an die Frontlinien der Forschung zu halten und im Wettbewerb mit anderen Forschungseinrichtungen am Markt erfolgreich zu sein, eine kontinuierliche Selbstreflexion darüber notwendig, wie sich unsere eigenen Arbeitsschwerpunkte, Ideen und Ziele an dem spiegeln, was in Forschung und Entwicklung außerhalb des Mikrokosmos ITWM passiert (Abb. 6).

Die Forschung im ITWM ist auf engste verzahnt mit der Forschung am Fachbereich Mathematik der TU Kaiserslautern. Hier gibt es Spiegelgruppen zu Themenschwerpunkten des Instituts und Beteiligungen am Landesforschungsschwerpunkt CM^2 und dem Graduiertenkolleg „Stochastic Models for Innovations in the Engineering Sciences". Darüber hinaus existieren Kooperationsprojekte mit vielen Lehrstühlen in den Fachbereichen Informatik, Maschinenbau und Verfahrenstechnik, Bauingenieurwesen sowie Elektro- und Informationstechnik der TU Kaiserslautern, z. B. auch im Innovationszentrum „Applied System Modeling" und in der „Science Alliance" Kaiserslautern.

Die Querschnittstechnologie Mathematik spiegelt sich darüber hinaus in einer Vielzahl von Kooperationsprojekten des ITWM mit anderen Fraunhofer-Instituten wider. Das ITWM ist eines der ertragsstärksten Mitglieder im Verbund „Informations- und Kommunikationstechnologie" der Fraunhofer-Gesellschaft und hat gleichzeitig den Status eines Gastinstituts im Verbund „Werkstoffe, Bauteile – MATERIALS". Außerdem ist das Institut Mitglied in den Fraunhofer-Allianzen Automobilproduktion, Batterien, Big Data, Cloud Computing, Leichtbau, Numerische Simulation von Produkten und Prozessen, Verkehr, Vision und im Fraunhofer-Innovationscluster „Digitale Nutzfahrzeugtechnologie".

Im Verbund mit anderen Instituten ist das ITWM an einer Reihe von größeren Fraunhofer-internen Kooperationsprojekte beteiligt, in die wir unsere mathematisch orientierten Kompetenzen einbringen, die in der Regel komplementär zu den Kompetenzen der Partnerinstitute sind. Insgesamt ist das ITWM eines der am besten vernetzten Institute in der Fraunhofer-Gesellschaft.

Die internationale Vernetzung des ITWM zeigt sich auch in aktuellen Forschungskooperationen mit vielen ausländischen Universitäten und Forschungsinstituten, der hohen Anzahl von ausländischen Gastwissenschaftlern am Institut und der umfangreichen Mitarbeit von ITWM-Wissenschaftlern in wissenschaftlichen Gremien bzw. bei der Herausgabe von Fachzeitschriften.

7.2 Abteilungen, Geschäftsfelder und Kunden

Die Abteilungen strukturieren die Geschäftsfelder des Instituts, nicht immer trennscharf, aber mit hinreichenden Alleinstellungsmerkmalen. Auf eine in vielen Instituten etablierte Matrixstruktur wurde bewusst verzichtet, um insgesamt wenige Hierarchien im Institut zu haben und interne Abstimmungsprozesse in Akquisition und Projektarbeit zu minimieren. Die Abteilungen verfügen in der Regel über die einschlägigen Kompetenzen, die zur Bedienung der von ihnen adressierten Geschäftsfelder notwendig sind.

Es würde den Rahmen dieses einleitenden Kapitels sprengen, die Kompetenz- und Kundenprofile der Abteilungen im Einzelnen zu beschreiben. Fünf Abteilungen haben wesentlich zu diesem Buch beigetragen und einen Einblick in die entstandenen Arbeiten bieten die Kapitel des Forschungsteils, die von ihnen gestaltet wurden. Auch ist es nicht möglich, eine nur annähernd vollständige Übersicht über das Kundenspektrum des ITWM zu geben.

In den Jahren 2009 bis 2013 hat das ITWM allein 1070 Industrieprojekte bearbeitet. Die folgende Kurzübersicht zeigt beispielhaft für 2013 die Branchen- und Kundenvielfalt des ITWM auf.

- Branchen:
  Fahrzeugindustrie, allgemeiner Maschinenbau, Energie und Rohstoffe, Chemie, Finanzwesen, Handwerk, Informations- und Kommunikationstechnologie, Medizintechnik und Textilindustrie
- Kunden:
  Accenture CAS GmbH, Assyst GmbH, AUDI AG, AUTEFA (A), BASF SE, BMW Group, BPW Bergische Achsen Kommanditgesellschaft, ClusterVision (NL), Daimler AG, DZ-Bank (L), ebm – papst, FLSmidth Wadgassen GmbH, Freudenberg Filtration Technologies, Görlitz AG, IBS FILTRAN GmbH, John Deere, Johns Manville Europe GmbH, K + S Kali, Klinikum Essen, Liebherr, LONZA Group AG (CH), Lundin (N), M + W Process Industries GmbH, Marathon Oil (USA), Math2Market GmbH, MTU Aero Engines GmbH, Paul Wild OHG, proALPHA Software AG, Procter & Gamble (USA), Progress Rail Inspection & Information Systems, Repsol (USA), Robert Bosch GmbH, Seismic Image Processing Ltd (GB), SGL Carbon, SIEDA GmbH, Siemens AG, Statoil (N), Teckpro AG, Voith Hydro, Volkswagen AG, Volvo CE (S), Woltz GmbH.

7.3 Kooperation mit dem Fraunhofer-Chalmers-Centre for Industrial Mathematics FCC

Als eines der ersten Fraunhofer-Institute setzte das ITWM die Empfehlung des Fraunhofer-Vorstands um, die Internationalisierung in Europa voranzutreiben. In Göteborg (S) wurde das Fraunhofer-Chalmers-Centre for Industrial Mathematics FCC als Joint Venture zwischen der Chalmers Technical University und dem ITWM erfolgreich aufgebaut (Abb. 7). Heute erarbeiten 39 Mitarbeiter einen Betriebshaushalt von fast 39 Mio SEK (ca. 4,2 Mio Euro) und das Institut hat sich seit seiner Gründung im Jahre 2001 mit seinen Abteilungen

- Geometrie und Bewegungsplanung
- Computational Engineering und Design
- System- und Datenanalyse

zu einem der renommiertesten Zentren für „Industrial Mathematics" in Schweden entwickelt.

8 Fazit ITWM

Das ITWM gehört bereits heute zu den größten Instituten im Bereich der angewandten und industrieorientierten Mathematik. Es sieht sich als Speerspitze der Mathematik in der Industrie, mit besonderem Fokus auf kleinen und mittelständischen Unternehmen. Es wird

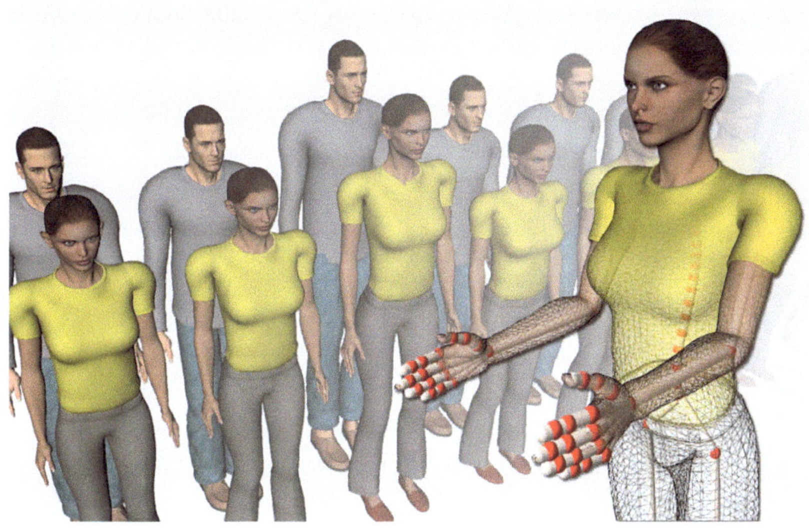

Abb. 7 Mit der Software IMMA™ – Intelligently Moving Manikins evaluiert das FCC die Ergonomie in der Montageplanung; Manikin-Familien sollen dabei den Großteil der Bevölkerung abbilden. (Grafik: FCC, Geometrienetz: Poser®)

diese Position stärken und ausbauen und weiterhin dazu beitragen, die Mathematik zu einer Schlüsseltechnologie in Technik und Wirtschaft zu machen. Die hervorragende Anbindung an die TU Kaiserslautern in Forschung und Ausbildung garantiert Nähe zu aktuellen Forschungsthemen insbesondere (aber nicht nur) in der angewandten Mathematik und stellt eine wichtige Ressource zur Gewinnung von gutem wissenschaftlichem Nachwuchs dar. Die Vernetzung des ITWM in der Fraunhofer-Gesellschaft, die Einbindung des Instituts in eine Reihe internationaler Kooperationen und die enge Verzahnung mit dem Schwesterinstitut FCC in Göteborg gehören ebenfalls zu den Stärken des Instituts.

Die flachen Strukturen mit autonomen Abteilungen und einer effizienten kleinen Verwaltung schaffen operationelle Flexibilität ohne komplizierte Matrixstrukturen, einfache Betriebsabläufe und direkte Ankopplung von ITWM-Kompetenzen an Kunden. Das gute Betriebsklima, wenig Reibung durch Hierarchien und ein Klima gegenseitiger Achtung und Anerkennung trägt entscheidend zur hohen Identifikation und dem großem Engagement unserer Mitarbeiterinnen und Mitarbeiter mit ihrer Arbeit und dem Institut insgesamt bei. Last not least sehen wir in unserem „ehrlichen Umgang" mit Kooperationspartnern, der geprägt ist durch das Credo „Verspreche nur das, was du auch wirklich leisten kannst" ein wichtiges Element für den nachhaltigen wirtschaftlichen Erfolg des Instituts.

Aber natürlich gibt es noch Verbesserungspotenzial. Für die Qualitätssicherung in der Forschung und den Ausbau unserer Kompetenzen wollen wir verstärkt mit nationalen und internationalen Spitzenforschern in der angewandten Mathematik kooperieren. Die Publikationstätigkeit in den Abteilungen ist sehr unterschiedlich, insgesamt ist hier eine Steigerung wünschenswert, auch um die Sichtbarkeit in der Scientific Community zu erhöhen. Das Institut adressiert eine Vielzahl von Anwendungsthemen in nahezu allen Branchen. Das ist ein Element struktureller Stabilität, das dafür sorgt, dass wirtschaftliche Schwierigkeiten in einzelnen Branchen nur sehr begrenzt auf die Wirtschaftserträge des Instituts durchschlagen. Andererseits sind mit dieser starken Diversifikation häufig kleine Losgrößen von Projekten verbunden und das ITWM ist als Premiumpartner für MSO nur in wenigen Branchen verortet, wie etwa in der Nutzfahrzeug- und der Erdöl- und Erdgasindustrie. Darüber hinaus gibt es Potenziale für weitere Fokussierungen, zum Beispiel auf die Verfahrenstechnik, den Energiesektor oder die IT Industrie, die wir in Zukunft verstärkt vorantreiben wollen.

Zudem bewegt sich das Institut in einem Umfeld von Konkurrenten: Ingenieurbüros, die mit kommerzieller Software FuE-Beratung für Firmen anbieten, Softwarefirmen, die kommerzielle Lösungen für Probleme anbieten, die zum Auftragsforschungspool des ITWM gehören, Lehrstühle an Universitäten, die im Zuge der steigenden Markt- und Drittmittelorientierung der Hochschulen in den Markt drängen aber auch Fraunhofer-Institute, die in ihren spezifischen Anwendungsdomänen eigene Modellierungs- und Simulationskompetenz aufbauen. Diese Konkurrenz besteht natürlich auch im Wettbewerb um die guten Köpfe auf dem Arbeitsmarkt. Mit Blick auf die Konkurrenten aus der Wirtschaft stellen die restriktiven Möglichkeiten des TVöD natürlich einen Wettbewerbsnachteil dar. Die Gewinnung hochqualifizierten neuen Personals und die Aufrechterhaltung der hohen Motivation der Mitarbeiter bei einer gleichzeitig alternden Mannschaft stellen eine der größten Herausforderungen für das Institut in den kommenden Jahren dar.

Das ITWM ist als Partner für MSO in vielen BMBF Projekten beteiligt. Trotzdem und auch wenn die Innovationsinitiativen in Deutschland und der EU global gesehen zu den positiven Rahmenbedingungen zu rechnen sind, muss konstatiert werden, dass die Mathematik quer zu den Förderlinien des BMBF liegt. Das BMBF-Mathematikprogramm ist für die angewandte Mathematik in Deutschland sicherlich eine wichtige Ressource der Forschungsförderung, auch für die DFG hat die Mathematikförderung hohe Priorität und Mathematik ist in allen ihren Förderinstrumenten abgebildet. Aber Mathematik als Technologie hat nach wie vor kein eigenes Förderprogramm und die finanzielle Ausstattung des BMBF-Programms ist im Vergleich zu den Fördervolumen, mit denen andere Schlüsseltechnologien bedient werden, mehr als bescheiden. Die Bedeutung der angewandten Mathematik als Innovationstreiber wird immer noch nicht ernsthaft in der Politik wahrgenommen. Damit sind mathematisch orientierte Forschungsinstitute und Lehrstühle immer wieder darauf angewiesen, ihre Kompetenzen an domänenorientierte Projekte anzudocken, erhalten aber wenig exklusive Förderung für Methodenentwicklung und den Ausbau ihrer Kernkompetenzen. Es fehlt ein Förderprogramm für größere Verbundprojekte mit der Industrie, in denen unter Konsortialführung der Mathematik Methodenentwicklung orientiert am Bedarf der Industrie vorangetrieben wird und wo die Firmen selbst auch Empfänger von Fördermitteln sein können.

Anhang: Das Fraunhofer ITWM in Zahlen

Abb. 8 Gesamtbetriebshaushalt 1996–2013

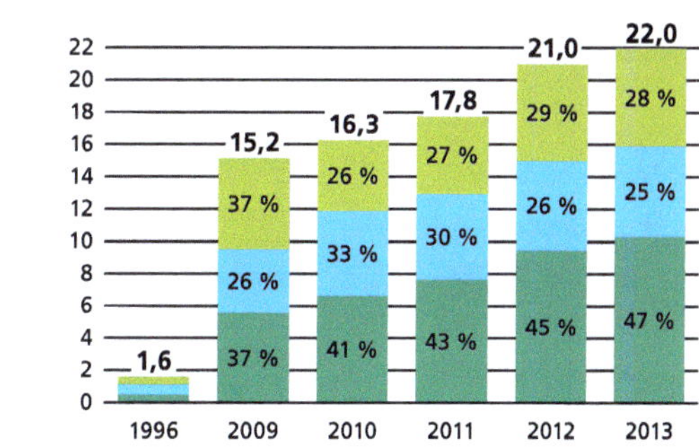

Abb. 9 Entwicklung des Betriebshaushaltes in Mio Euro

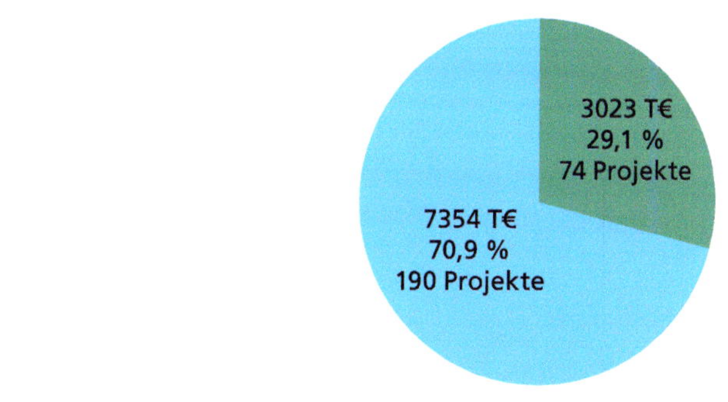

Abb. 10 Aufteilung der Industrieerträge 2013: KMU-Anteil

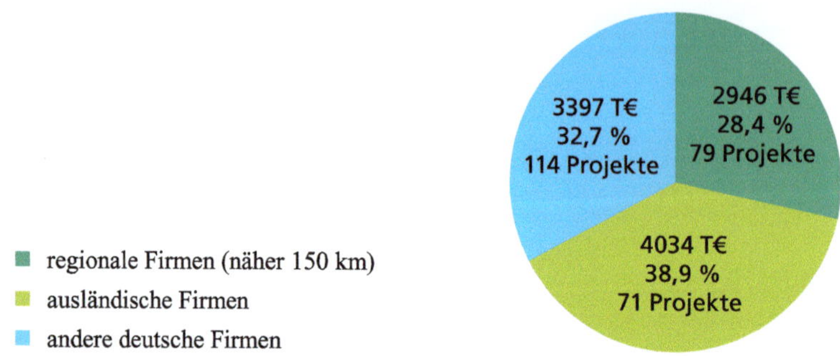

Abb. 11 Aufteilung der Industrieerträge 2013: Verteilung der Industriekunden

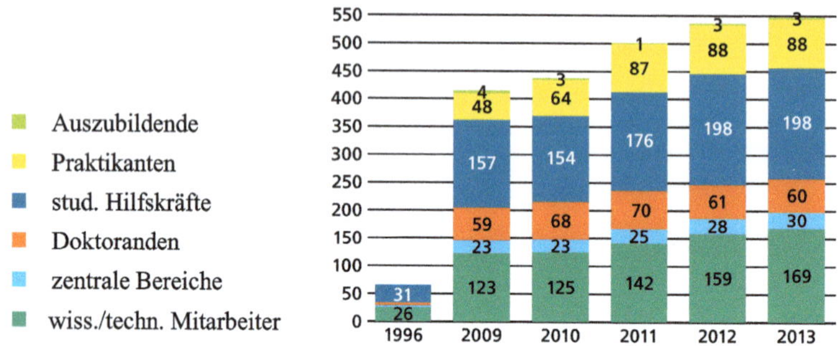

Abb. 12 Personalentwicklung 1996–2013

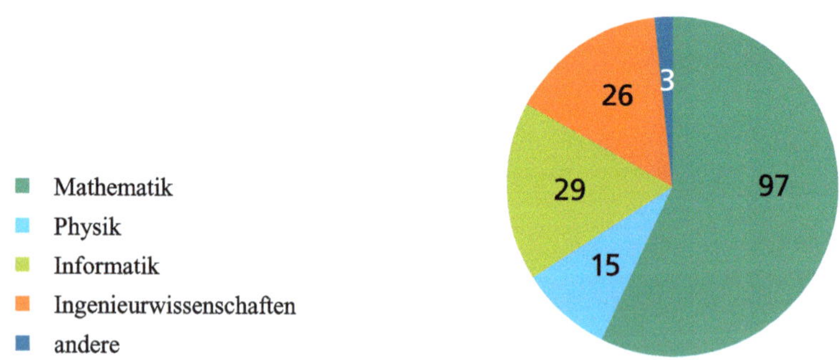

Abb. 13 Aufteilung des wiss./techn. Personals 2013 nach Studienzweigen

Teil II
Die Konzepte

Modellierung

Helmut Neunzert

„Modelle und Modellierung" sind sicher eine der wichtigsten Kernkompetenzen des Fraunhofer ITWM. Wir wollen vor allem klären, was wir darunter verstehen, denn wenige Begriffe der angewandten Mathematik – vielleicht sogar der ganzen Naturwissenschaften – haben verschiedenere Deutungen und Spezialisierungen wie der der Modellierung. Und das, obwohl es auch ein zentraler Begriff der naturwissenschaftlichen Forschung ist, denn diese besteht aus dem Wechselspiel von Modellierung und Messung.

Beginnen wir also mit der Begriffsbestimmung.

1 Was ist ein Modell, was ist Modellieren?

Die Literatur ist voll von mehr oder weniger originellen Antworten auf diese Frage. Hier zum Beispiel eine fast poetische Antwort: „Modelle beschreiben unseren Glauben, wie die Welt funktioniert." Und: „In der mathematischen Modellierung übersetzen wir diese Glaubensinhalte in die Sprache der Mathematik" [4].

Man könnte auch sagen, wir machen uns Vorstellungen, Bilder davon, wie wir glauben, dass die Welt – oder zumindest ein Teil der Welt – funktioniert. Es ist ein vorsichtiger Ton in solchen Sätzen. Wir wissen nicht, wie die Welt wirklich ist, aber wir arbeiten mit gewissen Vorstellungen davon, bis diese Vorstellungen falsifiziert sind. Da schwingt Karl Popper mit. Zumindest haben diese Vorstellungen klare Grenzen hinsichtlich ihres Gültigkeitsbereichs – und das ist eine wichtige Botschaft, die wir fast an den Anfang stellen, gerade auch, wenn die Welt die „industrielle Praxis" ist: Was immer wir als Lösungen industrieller Probleme liefern, man sollte bei der Anwendung dieser Lösungen nie vergessen, dass sie unter einschränkenden Bedingungen gewonnen wurden, die man immer

H. Neunzert (✉)
Fraunhofer-Institut für Techno- und Wirtschaftsmathematik (ITWM), Kaiserslautern, Deutschland
e-mail: helmut.neunzert@itwm.fraunhofer.de

H. Neunzert, D. Prätzel-Wolters (eds.), *Mathematik im Fraunhofer-Institut*,
DOI 10.1007/978-3-662-44877-9_2

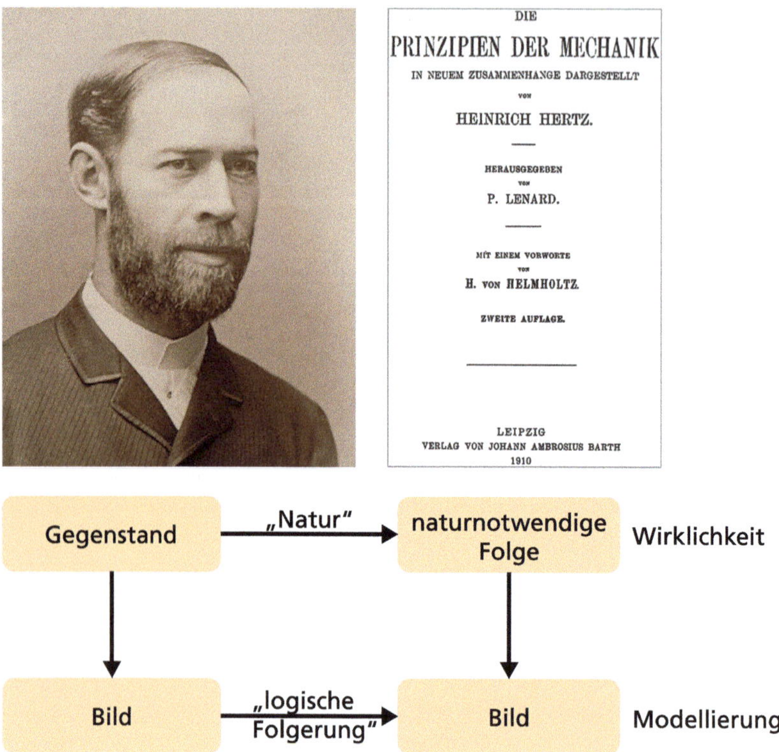
DIE
PRINZIPIEN DER MECHANIK
IN NEUEM ZUSAMMENHANGE DARGESTELLT
VON
HEINRICH HERTZ.
HERAUSGEGEBEN
VON
P. LENARD.
MIT EINEM VORWORTE
VON
H. VON HELMHOLTZ.
ZWEITE AUFLAGE.
LEIPZIG
VERLAG VON JOHANN AMBROSIUS BARTH
1910

Abb. 1 Heinrich Hertz (1857–1894, Foto: Robert Krewaldt)

berücksichtigen muss. Nicht selten hat man dies vergessen, z. B. in der Finanzmathematik, aber auch bei technischen Problemen. Die Unzuverlässigkeit der Ergebnisse waren nicht die Schuld der Mathematiker, sondern die der unvorsichtigen Anwender.

Wahr ist aber auch: Innerhalb der Gültigkeitsgrenzen können die Modelle die Welt überraschend genau widerspiegeln – und davon wollen wir vor allem reden.

Zunächst bleiben wir aber noch bei der Begriffsbestimmung. Weniger poetisch als die erste, aber aus naturwissenschaftlicher Sicht aussagestärker ist jene, die der Physiker Heinrich Hertz (Abb. 1) in seinen „Prinzipien der Mechanik" von 1896 gegeben hat. Ich zitiere:

„Wir machen uns innere Scheinbilder oder Symbole der äußeren Gegenstände, und zwar machen wir sie uns von solcher Art, dass die denknotwendigen Folgen der Bilder stets wieder die Bilder seien von naturnotwendigen Folgen der abgebildeten Gegenstände."

Im Bild 1 sehen wir das Diagramm zu obigem Satz. Wenn wir statt „inneres Scheinbild oder Symbol“ einfach Modell sagen, verstehen wir, dass für Hertz Modellieren eigentlich der Kern wissenschaftlichen Forschens war, denn das Zitat oben bezieht sich darauf, was Wissenschaft eigentlich sei. Wir müssen „denknotwendige Folgen der Bilder“ bestimmen; das geht am besten dann, wenn die Bilder aus „Mathematik gemacht“ sind. Oder, wenn man so will: Der Rohstoff der Modelle, die hier in Betracht kommen, ist Mathematik. Das passt auch in vielen anderen Begriffsbestimmungen der Modellierung: „Mathematische Modellierung ist der Gebrauch von Mathematik, um Phänomene der realen Welt zu beschreiben“ [7]. Außerdem geht es nach der Autorin bei Modellierung darum, „Fragen über die beobachtete Welt zu untersuchen; die Phänomene auch zu erklären, Ideen zu testen und Voraussagen über die reale Welt zu machen“.

Einfacher ist es bei Wikipedia: Ein Modell ist dort die Beschreibung eines Systems durch Benutzung mathematischer Konzepte und Sprache. Ein Modell kann dabei helfen, ein System zu erklären und die Einflüsse verschiedener Komponenten zu studieren, auch Vorhersagen über das Verhalten zu machen. Und auch hier ist Wissenschaft und Modellierung eng gekoppelt: „The quality of a scientific field depends on how well the mathematical models developed on the theoretical side agree with results of repeatable experiments.“

Eine sorgfältigere Einführung der wichtigsten Begriffe findet sich in dem Buch von Velten [6]. Er gibt sehr formale Definitionen, die zwar korrekt, aber nicht immer hilfreich sind. Am greifbarsten ist noch seine Definition 1.2.1, die er von Minski [3] übernimmt: „To an observer B, an object A* is a model of an object A to the extent that B can use A* to answer questions that interest him about A.“ Ob man jetzt weiß, was modellieren ist? Was uns beim Modellieren grundsätzlich interessiert, sind auch „objects“, d. h. Gegenstände. In den meisten Texten – und auch in [6] – präzisiert man diese Gegenstände bald: Man interessiert sich für Systeme – natürliche Systeme wie etwa Seen, technische Systeme wie Anlagen, Motoren, ökonomische Systeme wie etwa die Aktienkurse, virtuelle Systeme wie Computerspiele (Abb. 2).

Auch für den Begriff „System“ gibt es mehr oder weniger formale Definitionen, aber wir lassen es bei dem direkten Verständnis. Auch in der Arbeit des ITWM handelt es sich immer um Systeme, von der oben angedeuteten Art: Um Spinnanlagen, Schleifsysteme, Filtersysteme, Generatoren, Aktienkurse usw. Und obwohl wir die Hertzsche Definition in unserer Arbeit und für dieses Buch bevorzugen, definieren wir auch nicht, was ein „Bild“ ist: Es zeigt das für den Fragesteller Wesentliche eines Systems, lässt also Unwesentliches

Abb. 2 Systeme: (**a**) natürliches Ökosystem, (**b**) technisches System (© Pressefoto BASF), (**c**) ökonomisches System (© Deutsche Börse)

Abb. 3 Modell und Wirklichkeit: Who is who? (© iStockphoto (*links*), Foto und Montage: G. Ermel, Fraunhofer ITWM)

weg, abstrahiert; vielleicht wäre das Wort „Karikatur“ besser, vielleicht erklärt aber die folgende Abbildung alles ohne Worte (Abb. 3).

So ist also für uns ein Modell das Bild eines Systems; das Bild ist aus Mathematik gemacht und spiegelt gewisse, den Fragesteller interessierende Eigenschaften des Systems mit hinreichender Genauigkeit wider. Das Modell hat deutliche Gültigkeitsgrenzen, die allerdings auch von der gewünschten Genauigkeit abhängen. In den Modellen stehen oft Parameter, die durch Messungen bestimmt werden können oder indirekt durch Parameteridentifikation aus Messdaten gewonnen werden. Die Genauigkeitsanforderungen an die Modelle müssen mit der Genauigkeit der Daten korrespondieren; es hat keinen Sinn, kleinste Phänomene in das Modell einzubauen, wenn die Parameter dafür nicht oder nur ungenau gemessen werden können – ein Problem, das besonders oft in der Biologie auftaucht. Der Metabolismus einer Zelle ist meist höchst komplex – aus dem abgebildeten Strukturmodell ließe sich zwar leicht ein mathematisches Modell, ein System gewöhnlicher Differentialgleichungen herstellen, aber die vielen Übergangskoeffizienten sind weder messbar noch identifizierbar (Abb. 4).

Modellieren ist ein wesentlicher Teil wissenschaftlichen Tuns. Physik z. B. ist Modellieren und Messen. Newtons Mechanik, Einsteins Relativitätstheorie, Schrödingers Quantenphysik sind ebenso Modelle wie Navier–Stokes- oder Euler-Gleichungen, Darcys Gesetz für Strömungen in porösen Medien, Cosserats Festkörpertheorie oder die Maxwellschen Gleichungen. In unseren Projekten überwiegt die klassische Physik, insbesondere die Kontinuumsmechanik und Elektrodynamik, weil zeitliche und räumliche Größenordnungen in der Industrie meist gut dazu passen.

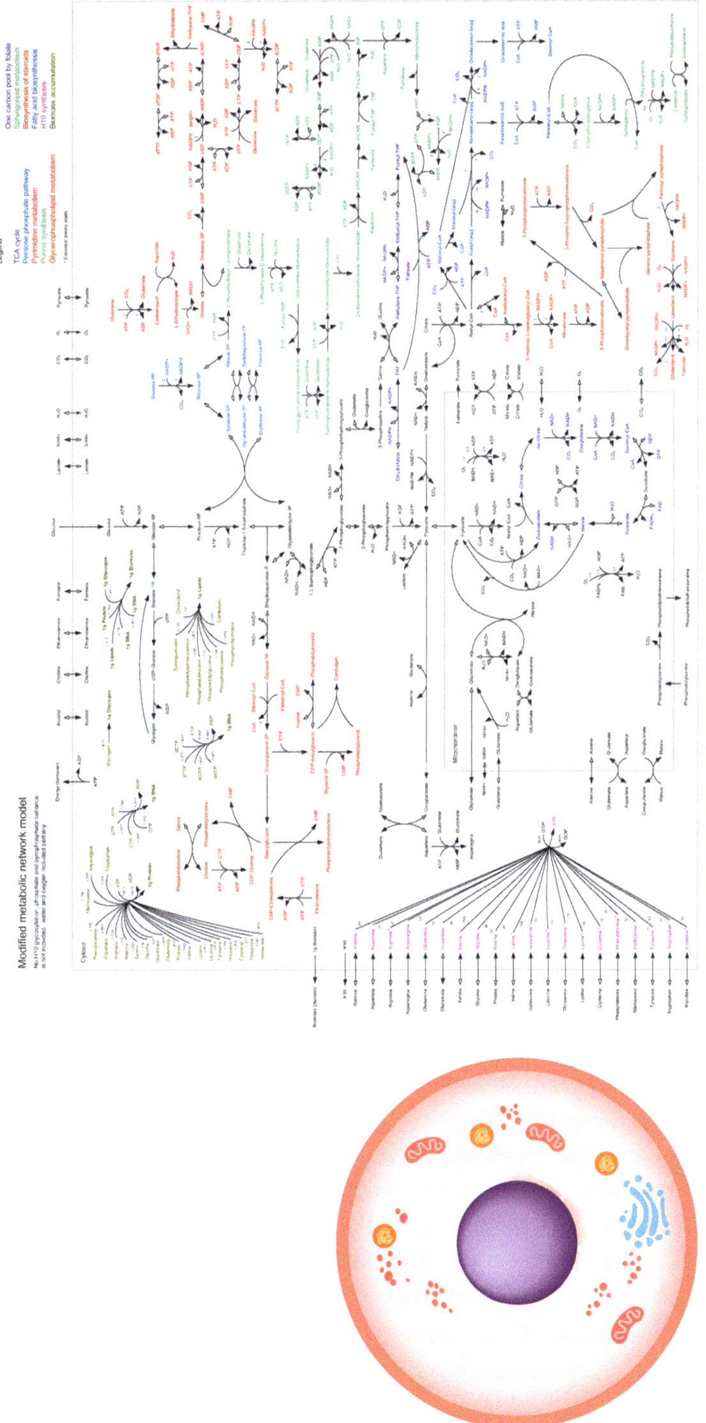

Abb. 4 Skizze einer Zelle (© iStockphoto) und das Strukturmodell eines Zellmetabolismus (A. Shumilina, Fraunhofer ITWM)

In der Biologie oder in den Sozialwissenschaften ist der Modellvorrat der Literatur bei weitem nicht so groß wie in der Physik und man muss Modelle oft neu erfinden. Das ist eine Herausforderung und manchmal auch eine Freude, aber man steht nicht auf so sicherem Grund wie in der Physik.

Letztlich glaube ich, dass Modellieren, wie wir es hier skizziert haben, grundlegend für alles Problemlösen ist und damit eine fundamentale menschliche Tätigkeit. Denn: „Life is problem solving“, wie schon Karl Popper feststellte.

2 Warum modelliert man?

Diese Frage erübrigt sich, wenn man verstanden hat, was ein Modell ist. Allerdings hat sich die Wichtigkeit mathematischer Modelle – und damit die Wichtigkeit der Mathematik – für die Industrie sehr stark erhöht, seit Computer die Auswertung auch komplexerer Modelle ermöglichen. Wertet man das ein System widerspiegelnde Modell mit Hilfe eines Rechners numerisch aus, so bekommt man im Rechner ein virtuelles Bild über das Verhalten des Systems.

Wir simulieren das System. Simulation entsteht also durch numerische Auswertung von Modellen, meistens mit Hilfe eines Rechners. Mittels Simulation lässt sich das Verhalten eines Systems vorhersagen, man kann untersuchen, wie Systemveränderungen sich auf das Verhalten auswirken, man kann Systeme auch im Rechner optimieren. Und so werden Modelle und Simulationen zur wichtigen Entscheidungshilfe, für Manager bei taktischen, für Planer bei strategischen Entscheidungen.

Zu Zeiten von Heinrich Herz konnte man die meisten Modelle nicht auswerten; man musste sie vereinfachen, z. B. durch Reduktion der Dimension von 3 auf 2 oder gar 1 oder durch Störungsrechnung, um das vereinfachte Modell dann analytisch „lösen“ zu können. Solche Lösungen vereinfachter Modelle dienen oft dem Verständnis des Systems – welche Parameter sind wichtig, liegen Verzweigungen vor, kann das System instabil werden usw. Will man aber in realen 3-dimensionalen Geometrien – und technische Systeme sind meist 3-dimensional – das Systemverhalten quantitativ vorhersagen, so sind solche Vereinfachungen nicht zulässig und man muss versuchen, das ursprüngliche, komplexe Modell wenigstens approximativ auszuwerten (Abb. 5).

In der industriellen Praxis will man fast immer relativ genaue quantitative Vorhersagen; ein rein qualitatives Verständnis ist zwar nützlich, genügt aber meist nicht. In dieser Frage unterscheiden sich auch verschiedene Gruppen, die „Industrial Mathematics“ als Hochschule oder Forschungseinrichtung anbieten. Während z. B. die in Oxford vor ca. 45 Jahren erfundenen „Study groups with industry“ eine Woche lang Problemen der Industrie mit mathematischen Methoden zu Leibe gehen und dabei interessante Analysen, aber selten quantitative Vorhersagen lieferten, strebt das Fraunhofer ITWM danach, dem Aufgabensteller am Ende Software zur Simulation, Optimierung oder Kontrolle der Systeme

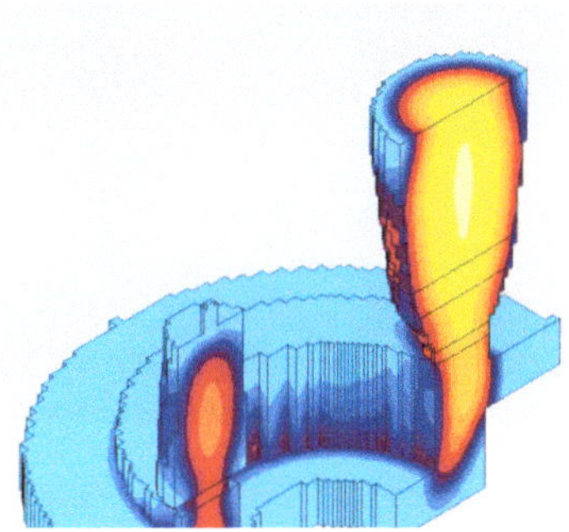

Abb. 5 Reales und virtuelles System: Gussstück und Erstarrungssimulation (Foto: G. Ermel, Fraunhofer ITWM; Simulation: Fraunhofer ITWM)

zur Verfügung zu stellen. Die beiden Zugänge bedingen auch unterschiedliche Arbeitsweisen: Bei Fraunhofer sollten die Modelle „so einfach wie möglich", aber eben nicht einfacher sein; ein „kleiner Parameter", den man in Oxford gegen null gehen lässt, um die Analyse der Modelle weitertreiben zu können, ist bei Fraunhofer oft nicht klein genug, weil seine Annullierung doch erhebliche quantitative Fehler nach sich zieht.

Mehr noch: Man muss schon bei der Aufstellung der Modelle daran denken, dass ihre Auswertung effizient durchführbar sein muss. Modellierung und Berechnung gehören zusammen – reine Modellierungskünstler und reine Berechnungsvirtuosen alleine sind für die echten Anforderungen der Industrie oft nicht ausreichend. Das erfordert wirklich eine Gratwanderung, denn es gibt auch die „Numeriker", die jedem noch so komplexen Modell mit schnelleren Algorithmen, besseren Rechnern und manchmal eben auch gröberen Gittern Herr werden wollen – manchmal auch mit großen quantitativen Einbußen. Oder eben mit unerschwinglichen Rechenzeiten. Modellierer und Berechner sollten von Anfang an ein Team bilden, um dem Kunden am Ende zuverlässige Software liefern zu können. Die Idee aber, mit der Entwicklung von sogenannten „Computermodellen" zu starten, mit Modellen also, die z. B. gleich in der Sprache der finiten Elemente (FEM) formuliert sind, halten wir selten für tragfähig. Numerische Methoden wie FEM dienen der Auswertung von Differentialgleichungen, die wiederum Modelle aus der Kontinuumsmechanik oder dem Elektromagnetismus darstellen. Die Modelle sind das eine, ihre Auswertungsalgorithmen etwas anderes; es mag ja z. B. effizientere Algorithmen als FEM geben und man vergibt sich die Möglichkeit, diese zu nutzen.

Umgekehrt hat es auch keinen Sinn, Modelle aufzustellen, die nicht auswertbar sind. Solche fand man in der Vergangenheit gelegentlich bei Problemen der Systembiologie, bei denen die zur Modellierung benutzten Systeme gewöhnlicher Differentialgleichungen so viele unbekannte Parameter enthielten, dass kein Parameteridentifikationsalgorithmus diese alle zuverlässig berechnen konnte (siehe Abb. 4). Auch hier ist eine enge Zusammenarbeit von Modellierer und Berechner notwendig, um die vorliegenden Informationen optimal ausschöpfen zu können.

Nochmals also: Warum modelliert man? Um am Ende ein reales System simulieren, optimieren, kontrollieren zu können – in einem Rechner, in der virtuellen Welt. Das Bild von Heinrich Hertz drängt sich wieder auf. Die Simulation soll Realexperimente ersetzen, denn sie ist einfacher, schneller und billiger. Aber sie muss eben zuverlässig sein.

Wieviel leichter variiert man die Geometrie einer Produktionsanlage, eines Autos, eines chemischen Reaktors im Rechner als in Wirklichkeit!

Optimierungsalgorithmen kann man nur in der virtuellen Welt ausführen – der Rohedelstein muss „virtualisiert“ werden, um ihn optimal schneiden oder schleifen zu können. Gerda de Vries [7] hat noch ein Argument: „Experimental scientists are very good at taking apart the real world and studying small components. Since the real world is nonlinear, fitting the components together is a much harder puzzle. Mathematical modelling allows us just to do that.“

Modellieren und Simulieren ist Problemlösen. Wir tun das immer und überall – nicht immer bewusst. Aber es sollte schon früh bewusst gemacht werden, schon in der Schule. Die Modelle müssen ja keine Differentialgleichungen sein – schon Zählen und Addieren kann als Modellauswertung genügen. Es ist ein großer Fortschritt, dass in den Lehrplänen einiger Länder Modellieren als permanente Aufgabe des Schulunterrichts steht. Auch dieses Buch enthält ein Kapitel, das über die reichen Erfahrungen Kaiserslauterer Mathematiker mit Schulmodellieren berichtet (vergl. den Teil „Die Ausbildung“). Wie stark dieser Modellierungsblick ins tägliche Leben eingehen kann, wurde mir bei der Verabschiedung einer burmesischen Studentin nach ihrem zweijährigen Master in „Industrial Mathematics“ klar. „Ich kann heute keinen Kühlschrank mehr öffnen, ohne darüber nachzudenken, wie ich den Kälteverlust modellieren und die Steuerung so verändern könnte, dass der Energieverbrauch geringer wird“, sagte sie lachend und voll Stolz.

3 Es gibt niemals nur ein Modell. Wie findet man das passende?

Natürlich gibt es nicht nur ein Modell, nicht einmal dann, wenn man die Fragen über das betrachtete System sehr klar und deutlich stellt.

Zunächst einmal wird das Modell sehr stark von dem Vorwissen des Modellierers abhängen. Vielleicht findet der Modellierer auch nur Probleme, die zu seinem Vorwissen passen. So habe ich immer ein wenig gespottet darüber, wie oft die Oxforder Kollegen „free boundary value problems“ fanden – bis ich selbst erstaunlich viele Probleme entdeckte, die zu dem noch „exotischeren“ Gebiet der kinetischen Gleichungen passten. Das ist natürlich keine Überraschung: „Sehr viele und vielleicht die meisten Menschen müssen, um etwas zu finden, erst wissen, dass es da ist“, sagt G.Ch. Lichtenberg in seinen Sudelbüchern.

So etwas können sich natürlich nur Hochschulmathematiker leisten; sie suchen sich ihre Modellierungsprobleme aus und diese Suche ist „methodengetrieben“. Der Mathematiker bei Bosch kann das nicht – er muss das Getriebe optimieren, welche Methode auch immer dahinter steckt. Auch das Fraunhofer ITWM nimmt alle Probleme, die mathematisch interessant sind (für die das Institut kompetent ist); es kann ein Problem allerdings in die Abteilung verschicken, die die passenden Methoden dafür hat. Aber wenn man ganz ehrlich ist, muss man auch hier sagen, dass die Abteilungen meist auch die für sie passenden Probleme finden; solche Verschiebungen zwischen den Abteilungen sind selten.

Abb. 6 Auch ein Input–Output System: Eine Solaranlage (© Siemens)

Aber auch bei gleicher Kompetenz des Modellierers ist das Modell nicht eindeutig. Wieder sehen wir verschiedene Komplexitätsgrade; das fängt mit der „vollen Physik" (Models of first principles) an, z. B. den vollen kompressiblen Navier–Stokes-Gleichungen und endet, da diese für die gegebenen Parameter nicht anwendbar sind, bei Prandtlschen Grenzschichtgleichungen oder bei einfacheren Turbulenzmodellen. Das ist die wahre Kunst der Industriemathematik: Wie weit kann ich mit der Vereinfachung gehen, ohne meine Genauigkeitsanforderungen an die Simulation zu verletzen? Natürlich geben die asymptotischen Analysen einen Fehler der Ordnung (ε^k) und einen numerischen Fehler der Ordnung (h^p), mein ε und mein h sind klein, jedoch nicht null und wie groß der Fehler bei gegebenem ε und h ist, sagen mir diese Ordnungen überhaupt nicht. Und die Konstanten in den Ordnungsabschätzungen sind viel zu grob, um sie verwenden zu können.

Man muss die Modelle, die Simulationen validieren, um zu wissen, was „so einfach wie möglich, so komplex wie nötig" wirklich heißt. Wir kommen darauf im Abschnitt „Wie konstruiert man das richtige Modell?" zurück.

Wir müssen hier noch etwas über die Struktur der Systeme sprechen. Es sind eigentlich immer Input–Output-Systeme; sie verwandeln Eingabedaten, wie etwa die Umweltkonditionen oder die Zuflüsse zu einem See, die Steuerungswerte einer Maschine, die Handelsdaten an der Börse, die Nutzung der Topografie in einer Solaranlage oder die Sonneneinstrahlung – sie verwandeln diese Eingabedaten in Ausgabedaten, wie etwa in das Algenwachstum des Sees, die Leistung oder den Verbrauch der Maschine, die Börsenkurse, die tägliche Energieproduktion der Anlage (siehe Abb. 6).

„Dazwischen“ ist das System, das den Input in den Output abbildet. Wie diese Abbildung aussieht, hängt natürlich vom „Zustand“ des Systems ab. Es gibt Zustandsvariable, die den momentanen Zustand beschreiben; es gibt aber auch Parameter, die das System von anderen, ähnlich strukturierten Systemen unterscheiden. Bei einem Motor etwa wird die Geometrie oder der Brennstoff durch Parameter beschrieben, Temperatur, Druck, Position des Kolbens etc. sind die Zustandsvariablen. Ihre Veränderung mit der Zeit bei gegebenem Input muss das Modell beschreiben. Der Output hängt dann meist direkt vom Zustand ab.

Wenn es naturwissenschaftliche Gesetze gibt, die diese Zustandsänderungen beschreiben, wie etwa bei einem Motor die strömungsdynamischen Gleichungen und die Gleichungen, die die Verbrennungsprozesse wiedergeben, so haben alle Parameter auch eine geometrische, physikalische oder chemische Bedeutung und man kann sie messen. Man wird das Modell dann aus diesen Gleichungen, die oft verschiedenen Bereichen der Physik angehören können – man spricht dann von „Multiphysics“ – zusammenbauen und die gemessenen Parameter einsetzen. Wenn man die Gleichungen genau genug numerisch lösen kann, kann man das Input–Output-System simulieren, zu jedem Input den Output ausrechnen und ohne Experiment vorhersagen. Noch besser: Man kann die Geometrie oder die Materialien, also die Parameter verändern, und ausrechnen, wie sich damit der Output verändert. Man kann so ausprobieren, wie man diesen Output verbessert, wie man etwa Verbrauch und Schadstoffausstoß beim Motor verringert und/oder die Leistung erhöht. Und am besten: Man kann diese Kriterien optimieren durch Variation der Parameter, man kann einen „optimalen Motor“ entwickeln. Vorsicht ist dabei aber geboten. Meist sind es mehrere Kriterien, die man mini- und maximieren will, man hat fast immer ein „multikriterielles“ Problem. Darüber findet man mehr in „Die Konzepte – Optimierungsprozesse“.

Es gab eine Zeit, bei der die Form der Autokarosserien bei vielen Firmen mit Hilfe von Optimierungsalgorithmen berechnet wurden. Das führte dann dazu, dass die Autos, wenn sie ihres schmückendes Beiwerks entkleidet wurden, alle gleich aussahen. Heute verzichtet man oft auf das Optimum, um mehr Individualität zu haben.

Optimierungsalgorithmen benötigen viele Auswertungen der Zielfunktion(en); jede Auswertung braucht eine Simulation. Man muss das System also sehr oft simulieren, sodass die einzelne Simulation nicht zu lange dauern darf. Modellvereinfachungen sind gefragt, zumindest für die ersten Optimierungsschritte. Eine trickreiche Kopplung von Optimierung und Modell/Berechnung ist ein wichtiges, modernes Forschungsgebiet, über das wir ebenfalls im Buch an einigen anderen Stellen berichten (vergl. „Die Konzepte – Optimierungsprozesse“ und „Die Forschung – Maximale Materialausbeute bei der Edelsteinverwertung“).

Die Optimierung ist ein wichtiger Grund für den Wunsch einer Modellvereinfachung. Auch die Kopplung verschiedener Simulationen kann schnellere, dafür vielleicht ungenauere Einzelsimulationen nötig machen. Die vereinfachten Modelle enthalten manchmal Parameter, die nicht messbar sind; diese können aus einer Berechnung mit dem komplexen Modell bestimmt werden. Ein gutes Beispiel dafür findet sich in „Die Forschung – Virtuelle Produktion von Filamenten und Vliesstoffen“.

Modelle, die vollständig auf naturwissenschaftlichen Gesetzen beruhen und messbare Parameter enthalten, bei denen das System also vollständig „verstanden" ist, nennt man auch White-Box-Modelle. Die Box, das System zwischen Input und Output, ist „white", d. h. durchschaubar – im Gegensatz zu Input–Output-Systemen, bei denen dieses System zwar beobachtbar ist, aber nicht wirklich verstanden: Black-Box-Modelle. Sie sind die beste Wahl, wenn man viele Beobachtungen von Eingaben und zugehörigen Ausgaben eines Systems hat, aber kein theoretisches Wissen über das System.

Bei Black-Box-Modellen macht man einen möglichst allgemeinen Ansatz für die Abbildung Input → Output, der viele freie, das heißt nicht direkt messbare Parameter hat und versucht, diese Parameter aus den Messreihen zu bestimmen. Gute Beispiele für solche Ansätze sind dynamische Systeme mit einem Input $u(t)$, Output $y(t)$ und einem System

$$\begin{aligned} \dot{x}(t) &= f\big(t, x(t), u(t)\big) \\ y(t) &= g\big(t, x(t), u(t)\big), \end{aligned}$$

wobei die Zustände $x(t)$ aus $\mathbb{R}^n$ sind und die Dimension n die Komplexität des Systems widerspiegelt. Die Funktionen f und g sind noch zu wählen und werden oft linear und sogar zeitinvariant angenommen

$$\begin{aligned} \dot{x} &= \mathbf{A}x + \mathbf{B}u \\ y &= \mathbf{C}x + \mathbf{D}u, \end{aligned}$$

wobei $\mathbf{A}$, $\mathbf{B}$, $\mathbf{C}$, $\mathbf{D}$ Matrizen bezeichnen, deren Dimension durch die Dimensionen des Zustandsraumes und des Input–Output-Raumes gegeben sind. Allein $\mathbf{A}$ enthält hier n^2 Parameter, die auch durch Einsetzen beobachteter $\tilde{u}(t)$ und $\tilde{y}(t)$ identifiziert werden müssen. Ähnliches, aber nichtlineares, macht man mit neuronalen Netzen, die ja allgemeine Input → Output-Abbildungen besonders gut approximieren. Das sind Black-Box-Modelle, die kein theoretisches Wissen benötigen und deren Parameteridentifikationsalgorithmen „von der Stange" geholt werden können. Sie sind deshalb recht beliebt, sie genießen Ansehen, das durch die Vorstellung, „neuronale Netze" arbeiteten nach dem Vorbild des menschlichen Gehirns, bei dem Neuronen „feuern", noch erhöht wird. Ob dieses berechtigt ist, bleibe dahingestellt.

Sicher haben Black-Box-Modelle aber auch große Nachteile. Da die Koeffizienten der Matrizen, also die Parameter, keine naturwissenschaftliche Bedeutung haben, weiß man nicht, was eine Änderung dieser Parameter für das System bedeutet. Man kann also immer nur für ein gegebenes beobachtetes System die Parameter identifizieren und dessen Verhalten vorhersagen. Veränderungen und Verbesserungen des Systems sind nicht möglich. Man wird Black-Box-Modelle also nur für nicht leicht veränderbare biologische oder ökologische System und ihre Simulation verwenden, für technische Systeme wird man sie zu

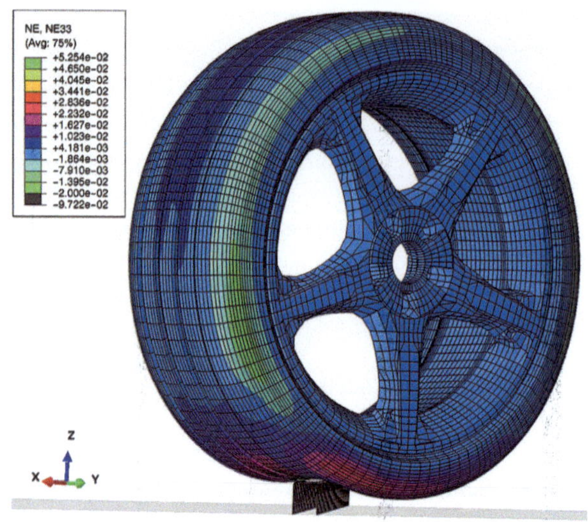

Abb. 7 Ein schon sehr feines FEM-Modell eines Reifens bei Schwellenüberfahrt (Simulation: Fraunhofer ITWM, Abteilung MDF)

vermeiden versuchen. Mangels Theorie wird man auch in der Ökonomie oft Black-Box-Modelle verwenden, obwohl Veränderungen häufig sind.

Zwischen White-Box und Black-Box gibt es Zwischenstufen – man hat Theorie, die Teilstrukturen des Modells festlegt, man hat aber auch Terme, die aus mathematischen Gründen gewählt werden und nichtmessbare Parameter enthalten. Man nennt so etwas Grey-Box-Modelle und diese sind in der praktischen Arbeit sehr viel öfter zu finden als in der mathematisch-naturwissenschaftlichen Theorie. Grey-Box-Modelle finden wir zum Beispiel im Ablagemodell in „Die Forschung – Virtuelle Produktion von Filamenten und Vliesstoffen“. Auch die am ITWM entwickelten Modelle für Autoreifen sind Grey-Box-Modelle. Eine detaillierte Auflösung der Struktur eines modernen Reifens, also ein White-Box-Modell, ist zwar im Prinzip machbar, aber nicht evaluierbar; die ungeheuer feinkörnige Struktur würde etwa die Elemente einer FEM so mikroskopisch klein machen, dass eine Berechnung zu aufwändig würde (vergl. Abb. 7). Man wird also größere Kompartments des Reifens zusammenfassen; die ihn charakterisierenden Materialwerte sind nichtlineare Mittelwerte und deshalb nicht messbar. Diese Parameterwerte müssen aus Reifenversuchen, z. B. der Aufzeichnung der Reifendeformation bei einer Schwellenüberfahrt identifiziert werden – immer noch eine numerisch delikate Aufgabe, für die man Mathematik erfinden muss. Das hier gezeigte Reifenmodell löst schon sehr viele Details auf – aber eben doch nicht alle: Die Nylonfäden im Reifen werden nicht einzeln abgebildet. Also auch ein Grey-Box-Modell, wenn auch ein recht „hell-graues“.

Diese Art von Grey-Box-Modellen entstammt oft der sogenannten Multiskalen-Modellierung, auf die wir unter dem Stichwort Modellreduktionen zurückkommen werden.

Es gibt also immer viele Möglichkeiten, ein Modell zu finden. Die Kunst und der Erfolg eines Instituts, das Probleme der Praxis lösen will, bestehen sicher in erster Linie darin, ein gutes und passendes Modell zu finden, das heißt eines, das das Systemverhalten mit gewünschter Genauigkeit und mit geringem Rechneraufwand vorhersagt. Solche Kriterien sind nicht die leitenden Motive eines Hochschulmathematikers, aber ihre Anwendung trägt wesentlich zum Ansehen der Mathematik als nützlicher Wissenschaft, ja als Technologie bei. „Technology is the application of scientific knowledge to the practical aims of human life", definiert die Encyclopedia Britannica. Diese Anwendung des Wissens erfolgt über die Aufstellung von mathematischen Modellen; Modellierung ist deshalb die Schlüsseltechnologie überhaupt.

4 Wege zur Modellreduktion

Wie macht man mathematische Modelle? Im Unterricht wird man manchmal mit ganz einfachen Modellen anfangen und zu komplexeren fortschreiten (siehe „Die Ausbildung"). In der Praxis beginnt man meist mit den komplexen Modellen – die Naturgesetze sind bekannt, die Materialien können im Detail beschrieben werden; man muss also auf einfachere Modelle reduzieren, weil die Auswertung dieser komplexen Modelle zu aufwändig ist. Den Prozess der systematischen Vereinfachung nennt man „Modellreduktion". Hierzu gibt es verschiedene Ansätze. Zunächst bei echten White-Box-Modellen.

4.1 Methoden der asymptotischen Analysis, der Störungsrechnung oder des Upscalings

Die Kunst, durch Entdimensionalisierung des Modells – das sollte immer der erste Schritt sein, denn sonst weiß man nicht, was „große" oder „kleine" Terme in einer Gleichung sind – kleine Parameter zu finden, um diese dann gegen null gehen zu lassen, diese besonders in Großbritannien bis heute gepflegte Kunst der asymptotischen Analysis meint man dort, wenn man von „Modellierung" spricht. Man lernt sie sehr gut aus dem Buch von Barenblatt [1]. Auch in den Forschungsbeiträgen in diesem Buch findet man Beispiele, Beispiele auch dafür, wie schwer es manchmal ist, den „richtigen kleinen" Parameter zu finden.

Ein Sonderfall liegt vor, wenn das Medium periodisch inhomogen ist und die Periode dieser Inhomogenität sehr klein im Vergleich zur Größe des Gesamtsystems ist. Hier kann man z. B. durch geschickte 2-Skalen-Ansätz den Grenzübergang „Periodenlänge gegen null" durchführen – man nennt das „Homogenisierung" – um so Modelle zu bekommen, deren Inhomogenitäten nicht mehr so feinskalig sind. Man bekommt also Modelle, die nur großskalige Effekte auflösen, aber ein Gedächtnis für die Mikroskalen bewahren. Man spricht deshalb auch von Upscaling, das freilich auch auf etwas „robustere Weise", durch Mittelwertbildung in numerischen Verfahren (numerical upscaling) gewonnen werden kann (Abb. 8).

Diese Multiskalen-Modellierung ist eng verwandt mit den Multigrid-Methoden in der Numerik und im Kapitel „Die Forschung – Modellierung und Simulation von Filtrationsprozessen" wird Upscaling bei der Simulation von Filtern (die ja eine entscheidende Mikrostruktur aufweisen) und das Wechselspiel Multiscale–Multigrid behandelt.

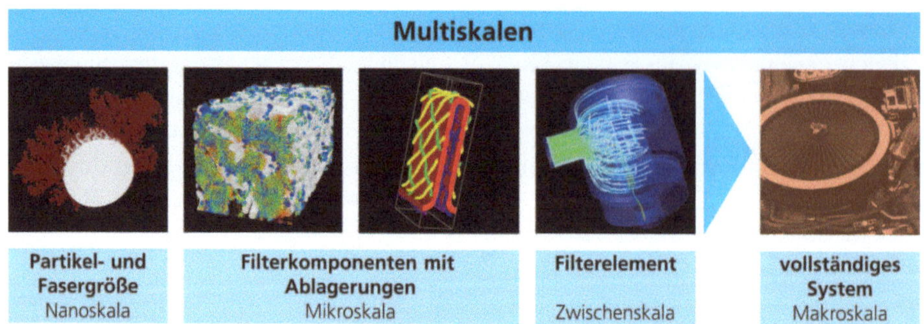

Abb. 8 Filtersimulation auf verschiedenen Skalen (Grafik: S. Grützner, Fraunhofer ITWM, Simulationen: Fraunhofer ITWM, Abteilung SMS, Foto: iStockphoto)

Asymptotische Analysis, Störungsrechnung, Homogenisierung usw. sind wichtige, analytische Methoden zur Reduktion von White-Box oder Grey-Box-Modellen.

4.2 Modellordnungsreduktion (MOR), Projektionsverfahren

Aus der System- und Kontrolltheorie kommt die Vereinfachung der Modelle mittels Projektionsverfahren wie etwa Principal Component Analysis, Balanced Truncation oder Proper Orthogonal Decomposition (POD). Entstanden in statistischen Problemen unter dem Stichwort Karhunen–Loève-Entwicklung, basieren die Verfahren auf der Grundannahme, dass sich die relevanten Effekte oder die zeitlichen Entwicklungen der gesuchten Größen in Unterräumen des gesamten Zustandsraums abspielen, so dass Projektionen auf diese Unterräume möglich sind, ohne dass die dadurch entstehenden Fehler die Genauigkeitsanforderungen in Frage stellen. Für lineare Systeme ist dieses Vorgehen der Dimensionsreduktion wohl etabliert [2]. In diesem Zusammenhang sei auch auf den Beitrag „Die Forschung – Robuste Zustandsschätzung komplexer Systeme“ verwiesen.

Wie man die Unterräume findet, ist je nach Verfahren unterschiedlich. POD nutzt zum Beispiel Informationen aus repräsentativen Snapshots der Lösung, die zum Beispiel durch aufwändige FEM-Berechnungen erzielt wurden: Ist $u(t)$ aus $\mathbb{R}^N$ eine raumdiskretisierte Lösung, so betrachtet man Momentaufnahmen davon, also $(u(t_1), \ldots u(t_k))$ und versucht, den Unterraum W mit kleinerer Dimension n zu finden, auf den sich der von den Momentaufnahmen aufgespannte Unterraum U möglichst gut projizieren lässt, also $\|U -$ Projektion von U auf $W\|$ minimiert. Man startet also schon mit dem diskretisierten Modell, um in endlich-dimensionale Räume wie $\mathbb{R}^N$ zu kommen – und man diskretisiert die Zeit. W findet man dann über ein Eigenwertproblem der Korrelationsmatrix. POD liefert bei einfachen Strömungs-/Diffusionsproblemen gute Ergebnisse, scheitert hingegen in der Regel bei schnellen und steifen Transportvorgängen an der Auswahl der Snapshots.

Besonders interessant für die Anwendung – und ein aktuelles Forschungsfeld, das auch stark im Fraunhofer ITWM verfolgt wird [5] – sind Verfahren für nichtlineare, parameterabhängige Modelle. Parametrische Modellreduktionsverfahren ermöglichen die Bestimmung reduzierter Modelle zu veränderten Parametern ohne nochmalige Betrachtung und Vereinfachung des Ausgangsmodells und werden daher gerne bei Parameterstudien eingesetzt. Die Verfahren bedienen sich der Interpolation, z. B. der Übertragungsfunktion, der Projektionsräume oder sogar der ganzen Lösungen. Letzteres ist als Reduced Basis Method bekannt und durch klassische Fehlerschätzer für Galerkin-Approximationen bei partiellen Differentialgleichungen motiviert, während sich die empirischen Interpolationsansätze eher an der Approximation des dynamischen Verhaltens orientieren.

4.3 Surrogat-Modelle

Bei den Black-Box-Modellen handelt es sich zumeist um Input–Output-Surrogat-Modelle, deren Systemverhalten an Beobachtungen oder Messergebnissen angepasst wird.

5 Zusammenfassung

In den üblichen Texten zur Modellierung unterscheidet man oft zwischen deterministischen und stochastischen, diskreten und kontinuierlichen, linearen und nichtlinearen, expliziten und implizierten, statischen und dynamischen Modellen. Ich vermute, dass das jeweils von den Vorkenntnissen des Modellierers abhängt. Für uns sind stochastische Modelle manchmal Vereinfachungen von zu komplexen deterministischen, diskrete eben Diskretisierungen kontinuierlicher, lineare manchmal verzweifelte Vereinfachungen von in Wirklichkeit nichtlinearen (die Welt ist nichtlinear!). Diese Klassifizierung ist für uns relativ wertlos – das Problem bestimmt das Modell, nicht unser Wissen bzw. Nichtwissen. Black-Box-Modelle allerdings sind nur die Ultima Ratio, wenn wir keine Theorie, sondern nur Beobachtungen haben. „Grey“ ist fast alles.

Wir wiederholen nochmals die Schritte bei der Modellierung:

(a) Wir untersuchen, ob es Theorien gibt, die, geeignet zusammengesetzt, unser Problem beschreiben. Oft müssen wir diese Theorien ergänzen, z. B. die richtigen Randwerte aufstellen. Dabei müssen uns die Fragen zu dem Problem, die wir beantworten wollen, klar werden: Welche Größen wollen wir mit welcher Genauigkeit voraussagen? Wir müssen nicht nur den gewünschten Output, sondern auch den Input genau bedenken: Was gehört zum Zustand unseres Systems, was ist der Input, was also sind die Daten der Umgebung, die eingegeben werden müssen und was können wir steuern? Müssen wir die Simulation oft wiederholen? Welche Hilfsmittel (Rechner, Toolboxes) stehen uns zur Verfügung?

(b) Wir müssen das komplexe, „volle“ Modell so weit vereinfachen, dass wir es evaluieren können. Hier spielen Modellvereinfachung und Numerik zusammen. Wir müssen nach Entdimensionalisierung die verbleibenden Parameter untersuchen. Wir müssen vor allem die nicht messbaren (und solche gibt es in Grey-Box-Modellen) Parameter identifizieren. Wir müssen Algorithmen finden und ihre Genauigkeit abschätzen, wobei die üblichen Ordnungsabschätzungen wenig helfen. Wir müssen das Ganze implementieren, und dabei auf unsere Rechnerarchitektur achten. Die Kopplung von Multicore, Multigrid und Multiscale wird immer wichtiger. Am Ende steht ein Simulationsprogramm.

(c) Wir müssen dieses Programm mit dem Anwender, dem Problemsteller, dem Auftraggeber testen. Dabei werden wir oft merken, dass wir den Auftraggeber nicht richtig verstanden haben; er wird auch manchmal sein Problem erst jetzt richtig verstehen. Und dann fangen wir nochmal von vorne an: Was ist der gewünschte Output, was können wir steuern, wie genau muss alles sein usw.?

(d) Und schließlich übergeben wir das Programm dem Auftraggeber und kassieren unseren Lohn. Und wenn die Arbeit gut war, wird er bald wieder vor unserer Tür stehen: Das will ich noch ändern, das will ich genauer wissen, das soll optimal werden. Wunderbar, denn so machen die Wissenschaft und die Praxis – und unser Institut – Fortschritte.

Literaturverzeichnis

1. Barenblatt, G.: Scaling, Self-Similarity, and Intermediate Asymptotics. Cambridge Texts in Applied Mathematics, vol. 14. Cambridge University Press, Cambridge (2009)
2. Benner, P., Mehrmann, V., Sorensen, D.C. (eds.): Dimension Reduction of Large-Scale Systems. Lecture Notes in Computational Science and Engineering, vol. 45. Springer, Heidelberg (2005)
3. Minsky, M.L.: Matter, minds and models. Proc. IFIP Congress **1**, 45–49 (1965)
4. Open University Course Team: Introduction to Mathematical Modelling. Open University Worldwide (2005)
5. Panzer, H., Mohring, J., Eid, R., Lohmann, B.: Parametric model order reduction by matrix interpolation. Automatisierungstechnik **58**(8), 475–484 (2010), Oldenbourg
6. Velten, K.: Mathematical Modelling and Simulation: Introduction for Scientists and Engineers. Wiley, New York (2008)
7. Vries de, G.: What is Mathematical Modelling. University of Alberta. Lecture Notes (2001)

Berechnung

Oleg Iliev, Konrad Steiner und Oliver Wirjadi

Wir diskutieren nun die Entwicklung und die Nutzung von numerischen Algorithmen und von Software für industrielle Probleme, wiederum geleitet von der Philosophie und der Erfahrung des ITWM.

Nachdem wir einige Grundtatsachen in Erinnerung gerufen haben, wollen wir die Besonderheiten einer Fraunhofer-Forschung auf dem Gebiet der Berechnung vorstellen und einige wesentliche Erfordernisse bzw. Kriterien einer solchen Forschung formulieren. Wir beginnen mit der Gittererzeugung und der Diskretisierung. Wegen ihrer wichtigen Rolle im Institut werden die sog. Mikrostruktursimulation gesondert behandelt. Mehrere Abteilungen arbeiten mit Multiskalen-Problemen, weshalb wir dieses Thema als nächstes behandeln. Effiziente Methoden für Probleme der Bildverarbeitung werden kurz erwähnt. Auch in diesem Teil werden wir immer wieder auf die Unterschiede zwischen der Forschung am Fraunhofer ITWM und der akademischen Forschung hinweisen. Schließlich reflektieren wir ein wenig über das Thema „Validierung" der Modelle und der Algorithmen.

1 Die Grundlagen

Die meisten in diesem Buch diskutierten Modelle benutzen partielle Differentialgleichungen (PDE). Außerdem kommen, wenn auch seltener, gewöhnliche Differentialgleichungen (ODE), differential-algebraische Gleichungen (DAE) und Integro-Differentialgleichungen vor. Diese Modelle beschreiben deterministische Systeme. Im stochastischen Fall müssen natürlich auch stochastische gewöhnliche oder partielle Differentialgleichungen (SDE und SPDE) analysiert und gelöst werden. Beispiele für skalare PDE sind insta-

O. Iliev · K. Steiner (✉) · O. Wirjadi
Kaiserslautern, Deutschland
e-mail: konrad.steiner@itwm.fraunhofer.de

H. Neunzert, D. Prätzel-Wolters (eds.), *Mathematik im Fraunhofer-Institut*,
DOI 10.1007/978-3-662-44877-9_3

tionäre oder stationäre Diffusion oder Wärmeleitung, für Systeme von PDE die Navier–Stokes-Gleichungen oder die Gleichungen linearer oder nichtlinearer Elastizität. Beispiele für DAE finden sich bei den Modellen von Zweiphasenströmungen in porösen Medien oder bei den inkompressiblen Navier–Stokes-Gleichungen. SDE finden wir in Gleichungen, die den Transport von Nanoteilchen beschreiben, wenn die Brownsche Bewegung der Teilchen dabei eine wichtige Rolle spielt; und natürlich gibt es SDE in der Finanzmathematik. Schließlich finden wir SPDE bei Einzel- oder Multiphasen-Strömungen in porösen Medien mit einer zufälligen Permeabilität oder beim Fließpressen von Fasern. Schließlich beschreiben Integro-Differentialgleichungen viskoelastische Fluide oder sie stellen kinetische Gleichungen dar.

Natürlich gibt es sehr selten analytische Lösungen für Anfangs-Randwertprobleme für diese Gleichungen und wir benötigen numerische Algorithmen zur Berechnung von Näherungslösungen. Solche Algorithmen besprechen wir ausführlich im Fall von PDE, während wir sie sonst nur kurz streifen.

Fast alle numerischen Algorithmen zur PDE-Lösung gehören einer der folgenden zwei großen Klassen an: Den gitterbasierten Methoden oder den gitterfreien Methoden. Spektralmethoden spielen bei uns eine geringere Rolle. Für die gitterbasierten Methoden muss man ein reguläres oder irreguläres Gitter im Berechnungsgebiet erzeugen, um es dann zur Diskretisierung des kontinuierlichen Problems zu nutzen. Die populärsten Methoden hier sind die Finite-Differenzen-Methode (FDM), die Finite-Volumen-Methode (FVM) oder die Finite-Elemente-Methode (FEM). FDM ist am einfachsten zu verstehen, denn ihre Grundidee ist es, Differentialquotienten durch Differenzenquotienten zu ersetzen. Die Methode funktioniert auf Rechteckgittern sehr gut und ist bei komplexen Gebietsformen und bei irregulären Gittern viel schwieriger zu handhaben. In der Vergangenheit wurde FDM hauptsächlich für skalare Gleichungen wie etwa die Wärmeleitungsgleichung und auch für Gleichungen der Strömungsdynamik verwendet, dagegen wird sie in der Strukturmechanik selten angewandt. Wie schon gesagt, ist der Vorteil von FDM ihre Einfachheit, ihre Nachteile bestehen in der Schwierigkeit bei komplizierten Gebieten und oft auch in der hohen erforderdrlichen Glattheit der Lösungen. FVM sind besonders für strömungsmechanische Probleme geeignet. Die Modelle der Strömungsmechanik basieren meist auf Erhaltungssätzen (Erhaltung der Masse, des Impulses, der Energie); solche Erhaltungssätze werden oft in integraler Form für kleine Teilgebiete aufgeschrieben und ergeben, wenn man die Größe dieser Teilgebiete geeignet gegen null gehen lässt, die Differentialgleichungen. Bei FVM führt man diesen Grenzübergang nicht durch, sondern wertet die Erhaltungsgleichungen auf kleinen Gebieten, den „finite volumes" aus. Dabei überdeckt die Vereinigung dieser finiten Volumen das Berechnungsgebiet. Der wesentliche Vorteil von FVM ist, dass sie auch in der Diskretisierung, also für die kleinen Gebiete, die Erhaltungssätze erfüllt. Bei industriellen Problemen, bei denen z. B. ein numerischer Verlust an Masse schwer wiegt, können hier Abweichungen nicht hingenommen werden. FVM wird wie FDM vorwiegend bei skalaren Problemen und bei strömungsdynamischen Problemen benutzt, kaum dagegen in der Strukturmechanik.

FEM dagegen arbeitet dort gut, ebenso bei irregulären Gebieten. Im Gegensatz zu FDM, die direkt mit den Differentialgleichungen, also der sogenannten „starken Formulierung“ arbeitet, ist FEM eine Variationsmethode, die mit der schwachen (integralen) Form arbeitet. Die Lösung wird hier als Linearkombination von sog. Basisfunktionen angesetzt, wobei jede Basisfunktion einen lokalen Träger hat (daher der Name „finite Elemente“). Das Standardvorgehen z. B. für skalare elliptische Gleichungen besteht darin, die „wahre“ Lösung, die zu einem unendlich-dimensionalen Funktionenraum gehört, durch die beste Approximation in einem geeignet ausgewählten endlich-dimensionalen Raum zu ersetzen. Dazu multipliziert man die Gleichung mit Testfunktionen und integriert über das Gebiet. Daraus ergeben sich dann endliche Systeme von Gleichungen, die man zu lösen hat. Es gibt eine große Vielfalt von FEM: Galerkin oder Petrov–Galerkin, „conforming“ oder „nonconforming“, „discontinuous“ Galerkin usw. Die Basisfunktionen sind normalerweise auf dem Träger polynomial. Ursprünglich war FEM für die Bedürfnisse der Strukturmechanik entwickelt worden, die Methode ist heute aber auch in vielen anderen Bereichen im Gebrauch.

Das Ergebnis aller Näherungsmethoden, ob FDM, FVM oder FEM sind große Systeme linearer Gleichungen (dazu muss man manchmal nichtlineare Gleichungssysteme linearisieren, was wir hier aber nicht diskutieren). Solche Systeme „direkt“ zu lösen, ist meist sehr aufwändig; deshalb werden iterative Methoden angewendet. Als sehr effizient erweisen sich dabei oft geometrische oder algebraische Multigrid-Methoden (iterativ), am besten ist es wohl, sie als Vorkonditionierer in Krylov-Unterraum-Methoden zu verwenden.

In unserem Institut geht es nun meist nicht darum, neue numerische Algorithmen für PDE oder ODE zu entwickeln und zu untersuchen – wir sind daran interessiert, Probleme der Industrie zu lösen, indem wir zuverlässige Simulationen erzeugen. Dies unterscheidet unsere Arbeit von der akademischen Forschung in diesem Gebiet. Die folgenden Faktoren spielen dabei für uns die entscheidende Rolle:

- Wie schon in Kapitel 2 über Modellierung betont, können die Algorithmen nicht von den Modellen getrennt werden, weil Modellierungsfehler und Berechnungsfehler ausbalanciert sein müssen.
- Das Gleiche gilt für die Eingabedaten: Die erwartete Genauigkeit der Lösung sollte der Genauigkeit, mit der die Eingabedaten gegeben sind, entsprechen.
- Wenn man Algorithmen zur Lösung industrieller Probleme entwickelt, muss es das vordringliche Ziel sein, eine Lösung mit den gegebenen Ressourcen und bei vernünftiger Rechenzeit zu erhalten. Es gibt Algorithmen, die zwar theoretischen, aber kaum praktischen Wert haben – sie werden nicht in Betracht gezogen.
- Ebenso sind Algorithmen, die mit vorhandenen Programmiersprachen nicht implementiert werden können oder deren Komplexität die Fähigkeiten der verfügbaren Rechner übersteigt, (noch) nicht relevant für die Lösung von Industrieproblemen.
- In der numerischen Analysis spielt das Konvergenzverhalten, wenn der Gitterparameter gegen null strebt, eine entscheidende Rolle. Wir behalten dies im Auge, aber wir müssen auch berücksichtigen, dass wir die Probleme mit fester Gittergröße lösen müssen.

Es kann sein, dass bezüglich der Konvergenzordnung bessere Algorithmen auf groben Gittern schlechter arbeiten als solche mit schlechterer Konvergenzordnung.

- Sehr oft müssen die Algorithmen die Größen erhalten, die physikalisch erhalten bleiben müssen. Wie schon erwähnt, akzeptiert die Industrie ungern Simulationen, die unphysikalische Senken oder Quellen von Masse enthalten – auch wenn man beweisen kann, dass im Grenzwert das Verfahren konservativ ist.
- In Industrieprojekten arbeitet man oft schrittweise, wobei die Schritte eine Dauer von einigen Monaten haben. Nach jedem Schritt muss nachgewiesen werden, dass man der richtigen Lösungsstrategie folgt. Darüber hinaus muss die endgültige Lösung meist zu einem festen Termin vorgelegt werden; wird dieser Termin nicht eingehalten, wird das Projekt manchmal beendet. Daraus ergibt sich, dass wir vorwiegend Algorithmen entwickeln, die in Module zerlegt werden können. Diese Module können dann relativ schnell implementiert, zusammengesetzt und getestet werden, im Idealfall können sie für weitere Industrieprojekte genutzt werden.
- Da die Arbeit am ITWM problemgetrieben ist, sehen wir uns einer großen Vielfalt von zu lösenden Problemen ausgesetzt, sodass wir auch eine Vielzahl von Algorithmen und Softwaretools benötigen.

2 Neuentwicklung oder Anpassung bekannter Algorithmen?

Auf diese Frage gibt es keine einfache Antwort. Bei selbst entwickelten Algorithmen kennt man die Stärken und Schwächen besser, aber die Selbstentwicklung kostet Zeit. In öffentlichen Projekten entwickeln wir daher unsere Algorithmen meist selbst, in Industrieprojekten finden diese dann ebenso Anwendung wie die problemangepassten Algorithmen aus der Literatur. Man muss aber sagen, dass die Anpassung nicht immer schneller geht. Viele Forscher der Numerik, aber auch aus „Computational X" – wobei X für Mathematik, Physik, Chemie, Biologie usw. steht – entwickeln Algorithmen, die ihrer Meinung nach besonders gut zur Lösung praktischer Probleme sind. Oft aber geschieht es, dass diese Algorithmen für die Industrieparameter nicht konvergieren oder gegen eine falsche Lösung konvergieren oder Lösungen ergeben, die ein unphysikalisches Verhalten haben (Oszillationen, Massenverlust usw.). Beim Entwickeln und Anpassen von Algorithmen müssen wir oft auf ihre Robustheit achten und – wie schon betont – auch darauf, dass Berechnungsfehler, Modellfehler und Datenfehler von vergleichbarer Größe sind.

Eigene Software oder kommerzielle Software? Die Antwort auf diese Frage benötigt eigentlich eine multikriterielle Optimierung. Kommerzielle Software zu nutzen ist dann eine gute Idee, wenn diese ihre Fähigkeit zur Lösung von Modellen der gerade vorliegenden Form schon bewiesen hat. Deshalb gibt es auch bei uns Probleme, für die wir ANSYS, FLUENT, Comsol usw. nutzen. Dabei gehen wir durchaus an die Grenzen der Möglichkeiten dieser Software; wenn sie aber keine brauchbaren Antworten geben kann – und das passiert nicht so selten – dann entwickeln wir neue Software. Das Für und Wider kommerzieller Software ist bekannt, wir wollen kurz auf die Gegenargumente eingehen. Comsol

z. B. ist hervorragend geeignet für Ausbildungszwecke. Es erhebt auch den Anspruch, jedes industrielle Problem schnell zu lösen; die Erfahrung zeigt aber, dass dies nur richtig ist, wenn das gleiche oder sehr ähnliche Probleme schon in der Vergangenheit mit Comsol gelöst wurden und sich deshalb in den Bibliotheken finden. Ist ein vollständig neues kompliziertes Problem schnell zu lösen, so ist die Software nach unserer Erfahrung nicht immer zuverlässig. Natürlich verfolgen die Entwickler dieser Softwarefirmen solche Fälle recht genau und nach einer gewissen Zeit wird eine neue Version diese Mängel beheben. Leider können wir aber selten darauf warten und benötigen deshalb eigene Entwicklungen. Ähnlich ist die Situation mit „Open Source"-Software-Tools, die obendrein noch weniger Hilfe anbieten. Die FLUENT-Entwickler legen sehr großen Wert darauf, dass ihre Software so robust wie möglich ist; der Preis für diese Robustheit ist manchmal die Genauigkeit.

Unsere eigenen Softwareentwicklungen sind sehr vielfältig. Zum schnellen Testen oder zur schnellen Berechnung einer Lösung werden die Algorithmen oft in MATLAB implementiert. Oft koppeln wir auch Eigenentwicklungen mit kommerziellen Tools, indem wir nur die Teile eines Verbundproblems, für die uns die kommerzielle Software nicht genügt, selbst bearbeiten. So wird z. B. in Kapitel 6 – Virtuelle Produktion von Filamenten und Vliesstoffen eine Situation beschrieben, bei der sich die Software zur Simulation von Faserherstellung zusammensetzt aus einer FLUENT-Simulation der turbulenten Strömung und einer Eigenentwicklung zur Simulation der Fadendynamik.

Unsere Software-Tools werden nicht nur innerhalb unseres Instituts genutzt, sie werden auch unseren Kunden übergeben. Dann ist die Software meist in C++ kodiert, sie ist mit GUI ausgestattet, Handbücher werden mitgeliefert usw. In einigen Fällen erreichen diese Eigenentwicklungen einen Reifegrad, der ihre Vermarktung in Spin-Off-Firmen erlaubt. Dieses Buch weist auf mehrere solcher Fälle hin.

3 Gittererzeugung

Natürlich gibt es eine Vielzahl kommerzieller und akademischer Tools zur Gittererzeugung; trotzdem ist sie auch heute noch ein sehr aktives Forschungsgebiet. In vielen Problemen der Industrie mit komplexer Geometrie kann der Aufwand, ein Gitter brauchbarer Qualität zu erzeugen, mit dem Gesamtaufwand der Problemlösung vergleichbar sein, ja ihn sogar bestimmen (siehe Abb. 1). Manchmal benötigt man wirklich große Erfahrung, um ein gutes Gitter zu konstruieren. In der Strukturmechanik, in der FEM dominiert, ist Gittererzeugung unvermeidlich.

Für Strömungssimulationen verfolgen wir dagegen zwei andere Wege: Die Erzeugung kartesischer Gitter (und insbesondere Voxel-basierter Gitter) oder die Verwendung von veränderbaren Punktmengen im Rahmen von gitterfreien Methoden. Die Verwendung kartesischer Gitter wird durch folgende Gründe motiviert:

- Sie sind schnell, einfach und zuverlässig zu erzeugen.
- Der Fehler, der entsteht, wenn man das Gebiet durch ein solches Gitter approximiert, ist oft vergleichbar mit dem Fehler der Eingabedaten.

Abb. 1 Erzeugtes unstrukturiertes Gitter zur Simulation einer Strömung durch diese Struktur. Die Erzeugung ist im allgemeinen sehr kompliziert. (Gittergenerierung: I. Shklyar, Fraunhofer ITWM)

- Dieser Fehler kann insbesondere bei laminarer, viskoser Strömung kontrolliert werden.
- Unsere Vergleiche wie auch Beispiele in der Literatur zeigen, dass vergleichbare Genauigkeiten auf Voxel-basierten und auf unstrukturierten Gittern für gewisse Klassen von Problemen (z. B. zur Berechnung der Permeabilität poröser Medien oder die effektiver mechanischer Eigenschaften von Verbundmaterialien) erzielt werden können.
- Die Zeit zum Entwickeln der Algorithmen und zum Testen der Implementierung ist kurz.
- Berechnungsgebiete, die aus einer dreidimensionalen Computertomographie stammen, sind a priori nur im Voxel-Format verfügbar.

Der gitterfreie Zugang (man vergleiche auch den nächsten Abschnitt) ist besonders geeignet, wenn das Rechengebiet sich in der Zeit sehr schnell verändert und deshalb die Gittererzeugung und die dadurch nötige Interpolation sowohl Rechenzeit kostet als auch eine Fehlerquelle darstellt. Im ITWM benutzen insbesondere die Abteilungen „Strömungs- und Materialsimulation" und „Bildverarbeitung" den kartesischen Zugang – bei der Bildverarbeitung ist dies sehr natürlich, denn Bilder sind Pixel- oder Voxel-basiert. Gitterfreie Methoden haben ihren Schwerpunkt in der Abteilung „Transportvorgänge".

4 Diskretisierung

Wie schon mehrfach erwähnt, wird FEM in der Strukturmechanik genutzt. Auf diesem Gebiet geht es bei uns mehr um Modellierung und Optimierung, FEM-Algorithmen werden weniger entwickelt. Für Platten oder Stäbe werden auch sog. mimetische finite Differenzenverfahren entwickelt. Mimetisch (= nachahmend) werden Verfahren genannt, die bei diskreten Formulierungen die gleichen Erhaltungssätze erfüllen wie in der kontinuierlichen Formulierung.

FEM-Algorithmen werden in letzter Zeit am ITWM auch für die Simulation von Lithium-Ionen-Batterien entwickelt. Die Ionenkonzentration und das Potenzial sind unstetig auf den Grenzflächen zwischen den festen Teilchen und dem Elektrolyten (die Elektroden haben eine poröse Struktur, die von dem Gitter aufgelöst wird), während die Temperatur dort stetig ist. Man muss diese Grenzflächen also sehr sorgfältig approximieren. Anders ist die Situation bei Strömungsproblemen. In der Vergangenheit dominierten FDM und FVM die „computational fluid dynamics“ (CFD). Sie sind auch in den meisten kommerziellen Paketen implementiert. Im letzten Jahrzehnt wird aber auch FEM dafür entwickelt, auch hier gibt es jetzt Software auf dem Markt. Trotzdem bevorzugen wir weiterhin FVM. Hier unsere Argumente dafür:

- FVM ergibt Diskretisierungen, die lokal die Erhaltungssätze erfüllen, ein Gesichtspunkt, der besonders bei Strömungsproblemen mit unstetigen Koeffizienten wichtig ist.
- Die Monotonie der Lösung kann leicht kontrolliert werden, wenn FVM (die eine niedere Ordnung hat) benutzt wird. So ist z. B. die Wahrscheinlichkeit, unphysikalische Oszillationen in der numerischen Lösung von Konvektionsproblemen zu finden, bei FEM deutlich höher als bei FVM. Das hängt damit zusammen, dass die Stabilität von FEM nur im schwachen (integralen) Sinn gesichert ist, aber eben nicht lokal. Es gibt einen deutlichen Fortschritt bei der Entwicklung von Stabilisierungsmethoden für FEM-Diskretisierungen von Strömungsproblemen, aber die erreichte Zuverlässigkeit und Robustheit genügt für Industrieprobleme noch nicht. Wieder gilt: Diese Methoden funktionieren, wenn man sie auf die Klasse von Problemen, Geometrien, Strömungsverhalten anwendet, für die sie entwickelt wurden. Sie an andere Geometrien, Strömungsbereiche oder modifizierte Gleichungen anzupassen, kann einen großen Aufwand bedeuten.
- FVM-Diskretisierungen sind zwar von niederer Ordnung, aber auch unsere Inputdaten haben oft geringe Genauigkeit.
- In den letzten Jahrzehnten wurden effiziente Lösungen für die linearen Gleichungssysteme, die in FVM-Diskretisierungen entstehen, entwickelt und haben jetzt einen genügenden Reifegrad erreicht. Das gleiche gilt nicht für die neuen FEM-Diskretisierung. So sind z. B. isogeometrische Methoden heute sehr im Fokus, aber neben anderen Herausforderungen ist die Entwicklung robuster und effizienter Multigrid-Löser eine immer noch offene Frage. Die Situation ist bei „Discontinuous Galerkin“ (DG) ähnlich.

FEM ist sicher eine kraftvolle Methode, aber neue Probleme mögen neue Elemente erfordern. Illustrieren wir das mit ein paar Beispielen. So erzielte FEM für Strömungsprobleme einen Durchbruch, als „bubble finite elements“ erfunden und LBB-Stabilitätsbedingungen für die Paare finiter Elemente analysiert und verstanden wurden. Es ist auch bekannt, dass spezielle finite Elemente für Elastizitätsprobleme mit fast inkompressiblem Material verwendet wurden. In den letzten fünf bis sieben Jahren gab es

Abb. 2 Ein weiteres Beispiel für die Anwendung der FPM-Methode: Experiment Wasserdurchfahrt eines PKW und dazugehörige FPM-Simulation (Foto und Simulation: Volkswagen AG im Rahmen eines Kooperationsprojektes mit dem Fraunhofer ITWM)

eine sehr intensive Forschung, um finite Elemente zu finden, die sich für eine robuste Lösung der Brinkman-Gleichung eignen (Brinkman ist eine durch einen Darcy-Term gestörte Stokes-Gleichung). Diese Beispiele zeigen, dass die Lösung neuer Modelle (oder bekannter Modelle, die auf neue Strömungssituationen angewendet wurden) vor der Anwendung von FEM umfangreiche Untersuchungen zu neuen Basisfunktionen, der Stabilität usw. erforderlich machen. Solche Arbeiten können bei Industrieprojekten mit knappen Zeitvorgaben nicht geleistet werden und deshalb verlassen wir uns auch bei den neuen Modellen auf FVM-Diskretisierungen. In der Zukunft, wenn das Verhalten der Lösungen besser bekannt ist und die akademische Forschung größere Fortschritte gemacht hat, werden wir auch FEM verwenden, wie wir das jetzt schon bei der Simulation der Batterien tun.

Bei unseren FVM-Entwicklungen legen wir besonderes Gewicht auf die Erhaltungseigenschaften, die Monotonie der Lösungen und die genaue Behandlung der Unstetigkeitsflächen von Koeffizienten. So haben wir z. B. bei der Lösung von Navier–Stokes–Brinkman-Gleichungen, die wir für die Strömungssimulation von Filtrationsprozessen in reinen Fluiden und in porösen Medien benötigen, eine Diskretisierung der Grenzflächenbedingungen vorgeschlagen, die den linearen Druckverlauf in porösen Medien korrekt widergibt, obwohl nur eine Schicht zellzentrierter finiter Volumen benutzt wurde.

Wie oben erwähnt, wurde im ITWM in den letzten 20 Jahren eine gitterfreie Methode entwickelt, die wir „Finite Pointset Method“ (FPM) genannt haben; sie ist ein erfolgreiches Werkzeug der Abteilung „Transportvorgänge“. Im Gegensatz zu den anderen Methoden liegt ihr kein festes Gitter zugrunde; vielmehr sind die (Gitter-)Punkte frei beweglich und bewegen sich oft mit der Strömung im Sinne von Lagrange. FPM ist besonders geeignet, wenn sich die Berechnungsgebiete sehr schnell ändern – das klassische Beispiel ist die Simulation eines Airbags. An Stelle einer ständigen Veränderung des Gitters (eines „remeshing“), wie dies FDM, FVM und FEM erfordern würden, muss FPM nur die Dichte der Punkte kontrollieren (Abb. 2).

5 Mikrostruktursimulation (Voxel-basierte Methoden)

Im Folgenden wird am Thema Mikrostrukturmodellierung und -simulation beispielhaft aufgezeigt, wie sich problemorientierte Modellierung (siehe Kapitel 2: Modellierung) und die Anwendung numerischer Methoden gegenseitig bei der industrieorientierten Arbeit des ITWM befruchten; darüber hinaus wird auch die mathematische Forschung forciert – hier speziell Voxel-basierte numerische Lösungsverfahren für PDE. In den Anfangsjahren des Instituts wurden u. a. Strömungen in porösen Medien zur Auslegungssimulation von Windeln oder Filterbauteilen berechnet. Dabei zeigte sich in der industriellen Anwendung bald, dass die experimentelle Bestimmung der Materialparameter wie Permeabilität oder auch Kapillarität bei weichen porösen Materialien (Vliesstoffe, Filterpapiere) äußerst schwierig ist. Somit reifte schnell die Idee der Mikrostruktursimulation, deren Basis die Homogenisierungstheorie ist und die numerisch die Materialeigenschaften als Lösung des Zellproblems für möglichst realistische poröse Mikrostrukturgeometrien berechnet (für diese Entwicklung erhielt das ITWM im Jahre 2001 seinen ersten Fraunhofer-Preis).

Als wesentliche Ingredienzen der Mikrostruktursimulation sind dabei realistische, hochaufgelöste dreidimensionale Bilder der porösen Struktur notwendig, die die Mikrocomputertomographie üblicherweise in einem 3D-Bildformat (Voxel) liefert. Die Materialeigenschaftsberechnung ergibt sich dann als Lösung der strömungsdynamischen Gleichungen (Stokes oder auch Navier–Stokes) im Porenraum, also in der komplexen Mikrostrukturgeometrie. Insbesondere aufgrund der gegebenen Diskretisierung der Bilddaten mit sehr vielen regelmäßigen Voxeln (in der Regel $1000 \times 1000 \times 1000$) boten sich Lattice-Boltzmann-Methoden (LBM) für diese Anwendung als ein sehr spezifisches, aber auch sehr adäquates Lösungsverfahren an und wurden über Jahre am ITWM weiterentwickelt. Lattice-Boltzmann-Methoden lösen eine diskrete und linearisierte Boltzmann-Gleichung auf dem Voxelnetz durch ein zeitexplizites Verfahren und nutzen aus, dass in einem geeigneten Grenzwert des Diskretisierungsparameters die Navier–Stokes-Gleichungen approximiert werden. Die abgestimmte Diskretisierung des Geschwindigkeitsmodells mit der Ortsdiskretisierung (Voxelgitter) ermöglicht eine exakte Zeitintegration des Transportschritts. Durch das Implementieren eines einfachen Datenaustauschs werden auch die Haftbedingungen an geometrischen Wänden berücksichtigt (Abb. 3).

Der lineare Kollisionsschritt ist zwar aufwändiger und erfordert viele Rechenoperationen, die aber völlig ortslokal sind, so dass sich das Gesamtverfahren sehr einfach und effizient parallelisieren lässt. LBM ermöglichen durch geschickte Erweiterungen die Lösung von Ein- und Mehrphasenströmungen auch von nicht-Newtonschen Fluiden in beliebig komplexen Mikrostrukturen und haben sich so als ein geeignetes Werkzeug der Mikrostruktursimulation poröser Medien etabliert.

Leider lässt sich die Lattice-Boltzmann-Methode nicht direkt auf elliptische Zellprobleme, wie sie bei der Bestimmung effektiver Wärmeleitfähigkeiten oder der mechanischen Steifigkeiten auftreten, übertragen. Allerdings haben sich am ITWM auch hierfür spezialisierte Verfahren herauskristallisiert und dadurch wurden entsprechende For-

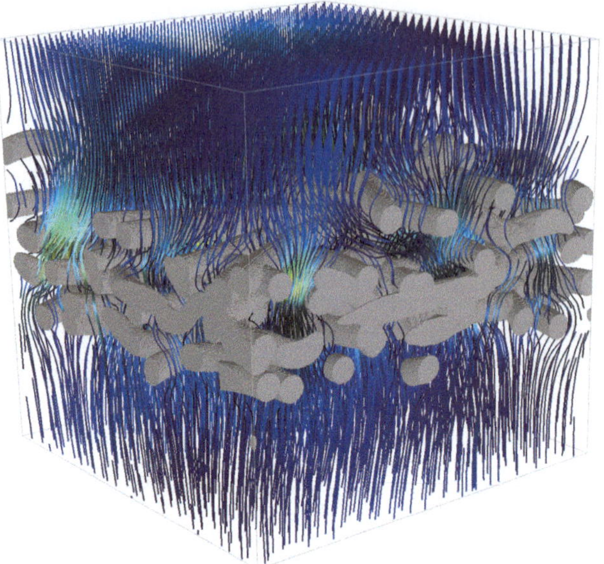

Abb. 3 Visualisierung der Stromlinien durch eine Mikrostruktur auf einem Voxel-basierten Gitter (Simulation: S. Rief, Fraunhofer ITWM)

schungsarbeiten initiiert, welche ähnliche Vorteile wie die Lattice-Boltzmann-Methoden besitzen.

Dies sind numerische Methoden, die direkt die Voxelzerlegung als Diskretisierung benutzen, matrixfrei arbeiten und sich effizient parallelisieren lassen. Diese Voxel-basierten Methoden fußen auf der Lösung der zugehörigen Integralgleichung in Störungsform (Lippmann–Schwinger-Formulierung) und der hocheffizienten Lösung im Fourierraum unter Ausnutzung der expliziten Form der Greenschen Funktion mittels schneller Fourier-Transformation. Verallgemeinerte Randelementeverfahren wie beispielsweise die Explicit-Jump Immersed Interface Methode sind verwandte Ansätze, bei denen auch genauere Randapproximationen möglich sind. Genau wie die Lattice-Boltzmann-Methoden sind auch diese Voxel-basierten Methoden schon seit einigen Jahrzehnten bekannt, ihre industrielle Einsatzfähigkeit als robuste Mikrostrukturlöser für beliebige Geometrien, insbesondere bei beliebigen Materialkontrasten, wurde wesentlich am ITWM verbessert.

Heutzutage ist die Mikrostruktursimulation am Institut ein wesentliches Werkzeug zur Bestimmung der anisotropen Eigenschaften heterogener Materialverbunde. Aufgrund der Effektivität der Numerik wird sie darüber hinaus auch zur Auslegung und Optimierung virtueller Materialstrukturen wie auch als hochaufgelöstes Materialmodell in der Multiskalensimulation industriell eingesetzt.

6 Numerik für Multiskalen-Probleme

Multiskalenprobleme finden beachtliches Interesse der Mathematiker, auch weil sie für viele Bereiche der Naturwissenschaften und der Industrie von großer Wichtigkeit sind. Wesentliche Fortschritte wurden in den letzten Jahrzehnten bei Problemen erzielt, die eine

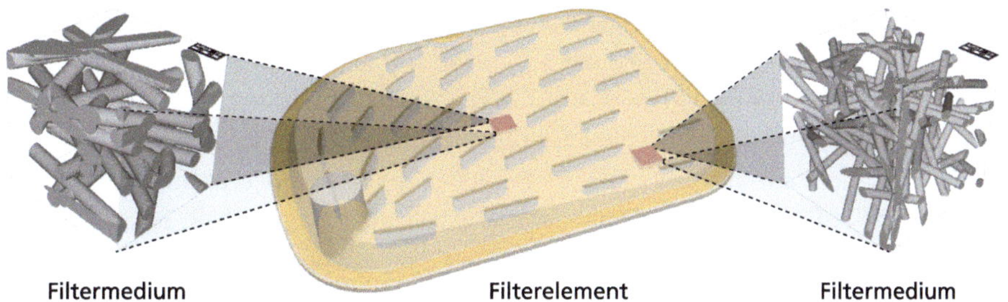

Abb. 4 Illustration von Mikro- (Filtermedium vergrößert dargestellt) und Makro- (Filterelement) Skalen in der Filtration (Grafik: G. Printsypar, KAUST)

klare Trennung der feinen und der groben Skalen zulassen (z. B. periodische Mikrostrukturen; Medien, die auf der feinen Skala heterogen sind, auf der gröberen Skala aber als homogen betrachtet werden können) (Abb. 4). In diesem Fall kann das Verhältnis der beiden Skalen die Rolle eines kleinen Parameters spielen, so dass asymptotische Analysis zur Anwendung kommen kann. So wurden rigorose Ergebnisse auf dem Gebiet der asymptotischen Homogenisierung erreicht. Man konnte beweisen, dass in vielen Fällen die Probleme auf den beiden Skalen entkoppelt werden können. Dann reduziert sich das Multiskalenproblem zu einem zweistufigen Verfahren:

1. Man löst ein „Zellproblem" auf der feinen Skala und benutzt dessen Lösung dazu, die Koeffizienten des Makroproblems zu bestimmen, und
2. Man löst das Problem auf der groben Skala mit den „hochskalierten", d. h. in Stufe 1 ermittelten (hochskalierten) Koeffizienten.

Die Homogenisierungstheorie liefert alles, was man zur Lösung des Gesamtproblems benötigt: Die Operatoren, die beide Skalen verbinden, die Gleichungen der groben Skala (deren Typ von denen der feinen Skala verschieden sein kann), Abschätzungen für asymptotische Lösungen usw.

Jedoch ist eine klare Trennung der Skalen nicht immer möglich. Viele Probleme sind auf mehreren Skalen heterogen und man kann deshalb keinen (kleinen) Lösungsparameter definieren. Dann sind die Probleme der unterschiedlichen Skalen streng gekoppelt und das oben beschriebene zweistufige Verfahren ist nicht mehr anwendbar. Stattdessen müssen die gekoppelten Probleme iterativ gelöst werden. Die Forschung auf dem Gebiet der „numerischen Hochskalierung (numerical upscaling)" geht heute hauptsächlich in drei Richtungen:

- sie basiert auf Multigridmethoden oder
- sie basiert auf Multiskalen-Finite Elemente-Methoden und verwandten Ideen oder
- sie wird angewandt zur Lösung entsprechender industrieller Probleme.

Das ITWM ist aktiv in den beiden letztgenannten Richtungen, in der ersten Richtung gab es nur kleinere Arbeiten zur linearen Elastizität von Verbundwerkstoffen. Es ist offenbar, dass die Berechnung effektiver Eigenschaften von Verbundwerkstoffen oder porösen Medien aus ihrer Mikrostruktur für die Industrie von großer Wichtigkeit ist. Dies war der Ausgangspunkt dafür, dass eine Vielzahl von Algorithmen und auch Software-Tools entwickelt wurden, um die in der Homogenisierungstheorie hergeleiteten Zellprobleme zu lösen. Der Schwerpunkt lag dabei auf der Effizienz der Methoden, um die zugrundeliegenden „Zellen", also die behandelten mikroskopischen Teilgebiete möglichst groß machen zu können. Wir haben z. B. davon schon in dem Abschnitt über Mikrostruktursimulation berichtet.

Wir wollen den Fall der nicht-trennbaren Skalen nochmals genauer betrachten. Viele erfolgreiche Entwicklungen basieren auf der schon erwähnten Multiskalen-Finite Elemente-Methode (MSFEM). Auch hier wird die Mikrostruktur in Teilgebieten, die ihrerseits wieder zu Elementen einer gröberen Skala gehören, aufgelöst. Diese Lösung geht dann in die Konstruktion problemangepasster Basisfunktionen der gröberen Skala ein. Eine äußere Iteration über die verschiedenen Skalen wird, wenn nötig, angewandt und es ergibt sich eine „gekoppelte global-lokale Hochskalierung". Verwandt mit MSFEM ist MSFVM und auch eine Variations-Multiskalen-Methode (VMSM). Schließlich gehört auch eine zweistufige Gebietszerlegung für Gleichungen mit oszillierenden Koeffizienten in diese Familie. Alle diese Familienmitglieder sind, in ihrer klassischen Formulierung, recht aufwändig, denn sie „sehen und berühren" („see and touch") jede Unbekannte der feineren Skala, wenn sie die Basisfunktionen „weiter oben" berechnen. Manchmal scheint eine Variante von MSFEM, die sogenannte Heterogene Multiskalen-Methode (HMM) einen breiteren Anwendungsbereich zu haben. Bei HMM bedecken die Basisfunktionen auf den Mikroskalen nicht das ganze Berechnungsgebiet. Es werden vielmehr kleine Teilgebiete um die Integrationspunkte der gröberen Skala ausgewählt und die Mikroskalenprobleme werden nur in diesen Teilgebieten gelöst. Der Zweck dieses Verfahrens ist es natürlich, makroskopische Eigenschaften zu erhalten, die dann in die makroskopischen Probleme eingehen. Die Methode ist beträchtlich schneller als MSFEM, denn man muss nur einen kleinen Teil des Gebietes auf der feinen Skala bearbeiten; andererseits beschränkt diese Tatsache die Anwendung dieser Methode auf Probleme, bei denen die Skalen „fast" separierbar sind. Man kann HMM auch mit Iterationen zwischen den Skalen durchführen, man muss das auf jeden Fall bei nichtlinearen Problemen. In der Mechanik ist die Methode dann als FE^2 bekannt. HMM wird oft als ein genereller Rahmen zur Lösung von Multiskalenproblemen betrachtet und nicht nur als eine spezielle Methode. Dieser Rahmen passt auch, wenn man die Mikroprobleme diskret (sozusagen „atomar") betrachtet, während die Makroprobleme kontinuierlich, also als PDE behandelt werden. Solche Ansätze benutzen Ingenieure seit vielen Jahren und HMM ist ein Versuch, ihnen eine geeignete mathematische Formulierung zu geben.

Die mathematische Lösung von Multiskalenproblemen ist oft besonders hilfreich für Zusammenschlüsse mehrerer Industriepartner; sie wird aber auch von Firmen genutzt, die zwar vornehmlich auf nur einer Skala arbeiten, aber auch verstehen, dass ihre Prozesse in Wirklichkeit mehrskalig sind und die versuchen, ihre Produkte durch Beachtung dieser Mehrskaligkeit zu verbessern. So interessieren sich Hersteller von Filtermedien normalerweise vorwiegend für die Untersuchung der Filterungsprozesse auf der Porenskala und sie vereinfachen oft die Bedingungen in der Umgebung des eigentlichen Filtermediums (sie nehmen z. B. gleichförmige Strömungsgeschwindigkeit an). Aber diese Firmen verkaufen ihre Medien an die Hersteller von Filtern; deshalb ist es vorteilhaft, wenn sie auch verstehen, wie sich ihre Materialien unter realen Arbeitsbedingungen der Filter verhalten. Andererseits zielen die Filterhersteller darauf ab, das Verhalten ihrer Produkte auf der Skala eben dieser Filter zu verstehen, wobei sie davon ausgehen, ideales Filtermaterial zu haben. Auch sie müssen, um passende Filtermedien bestimmen und verwenden zu können, wissen, wie sich diese unter realen Bedingungen verhalten. Zusammengefasst: Beide Arten von Firmen profitieren von einer echten Multiskalensimulation.

7 Bildanalyse

Ein Arbeitsgebiet des Fraunhofer ITWM ist die Analyse zwei- und dreidimensionaler Bilddaten im industriellen Umfeld. Das Spektrum der Anwendungen reicht hier von optischen Systemen zur Qualitätssicherung in der Produktion bis hin zur statistischen Auswertung dreidimensionaler Mikrostrukturen in den Ingenieurs- und Materialwissenschaften. Zu Beginn dieses Kapitels wurden PDE diskutiert. In dem dort definierten Sinne werden PDE auch in der Bildverarbeitung verwendet, z. B. bei den sogenannten Diffusionsfiltern (Operatoren zur adaptiven Bildglättung). In der Literatur werden verschiedene lineare und nichtlineare Bildverarbeitungsfilter beschrieben; häufig sind diese aber nicht für industrielle Aufgabenstellungen direkt anwendbar. Beispielsweise ist es häufig notwendig, sehr große Bilddatenmengen zu verarbeiten, um statistisch repräsentative Ergebnisse bezüglich der dreidimensionalen Mikrostrukturen von Materialien wie Verbundwerkstoffen, Vliesen oder Dämmmaterialien zu erzielen. In solchen Fällen benötigen Standardalgorithmen häufig eine hohe Laufzeit, viel Speicher oder beides. Ein Ausweg aus diesem Dilemma liegt in der Anpassung dieser Algorithmen an industrielle Problemstellungen. In diesem Abschnitt werden zwei Beispiele effizienter Numerik für lineare und nicht-lineare Bildverarbeitungsfilter beschrieben, welche wir in den vergangenen Jahren entwickelt haben.

Das erste Beispiel stammt aus dem Anwendungsgebiet der Bildanalyse für faserverstärkte Kunststoffe. Diese Verbundwerkstoffe finden derzeit breite Anwendung im Leichtbau. Um vor allem das Fasersystem solcher Materialien analysieren zu können, wird am ITWM dreidimensionale Bildgebung mittels Röntgen-Computertomografie eingesetzt, welche eine räumliche Auflösung bis hinunter in den Bereich weniger Mikrometer erreicht (Abb. 5). Doch wie können solche Bilddaten effizient ausgewertet werden, um das meist anisotrope Fasersystem in Faserverbünden zu verarbeiten?

Ein möglicher Weg ist der Einsatz anisotroper Gauß'scher Faltungsfilter. Diese linearen Bildfilteroperatoren können u. a. eine langgestreckte Form in 3D annehmen, so dass sie gut zur lokalen Form einer Faser passen. Effiziente Implementierungen dieser Operatoren

Abb. 5 Visualisierung eines glasfaserverstärkten Kunststoffs, abgebildet mittels Röntgen-Computertomografie. (Visualisierung: H. Riedel, Abt. BV, Fraunhofer ITWM)

für zweidimensionale Bilder sind in der Literatur bekannt (sogenannte „separierbare Filter"). Doch wie sähe eine solche Implementierung für dreidimensionale Daten aus? Um diese Frage zu beantworten, haben wir gemeinsam mit einem Kollegen vom Deutschen Forschungszentrum für künstliche Intelligenz (DFKI) die zugrundeliegenden mathematischen Prinzipien genauer untersucht. Das Ergebnis dieser Arbeit war nicht nur eine sehr effiziente Numerik für diese anisotrope Filteroperation, sondern auch eine grundlegende geometrische Erkenntnis: Eine separierte anisotrope Gaußglättung entspricht einer Scherung des Voxelgitters, und zwar unabhängig von der Dimension der Daten. Die geometrischen Eigenschaften dieser effizienten Filterimplementierung waren vorher auch in 2D noch unbekannt. Durch diese fundamentale Erkenntnis ließen sich Fasern in faserverstärkten Kunststoffen nun genau und effizient analysieren.

Ein zweites Beispiel für Numerik in der Bildverarbeitung kommt aus dem Bereich der nichtlinearen Glättungsfilter. Nichtlineare Filter sind Filteroperationen, für welche das Ergebnis der Filterung in einem Voxel nicht als lineare Funktion der Voxel im Ausgangsbild dargestellt werden kann. Ein sehr vielfältig einsetzbarer nichtlinearer Filter ist der Medianfilter. Dieser kann bestimmte Rauscharten unterdrücken ohne wichtige Informationen wie z. B. im Datensatz dargestellte Kanten zu schädigen. Es ist aus der Literatur bekannt, dass diese Filteroperation mit einer konstanten Anzahl von Rechenschritten je Voxel implementierbar ist, was bedeutet, dass von einem theoretischen Standpunkt aus betrachtet kaum eine effizientere Numerik mehr zu finden war.

Am ITWM werden diese Medianfilter jedoch regelmäßig für sehr große dreidimensionale Bilddatensätze verwendet (2000^3 Voxel oder mehr). In solchen Fällen ist der oben erwähnte Filter mit einer konstanten Anzahl an Rechenschritten je Voxel zwar schnell, belegt gleichzeitig jedoch einen sehr großen Speicherblock. Beispielsweise benötigt jene in der Literatur beschriebene Implementierung 8 GB zusätzlichen Speicher bei der Filterung eines 2000^3 Voxel großen Bildes, und bereits 31 GB bei einem 4000^3 Voxel großen Bild (bei Einsatz einer $7 \times 7 \times 7$ Voxel-Maske). Auf modernen Großrechnern ist eine solche Speichermenge zwar verfügbar, nicht jedoch auf einem normalen Desktop-PC. Ferner wird das Speicherproblem mit jeder neuen, höher auflösenden Generation von CT-Geräten zunehmend gravierender.

Aus diesen Gründen wurde am ITWM ein neuartiger Medianfilter-Algorithmus entwickelt. Dieser neue Algorithmus ermöglicht es uns, den Medianfilter für Bilddaten in drei oder mehr Dimensionen mit wesentlich niedrigerem Speicherbedarf anzuwenden (z. B. 8 MB anstatt 31 GB für die 4000^3 Voxel in obigem Beispiel). Dieser Algorithmus opfert die theoretische Laufzeit-Optimalität des in der Literatur beschriebenen Algorithmus für einen geringeren Speicheroverhead. Wir erreichen dies dadurch, dass wir die Rechenvorschrift des aus der Literatur bekannten Algorithmus nicht für jede der d Dimensionen eines Datensatzes durchführen (z. B. $d = 3$ für Volumenbilder), sondern nach $d - c$ Dimensionen mit einem Parameter c $(0 \leq c < d)$ abbrechen und die dann noch verbleibenden Berechnungen mittels eines einfacheren Algorithmus erledigen. Überraschenderweise haben wir festgestellt, dass dieser theoretisch langsamere Algorithmus in vielen praktisch relevanten Situationen sogar schneller ist als die in der Literatur beschriebene, theoretisch schnellere Implementierung. Die Gründe dafür liegen im Overhead der Speicherverwaltung (Allokation, Lesen und Schreiben von Daten). Durch diesen Overhead wird der theoretisch schnellere Algorithmus in der Praxis langsamer.

Zusammenfassend kann man sagen, dass maßgeschneiderte Numerik in der Bildverarbeitung es uns ermöglicht, effizient mit großen Bilddatenmengen zu arbeiten. Wenn eine technische Herausforderung erkannt und die zugrundeliegende mathematische Struktur analysiert werden kann, so ergeben sich häufig innovative, praxistaugliche Lösungen.

8 Die Bewertung der Simulationen

Wenn neue Modelle und – meist damit einhergehend – neue Software entwickelt werden, müssen diese sorgfältig validiert werden. Solange für diese Modelle keine analytischen Lösungen bekannt sind, muss die Validierung mittels numerischer Lösungen stattfinden. Dabei muss man verschiedene Fehlerquellen beachten: Modellierungsfehler, Diskretisierungsfehler, Rundungsfehler, Messfehler und Datenfehler.

Die ersten drei Fehlerarten sind aus mathematischer Sicht wohlbekannt und werden in jeder Vorlesung zur Numerik behandelt. Die letzten beiden Fehler kommen mehr aus der Ingenieurpraxis und finden zumeist keine Erwähnung in den Vorlesungen. Hier wird oft von perfekten Messungen ausgegangen, was man aber in der Realität nicht voraussetzen kann. Somit ist eine Gesamtbewertung aus mathematischer Sicht nicht einfach.

Gerade für Industrieprobleme ist die Validierung problematisch und Probleme können z. B. aus den folgenden Gründen auftreten:

- Oftmals sind keine genauen Messergebnisse vorhanden und überdies stellt sich die Frage, welchen Teil der Ergebnisse man nutzen kann. So enthält z. B. eine Messung der Druckdifferenz zwischen Einlauf und Auslauf eines Filters keine Informationen über die Geschwindigkeit und die Druckverteilung innerhalb des Filters. Will man also ein Modell validieren, das diese Größen enthält, benötigt man detailliertere Messungen. Oder man muss das Problem, aus der Druckdifferenz auf diese internen Größen zu schließen, als ein schlecht gestelltes Problem behandeln. In diesem Fall sind die Fehler der Messungen besonders kritisch. Das ist insbesondere dann gefährlich, wenn neue Parameterbereiche bearbeitet werden und die Messgeräte auf diese Werte noch nicht abgestimmt sind.
- Oft ist die Verständigung zwischen den Messenden und Berechnenden, zwischen Ingenieuren und Mathematikern schwierig, sie sprechen verschiedene Sprachen. Man muss große Sorgfalt darauf verwenden, hier Verständnis herzustellen. Der menschliche Faktor ist zu berücksichtigen.

Diese Gründe zeigen, dass es auch für Mathematiker sehr wichtig ist zu verstehen, wie Ingenieure denken und sich mit deren Arbeitsfeld auseinanderzusetzen. Auch hier wird wieder der Unterschied zwischen der Arbeit am ITWM und den akademischen Institutionen deutlich.

Selbst das Wort „genaue Ergebnisse" meint verschiedenes in verschiedenen Branchen. Etwas plakativ gesprochen, bedeutet 0,01 % relativer Fehler genau in der Luftfahrtindustrie, 5 % genau in der Filterindustrie und bis zu 30 % genau in CFD für chemische Verfahrenstechnik. Auch das muss man beachten.

Die Welt der Forschung und die Welt der Industrie sind verschieden, man spricht dort verschiedene Sprachen. Aber wenn sich diese Welten begegnen, wenn sie echt kooperieren, entsteht für beide Nutzen, es entsteht Innovation und es entsteht – last not least – für beide auch Freude!

Datenanalyse

Patrick Lang und Jürgen Franke

1 Datenquellen

Aufgrund der stetig fortschreitenden Digitalisierung von Produktions- und Geschäftsprozessen werden heute weltweit Daten in einem noch vor einigen Jahren kaum vorstellbaren Umfang erzeugt und vielfach auch archiviert. Treiber sind hierbei die Verfügbarkeit einer Vielzahl neuer Sensorik und immer leistungsfähigerer Speichertechnik. So werden bei vielen großindustriellen Produktionsprozessen mittlerweile alle potentiell relevanten Einstell- und Anlagenparameter zeitlich hochaufgelöst erfasst und abgespeichert. Gerade auch die beginnende Umsetzung des Konzeptes von Industrie 4.0, bei der vielfältige kontextspezifische Kommunikation sowohl zwischen Produktionsgütern und den entsprechenden Produktionsanlagen, als auch zwischen verschiedenen Fertigungsschritten ablaufen soll, wird zu einer Vielzahl zusätzlicher Datenströme und damit zu einem weiteren signifikanten Anstieg des Datenvolumens führen.

Auch die Verfügbarkeit immer komplexerer und präziserer Mess- und Analyseverfahren führt zur Erzeugung von Daten in großer Menge. Man denke hier beispielsweise nur an die Next Generation Sequencing Verfahren zur Genomanalyse im Kontext der personalisierten Medizin. Hierbei fallen bei jeder Analyse leicht Daten in Terabyte-Größenordnung an.

Eine weitere Quelle für die Datenflut resultiert aus der zunehmenden Vernetzung unserer Umwelt, man denke allein an die vielen Datenströme im Internet, wie etwa: Sich in Echtzeit aktualisierende Aktienkurse, zahlreiche Soziale Medien mit entsprechenden Nachrichtenkanälen, Internetdienstleister wie eBay und Amazon mit entsprechenden Bewegungen an Kundendaten oder lokal aufgelöste meteorologische Datenströme. Neben

P. Lang (✉) · J. Franke
Kaiserslautern, Deutschland
e-mail: patrick.lang@itwm.fraunhofer.de

H. Neunzert, D. Prätzel-Wolters (eds.), *Mathematik im Fraunhofer-Institut*,
DOI 10.1007/978-3-662-44877-9_4

aktuellen Daten lassen sich überdies zu fast beliebigen Fragestellungen auch Datenbanken mit entsprechenden historischen Datenbeständen finden. Es steigen nicht nur die Datenmengen sondern auch die Möglichkeiten des Einzelnen, an dem öffentlich zugänglichen Teil der Datenflut teilzuhaben.

Daten in der allgemeinen Sprechweise sind hierbei nicht zwangsläufig strukturierte Kombinationen numerischer Werte in Form von Vektoren, Matrizen oder Zeitreihen. Vielmehr zählen hier auch semi- bzw. unstrukturierte Daten wie beispielsweise einfache Texte dazu. Diese sind naturgemäß einer mathematischen Verarbeitung nicht direkt zugänglich, sondern müssen zunächst entsprechend aufbereitet werden. Methoden wie das Information Retrieval und das Text Mining befassen sich mit dieser Thematik.

Aktuell ist in vielen Medien auch immer wieder von „Big Data"-Problemen die Rede, die typischerweise über die drei „V" charakterisiert werden. Hierunter versteht man zum einen einfach den Umfang solcher Datensätze (Volume), zum anderen die Geschwindigkeit (Velocity) mit denen entsprechende Streaming-Dienste neue Daten bereitstellen und letztlich vor allem auch die Heterogenität (Variety) der zu betrachtenden Daten, die in einem gemeinsamen Kontext auftreten können. Hierdurch werden die Herausforderungen an die zukünftig benötigten Datenanalyseverfahren umrissen.

2 Datenqualität und Informationsgehalt

Die gigantischen Mengen an vorhandenen und ständig neu entstehenden Daten sind zunächst einmal relativ nutzlos, solange es nicht gelingt, neue Zusammenhänge und Wissen in ihnen zu entdecken. Dies ist die zentrale Aufgabe des Data Mining und der statistischen Lerntheorie, in deren Umfeld eine Vielzahl von Algorithmen für verschiedene Szenarien existieren, siehe [1] und [14]. Trotz des Vorhandenseins dieser Methoden und darauf aufsetzender Software-Tools hat sich deren Einsatz beispielsweise im Kontext industrieller Produktionsprozesse noch nicht auf breiter Front durchgesetzt. Wie in einem gemeinsamen Projekt „Entscheidungsunterstützung im Produktionsumfeld mit Data-Mining-Werkzeugen" in einem Konsortium mit weiteren Fraunhofer-Instituten und Vertretern aus der produzierenden Industrie erarbeitet wurde, bereiten hierbei oft der unverhältnismäßig große Anpassungsaufwand an heterogene Produktionsbereiche und Kommunikationsstrukturen noch erhebliche Schwierigkeiten. Auch die mangelnde Echtzeitfähigkeit vieler Analyseverfahren spielt hierbei eine wichtige Rolle.

Generell sind gerade auch im Kontext dynamischer Systeme nicht alle beliebig gemessenen Kombinationen aus Systemeingängen und -ausgängen für sich genommen informationshaltig genug, um daraus die komplette Systemdynamik identifizieren und ein entsprechendes Systemmodell erstellen zu können. So hat sich in der Diskussion mit Kunden aus der produzierenden Industrie immer wieder gezeigt, dass beispielsweise zwar die Einstell- und Anlagenparameter zeitlich sehr hoch aufgelöst vorhanden sind, die hierzu zugeordneten Produktqualitäten jedoch nur stichprobenartig auf einem groben Zeitraster erhoben werden. Da die Ermittlung dieser Qualitätseigenschaften überdies oftmals nicht automatisiert, sondern teils händisch im Labor erfolgt, entstehen auch große zeitliche Delays bei der Verfügbarkeit der Daten. Zusammengenommen bedeutet dies, dass das Potential der hochaufgelösten Daten auf der Inputseite im Hinblick auf die Modellierung der Produktqualitäten oftmals nur sehr begrenzt genutzt werden kann.

Für eine erfolgreiche datenbasierte Systemidentifikation ist es auch zwingend erforderlich, dass Daten aus verschiedenen Arbeitspunkten, beziehungsweise unterschiedlichen dynamischen Anregungszuständen vorliegen. Ist dies nicht der Fall, so sind die resultierenden Systemmodelle nur in einem sehr beschränkten Bereich valide und meist nicht für sich anschließende Optimierungs- oder Regelungsfragestellungen geeignet. Methodisch unterstützt wird die möglichst informationshaltige Generierung von Prozessdaten durch die Versuchsplanung (Design of Experiments: DOE), deren zugrundeliegende Idee es ist, eine möglichst große Varianzreduktion in den zu schätzenden Modellparametern durch möglichst wenige, geeignet ausgewählte Messpunkte zu erreichen. Allerdings stellt sich bei unseren Projekten immer wieder heraus, dass man hinsichtlich der Vorgaben aus der Versuchsplanung, was den Umfang der zu generierenden Daten und die anzufahrenden Prozesspunkte angeht, aus wirtschaftlichen und technischen Gründen regelmäßig an Grenzen stößt. Die Einbringung entsprechender Filter hinsichtlich technisch unmöglicher Parameterkombinationen ist unbedingt hilfreich, aus Komplexitätsgründen aber meist nur partiell möglich. Weiterhin ist zu beachten, dass die Versuchsplanung nur für Modelle, die linear in den Parametern sind, explizite Formeln für die Bestimmung der einzustellenden Systemeingänge liefert. Im Falle nichtlinearer Abhängigkeiten sind keine allgemein gültigen Formeln angebbar, vielmehr sind die DOE-Pläne selbst wieder von den Ergebnissen der durchzuführenden Messungen abhängig.

Auch im Umfeld der Life Sciences hat man es regelmäßig mit der Situation zu tun, dass beispielsweise mit den Expressionsmustern der über 20 000 humanen Gene eine Vielzahl potentieller Einflussfaktoren zur Erklärung einer spezifischen Erkrankung gegeben sind, man aber nur über eine vergleichsweise geringe Menge diesbezüglich klassifizierter und analysierter Patienten verfügt.

Ein weiterer entscheidender Punkt bei der Bewertung der Datenqualität ist der Anteil an Störungen mit denen die betrachteten Daten kontaminiert sind. Gerade im Falle von Messdaten ist solch eine Verunreinigung durch die messprinzipbedingten Eigenschaften der genutzten Sensorik immer vorhanden. Sind die Eigenschaften der die Störungen generierenden Prozesse hinreichend genau bekannt, so können diese explizit modelliert und diese Modelle dann für die Störgrößenbereinigung der Daten verwendet werden. In vielen praktischen Fällen hat man es jedoch mit einer simultanen Überlagerung mehrerer Störquellen zu tun, so dass eine mechanistische Modellierung aus Komplexitätsgründen oftmals nicht möglich ist. Stattdessen beschreibt man die Störungen als Ergebnis stochastischer Prozesse, die sich durch geeignete Verteilungsinformationen charakterisieren lassen. Die vielfach getroffene Annahme, dass diese Daten einer Normalverteilung gehorchen, ist aufgrund des Gesetzes der großen Zahlen zwar in vielen Situationen approximativ gerechtfertigt. Es gibt aber auch sehr viele technische und biologische Fragestellungen, für die diese Annahme falsch ist. Dennoch setzen viele etablierte Verfahren Normalverteilthеit, sowie die Linearität der zugrundeliegenden datenerzeugenden Prozessdynamik voraus. Generalisiert man diese Annahmen, so kommt man beispielsweise im Umfeld der

Zustands- und Parameterschätzung von den bekannten Kalman-Filter-basierten hin zu sequentiellen Monte Carlo-Verfahren, eine Methodik wie sie in Form der Partikelfilter in der Abteilung „Systemanalyse, Prognose und Regelung" seit mehreren Jahren vorangetrieben wird, siehe auch Forschung IV.

Neben den enthaltenen Störungen sind bei vielen Anwendungsfällen die betrachteten Datensätze oftmals auch nicht vollständig, sondern es fehlen Teile der Einträge. Auch liegen die Werte einzelner Datensätze um ein Vielfaches über dem Niveau vergleichbarer Datensätze. Die korrekte Behandlung dieser Fehlstellen und Ausreißer, die beispielsweise durch beschädigte Sensorik verursacht sein können, spielt eine entscheidende Rolle im Umgang mit industriellen Datenquellen.

3 Datenintegration und Datenvorverarbeitung

Entscheidend für den erfolgreichen Einsatz datenanalytischer Methoden ist die Auswahl und Bereitstellung der geeigneten informationstragenden Größen. In vielen Fällen industrieller Anwendung liegen diese Daten zunächst einmal noch nicht gemeinsam in einem einfach für die Analyse zugänglichen Data Warehouse, sondern sie sind vielmehr auf verschiedene Datenquellen verteilt. Das Spektrum reicht hierbei von verschiedenen Datenbanken, über ASCII- bzw. Excel-Dateien und weitere applikationsspezifische Datenformate. In Einzelfällen kommt es auch durchaus noch vor, dass gewisse Daten nur in Papierform vorliegen und zunächst digitalisiert werden müssen. Aus allen Datenquellen wird man nach Möglichkeit zunächst die jeweils relevanten Daten extrahieren und zu einer übergeordneten Datenstruktur zusammenführen. Hierbei sind in der Regel Probleme der korrekten Zuordnung der Datensätze zu lösen, aber auch andere Inkompatibilitäten, wie beispielsweise unterschiedliche Samplingraten in Sensordaten, müssen geeignet behandelt werden. Eine Schwierigkeit organisatorischer Art tritt im Kontext verteilter Daten typischerweise immer dann auf, wenn die benötigten Daten in die Verantwortungsbereiche unterschiedlicher Abteilungen eines Unternehmens fallen.

Wie im vorangegangenen Abschnitt beschrieben sind in den meisten Fällen die Datensätze auch nicht alle vollständig, sondern es ist fast immer von Fehlstellen und Ausreißern in den Daten auszugehen. Für die Identifikation und adäquate Behandlung solcher Problemfälle sind verschiedene Verfahren bekannt, die je nach Situation ausgewählt und durchgeführt werden müssen.

Zusammen mit der Datenintegration wird man in der Regel auch eine Normalisierung und unter Umständen eine Störgrößenbereinigung der Daten durchführen. Auch für diese Arbeitsschritte stehen eine ganze Reihe möglicher Verfahren zur Verfügung. Generell ist als Erfahrung aus unseren Projekten jedoch anzumerken, dass es aus Sicht der Datenanalyse erstrebenswert ist, die gesamte Prozesskette der Datenverarbeitungsschritte möglichst in eigenen Händen zu halten. Man sollte demnach immer versuchen, die Daten in möglichst „rohem" Zustand vom Projektpartner zu erhalten.

Überdies bietet es sich im Sinne einer optimalen Auswahl der weiteren Bearbeitungsschritte an, sich zunächst einen Überblick über die Verteilung der Daten zu verschaffen. Gerade bei hochdimensionalen Problemen wird man auf Basis der Korrelationsstruktur der Daten Entscheidungen im Sinne einer Dimensionsreduktion treffen und stark korrelierte Größen aus der weiteren Betrachtung herausnehmen. In vielen Fällen bietet es sich auch an, die nachfolgenden Modellierungsschritte nicht auf Basis der Originaldaten durchzuführen, sondern stattdessen verdichtete Merkmale (Features) heranzuziehen. Ein bekanntes Beispiel hierfür stellt die Hauptkomponentenanalyse dar, bei der die Originaldaten auf die Teilräume mit der höchsten Aussagekraft projiziert werden. Steht entsprechendes Hintergrundwissen zur Verfügung, so wird man in diesem Schritt im Sinne eines Grey Box-Modelling versuchen, dieses Wissen im Rahmen geeigneter Merkmale umzusetzen, hierzu mehr in Abschn. 5.

4 Datenbasierte Modellierung

Bei fast allen aus praktischen Anwendungen getriebenen mathematischen Modellierungsfragestellungen spielt das Vorhandensein einer ausreichend großen Menge real gemessener Daten für das Gelingen der Modellbildung eine entscheidende Rolle. Je nach Art der Modellierung schwanken die Anforderungen an Quantität und Informationsgehalt der benötigten Daten aber deutlich. Im Falle der sogenannten White Box-Modellierung, bei der die Modellbildung stark durch die explizite Umsetzung physikalischer, biologischer oder ökonomischer Gesetzmäßigkeiten geleitet wird, ist der Datenbedarf eher moderat und dient vor allem meist Skalierungs- und Kalibrierungszwecken. Dem entgegengesetzt geht man bei den sogenannten Black Box-Ansätzen von einer rein datengetriebenen Modellierung, mit entsprechend hohen Anforderungen an Quantität und Informationsgehalt der zur Verfügung stehenden Daten aus. Bei der sogenannten Grey Box-Modellierung als Mischform von wissens- und datengetriebener Modellierung liegt der Datenbedarf irgendwo dazwischen. Dieses Kapitel beschäftigt sich fortan vor allem mit Fragestellungen der rein datengetriebenen Modellierung, zu weiteren Aspekten der White- und Grey-Box Modellierung siehe auch Konzepte I.

Datengetriebene Modellierungsansätze finden vor allem dann Berücksichtigung, wenn zum einen ausreichend informationshaltige Messdaten verfügbar sind und sich zum anderen die Zusammenhänge und Dynamik der betrachteten Systeme oder Prozesse aus Komplexitätsgründen einer expliziten Beschreibung entziehen. Als Beispiele seien hier der Extrusionsprozess von Kunststoffbauteilen einschließlich der Variation der Materialrezeptur oder das Crashverhalten von Kohlenfaserverbund-Werkstoffen genannt.

Data Mining im allgemeinen umfasst hierbei Verfahren, mit denen aus komplexen Daten relevante Informationen extrahiert werden können. Statistische Lernmethoden modellieren hierbei die Daten als Ergebnisse von Zufallsexperimenten. Diese Sichtweise erlaubt es, Verfahren zur Informationsgewinnung auf der Grundlage statistischer Theorie und Intuition herzuleiten, zu verifizieren und besser zu verstehen. Statistisches Lernen überlappt sehr stark mit maschinellem Lernen. Bei komplexen Daten ist Statistik auf geeignete rechenintensive Lernalgorithmen angewiesen. Umgekehrt erlaubt die statistische Sichtweise im maschinellen Lernen oft zu verstehen, wann und warum Algorithmen zur Datenanalyse funktionieren und wie sie erweitert werden können.

Ein wichtiges Unterscheidungsmerkmal bei Data Mining Problemen liegt in der Art der betrachteten Daten. Sogenannte strukturbeschreibende Verfahren wie Regression und Klassifikation stehen in der Regel vor dem Problem, eine Zielgröße Y (Output, abhängige Variable) möglichst gut durch eine Funktion der Eingangsgröße U (Input, unabhängige Variable, Prädiktor) zu approximieren. Die Daten bilden eine *Stichprobe* oder *Trainingsmenge* $(U_1, Y_1), \ldots, (U_N, Y_N)$ von Inputvariablen U_j zusammen mit den Outputvariablen Y_j. Beim Lernen des Zusammenhangs zwischen Input und Output kann man daher die Leistung des Systems anhand korrekter beobachteter Werte Y_j beurteilen und optimieren. In diesem Fall spricht man von *überwachtem* (supervised) Lernen.

Bei den sogenannten Strukturierungsproblemen liegen hingegen nur Einganggangsdaten $U_1, \ldots, U_N$ vor, in denen man Strukturen wie z. B. Klumpenbildung (Clustering) oder Niederdimensionalität identifizieren will. Da keine Outputvariablen vorliegen, die als Anhaltspunkt zur Korrektur von Fehlern in den Lernergebnissen dienen können, spricht man hier auch von *unüberwachtem* (unsupervised) Lernen. Die Merkmale U_j sind in der Regel hochdimensional, und ihre Strukturen können meist nicht einfach visualisiert werden. Graphisch darstellbare Projektionen auf zwei oder drei Koordinatendimensionen zeigen typischerweise nicht die interessierenden Strukturen. Um Clusterbildung oder Niederdimensionalität graphisch sichtbar zu machen, muss man „möglichst informative" Projektionen für diese Daten finden.

5 Unüberwachtes Lernen

Beim unüberwachten Lernen steht die Charakterisierung der Verteilung und Struktur der vorliegenden Daten im Fokus. Neben der Betrachtung von Standardgrößen aus der beschreibenden Statistik ist man insbesondere an der Entdeckung von Clustern und niederdimensionalen Strukturen in den Daten interessiert. In diesem Sinne besteht auch eine starke Überlappung mit den Zielen der Datenvorverarbeitung und das unüberwachte Lernen wird dementsprechend oft auch als vorbereitender Schritt in überwachten Lernproblemen verwendet.

Eine Klasse von Strukturierungsproblemen aus der Praxis sind beispielsweise die sogenannten Variantenmanagementprobleme. Hierbei beschreiben die Eingangsdaten jeweils die Zusammensetzung komplexer Produkte, wie z. B. Lastkraftfahrzeuge auf Basis ihrer Bauteilkomponenten. Gesucht ist eine sinnvolle Strukturierung des Produktraumes wie er von den Kunden des zugehörigen Unternehmens durch die gekauften Produkte definiert wird. Er soll hierbei durch eine möglichst geringe Anzahl repräsentativer Produkte approximiert werden. Hieraus lässt sich dann in einem nachfolgenden Schritt eine Überarbeitung und Reduktion des erforderlichen Bauteilespektrums und damit der Lagerkosten ableiten. Eine zur Bearbeitung dieser Fragestellung geeignete Methode ist die sogenannte Clusteranalyse.

5.1 Clusteranalyse

Man betrachte eine endliche Menge U von Objekten, die jeweils durch die Ausprägungen $U_1, \dots, U_m$ einer Menge von Attributen beschrieben werden. Zentrale Voraussetzung für die Gruppierung der Daten ist ein Unähnlichkeits- oder Distanzmaß $d : U \times U \to R^{\geq 0}$ auf U, das das Messen der Ähnlichkeit zwischen jeweils zwei Objekten zulässt; je größer der Wert $d(U_i, U_j)$ ist, desto unähnlicher sind sich die Objekte U_i und U_j. In der Clusteranalyse geht es nun darum, die endliche Menge U in paarweise disjunkte Gruppen oder Cluster $C_1, \dots, C_r$ zu zerlegen:

$$U = \bigcup_{i=1}^{r} C_i, \qquad C_i \cap C_j = \emptyset, \qquad \text{für } i \neq j.$$

Eine solche Zerlegung nennt man auch eine Partition von U. Je zwei Objekte innerhalb eines Clusters sollen sich dabei möglichst ähnlich sein, während zwischen zwei Objekten aus verschiedenen Clustern hohe Unähnlichkeit besteht. Zur Bestimmung einer optimalen Partition von U gibt es eine Vielzahl von Algorithmen, die sich in der Suchstrategie sowie in den für die Merkmale zulässigen Datentypen unterscheiden. Die Algorithmen selbst benötigen häufig Vorgaben für die Werte von Steuerparametern, wie zum Beispiel die Anzahl zu suchender Cluster, die minimale Elementezahl in einem Cluster oder die Mindestunähnlichkeit zwischen den Objekten verschiedener Cluster. Manche Algorithmen gehen außerdem von einer vorzugebenden Startpartition aus. Wegen dieser mannigfachen Wahlmöglichkeiten ist eine externe Bewertung der Ergebnispartitionen zweckmäßig (im Gegensatz zur Algorithmus-internen Bewertung hinsichtlich Optimalität) [8]. Durch Vergleich der Ergebnisse eines Clusteralgorithmus' bei unterschiedlichen Parametereinstellungen oder Startpartitionen lassen sich unter anderem Rückschlüsse auf die Stabilität einer Ergebnispartition, die optimale Clusteranzahl und die grobe Struktur des Ähnlichkeitsraums (U, d) ziehen. Der Vergleich von Partitionen selbst kann durch ein Distanzmaß

$$D : P(U) \times P(U) \to R^{\geq 0}$$

erfolgen, das auf der Menge $P(U)$ aller Partitionen der Menge U definiert ist. Solche Maße werden seit langem in den Sozialwissenschaften oder der Biologie verwendet. Eine Möglichkeit Partitionen zu vergleichen, ist die in [11] eingeführte Informationsvariation, die eine auf einem Entropieansatz basierende Metrik darstellt.

5.2 Merkmalsauswahl

Während des Prozesses der Erstellung eines datenbasierten Regressionsmodells, ist es entscheidend, auf welchen Merkmalen (Features) man dieses Modell aufsetzt. Diese Entscheidung ist für eine erfolgreiche Modellierung unserer Erfahrung nach deutlich wichtiger als die Auswahl einer speziellen Modellklasse. Die Merkmale können zum einen einzelne Eingangsgrößen selbst sein, in vielen Fällen wird man hier aber jeweils auf funktionale Verknüpfungen unterschiedlicher Inputgrößen zurückgreifen. Hinweise, wie man zur Definition möglichst informationstragender Merkmale gelangt, sind oftmals in Form von problemspezifischem Expertenwissen vorhanden und sollten aus unseren Projekterfahrungen heraus unbedingt genutzt werden. Hierbei wird dann die ursprüngliche Blackbox-Modellierung zumindest teilweise grau.

Auch im Falle, dass keine anwendungsspezifischen Hinweise zur Merkmalsdefinition vorliegen, besteht doch in vielen Anwendungen das Problem, daß ein Missverhältnis zwischen der hohen Dimension des Inputraumes im Vergleich zur vergleichsweise geringen Anzahl der vorhandenen Input–Output-Paare vorliegt. In diesem Falle ist eine Dimensionsreduktion erforderlich und man führt hierzu dann oftmals eine Hauptkomponentenanalyse der Inputdaten durch. Die Beschränkung auf die den größten Singulärwerten zugeordneten Hauptkomponenten liefert dann einen entsprechenden Teilraum, aufgespannt durch die ausgewählten Hauptkomponenten. Ein weiterer Vorteil dieser Vorgehensweise besteht darin, daß die transformierten Daten unkorreliert und damit im Falle normalverteilter Daten sogar unabhäng sind. Will man für Daten, die als lineare Mischung unabhängiger beliebig verteilter Datenquellen gegeben sind, die Zerlegung in die unabhängigen Einzelkomponenten durchführen, so sind Entropie-basierte Methoden wie die Independent Component Analysis (ICA) [9] geeignet. Entropie-basierte Maße für die Quantifizierung der Abhängigkeit zweier Zufallsvariablen, wie die Mutual Information, sind oft auch geeignet, um die Erklärungskraft eines Features oder einer Menge von Features im Hinblick auf eine gegebene Outputgröße zu bewerten. Auf Basis entsprechender Rankingkriterien lassen sich dann auch vielfältige Selektionsstrategien zum Aufbau möglichst informationshaltiger Merkmalsmengen ableiten.

6 Überwachtes Lernen

Im Rest dieses Abschnitts betrachten wir überwachtes Lernen auf der Grundlage von Input–Output-Paaren (U_j, Y_j), $j = 1, \ldots, N$, die als unabhängige und identisch verteilte (u.i.v.) Realisationen von Zufallsvariablen modelliert werden. Der Einfachheit halber betrachten wir nur den Fall, dass Y_j eindimensional ist. Die Merkmale U_j, die zur Vorhersage von Y_j benutzt werden, sind dagegen im Data Mining typischerweise hochdimensional. (U, Y) steht für ein repräsentatives Input–Output-Paar mit derselben Verteilung, das unabhängig von den beobachteten Daten ist.

Ziel des Lernens ist es, eine Abbildung f zu finden, so dass $f(u)$ einen neuen Wert Y „möglichst gut"' approximiert oder vorhersagt, wenn der zugehörige Wert $U = u$ bekannt ist. Um dies zu präzisieren, wird eine Verlustfunktion $L_f(u, y)$ vorgegeben, die die Qualität der Approximation misst. Für Regressionsprobleme ist die verbreitetste Verlustfunktion der quadratische Vorhersagefehler $L_f(u, y) = (y - f(u))^2$.

Statistisches Lernen versucht nun, eine Klassifikations- oder Vorhersagefunktion $f(u)$ zu finden, die im Durchschnitt eine gute Approximation liefert, d. h. für die der Erwartungswert $R(f) = \mathrm{E}L_f(U, Y)$ möglichst klein ist. Für Regressionsprobleme mit quadratischer Verlustfunktion ist die optimale Vorhersage

$$f(u) = m(u) = \mathrm{E}\{Y|U = u\}$$

der *bedingte Erwartungswert* von Y, gegeben, dass $U = u$ bekannt ist. Da die Verteilung der Daten (U_j, Y_j) unbekannt ist und weitgehend beliebig sein kann, kann der bedingte Erwartungswert $m(u)$ in der Praxis nicht berechnet werden. Ziel des statistischen Lernens ist es daher, aus den Daten Approximationen oder *Schätzer* für diese optimale Funktion zu berechnen.

Ein anspruchsvolles Regressionsproblem aus dem Produktionsumfeld stellt die Qualitätsprognose von extrudierten Kunststoffbauteilen dar. Bei der Extrusion wird eine Mischung aus Kunststoffgranulaten und weiteren Ausgangsstoffen in einem sogenannten Extruder unter Einwirkung von Temperatur und Druck aufgeschmolzen und mit Hilfe der Extruderschnecke durch ein anwendungsabhängiges Formprofil gepresst. Hergestellt werden durch solche Prozesse beispielsweise Fensterprofile oder Wärmedämmplatten. Interessiert ist man hier an der funktionalen Abhängigkeit des Wärmeleitkoeffizienten und der Druckfestigkeit extrudierter Dämmplatten von der Ausgangsrezeptur und den Einstellungen der Anlagenparameter, wie den verschiedenen Temperaturzonen entlang des Extruders und der Drehzahl der Extruderschnecke. Aufgrund der Komplexität der Abhängigkeiten ist eine explizite Modellierung der Zusammenhänge praktisch aussichtslos und man greift stattdessen auf historische Produktionsdaten und Regressionsmethoden zurück. Die identifizierten Abbildungen dienen dann als Ausgangspunkt für eine sich anschließende Prozessoptimierung mittels geeigneter Pareto-Optimierungsmethoden, siehe hierzu auch Konzepte IV.

Ein weiteres Beispiel für ein aufwendiges Regressionsproblem aus der Betriebswirtschaft ist die Berechnung des erwarteten Restwerts eines Leasingfahrzeugs nach einer vorgegebenen Laufzeit des Vertrags. Der Wert hängt von zahlreichen Prädiktorvariablen wie Kilometerstand, Modellreihe, Motorisierung, Farbe, verschiedenen Ausstattungsmerkmalen, Alter der Modellreihe u.v.m. ab. Kennt man die Abhängigkeit des Restwerts von diesen Fahrzeugdaten, so kann man den Kapitalwert des Leasingsbestands abschätzen, zukünftige Ausstattungspakete im Hinblick auf die Optimierung des Restwerts hin planen usw. Ein ähnliches Regressionsproblem ist die Abschätzung des Wertes eines Hauses in Abhängigkeit von Wohnfläche, Grundstücksfläche, Dachform, Lage, Anzahl der separaten Wohnungen, Alter und Zustand des Hauses u.v.m. Gesucht ist eine Vorhersagefunktion, die den am Markt erzielbaren Verkaufspreis als Funktion all dieser Daten vorhersagt.

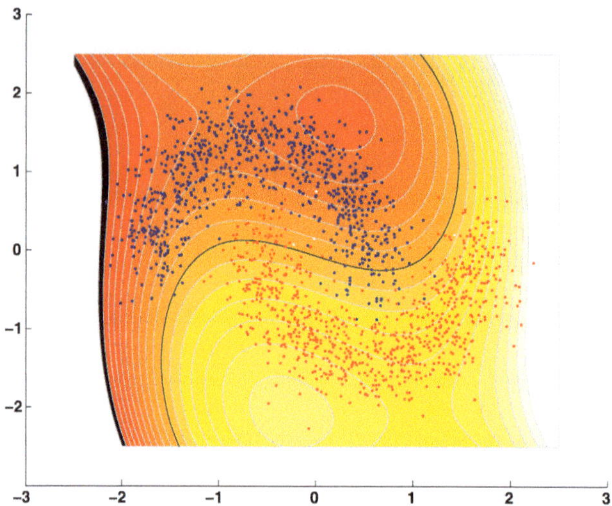

Abb. 1 Nichtlineares Klassifikationsproblem Klasse 1: *blau*, Klasse 2: *rot*

Neben der Unterstützung bei konkreten Kauf- bzw. Verkaufsentscheidungen spielt diese Wertinformation auch eine wichtige Rolle bei Bewertung und Beleihung größerer Immobilienprojekte.

Neben den Regressionsproblemen, bei denen die Zielgröße kontinuierlich ist, spielen in der Praxis auch sogenannte Klassifikationsprobleme eine wichtige Rolle. Hierbei nehmen die Y_j nur Werte in einer endlichen Menge $\mathcal{K}$ an, die der Einfachheit halber den Nummern $1, \ldots, K$ der K Klassen entsprechen. Abbildung 1 zeigt beispielhaft ein nicht linear trennbares Klassifikationsproblem im Falle von zwei Klassen. Klassifikationsprobleme lassen sich mathematisch als spezielle Regressionsprobleme darstellen und werden daher im Folgenden nicht als eigenes Topic betrachtet.

Ein aufwändiges Klassifikationsproblem aus der Wirtschaft ist die automatische Detektion von Verdachtsfällen (Fraud Detection) in einer sehr hohen Anzahl an Abrechnungen, die Kontraktfirmen einem Unternehmen stellen. Mit statistischem Lernen soll anhand von umfangreichen Informationen über die Rechnungsdaten wie Höhe und Umfang der einzelnen Positionen, Identität des Rechnungsstellers usw. entschieden werden, ob Anhaltspunkte für einen Betrug vorliegen und die Rechnung anschließend genauer kontrolliert werden muss. Ein alltägliches Beispiel für die Verwendung von Klassifikationsverfahren auf der Grundlage von statistischem Lernen sind Spamfilter in eMail-Portalen, die anhand von einer großen Menge an Merkmalen einer Mail entscheiden, ob es sich um Spam oder um eine echte Nachricht handelt.

Ein repräsentatives Klassifikationsproblem aus der Bioinformatik besteht darin, für eine bestimmte Erkrankung einen sogenannten Biomarker aus Genexpressionsdaten zu identifizieren, d. h. man sucht nach Genen, deren gemeinsames Expressionsmuster charakteristisch für das Vorhandensein und die Schwere der betrachteten Krankheit ist. Wird solch ein Biomarker gefunden, so lassen sich hiermit krankheitsspezifische Nachweiskits herstellen, die einen schnellen Test hinsichtlich des Vorhandenseins der Erkrankung erlauben.

6.1 Nichtparametrische Regression

Definiert man die Residuen $\varepsilon_j = Y_j - m(U_j)$, $j = 1, \ldots, N$, so haben sie bedingten Erwartungswert $\mathrm{E}\{\varepsilon_j | U_j = u\} = 0$, d. h. U_j enthält keine Informationen darüber, welchen Wert ε_j im Mittel annehmen wird. Meist nimmt man an, dass die ε_j u.i.v. sind, so dass folgendes Standardmodell der nichtparametrischen Regression [3, 6] für die Daten zutrifft:

$$Y_j = m(U_j) + \varepsilon_j, \quad j = 1, \ldots, N, \quad \mathrm{E}\varepsilon_j = 0, \tag{1}$$

wobei $U_1, \ldots, U_N$ u.i.v. und unabhängig von den ebenfalls u.i.v. $\varepsilon_1, \ldots, \varepsilon_N$ sind. Meist nimmt man noch an, dass die Residuen eine endliche Varianz besitzen: $\mathrm{var}\,\varepsilon_j < \infty$.

Im Gegensatz zur klassischen Regressionsanalyse, wo die Regressionsfunktion $m(u)$ als bis auf wenige Parameter bekannt angenommen wird, kommt die nichtparametrische Regression und damit auch das statistische Lernen ohne solche einschränkenden Voraussetzungen aus. Schwache Regularitätsannahmen an $m(u)$, z. B. zweimal stetige Differenzierbarkeit oder Quadratintegrierbarkeit bzgl. der Verteilung der U_j reichen aus. Das Schätzverfahren erlaubt es, eine anfangs weitgehend unbekannte Vorhersagefunktion aus den Daten zu „lernen".

Nichtparametrische Regressionsansätze sind nicht auf das Standardmodell (1) beschränkt. Die Residuen ε_j können zum Beispiel auch von den unabhängigen Variablen U_j abhängen. Ein Beispiel ist das heteroskedastische Regressionsmodell

$$Y_j = m(U_j) + \varepsilon_j = m(U_j) + \sigma(U_j)\eta_j, \quad j = 1, \ldots, N, \tag{2}$$

mit u.i.v. η_j, für die $\mathrm{E}\eta_j = 0$, var $\eta_j = 1$ gilt. Hier hängt nicht nur der Mittelwert, sondern auch die Variabilität der Y_j von U_j ab. $\sigma^2(u)$ ist die bedingte Varianz $\mathrm{var}\{Y_j \mid U_j = u\}$ von Y_j, gegeben $U_j = u$, und kann mit denselben Verfahren wie $m(u)$ mitgeschätzt werden.

Eine wichtige Klasse von Problemen, auf die man in der Anwendung immer wieder stößt, ist charakterisiert durch dynamische Entwicklungen der Zielgröße in der Zeit. Auch in der entsprechenden nichtparametrischen Zeitreihenanalyse finden obige Methoden Verwendung, einzig die Annahme, dass die U_j unabhängig sind, wird aufgegeben. Setzt man zum Beispiel $U_j = (Y_{j-1}, \ldots, Y_{j-p})$, so erhält man ein nichtparametrisches Autoregressionsmodell

$$Y_j = m(Y_{j-1}, \ldots, Y_{j-p}) + \varepsilon_j, \quad j = 1, \ldots, N, \quad \varepsilon_1, \ldots, \varepsilon_N \text{ u.i.v. mit } \mathrm{E}\varepsilon_j = 0.$$

Die Autoregressionsfunktion m liefert in diesem Fall die beste Vorhersage des Wertes Y_j der Zeitreihe zur Zeit j aus den letzten p Beobachtungen $Y_{j-1}, \ldots, Y_{j-p}$ in dem Sinn, dass der mittlere quadratische Vorhersagefehler minimiert wird. Entsprechend erhält man aus (2) nichtparametrische Versionen der ARCH-Modelle, die in der Finanzstatistik eine wichtige Rolle bei der Risikomessung spielen.

6.2 Empirische Risikominimierung

Die Vorhersagefunktion $m(u) = \mathrm{E}\{Y_j|U_j = u\}$ minimiert den auch *Risiko* genannten erwarteten Verlust $R(f) = \mathrm{E}(Y - f(U))^2$ bzgl. f. Um $m(u)$ zu schätzen, wird bei der empirischen Risikominimierung zuerst das Risiko aus den Daten geschätzt, und zwar unter Bezug auf das Gesetz der Großen Zahlen durch

$$\widehat{R}(f) = \frac{1}{N}\sum_{j=1}^{N}\big(Y_j - f(U_j)\big)^2. \tag{3}$$

Je nach Anwendung können auch andere Verlustfunktionen, wie das, durch Addition der betragsmäßigen Absolutabweichungen definierte, L^1-Risiko, besser geeignet sein. Gerade für mehrdimensionale Zielgrößen ist die Suche nach einer optimalen Verlustfunktion entsprechend komplex. Zu beachten ist außerdem, dass viele prominente Lernalgorithmen gerade bei der Ableitungsbildung die besonderen Eigenschaften einer quadratischen Verlustfunktion ausnutzen. Dementsprechend ist bei allgemeineren Verlustfunktionen von einer deutlich kleineren Zahl an geeigneten Lernalgorithmen auszugehen. Gerade bei Klassifikationsproblemen hat man es überdies oft mit Problemen der Art zu tun, dass die durch eine Fehlklassifikation verursachten Kosten von der ursprünglichen Klassenzugehörigkeit abhängen, in der Regel also insbesondere nicht symmetrisch sind. Betrachten wir hierzu einen Gesunden, der fälschlich als krank klassifiziert wird, im Gegensatz zu einem eigentlich Kranken, der als gesund klassifiziert wird. Während im ersten Fall eine überflüssige Therapie mit unter Umständen durchaus unangenehmen Nebenwirkungen und unnötig verursachten monetären Kosten durchlaufen wird, wird im zweiten Fall einem bedürftigen Kranken die möglicherweise lebensrettende Therapie vorenthalten. Die Erstellung einer Verlustfunktion, die die problemspezifischen Eigenschaften entsprechend abbildet und sich überdies auch effizient minimieren läßt, stellt in vielen Fällen eine Schlüsselstelle für eine erfolgreiche datenbasierte Modellierung dar.

Einen Schätzer für m erhält man dann durch Minimierung des empirischen Risikos $\widehat{R}(f)$. Minimierung über alle messbaren oder auch nur über alle zweimal stetig differenzierbaren Funktionen führt allerdings zu einer Funktion $\hat{f}$, die die Daten interpoliert, d. h. $Y_j = \hat{f}(U_j)$, $j = 1, \ldots, N$. Für die Anwendung auf die Vorhersage zukünftiger Daten ist eine solche Lösung unbrauchbar, da sie exakt die zufälligen Störungen ε_j in der vorliegenden Stichprobe modelliert statt die generelle Form der Abhängigkeit zwischen den Zufallsgrößen U und Y adäquat abzubilden.

Um dieses Problem zu umgehen, gibt es drei Strategien bei der empirischen Risikominimierung:

- Lokalisierung, d. h. Beschränkung der Mittelung im empirischen Risiko auf solche U_j, die in einer Umgebung der Stelle u liegen, an der man $m(u)$ schätzen will;
- Regularisierung, d. h. die Einführung von Variationsbeschränkungen an f, die interpolierende Lösungen ausschließen;
- Einschränkung der Menge von Funktionen, über die (3) minimiert wird, was zur Klasse der *Siebschätzer* führt.

In den nachfolgenden Abschnitten werden nun wichtige weitere Aspekte und Realisierungen dieser Strategien diskutiert.

6.3 Lokales Glätten und Regularisierung

Die Idee des lokalen Glättens zum Schätzen einer weitgehend beliebigen Regressionsfunktion $m(x)$ lässt sich direkt aus dem Gesetz der Großen Zahlen herleiten: Wenn $Y_1, \ldots, Y_N$ u.i.v. mit Erwartungswert $\mathrm{E}Y_j = m_0$, dann konvergiert das Stichprobenmittel für $N \to \infty$ fast sicher gegen m_0:

$$\frac{1}{N} \sum_{j=1}^{N} Y_j \xrightarrow[\text{f.s.}]{} m_0.$$

Wenn im Regressionsmodell (1) $m(u)$ glatt ist, z. B. zweimal stetig differenzierbar, dann ist m ungefähr konstant in einer kleinen Umgebung von u, d. h. für kleine $h > 0$

$$m(z) \approx m(u), \quad \text{falls } \|z - u\| < h. \tag{4}$$

Mittelt man nun nur diejenigen Beobachtungen Y_j in der Nähe von u, d. h. mit $\|U_j - u\| < h$, so gilt für alle $\mathrm{E}Y_j \approx m(u)$, d. h. für große N

$$\hat{m}(u,h) = \frac{1}{N(u,h)} \sum_{j=1}^{N} 1_h\big(\|U_j - u\|\big) Y_j \approx m(u), \quad \text{mit } N(u,h) = \sum_{j=1}^{N} 1_h\big(\|U_j - u\|\big) \tag{5}$$

wobei $1_h(z) = 1$ für $-h \leq z \leq h$ und $= 0$ sonst. $N(u,h)$ ist die Anzahl der Beobachtungen in der Nähe von u. Lokales Glätten der Daten, d. h. Mittelung der Daten in der Nähe von u, liefert einen brauchbaren Schätzer für $m(u)$. Konvergenz von $\hat{m}(u,h)$ gegen $m(u)$ erhält man für eindimensionale U_j beispielsweise falls $N \to \infty$, $h \to 0$ und $Nh \to \infty$.

Die lokale Mittelung basiert auf der Annahme (4) für $z = U_j$, die umso besser erfüllt ist, je geringer der Abstand zwischen U_j und u ist. Daher liegt der Gedanke nahe, den Beitrag von Y_j zur lokalen Mittelung danach zu gewichten, wie dicht U_j an u liegt. Statt einfacher Durchschnittsbildung erhält man dann ein gewichtetes lokales Mittel. Ein Beispiel dafür sind *Kernschätzer*, bei denen die Gewichte durch eine *Kern* genannte Funktion $K(u)$ erzeugt werden. Typische Wahlen für K sind Wahrscheinlichkeitsdichten, d. h. $K(u) \geq 0$ und $\int K(u)du = 1$.

Beim einfachen lokalen Mittel (5) und allgemein bei Kernschätzern bestimmt die Bandbreite h die Größe des Bereichs, über den lokal gemittelt wird. Das führt zu Problemen beim Schätzen von $m(u)$, wenn nur wenige Beobachtungen U_j in der Nähe von u liegen. Daher bauen *k-nächste Nachbarn–Schätzer* zwar auf derselben Intuition auf, mitteln aber nicht über eine feste Umgebung von u, sondern über eine feste Anzahl k an Daten. Dabei werden diejenigen Daten Y_j ausgewählt, für die U_j am nächsten an u liegen, d. h. über die k nächsten Nachbarn von u.

Regularisierungsschätzer folgen auf den ersten Blick einem ganz anderen Ansatz als lokalisierte Glättungsverfahren, um bei der Minimierung des empirischen Risikos Interpolation auszuschließen. In (3) misst $\widehat{R}(f)$, wie gut die Funktionswerte $f(U_j)$ zu den Beobachtungen Y_j passen. Um eine Überanpassung zu vermeiden, wird bei der Minimierung von $\widehat{R}(f)$ eine Nebenbedingung $r(f) \leq c$ gestellt, wobei $r(f)$ ein Maß für die Variation der Funktion f ist, so dass die bei großen N stark fluktuierenden interpolierenden oder nahezu interpolierenden Funktionen nicht mehr als Lösungen in Frage kommen. Für manche Regularisierungsschätzer lässt sich eine asymptotische Äquivalenz zu speziellen Kernschätzern zeigen, siehe [10] und [13]. Da letztere eine einfache asymptotische Theorie erlauben, lassen sich dann entsprechende Verteilungsapproximationen auf die Regularisierungsschätzer übertragen und für Hypothesentests und die Berechnung von Konfidenzintervallen und Quantilen nutzen.

Ein bekanntes und leider gerade bei praktisch relevanten Anwendungen häufig auftretendes Problem beim Einsatz lokaler Glättungsverfahren ist der sogenannte „Fluch der Dimension". Werden diese Verfahren in der beschriebenen direkten Form für Inputräume U mit hoher Dimension d angewandt, so sind außer für extrem große Stichproben für viele u die durch h bestimmten Umgebungen fast leer, so dass der zufallsbedingte Fehler sich nicht herausmittelt. Bei k-nächste Nachbarn–Schätzern sorgt zwar die Konstruktionsweise dafür, dass immer über k Werte gemittelt wird, aber in hohen Dimensionen werden die hier adaptiv gewählten Umgebungen zwangsläufig sehr groß. Dies entspricht der Wahl einer sehr großen Bandbreite h beim Kernschätzer, was zu einer systematischen Verfälschung der Schätzer führt.

Gerade im Kontext des Arbeitens auf mittels Phasenraummethoden rekonstruierten Attraktoren nichtlinearer dynamischer Systeme, lassen sich die obigen Nächste–Nachbarn-Methoden oftmals erfolgreich einsetzen. Entsprechende Projekterfahrungen liegen bei uns im Zusammenhang mit der Risikobewertung von Elektrokardiogramm-Daten vor. Die zu betrachtenden Dimensionen d sind hierbei in der Regel nur von geringer bis mittlerer Größe bei einer gleichzeitig vergleichsweise großen Datenmenge. Allerdings empfiehlt es sich unbedingt, für die Suche nach den jeweils nächsten Nachbarn auf effiziente Verfahren zurückzugreifen, eine naive Implementierung stößt hier schnell an ihre Grenzen, siehe auch [7].

6.4 Siebschätzer

Siebschätzer verzichten auf Lokalisierung oder Regularisierung zur Vermeidung von Überanpassung oder gar Interpolation der Daten, sondern erreichen dies durch Einschränkung der Funktionsklasse, über die das empirische Risiko (3) minimiert wird. Um dennoch die nötige Flexibilität zu erreichen und ohne einschränkende Annahmen an die zu schätzende Funktion $m(x)$ auszukommen, wächst die betrachtete Funktionenklasse $\mathcal{F}_N$ mit dem Stichprobenumfang N. Ein Siebschätzer löst daher das Minimierungsproblem

$$\min_{f \in \mathcal{F}_N} \widehat{R}(f)$$

Damit der resultierende Funktionsschätzer $\hat{m}_N(x)$ gegen $m(x)$ konvergiert, müssen die Funktionsklassen $\mathcal{F}_1 \subset \mathcal{F}_2 \subset \ldots$ eine *universelle Approximationseigenschaft* besitzen, d. h. für jede in Betracht kommende Regressionsfunktion m muss es ein geeignetes N und ein $m_N \in \mathcal{F}_N$ geben, so dass m_N die Funktion m mit ausreichender Genauigkeit approximiert. Es gibt verschiedene Möglichkeiten, diese Forderung zu präzisieren. Die Funktionsklassen $\mathcal{F}_N$ sind typischerweise parametrisch, d. h. sie enthalten nur Funktionen, die bis auf einen Parameter $\theta \in R^p$ vorgegeben sind. Eigentlich passt man also wie in der klassischen Statistik ein parametrisches Modell an die Daten an, aber man erlaubt, dass das Modell missspezifziert ist, d. h. dass die zu schätzende Funktion m nicht in $\mathcal{F}_N$ liegt. Die nichtparametrische Konsistenz des Verfahrens erreicht man dadurch, dass die Parameterdimension $p = p(N)$ mit der Anzahl N der Daten mit einer gewissen Rate wächst. Nachfolgend gehen wir kurz auf die drei wichtigsten Funktionsklassen ein.

Als Ausgangspunkt zur Konstruktion der Funktionsklassen $\mathcal{F}_N$ greift man oftmals auf *Reihenentwicklungen* bezüglich orthogonaler Basisfunktionen zurück, die Zahl der Summanden hängt dann entsprechend von N ab. Auch für nicht-orthogonale Funktionen lassen sich Siebschätzer ableiten, sofern eine universelle Approximationseigenschaft gilt. Um die Stabilität der Schätzer zu garantieren, wird man meist eine zusätzliche Regularisierung der Koeffizienten der Reihenentwicklung durchführen. Für entsprechende Konvergenzresultate siehe [3].

Ausgangspunkt für *Partitionsschätzer* ist eine disjunkte Zerlegung des Wertebereichs der Inputvariablen. Auf den Mengen dieser Partition sind die Schätzer dann jeweils stückweise konstant, wobei die entsprechenden Werte als Mittelwert der in die Menge fallenden Beobachtungen berechnet wird. Werden die Partitionen mit wachsendem N immer feiner, dann besitzt $\mathcal{F}_N$ die universelle Approximationseigenschaft. Vorteilhaft ist eine datenadaptive Wahl der Partitionen, hierfür werden in vielen Fällen baumbasierte Methoden eingesetzt und die entsprechenden Schätzer dann *Klassifikations-* bzw. *Regressionsbäume* genannt, siehe [2]. Interessant sind diese Ansätze für praktische Anwendungen, bei denen eine Interpretierbarkeit der Schätzer gefordert wird, wie es beispielsweise gerade in medizinischen Anwendungen fast immer der Fall ist. Man akzeptiert hier in den seltensten Fällen eine Black Box, deren Entscheidungen zwar möglicherweise korrekt, aber nicht argumentativ nachvollziehbar sind. Insbesondere lassen sich aus den Klassifikationsbäumen auch direkt Regelbasen für eine Entscheidungsfindung ableiten und somit auch die Plausibilität dieser Verfahren in der Diskussion mit Experten aus der Anwendung bewerten.

Neuronale Netze, siehe [4], [5] und [12], die ursprünglich als Modelle für die Signalverarbeitung im Gehirn entwickelt wurden, stellen eine wichtige Klasse von Siebschätzern dar. Am bekanntesten sind hierbei die sogenannten Feedforward-Netze, die neben der Eingangs- und Ausgangsschicht eine nichtlineare, verborgene Schicht sogenannter Neuronen besitzen. Diese führen mit der *Aktivierungsfunktion* ψ zur folgenden Klasse von Funktionen:

$$\mathscr{F}_N = \left\{ f(x) = v_0 + \sum_{k=1}^{H} v_k \psi\left(w_{0k} + \sum_{\ell=1}^{d} w_{\ell k} x_\ell \right); v_k, w_{\ell k} \in R \right\}$$

mit Parameter $\theta = (v_0, \ldots, v_H, w_{01}, \ldots, w_{dH})' \in R^{(d+2)H+1}$. Die Klassen $\mathscr{F}_N$ der Ausgabefunktionen von Feedforward-Netzen hat die universelle Approximationseigenschaft, wenn die Anzahl H der Neuronen in Abhängigkeit von N wächst. Der Erfolg von neuronalen Netzen in der Praxis beruht auf der Existenz schneller Algorithmen, insbesondere des Backpropagation-Algorithmus und geeigneter Modifikationen [15], die das Erlernen der Netzparameter auch für große Datenmengen N in vertretbarer Zeit erlauben. Ein wichtiger Punkt für das erfolgreiche Erlernen der den gegebenen Daten zugrundeliegenden Abhängigkeiten ist die Auswahl einer dem Informationsgehalt der Daten angepassten Größe des Neuronalen Netzes. Ansätze hierzu beschreibt der nächste Abschnitt.

7 Datenadaptive Komplexitätswahl

Alle nichtparametrischen Regressionsschätzer beinhalten Tuningparameter, mit denen die Variation oder Komplexität der Funktion gesteuert wird. Damit soll erzwungen werden, dass sich das Schätzverfahren an eine adäquate Beschreibung der eigentlichen Abhängigkeitsstrukturen zwischen Input U_j und Output Y_j anpasst, statt irrelevante Zufallseffekte abzubilden, die für die Vorhersage zukünftiger Daten irrelevant sind. Bei Kernschätzern ist der Tuningparameter die Bandbreite h, bei Nächste Nachbarn–Schätzern die Anzahl k der Nachbarn und bei Siebschätzern im Wesentlichen die Anzahl der freien Parameter der Funktionsklasse $\mathscr{F}_N$. Es gibt eine Reihe von Verfahren, die eine datenadaptive Wahl dieser Tuningparameter ermöglichen.

Die Wahl dieser Tuningparameter hängt eng mit dem Bias-Varianz-Dilemma und mit dem Problem zusammen, eine Balance zwischen Überanpassung (Overfit) und nicht ausreichender Anpassung (Underfit) an die Daten zu finden. Lässt man dem Schätzer zu viel

Freiheit, kommt es zum Overfit. Der Schätzer $\hat{m}$ passt sich nicht nur an die interessierende Funktion m an, sondern versucht, auch Teile der zufälligen Fehler ε_j zu modellieren. Schränkt man den Schätzer umgekehrt zu sehr ein, kommt es zum Underfit. Die Variabilität des Funktionsschätzers $\hat{m}$ ist zwar klein, aber er weicht systematisch von der zu schätzenden Funktion m ab, da der Bias $\mathrm{E}\hat{m}(u,h) - m(u)$ groß ist. Dementsprechend eignet er sich auch nicht für die Vorhersage zukünftiger Daten.

Ziel der datenadaptiven Wahl von Tuningparametern ist ein möglichst guter Schätzer der Funktion m, die optimale Vorhersagen liefert. Der mittlere Schätzfehler soll möglichst klein sein, ist aber unbekannt. Daher arbeitet man in der Regel mit einer Aufspaltung der Daten in Trainings- und Validierungsdaten, wobei die Trainingsdaten zur Berechnung des Schätzers und die Validierungsdaten zum Vergleich verschiedener Schätzer mit unterschiedlichen Tuningparametern oder unterschiedlicher Komplexität verwendet werden. Wenn nur wenige Daten zur Verfügung stehen und die Schätzqualität wesentlich darunter leidet, dass ein Teil von ihnen als Validierungsmenge beiseite gelegt und nicht zum Schätzen benutzt wird, kann der die Daten effizienter nutzende, aber auch deutlich rechenintensivere Ansatz der Kreuzvalidierung benutzt werden [6].

8 Schlussbetrachtungen

Unsere Erfahrungen mit industriellen Datenanalysefragestellungen zeigen, dass eine anwendungsspezifische Problemformulierung einhergehend mit der Auswahl geeigneter Datenquellen und daraus abgeleiteter Merkmale die zentrale Rolle spielen. Dabei sollte immer möglichst viel Wissen von Experten aus der jeweiligen Anwendungsdomäne in den Modellierungsprozess mit einfliessen. Der Erfolg des Vorhabens hängt in der Regel hiervon stärker ab, als von der Auswahl eines ganz speziellen Machine Learning Verfahrens.

Dennoch ist hinsichtlich der Qualität und des Informationsgehaltes einer gegebenen Datenmenge immer implizit auch eine obere Schranke hinsichtlich der maximal zu erzielenden Güte beim Erlernen einer den Daten zugrundeliegenden Abhängigkeitsstruktur gegeben. Hierbei ist es sehr wichtig die Komplexität der zu verwendenden Modellansätze diesem Informationsgehalt geeignet anzupassen. Die Berücksichtigung und Integration von eventuell zusätzlich vorhandenem Experten- bzw. Domänenwissens ist in jedem Falle empfehlenswert.

Im Sinne der Akzeptanz von Data Mining Verfahren in der Industrie ist es wichtig, einerseits hochperformante Algorithmen verfügbar zu machen, die die entsprechenden Anforderungen und Restriktionen hinsichtlich Laufzeit oder Datenvolumen berücksichtigen. Andererseits spielt aber auch die Unterstützung der Anwender bei Auswahl von Verfahrensparametern oder auch bei der Interpretation und Bewertung der Ergebnisse eine ganz zentrale Rolle. In diesem Sinne haben wir in der Abteilung „Systemanalyse, Prognose und Regelung“ die Analyseplattform „Design“ (Abb. 2) entwickelt, die einerseits leicht auf verschiedene Anwendungskontexte und Datenstrukturen anpassbar ist und eine Auswahl performanter Machine Learning Algorithmen beinhaltet, dem Anwender aber andererseits die Einstellung kritischer Verfahrensparameter weitgehend abnimmt.

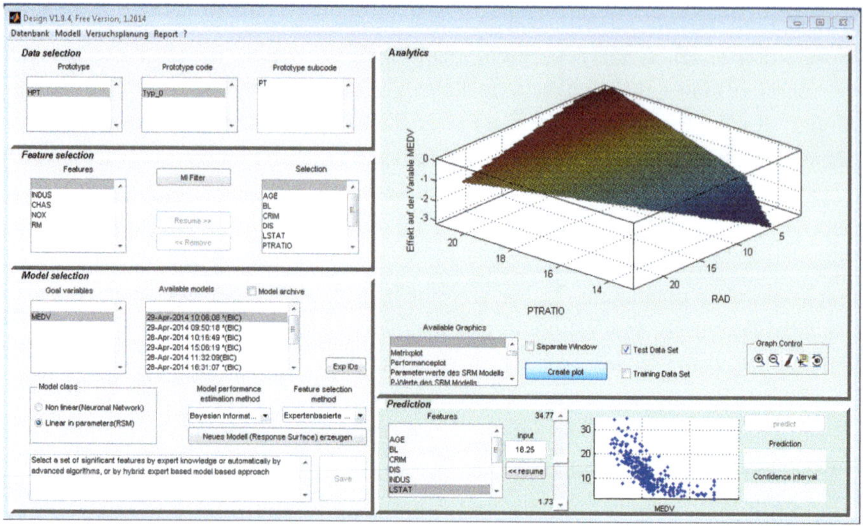

Abb. 2 Data Mining Plattform „Design“

Literaturverzeichnis

1. Bishop, C.M.: Pattern Recognition and Machine Learning. Information Science and Statistics. Springer, Berlin (2008)
2. Breiman, L., Friedman, J., Stone, C.J., Olshen, R.A.: Classification and Regression Trees. CRC Press, Boca Raton (1984)
3. Györfy, L., Kohler, M., Krzyźak, A., Walk, H.: A Distribution-Free Theory of Nonparametric Regression. Springer, Berlin (2002)
4. Hastie, T., Tibshirani, R., Friedman, J.: The Elements of Statistical Learning, Data Mining, Inference, and Prediction. 2. Aufl. Springer, Berlin (2008)
5. Haykin, S.: Neural Networks: a Comprehensive Foundation. Prentice Hall, New York (1999)
6. Härdle, W.: Applied Nonparametric Regression. Cambridge University Press, Cambridge (1990)
7. Kantz, H., Schreiber, T.: Nonlinear Time Series Analysis. Cambridge University Press, Cambridge (1997)
8. Knaf, H.: Distanzen zwischen Partitionen – zur Anwendung und Theorie. Technical Report 226, Fraunhofer ITWM, Kaiserslautern (2013)
9. Lee, T.W.: Independent Component Analysis: Theory and Applications. Kluwer Academic, Norwell (2000)
10. Linton, O., Härdle, W.: Nonparametric regression. In: Banks, D., Kotz, S. (eds.) Encyclopedia of Statistical Science, vol. X. Wiley, New York (1998)
11. Meila, M.: Comparing clusterings – an axiomatic view. In: Proceedings of the 22nd International Conference on Machine Learning, vol. 84, pp. 1003–1013 (2005)
12. Montavon, G., Orr, G., Müller, K.R.: Neural Networks: Tricks of the Trade. 2nd edn. Lecture Notes in Computer Science, vol. 7700. Springer, Berlin (2012)
13. Silverman, B.: Spline smoothing: the equivalent variable kernel method. Ann. Stat. **12**, 898–916 (1984)

14. Vapnik, V.N.: Statistical Learning Theory. Adaptive and Learning Systems for Signal Processing, Communications and Control. Wiley, New York (1998)
15. White, H.: Some asymptotic results for learning in single hidden-layer feedforward network models. J. Am. Stat. Assoc. **84**, 1003–1013 (1989)

Optimierungsprozesse

Karl-Heinz Küfer

1 *Verbessern* oder gar *Optimieren*?

„Wir sind stets dabei, unsere Prozesse zu optimieren!“ oder „Unsere Produkte werden ständig optimiert“ sind oft benutzte Sätze in Pressekonferenzen oder stehen am Beginn von größeren Projekten in der Wirtschaft. *Optimieren* ist ein positiv besetztes Wort, welches gerne gehört und gesagt wird, weil es positive Assoziationen weckt. Oft wird es auch mit *immer* und *beständig* oder *stets* zusammen benutzt, was auf „wir tun dauerhaft etwas“ schließen lässt und einen permanenten Prozess suggeriert.

Aber was bedeutet denn eigentlich *optimieren*? Fragt man danach, so erfährt man meist, *optimieren*, das meint verbessern, besser werden als bisher. Abstrakt gesprochen: man geht aus von einem Ist-Zustand und man ist bestrebt, den Ist-Zustand so zu verändern, dass etwas besser wird. *Besser werden* bedeutet umgangssprachlich, dass man im Sinne mindestens eines objektivierbaren Vergleichsmaßstabes günstigere Werte oder Bewertungen bekommt, dass zum Beispiel etwas bei gleicher Qualität günstiger produziert werden kann, oder dass Gebrauchseigenschaften eines Produktes besser werden.

Aber eigentlich, besinnt man sich zurück auf den Wortsinn nach der lateinischen Herkunft von *optimal*, so wird klar, dass optimal *bestmöglich* bedeutet, also nicht nur *besser*. Also ist optimieren danach zu streben, im Rahmen einer durch Randbedingungen gesetzten Vielfalt von Alternativen eine bezüglich objektivierbarer Vergleichmaßstäbe beste Alternative zu wählen. Dazu braucht es nicht wie beim *Verbessern* nur eine Ausgangssituation und eine Zielsituation mit Vergleichskriterien, sondern eine Beschreibung möglichst aller sinnvoller Alternativen, aus welchen dann *das Beste* ausgewählt wird. Optimieren ist also mehr als nur Verbessern oder lateinisch *Meliorisieren*.

K.-H. Küfer (✉)
Kaiserslautern, Deutschland
e-mail: kuefer@itwm.fhg.de

H. Neunzert, D. Prätzel-Wolters (eds.), *Mathematik im Fraunhofer-Institut*,
DOI 10.1007/978-3-662-44877-9_5

Hat man nicht aufgepasst in Latein oder warum sprechen dann die Leute nicht von Meliorisieren sondern von Optimieren, wenn sie damit Verbessern meinen? Oder wollen sie eigentlich optimieren, also das bestmögliche tun? „Geht das überhaupt?" wird man fragen wollen.

2 Die mathematische Optimierungsaufgabe

Für den Mathematiker scheint dies klar: man hat eine Menge von Gestaltungsalternativen, implizit oder explizit durch Randbedingungen exakt definiert in einem *Designraum. Exakt* will heißen, es ist völlig klar, ob eine Handlungsalternative zulässig ist oder nicht. „Es kommt darauf an" was man umgangssprachlich oft als Antwort auf die Frage „Geht das denn?" hört, gibt es nicht. Zusätzlich zu dieser Menge von *zulässigen Lösungen* braucht man mindestens eine oder auch mehrere meist numerische – oder mathematisch Skalare genannte – Bewertungen oder Noten, sogenannte *Zielfunktionen* oder *Zielgrößen*, die dabei helfen, Handlungsalternativen zu vergleichen. Man geht stets davon aus, dass für alle Handlungsoptionen solche Bewertungen möglich sind und alle Handlungsalternativen bezüglich jeder einzelnen dieser Bewertungen vollständig anordenbar sind. Die Bewertungsgrößen spannen dann einen ein- oder mehrdimensionalen *Entscheidungsraum* auf, in welchem dann die bewerteten Handlungsoptionen ausgewählt werden können.

Klar ist: ist der Entscheidungsraum eindimensional, gibt es also nur eine Bewertung, dann ist es einfach zu charakterisieren, was bestmöglich ist, zumindest, solange endlich viele Handlungsoptionen vorliegen. Schwieriger ist es, wenn es, wie meist im Alltag, verschiedene Bewertungsdimensionen gibt, zum Beispiel Preis und Qualität. Hierbei ist das preisgünstigste selten auch gleichzeitig das qualitativ Beste. Sollte dies jedoch so sein, dann haben wir die glückliche Situation, dass eine Alternative alle anderen Alternativen *dominiert*. Der häufigere Fall aber ist, dass man Kompromisse schließen muss. Zum Beispiel man setzt sich ein Preislimit und nimmt dann das qualitativ Beste. Häufig ist aber nun Qualität mit mehreren Zielgrößen bewertet. Was dann?

Mathematiker haben für diese Situation den Begriff der *Pareto-optimalen Lösungen* oder Handlungsoptionen definiert. Eine Lösung ist dann Pareto-optimal, benannt nach dem Schweizer Wirtschafts- und Sozialwissenschaftler Vilfredo Pareto, wenn es nicht möglich ist, eine Alternative zu finden, die in mindestens einer der Bewertungsfunktionen besser, in allen restlichen zumindest aber gleichwertig ist. Also sind Pareto-optimale Lösungen Handlungsalternativen, die nicht vollständig von mindestens einer anderen Lösung dominiert werden. Meist gibt es nun eine Vielzahl solcher Pareto-optimalen Lösungen, aus welchen Entscheider einen für sie günstig erscheinenden Kompromiss auswählen können.

Schaut man in die Vorlesungsverzeichnisse der Universitäten und in die einschlägige mathematische Literatur, so findet man unter dem Oberbegriff *Optimierung* eine Vielzahl von Vorlesungen, Büchern oder Fachartikeln, die sich folgenden Aufgaben stellen:

Fragestellungen der mathematischen Optimierung
Gegeben sei eine Alternativenmenge in einem wohldefinierten Designraum und eine Menge wohldefinierter skalarer Bewertungsfunktionen, die einen Entscheidungsraum aufspannen.

- Gibt es optimale Lösungen und sind sie eindeutig bestimmt? Wenn ja, finde eine vollständige Beschreibung bzw. Charakterisierung dieser Optimallösungen.
- Wie findet man die Optimallösungen? Welche algorithmischen Konzepte gibt es dafür?
- Wie aufwändig ist es, die optimale(n) Lösung(n) oder zumindest Näherungen dafür zu finden?
- Was ist der beste Algorithmus, um die Lösungsmenge zu finden oder wenigstens zu approximieren auch unter Betrachtung der Zeit- und Speicherkomplexität?

Zusätzlich zu den genannten Disziplinen der mathematischen Optimierung gibt es noch die Entscheidungstheorie zu nennen, welche bestrebt ist, das Finden und Wählen bestmöglicher Alternativen selbst als (zu optimierenden) Prozess zu verstehen, und dem Entscheider zu helfen sucht, sich im Entscheidungsraum schnell und zielführend zurecht zu finden, Faustregeln für den Entscheidungsprozess zu geben oder Entscheidungen im Kontext von Unsicherheit und partieller Information zu bewerten. Einen Komplettüberblick zur mathematischen Optimierung gibt das Kompendium [9].

3 Gibt es die mathematische Optimierungsaufgabe in der Praxis?

Bevor wir den praktischen Nutzen des gerade vorgestellten mathematischen Optimierungskonzeptes reflektieren, ist es sinnvoll, zunächst einmal die prinzipiellen Annahmen der beschriebenen mathematischen Optimierungsaufgabe kritisch zu hinterfragen. Ist das Bild des Mathematikers von einer Optimierungsaufgabe mit wohldefinierter Alternativenmenge und explizit bekannten, vollständig beschreibbaren Zielgrößen überhaupt in der Praxis relevant?

Kommt man als angewandter Mathematiker mit Schwerpunkt Optimierung zur Industrie und stellt sich als solcher vor, wird man gerne willkommen geheißen. *Optimierung* ist dort ein wohlvertrauter, wenn auch vielleicht etwas anders gebrauchter Begriff und ist, wie oben beschrieben positiv konnotiert. Dies macht einen Gesprächseinstieg leicht. Häufig haben die Praktiker auch Erfahrung mit Optimierungssoftware und somit auch mit mathematischen Optimierungsansätzen in verschiedenen Kontexten. Optimierungskomponenten werden gerne gekauft und sind deswegen für viele Software-Anbieter von Bedeutung. Optimierungsroutinen werden häufig als intelligente Erweiterungen zu Verwaltungssoftware oder zu Simulations-Tools gesehen und erwecken Interesse auf Messen und bei Software-Demonstrationen.

Schaut man jedoch in die tägliche Praxis der Firmen und fragt, welche Prozesse, welche Optimierungsaufgaben des täglichen Lebens mit Hilfe der Optimierungsroutinen aus der gekauften Software unterstützt werden, ist das Bild sehr ernüchternd. Leider werden automatische Optimierungsroutinen sehr selten genutzt. Und dies, obwohl sie nach ihrer Definition den langwierigen Prozess, gute oder bestmögliche Lösungen zu finden, einfach und schnell machen sollen, also einen inhärenten, generischen Nutzen versprechen.

Warum ist das so? Warum werden diese auch zuweilen recht teuren Systeme nicht besser genutzt? Sind die Algorithmen schlecht? Sind die Routinen zu langsam, finden oder approximieren sie gute Lösungen zu schlecht? Dies ist meist nicht der Fall. Zwei Kardinalprobleme führen häufig zu Ablehnung von Optimierungsroutinen:

Kardinalproblem A – zu starres Modell: Der Grund für die Nichtnutzung der Routinen liegt darin, dass die Modellierung der Optimierungsaufgabe, also die Definitionen von Zulässigkeitsmenge und von Bewertungsfunktionen, oft nicht flexibel genug gewählt sind. Oder, der Nutzer muss ein Optimierungsmodell zunächst sehr zeitaufwändig selbst erstellen oder anpassen. Letzteres ist typisch für *generische* Optimierungspakete, bei welchen die mathematische Methode bzw. der Algorithmus und nicht die spezifische Anwendung im Mittelpunkt steht.

Kardinalproblem B – keine Interaktion: Ein zweiter Grund ist, dass in Optimierungspaketen häufig keine echte Interaktion mit dem Modell möglich ist: a priori müssen alle Randbedingungen für die Alternativenmenge und exakte Bewertungskriterien festgelegt werden, dann werden ausgehend von diesem rigiden Modell Lösungen gefunden. Dies bedeutet für den Nutzer, dass er die berechneten Lösungen so akzeptieren muss, wie sie durch den Optimierer gefunden werden. *Was-wäre-wenn-Szenarien* können a posteriori meist nicht ohne vollständig neue Rechnung mit geeigneten Modellmodifikationen betrachtet werden. So ist es oft nicht möglich, Teilaspekte der gefundenen Lösung im Designraum festzuhalten, und den Optimierer um diese Festlegungen herum noch einmal nachbessern zu lassen. Zum anderen ist es auch nicht möglich, gleichzeitig Lösungen im Design- und Entscheidungsraum zu analysieren. Das letztere ist fatal, weil Praktiker gerne in Designaspekten denken und planen und Zielgrößen für sie nur abhängige Hilfsgrößen sind.

Lassen Sie uns diese Beobachtungen an einem Beispiel aus der Praxis des Fraunhofer ITWM verdeutlichen. Die Forschungs- und Enwicklungsabteilung eines Kraftwerkbauers beauftragte das Fraunhofer ITWM mit einem Gutachten für eine eigens erstellte Software zur Planung von Photovoltaik-Kraftwerken. Beim Besuch zur Abstimmung des Gutachtens wurde offenbar, dass zwischen den Wünschen des Managements und den Vorstellungen der Planungsingenieure eine Lücke klaffte. Das Management hatte die Vorstellung, dass man auf Basis eines umfassenden Regelwerkes, welches beschreibt, wie man ein Photovoltaik-Kraftwerk auf ein dafür vorgesehenes Grundstück baut, nach Eingabe weniger Parameter eine wohldefinierte Alternativenmenge erhält, aus welcher man für das

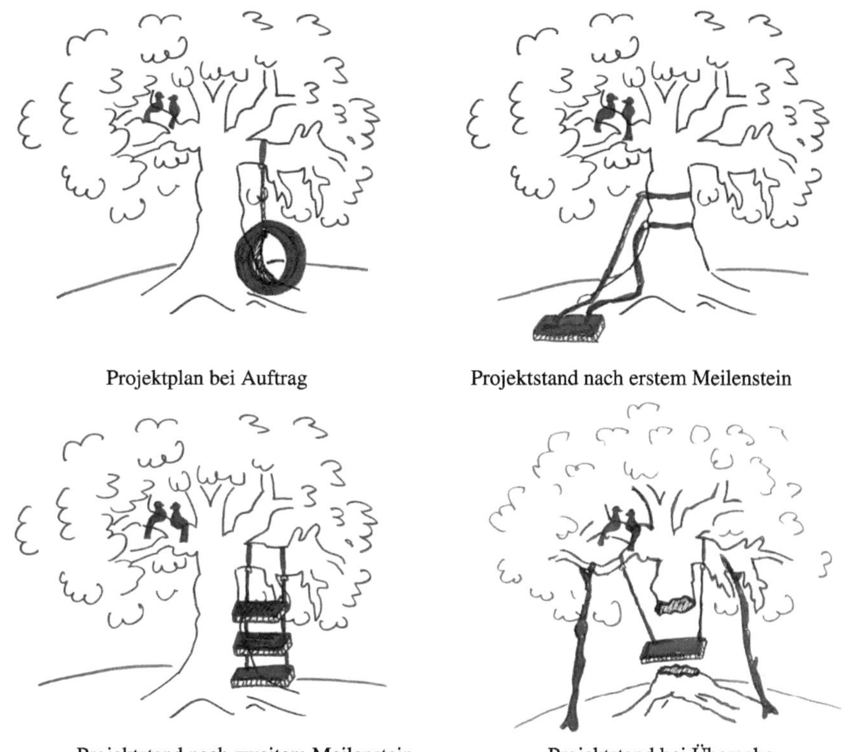

Projektplan bei Auftrag

Projektstand nach erstem Meilenstein

Projektstand nach zweitem Meilenstein

Projektstand bei Übergabe

Abb. 1 Praktische Projektarbeit erfordert Flexibilität

Grundstück mittels eines Algorithmus ein Kraftwerk mit der höchsten erwarteten Rendite für den Investor erhält. Qualitätssicherung der technischen Auslegung, Kostenmodelle, sowie Ertragssimulation sollten Bestandteile des Paketes sein. Ziel war es, mit Hilfe dieser Software in wenigen Minuten valide Planungsvorschläge zu erhalten, auf dessen Basis Angebote für Kunden erstellt werden sollten. Die Planungsingenieure indes standen der Idee einer solchen „Turnkey-Solution" sehr skeptisch gegenüber, da die ersten Tests mit dem neuen System zeigten, dass man aus verschiedensten Gründen bei der Suche nach guten Vorschlägen scheiterte. Sie favorisierten ein einfaches Baukastensystem, mit welchem in einem erweiterten CAD-System ohne eingebaute „Optimierungs-Intelligenz" ein Vorschlag komponiert werden konnte. Solche Planungen hätten für jede neue zu planende Anlage mehrere Tage in Anspruch genommen.

Der Auftrag des ITWM war es nun, Modell- und Lösungsansatz der Software zu analysieren und ggf. Verbesserungsvorschläge zu machen, mindestens jedoch dabei zu helfen, die strittigen Punkte zu objektivieren. Man fühlte sich ein wenig in die Welt der Abb. 1 versetzt, in der scheinbar ebenso große Diskrepanzen bzgl. der Zielstellung herrschen.

Nach einer ersten Betrachtung der Software und längerer Diskussion mit den potenziellen Nutzern im Kreise der Planungsingenieure stellte sich heraus, dass auch in diesem Fall die beiden oben genannten Kardinalprobleme auftraten. Das in der Software vorgeschlagene Modell des Photovoltaik-Kraftwerkes war viel zu starr und in Teilen überspezifiziert, was dazu führte, dass viele gute Lösungen nicht in der Alternativenmenge zu finden waren. Die fehlenden Interaktionsmöglichkeiten verhinderten, dass kontextnotwendige, nicht im Modell abbildbare Vorgaben manuell gesetzt werden konnten. So war es nicht möglich, selbst in einfachen Fällen mit Hilfe des Systems brauchbare Lösungen zu erarbeiten. Andererseits war ebenso klar, dass eine vollständig individuelle Planung, wie von den Planungsingenieuren gewünscht, eine Vergleichbarkeit von Lösungen bzw. eine Orientierung an allgemeingültigen Standards weitestgehend verhindern würde. Fraunhofer ITWM durfte schließlich ein Lösungskonzept für die Aufgabenstellung anbieten, was in ein größeres, immer noch andauerndes Forschungs- und Entwicklungsprojekt mündete.

Als Mathematiker mögen einem nun alte Grundsatzfragen in den Sinn kommen: Braucht Mathematik nicht immer ein starres bzw. wohldefiniertes Modell? Liegt es nicht an der mangelnden Sorgfalt und der wenig ausgeprägten mathematischen Disziplin der Praktiker, dass es kein solches gibt? Wozu braucht man Interaktivität, wenn man doch vorher Restriktionen und Zielgrößen exakt festlegen kann, und dann nur noch bestmögliche Lösungen erscheinen können?

4 Flexible Optimierungskonzepte für die Praxis

Grundsätzlich sind die Wissenschaftler am Fraunhofer ITWM aus den Erfahrungen von vielen Jahren praktischer Projektarbeit zur Überzeugung gelangt, dass die beiden genannten Kardinalprobleme mit Hilfe mathematischer Mittel gelöst werden können.

Parametrische Randbedingungen als Hebel für Interaktion Ein mathematisches Optimierungsverfahren sucht aus einer wohldefinierten Vielfalt von Alternativen im Lichte von Zielgrößen bestmögliche Vorschläge zu finden. Die Definition der Alternativen geschieht mittels einschränkender Bedingungen, die mathematisch als Gleichungs- oder Ungleichungsrestriktionen formuliert werden können. In manchen Fällen wird man kombinatorische Restriktionen oder stochastische Schranken nutzen.

Einige der gesetzten Restriktionen resultieren aus Naturgesetzen, andere aus gesetzlichen Vorgaben. In beiden Fällen wird man sie als *harte Restriktionen* hinnehmen müssen, weil sie nicht in der definitorischen Macht der Modellierer stehen. Jedoch beobachtet man in der Praxis oft, dass eine weitaus größere Zahl von Restriktionen aus willkürlichen Vorgaben von Planern und Entscheidern rührt. Solche Restriktionen werden häufig in Frage gestellt, wenn auf deren Annahme resultierende Optimierungslösungen nicht so ausfallen, wie man es sich wünscht. Man hört dann Sätze wie „Wenn da noch mehr geht, dann sollten wir bei dieser Einschränkung etwas großzügiger sein!“ Mathematisch bedeutet dies, dass mit veränderten Restriktionen noch einmal gerechnet und optimiert werden muss. Aber wie soll man nun die Restriktionen setzen? Soll man ausgehend von einer Zielzahl für eine Zielgröße fragen, wie man die Restriktion gestalten soll? In diesem Falle würde man den entsprechenden Restriktionsparameter vielleicht selber an die Zielgröße koppeln wollen. Aber dann ist eventuell eine andere Zielgröße kompromittiert. Dies bedeutet, wenn eine Restriktion *weich ist*, dann führt eine zu den harten Restriktionen ebenbürtige Behandlung häufig zu einer sequenziellen Lösung und Bewertung von parametrisch veränderten Optimierungsaufgaben. Man sucht also, motiviert durch den Abtausch von Modellsetzung und Zielbewertung, nach einem bestmöglichen Modell für die Optimierung, in welches man a posteriori Erkentnisse aus den Zielfunktionsrelationen ins Modell stecken möchte. Wie kann man einen solchen meist iterativen Modellierungsprozess vermeiden?

Grundsätzlich gibt es zwei Varianten im Optimierungsprozess, wie man weiche Restriktionen behandeln kann. A priori kann man, wie oben angesprochen, Restriktionsparameter in die Zielfunktion(en) integrieren. Dies setzt voraus, dass man deren Wirkbeziehung einigermaßen überblickt, sonst läuft man erneut ins beschriebene Iterations-Dilemma. Zum anderen kann man eine von den Restriktionsparametern der Soft-Constraints abhängige Schar von Optimierungsaufgaben lösen, deren entsprechenden Lösungsvielfalten speichern und dem Entscheider die a posteriori unbekannte Wirkbeziehung durch eine interaktive *Navigation* in der Lösungsvielfalt illustrieren. Unter Navigation in der Lösungsvielfalt wird die Betrachtung der parametrischen Lösungsvielfalt mit Hilfe einer computergestützen Darstellung verstanden, die es ermöglicht in Echtzeit, die sich durch die Restriktionsparameter veränderte Lösungsvielfalt zu betrachten und die Abhängigkeiten zwischen Restriktionsparameter und erreichbaren Zielgröße(n) zu studieren. Durch den während des Lösungsprozesses einer solchen parametrischen Aufgabe betriebenen Mehraufwand vermeidet man den erläuterten unbefriedigenden iterativen Prozess von Modellanpassung und Optimierungslauf.

In der Ingenieurspraxis ist eine solche Vorgehensweise als Parameterstudie bekannt. Jedoch werden dort solche Studien meist nur simulatorisch durchgeführt, die Bewertung von Simulationsergebnissen mit Zielgrößen wird manuell betrieben, Optimierungsläufe zum Finden günstiger Parameter finden in der Regel nicht statt.

Der oben beschriebene Ansatz führt indes weiter: Statt den Ergebnissen einer simulatorischen Parameterstudie wird die interaktiv analysierbare Lösungsvielfalt einer Schar von Optimierungsaufgaben mit parametrischen Restriktionen betrachtet. Einen Überblick über parametrische Optimierung findet man in [1].

Multikriterielle Modelle zur Flexibilisierung der Zielfunktion Schwieriger noch als die Beschreibung der zulässigen Alternativen bei einer Optimierungsaufgabe ist eine gute Bewertung der Alternativen durch Zielfunktionen, die alle Aspekte einer Werthaltigkeit abdecken sollen. Man beobachtet häufig in der Praxis das Bestreben, eine einzige Zielfunktion aufzustellen, welche diese Bewertungen integriert. Dies geschieht meist so, dass man verschiedene numerisch fassbare Teilaspekte einer Bewertung, Qualitäts- und Kostenbewertungen, zunächst separat aufstellt und diese Bewertungszahlen dann mit Hilfe von artifiziellen Gewichten koppelt. Häufig summieren sich diese Gewichte über alle Bewertungen zu Eins, womit dann das Gewicht eines Bewertungsaspektes dessen Bedeutung fürs Ganze in Prozenten angibt. Wie werden solche Gewichte sinnvoll gefunden? Eigentlich sind solche Gewichte Verrechnungssätze zwischen Bewertungsaspekten. Wie rechnet man nun Qualität in Kosten um?

Von Managern hört man meist eine einfache betriebswirtschaftliche Lösung: „Wir rechnen alle Aspekte in eine Geldbewertung um und maximieren anschließend unsere Marge!“ Klingt einfach und überzeugend, aber ist dies wirklich möglich? Nehmen wir einmal an, wir betrachten einen neuen Produktvorschlag und wir müssen den Nutzen eines Qualitätsaspektes in Geld umrechnen. Dafür müsste man wissen, was ein mehr an Qualität an Zusatzstückzahlen im Markt und somit an Zusatzertrag bringt. Damit sind wir bei prognosebasierten, erwarteten Erträgen, die wir dann gegen erwartete Kosten diskontieren müssten. Die Stochastik kommt aus den unbekannten Verkaufszahlen eines neuen bzw. veränderten Produktes. Das Management wird diese Zahlen mit einem Fragezeichen versehen, da bei einem neuen Produkt der erwartete Umsatz mit einigen Risiken behaftet ist. Man wird sich schwer tun, gute Gewichte zu finden, die über alle Alternativlösungen gelten.

Noch schwieriger ist es, wenn wir etwa den Nutzen einer medizinischen Therapie gegen deren *Kosten* rechnen sollen. *Kosten* könnten hier tatsächliche Therapiekosten sein, wie die einer teuren Chemotherapie bei einem todkranken Patienten. Darf man der Versichertengemeinschaft die Kosten einer sehr teuren Behandlung zugunsten einer Lebensverlängerung eines Einzelnen um wenige Wochen oder Monate zumuten? *Kosten* könnten hier bei einem grundsätzlich heilbaren Patienten aber auch Nebenwirkungen bzw. später auftretende Komplikationen sein. Wie verrechnet man Lebenszeit von Einzelnen mit Kosten für eine Versichertengemeinschaft, wie Heilung von einer Krankheit durch neue lebenslang auftretende Beschwerden?

Hier wird es sehr kompliziert mit den Gewichten, schon aus ethischen Gründen. Solche Gewichte werden in der Praxis gesetzt, selten wird darüber gesprochen. Muss man mit Gewichten arbeiten? Wie hängen die Lösungen von den Gewichten ab? Was passiert, wenn man die Gewichte falsch gesetzt hat?

Gehen wir zunächst einmal davon aus, dass es Gewichte gibt, die man nach Erfahrung oder zunächst einfach gleich groß gesetzt hat. Man rechnet dann Lösungen aus und betrachtet das Verhältnis der Bewertungen. Ist dies unbefriedigend bzw. unausgewogen, so versucht man die Gewichte anders zu setzen. Bei Aspekten, die nicht gefallen, wird das Gewicht erhöht, bei den anderen Kriterien entsprechend erniedrigt. Man löst die Optimierungsaufgabe erneut, und man iteriert erneut wie bei den Soft-Constraints über das Setzen der Gewichte, bis eine einigermaßen ausgewogene Lösung in allen relevanten Aspekten gefällt. Wie kann man einen solchen „Human-Iteration-Loop“ vermeiden?

Auch hier ist es sinnvoll, zunächst nicht Vergleichbares oder zumindest nicht Verrechenbares unabhängig nebeneinander stehen zu lassen und statt der Lösungen einer einkriteriellen Aufgabe, die Lösungsvielfalt einer mehrkriteriellen Aufgabe, also die Pareto-Lösungen zu berechnen. A posteriori, nach Vorliegen der Pareto-Menge kann der Entscheider wiederum in einem Navigationsprozess feststellen, welche der Zielkriterien im Konflikt mit welchen anderen stehen, was eine angenommene Einschränkung für eine der Größen für die Erreichbarkeit anderer bedeutet und so weiter. Also auch hier kann

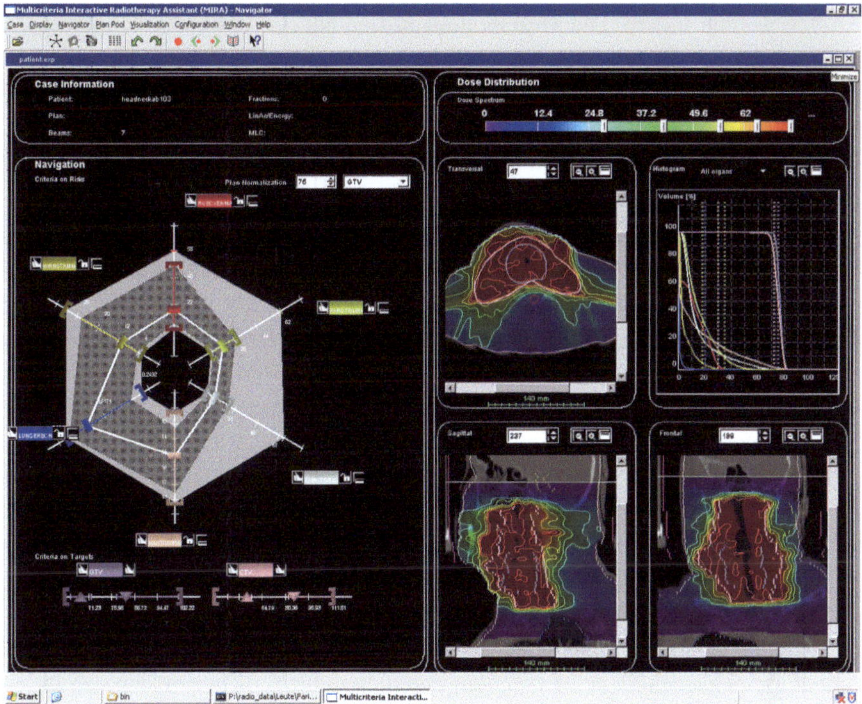

Abb. 2 Navigationsbildschirm der ITWM-Radiotherapieplanungssoftware

man zunächst auf eine allgemeiner gestellte Aufgabe setzen, deren komplexere Lösungsvielfalt interaktiv studiert und zum Erkenntnisgewinn über implizite Abhängigkeiten und zum Auffinden einer ausgewogenen, dem entsprechenden Kontext angemessenen Alternative genutzt werden kann. Einen Überblick über die Behandlung multikriterieller Aufgaben und den interaktiven Umgang mit deren Lösungsmenge gibt die Monographie [18].

Die Abbildung 2 zeigt zum Beispiel den Hauptbildschirm einer vom ITWM entwickelten Software zur Planung von Strahlentherapie. Der Bildschirm ist im wesentlichen zweigeteilt: Die rechte Seite zeigt einen einzelnen Strahlentherapieplan, dargestellt durch Dosisverteilungen in Color-Wash auf den 3 klassischen 2D-CT-Schnitten des Körpers. Die Konturen der relevanten Organe und der Zielvolumina (violett und rosa) und der gesunden Risikostrukturen (andere Farben) geben Orientierung, welche Dosis in welchen Volumina zu erwarten ist. Ein zusätzliches Dosisvolumenhistogramm zeigt, welche Prozentsätze der relevanten Strukturen (Zielvolumina und Risikostrukturen) mit welcher Dosis bestrahlt werden. Dieser auf der rechten Seite gezeigte Plan ist eine Pareto-optimale Alternative innerhalb einer vorab spezifierten Menge von zulässigen Lösungen. Die Zielkriterien sind hierbei Solldosismittelwerte, die im Zielvolumen mindestens erreicht bzw. höchstens erreicht werden sollten, und Höchstdosismittelwerte, welche in den Risikostrukturen nicht übertroffen werden sollten. Die Mittelbildungen sind bei den Risikostrukturen organspezifisch gewählt.

Die linke Seite der Abbildung zeigt einen Überblick über alle Pareto-Alternativen. Der Radargraph mit acht Bewertungsachsen im oberen Teil zeigt die Möglichkeiten bei den Risikostrukturen, die zwei linearen Achsen unten die Situation bei den 2 Zielvolumina. Die Bewertungen an den Achsen sind jeweils Dosismittelwerte für die jeweiligen betrachteten Strukturen. Der von den Pareto-Lösungen überdeckte Bereich wird durch Klammersymbole abgegrenzt. Die dadurch ausgezeichneten Intervalle sind im Radargraphen flächig verbunden. Die für die rechte Seite ausgewählte Alternative mit ihren jeweiligen Dosismittelwerten ist im Radargraphen als Polygon dargestellt. Bei den Zielvolumina ist die aktuell gezeigte Lösung jeweils durch einen unteren Dosiswert und einen oberen Dosiswert gekennzeichnet, in der Grafik jeweils durch Dreiecke dargestellt.

Zur Auswahl einer Wunschlösung aus den Pareto-Lösungen stehen zwei Arbeitsmittel zur Verfügung:

Restriktion Durch Ziehen an den Klammern kann man die Intervalle in der Alternativenvielfalt einschränken. Dies wird vor allem dazu genutzt, ungewünschte Alternativen interaktiv auszugrenzen. Da die Bewertungen auf den Achsen implizit voneinander abhängen, werden durch solche Einschränkungen gewisse Bereiche auf anderen Achsen unerreichbar. Beim Ziehen an den Klammern treten diese nicht mehr erreichbaren Bereiche visualisiert durch Flächen im Radargraph in Echtzeit hell hervor. Der Entscheider sieht also unmittelbar, welche Wirkung die gewünschte Restriktion hat. Geht die Einschränkung z. B. zu weit, kann man vorher aufhören zu ziehen.

Selektion Ebenso kann man mit den Wertmarken (Ecken des Polygons) auf den Achsen die aktuell dargestellte Lösung gezielt verändern. Möchte man einen anderen Dosismittelwert haben, so zieht man an der entsprechenden Marke der gewünschten Struktur und verändert damit die Lösung. Solange man innerhalb des aktiven Intervalles der Pareto-Menge liegt, ist dies grundsätzlich möglich. Aber, die Werte auf den anderen Achsen werden sich bei diesem Tun ebenso verändern. Dies liegt daran, dass alle gezeigten Lösungen Pareto-optimal sind. Will man eine solche Alternative bzgl. einer Zielgröße verbessern, so wird mindestens eine andere schlechter. Der Mechanismus der Selektion arbeitet so, dass die entstehenden Lasten für andere Strukturen möglichst gleichmäßig auf die anderen Achsen verteilt wird, um die Veränderungen dort jeweils so klein wie möglich zu halten. Selbstverständlich geschieht dies nur innerhalb der aktiven Intervalle, wie sie durch die Setzung der Klammern definiert sind. Auch hier kann der Entscheider sofort in Echtzeit die Wirkung seiner Veränderungen sehen und sich entsprechend verhalten.

Restriktion und Selektion sind zwei exemplarische Interaktionsmechanismen auf Pareto-Mengen, die a posteriori Schranken verändern können bzw. einen gewünschten Lösungsproporz zwischen den verschiedenen Zielgrößen herstellen können. Sie wurden durch das Fraunhofer ITWM für mehrere Anwendungsdomänen patentiert. Die multikriterielle Optimierung von Strahlentherapieplanung wird am Fraunhofer ITWM seit 2001 in mehreren interdisziplinären, aufeinander aufbauenden Projekten mit internationalen Partnern aus Forschung und Industrie für den klinischen Einsatz vorbereitet und verbessert, vgl. [14–16, 20] und [8]. Erste klinische Evaluationen findet man in [26], und [25]. Neben der Radiotherapieplanung wurden in der medizinischen Therapieplanung ähnliche Arbeiten für die Radiofrequenzablation durchgeführt, bei welcher Tumore oder Metastasen minimal invasiv durch thermische Ablation mittels beheizbarer Applikatoren entfernt werden. Hierzu sei auf [10] verwiesen.

Nicht nur in der medizinischen Therapieplanung sondern auch bei der Auslegung komplexer technischer Systeme ist multikriterielle Optimierung hilfreich. Am Fraunhofer ITWM wurde zur Auslegung von Kühlkanälen in Spritz- und Druckgussformen, siehe [17], zur Auslegung von Photovoltaikanlagen und -kraftwerken, siehe [4] und bei der Planung chemischer Produktionsanlagen, vgl. [6], gearbeitet.

Neben den bislang genannten physikalisch modellierten Anwendungen wurde auch zu organisatorischen Aufgaben, wie der Verbesserung der Anschlusssicherung in öffentlichen Nahverkehrsnetzen geforscht, siehe [22].

Integration von Baukastenmodulen und Optimierung unter Designregeln In den vorausgehenden Abschnitten wurde dargelegt, wie man das Postulat einer bezüglich Alternativenmenge und Zielfunktion(en) rigoros zu stellenden mathematischen Optimierungsaufgabe durch geeignete Relaxationen von weichen Restriktionen und Nutzung mehrkriterieller Zieflunktionskonzepte erfüllen kann. Dies setzt jedoch voraus, dass Restriktionen und Zielgrößen grundsätzlich bekannt sind. In der Praxis sind Optimierungsaufgaben jedoch nicht selten kontextbezogen, was bedeutet, dass aufgrund anderer nicht im Modell enthaltener Anforderungen Einschränkungen oder Änderungen vorgenommen werden müssen.

Kann man in einem solchen Fall ebenfalls mathematische Optimierung nutzbringend verwenden?

Dies ist möglich, wenn man sich von einem grundsätzlichen Paradigma mathematischer Optimierung befreit. Bei mathematischen Optimierungskonzepten wird stets angenommen, dass der Designraum bzw. die Alternativenmenge vollständig bekannt ist, und das Augenmerk des Entscheiders somit vollständig in den Ergebnisraum gelenkt werden kann. Dieses Denken ist jedoch einem Ingenieur grundsätzlich fremd, weil für ihn der Designraum der eigentliche Gestaltungsraum ist, während Zielgrößen abhängige Kennzahlen zur Bewertung von Alternativen sind. Für ihn sind die veränderbaren Objekte im Designraum häufig kontextbehaftet, er möchte mit diesen arbeiten können.

Man kann auch diesem Wunsch durch Interaktionsmöglichkeiten nachkommen. Stellt man den Designraum dem Entscheider als Baukastensystem zur Verfügung, derart, dass man Alternativen selbst zusammenbauen kann, stellt man zusätzlich einen Regelchecker bereit, mit welchem diese Alternativen gegen bekannte Restriktionen geprüft werden können, nutzt man die Zielfunktion(en) als Bewertungsgrößen und stellt schließlich die so gefundenen Alternativen in den Kontext einer automatisch berechneten Lösungsvielfalt, dann hat man einerseits die Möglichkeit geschaffen, Kontext zu integrieren, und andererseits gibt man dem Entscheider die Gelegenheit, seine eigenen Lösungen in der Wertigkeit gegenüber einer mathematisch optimierten, bekannten Regeln genügenden Vielfalt, zu evaluieren.

Ein weiterer Schritt zur gleichzeitigen Nutzung des Designraumes als Baukasten und des Entscheidungsraumes ist ein abwechselndes verbindliches Setzen von Vorgaben im Designraum und ein automatisches Nachoptimieren unter diesen Vorgaben. Auf diese Weise kann man eine nahtlose Brücke schlagen zwischen einer vollständig automatischen Optimierung bei vorab bekanntem vollständigen Designregelwerk und einer vollständig manuellen Planung, bei welcher Zielgrößen nur der Orientierung dienen.

Dieses letztangeführte Konzept wird ohne größeren Widerstand von den meisten Praktikern akzeptiert, weil es flexibel für alle nutzbar ist. Der Baukastenliebhaber kann ebenso bei seiner gewohnten Vorgehensweise bleiben wie der Freund der Einknopf-Lösung. Nachteilig dabei ist jedoch die geringere Vergleichbarkeit von Lösungen bei nur teilweise verbindlichen Designregeln.

5 Integration von Simulation und Optimierung – Fluch der Komplexität?

Bei vielen Layout-Fragestellungen der Technik ist es notwendig, auch physikalische Simulationsmodelle zu nutzen, mit deren Hilfe ein virtuelles Abbild des betrachteten Produktes oder Prozesses geschaffen und dessen Verhalten studiert wird. Oft sind Bewertungsmaße für Qualität und Kosten Funktionen von Simulationsergebnissen. Simulationsläufe können je nach verwendeter Physik und Modellgranularität lange Rechenzeiten in Anspruch nehmen. Optimierungsalgorithmen anderseits rufen häufig Zielfunktionsauswertungen auf. Braucht man nun für jeden Zielfunktionsaufruf einen vollständigen Simulationslauf, wird es oft nicht sinnvoll möglich sein, Optimierungs- und Simulationsalgorithmen auf einfache Weise zu integrieren, weil dies zu völlig inakzeptablen Rechenzeiten führt.

Betrachten wir beispielsweise die Strahlentherapieplanung in der medizinischen Physik: Bei fester Einstellung des physikalischen Therapie-Setups ist ein einziger Simulationslauf auf Basis von Monte-Carlo-Simulationen zumindest wenige Minuten lang, weil die Imitation der komplexen Physik von Stoßprozessen und Teilchen im inhomogenen Körpergewebe sehr zeitaufwändig ist.

Wie schafft man es bei solchen Aufgabestellungen dennoch Simulation und Optimierung zusammenzubringen? Der klassische Zugang zu einer solchen Problematik ist die Simulation von wenigen Vorschlägen, die man nach Erfahrung zusammenstellt. Mathematische Optimierungsalgorithmen werden dabei nicht eingesetzt. Dieses Vorgehen ist in der Praxis weit verbreitet und führt häufig zu Resultaten, die weit vom Bestmöglichen entfernt liegen.

Reduzierte Modelle und hierarchische Konzepte Ein Ausweg aus dieser Unvereinbarkeit von Simulation und Optimierung ist die Nutzung von vereinfachten Modellen, die in manchen Domänen auch als Short-Cut-Modelle bezeichnet werden, vgl. zum Beispiel

[3] für die Verfahrenstechnik. Hierbei werden zunächst physikalische Gesetzmäßigkeiten vereinfacht oder weggelassen, um auf diese Weise zu schnelleren Simulationsläufen zu gelangen. Sinnvoll genutzt werden kann ein solches Ersatzmodell jedoch nur, wenn der Unterschied zu einem feineren, realitätsnahen physikalischen Modell durch Fehlerschätzer bewertet werden kann und Grob- und Feinmodell komplementär genutzt werden können.

Mit Hilfe eines gröberen Modells mit Fehlerschätzern kann man zunächst Optimierungsläufe machen und mit Hilfe des Fehlerschätzers Bereiche im Designraum ausschließen, in welchen in keinem Falle gute oder optimale Lösungen liegen können. Hierzu werden in der Literatur auch oft sogenannte Surrogate für Zielfunktionen benutzt, vgl. [11].

Im günstigsten Fall reicht es dann sogar, die mit Hilfe des Ersatzmodells gefundenen Lösungen mit dem feineren Simulationslauf zu verifizieren. Bei der Strahlentherapieplanung ist es gängige Praxis, die diskrete Physik mit einem kontinuierlichen Ersatzmodell, z. B. mit einem Pencil-Beam-Modell zu approximieren, auf dessen Basis zu optimieren und schließlich die gefundenen Lösungen mit einem Monte-Carlo-Simulationslauf zu verifizieren. Die hierbei auftretenden Abweichungen von ca. 1–2 Prozentpunkten sind typischerweise kleiner als die Effekte der Datenunsicherheit.

Alternativ zum Verifikationslauf kann man aber auch von den gefundenen Optima des Ersatzmodells in ein Postprocessing mit der Feinsimulation einsteigen, um die Ergebnisse im Lichte der Feinsimulation nachzubessern. Hierfür sind häufig nur wenige Iterationen notwendig. Diese Vorgehensweise ist aus der Numerik bekannt. Die Lösung von linearen Gleichungssystemen, etwa gefunden in einer Maschinenarithmetik mit einfacher Genauigkeit, wird mit doppelter Genauigkeit nachiteriert, um das Residuum zu verkleinern.

In komplexeren Fällen wird man nicht nur mit einem groben und einem feinen Modell arbeiten, sondern wird eine Hierarchie von Modellen einsetzen, die jeweils mit Fehlerschätzern gegeneinander verglichen werden können. Beispiele für diese Vorgehensweise findet man zum Beispiel in [19]. Am Fraunhofer ITWM wurden hierarchische Konzepte in der Radiotherapieplanung, vgl. [12] und [24], und in der Planung von Photovoltaikanlagen, siehe [4], genutzt.

Optimierungsgetriebene adaptive Simulationsgranularität Alternativ zu den beschriebenen Modellhierarchien mit einem Wechselspiel von gröberen und feineren Simulationsmodellen kann man auch innerhalb eines festen Simulationsmodells Granularitäten optimierungsbezogen verändern. Zum Beispiel kann man bei Diskretisierungsmodellen eine Schrittweitensteuerung nutzen, um schnellere oder langsamere Simulationsläufe zu bekommen. Schrittweitensteuerung wird häufig bei Diskretisierungen genutzt, um eine Fehlerkontrolle beim Simulationslauf zu gewährleisten. Es wird normalerweise geprüft, dass über das gesamte Simulationsergebnis hinweg ein vergleichbarer Simulationsfehler garantiert werden kann. Nutzt man Diskretisierungen im Kontext von Optimierung, kann man dieses Vorgehen relaxieren, da man lediglich kontrollieren muss, ob durch die Diskretisierungsfehler die Werte der Zielfunktion(en) stark kompromittiert werden. Im Ergebnis wird man dort grob diskretisieren können, wo die Zielfunktion(en) eher flache Gradienten haben und dort feiner, wo es steilere Gradienten gibt. Dies bedeutet, dass man in der

Regel bei einer solchen optimierungsgetriebenen Diskretisierung mit wesentlich kleineren Diskretisierungsmustern auskommt als bei einer simulationsgetriebenen.

Besonders effizient gestaltet man Integration von Simulation und Optimierung wenn man ergänzend Modellhierarchien mit Fehlerschätzern über die Modelle hinweg und optimierungsgetriebene Diskretisierungen innerhalb der Modelle nutzt, vgl. [21] und [23].

6 Optimierung unter Unsicherheit

Optimierungsprozesse in der Praxis werden in der Regel von vielfältigen Unsicherheiten beeinflusst. Neben den bereits beschriebenen Modellunsicherheiten gibt es Unschärfen in der Simulation und bei der Qualität der verfügbaren Daten. Will man zu guten Lösungen kommen, ist es unverzichtbar, sich mit diesen grundsätzlichen Problemen auseinanderzusetzen und Optimierungs- und Simulationsmodell geeignet darauf abzustimmen.

Einflüsse von Datenunsicherheit und Simulationsfehler Es ist ein wichtiges Prinzip in der Numerik, dass man bei bekanntem Datenfehler den Verfahrens- bzw. Simulationsfehler in einem guten Verhältnis zum Datenfehler halten muss, um zu einem günstigen Gesamtfehler zu kommen. Dieses Prinzip gilt in Analogie auch bei Optimierungsverfahren, wenngleich sich die Optimierung aufgrund von Dämpfungseffekten oft gutmütiger verhält als eine reine Simulation.

Daten fließen an vielen Stellen in Optimierungsfragestellungen ein. Diese sind häufig inhomogen aufgrund heterogener Herkunft, sie sind stochastisch, weil sie aus inhärent zufälligen Prozessen rühren oder aber mit einem zufällig streuenden Messfehler behaftet sind. Trotz dieser Tatsachen werden Daten in der Praxis häufig einfach hingenommen und ohne jede Aufbereitung genutzt. Dies führt im Ergebnis zu starken Verzerrungen der Resultate, die schlimmstenfalls einen Optimierungsprozess nutzlos machen können. Aus diesem Grund, ist es dringend geboten, wenn immer dies möglich ist, mit statistischen Methoden auf systematische Fehler zu prüfen und vor Nutzung im Optimierungsprozess aufzubereiten. Hierfür ist es nützlich, eigens Datenmodelle heranzuziehen, mit deren Hilfe Daten analysiert und rekonziliert werden können.

Betrachten wir als Beispiel noch einmal die Auslegung von Photovoltaik-Kraftwerken: Essentiell zur Bewertung des zu erwartenden Ertrages sind die lokalen Wetterdaten zur Strahlungsprognose. Die zu kaufenden Wetterdaten sind häufig Modelldaten für einen Mustermonat, welcher aus den Messwerten der letzten Jahre komponiert wird. Diese Daten werden dann auf die Abschreibungszeit der Anlage hochskaliert. Ist man nur am Erwartungswert der Gesamtstrahlung für die 20 Jahre Abschreibungszeit interessiert, wird ein solches Vorgehen aufgrund des Gesetzes der großen Zahl zielführend sein. Möchte man aber z. B. sicher sein, dass der Ertrag innerhalb eines jeden Abrechnungsquartals innerhalb eines vorgegebenen Intervalls liegt, um den Finanzierungskredit fristgerecht bedienen zu können, so wird dieser artifizielle Mustermonat nicht ausreichen, um hinreichende Sicherheit zu garantieren. Wie geht man mit diesen Unsicherheiten um?

Robuste Optimierung und Lösungssensitivität In den letzten Jahrzehnten findet man viele Arbeiten zur robusten Optimierung. Hierbei wird angenommen, dass man für alle unsicheren Modellparameter, zum Beispiel solche aus gemessenen, oftmals stochastischen Daten, eine Menge an möglichen Szenarien hat, welche hinreichend genau bekannt sind. Optimierung wird unter Einbindung der Szenarienmengen so durchgeführt, dass die Lösung für das schlechteste Szenario bestmöglich ist („Optimium für das Worst-Case-Szenario“) oder dass die Lösung im Mittel bestmöglich ist („Optimum für ein erwartetes Szenario“). Eine gute Einführung in die robuste Optimierung findet man in [2].

Diese Konzepte robuster Optimierung sind wesentlich davon abhängig, wie groß die Szenarienmengen gewählt werden. Hierfür kann man eine konservative oder weniger konservative Wahl vornehmen. Wann ist man auf der sicheren Seite? Mit welchem Konzept arbeitet man am besten? Diese Fragestellungen ähneln denen der Modellunsicherheit. Auch für die robuste Optimierung kann man mit interaktiven Methoden arbeiten, um a posteriori Annahmen zu den Szenarienmengen verändern zu können und gleichzeitig zu studieren, welche Einflussfaktoren besonders sensitiv für das Ergebnis sind.

Alternativ zur robusten Optimierung unter Szenarien kann man auch unter festen Vorgaben optimieren und als weitere Zielgröße einen Sensitivitätsschätzer einführen. Dies können zum Beispiel Zielfunktionsgradienten sein, mit deren Hilfe man lokale Veränderungen der Ergebnisse bei Unsicherheit schätzen kann. Eine einfache Methode, zu einer robusten Optimierung zu kommen, ist es dann, nur Lösungen zu wählen, deren Sensitivität gegen eine vorab gesetzte Schranke begrenzt ist. Auf diese Weise erspart man sich eine Vorabdefinition von Szenarienmengen und betrachtet nur die eventuell durch Veränderungen entstehenden Einflüsse. Ein Standardwerk zur Sensitivitätsanalyse ist [5].

Selbstverständlich kann man auch beide Konzepte, die Vorabdefinition von Szenarien und die Nutzung von Sensitivitätsschätzern mischen. Eine sinnvolle Möglichkeit, ist es zunächst mit Sensitivitätsschätzern zu klären, welche Größen besonders sensitiv sind, um dann lediglich mit diesen sensiblen Größen einen Szenarienansatz zur Absicherung zu verfolgen. Beispiele am Fraunhofer ITWM findet man in der Domäne der Radiotherapieplanung in [13] und für die Planung chemischer Produktionsanlagen in [7].

7 Schlussbemerkungen

Was ist nun das besondere an der Optimierung im Fraunhofer ITWM? Was zeichnet sie besonders aus, was macht sie anders?

Zunächst widmet sie sich der Frage, wie kann man mathematische Optimierung in der Praxis nutzbar machen und weniger den klassischen Fragen nach Existenz und Eindeutigkeit von Lösungen oder der prinzipiellen Erkenntnis über Lösungskonzepte und deren Analyse. Hierfür ist es wichtig, vom Entscheider her zu denken. Was ist ein geeignetes Modell für Optimierung? Die klassischen Fragen nach der Definition der Alternativenmenge („Was ist zulässig?“) und nach den Zielgrößen („Was ist gut?“) ist von größter Relevanz. Hier ist die Beobachtung wichtig, dass man nicht alles a priori klären kann. Design- und

Entscheidungsraum müssen zusammen betrachtet werden und nicht konsekutiv, weil man ansonsten in ein Dilemma iterativer Modelle läuft. Interaktive Modelle, mit deren Hilfe Erkenntnis über Abhängigkeiten von Restriktionen und Lösungen gefunden werden, sind eine Möglichkeit dieses zu überwinden.

Beherrschung der Komplexität von Optimierung, insbesondere bei einer notwendigen Integration von Optimierungs- und Simulationsalgorithmen ist ein ebenso wichtiges Thema. Einfache schwache Kopplung von Simulation und Optimierung führt häufig in eine Komplexitätsfalle. Hier können hierarchische Verzahnung von Modellen über Fehlerschätzer und optimierungsadaptive Diskretisierungsmuster helfen.

Zum Dritten ist die Unsicherheit von Daten und die Beherrschung von deren Einflüssen auf die Lösung relevant. Sensitivitätsschätzer als Zielgrößen und interaktive Szenarienwahlen zur robusten Optimierung sind geeignete Methoden, um mit Modell- und Datenunsicherheiten zurechtzukommen.

Vieles andere ebenfalls Relevante haben wir aus Platzgründen weggelassen. Zu erwähnen wäre der Umgang mit NP-schweren Problemen. Hier ziehen wir häufig erklärbare hierarchische Konzepte mit garantierten partiell optimalen Lösungen schnellen, nicht erklärbaren Heuristiken vor, die oft neben exzellenten Lösungen für viele Beispiele auch stark suboptimale Lösungen hervorbringen können, und deswegen von Praktikern abgelehnt werden. Ebenso wurde darauf verzichtet darzustellen, wie wir mit gemischt ganzzahligen Fragestellungen umgehen, die in der Praxis häufig vorkommen. Dort ist oft eine maximale Entkopplung der diskreten von den nicht-diskreten Variablen sinnvoll, um eine angemessene algorithmische Behandlung sicherzustellen. Auch dynamische Optmierungskonzepte, wie bei rollierenden Planungsaufgaben oder in der Kontrolltheorie, begleiten den Alltag am ITWM. Deren adäquate Behandlung würde ein eigenes Kapitel verdienen.

Abschließend halten wir fest, dass der Erfolg mathematischer Optimierung in der Praxis nur durch das gute Modell sichergestellt werden kann. Lösungen sind gut, wenn sie im Kontext anderer für gut befunden werden. Es reicht in den wenigsten Fällen aus, Lösungen für bestmöglich zu erklären, weil sie innerhalb eines mathematischen Modells bestmöglich sind. Für den Praktiker steht stets das Modell selbst in Frage, er bezweifelt nicht die Kunst des mathematischen Optimierers. Es muss gelingen, eine Optimierungsumgebung zu schaffen, mit deren Hilfe Entscheider auch Modellabwägungen treffen können. Dann ist Optimierung praxisgerecht.

Literaturverzeichnis

1. Bank, B., Guddat, J., Klatte, U., Kammer, B., Tammer, C.: Nonlinear Parametric Optimization, 2nd edn. Birkhäuser, Basel (2014)
2. Ben Tal, A., El Ghaoui, L., Nemirovski, A.: Robust Optimization. Princeton University Press, Princeton (2009)

3. Biegler, L.T., et al.: Systematic Methods of Chemical Process Design. Prentice Hall International, New Jersey (1997)
4. Bischoff, M., König, M., Schüle, I., Plociennik, K.: Utilizing full planning potential. PV-Mag. **2/2014**, 60–62 (2014)
5. Bonnans, J., Shapiro, A.: Perturbation Analysis of Optimization Problems. Springer, New York (2000)
6. Bortz, M., Burger, J., Asprion, N., Blagov, S., Böttcher, R., Nowak, U., Scheithauer, A., Welke, R., Küfer, K.H., Hans, H.: Multi-criteria optimization in chemical process design and decision support by navigation on Pareto sets. Comput. Chem. Eng. **60**, 354–363 (2014)
7. Burger, J., Asprion, N., Blagov, S., Böttcher, R., Nowak, U., Bortz, M., Welke, R., Küfer, K.H., Hasse, H.: Multi-objective optimization and decision support in process engineering – implementation and application. Chem. Ing. Tech. **86**, 1065–1072 (2014)
8. Craft, D., Monz, M.: Simultaneous navigation of multiple Pareto surfaces, with an application to multicriteria IMRT planning with multiple beam angle configurations. Med. Phys. **37**(2), 736–741 (2010)
9. Floudas, C., Pardalos, P. (eds.): Encyclopedia of Optimization, 2nd edn. Springer, New York (2009)
10. Haase, S., Süss, P., Schwientek, J., Teichert, K., Preusser, T.: Radiofrequency ablation planning: an application of semi-infinite modelling techniques. Eur. J. Oper. Res. **218**(3), 856–864 (2012)
11. Koziel, S., Leifsson, L.: Surrogate-Based Modelling and Optimization. Springer, New York (2013)
12. Kratt, K., Scherrer, A.: The integration of DVH-based planning aspects into a convex intensity modulated radiation therapy optimization framework. Phys. Med. Biol. **12**, 239–246 (2009)
13. Krause, M., Scherrer, A., Thieke, C.: On the role of modeling parameters in IMRT plan optimization. Phys. Med. Biol. **58**, 4907–4926 (2008)
14. Küfer, K.H., Monz, M., Scherrer, A., Alonso, F., Trinkaus, H., Bortfeld, T., Thieke, C.: Realtime inverse planning using a precomputed multi-criteria plan database. Radiother. Oncol. **68**, 76 (2003)
15. Küfer, K.H., Monz, M., Scherrer, A., Süss, P., Alonso, F., Azizi Sultan, A.S., Bortfeld, T., Thieke, C.: Multicriteria optimization in intensity modulated radiotherapy planning. In: Pardalos, P.M., Romeijn, H.E. (eds.) Handbook of Optimization in Medicine, pp. 123–168. Kluwer Academic, Boca Raton (2009). Chap. 5
16. Küfer, K.H., Scherrer, A., Monz, M., Alonso, F., Trinkaus, H., Bortfeld, T., Thieke, C.: Intensity-modulated radiotherapy: a large scale multi-criteria programming problem. OR Spektrum **25**, 223–249 (2003)
17. Maag, V.: Multicriteria global optimization for the cooling system design of casting tools. Ph.D. thesis, Fachbereich Mathematik, Technische Universität Kaiserslautern (2010)
18. Miettinen, K.: Nonlinear Multiobjecitve Optimization. Springer, New York (1998)
19. Migdalas, A., Pardalos, P.M.: Värbrand, P. (eds.): Multilevel Optimization: Algorithms and Applications. Kluwer Academic, Dordrecht (1998)
20. Monz, M., Küfer, K.H., Bortfeld, T., Thieke, C.: Pareto navigation: algorithmic foundation of interactive multi-criteria IMRT planning. Phys. Med. Biol. **53**, 985–998 (2008)
21. Scherrer, A., Küfer, K.H., Bortfeld, T., Monz, M., Alonso, F.: IMRT planning on adaptive volume structures – a decisive reduction in computational complexity. Phys. Med. Biol. **50**, 2033–2053 (2005)
22. Schröder, M., Schüle, I.: Interaktive mehrkriterielle Optimierung für die regionale Fahrplanabstimmung in Verkehrsverbünden. Straßenverkehrstechnik **6**, 332–340 (2008)
23. Süss, P.: A primal-dual barrier algorithm for the IMRT planning problem – an application of optimization-driven adaptive discretization. Ph.D. thesis, Fachbereich Mathematik, Technische Universität Kaiserslautern (2008)

24. Süss, P., Bortz, M., Küfer, K.H., Thieke, C.: The critical spot eraser – a method to interactively control the correction of local hot and cold spots in imrt planning. Phys. Med. Biol. **21**, 1855–1867 (2013)
25. Thieke, C., Küfer, K.H., Monz, M., Scherrer, A., Alonso, F., Oelfke, U., Huber, P., Debus, J., Bortfeld, T.: A new concept for interactive radiotherapy planning with multicriteria optimization: first clinical evaluation. Radiother. Oncol. **85**(2), 292–298 (2007)
26. Uhrig, M., Thieke, C., Alonso, F., Küfer, K.H., Monz, M., Scherrer, A., Oelfke, U.: First evaluation of a new multicriteria optimization tool: investigation of Pareto-surfaces for IMRT prostate plans. Med. Phys. **32**, 1975 (2005)

Teil III
Die Forschung

Virtuelle Produktion von Filamenten und Vliesstoffen

Raimund Wegener, Nicole Marheineke und Dietmar Hietel

1 Gleichmäßigkeit aus Chaos – eine Herausforderung für die Produktion

Produktionsprozesse zur Herstellung von Filamenten (Endlosfasern) und Vliesstoffen sind Online-Prozesse, in denen die einzelnen Prozessschritte stark aufeinander abgestimmt und hochgradig zu einer Kette integriert sind. Für aus Filamenten gebildete Vliesstoffe besteht die Prozesskette aus den Vorgängen Schmelzen, Spinnen, Verwirbeln und Ablegen. Dabei wird eine Polymerschmelze ausgehend von einem Extruder über ein Rohr auf eine Spinnplatte verteilt, durch Kapillardüsen gepresst und durch aerodynamischen Verzug zu Filamenten gesponnen. Diese werden in einem Freistrahl verwirbelt, abgebremst und auf ein bewegtes Band abgelegt. Durch Überlagerung Tausender von Filamenten entsteht ein Vliesstoff mit seiner typisch ungleichmäßigen und wolkigen Struktur. Das Einsatzspektrum von Vliesstoffen ist extrem breit und reicht von Alltagsprodukten wie Babywindeln und Staubsaugerbeuteln bis hin zu Hightech-Produkten wie Batterieseparatoren oder Medizinprodukten. Das Spinnen von Filamenten wird selbstverständlich auch mit anderen Weiterverarbeitungsschritten beispielsweise auch zur Herstellung von technischen Garnprodukten oder synthetischen Kurzfasern eingesetzt. Auch die Erzeugung von faserartigen Dämmmaterialien wie Glas- oder Steinwolle subsumieren wir hier unter dem Stichwort

R. Wegener (✉) · D. Hietel
Fraunhofer-Institut für Techno- und Wirtschaftsmathematik, Fraunhofer-Platz 1,
67663 Kaiserslautern, Deutschland
e-mail: raimund.wegener@itwm.fhg.de

N. Marheineke
FAU Erlangen-Nürnberg, Lehrstuhl Angewandte Mathematik 1, Cauerstr. 11, 91058 Erlangen,
Deutschland

H. Neunzert, D. Prätzel-Wolters (eds.), *Mathematik im Fraunhofer-Institut*,
DOI 10.1007/978-3-662-44877-9_6

Filamentproduktion, da diese Prozesse auf ähnlichen physikalischen, wenn auch technisch verschiedenen Prinzipien beruhen.

Unter dem Aspekt der Produktqualität sind schwankende Eigenschaften der Filamente und Vliesstoffe infolge der stochastischen, oft turbulenzbedingten Einflüsse im Produktionsprozess problematisch. Für die Spinnprozesse sind dies beispielsweise schwankende Filamentdurchmesser und -festigkeiten aufgrund unsicherer Temperaturhistorie bei der Abkühlung. Diese Probleme sind häufig den wirtschaftlich notwendigen hohen Maschinendurchsätzen und dichten Filamentbündelungen geschuldet. Für Vliesstoffe liegen die über das Einzelfilament hinausgehenden Probleme in Schwankungen von Gewicht und Festigkeit der Flächenware. Letztere sind auf einer hinreichend kleinen Skala prinzipbedingt, da als Ersatz für teures Verweben auf eine chaotische turbulenzgetriebene Überlagerung der Filamente gesetzt wird. Die plakative Herausforderung an die Produktion ist es daher, *Gleichmäßigkeit aus Chaos* zu schaffen, ein Weg, auf dem in Jahrzehnten maschinenbaulicher Entwicklung erstaunliche Anlagen und Verfahren generiert wurden. Mit den jetzt vorhandenen und weiterzuentwickelnden Instrumenten zur Simulation solch komplexer Prozesse entsteht aber eine qualitativ neue Möglichkeit der simulationsgestützten Auslegung und Steuerung dieser Anlagen und Verfahren, um den nächsten Schritt zu *mehr Gleichmäßigkeit aus Chaos* zu gehen.

2 Nur im Prinzip simulierbar – eine Herausforderung für die Mathematik

Fundamentalistisch können fast alle Schritte der oben skizzierten Prozesskette Schmelzen, Spinnen für Filamente und weitergehend Verwirbeln und Ablegen für Vliesstoffe als kontinuumsmechanische Mehrphasenprobleme betrachtet werden. Je nach Grad der Abkühlung und Fortschreiten des Prozesses hat man es mit einer viskosen, visko-elastischen bzw. elastischen Filamentphase in Kopplung mit einer turbulenten Strömung in einer komplexen Maschinengeometrie zu tun. Die Modelle für solche Mehrphasenprobleme stellt die klassische Kontinuumsmechanik zur Verfügung. Numerische Diskretisierungsideen, Lösungsalgorithmen und sogar fertige Softwaretools befinden sich reichlich in den Arsenalen von angewandten Mathematikern und Ingenieuren. Kurz gesagt, die genannten Probleme sind simulierbar, leider aber *nur im Prinzip simulierbar*.

Genaueres Hinsehen offenbart nämlich die Hoffnungslosigkeit einer solchen monolithischen Herangehensweise: Wie unsere Beispiele zur Vliesproduktion (Abschn. 6) und zur Glaswollproduktion (Abschn. 7) zeigen, verlangen die realen Produktionsprozesse die gekoppelte Filament–Strömungs-Simulation von Tausenden von Filamenten mit Durchmessern von z.T. weniger als 10 μm in hoch-turbulenten Strömungen auf makroskopischen Skalen im Meter-Bereich. Die Herausforderung an die Mathematik ist es daher, durch Modellierungsstrategien wie Homogenisierung, Asymptotik und auch durch Generierung von Ersatzmodellen mit Grey-Box-Charakter adäquate Modelle für alle Teilaspekte bereitzustellen und diese zu koppeln. Nach grundlegender Analyse dieser Modelle gilt es, problemangepasste numerische Algorithmen zu entwickeln. Nur so kann eine Abbildung der Prozesse erreicht werden, die es gestattet, realistische Anwendungsszenarien im Berechnungsaufwand zu beherrschen und einer Optimierung zugänglich zu machen. Das Vorgehen erfordert insbesondere die Kompatibilität der verschiedenen Modellansätze, die Herleitung von Kopplungsbedingungen und die Identifizierbarkeit von Modellparametern. Mit diesem Vorgehen wollen wir der Falle der *prinzipiellen Simulierbarkeit* entkommen und stattdessen eine *tatsächliche Simulationsfähigkeit* erreichen, die zur Auslegung und Optimierung der Anlagen wesentlich beitragen kann. In der Konzentration vielfältiger Ansätze aus unterschiedlichen Bereichen der Mathematik auf ein Anwendungsfeld bietet sich eine herausragende Chance für das Fraunhofer ITWM, seinem Anspruch als Problemlöser gerecht zu werden, innovativ zur Forschung in der Angewandten Mathematik beizutragen und selbst neue Themenfelder anzustoßen. Unser Beitrag in diesem Buch soll den erreichten Stand dokumentieren, wirft aber hoffentlich zahlreiche neue Fragestellungen auf.

3 Arbeiten zur Filamentdynamik und Vliesstoffproduktion am Fraunhofer ITWM

Die Arbeiten zur Filamentdynamik am Fraunhofer ITWM haben ihren Ursprung in einem Projekt, in dem Filamente und ihre Produktionsprozesse keinerlei Rolle spielen. Im Gründungsjahr des Instituts 1995 begannen die Arbeiten zur Simulation des Papierflugs in einer Druckmaschine – eines der ersten Industrieprojekte der Abteilung Transportvorgänge und Ausgangspunkt für mindestens zwei Themenfelder, die heute in Gruppenstärke in der Abteilung verfolgt werden. Die wesentlich zweidimensional geprägte Papierführung in einer Druckmaschine ist ein gekoppeltes Fluid–Struktur-Interaktionsproblem. Daher wurden einerseits für die aufgrund der Bogenbewegung zeitlich variierenden Strömungsgebiete unter und über dem Bogen Partikelmethoden erprobt, andererseits für die Bogendynamik Schalen-Modelle der Kontinuumsmechanik aufgearbeitet, die in zweidimensionaler Variante mathematisch gleichwertig zu Rod-Modellen für Filamentdynamiken sind. Aus den Arbeiten zu Partikelmethoden ging die Entwicklung der ITWM-Software FPM (Finite Pointset Methode) hervor, die heute eines der leistungsfähigsten am Markt verfügbaren gitterfreien Simulationstools für ein breites und immer noch stetig wachsendes Feld kontinuumsmechanischer Problemstellungen ist. Die Arbeiten zur Bogendynamik bildeten den strukturmechanischen Nährboden für alle späteren Forschungen im Bereich der Filamentdynamik, also dem Gegenstand dieses Beitrags. Die kleine Geschichte zeigt die enorme Kraft, die sich aus problemorientierter Forschung in Industrieprojekten ergibt: Die konkreten Fragestellungen generieren Ansätze, die dann teilweise weit über das ursprüngliche Arbeitsfeld und die Kurzfristigkeit des Tagesgeschäfts hinausreichen.

Bereits überlappend zum erwähnten Industrieprojekt zur Druckmaschine wurde im Jahr 1998 der schon vor Gründung des ITWM bestehende Kontakt mit der Firma Freudenberg am Standort Kaiserslautern zum Thema Vliesproduktion wiederbelebt. Es dauerte allerdings einige Zeit, um aus dem kleinen Pflänzchen eine großangelegte Aktivität des Instituts werden zu lassen, die wir hier in ausgewählten Eckpunkten skizzieren wollen. Einen wichtigen Schub verlieh dem Arbeitsbereich zunächst ein internes großes Fraunhofer-Projekt zur marktorientierten Vorlaufforschung in 2003. In einer begleitenden Promotion [26] in 2005 wurden die Grundlagen unseres turbulenten Kraftmodells gelegt (Abschn. 4.3 und Ref. [9, 16, 17]). In 2006 wurden die ersten Ideen für stochastische Ersatzmodelle zur Ablagesimulation generiert (Abschn. 4.4 und Ref. [5, 6]) und es begannen zeitgleich erneut auf Basis einer Dissertation [28] die Arbeiten zur asymptotischen Herleitung viskoser String-Modelle [7, 20]. Alle drei genannten Themenfelder wurden in großer Breite bis heute verfolgt und thematisch ausgeweitet, siehe Entwicklung und Stand für *turbulente Kraftmodellierung* [19], für die *stochastischen Ersatzmodelle* [8, 11–13] sowie für *asymptotische Rod- und String Modelle* [1, 4, 14, 18]. Ebenfalls in Abfolge des erwähnten Fraunhofer-Projekts gelang eine enorme Verbreiterung der industriellen Kundenbasis. Die Firmen Johns Manville (2003) und Oerlikon Neumag (2004) seien beispielhaft für einen Vliesstoffproduzenten und einen Maschinenbauer im Bereich Technischer Textilien genannt. Beide sind bis heute stetige Kunden des Fraunhofer ITWM.

Zu Beginn dieses Jahrzehnts waren es dann zwei durch das BMBF geförderte Projekte, die langfristig neue Impulse setzen konnten: Im Projekt Nano-Meltblown-Fasern für Filtermedien (NaBlo, 2008–2011) liegen die Ursprünge unserer aktuellen Arbeiten zur *Turbulenzrekonstruktion für Filamentdynamiken* [10]. Mit dem Projekt Stochastische Produktionsprozesse zur Herstellung von Filamenten und Vliesstoffen (ProFil, 2010–2013), einem Verbundprojekt im BMBF Mathematikprogramm unter Konsortialführung des Fraunhofer ITWM, wurde erstmals die volle Produktionskette für Filamente und Vliesstoffe simulativ untersucht. Unmittelbar im Projekt [22, 24, 27] und daran angelehnt [25, 29, 30] entstanden am Fraunhofer ITWM mehrere Promotionen, die eine wichtige Grundlage für die weitere Beschäftigung mit dem Themenfeld darstellen. Das Projekt bildet zudem die Basis für den heutigen Stand der zentralen ITWM-Software für Filamentdynamiken, der FIDYST-Suite mit den Softwaretools FIDYST (Fiber Dynamics Simulation Tool, Abschn. 5.1) und SURRO (Surrogate Model, Abschn. 5.2). Industrieseitig waren der Kontakt zur Firma Woltz (2010) und die sich anschließende bis heute andauernde Kooperation äußerst befruchtend. Hier gelang erstmals eine vollständig gekoppelte Abbildung der Filament- und Strömungsdynamik in einem komplexen Produktionsprozess, dem zur Herstellung von Glaswolle (Abschn. 7 und Ref. [3, 15]). Die Simulationstoolbox VISFID (Viscous Fiber Dynamics, Abschn. 5.3) für *gekoppelte Strömungs–Filament-Simulationen in Spinnprozessen* wurde in Projekten zu diesem Produktionsprozess konzipiert.

Der vorliegende Buchbeitrag greift viele der genannten Themen auf, bedient sich aber nicht einer historischen Darstellung, sondern versucht einen geschlossenen Überblick aus heutiger Sicht. Wir verwenden daher einigen Raum zur Darstellung einer konsistenten und durchgängigen Modellierungsbasis (Abschn. 4), zeigen dann den Leistungsstand der heute am Fraunhofer ITWM verfügbaren Softwarewerkzeuge (Abschn. 5) und demonstrieren ihre Fähigkeiten an zwei typischen industriellen Beispielanwendungen, der Produktion von Vliesstoffen im Spunbond-Prozess (Abschn. 6) und der Produktion von Glaswolle durch Rotationsspinnen (Abschn. 7). Im Sinne der Lesbarkeit haben wir vertiefende

Aspekte und die Einordnung in den internationalen Stand der Forschung an verschiedenen Stellen in Anmerkungen zusammengefasst. Ein hauptsächlich an den Anwendungen interessierter Leser kann auch mit Abschn. 6 und 7 beginnen, den Verweisen auf die verwendeten Simulationswerkzeuge (Abschn. 5) folgen und die zugrunde liegenden Modelle (grau hinterlegt in Abschn. 4) nachschlagen.

Für die genannten Modellierungsideen, Softwareentwicklungen, Industrieprojekte und damit für die Grundlagen dieses Beitrags sind neben den Autoren ganz wesentlich heute in der Abteilung Transportvorgänge am Fraunhofer ITWM tätige (Sergey Antonov, Dr. Walter Arne, Dr. Christian Leithäuser, Dr. Robert Feßler, Dr. Simone Gramsch, Dr. Jan Mohring, Johannes Schnebele) und bereits ausgeschiedene Mitarbeiter (Dr. Daniel Burkhart, Dr. Marco Günther, Dr. Jalo Liljo, Dr. Ferdinand Olawsky) zu nennen. Die genannten und laufende Promotionen entstanden und entstehen am Fraunhofer ITWM unter Betreuung von Prof. Nicole Marheineke (FAU Erlangen-Nürnberg), Prof. Andreas Meister (Universität Kassel) sowie Prof. Hans Hagen, Prof. Axel Klar, Prof. Helmut Neunzert, Prof. Rene Pinnau, Prof. Klaus Ritter (alle Technische Universität Kaiserslautern).

4 Grundlagen der Modellierung

Die *Cosserat-Rod-Theorie* bildet den Rahmen der hier betrachteten partiellen Differentialgleichungsmodelle für Filamentdynamiken. In ihrem Zentrum stehen 1D-Bilanzen für Impuls und Drehimpuls. Diese werden durch *geometrische Modelle* zur Beschreibung des Drehimpulses, durch *Materialgesetze* für die auftretenden inneren Spannungskräfte und Momente sowie durch Modelle für die angreifenden äußeren Kräfte abgeschlossen. In Anbetracht der anvisierten Anwendungen fällt dabei der *Wechselwirkung der Filamente mit der umgebenden, oft turbulenten Luftströmung* ein besonderes Gewicht zu.

Auf Basis dieser Cosserat-Rod-Modelle gelingt die Simulation von Einzelfilamenten in Spinn- und Verwirbelungsprozessen. Der nicht unerhebliche Rechenaufwand verhindert allerdings die virtuelle Abbildung kompletter Vlieslegungsprozesse mit hohen Filamentzahlen. Daher wurden am Fraunhofer ITWM *Ersatzmodelle auf Basis stochastischer Differentialgleichungen* (SODE) entwickelt und implementiert, die hoch effiziente Simulationen des Vlieslegungsbildes gestatten. Die Parameter dieser Ersatzmodelle werden aus Cosserat-Rod-Berechnungen einzelner Filamente identifiziert.

Folklore und Vereinbarungen Wir betten unsere kontinuumsmechanischen Modelle in einen abstrakten dreidimensionalen euklidischen Raum $\mathbb{E}^3$ ein. In diesem Raum sei $\{\mathbf{e}_1, \mathbf{e}_2, \mathbf{e}_3\}$ eine feste Orthonormalbasis (ONB). Eine solche ONB induziert einen Isomorphismus $i_e : \mathbb{E}^3 \to \mathbb{R}^3$, $\mathbf{a} \mapsto i_e(\mathbf{a}) = \bar{\mathsf{a}} = (\bar{a}_1, \bar{a}_2, \bar{a}_3)$ mit $\bar{a}_j = \mathbf{a} \cdot \mathbf{e}_j$, $j = 1, 2, 3$. Da wir mit verschiedenen Basen hantieren, ist es uns wichtig, stets zwischen den Vektoren $\mathbf{a} \in \mathbb{E}^3$ und ihren Komponententupeln $\bar{\mathsf{a}} \in \mathbb{R}^3$ in der beliebigen, aber festen ONB $\{\mathbf{e}_1, \mathbf{e}_2, \mathbf{e}_3\}$ zu unterscheiden. Dies ist wesentlich dadurch motiviert, dass wir als Bestandteil der Cosserat-Rod-Theorie zusätzlich eine zeitlich und entlang des Rods räumlich veränderliche Direktorenbasis $\{\mathbf{d}_1, \mathbf{d}_2, \mathbf{d}_3\}$ einführen. Die Komponenten eines Vektors $\mathbf{a}$ in dieser Basis bezeichnen wir mit $\mathsf{a} = (a_1, a_2, a_3)$. Die kanonische Basis des $\mathbb{R}^3$ (also die Komponententupel einer jeden ONB in Bezug auf sich selbst) bezeichnen wir mit $\mathsf{e}_1, \mathsf{e}_2, \mathsf{e}_3$.

Wir verwenden ein Tensorkalkül, das sich am Kalkül von Antman [31] orientiert, d. h. durchgängig den Punkt $\cdot$ für Skalarprodukte und Tensor–Vektor-Operationen, keine Unterscheidung zwischen Vektoren des $\mathbb{E}^3$ und ihren Adjungierten und konsequent auch keine Unterscheidung zwischen Zeilen- und Spaltenvektoren des $\mathbb{R}^3$. Im Unterschied zu [31] setzen wir allerdings $\otimes$ an Stelle eines Leerzeichens für Tensorprodukte. 3×3-Matrizen werden mit Tensoren aus $\mathbb{R}^3 \otimes \mathbb{R}^3$ identifiziert und sind häufig bzgl. einer Basis die Komponenten von Tensoren aus $\mathbb{E}^3 \otimes \mathbb{E}^3$. Für alle weiteren Details des gewählten Kalküls verweisen wir auf [31]. Wir benutzen eine verallgemeinerte Summenkonvention, bei der lateinische Indizes zwischen 1 und 3 und griechische Indizes über 1 und 2 laufen.

Da wir hauptsächlich Modellierungsaspekte beleuchten, werden allgemein für die benötigten Manipulationen hinreichende Differenzierbarkeit und auch Invertierbarkeit, wie eben gerade benötigt, vorausgesetzt und im Allgemeinen nicht kritisch diskutiert. Das bedeutet weder, dass wir solche Betrachtungen für überflüssig halten, noch, dass sich alle betrachteten Modelle durch klassische Lösungen auszeichnen. Sofern nicht völlig trivial oder vergessen, werden Größen mit ihren SI-Einheiten eingeführt. Häufig klärt dies ihre physikalische Bedeutung besser als viele Worte.

4.1 Cosserat-Rod-Theorie

Die Cosserat-Rod-Theorie beschreibt ein Filament als Raumkurve mit orientierten Querschnitten. Damit ergibt sich eine in 3D eingebettete 1D-Mannigfaltigkeit, der in jedem Punkt differenzierbar ein Element der Drehgruppe $SO(3)$ zugeordnet ist. Die Theorie ist gekennzeichnet durch 1D-Bilanzen für Impuls und Drehimpuls, die sich aus der 3D-Kontinuumsmechanik durch Einschränkungen der Freiheitsgrade und Querschnittsflächenmittelung ergeben. Diese Einschränkungen bedeuten, dass zwar eine Umorientierung der Querschnitte, nicht aber eine echte, ihre Planarität überwindende Verzerrung beschrieben werden kann. Wir folgen weitgehend [31] in der Einführung der Theorie in einer materiellen Parametrisierung (Lagrange-Beschreibung), stellen ihr aber eine allgemeine und räumliche Variante (Euler-Beschreibung) gleichberechtigt zur Seite. Wir sind bestrebt, die Theorie geschlossen darzustellen und möglichst wenig auf ihre Einbettung in die 3D-Kontinuumsmechanik zu reflektieren. Trotzdem kann diese Einbettung geleistet werden, um so sämtliche Elemente der Theorie in der 3D-Kontinuumsmechanik zu identifizieren.

4.1.1 Materielle Beschreibung

Referenzzustand Ein Cosserat-Rod bzw. Filament wird in seinem Referenzzustand durch eine Kurve $\mathbf{r}^\circ : (s_a, s_b) \to \mathbb{E}^3$ und zwei normierte, orthogonale Vektoren $\mathbf{d}^\circ_\alpha : (s_a, s_b) \to \mathbb{E}^3$ beschrieben, die als Direktoren bezeichnet werden. Zusätzlich definiert

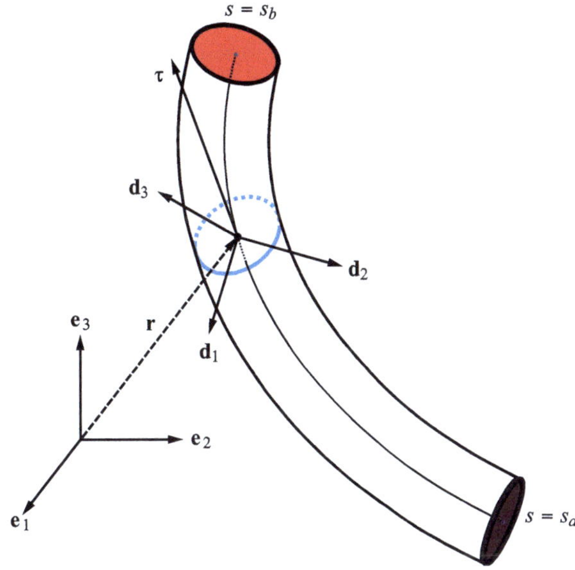

Abb. 1 Cosserat-Rod bestehend aus Kurve und Direktorendreibein (Bild: Steffen Grützner, Fraunhofer ITWM)

man $\mathbf{d}_3^\circ = \mathbf{d}_1^\circ \times \mathbf{d}_2^\circ$, so dass die Direktoren ein rechtsorientiertes Orthonormalsystem bilden. Der Referenzzustand kann, muss aber nicht tatsächlich zu irgendeinem Zeitpunkt angenommen werden. Das Intervall $(s_a, s_b) \subset \mathbb{R}$ adressiert den Abschnitt des Filaments, dessen Dynamik nachfolgend beschrieben werden soll. Ein Parameter $s \in (s_a, s_b)$ adressiert einen materiell determinierten Querschnitt des zu modellierenden Filaments. Für unsere Anwendungen zur Filamentdynamik fordern wir für den Referenzzustand $\mathbf{d}_3^\circ = \partial_s \mathbf{r}^\circ$ und $\partial_s \mathbf{d}_i^\circ = \mathbf{0}$. Die in Abschn. 4.2 formulierten Geometrie- und Materialmodelle sind auf diesen Referenzzustand abgestimmt, genauer gesagt, realisieren sie Spannungs- und Momentenfreiheit im Referenzzustand. Mit den genannten Annahmen wählen wir insbesondere Bogenlängenparametrisierung des Referenzzustands, aber nur des Referenzzustands.

Kinematik Zu einem beliebigen Zeitpunkt t ist der Zustand des Rods durch die Kurve $\mathbf{r}(\cdot, t)$ und die orthonormalen Direktoren $\mathbf{d}_\alpha(\cdot, t)$ festgelegt, $\mathbf{d}_\alpha \cdot \mathbf{d}_\beta = \delta_{\alpha\beta}$. Die Kurve beschreibt die Position, die Direktoren die Orientierung der durch s adressierten Querschnitte (Abb. 1). Mit der nachfolgend ständig verwendeten definitorischen Festlegung $\mathbf{d}_3 = \mathbf{d}_1 \times \mathbf{d}_2$ bilden die Direktoren zu allen Zeiten ein rechtsorientiertes Orthonormalsystem. Die referentielle Verknüpfung von $\mathbf{d}_3$ mit der Tangente $\partial_s \mathbf{r}$ ebenso wie die Bogenlängenparametrisierung werden aber im Allgemeinen durch die Bewegung aufgehoben.

Geschwindigkeit und Tangente des Rods sind durch die Vektorfelder

$$\partial_t \mathbf{r} = \mathbf{v}, \qquad \partial_s \mathbf{r} = \boldsymbol{\tau}$$

gekennzeichnet. Da die Direktoren ein rechtsorientiertes Orthonormalsystem formen, existieren zudem eindeutige Vektorfelder $\boldsymbol{\kappa}$ (1/m) (Krümmung) und $\boldsymbol{\omega}$ (1/s) (Winkelgeschwindigkeit), so dass die Gleichungen

$$\partial_t \mathbf{d}_i = \boldsymbol{\omega} \times \mathbf{d}_i, \qquad \partial_s \mathbf{d}_i = \boldsymbol{\kappa} \times \mathbf{d}_i$$

gelten. Diese Vektorfelder beschreiben die Änderung des Dreibeins in der Zeit und entlang der Kurve. Durch Vertauschung der partiellen Ableitungen nach t und s erhält man die folgenden Kompatibilitätsrelationen

$$\partial_t \boldsymbol{\tau} = \partial_s \mathbf{v}, \qquad \partial_t \boldsymbol{\kappa} = \partial_s \boldsymbol{\omega} + \boldsymbol{\omega} \times \boldsymbol{\kappa}.$$

Für die Umsetzung der Cosserat-Rod-Theorie in konkreten Anwendungen erweist es sich als hilfreich, Vektorfelder und Modellgleichungen zum Teil gemischt in zwei Basissystemen (äußere Basis und Direktorenbasis) darzustellen. Der Wechsel von der invarianten Formulierung in eine feste äußere Basis $\{\mathbf{e}_1, \mathbf{e}_2, \mathbf{e}_3\}$ ist dabei trivial. Der Übergang von der äußeren zur Direktorenbasis $\{\mathbf{d}_1, \mathbf{d}_2, \mathbf{d}_3\}$ kann technisch stets mit dem nachfolgenden Kalkül erreicht werden. Wie vereinbart, bezeichnen $\bar{\mathsf{a}} \in \mathbb{R}^3$ und $\mathsf{a} \in \mathbb{R}^3$ für ein beliebiges Vektorfeld $\mathbf{a} \in \mathbb{E}^3$ des Rods die Komponententupel bzgl. der äußeren Basis bzw. der Direktorenbasis. Die Direktorenbasis wird mit der Drehung

$$\mathbf{D} = \mathbf{e}_i \otimes \mathbf{d}_i = D_{ij} \mathbf{e}_i \otimes \mathbf{e}_j \in \mathbb{E}^3 \otimes \mathbb{E}^3 \quad \text{mit } D_{ij} = \mathbf{d}_i \cdot \mathbf{e}_j$$

in die äußere Basis transformiert. Den Komponenten D_{ij} dieser Drehung ist die orthogonale Matrix D zugeordnet. Betrachtet man nun ein beliebiges Vektorfeld des Rods, so gilt

$$\mathsf{D} \cdot \bar{\mathsf{a}} = \mathsf{a}, \qquad \mathsf{D} \cdot \partial_t \bar{\mathsf{a}} = \partial_t \mathsf{a} + \omega \times \mathsf{a}, \qquad \mathsf{D} \cdot \partial_s \bar{\mathsf{a}} = \partial_s \mathsf{a} + \kappa \times \mathsf{a}.$$

Zudem können die kinematischen Grundgleichungen für die Direktoren in entsprechende Gleichungen für die Drehmatrix überführt werden

$$\partial_t \mathsf{D} = -\omega \times \mathsf{D}, \qquad \partial_s \mathsf{D} = -\kappa \times \mathsf{D}.$$

Diese Formulierung der Kinematik bildet auch den Ausgangspunkt für andere Darstellungen der Drehgruppe (Euler-Winkel, Einheits-Quaternionen, Rotationsvektoren), die je nach Anwendung ihre Vorzüge haben.

Die für die Formulierung objektiver Materialgesetze fundamentalen Verzerrungsvariablen sind die Komponententupel τ und κ von Tangente und Krümmung in der Direktorenbasis. Genauer quantifizieren τ_1 und τ_2 Scherungen, τ_3 Dehnung, κ_1 und κ_2 Biegungen sowie κ_3 Torsion. Wir führen zudem mit

$$e = \|\boldsymbol{\tau}\|$$

ein weiteres nur auf die Kurve bezogenes Dehnungsmaß ein.

Dynamik Die Bilanzierung von Impuls und Drehimpuls (dynamische Gleichungen) führt für einen Rod auf die folgende allgemeine Form

$$(\rho A)\partial_t \mathbf{v} = \partial_s \mathbf{n} + \mathbf{k}, \qquad \partial_t \mathbf{h} = \partial_s \mathbf{m} + \boldsymbol{\tau} \times \mathbf{n} + \mathbf{l}.$$

Die Liniendichte des Rods (ρA) (kg/m) im Referenzzustand wird traditionell mit einem leicht irreführenden, ein Produkt suggerierenden Symbol bezeichnet. Bei der Einbettung in die 3D-Kontinuumsmechanik ergibt sie sich als Integral der Dichte über die Querschnitte des Rods im Referenzzustand und ist damit vom Filamentparameter s, nicht aber von der Zeit t abhängig. Die Drehimpulsliniendichte $\mathbf{h}$ (kg m/s) ist in Abhängigkeit von den übrigen Grundgrößen unserer Theorie, insbesondere von der Winkelgeschwindigkeit, zu beschreiben (geometrische Modellierung, Abschn. 4.2.1). Die inneren Spannungskräfte $\mathbf{n}$ (N) und Drehmomente $\mathbf{m}$ (N m) sind über geeignete Materialgesetze in Abhängigkeit von den inneren Variablen zu modellieren. In Abschn. 4.2.2 werden im Wesentlichen zwei Typen solcher Materialgesetze (elastisch und viskos) diskutiert. In den dynamischen Gleichungen bezeichnen $\mathbf{k}$ (N/m) und $\mathbf{l}$ (N) Linienkraftdichte und Liniendrehmomentdichte zur Modellierung der äußeren Kraft- und Momentenwirkungen auf den Rod. Beide können von verschiedenen inneren Variablen abhängen und damit die Koppelung der dynamischen und kinematischen Gleichungen entscheidend prägen. Nachfolgend beschränken wir uns in der Regel auf Modelle ohne äußere Momentenwirkung, d. h. $\mathbf{l} = \mathbf{0}$. Letztlich legen erst geometrische Modellierung, Materialgesetze und äußere Kräfte den Typ des PDE-Systems fest.

4.1.2 Allgemeine und räumliche Beschreibung

Bis hierhin wurde die gesamte Theorie in Lagrange-Beschreibung formuliert, d. h. der Parameter $s \in (s_a, s_b)$ adressiert einen materiellen Punkt (bzw. Querschnitt) des Rods. Bis auf Orientierung und eine Konstante wird die Parametrisierung dann dadurch vollständig festgelegt, dass wir Bogenlängenparametrisierung des Referenzzustandes fordern – das ist nicht unbedingt nötig, macht aber vieles einfacher. Wie wir nachfolgend zeigen, können mit einem einfachen Typisierungskonzept für die Grundgrößen der Theorie die Modellgleichungen sehr leicht in einer beliebigen anderen zeitabhängigen Parametrisierung formuliert werden. Der zweifellos wichtigste Anwendungsfall ist die räumliche Beschreibung (Euler-Beschreibung), in der für alle Zeiten auf eine Bogenlängenparametrisierung transformiert wird.

Parametrisierungen Geeignete zeitabhängige Umparametrisierungen kann man mit bijektiven Abbildungen

$$\phi(\cdot, t) : (s_a, s_b) \to \big(\varphi_a(t), \varphi_b(t)\big), \qquad s \mapsto \phi(s, t)$$

einführen. Zur Definition des Transformationsverhaltens der verschiedenen Felder der Cosserat-Rod-Theorie führen wir den Begriff der Typ-n-Größe ein. Eine Typ-n-Größe, $n \in \mathbb{Z}$, wird folgendermaßen transformiert

$$j^n(s,t)\tilde{f}\big(\phi(s,t),t\big) = f(s,t), \quad j = \partial_s \phi.$$

Dabei kennzeichnet $f(s,t)$ eine Typ-n-Größe in der materiellen Parametrisierung (Lagrange-Beschreibung) und $\tilde{f}(\varphi,t)$ das zugehörige Feld in der neuen Parametrisierung. Für die verschiedenen Felder unserer Theorie legen wir fest: $\mathbf{r}$, $\mathbf{d}_i$, $\mathbf{v}$, $\boldsymbol{\omega}$, $\mathbf{n}$, $\mathbf{m}$ werden als Typ-0-Größen $\boldsymbol{\tau}$, $\boldsymbol{\kappa}$, $\mathbf{k}$, $\mathbf{l}$, (ρA), $\mathbf{h}$ als Typ-1-Größen behandelt. Durch diese Festlegung behalten die verschiedenen Größen unter der Transformation ihren physikalischen Charakter und definitorische Zusammenhänge (punktbezogene Observablen, Dichten, Ableitungen etc.) bei. Zeitunabhängige Umparametrisierungen belassen den materiellen Charakter der Parametrisierung und ändern nichts an der Form der Grundgleichungen. Dagegen bringen zeitabhängige Umparametrisierungen konvektive Terme ins Spiel. Diese haben ihren Ursprung in der skalaren Geschwindigkeit $u(\varphi,t)$ (Konvektionsgeschwindigkeit), die durch

$$\partial_t \phi(s,t) = u\big(\phi(s,t),t\big)$$

definiert ist. Für Typ-n-Größen gilt aufgrund dieser Definition

$$\partial_t f(s,t) = j^n(s,t)\,(\partial_t \tilde{f} + n\partial_\varphi u \tilde{f} + u\partial_\varphi \tilde{f})\big(\phi(s,t),t\big).$$

Die Anwendung dieser Regeln führt direkt auf die unten formulierten Grundgleichungen der Cosserat-Rod-Theorie (1) in einer beliebigen Parametrisierung. Die Eignung der gewählten Typisierung aller Größen zeigt sich daran, dass (1) nicht explizit von der gewählten Parametrisierung abhängt, sondern nur von der zugehörigen Konvektionsgeschwindigkeit. Mit den Definitionen von u und j gilt

$$\partial_\varphi u\big(\phi(s,t),t\big) = \frac{\partial_t j}{j}(s,t).$$

Ein Vorzeichenwechsel von j kennzeichnet eine Umorientierung in der Parametrisierung. Ohne größere Einschränkungen legen wir uns hier auf $j > 0$ fest.

Jede Parametrisierung verlangt letztlich die Festlegung der Konvektion u. Diese Festlegung kann direkt oder indirekt erfolgen. Der einfachste Fall $u = 0$ entspricht unserem Ausgangspunkt der Lagrange-Beschreibung bzw. einer von der Zeit unabhängigen und damit immer noch materiellen Umparametrisierung. Ein anderer ausgezeichneter Fall, die Euler-Beschreibung, ergibt sich durch die Forderung nach Bogenlängenparametrisierung

$$\|\tilde{\boldsymbol{\tau}}\| = 1.$$

Nimmt man diese Forderung zu den Bilanzgleichungen hinzu, so wird die Konvektionsgeschwindigkeit u indirekt als Lagrange-Parameter zum Constraint $\|\tilde{\boldsymbol{\tau}}\| = 1$ bestimmt. Wir behandeln das Verzerrungsmaß $e = \|\boldsymbol{\tau}\|$ konsistenterweise ebenso wie $\boldsymbol{\tau}$ als Typ-1-Größe, daher gilt für den Übergang zur Euler-Beschreibung $\tilde{e} = 1$ und $e = j$. Ferner ist $\partial_t \phi(s,t) = u(\phi(s,t),t)$ die Rate mit der sich die Bogenlänge $\phi(s,t)$ des materiellen Punktes s ändert und $\partial_\varphi u(\phi(s,t),t) = \partial_t e/e(s,t)$ die zugehörige relative Dehnungsrate.

Grundgleichungen Mit dem oben eingeführten Formalismus folgen die Bilanzgleichungen in einer beliebigen Parametrisierung. Um die Schreibweisen nicht zu überfrachten, befreien wir die Felder von der Kennzeichnung mit ˜ und wählen auch im allgemeinen Fall s anstelle von φ als Parameter.

Kinematische und dynamische Grundgleichungen der Cosserat-Rod-Theorie

$$\begin{aligned}
\partial_t \mathbf{r} &= \mathbf{v} - u\boldsymbol{\tau} \\
\partial_t \mathbf{d}_\alpha &= (\boldsymbol{\omega} - u\boldsymbol{\kappa}) \times \mathbf{d}_\alpha \\
\partial_s \mathbf{r} &= \boldsymbol{\tau} \\
\partial_s \mathbf{d}_\alpha &= \boldsymbol{\kappa} \times \mathbf{d}_\alpha \\
\partial_t(\rho A) + \partial_s\big(u(\rho A)\big) &= 0 \\
\partial_t\big((\rho A)\mathbf{v}\big) + \partial_s\big(u(\rho A)\mathbf{v}\big) &= \partial_s \mathbf{n} + \mathbf{k} \\
\partial_t \mathbf{h} + \partial_s(u\mathbf{h}) &= \partial_s \mathbf{m} + \boldsymbol{\tau} \times \mathbf{n} + \mathbf{l}.
\end{aligned} \tag{1}$$

Die Gleichungen für $\partial_t \mathbf{r}$ und $\partial_t \mathbf{d}_\alpha$ bzw. $\partial_s \mathbf{r}$ und $\partial_s \mathbf{d}_\alpha$ können durch die Kompatibilitätsrelationen

$$\partial_t \boldsymbol{\tau} + \partial_s(u\boldsymbol{\tau}) = \partial_s \mathbf{v}, \qquad \partial_t \boldsymbol{\kappa} + \partial_s(u\boldsymbol{\kappa}) = \partial_s \boldsymbol{\omega} + \boldsymbol{\omega} \times \boldsymbol{\kappa}$$

ersetzt werden. Wie gesagt, ist die Konvektionsgeschwindigkeit u ein skalarer Freiheitsgrad in (1), der durch eine zusätzliche Bedingung festzulegen ist. In der Lagrange-Beschreibung lautet diese $u = 0$. Die Kontinuitätsgleichung $\partial_t(\rho A) + \partial_s(u(\rho A)) = 0$ degeneriert dann zur zeitlichen Konstanz von (ρA) und wird daher für gewöhnlich nicht als Bilanzgleichung mitgeführt. Im Fall der Euler-Beschreibung ist die Konvektionsgeschwindigkeit u eine Variable des Systems und im Sinne eines Lagrange-Parameters durch die zusätzlichen Forderung $\|\boldsymbol{\tau}\| = 1$ der Bogenlängenparametrisierung bestimmt. Sofern nichts anderes festgelegt wird, bewegen wir uns nachfolgend in der Lagrange-Beschreibung.

4.2 Geometrie- und Materialmodellierung

Mit den bisherigen Betrachtungen ist der allgemeine Rahmen der Cosserat-Rod-Theorie geschaffen. Zwei wichtige Elemente zur Vervollständigung der Theorie sind die Modellierung von Geometrie- und Materialeigenschaften. Diese beiden Schritte liefern einerseits den Drehimpuls in Abhängigkeit von der Winkelgeschwindigkeit und andererseits die auftretenden inneren Spannungskräfte und Momente in Abhängigkeit von den fundamentalen

Verzerrungsvariablen. An die Stelle von Materialgesetzen treten häufig geometrische Einschränkungen an die Dynamik, die zumeist steifes Materialverhalten, z. B. Dehnungsfreiheit, abbilden.

4.2.1 Geometrische Modellierung

Bei der Modellierung des Drehimpulses **h** in Abhängigkeit von der Winkelgeschwindigkeit $\boldsymbol{\omega}$ spielt der Trägheitstensor $(\rho\mathbf{J})$ (kg m) eine zentrale Rolle. Er hängt im Gegensatz zu der im Umfeld der dynamischen Gleichungen bereits diskutierten Liniendichte selbst in der Lagrange-Beschreibung über die Dynamik der Direktoren auch von der Zeit ab,

$$(\rho\mathbf{J})(s,t) = (\rho J)_{ij}(s)\mathbf{d}_i(s,t) \otimes \mathbf{d}_j(s,t).$$

In Analogie zu der für Vektoren eingeführten Schreibweise bezeichnet $(\rho\mathsf{J})$ die aus den Komponenten $(\rho J)_{ij}$ gebildete symmetrische 3×3-Matrix. Diese ergibt sich bei Einbettung in eine 3D-Theorie aus den Flächenträgheitsmomenten $(\rho J)^{\times}_{\alpha\beta}$ des Referenzzustands

$$(\rho\mathsf{J}) = \begin{pmatrix} (\rho J)^{\times}_{22} & -(\rho J)^{\times}_{12} & 0 \\ -(\rho J)^{\times}_{12} & (\rho J)^{\times}_{11} & 0 \\ 0 & 0 & (\rho J)^{\times}_{11} + (\rho J)^{\times}_{22} \end{pmatrix}$$

und hängt also als referentielle Größe nicht von der Zeit ab.

Für einen kreisförmigen Querschnitt ist $(\rho\mathsf{J})$ durch das polare Flächenträgheitsmoment (ρI) festgelegt,

$$(\rho\mathsf{J}) = (\rho I)\mathrm{diag}(1,1,2).$$

Sofern dieser Querschnitt mit referentieller Fläche A° eine homogene referentielle Massenverteilung der Dichte ρ° aufweist, gilt

$$(\rho A) = \rho^\circ A^\circ, \qquad (\rho I) = \frac{1}{4\pi}\rho^\circ A^{\circ 2}. \tag{2}$$

Im Allgemeinen ist aber ebenso wie im Fall der Liniendichte (ρA) die Matrix $(\rho\mathsf{J})$ nur als Symbol für eine Größe und nicht als Produkt zu verstehen. Die Beziehungen (2) sind zunächst an die materielle Beschreibung gebunden, da wir bislang keine Typisierung der neuen Größen festgelegt haben.

Trägheitsfreies Geometriemodell Das einfachste geometrische Modell besteht in der Vernachlässigung sämtlicher Trägheitsterme in der Drehimpulsbilanz, d. h.

$$\mathbf{h} = \mathbf{0}.$$

Mit diesem Ansatz entartet die Drehimpulsbilanz in (1) zu einer quasi-stationären Gleichung und kann insbesondere dazu genutzt werden, explizite Ausdrücke für den nichttangentialen Anteil der Spannung zu berechnen.

Geometrisches Standardmodell Nachfolgend bezeichnen wir die unmittelbar durch $(\rho\mathbf{J})$ gegebene lineare Abhängigkeit des Drehimpulses von der Winkelgeschwindigkeit

$$\mathbf{h} = (\rho\mathbf{J}) \cdot \boldsymbol{\omega}$$

als geometrisches Standardmodell. Diesem liegt die geometrische Vorstellung zugrunde, dass die Querschnitte des Rods in ihrer Form und Ausdehnung in der gesamten Dynamik unverändert bleiben. Die Bezeichnung als Standard geht auf die Verwendung des Modells im Umfeld elastischer Materialien zurück, die den ursprünglichen Anwendungsbereich der Cosserat-Rod-Theorie darstellen [31, 33]. Beim Übergang zu einer beliebigen Parametrisierung, fordern wir, dass die obige Beziehung, die das Standardmodell ausmacht, fortbesteht. Dies erzwingt die Matrix $(\rho\mathsf{J})$ als Typ-1-Größe zu behandeln, so dass ihrer Zeitunabhängigkeit in Lagrange-Beschreibung eine zusätzliche Bilanzgleichung

$$\partial_t(\rho\mathsf{J}) + \partial_s\big(u(\rho\mathsf{J})\big) = 0$$

in einer allgemeinen Beschreibung entspricht.

Diese allgemeine Betrachtung macht nur Gebrauch von $(\rho\mathsf{J})$ und vermeidet zunächst jede tiefere geometrische Diskussion. Für die weitergehende Modellierung von äußeren Kräften, Materialien und Temperatureffekten ist es aber nützlich die Dichte ρ $(\mathrm{kg/m^3})$ und die Querschnittsfläche A als weitere Typ-0-Größen einzuführen. Man beachte, dass wir sorgfältig und abhängig vom Geometriemodell zwischen diesen Größen und ihren referentiellen Entsprechungen ρ° und A° unterscheiden. Für das Standardmodell betrachten wir einen Rod mit homogenen kreisförmigen Querschnitten der Dichte $\rho = \rho^\circ/\tau_3$ und Querschnittsfläche $A = A^\circ$, so dass aus (2) mit $\tau_3 = \boldsymbol{\tau} \cdot \mathbf{d}_3$ folgt

$$(\rho A) = \tau_3 \rho A, \qquad (\rho I) = \frac{1}{4\pi}\tau_3 \rho A^2. \tag{3}$$

Diese Beziehungen sind aufgrund der angegebenen Typisierung forminvariant gegen Umparametrisierung. In Lagrange-Beschreibung folgt aus der Zeitunabhängigkeit von (ρA) und (ρI)

$$\partial_t(\tau_3\rho) = 0, \qquad \partial_t A = 0$$

und damit in einer beliebigen Parametrisierung

$$\partial_t(\tau_3\rho) + \partial_s(u\tau_3\rho) = 0, \qquad \partial_t A + u\partial_s A = 0. \tag{4}$$

Mit diesen Überlegungen kann man unter der Annahme homogener kreisförmiger Querschnitte für das Standardmodell in einer beliebigen Parametrisierung die Beziehung (3) definitorisch verwenden, um (ρA) und (ρI) durch ρ und A zu ersetzen. An die Stelle der zugehörigen Bilanzen für (ρA) und (ρJ) bzw. (ρI) tritt dann (4). Alternativ kann man (ρA) und (ρI) als Grundgrößen beibehalten und (3) nutzen, um ρ und A zu berechnen

$$\rho = \frac{1}{4\pi} \frac{(\rho A)^2}{\tau_3 (\rho I)}, \qquad A = 4\pi \frac{(\rho I)}{(\rho A)}.$$

Inkompressibles Geometriemodell Der ebenfalls in $\boldsymbol{\omega}$ lineare, aber mit τ_3 skalierte Ansatz

$$\mathbf{h} = \frac{1}{\boldsymbol{\tau} \cdot \mathbf{d}_3} (\rho \mathbf{J}) \cdot \boldsymbol{\omega}$$

berücksichtigt im Gegensatz zum geometrischen Standardmodell Veränderungen in der Ausdehnung der Querschnitte, die bei einem inkompressiblen Materialverhalten unabänderlich sind. Auch dieses Modell geht von der Vorstellung aus, dass die Form der Querschnitte bei der Deformation des Rods unverändert bleibt [1]. Wie im Fall des Standardmodells fordern wir beim Übergang zu einer anderen Parametrisierung, speziell zur Euler-Beschreibung, dass die obige charakteristische Beziehung invariant gegen die Umparametrisierung fortbesteht. Dies erzwingt hier, die Matrix $(\rho \mathsf{J})$ im Unterschied zum Standardmodell als Typ-2-Größe zu behandeln, so dass ihrer Zeitunabhängigkeit in Lagrange-Beschreibung in einer allgemeinen Beschreibung die zusätzliche Bilanzgleichung

$$\partial_t (\rho \mathsf{J}) + \partial_s \big(u(\rho \mathsf{J})\big) = -(\rho \mathsf{J}) \partial_s u$$

entspricht. An dieser Stelle wird deutlich, dass die Typisierung der Größen letztlich zwar physikalisch motiviert, aber dennoch definitorisch ist.

Um auch für das inkompressible Modell den Zusammenhang zu den zusätzlich eingeführten Größen ρ und A zu klären, betrachten wir erneut einen Rod mit homogenen kreisförmigen Querschnitten, jetzt aber aufgrund der Inkompressibilität mit Dichte $\rho = \rho^\circ$ und Querschnittsfläche $A = A^\circ / \tau_3$. Es folgt forminvariant gegen Umparametrisierung

$$(\rho A) = \tau_3 \rho A, \qquad (\rho I) = \frac{1}{4\pi} \tau_3^2 \rho A^2$$

und in Umkehrung

$$\rho = \frac{1}{4\pi} \frac{(\rho A)^2}{(\rho I)}, \quad A = 4\pi \frac{(\rho I)}{\tau_3 (\rho A)}.$$

Will man im inkompressiblen Modell (ρA) und (ρI) durch ρ und A ersetzen, so lauten die Ersatzbilanzen

$$\partial_t \rho + u\partial_s \rho = 0, \qquad \partial_t(\tau_3 A) + \partial_s(u\tau_3 A) = 0. \tag{5}$$

4.2.2 Zwangsbedingungen und Materialgesetze

Materialgesetze beschreiben in der Cosserat-Rod-Theorie die Abhängigkeit der inneren Spannungskräfte n und Momente m von den fundamentalen Verzerrungsvariablen τ und κ. Sie werden – wie durch die Tupelschreibweise angedeutet – in der Direktorenbasis formuliert, um Objektivität (Invarianz gegen Starrkörperbewegungen) sicherzustellen. Mit Blick auf die nachfolgend betrachteten Anwendungen beschränken wir uns hier auf linear–elastische und viskose Materialgesetze. Steifes Materialverhalten wird dabei durch geometrische Forderungen an die Dynamik, d. h. durch Formulierung geeigneter Zwangsbedingungen (Constraints), behandelt. Dies reduziert die Anzahl der zu formulierenden Materialgesetze. Das für die Praxis wichtigste Beispiel ist der Kirchhoff-Constraint, den wir in seiner klassischen und in einer verallgemeinerten Variante diskutieren.

Klassische Variante des Kirchhoff-Constraints Die Forderung nach einem dehnungs- und scherungsfreien Rod

$$\boldsymbol{\tau} = \mathbf{d}_3,$$

also in Direktorenbasis $\tau = \mathsf{e}_3$, bezeichnet man als Kirchhoff-Constraint [31]. Durch Fixierung der Dehnungen und Scherungen werden sämtliche Spannungen $\mathsf{n} = (n_1, n_2, n_3)$ Lagrange-Parameter zum Constraint, d. h. zu Variablen der Theorie, und es verbleibt nur die Formulierung eines Materialgesetzes für die Momente $\mathsf{m} = (m_1, m_2, m_3)$. Der klassische Kirchhoff-Constraint hat seine größte Bedeutung im Umfeld elastischer Materialien. Er ist nicht forminvariant gegen Umparametrisierungen ($\boldsymbol{\tau}$ ist eine Typ-1-Größe und $\mathbf{d}_3$ eine Typ-0-Größe). Modelle mit klassischem Kirchhoff-Constraint werden daher stets nur in Lagrange-Beschreibung behandelt. Da der Constraint die Bogenlängenparametrisierung sicher stellt, ist dies mit Blick auf die Euler-Beschreibung keine praktisch relevante Einschränkung.

Verallgemeinerte Variante des Kirchhoff-Constraints Für viskoses und viskoelastisches Materialverhalten spielen Scherungen ebenfalls häufig eine untergeordnete Rolle, nicht zu vernachlässigen sind aber Dehnungen. Dieser Situation begegnet man durch eine Verallgemeinerung des Kirchhoff-Constraints

$$\boldsymbol{\tau} = e\,\mathbf{d}_3$$

bzw. $\tau = e\mathsf{e}_3$ in der Direktorenbasis. Mit dieser abgeschwächten Forderung werden die normalen Spannungskomponenten n_1 und n_2 als Lagrange-Parameter zum Constraint zu Variablen der Theorie, und es verbleibt die Aufgabe Materialgesetze für die tangentiale

Spannung n_3 und für die Momente m zu formulieren. Der verallgemeinerte Kirchhoff-Constraint ist forminvariant gegen Umparametrisierung.

Elastische Filamente – Bernoulli–Euler Unter den zahlreichen elastischen Varianten der Cosserat-Rod-Theorie dominiert die Filamentanwendungen das Bernoulli–Euler-Modell, bei dem ein Rod mit trägheitsfreiem Geometriemodell betrachtet wird. Das Materialmodell in Lagrange-Beschreibung besteht aus der Kombination des klassischen Kirchhoff-Constraints und einer linearen Moment–Krümmungs-Relation

$$\tau = \mathsf{e}_3, \qquad \mathsf{m} = (EI)\mathrm{diag}\big(1, 1, 1/(1+\nu)\big) \cdot \kappa.$$

Dabei ist ν die Querkontraktionszahl und (EI) $(\mathrm{N\,m^2})$ die Biegesteifigkeit des Rods.

Den Bemerkungen zum klassischen Kirchhoff-Constraint folgend, formulieren wir das Modell nur in Lagrange-Beschreibung. In der Direktorenbasis erhalten wir

$$\begin{aligned} &\mathsf{D} \cdot \partial_t \bar{\mathsf{r}} = \mathsf{v}, \qquad \partial_t \mathsf{D} = -\omega \times \mathsf{D}, \qquad \mathsf{D} \cdot \partial_s \bar{\mathsf{r}} = \mathsf{e}_3, \qquad \partial_s \mathsf{D} = -\kappa \times \mathsf{D} \\ &(\rho A)\partial_t \mathsf{v} = \partial_s \mathsf{n} + \kappa \times \mathsf{n} + \mathsf{D} \cdot \bar{\mathsf{k}} + (\rho A)\mathsf{v} \times \omega, \qquad 0 = \partial_s \mathsf{m} + \kappa \times \mathsf{m} + \mathsf{e}_3 \times \mathsf{n} \end{aligned} \tag{6}$$

(siehe auch [31, 33]). Alternativ zum trägheitsfreien Geometriemodell wird auch das Standardmodell für den Drehimpuls benutzt. Jedoch gestattet die entartete Drehimpulsbilanz in (6) im Zusammenspiel mit dem einfachen linearen Materialmodell durch einige algebraische Umformungen eine radikale Vereinfachung des Modells, bei der sich das Torsionsmodul $M = m_3$ als konstant erweist und $N = n_3 - (EI)\|\partial_{ss}\mathbf{r}\|^2$ die tangentiale Spannung n_3 als Variable ersetzt [11].

Elastisches Bernoulli–Euler-Modell, Kirchhoff-Rod

$$(\rho A)\partial_{tt}\mathbf{r} = \partial_s(N\partial_s\mathbf{r}) - \partial_{ss}\big((EI)\partial_{ss}\mathbf{r}\big) + M\partial_s\mathbf{r} \times \partial_{sss}\mathbf{r} + \mathbf{k}, \qquad \|\partial_s\mathbf{r}\| = 1. \tag{7}$$

Es handelt sich um ein wellengleichungsartiges System mit einer über die Biegesteifigkeit gesteuerten elliptischen Regularisierung sowie dem Constraint zur Längentreue mit N als zugehörigem Lagrange-Parameter. Sofern ein Filamentende spannungsfrei ist, gilt $M = 0$ und die Torsionsanteile in der Impulsbilanz verschwinden vollständig. Die vereinfachte Formulierung (7) bildet den Kern des ITWM-Softwaretools FIDYST (Fiber Dynamics Simulation Tool) zur Simulation ausgehärteter Filamente.

Anmerkung 1 (Elastische Rods) Die elastischen Cosserat-Rods bilden ein sehr altes, äußerst umfangreiches, aber immer noch aktuelles Forschungsfeld. Wir benennen hier nur einige für uns wichtige Eckpunkte und verweisen ansonsten auf die dort zu findende Literatur. Die Grundlagen der skizzierten Theorie gehen u.a. auf Bernoulli, Kirchhoff [71], die Brüder Cosserat [40] und Love [77] zurück. Aus heutiger Sicht erhält man durch [95] und

[31] einen umfassenden Überblick. Für analytische Aspekte wie Lösungstheorie und Stabilität seien stellvertretend [79, 80, 110] genannt. Für die Grundlagen Lagrange-basierter Diskretisierungsstrategien (geometrisch exakter Ansatz, diskrete Differentialgeometrie) verweisen wir auf [100, 101], neueren Datums auf [69] und für Aspekte der Computergraphik auf [33]. Von besonderem Interesse für das Ablageverhalten von Filamenten ist [81].

Viskose Filamente – Ribe Von Ribe stammt ein Vorschlag zur Modellierung viskoser Jets auf Basis der Cosserat-Rod-Theorie. Dieser wurde zunächst stationär formuliert [92] und später instationär verallgemeinert [93]. In der eingeführten Klassifizierung ist das Modell von Ribe ein Cosserat-Rod mit inkompressiblem Geometriemodell für homogene kreisförmige Querschnitte der Dichte ρ. Das Materialmodell basiert auf einem verallgemeinerten Kirchhoff-Constraint mit Angabe der tangentialen Spannungen n_3 und der Momente m. Es lautet in Lagrange-Beschreibung [1]

$$\tau = e\mathsf{e}_3, \qquad n_3 = 3\mu \frac{A}{e}\partial_t e, \qquad \mathsf{m} = \frac{3\mu}{4\pi}\frac{A^2}{e}\mathrm{diag}(1,1,2/3)\cdot\partial_t\kappa,$$

wobei μ (Pa s) die dynamische Viskosität des Jets bezeichnet. Man beachte, dass die formulierten Materialgesetze forminvariant gegen Umparametrisierung sind. Dies gestattet uns, das komplette Cosserat-Rod-Modell für viskose Jets in einer allgemeinen Beschreibung unter Verwendung der Direktorenbasis zu formulieren.

Viskoses Rod-Modell

$$\begin{aligned}
\mathsf{D}\cdot\partial_t\bar{\mathsf{r}} &= \mathsf{v} - ue\mathsf{e}_3\\
\partial_t\mathsf{D} &= -(\omega - u\kappa)\times\mathsf{D}\\
\mathsf{D}\cdot\partial_s\bar{\mathsf{r}} &= e\mathsf{e}_3\\
\partial_s\mathsf{D} &= -\kappa\times\mathsf{D}\\
\partial_t(eA) + \partial_s(ueA) &= 0\\
\partial_t(eA\mathsf{v}) + \partial_s(ueA\mathsf{v}) &= \frac{1}{\rho}(\partial_s\mathsf{n} + \kappa\times\mathsf{n} + \mathsf{D}\cdot\bar{\mathsf{k}}) + eA\mathsf{v}\times\omega\\
\mathsf{P}_2\cdot\left(\partial_t\left(eA^2\omega\right) + \partial_s\left(ueA^2\omega\right)\right) &= \frac{4\pi}{\rho}(\partial_s\mathsf{m} + \kappa\times\mathsf{m} + e\mathsf{e}_3\times\mathsf{n}) + eA^2(\mathsf{P}_2\cdot\omega)\times\omega\\
\partial_t e + \partial_s(ue) &= \frac{1}{3\mu}\frac{e}{A}\mathsf{n}\cdot\mathsf{e}_3\\
\partial_t\kappa + \partial_s(u\kappa) &= \frac{4\pi}{3\mu}\frac{e}{A^2}\mathsf{P}_{3/2}\cdot\mathsf{m}.
\end{aligned} \tag{8}$$

Dabei ist $\mathsf{P}_c = \mathrm{diag}(1,1,c)$ für $c \in \mathbb{R}$. Das Modell wird durch eine zusätzliche Gleichung zur Auswahl der Beschreibung abgeschlossen, also beispielsweise $u = 0$ für die Lagrange-Beschreibung und $e = 1$ für die Euler-Beschreibung. Sofern die referentielle

Dichte nicht konstant ist, muss eine Konvektionsgleichung für ρ ergänzt werden, siehe (5). Das System (8) hat einen hyperbolischen Charakter mit zusätzlichen gewöhnlichen Differentialgleichungen für Kurve und Drehgruppe anstelle von Evolutionsgleichungen für n und m. Die Verwendung der Kompatibilitätsrelationen

$$\partial_t e \mathsf{e}_3 + \partial_s (ue) \mathsf{e}_3 = \partial_s \mathsf{v} + \kappa \times \mathsf{v} + e \mathsf{e}_3 \times \omega, \qquad \partial_t \kappa + \partial_s (u\kappa) = \partial_s \omega + \kappa \times \omega$$

ermöglicht aufgrund ihrer strukturellen Nähe zu den Materialgesetzen diverse Umformulierungen von (8). Das vorgestellte Modell bildet in den Anwendungen die Grundlage zur Beschreibung von Spinnprozessen.

Anmerkung 2 (Slender-Body-Asymptotik) Die Cosserat-Rod-Modelle ergeben sich nicht – wie man vielleicht vermuten könnte – als asymptotische Limiten $\varepsilon \to 0$ der 3D-Kontinuumsmechanik für den Slenderness-Parameter ε (Verhältnis von typischer Dicke zu Länge eines Filaments). In solchen Limiten erhält man stattdessen String-Modelle, die Drehimpulseffekte vernachlässigen und in der Impulsbilanz nur die tangentialen Spannungskräfte berücksichtigen. Die Cosserat-Rod-Modelle enthalten zusätzlich über die Drehimpulsbilanz Terme der Ordnung ε^2. Wie am Beispiel des elastischen Kirchhoff-Rods (7) vorgeführt, können für trägheitsfreie Geometriemodelle die verbleibenden Drehimpulseffekte in die Impulsbilanz integriert werden. Wir sprechen dann von verallgemeinerten Strings. Insbesondere für den viskosen Fall gibt es ausgehend von freien Randwertproblemen asymptotisch strikte Herleitungen von String-Modellen, siehe z. B. für uniaxiale Jets basierend auf Stokes-Gleichungen [44] und auf Navier–Stokes-Gleichungen [68]. Gekrümmte Jets werden entsprechend in [18, 20] (Navier–Stokes ohne und mit Oberflächenspannung) behandelt. Die Lösbarkeit dieser String-Modelle bzgl. der zugrundeliegenden Parameter ist durch das Auftreten von Singularitäten eingeschränkt [4, 7, 66]. Durch die vergleichende Betrachtung des zugehörigen global verwendbaren Rod-Modells als Regularisierung des Strings konnten wir diese Problematik vollständig analysieren [4]. Auch der viskose Rod kann mit einem trägheitsfreien Geometriemodell in einen verallgemeinerten String überführt werden. Die Struktur der Gleichungen bleibt aber im Vergleich zum elastischen Fall komplex [2, 32].

Anmerkung 3 (Viskose und visko-elastische Strings und Rods) Grundlagenarbeiten zu viskosen Filamenten sind [87] für Strings und [50, 92, 111] für Rods im Sinne von Anmerkung 2. Es gibt viele verschiedene theoretische und numerische Untersuchungen, so dass die nachfolgend genannten Beiträge auch hier nur exemplarisch und weiterführend zu verstehen sind. Zum Spinnen siehe [42, 44, 86, 109], für Abrisse und Tropfen [47, 48, 68, 102], für Ablage hochviskoser Filamente [39, 92–94] sowie für Instabilitäten [55, 58, 84, 98, 99, 112]. Die Dynamik nicht-Newtonscher und visko-elastischer Strings sowie Kristallisationsaspekte sind Thema in [14, 23, 36, 52, 53, 62, 91].

4.2.3 Energiebilanz

Bis zu diesem Punkt haben wir die klassische Cosserat-Rod-Theorie dargelegt, in der nur Masse, Impuls und Drehimpuls bilanziert und folglich thermische Effekte zunächst ausgeblendet werden. Insbesondere in der Abkühlungsphase von Spinnprozessen spielt aber der Temperaturverlauf T (K) eine wichtige Rolle: er entscheidet über das adäquate rheologische Modell; Materialkoeffizienten wie die Viskosität oder die Biegesteifigkeit sind dabei Funktionen der Temperatur. In den Anwendungen ist daher häufig eine begleitende Energiebilanz einzubeziehen, die ähnlich zur 3D-Thermomechanik auf verschiedenen Grundgrößen (innere Energie, Enthalpie, Entropie) aufgebaut werden kann. Wir betrachten im Rahmen dieses Beitrags die spezifische Enthalpie h ($\mathrm{m}^2/\mathrm{s}^2$) als Funktion der Temperatur T. Die zugehörige Ableitung $c_p = \partial_T h$ (J/(kg K)) ist die spezifischen Wärmekapazität des Filamentmaterials. h, T und c_p werden als Typ-0-Größen eingeführt. Die Linienenthalpiedichte $(\rho A)h$ (J/m) ist in dieser Betrachtung als Typ-1-Größe die eigentliche energetische Bilanzgröße. Unter Ausnutzung der Definition von c_p und der Erhaltungsgleichung für (ρA) lautet die allgemeine Form der Energiebilanz:

Energiebilanz

$$c_p\big(\partial_t\big((\rho A)T\big) + \partial_s\big(u(\rho A)T\big)\big) = q.$$

Über den Quellterm q (W/m) können sowohl Wärmeleitung entlang des Filaments als auch verschiedene Aufheizungs- und Abkühlungseffekte einbezogen werden. Wir beschränken uns hier auf den Wärmeaustausch mit einer umgebenden Luftströmung der Temperatur T_a, der mit Hilfe eines Wärmeübergangskoeffizienten α ($\mathrm{W}/(\mathrm{m}^2\,\mathrm{K})$) beschrieben wird. Der Wärmeaustausch erfolgt über den Umfang πd mit Durchmesser $d = (2/\sqrt{\pi})\sqrt{A}$ des Filaments der Querschnittsfläche A, so dass für diesen Typ von Modellen ein Geometriemodell benötigt wird, das über (ρA) hinausgehend die Dichte ρ und die Querschnittsfläche A im Sinne von (4) bzw. (5) bestimmt. Die Energiebilanz für das viskosen Rod-Modell (8) mit inkompressiblen Geometriemodell und verallgemeinerten Kirchhoff-Constraint $\tau_3 = e$ lautet in diesem Sinne

Konvektive Luftkühlung eines viskosen Rods

$$c_p\rho\big(\partial_t(eAT) + \partial_s(ueAT)\big) = q, \quad q = -e\pi d\alpha(T - T_a). \tag{9}$$

4.3 Filamente in Luftströmungen

Die anvisierten Anwendungen sind durch Wechselwirkungen zwischen Filamenten und Luftströmungen geprägt. Dies gilt sowohl für die Spinn- und Abkühlphase als auch für die turbulente Verwirbelungsphase. Die geometrische Rekonstruktion der Cosserat-Rods in einer 3D-Strömung ist ein möglicher Weg, führt aber zu aufwendigen Interface-Problemen. Wir konstruieren daher vereinfachte Modelle für die Linienkraftdichte $\mathbf{k}$ und die Wärmequelle q in Abhängigkeit der relevanten Filamentgrößen Ψ und der strömungsdynamischen Felder Ψ_a:

$$\Psi = (\mathbf{r}, \mathbf{v}, \boldsymbol{\tau}, d), \qquad \Psi_a = (\mathbf{u}_a, T_a, \rho_a, \nu_a, \lambda_a, c_{p,a}, k_a, \varepsilon_a).$$

Dabei resultieren die Strömungsgeschwindigkeit $\mathbf{u}_a$, die Temperatur T_a (K), die Dichte ρ_a (kg/m^3), die kinematische Viskosität ν_a (m^2/s), die Wärmeleitfähigkeit λ_a (W/(m K)) und die spezifische Wärmekapazität $c_{p,a}$ (J/(kg K)) der Luft aus Simulationen der Navier–Stokes-Gleichungen (NSE). Sofern Turbulenzeffekte zu berücksichtigen sind, verwenden wir die Reynolds-gemittelten Navier–Stokes-Gleichungen (RANS) mit statistischem k–ε-Turbulenzmodell [51], da diese in den komplexen Maschinengeometrien der Anwendungen nach wie vor den industriellen Standard bilden. Hier ist k_a (m^2/s^2) die turbulente kinetische Energie und ε_a (m^2/s^3) die Dissipationsrate. Die Alternative einer auf Large-Eddy-Simulationen (LES) basierten Beschreibung ist bislang nicht verfolgt. Unser Konzept erlaubt eine einseitige Berücksichtigung der Strömungswirkung auf die Filamente, indem eine unbeladene Strömung zugrundegelegt wird, aber auch die vollständige Kopplung von Filament- und Aerodynamik über zusätzliche Quellterme in den Strömungsgleichungen.

Während der allgemeine Rahmen der Cosserat-Rod-Theorie in Abschn. 4.1 einen axiomatischen Charakter aufweist, bringt bereits die Einbeziehung spezifischer Material- und Geometriemodelle in Abschn. 4.2 phänomenologische Elemente in unsere Betrachtung. Zur skizzierten Einbeziehung der Luftwirkungen bedienen wir uns nun in einer bunten Mischung experimenteller Ergebnisse, Simulationen, Symmetriebetrachtungen und asymptotischer Überlegungen. Eben diese Mischung gestattet die Formulierung eines kompletten, simulativ umsetzbaren Modells und ist ein Charakteristikum von Industriemathematik.

4.3.1 Widerstandsbeiwerte und Wärmeübergangskoeffizient

Zur Beschreibung der Luftwirkung auf die Filamente gilt es in den Grundgleichungen die zugehörige äußere Kraft $\mathbf{k} = \mathbf{k}_{air}$ und den Wärmeübergangskoeffizienten $\alpha = \alpha_{air}$ zu spezifizieren. Beide Modelle basieren auf der Betrachtung einer Zylinderanströmung, die lokal mit den jeweiligen Feldern für Filament $\Psi = \Psi(s,t)$ und Strömung $\Psi_a = \Psi_a(\mathbf{r}(s,t),t)$ ausgewertet wird. Dabei werden normierte Tangente des Filaments und Relativgeschwindigkeit zwischen Strömung und Filament mit Orientierung und Anströmgeschwindigkeit in der idealisierten Zylinderkonfiguration identifiziert.

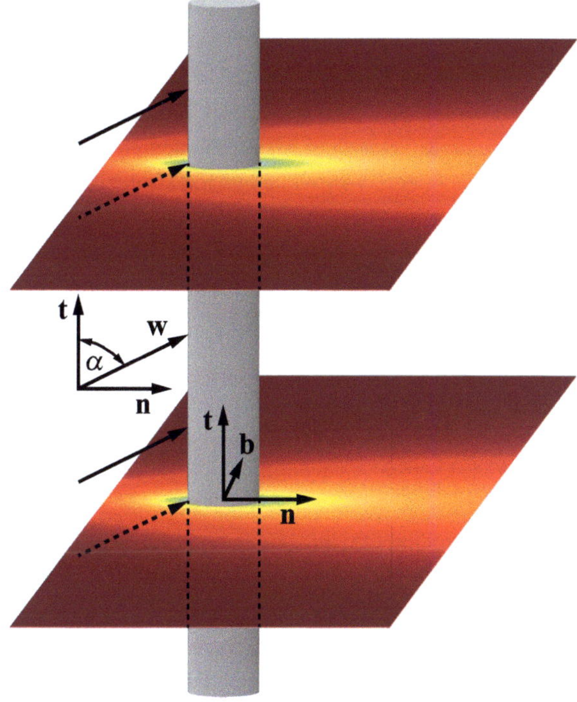

Abb. 2 Zylinderanströmung (Bild: Steffen Grützner, Fraunhofer ITWM)

Modelle für Luftkraft und Wärmeübergang

$$\mathbf{k}_{air}(\Psi, \Psi_a) = e\,\mathbf{f}\left(\frac{\boldsymbol{\tau}}{e}, \mathbf{u}_a - \mathbf{v}, d, \rho_a, \nu_a\right)$$
$$\alpha_{air}(\Psi, \Psi_a) = \frac{\lambda_a}{(\pi/2)\,d} Nu\left(\frac{\boldsymbol{\tau}}{e} \cdot \frac{\mathbf{u}_a - \mathbf{v}}{\|\mathbf{u}_a - \mathbf{v}\|}, \frac{(\pi/2)d}{\nu_a}\|\mathbf{u}_a - \mathbf{v}\|, \frac{\rho_a \nu_a c_{p,a}}{\lambda_a}\right). \quad (10)$$

Die funktionalen Abhängigkeiten für die Linienkraftdichte **f** sowie für die dem Wärmeübergangsmodell zugrundeliegende Nusselt-Zahl Nu werden nachfolgend diskutiert. Zu bemerken ist, dass die Linienkraftdichte im Gegensatz zum auf den Filamentparameter bezogenen $\mathbf{k}_{air}$ längenbezogen ist – was den Vorfaktor e in (10) impliziert.

Widerstandsbeiwerte Wir betrachten die Linienkraftdichte **f**, die eine in Dichte ρ_a und kinematischer Viskosität ν_a homogene, stationäre Luftströmung mit konstanter Anströmgeschwindigkeit im Fernfeld **w** auf einen geraden Zylinder mit Orientierung **t**, $\|\mathbf{t}\| = 1$, und Durchmesser d ausübt (Abb. 2). Ausgehend von einem funktionalen Zusammenhang dieser Größen, erzwingt eine Dimensionsanalyse die Existenz einer dimensionslosen Funktion $\mathbf{f}^\star$, die neben **t** nur noch von der dimensionslosen Geschwindigkeit $\mathbf{w}^\star = d/\nu_a\,\mathbf{w}$ abhängt, so dass gilt

$$\mathbf{f}(\mathbf{t}, \mathbf{w}, d, \rho_a, v_a) = \frac{\rho_a v_a^2}{d} \mathbf{f}^\star\left(\mathbf{t}, \frac{d}{v_a}\mathbf{w}\right).$$

Für eine stationäre Umströmung des Zylinders ist die Linienkraftdichte $\mathbf{f}^\star$ durch normale und tangentiale Widerstandskoeffizienten r_n und r_t bestimmt, die ihrerseits nur von der Normalkomponente von $\mathbf{w}^\star$ abhängen (Independence Principle [67], für einen formalen Beweis siehe z. B. [19])

$$\mathbf{f}^\star\left(\mathbf{t}, \mathbf{w}^\star\right) = r_n(w_n)\,\mathbf{w}_n + r_t(w_n)\,\mathbf{w}_t$$
$$\mathbf{w}_t = \left(\mathbf{w}^\star \cdot \mathbf{t}\right)\mathbf{t}, \quad \mathbf{w}_n = \mathbf{w}^\star - \mathbf{w}_t, \quad w_n = \|\mathbf{w}_n\|.$$

Neben den Widerstandskoeffizienten werden in der Literatur alternativ die Widerstandsbeiwerte r_n/w_n bzw. r_t/w_n diskutiert. Für den normalen Widerstandsbeiwert, also für eine senkrechte Anströmung, gibt es einige analytische Ergebnisse zu Schleichströmungen, siehe [75] für einen unendlich langen Zylinder sowie [35, 41, 70] für endliche langgestreckte Objekte. Bezüglich der zahlreichen numerischen und experimentellen Untersuchungen auch für schnelle Strömungen gewinnt man durch [97, 103, 113] einen Überblick. Unser experimentell validiertes Modell [19] für die normalen und tangentialen Widerstandskoeffizienten $r_n, r_t \in \mathscr{C}^1(\mathbb{R}_0^+)$ setzt sich stückweise aus asymptotischer Oseen-Theorie [106, 107] mit der Hilfsfunktion $S(w_n) = 2{,}00 - \ln w_n$, einer exponentiellen Spline-Approximation eigener numerischer Simulationen und dem heuristischen Taylor-Modell [104] zum Parameter $\gamma = 2$ zusammen, siehe Abb. 3

$$r_n(w_n) = \begin{cases} \sum_{j=0}^3 q_{n,j}\, w_n^j: & w_n < w_0 \\ 4\pi/S\,(1 - \frac{S^2 - S/2 + 5/16}{32S} w_n^2): & w_0 \le w_n < w_1 \\ \exp(\sum_{j=0}^3 p_{n,j} \ln^j w_n) w_n: & w_1 \le w_n < w_2 \\ 2\sqrt{w_n} + 0{,}5 w_n: & w_2 \le w_n \end{cases}$$

$$r_t(w_n) = \begin{cases} \sum_{j=0}^3 q_{t,j}\, w_n^j: & w_n < w_0 \\ 4\pi/(2S - 1)\,(1 - \frac{2S^2 - 2S + 1}{16(2S-1)} w_n^2): & w_0 \le w_n < w_1 \\ \exp(\sum_{j=0}^3 p_{t,j} \ln^j w_n) w_n: & w_1 \le w_n < w_2 \\ \gamma\sqrt{w_n}: & w_2 \le w_n. \end{cases}$$

Das Ergebnis der Oseen-Theorie (Schleichströmung) ist hier auf $w_0 \le w_n$ eingeschränkt, da in der Oseen-Theorie für $w_n \to 0$ beide Widerstandskoeffizienten verschwinden. Dieses bekannte Resultat ist auf die Betrachtung eines unendlich langen Zylinders als umströmtes Objekt zurückzuführen. Um realistische Ergebnisse für endliche Objekte zu erzeugen, wird daher der Bereich $w_n < w_0$ genutzt, um für $w_n \to 0$ glatt gegen eine Stokes-Entwicklung $r_n^S = (4\pi \ln(4/\delta) - \pi)/\ln^2(4/\delta)$ und $r_t^S = (2\pi \ln(4/\delta) + \pi/2)/\ln^2(4/\delta)$ mit Regularisierungsparameter $\delta < 3{,}5 \cdot 10^{-2}$ zu laufen. Die an Messungen und Simulationen angepassten Übergangspunkte des Modells sind $w_0 = 2\,(\exp(2{,}00) - 4\pi/r_n^S)$,

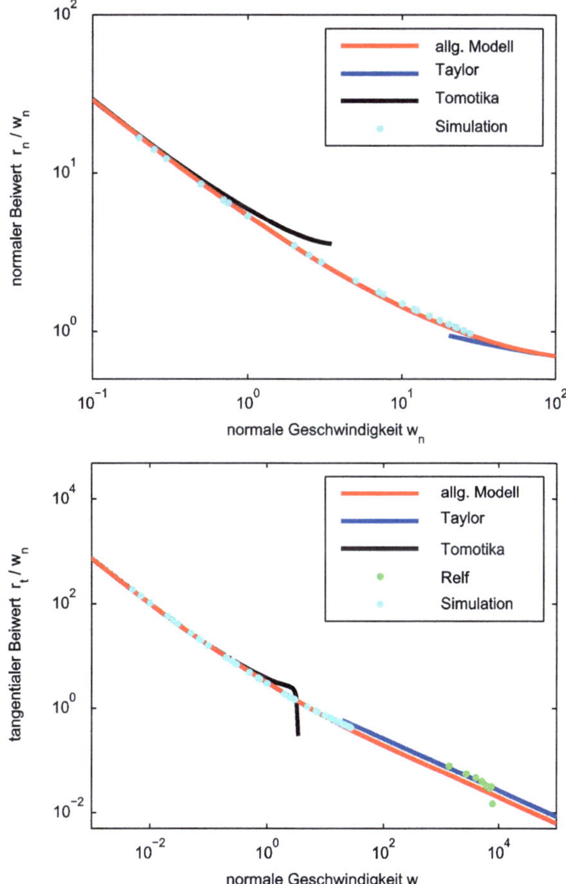

Abb. 3 Modell für Widerstandsbeiwerte mit zugrunde liegenden Literaturdaten (siehe [104] für Taylor, [106, 107] für Tomotika, [97] für Relf)

$w_1 = 0{,}1$, $w_2 = 100$. Die $\mathscr{C}^1$-Glattheit wird für $i = n, t$ durch $q_{i,0} = r_i^S$, $q_{i,1} = 0$, $q_{i,2} = (3r_i(w_0) - w_0 r_i'(w_0) - 3r_i^S)/w_0^2$, $q_{i,3} = (-2r_i(w_0) + w_0 r_i'(w_0) + 2r_i^S)/w_0^3$ sowie $p_{n,0} = 1{,}69$, $p_{n,1} = -6{,}72 \cdot 10^{-1}$, $p_{n,2} = 3{,}33 \cdot 10^{-2}$, $p_{n,3} = 3{,}50 \cdot 10^{-3}$ und $p_{t,0} = 1{,}16$, $p_{t,1} = -6{,}85 \cdot 10^{-1}$, $p_{t,2} = 1{,}49 \cdot 10^{-2}$, $p_{t,3} = 7{,}50 \cdot 10^{-4}$ sichergestellt. Hierbei ist r_i' als rechtsseitiger Grenzwert aus dem Bereich $[w_0, w_1)$ zu verstehen. Der Gültigkeitsbereich des Modells ist auf $w_n < 3 \cdot 10^5$, also auf Werte unterhalb der sogeannten Drag-Crisis [96, 97], begrenzt. Für den Bereich $w_n > 40$ sind aufgrund von Wirbelablösungen keine stationären Strömungen realisierbar. Das Modell ist hier im Sinne zeitlich gemittelter Widerstandskoeffizienten zu verstehen.

Wärmeübergangskoeffizient Für die Nusselt-Zahl Nu verwenden wir ein heuristisch begründetes Modell, das in [108] zunächst für eine senkrechte Zylinderanströmung formuliert und dann auf Basis experimenteller Daten für beliebige Anströmrichtungen modifiziert wurde [3]. Die Nusselt-Zahl hängt in diesem Modell vom Kosinus des Anströmungswinkels $c \in [-1,1]$, der Reynolds-Zahl Re und von der Prandtl-Zahl Pr ab. Als typische Länge ist dabei $(\pi/2)\,d$ gewählt

$$c = \mathbf{t} \cdot \frac{\mathbf{w}}{\|\mathbf{w}\|}, \qquad Re = \frac{(\pi/2)d}{\nu_a}\|\mathbf{w}\|, \qquad Pr = \frac{\rho_a \nu_a c_{p,a}}{\lambda_a}.$$

Analog zum Vorgehen bei den Widerstandsbeiwerten garantiert eine geeignete Regularisierung mit zugehörigem Parameter $\delta_h \ll 1$ den glatten Übergang zum Fall paralleler Anströmung. Das vollständige Modell lautet

$$Nu(c, Re, Pr) = \left(1 - 0{,}5\, h^2(c, Re)\right)\left(0{,}3 + \sqrt{Nu_{lam}^2(Re, Pr) + Nu_{turb}^2(Re, Pr)}\right)$$
$$Nu_{lam}(Re, Pr) = 0{,}664 Re^{1/2} Pr^{3/2}, \qquad Nu_{turb}(Re, Pr) = \frac{0{,}037\, Re^{0{,}9} Pr}{Re^{0{,}1} + 2{,}443(Pr^{2/3} - 1)}$$
$$h(c, Re) = \begin{cases} 1 - Re/\delta_h + cRe/\delta_h: & Re < \delta_h \\ c: & Re \geq \delta_h. \end{cases} \tag{11}$$

4.3.2 Turbulenzwirkung

Turbulente Strömungen zeichnen sich durch ein breites Spektrum von Wirbeln unterschiedlicher Größe aus, deren Auflösung mit Hilfe der direkten numerischen Simulation (DNS) auf moderate Reynolds-Zahlen beschränkt ist. Alternativen bieten Large-Eddy-Simulationen (LES) und statistische Turbulenzmodelle. Während LES turbulente Strukturen unterhalb der Gitterauflösung ausfiltert und ihren Effekt durch eine gitterabhängige Korrektur der Viskosität berücksichtigt, gehen die statistischen Modelle von den Reynolds-gemittelten Navier–Stokes-Gleichungen aus, kennzeichnen die Fluktuationen durch zusätzliche Felder mit zugehörigen Transportgleichungen und führen heuristisch eine von diesen Feldern abhängige turbulente Viskosität ein (Boussinesq-Approximation) [51]. Unsere nachfolgenden Betrachtungen basieren auf dem k–ε-Modell mit turbulenter kinetische Energie k_a und Dissipationsrate ε_a, die bei der Begründung des Modells als von der Geschwindigkeitsfluktuation $\mathbf{u}'$ abhängige Erwartungswerte eingeführt werden

$$k_a = \frac{1}{2}\,\mathbb{E}(\mathbf{u}'^2), \qquad \varepsilon_a = \nu_a\,\mathbb{E}(\nabla\mathbf{u}' : \nabla\mathbf{u}').$$

Turbulenzwirkungen gehen in das Modell des Wärmeübergangskoeffizienten (11) über die turbulente Nusselt-Zahl Nu_{turb} ein, müssen aber für die Luftkräfte detaillierter diskutiert werden. Wir verfolgen die Strategie, die turbulenten Strömungsfluktuationen $\mathbf{u}'$ als Zufallsfeld aus dem k–ε-Modell zu rekonstruieren, im vorgeschlagenen Kraftmodell zu berücksichtigen und ggf. zu einem Weißen Rauschen überzugehen. Ausgangspunkt hierfür bildet eine vollständige quantitative Beschreibung homogener isotroper Turbulenz.

Homogene isotrope Turbulenz Eine homogene isotrope advektionsgetriebene turbulente Strömung ist im Sinne des k–ε-Modells [76] durch konstante Werte von $\mathbf{u}_a$, ν_a, k_a und ε_a charakterisiert. Die Geschwindigkeitsfluktuationen $\mathbf{u}'$ lassen sich daher durch die dimensionslose Funktion $\mathbf{u}'^{\star} = \mathbf{u}'/k_a^{1/2}$ mit dimensionsloser Position $\mathbf{x}^{\star} = \varepsilon_a/k_a^{3/2}\mathbf{x}$ und Zeit $t^{\star} = \varepsilon_a/k_a\, t$ beschreiben, die parametrisch nur noch von der durch die Turbulenzstärke skalierten mittleren Geschwindigkeit $\boldsymbol{v} = \mathbf{u}_a/k_a^{1/2}$ und dem Verhältnis der kleinen zu großen turbulenten Längenskalen $\zeta = \varepsilon_a \nu_a/k_a^2$ abhängt,

$$\mathbf{u}'(\mathbf{x},t) = k_a^{1/2}\mathbf{u}'^{\star}\left(\frac{\varepsilon_a}{k_a^{3/2}}\mathbf{x}, \frac{\varepsilon_a}{k_a}t; \frac{1}{k_a^{1/2}}\mathbf{u}_a, \frac{\varepsilon_a \nu_a}{k_a^2}\right). \tag{12}$$

Wir modellieren die Fluktuationen als zentriertes differenzierbares stochastisches Gauß-Zufallsfeld [16, 19]. Dieses ist eindeutig über seine Korrelationen (Kovarianzfunktion) festgelegt, für die wir einen die Advektion berücksichtigenden Produktansatz in Raum und Zeit machen

$$\mathbf{K}\big(\mathbf{x}^{\star} + \mathbf{y}^{\star}, t^{\star} + \tau^{\star}, \mathbf{y}^{\star}, \tau^{\star}; \boldsymbol{v}, \zeta\big) = \boldsymbol{\gamma}\big(\mathbf{x}^{\star} - \boldsymbol{v}t^{\star}; \zeta\big)\, \varphi\big(t^{\star}\big). \tag{13}$$

Unter der Annahme der Isotropie und mit Hilfe eines Inkompressibilitätsarguments ist die räumliche Korrelation über ihre Fouriertransformierte $\mathscr{F}_{\gamma}$ durch das Energiespektrum E festgelegt [54],

$$\mathscr{F}_{\gamma}(\boldsymbol{\kappa};\zeta) = \frac{1}{4\pi}\frac{E(\|\boldsymbol{\kappa}\|;\zeta)}{\|\boldsymbol{\kappa}\|^2}\left(\mathbf{I} - \frac{1}{\|\boldsymbol{\kappa}\|^2}\boldsymbol{\kappa}\otimes\boldsymbol{\kappa}\right).$$

Damit reduziert sich die Modellierungsaufgabe auf die Angabe der zwei skalaren Funktionen für Energiespektrum E und zeitliche Korrelationen φ.

Unser Vorschlag für ein differenzierbares Energiespektrum $E \in \mathscr{C}^2(\mathbb{R}_0^+)$ steht in Einklang mit Kolmogorovs 4/5-Gesetz [54] und dem k–ε-Modell

$$E(\kappa;\zeta) = C_K \begin{cases} \kappa_1^{-5/3}\sum_{j=4}^{6} a_j\,(\frac{\kappa}{\kappa_1})^j: & \kappa < \kappa_1 \\ \kappa^{-5/3}: & \kappa_1 \le \kappa \le \kappa_2 \\ \kappa_2^{-5/3}\sum_{j=7}^{9} b_j\,(\frac{\kappa}{\kappa_2})^{-j}: & \kappa_2 < \kappa \end{cases}$$

mit Kolmogorov-Konstante $C_K = 1/2$. Die Bedeutung der Turbulenzparameter k und ε schlägt sich in der hier gewählten dimensionslosen Formulierung in den Integralbedingungen

$$\int_0^{\infty} E(\kappa;\zeta)\,\mathrm{d}\kappa = 1, \qquad \int_0^{\infty} \kappa^2 E(\kappa;\zeta)\,\mathrm{d}\kappa = \frac{1}{2\zeta}$$

nieder, die die Übergangswellenzahlen κ_1 und κ_2 abhängig vom Parameter ζ festlegen. Die Regularitätsforderung wird durch $a_4 = 230/9$, $a_5 = -391/9$, $a_6 = 170/9$, $b_7 = 209/9$, $b_8 = -352/9$, $b_9 = 152/9$ befriedigt. Für die zeitlichen Korrelationen $\varphi \in \mathscr{C}^\infty(\mathbb{R}_0^+)$ ist ein exponentielles Abfallverhalten plausibel, für die Zeitskala $t_T = 0.212$ siehe [78, 90],

$$\varphi(t^\star) = \exp\left(\frac{-t^{\star 2}}{2t_T^2}\right).$$

Korrelierte stochastische Luftkraft turbulenter Strömungen Die Luftkraft ist im Fall einer turbulenten Strömung neben der mittleren Strömungsgeschwindigkeit maßgeblich auch von den Fluktuationen bestimmt. Wie bereits erwähnt, verfolgen wir den Ansatz, die Fluktuationen als stochastisches Zufallsfeld aus den Turbulenzinformationen zu rekonstruieren und im Kraftmodell (10) der Hauptströmung additiv zu überlagern. Die Kraft wird damit selbst zum korrelierten Zufallsfeld, die zugehörigen Cosserat-Rod-Modelle zu randomisierten PDEs

$$\mathbf{k}_{air}(\Psi, \Psi_a) = e\,\mathbf{f}\left(\frac{\boldsymbol{\tau}}{e}, \mathbf{u}_a + \mathbf{u}_a' - \mathbf{v}, d, \rho_a, \nu_a\right). \tag{14}$$

Zur Rekonstruktion von $\mathbf{u}_a'$ für eine beliebige turbulente Strömung (inhomogen, anisotrop) greifen wir auf das homogene isotrope Modell (12) zurück, indem wir die entdimensionalisierenden Skalen und Parameter lokalisieren [10]

$$\mathbf{u}_a'(\mathbf{x}, t) = k_a^{1/2}(\mathbf{p})\,\mathbf{u}'^\star\left(\frac{\varepsilon_a}{k_a^{3/2}}(\mathbf{p})\mathbf{x}, \frac{\varepsilon_a}{k_a}(\mathbf{p})\,t; \frac{1}{k_a^{1/2}}\mathbf{u}_a(\mathbf{p}), \frac{\varepsilon_a \nu_a}{k_a^2}(\mathbf{p})\right)\bigg|_{\mathbf{p}=(\mathbf{x},t)}.$$

Für die numerische Umsetzung erweist es sich als höchst vorteilhaft, dass in den Anwendungen das turbulente Längenverhältnis $\zeta = \varepsilon_a \nu_a / k_a^2$ im Allgemeinen $\zeta \ll 1$ genügt und damit der asymptotische Grenzübergang $\zeta \to 0$ gerechtfertigt ist (siehe [10] für unsere Algorithmik, die auf Ideen und Strategien zum Sampling von [49, 73, 82] aufbaut). Bei Betrachtungsskalen, die wesentlich größer als die Korrelationsskalen sind, ist die Auflösung der räumlichen und zeitlichen Turbulenz allerdings ebenso ineffizient wie überflüssig. Stattdessen bietet sich der asymptotische Übergang zu einem unkorrelierten Luftkraftmodell (White-Noise-Limes) an [16, 17].

Unkorrelierte stochastische Luftkraft Ausgehend von einer linearen Approximation zerlegen wir die aerodynamische Kraft in einen deterministischen und einen stochastischen Anteil. Die deterministische Kraft $\mathbf{f}$ mit ihrer Ableitung $\partial_\mathbf{w}\mathbf{f}$ ergibt sich aus (10). Die korrelierten Fluktuationen $\mathbf{u}_a'$ werden asymptotisch entlang des Filaments und im Zeitverlauf durch ein Gaußsches Weißes Rauschen mit turbulenzabhängiger Amplitude $\mathbf{A}$ approximiert. Dabei kennzeichnet $\mathbf{W}$ einen vektorwertigen Wiener-Prozess im Filamentparameter und in der Zeit. Dies führt bei den entsprechenden Cosserat-Rod-Modellen auf stochastische partielle Differentialgleichungen (SPDE) mit folgendem Kraftterm in Integralschreibweise (Riemann- und Ito-Integrale)

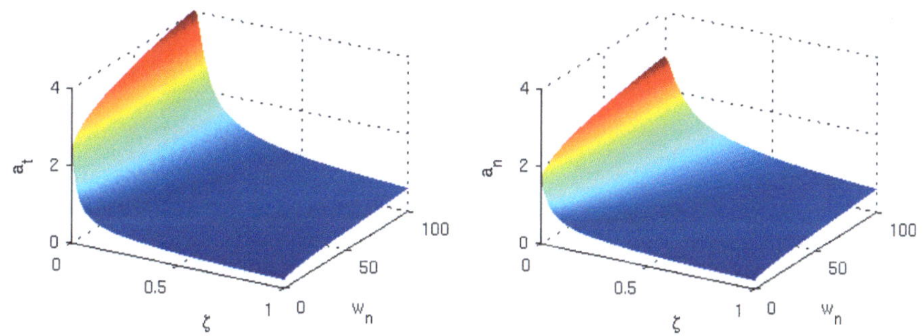

Abb. 4 Amplitude der unkorrelierten Luftkraft

$$\begin{aligned}
&\mathbf{k}_{air}(\Psi, \Psi_a)\,\mathrm{d}s\,\mathrm{d}t \\
&\quad = e\,\mathbf{f}\left(\frac{\boldsymbol{\tau}}{e}, \mathbf{u}_a - \mathbf{v}, d, \rho_a, \nu_a\right)\mathrm{d}s\,\mathrm{d}t \\
&\qquad + e\,\partial_{\mathbf{w}}\mathbf{f}\left(\frac{\boldsymbol{\tau}}{e}, \mathbf{u}_a - \mathbf{v}, d, \rho_a, \nu_a\right)\cdot \mathbf{A}\left(\frac{\boldsymbol{\tau}}{e}, \mathbf{u}_a - \mathbf{v}, d, \nu_a, k_a, \varepsilon_a\right)\cdot \mathrm{d}\mathbf{W}_{s,t}. \qquad (15)
\end{aligned}$$

Die Amplitude $\mathbf{A}$ repräsentiert die kumulativen Effekte der lokalisierten Geschwindigkeitsfluktuationen und berechnet sich nach zugehöriger Entdimensionalisierung durch Integration über den homogenen isotropen Korrelationstensor (13)

$$\begin{aligned}
\mathbf{A}(\mathbf{t}, \mathbf{w}, \nu_a, k_a, \varepsilon_a) &= \frac{k_a^{7/4}}{\varepsilon_a}\mathbf{A}^\star\left(\mathbf{t}, \frac{1}{k_a^{1/2}}\mathbf{w}, \frac{\varepsilon_a \nu_a}{k_a^2}\right) \\
\mathbf{A}^{\star 2}\big(\mathbf{t}, \mathbf{w}^\star, \zeta\big) &= \int_{\mathbb{R}^2} \boldsymbol{\gamma}\big(s\mathbf{t} - t\mathbf{w}^\star; \zeta\big)\varphi(t)\,\mathrm{d}s\,\mathrm{d}t.
\end{aligned}$$

In Analogie zur Zylinderanströmung (Abb. 2) zerlegen wir $\mathbf{A}^\star$ bezüglich der orthonormalen Basis $\{\mathbf{n}, \mathbf{b}, \mathbf{t}\}$. Damit reduziert sich die Berechnung final auf zwei Integrale über das Energiespektrum und die Fourier-Transformierte der zeitlichen Korrelationsfunktion ($a_n^2 + a_b^2 = a_t^2$), die numerisch ausgewertet werden (Abb. 4)

$$\begin{aligned}
\mathbf{A}^\star\big(\mathbf{t}, \mathbf{w}^\star, \zeta\big) &= a_n(w_n, \zeta)\,\mathbf{n}\otimes\mathbf{n} + a_b(w_n, \zeta)\,\mathbf{b}\otimes\mathbf{b} + a_t(w_n, \zeta)\,\mathbf{t}\otimes\mathbf{t} \\
a_{n,b,t}^2(w_n, \zeta) &= 4\pi \int_0^\infty \frac{E(\kappa; \zeta)}{\kappa} \int_0^{\pi/2} \left\{\sin^2\beta, \cos^2\beta, 1\right\} \mathscr{F}_\varphi(\kappa\cos\beta)\,\mathrm{d}\beta\,\mathrm{d}\kappa.
\end{aligned}$$

Wie im korrelierten Fall ist auch hier die Vereinfachung $\zeta = 0$ für gewöhnlich sinnvoll, so dass das Modell über zwei Funktionen vollständig abgebildet ist. Zugehörige Daten können in einer Look-up Table abgelegt werden.

4.3.3 Gekoppelte Filament- und Strömungsdynamik

Die Kopplung mehrerer Phasen, wie Struktur und Strömung, wird in der Kontinuumsmechanik durch Interface-Bedingungen realisiert, die die Erhaltung von Impuls und Energie sicherstellen [64]. Im Hinblick auf die benötigte numerische Auflösung bietet es sich im asymptotischen Kontext der Cosserat-Rod-Modelle an, die Wechselwirkung mit einem Actio–Reactio-Prinzip über Quellterme in den Erhaltungsgleichungen der Filamente und der Luftströmung abzubilden. Dazu können die beschriebenen Kraft- und Wärmequellen der Cosserat-Rod-Theorie aufgegriffen und in den strömungsdynamischen Gleichungen gespiegelt werden. Allerdings sind die Quellterme der Cosserat-Rod-Theorie linienbezogen, wohingegen die strömungsdynamischen Gleichungen Volumenquellen erwarten. Zur Behandlung einzelner Filamente liegt ein distributioneller Ansatz der Form

$$\mathbf{k}_{rod}(\Psi, \Psi_a)(\mathbf{x}, t) = -\int_{s_a}^{s_b} \delta\big(\mathbf{x} - \mathbf{r}(s, t)\big)\, \mathbf{k}_{air}(\Psi, \Psi_a)\, \mathrm{d}s$$

auf Basis des deterministischen Kraftmodells (10) nahe – analog $q_{rod}(\Psi, \Psi_a)$ für die Wärmequellen [3]. Allerdings führen die vorgestellten Modelle dabei auf nicht-hebbare Singularitäten, da die Strömungsdaten unmittelbar lokal auf den Filamenten ausgewertet werden. Abhilfe schaffen Modifikationen über geeignete Mittelungsstrategien; wir folgen hier aber einem anderen Weg: Die Einbeziehung von Rückkopplungseffekten ist insbesondere bei hohen Filamentdichten unabdingbar. Damit bietet sich eine Homogenisierungsstrategie an, bei der für das mit Filamenten belegte Volumen eine kontinuierliche Filamentlängendichte σ $(1/\mathrm{m}^2)$ definiert wird, die in den Quelltermen mit e zu skalieren ist, da $\mathbf{k}_{air}$ als auf die Parametrisierung bezogene Linienkraftdichte eingeführt wurde,

$$\mathbf{k}_{rod}(\Psi, \Psi_a) = -\frac{1}{e}\sigma\, \mathbf{k}_{air}(\Psi, \Psi_a) \tag{16}$$

– wiederum analog für die Wärmequellen. Die Dynamik der Filamentlängendichte σ ergibt sich unmittelbar aus der Dynamik repräsentativer Einzelfilamente, die im Sinne einer numerischen Auflösung hinreichend dicht anzuordnen sind. Beide Modellierungszugänge führen auf ein vollgekoppeltes dynamisches System aller Zustandsvariablen Ψ und Ψ_a, siehe Abschn. 5.3 für eine algorithmische Lösungsidee. Eine turbulente Erweiterung dieser Überlegungen steht noch aus.

Anmerkung 4 Der klassische Zugang der Kontinuumsmechanik zur Fluid–Struktur-Interaktion (FSI) mit räumlich aufgelösten Phasen für Fluid und Struktur wirft für die Strömung durch das sich zeitlich verändernde Rechengebiet erhebliche Diskretisierungsprobleme auf. Methoden zur Behandlung dieser Problematik sind u.a. Fictious Domain [57], Immersed Boundary [88] und gitterfreie Methoden wie SPH [85] und FPM [21, 105] (siehe auch Abschn. 3). Alle genannten Methoden gelangen allerdings bei hohen Partikel- oder Filamentbeladungen an ihre Grenzen, da die Strukturen aufgelöst werden müssen. Für Partikel haben sich kinetische Modellansätze [34, 56] bewährt, die auf gekoppelte Navier–Stokes/Fokker–Planck-Systeme führen. Hier ist die Rückkopplung über einen Extra-Spannungstensor in der Impulsbilanz der Strömung realisiert. Für Filamente sind diese Methoden jedoch auf kurze Objekte, die eine lokale Beschreibung der Orientierung ermöglichen, beschränkt.

4.4 Stochastische Ersatzmodelle für die Vliesablage

In einem typischen Produktionsprozess von Vliesstoffen werden verwirbelte Filamente auf einem Band abgelegt. Durch Überlagerung bildet sich die für Vliesstoffe typische stochastische Mikrostruktur. Basierend auf elastischen Kirchhoff-Rods (7) in einer turbulenten Strömung, die rekonstruiert oder im asymptotischen Limes als Weißes Rauschen in die Modelle eingeht, kann die Verwirbelungs- und Ablagephase des Prozesses beschrieben werden. Die Vollsimulation der Cosserat-Rod-Dynamik ist aber höchst aufwendig und kann daher mit vertretbarem Aufwand nur für einzelne Filamente durchgeführt werden. Um dennoch die gesamte Mikrostruktur eines Vliesstoffes simulativ und abhängig von den eingestellten Produktionsparametern abzubilden, wurden von uns stochastische Ersatzmodelle zur Beschreibung des Ablagebildes eines Einzelfilaments entwickelt. Diese Modelle basieren auf gewöhnlichen stochastischen Differentialgleichungen (SODE), sind höchst effizient zu simulieren und können durch Überlagerung vieler Realisierungen die gesamte Mikrostruktur generieren. Die Parameter der Ersatzmodelle werden zudem aus der skizzierten Vollsimulation einzelner repräsentativer Filamente identifiziert. Hier hilft uns der Umstand, dass in typischen Produktionssituationen häufig viele, teilweise sämtliche Filamente bis auf stochastische, zumeist turbulenzbedingte Schwankungen identische Prozessbedingungen durchlaufen. Wir diskutieren hier das 2D-Standardablagemodell im Detail und geben einen kurzen Überblick über diverse Modellerweiterungen.

4.4.1 Standardablagemodell

Wir betrachten ein abgelegtes Filament als bogenlängenparametrisierte Kurve auf einem ebenen Band, die wir als stochastischen Prozess $(\boldsymbol{\eta}_s)_{s\in\mathbb{R}_0^+} \in \mathbb{E}^2$ modellieren. Unter realen Produktionsbedingungen schwankt die Filamentkurve $\boldsymbol{\eta}$ um eine deterministische anlagenspezifische Referenzkurve $\boldsymbol{\gamma}$. Für den einfachsten Fall eines Prozesses, bei dem v_0 als Filamentlänge pro Zeit erzeugt und auf einem Band mit Geschwindigkeit $v_{belt}\mathbf{e}_1$ abgelegt wird, gilt $\boldsymbol{\gamma}_s = -v_{belt}/v_0\, s\, \mathbf{e}_1$. Beispielsweise sind durch rotierende Spinnpositionen oder changierende Strömungen aber auch komplexere Referenzkurven in den Anwendungen zu finden. Wir bezeichnen mit $\boldsymbol{\xi} = \boldsymbol{\eta} - \boldsymbol{\gamma}$ die auf $\boldsymbol{\gamma}$ bezogene Kurve (zurückgezogener Prozess) und mit $\alpha = \angle(\mathbf{e}_1, \boldsymbol{\tau})$ den Winkel zwischen der Produktionsrichtung $\mathbf{e}_1$ und der Tangente $\boldsymbol{\tau}$ an die Filamentkurve $\boldsymbol{\eta}$, d. h. $\boldsymbol{\tau}(\alpha) = \cos\alpha\, \mathbf{e}_1 + \sin\alpha\, \mathbf{e}_2$ und $\boldsymbol{\tau}^{\perp}(\alpha) = -\sin\alpha\, \mathbf{e}_1 + \cos\alpha\, \mathbf{e}_2$, Abb. 5.

SODE-Modell Das Modell für die Filamentkurve $\boldsymbol{\eta}$ wird als stochastische Differentialgleichung in $\boldsymbol{\xi}$ und α formuliert [5, 6]. Dabei spielt die Bogenlänge s im dynamischen System die Rolle der Zeit.

Stochastisches Ersatzmodell für die Filamentablage

$$\mathrm{d}\boldsymbol{\xi}_s = \boldsymbol{\tau}(\alpha_s)\,\mathrm{d}s - \mathrm{d}\boldsymbol{\gamma}_s, \qquad \mathrm{d}\alpha_s = -\nabla B(\boldsymbol{\xi}_s)\cdot\boldsymbol{\tau}^{\perp}(\alpha_s)\,\mathrm{d}s + A\,\mathrm{d}W_s. \tag{17}$$

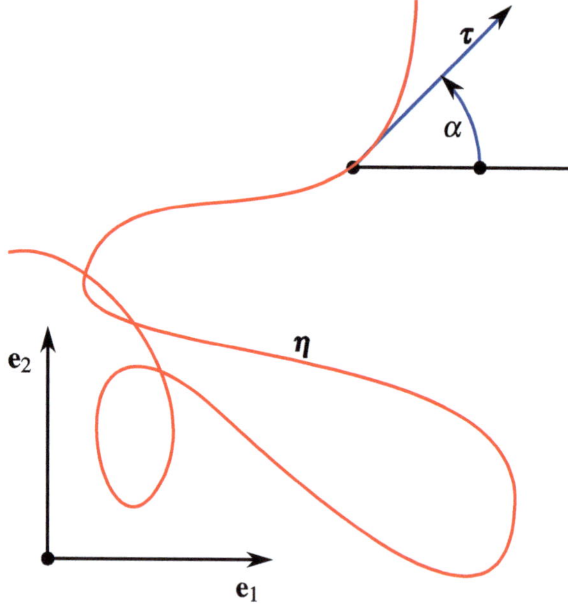

Abb. 5 Grundgrößen und Bezeichnungen der Ablagemodelle

Über das nur von $\boldsymbol{\xi}$ abhängende Potential B wird das typische Ablageverhalten eines Filaments modelliert. Die Schwankungen des Prozesses werden durch ein additives Rauschen mit Amplitude A $(1/\mathrm{m}^{1/2})$ zum skalarwertigen Wiener Prozess $(W_s)_{s\in\mathbb{R}_0^+}$ berücksichtigt. Bei $(\boldsymbol{\xi}, \alpha)$ handelt es sich um einen degenerierten Diffusionsprozess.

Fokker–Planck-Gleichung und stationärer Zustand Die zum SODE-Modell (17) gehörige Fokker–Planck Gleichung beschreibt die Wahrscheinlichkeitsdichte $p : \mathbb{E}^2 \times \mathbb{R} \times \mathbb{R}_0^+ \to \mathbb{R}_0^+$, $(\boldsymbol{\xi}, \alpha, s) \mapsto p(\boldsymbol{\xi}, \alpha, s)$ im Zustandsraum des stochastischen Prozesses

$$\partial_s p + \big(\boldsymbol{\tau}(\alpha) + \partial_s \boldsymbol{\gamma}\big) \cdot \nabla_{\boldsymbol{\xi}} p - \partial_\alpha\big(\nabla B(\boldsymbol{\xi}) \cdot \boldsymbol{\tau}^\perp(\alpha) p\big) = \frac{A^2}{2} \partial_{\alpha\alpha} p.$$

Wie man leicht nachweist, ist im Fall einer fixierten Ablageposition, d. h. für konstantes $\boldsymbol{\gamma} = \boldsymbol{\gamma}_0$,

$$p_S(\boldsymbol{\xi}) = c \exp\big(-B(\boldsymbol{\xi})\big) \tag{18}$$

die stationäre, also vom Parameter s unabhängige, Lösung der Fokker–Planck-Gleichung (Gleichgewichtslösung) mit $c > 0$ als Normierungskonstante. Bemerkenswerterweise ist diese stationäre Lösung unabhängig vom Winkel α und gestattet eine unmittelbare Interpretation des Potentials B. In den Anwendungen hat sich als Standardansatz

$$B(\boldsymbol{\xi}) = \frac{1}{2} \boldsymbol{\xi} \cdot \mathbf{C}^{-1} \cdot \boldsymbol{\xi} \tag{19}$$

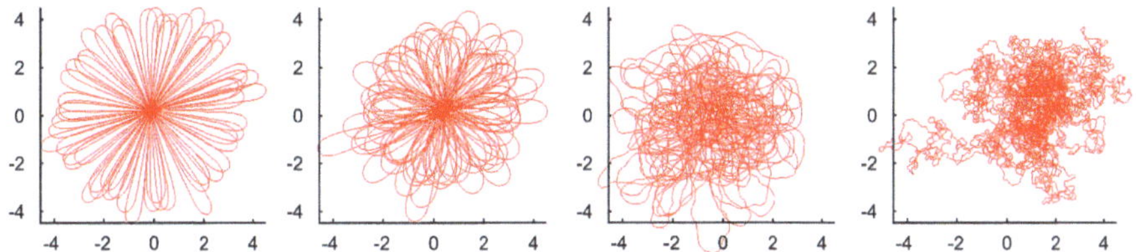

Abb. 6 Wirkung der Rauschamplitude auf Filamentkurve bei fixierter Ablageposition, Modell mit $\mathbf{C} = \lambda^2 \mathbf{I}$. Von links nach rechts: $A\sqrt{\lambda} = 0.001, 0.025, 1, 4$. Räumliche Darstellung in Einheiten λ (Bilder: Simone Gramsch, Fraunhofer ITWM)

mit positiv definitem Tensor **C** bewährt. Die zur Spinnposition $\boldsymbol{\gamma}_0$ relativen Positionsvektoren $\boldsymbol{\xi}$ sind bei dieser Wahl stationär normalverteilt mit Erwartungswert Null und zweidimensionaler Kovarianzmatrix **C**, deren Eigenwerte wir mit λ_i^2, $i = 1, 2$ bezeichnen. Für die Streuungen λ_i hat sich daher die Bezeichnung Wurfweiten etabliert. Man beachte aber, dass diese Interpretation strikt nur für ein ruhendes Band und näherungsweise für eine schwach variierende Referenzkurve $\boldsymbol{\gamma}$, also im einfachsten Fall für $v_{belt}/v_0 \ll 1$, gültig ist, da für beliebige Referenzkurven (18) keine stationäre Lösung der Fokker–Planck-Gleichung ist. Zum Wechselspiel der verschiedenen Parameter siehe Abb. 6.

Parameteridentifikation Für die Ersatzmodelle werden die auftretenden Parameter, also die Referenzkurve $\boldsymbol{\gamma}$, das Potential B und die Rauschamplitude A, aus Ablagebildern von Cosserat-Rod-Berechnungen repräsentativer Filamentdynamiken identifiziert [11]. Für die Schätzung von Parametern in stochastischen Differentialgleichungen gibt es etablierte Verfahren [74]. Wir wählen ein einfaches, aber sehr robustes Verfahren. Dazu betrachten wir die Approximation einer bogenlängenparametrisierten Ablagekurve durch N mit Δs äquidistant verteilten Stützstellen $(\boldsymbol{\eta}_i)_{i=1,\ldots,N}$, die aus einer Vollsimulation eines geeigneten Cosserat-Rod-Modells abgelesen werden. Im ersten Schritt der Parameteridentifikation wird basierend auf dem vorliegenden Datensatz und weiteren Informationen über den Prozess (Spinngeschwindigkeit, Bandgeschwindigkeit, etwaige Oszillations- und Rotationsfrequenzen) eine geeignete Referenzkurve $\boldsymbol{\gamma}$ gewählt. Durch Zurückziehen um $\boldsymbol{\gamma}$ und numerische Differentiation kann der zur Identifikation eingesetzte Datensatz $\mathbf{D}_{rod} = (\boldsymbol{\xi}_i, \alpha_i)_{i=1,\ldots,N}$ ermittelt werden. Darüber hinaus wird ein geeigneter parametrischer Ansatz für das Potential B gemacht. Hier haben sich die quadratischen Formen aus (19) mit dem Tensor **C** bewährt. Der Ansatz ist aber am Ende der Prozedur stets zu überprüfen. Als Aufgabe verbleibt damit die Identifikation der Parameter $\mathbf{P} = (\mathbf{C}, A)$, denen wir im Sinne von Realisierungen des Ersatzprozesses mit fixierten Zufallszahlen die Daten $\mathbf{D}_{surro}(\mathbf{P})$ zuordnen. Wir formulieren das Identifikationsproblem als Minimierungsproblem mit Wahl eines geeigneten Funktionals $\mathscr{F}$ über den Datensätzen

$$\hat{\mathbf{P}} = \operatorname{argmin}_{\mathbf{P}} \left\| \mathscr{F}\big(\mathbf{D}_{surro}(\mathbf{P})\big) - \mathscr{F}(\mathbf{D}_{rod}) \right\|^2. \tag{20}$$

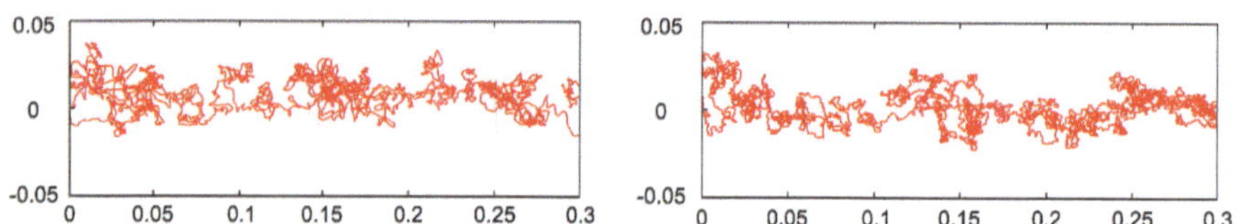

Abb. 7 Filamentkurven aus Cosserat-Rod-Simulation (*links*) und Ersatzmodell mit identifizierten Parametern (*rechts*) im Vergleich (Bilder: Simone Gramsch, Fraunhofer ITWM)

Als Funktional wählen wir

$$\mathscr{F}(\mathbf{D}) = \left(\frac{1}{N} \sum_{i=1}^{N} \boldsymbol{\xi}_i \otimes \boldsymbol{\xi}_i,\ \max_k \sqrt{\frac{\sum_{i=1}^{N-k} (\alpha_{i+k} - \alpha_i)^2}{k \Delta s (N-k)}} \right).$$

Dieses Funktional hat den unschätzbaren Vorteil, dass es im Fall einer fixierten Ablageposition für $N \to \infty$ unmittelbar die Parameter liefert, da $\mathscr{F}(\mathbf{D}_{surro}(\mathbf{P})) = \mathbf{P}$ und damit $\hat{\mathbf{P}} = \mathscr{F}(\mathbf{D}_{rod})$ gilt. Im Falle einer nicht-trivialen Referenzkurve verwenden wir zur Lösung des Minimierungsproblems ein Quasi-Newton-Verfahren mit der aus dem trivialen Fall approximierten Jacobi-Matrix $\mathbf{I}$ und der geschätzten Anfangslösung $\mathscr{F}(\mathbf{D}_{rod})$. Abbildung 7 zeigt das Ergebnis einer solchen Parameteridentifikation.

4.4.2 Modellerweiterungen, Ergodizität und asymptotische Limiten

Das Standardmodell zur Filamentablage (17) wurde am Fraunhofer ITWM als Ersatz für die sehr zeitaufwendigen Cosserat-Rod-Simulationen entwickelt – also aus höchst pragmatischen Gründen. Das Modell zeichnet sich durch großes Verallgemeinerungspotential (glatte Filamentkurven, 3D-Mikrostrukturen) aus und wirft aufgrund der degenerierten Diffusion interessante analytische Fragestellungen zum Langzeitverhalten (Existenz und Ergodizität) auf. Daher findet es sowohl bei Modellierern wie auch Analytikern großes Interesse. Wichtige Arbeiten stammen teilweise unabhängig [45, 59, 61, 65, 72], teilweise in Zusammenarbeit mit den Autoren [5, 6, 11–13] von L.L. Bonilla (Madrid), J. Dolbeault (Paris), T. Götz (Koblenz), M. Herty (Aachen), M. Kolb (Warwick), S. Martin (London), S. Motsch (Toulouse), C. Mouhot (Cambridge), M. Savov (Oxford), C. Schmeiser (Wien), A. Wübker (Osnabrück) sowie M. Grothaus, A. Klar, J. Maringer, P. Stilgenbauer (alle Kaiserslautern).

Die Filamentkurve des Standardmodells ist stetig aber nicht differenzierbar. Mit Austausch der Brownschen Bewegung durch einen Ornstein-Uhlenbeck-Prozess ergibt sich ein realistischeres glattes Modell in den Variablen Kurve, Winkel und Krümmung. Darüber hinaus sind Erweiterungen auf 3D-Modelle zur direkten Erzeugung der Mikrostruktur des Vliesstoffes von besonderem Interesse. Der eleganteste Zugang zu dieser Klasse von Modellen besteht in der Formulierung von geometrischen Langevin-Systemen auf Submannigfaltigkeiten im Stratonovich-Kalkül [61], die als zweidimensionaler Spezialfall auf das Standardmodell (17) führen. Auch hier sind glatte Modelle analog konstruierbar. Durch Einführung eines Anisotropieparameters wird der Tatsache Rechnung getragen, dass die

Filamenttangenten bevorzugt parallel zum Band liegen. Das entsprechende 3D-Modell führt in seinen Grenzfällen auf ein perfekt isotropes bzw. auf das 2D-Modell [12, 13]. Für eine industrielle Anwendung im Abgleich mit CT-Daten siehe [8].

Der Aspekt der degenerierten Diffusion macht die mathematische Analyse der Modellklasse anspruchsvoll und verlangt methodische Neu- und Weiterentwicklungen. Die Ergodiziät des 2D-Modells wurde zunächst mit Dirichletformen und Halbgruppen-Operator-Techniken untersucht und lieferte für eine fixierte Ablageposition erste Abschätzungen der Konvergenzrate [59]. Mit auf [43, 46] aufbauenden Hypokoerzivitätsstrategien [45, 60] und Wahrscheinlichkeitsmethoden [72] konnten entsprechende Resultate (inklusive Existenzaussagen) im Fall der einfachsten geradlinigen Spurkurve gezeigt werden. Für die gesamte Modellklasse sind die asymptotischen Zusammenhänge (3D/2D, anisotrop/isotrop, glatt/standard) geklärt und die Grenzfälle kleinen Rauschens (stochastischen Mittlungstechniken [6]) und großen Rauschens (analog zur Chapman-Enskog-Entwicklung [5, 37, 38]) untersucht.

5 Simulationswerkzeuge

Am Fraunhofer ITWM wurden zur numerischen Simulation der vorgestellten Modelle für Filamentdynamik und Vliesablage verschiedene Werkzeuge entwickelt, die für Auftragsforschung eingesetzt, eingebettet in Projekte der angewandten Grundlagenforschung stetig erweitert, aber auch an Kunden lizenziert werden. Eine softwaretechnisch große Durchgängigkeit ist mit der FIDYST-Suite erreicht. Diese umfasst das Softwaretool FIDYST (*Fiber Dynamics Simulation Tool*) zur Simulation elastischer Kirchhoff-Rods in turbulenten Strömungen und über Module zur Parameteridentifikation daran angekoppelt das Softwaretool SURRO (*Surrogate Models*) zur virtuellen Generierung kompletter Vliesablagen. Mit VISFID (*Viscous Fiber Dynamics*) steht darüber hinaus eine MATLAB–FLUENT-Toolbox zur Verfügung, mit der stationäre aerodynamisch getriebene Spinnprozesse mit voller Kopplung von Filament- und Strömungsdynamik behandelt werden können. Für Details zu den kommerziellen Softwareprodukte MATLAB bzw. FLUENT sei auf die Anbieterseiten www.mathworks.com bzw. www.ansys.com verwiesen.

5.1 FIDYST – Elastische Filamente in turbulenten Strömungen

FIDYST, der Kernbaustein der FIDYST-Suite, ist ein C++ basierter Simulator für die Dynamik von Cosserat-Rods mit trägheitsfreiem Geometriemodell, Kirchhoff-Constraint und Moment–Krümmungs-Relation nach Bernoulli–Euler als Materialgesetz. Das Softwaretool deckt eine große Klasse möglicher Anwendungen zur Filamentdynamik ab, ist aber in seiner Verknüpfung mit SURRO (Abschn. 5.2) stark auf die Verwirbelungs- und Ablagephase in Prozessen zur Vliesproduktion ausgerichtet und hat sich in zahlreichen industriellen Anwendungen bewährt.

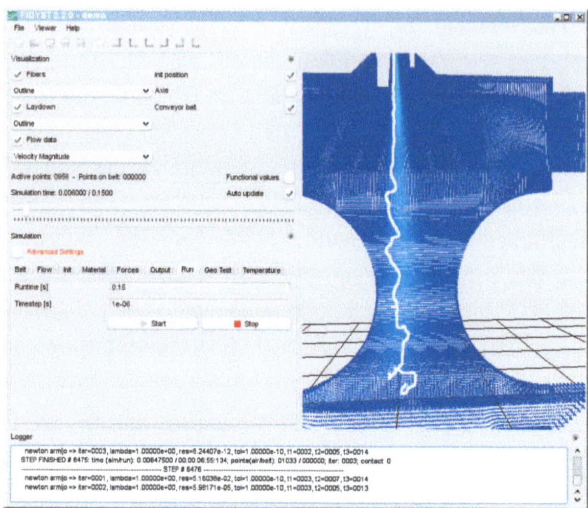

Abb. 8 FIDYST GUI mit 3D-Viewer: Simulationslauf. (Bild: Simone Gramsch, Fraunhofer ITWM)

FIDYST basiert auf der verallgemeinerten String-Formulierung (7) mit $M = 0$, da grundsätzlich ein spannungs- und momentenfreies Filamentende in $s_b = 0$ angenommen wird. Das bedeutet neben dem Wegfall des Torsionsterms folgende Festlegung der Randbedingungen für dieses Filamentende: $\partial_{ss}\mathbf{r} = \mathbf{0}$, $\partial_s((EI)\partial_{ss}\mathbf{r}) = \mathbf{0}$, $N = 0$. In der Analyse als System erster Ordnung unter Berücksichtigung der Nebenbedingung $\|\partial_s \mathbf{r}\| = 1$ entspricht dies der Festlegung von fünf der insgesamt zehn zu bedienenden Freiheitsgrade. Die auf die verbleibenden fünf Freiheitsgrade ausgerichteten Randbedingungen am anderen Filamentende (Einlaufpunkt) können vom Benutzer sehr flexibel gewählt werden. Unter freier Vorgabe einer Funktion $s_a(t) < 0$ können mit $\mathbf{r}(s_a(t), t) = \mathbf{r}_0(t)$, $\partial_s \mathbf{r}(s_a(t), t) = \boldsymbol{\tau}_0(t)$ zeitabhängig Einlaufgeschwindigkeit ($v_0 = |\partial_t s_a|$), -position und -richtung vorgegeben werden. Filamentdurchmesser und damit Biegesteifigkeit und Liniendichte können über den Einlaufpunkt variiert werden. Als äußere Kräfte werden neben Gravitation deterministische Luftkräfte (10) berücksichtigt. Turbulenz wird zuschaltbar als unkorrelierte (15) oder korrelierte stochastische Kraft (14) einbezogen. Darüber hinaus werden Geometriekontakte und die Ablage auf einem Transportband über Kontakt- und Reibungsalgorithmen abgebildet. FIDYST kann Strömungsdaten verschiedenen Typs ebenso wie Geometrie-Informationen im EnSight-Format verarbeiten und arbeitet daher ideal mit FLUENT als CFD-Tool zusammen. In beiden Fällen (Strömung und Geometrie) wird für transiente Informationen zwischen diskreten Zeitpunkten interpoliert, so dass beispielsweise der erwähnte Kontaktalgorithmus auch bei beweglichen Maschinenteilen funktioniert. In den Anwendungen spielt dies z. B. bei zur Filamentablenkung und -verteilung genutzten Prallelementen eine wichtige Rolle.

FIDYST verfügt über eine benutzerfreundliche GUI zum Aufsetzen von Simulationen sowie zur begleitenden visuellen Simulationssteuerung und -kontrolle (Abb. 8). Kennzeichnend ist ein in die GUI integrierter 3D-Viewer mit diversen Darstellungsoptionen für Geometrie, Strömungsdaten und Filamentkurven. Über die GUI sind sämtliche Modell- und algorithmischen Parameter zugänglich. Das Softwaretool verwendet das

EnSight-Format auch zur Ausgabe, so dass Ablagebilder in SURRO eingelesen und weiterverarbeitet oder Simulationsresultate mächtigen Postprozessoren wie ParaView (siehe www.paraview.org) übergeben werden können. Wir diskutieren zur Abrundung dieses Überblicks die Grundlagen der Diskretisierung und die algorithmische Idee des Kontaktmodells.

Diskretisierung Wir formulieren (7) für $M = 0$ als System erster Ordnung in den Variablen $\mathbf{r}$, $\mathbf{v}$ und N und verwenden eine auf Finiten Volumen basierende Semidiskretisierung im Bogenlängenparameter $s_i = (i-1)\Delta s$, $i = 1, \ldots, K$ mit konstanter Gitterweite Δs. Wir kennzeichnen integrale Mittelwerte zwischen $s_i - \Delta s/2$ und $s_i + \Delta s/2$ mit einem Index i sowie Funktionswerte an der Stelle $s_i - \Delta s/2$ mit einem Index $i - 1/2$ und erhalten für $i = 3, \ldots, K-2$

$$\partial_t \mathbf{r}_i = \mathbf{v}_i, \qquad (\rho A)\partial_t \mathbf{v}_i = \mathbf{flux}_{i+1/2} - \mathbf{flux}_{i-1/2} + \mathbf{k}_i, \qquad \|\partial_s \mathbf{r}\|_{i-1/2} = 1$$
$$\mathbf{flux}_{i+1/2} = N_{i+1/2}(\partial_s \mathbf{r})_{i+1/2} - \partial_s\big((EI)\partial_{ss}\mathbf{r}\big)_{i+1/2}, \; i = 2, \ldots, K-2.$$

Die auftretenden ersten und dritten Ableitungen von $\mathbf{r}$ werden durch Finite Differenzen erster Ordnung approximiert. Hier zeigt sich der Vorzug des gestaggerten Gitters bei dem $\mathbf{r}$ und $\mathbf{v}$ den Knoten, aber N und damit konsequenterweise auch die Nebenbedingung den Kanten zugeordnet sind. Aufgrund der Nebenbedingung wird damit der Rod in der Diskretisierung zu einem Polygonzug mit festem geometrischen Abstand der Stützpunkte. Die Anzahl der Stützstellen $K(t)$ wird indirekt durch die Forderungen $s_a(t) \in [s_2, s_3)$ und $s_b = s_K - (3/2)\Delta s$ festgelegt. Die Randbedingungen können über die Geisterpunkte s_1, s_2, s_{K-1}, s_K approximiert werden. Die äußeren Kräfte approximieren wir durch $\mathbf{k}_i \simeq (\mathbf{k}_{i-1/2} + \mathbf{k}_{i+1/2})/2$. Für die Luftkräfte hat dies den Vorzug, dass die auftretenden Tangenten erneut nur an den Kanten benötigt werden, die Filamentgeschwindigkeiten müssen allerdings über die benachbarten Knoten gemittelt werden. Die benötigten Strömungsdaten werden an den zugehörigen Stellen interpoliert. Auch der Fall einer unkorrelierten stochastischen Luftkraft wird entsprechend behandelt, und es verbleibt nach Integration in s ein Wiener-Prozess in t. Insgesamt führt die Semidiskretisierung damit auf ein DAE- bzw. stochastisches DAE-System, das wir zeitlich mit einem impliziten Euler- bzw. Euler–Maruyama-Verfahren diskretisieren. Obwohl auch die Luftkräfte im Kern (in Filamenttangente und -geschwindigkeit) implizit eingehen, werden die in ihnen auftretenden Strömungsdaten mit den Filamentpositionen des alten Zeitschritts abgefragt, so dass wir das resultierende große nichtlineare Gleichungssystem durch ein Newton-Verfahren mit analytischer Jacobi-Matrix und Armijo-Schrittweitensteuerung lösen können. Die dabei auftretenden linearen Gleichungssysteme werden mit einem Bandlöser behandelt. Das Verfahren ist bzgl. des Aufstellens der Gleichungssysteme soweit optimiert, dass der Hauptaufwand pro Zeitschritt durch den Gleichungslöser selbst beansprucht wird.

Geometriekontakte FIDYST behandelt Geometriekontakte der Filamente als anholonome Zwangsbedingungen. Ausgehend von einer zumeist trianguliert vorliegenden Geometrie wird eine glatte verallgemeinerte vorzeichenbehaftete Abstandsfunktion $H(\cdot, t) \in$

$\mathscr{C}^2$ generiert, so dass $H > 0$ eine Approximation des zur Verfügung stehenden Bewegungsraumes darstellt – durch Extrapolation ist ggf. dafür zu sorgen, dass in diesem Raum auch vollständig Strömungsdaten zur Verfügung stehen. Zur Realisierung des Kontakts wird ein weiterer Lagrange-Parameter λ in die Impulsbilanz eingeführt

$$(\rho A)\partial_{tt}\mathbf{r} = \cdots + \lambda \frac{\nabla H}{\|\nabla H\|}, \qquad (\lambda = 0 \wedge H > 0) \vee (\lambda > 0 \wedge H = 0).$$

Algorithmisch wird in der semidiskretisierten Variante jedem Knoten (Filamentpunkt) ein Lagrange-Parameter λ_i und eine Boolsche Variable $\delta_i \in \{0, 1\}$ zugewiesen, mit der der Bewegungstyp als frei ($\delta_i = 0$) oder kontaktbehaftet ($\delta_i = 1$) gekennzeichnet wird. In einem Zeitschritt t^n nach t^{n+1} werden nun abhängig von δ_i die Bewegungsgleichungen

$$(\rho A)\partial_{tt}\mathbf{r}_i = \cdots + \delta_i \lambda_i \frac{\nabla H}{\|\nabla H\|} \quad \text{und} \quad \begin{cases} \lambda_i = 0: & \delta_i = 0 \\ H = 0: & \delta_i = 1 \end{cases}$$

gelöst. Dabei ist zu beachten, dass die Lagrange-Parameter λ_i distributiv sind, was aber für einen endlichen Euler-Schritt kein Problem darstellt. Falls am Ende des Zeitschritts für freie Punkte ($\delta_i = 0$) die Bedingung $H(\mathbf{r}_i, t^{n+1}) > 0$ bzw. für kontaktbehaftet Punkte ($\delta_i = 1$) die Bedingung $\lambda_i > 0$ verletzt ist, wird die Boolsche Variable auf den jeweils anderen Wert gesetzt und der gesamte Zeitschritt für alle Punkte wiederholt. Diese Prozedur wird iteriert, bis alle Punkte eine konsistente Bewegung ausführen, d. h. bis keine Umsetzungen der Boolschen Variablen mehr nötig sind. Zur Modellierung der Ablage ist dieses Kontaktmodell in FIDYST mit einem Coulombschen Reibungsmodell (kinetisch und dynamisch) kombiniert, in dem die Lagrange-Parameter λ_i gemäß ihrer physikalischen Bedeutung als Normalkräfte agieren.

5.2 SURRO – Virtuelle Vliesproduktion

SURRO ist der kongeniale Partner von FIDYST in der FIDYST-Suite zur virtuellen Vliesproduktion und damit zur Analyse von Vlieslegungsprozessen. Dazu simuliert SURRO als C++ Tool die in (17) eingeführten Ersatzmodelle für die Ablage. In SURRO können große Anlagen mit Tausenden von Filamentspinnstellen abgebildet werden. In einer intuitiven GUI definiert der Benutzer die Positionen der Spinnstellen und ordnet diesen die Parameter des Ersatzmodells zu (Abb. 9). Bei dieser Zuordnung können in einfacher Weise alle Spinnstellen, Gruppen von Spinnstellen (Reihen, Blöcke etc.) oder auch individuelle Positionen ausgewählt werden. Die Spezifikation der Spurkurve ist als analytische Funktion möglich.

Zur Zuweisung der übrigen Parameter ist in SURRO die bereits beschriebene Identifikationsprozedur (20) implementiert, die mit Ablagebildern von Filamenten aus FIDYST zu füttern ist. In den Anwendungen können häufig viele oder alle Spinnstellen als strömungs- und filamentdynamisch gleichwertig betrachtet werden. In diesen Fällen ist nur jeweils

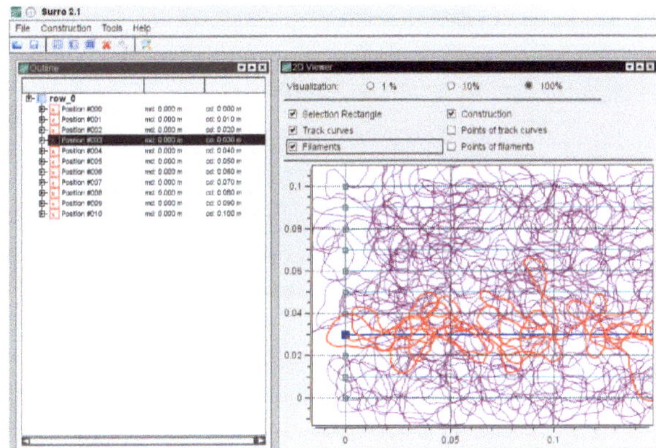

Abb. 9 SURRO GUI, Ablage mit 11 Spinnstellen (Bild: Simone Gramsch, Fraunhofer ITWM)

eine repräsentative FIDYST-Simulation durchzuführen, die allerdings schon als Einzelsimulation sehr aufwendig sein kann. Nach Identifikation der Parameter kann SURRO darauf aufsetzend auch große Anlagen in wenigen Sekunden simulieren. Zur Analyse der Qualitätseigenschaften stellt SURRO eine Reihe von Postprocessing-Funktionalitäten zur Verfügung. Es können z. B. Schwankungen des Flächengewichts auf frei wählbaren Skalen visualisiert und quantitativ bewertet werden. Für den Praktiker sind dabei häufig die integrierten Breiten- und Längsverteilungen von Interesse. Ähnliches gilt für andere Qualitätskriterien im virtuellen Vlies, u.a. Streifenbewertung.

Die in SURRO abgebildete Struktur ist zunächst zweidimensional. Allerdings kann über den Bogenlängenparameter an Kreuzungspunkten eines Filaments mit sich selbst oder mit einem anderen Filament über die Anordnung der sich kreuzenden Partner entschieden werden. Aus dieser Information generiert SURRO eine 3D-Mikrostruktur, indem die Filamente unter Berücksichtigung ihrer Biegesteifigkeit angehoben werden. Diese Mikrostruktur kann im EnSight-Format exportiert und dann mit Instrumenten der Mikrostrukturanalyse durch andere Tools bzgl. Strömungs- oder Festigkeitseigenschaften weiter untersucht und bewertet werden. Aufgrund der kurzen Rechenzeiten können für Monte-Carlo-Simulationen ohne größeren Aufwand viele stochastische Realisationen der Mikrostruktur generiert werden.

Das Zusammenspiel der beiden Partner der FIDYST-Suite erlaubt, den Einfluss von Produktionsparametern auf die primären Qualitätsmerkmale (z. B. Flächengewichtsverteilung) des produzierten Vliesstoffes zu berechnen und die zugehörige Mikrostrukturen zu generieren, um sekundäre Qualitätsmerkmale (Strömungs- und Festigkeitseigenschaften) zu bewerten (Abb. 10). Das war bislang unmöglich, so dass beispielsweise Mikrostruktursimulationen stets auf gemessenen oder ohne direkte Verknüpfung mit dem Produktionsprozess generierten Strukturen aufsetzen mussten. Diese Lücke wird nun durch die FIDYST-Suite geschlossen, mit der eine an Materialqualität und -eigenschaften orientierte Verbesserung und Auslegung der Produktionsanlagen möglich wird.

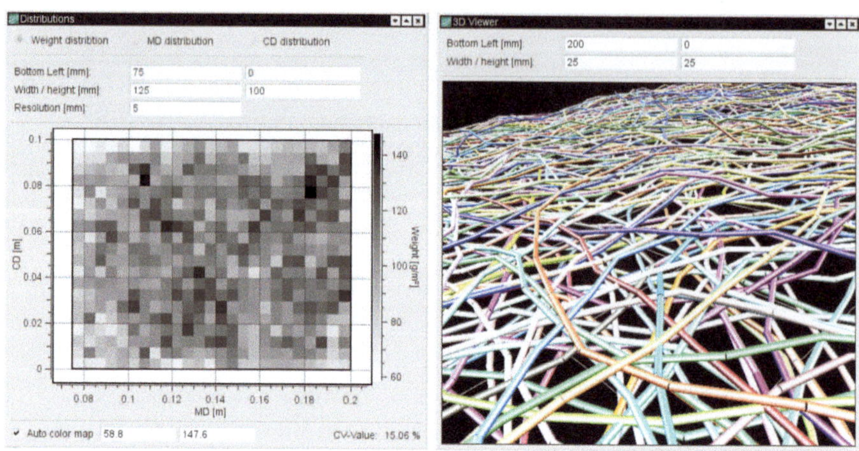

Abb. 10 SURRO Postprocessing, Analyse der Flächengewichtsverteilung und Generierung einer 3D-Mikrostruktur (Bilder: Simone Gramsch, Fraunhofer ITWM)

5.3 VISFID – Gekoppelte Fluid–Filament-Simulationen

VISFID ist im Gegensatz zu FIDYST und SURRO kein finalisiertes Softwaretool, sondern eine MATLAB–FLUENT-Toolbox mit einer Reihe von Kernbausteinen, die abhängig vom Anwendungskontext kombiniert, modifiziert und erweitert werden. VISFID ist auf die Simulation von Spinnprozessen mit hoher Filamentdichte ausgerichtet. Die Toolbox behandelt diese Prozesse als stationär und realisiert im Sinne der in Abschn. 4.3.3 dargestellten Homogenisierungsstrategie eine volle Kopplung mit der umgebenden Luftströmung. Die Beschränkung auf Stationarität des Filamentkontinuums und damit seiner Repräsentanten führt für alle betrachteten Cosserat-Rod-Modelle auf Randwertprobleme (siehe Abschn. 7.2.1 für ein Beispiel aus den Anwendungen), die robust durch eine in MATLAB realisierte Fortsetzungs–Kollokations-Methode gelöst werden (Details in [1]). Für die von uns betrachteten Spinnprozesse stellen die viskosen Rods aus (8) in Euler-Beschreibung ($e = 1$) zusammen mit den Modellen für Luftkräfte und Wärmeaustausch (10) die Modellbasis dar. Ohne weiteres sind aber auch elastische oder viskoelastische Filamente entsprechend zu behandeln.

Fortsetzungs–Kollokations-Methode Stand der Technik zur numerischen Lösung von Randwertproblemen der Form

$$\frac{\mathrm{d}}{\mathrm{d}s}\mathbf{y} = \mathbf{f}(\mathbf{y}), \qquad \mathbf{g}\big(\mathbf{y}(0), \mathbf{y}(1)\big) = \mathbf{0}$$

sind Runge–Kutta-basierte Kollokations-Methoden [63]. Eine solche Methode vierter Ordnung ist im MATLAB-Solver `bvp4c` realisiert. Für die Kollokationspunkte $0 = s_0 < s_1 < \cdots < s_N = 1$ mit $h_i = s_i - s_{i-1}$ und $\mathbf{y}_i = \mathbf{y}(s_i)$ wird dabei ein nichtlineares Gleichungssystem mit $N + 1$ Gleichungen für $(\mathbf{y}_i)_{i=0,\ldots,N}$ generiert:

$$\mathbf{g}(\mathbf{y}_0, \mathbf{y}_\mathbf{N}) = \mathbf{0}$$

$$\mathbf{y}_{i+1} - \mathbf{y}_i - \frac{h_{i+1}}{6}\big(\mathbf{f}(\mathbf{y}_i) + 4\mathbf{f}(\mathbf{y}_{i+1/2}) + \mathbf{f}(\mathbf{y}_{i+1})\big) = \mathbf{0}$$

$$\text{mit} \quad \mathbf{y}_{i+1/2} = \frac{1}{2}(\mathbf{y}_{i+1} + \mathbf{y}_i) - \frac{h_{i+1}}{8}\big(\mathbf{f}(\mathbf{y}_{i+1}) - \mathbf{f}(\mathbf{y}_i)\big)$$

und durch ein vereinfachtes Newton-Verfahren gelöst, so dass Brauchbarkeit und Konvergenz des Verfahrens entscheidend und sehr empfindlich vom initialen Schätzer des Newton-Verfahrens abhängen. Für den Einsatz in der anvisierten Kopplung in MATLAB–FLUENT benötigen wir ein robustes und vollständig automatisiertes Verfahren. Dies kann mit der Fortsetzungsmethode (Homotopie) erreicht werden. Wir betrachten dazu eine Verallgemeinerung des Randwertproblems

$$\frac{\mathrm{d}}{\mathrm{d}s}\mathbf{y} = c\,\mathbf{f}(\mathbf{y}) + (1-c)\,\mathbf{f}_0(\mathbf{y}), \qquad \mathbf{g}\big(\mathbf{y}(0), \mathbf{y}(1)\big) + (1-c)\,\mathbf{g}_0\big(\mathbf{y}(0), \mathbf{y}(1)\big) = \mathbf{0}$$

mit Fortsetzungsparameter $c \in [0, 1]$. Die neuen Funktionen $\mathbf{f}_0$ und $\mathbf{g}_0$ in System und Randbedingungen werden so gewählt, dass für $c = 0$ eine Lösung bestimmt werden kann – in der Regel analytisch. Durch Wahl einer geeigneten Schrittweite Δc wird dann der Parameter c vom Startwert $c = 0$ nach $c = 1$ verschoben, indem jeweils als Schätzer für einen neuen Schritt die Lösung des vorherigen Schritts verwendet wird. Für $c = 1$ wird so schließlich das ursprüngliche System gelöst. In Varianten dieser Methode werden mit mehreren Fortsetzungsparametern gezielt Terme des ODE-Systems zunächst aus- und wieder zugeschaltet. Die Kunst einer robusten Fortsetzungsmethode besteht in der Wahl und Steuerung der Schrittweite und bei mehreren Fortsetzungsparametern in der Navigation durch den u.U. hochdimensionalen Parameterraum. Die von uns entwickelte Schrittweitensteuerung berechnet auf jedem Schritt Δs zwei halbe Schritte $\Delta s/2$ und vergleicht die Lösungen in Kriterien wie Rechenzeit und Anzahl benötigter Stützstellen. Die dabei ausgeführten Aufrufe von `bvp4c` sind mit einer Try–Catch-Routine ummantelt und absturzsicher. Abhängig vom Ergebnis wird die Schrittweite angepasst. Für die Navigation in höherdimensionalen Parameterräumen verwenden wir eine rekursiv programmierte Rückwärtsbaumsuche auf einem Gitter über dem Parameterraum. Auch komplexe Beispiele wie das in [92] beschriebene Coiling-Problem viskoser Rods können mit dieser Methode sicher und schnell gelöst werden.

Kopplungsalgorithmus Die Kernidee des iterativen Kopplungsalgorithmus (Algorithm 1) ist es aus Stabilitätsgründen, nicht explizit zu koppeln, also einfach in der Iteration zwischen Strömungs- und Filamentdynamik die Quellterme Schritt für Schritt upzudaten, sondern vielmehr implizit vorzugehen, d. h. für die Strömungs- bzw. Filamentberechnung in den Quelltermen die aktuellen Strömungs- bzw Filamentfelder zu berücksichtigen. Dies ist in FLUENT von uns über entsprechende UDFs (User Defined Functions) realisiert. Der Kopplungsalgorithmus für die Filamentfelder Ψ und Strömungsfelder Ψ_a kann dann, wie folgt, skizziert werden. Der Kopplungsalgorithmus wird mit FLUENT als Master-Tool

Algorithm 1 Iterative Kopplung Strömung und Filamente.

Berechne $\Psi_a^{(0)} = \mathscr{S}_{air}(\cdot)$, unbeladen, d. h. ohne Filamente
Setze $k = 0$
repeat
    Berechne $\Psi^{(k)} = \mathscr{S}_{rod}(\Psi_a^{(k)})$ mit Linienquellen $(\mathbf{k}_{air}, q_{air})(\Psi^{(k)}, \Psi_a^{(k)})$
    Mittele die Filamentdaten in den Zellen des Strömungsgebiets
    Berechne Filamentlänge in jeder Zelle des Strömungsgebiets
    Berechne $\Psi_a^{(k+1)} = \mathscr{S}_{air}(\Psi^{(k)})$ mit Volumenquellen $(\mathbf{k}_{rod}, q_{rod})(\Psi^{(k)}, \Psi_a^{(k+1)})$
    Inkrementiere k
until $\|\Psi^{(k)} - \Psi^{(k-1)}\| < tol$

gefahren. Im Preprocessing wird zunächst das Strömungsgebiet vernetzt und diese Information für MATLAB und FLUENT zugänglich gemacht. Nach jeder Strömungssimulation $\mathscr{S}_{air}$ startet FLUENT das MATLAB-Hauptprogramm und dieses wiederum für jedes Filament ein MATLAB-Executable, um die Filamentsimulation $\mathscr{S}_{rod}$ zu parallelisieren. Das MATLAB-Hauptprogramm sammelt die Informationen dieser Berechnungen ein und mittelt sie auf dem Gitter des Strömungsgebietes. An dieser Stelle wird auch die Filamentlängendichte aus (16) berechnet. Für einen äquidistant bogenlängenparametrisierten Rod zählt man dazu einfach die Filamentpunkte in jeder Zelle. FLUENT verwendet diese Daten in der neuen Strömungssimulation, wie bereits erwähnt, über eine UDF für die Quellterme.

6 Produktion von Vliesstoffen – Spunbond-Prozess

Seit etwa 50 Jahren schreiben Vliesstoffe eine fortwährende Erfolgsgeschichte, die vor allem durch die hocheffizienten Produktionsprozesse getrieben wird. Im Unterschied zu Geweben und ähnlichen wohlstrukturierten Flächengebilden sind Vliesstoffe durch eine produktionsbedingt ungeordnete und wirre Struktur geprägt – im Englischen kommt dies bereits durch den Begriff Nonwovens zum Ausdruck. Typische Vliesstoffprozesse vereinigen in einem Prozess das Aufschmelzen eines Polymers, die simultane Filamentbildung aus Tausenden von Kapillaren, das Verwirbeln in einem turbulenten Freistrahl, das Ablegen dieser Filamente auf einem Band sowie das Verfestigen durch thermische oder mechanische Maßnahmen (Abb. 11). Zwei wesentliche Verfahrensklassen sind mit den Begriffen Spunbond und Meltblown [83, 89, 114] überschrieben und wurden am Fraunhofer ITWM detailliert untersucht. Während der Meltblown-Prozess durch Angreifen transonischer Luftströmungen direkt am Kapillaraustritt und damit durch eine unmittelbare Verbindung zwischen Spinnen und turbulentem Ablegen geprägt ist, sind diese Prozessschritte beim Spunbond-Prozess räumlich getrennt. Hier erfolgt der Antrieb durch einen schnellen Luftstrom mit einer zwischengeschalteten Abkühlzone, die durch langsame Luftgeschwindigkeiten gekennzeichnet ist. Nach dem Austritt aus diesem Luftstrom am sogenannten Slot werden die Filamente im turbulenten Freistrahl verwirbelt und auf einem Band abgelegt. Spunbond erzeugt Filamentdurchmesser in der Größenordnung von 10 μm, während

Abb. 11 Spinnvlies-Anlage mit drei Spinnbalken (Spunbond – Meltblown – Spunbond) von Oerlikon Neumag (Bild: Oerlikon Neumag)

Meltblown in Bereiche von 1 µm und darunter vordringt. In einigen Anwendungen werden beide Verfahren daher auch online so kombiniert, dass die innere Lage des Vliesstoffes die feineren Fasern und die äußeren Lagen die etwas gröberen Fasern beinhalten.

Der nachfolgend näher betrachtete Spunbond-Prozess unseres Industriepartners Oerlikon Neumag basiert auf der ASON-Technologie, die Neumag vor 10 Jahren akquiriert und bis heute in mehreren Evolutionsstufen ausgebaut hat. Diese Entwicklung wurde stetig durch das Fraunhofer ITWM begleitet. Während zu Beginn die modell- und simulationsgestützte Sicht primär zu einer Vertiefung im Prozessverständnis und zur Etablierung von Simulationen als verfahrenstechnischem Instrumentarium diente, verlagerte sich danach der Fokus auf die Unterstützung der Prozessentwicklung und Anlagenauslegung. Auf diesem Wege wurden zwei wesentliche Evolutionsstufen der Neumag Spunbond-Anlage in der Verwirbelungs- und Ablagezone auf Basis von Simulationsstudien entwickelt und optimiert. Im Folgenden geben wir eine detailliertere Beschreibung des Prozesses und der Qualitätskriterien, skizzieren die eingesetzten Simulationsansätze und werfen abschließend einen Blick auf die simulationsbasierte Anlagenentwicklung.

6.1 Prozessbeschreibung und Qualitätskriterien

Neben den bereits benannten typischen Merkmalen von Spunbond-Prozessen ist eine Besonderheit der Neumag-Variante die durch eine hydraulische Bühne realisierte Verstellbarkeit des Abstands der Kapillaren zum Slot und des Slots zum Ablageband, Abb. 12. Der Slot besteht im Querschnitt aus einem langen schmalen Kanal, in den die Filamente von oben eingeführt und nach unten abgeführt werden. Im Spinnteil oberhalb des Slots werden die sich bildenden Filamente bereits stark abgekühlt und weitgehend auf ihren finalen Durchmesser verstreckt. Im Sloteintritt wird über zwei seitliche Zufuhrkanäle Druckluft

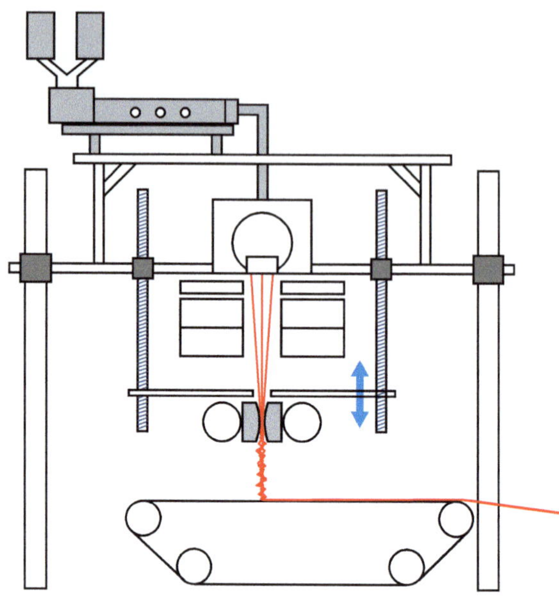

Abb. 12 Schematische Darstellung des Spunbond-Prozesses von Oerlikon Neumag (Bild: Oerlikon Neumag)

aktiv eingeblasen und dadurch eine von oben nach unten gerichtete Luftströmung aufgebaut. Diese Luftströmung wirkt über die Länge der Filamente als Zugkraft und sorgt somit für die Verstreckung in der darüberliegenden Spinn-Abkühlzone. Am Slotaustritt entsteht ein ebener Freistrahl, der sich zum Ablageband hin kontinuierlich abschwächt, durch die entstehenden turbulenten Schwankungen eine stochastische Bewegung der Fäden initiiert und so für das Abbremsen, Verwirbeln und überlappende Aufeinanderlegen der Filamente sorgt.

Die Qualität des produzierten Vliesstoffes wird primär über Gleichmäßigkeit im Flächengewicht und erreichte Festigkeit beurteilt. Die Gleichmäßigkeit im Flächengewicht wird durch den C_v-Wert als relative Standardabweichung von gestanzten Proben definierter Größe quantifiziert. Die Dynamik des Filamentvorhangs weist eine für den Spunbond-Prozess charakteristische Schwankung in die Produktionsrichtung auf, die letztlich ein wesentlicher Grund für die sich ergebende Wolkigkeit des Vliesstoffes ist. Die Festigkeit wird in Zugversuchen ermittelt. Aufgrund der Bandbewegung und der Struktur der Luftströmung gibt es hier deutliche Unterschiede zwischen der Maschinenrichtung (MD) und der Querrichtung (CD) mit einem Verhältnis der Festigkeiten zumeist größer als 1.5 (MD–CD-Verhältnis).

Die Herstellung von Vliesstoffen ist wirtschaftlich betrachtet durch hohe Rohstoffkosten bei vergleichsweise geringen Prozesskosten geprägt. Hinsichtlich der Weiterverarbeitung und Anwendung ist der erforderliche Materialeinsatz häufig durch die erreichten Festigkeiten bestimmt. Trivial, aber kostenintensiv kann durch höheren Materialeinsatz mehr Festigkeit erreicht werden. Innovationen zur Prozessauslegung zielen auf Rohstoffeinsparung bei gleichbleibender Qualität.

6.2 Spunbond aus Simulationssicht

Im Spunbond-Prozess wird die Spinn- und Abkühlphase durch viskose Rods (8) in aerodynamischen Strömungen mit entsprechenden Modellen für eine temperaturabhängige Viskosität beschrieben. Die Verwirbelung der ausgehärteten Filamente basiert auf elastischen Kirchhoff-Rods (7) in einer Strömung, deren Turbulenz rekonstruiert oder im asymptotischen Limes als Weißes Rauschen in die Modelle eingeht. Für die Ablage und damit für die Generierung der virtuellen Vliesstruktur kommen die stochastischen Ersatzmodelle (17) zum Einsatz. Mit VISFID, FIDYST und SURRO (Abschn. 5) stehen Softwaretools zur Simulation all dieser Aspekte zur Verfügung, die es ermöglichen, durchgängig den Einfluss der Prozessparameter auf die Materialeigenschaften zu bewerten. Dabei werden repräsentative Einzelfilamentdynamiken aus VISFID und FIDYST genutzt, um SURRO zu parametrisieren. Im finalen Schritt dieser Simulationskette kann in SURRO die generierte Mikrostruktur analysiert werden. Dies ist bzgl. der Gleichmäßigkeit im Flächengewicht über virtuell ermittelte C_v-Werte ein einfacher Postprocessing-Schritt. Bezüglich der Festigkeit können zwar mittlerweile in ersten Ansätzen auch Zugversuche auf den virtuellen Mikrostrukturen nachgestellt werden, jedoch wurde in den umfangreichen Studien für Oerlikon Neumag ein praktikablerer Weg gewählt. Ausgehend von der naheliegenden Annahme, dass die Festigkeit wesentlich durch die erreichte Überlagerung der Filamente bestimmt wird, dient die Depotgröße als Ersatzkriterium für die Festigkeit. Die Depotgröße wird direkt aus der FIDYST-Simulation bestimmt, indem die abgelegte Filamentkurve $\boldsymbol{\eta}$ um die Bandbewegung $\boldsymbol{\gamma}$ korrigiert wird. In Termen der stochastischen Ersatzmodelle entspricht das Depot für fixierte Ablagepositionen exakt und für langsame Bandbewegungen näherungsweise der stationären Verteilung des zurückgezogenen Prozesses $\boldsymbol{\xi} = \boldsymbol{\eta} - \boldsymbol{\gamma}$. In den FIDYST-Simulationen werden Verteilungen

$$p_S(\boldsymbol{\xi}) = c \exp\left(-\frac{1}{2}\boldsymbol{\xi} \cdot \mathbf{C}^{-1} \cdot \boldsymbol{\xi}\right)$$

beobachtet (siehe auch (18) und (19)), bei denen die Hauptrichtungen von $\mathbf{C}$ näherungsweise MD und CD entsprechen. Die Wurzeln der Eigenwerte (Wurfweiten) beschreiben die Depotgröße. Die MD–CD-Verhältnisse in den gemessenen Festigkeiten spiegeln sich qualitativ gut in den simulierten MD–CD-Verhältnissen der Wurfweiten wieder. Darauf und auf weitere validierende Messungen gestützt, kann das Ersatzkriterium Depotgröße als geeigneter Optimierungsparameter neben dem C_v-Wert gelten.

6.3 Verbesserung der Vliesablage im Spunbond-Prozess

Zwei wesentliche Evolutionsstufen der Neumag Spunbond-Anlage wurden mit den aufgezeigten Werkzeugen und Methoden bzgl. der Ablagezone simulationsgestützt entwickelt und optimiert. Antriebsfeder war dabei insbesondere die Steigerung der Festigkeiten,

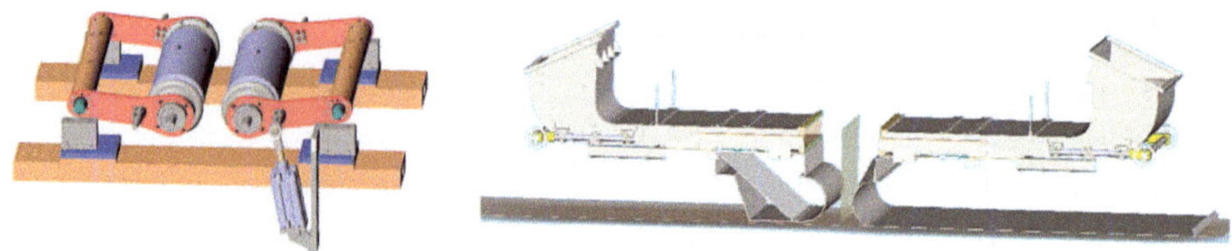

Abb. 13 Umsetzungsoptionen zum besten Kompromiss (RollersSmall) zur Verbesserung der Vliesablage im Spunbond-Prozess von Oerlikon Neumag (Bild: Oerlikon Neumag)

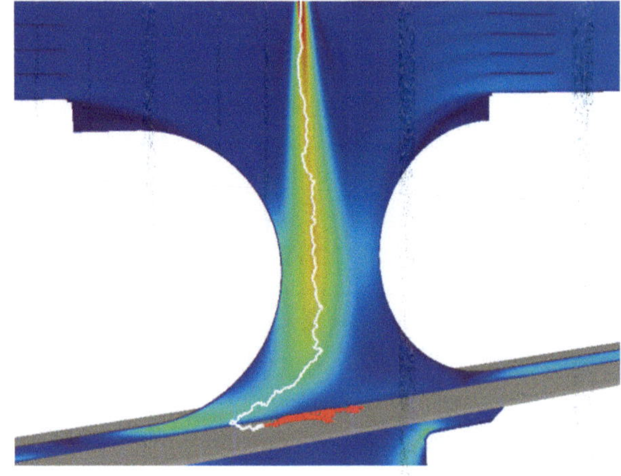

Abb. 14 FIDYST-Simulation des Neumag Spunbond-Prozesses, Filamentdynamik und hinterlegte Strömung (Simulation: Simone Gramsch: Fraunhofer ITWM)

um letztlich mit weniger Materialeinsatz die gleichen funktionalen Eigenschaften zu erzielen. Für die erste Evolutionsstufe wurde hierzu eine umfangreiche Simulationsstudie mit verschiedenen geometrischen Varianten (u.a. Veränderungen von Abmessungen, Einbauten zur Luftführung) durchgeführt. Basierend auf Berechnungen der Luftströmung mit FLUENT wurden jeweils Simulationen von repräsentativen Einzelfilamenten mit FIDYST durchgeführt, die eine vergleichende Bewertung der Ablagedepots ermöglichten. Die zu erwartenden C_v-Werte im Flächengewicht wurden durch Aufsetzen der zugehörigen SURRO-Simulationen ermittelt.

Die Ergebnisse dieser Studie wurden gemeinsam durch Oerlikon Neumag und Fraunhofer ITWM bewertet. Grundsätzlich führt ein Anstieg der Ablagehöhe (Abstand Slot zu Band) zu einer Vergrößerung der Depotgröße gepaart mit einer Verschlechterung der C_v-Werte. Als bester Kompromiss wurde letztlich eine Variante gewählt, die zu einem relativ großen Depot bei noch akzeptabler Gleichmäßigkeit führt. In dieser Variante wird der sich bildende Freistrahl durch zwei auf dem Band aufliegende mitbewegte Walzen im unteren Bereich seitlich begrenzt und quasi eingefangen. Bei der Umsetzung dieses Prinzips (Abb. 13) in einer mit 7 m extrem breiten Anlage wurden die drehenden Walzen aufgrund zu starker Durchbiegungen letztlich durch entsprechend geformte starre Bleche ersetzt. Abbildung 14 zeigt die FIDYST-Simulation der realisierten Variante, Abb. 15 die zugehörige SURRO-Simulation und eine Analyse der Flächengewichtsverteilung. Die Neuaus-

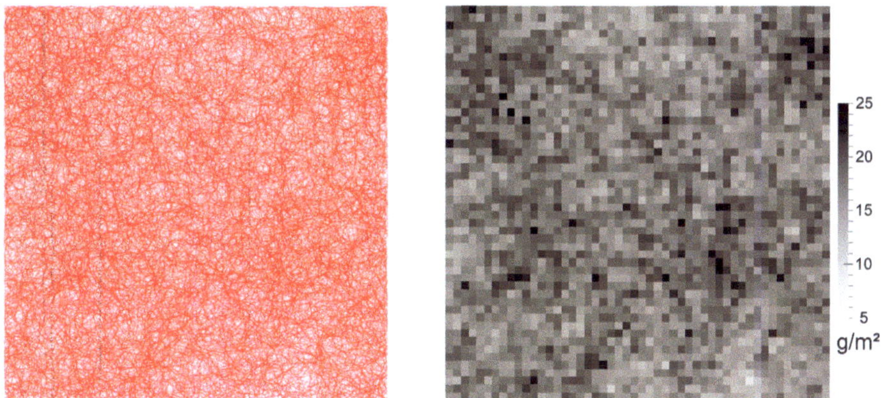

Abb. 15 SURRO-Simulation des Neumag Spunbond-Prozesses, virtuelles Vlies und zugehörige Flächengewichtsverteilung (Simulation: Simone Gramsch, Fraunhofer ITWM)

legung der Anlage und damit der gewählte simulationsbasierte Ansatz erwiesen sich als Erfolg. In vergleichenden Messungen zur erreichten Verbesserung konnten Steigerungen der Festigkeiten in beide Richtungen um etwa 10 % (MD) bzw. 15 % (CD) bei gleichbleibendem Materialeinsatz nachgewiesen werden.

Diese positiven Ergebnisse bei der simulationsgestützten Entwicklung haben dazu geführt, dass auch für eine weitere Entwicklungsstufe des Spunbond-Prozesses vorab Simulationsanalysen einbezogen wurden. Mit der oben beschriebenen Verbesserung konnten die Festigkeiten insgesamt gesteigert werden, das MD–CD-Verhältnis blieb aber weitgehend gleich. Da die Anisotropie aber produktionsbedingt ist und im Allgemeinen nicht angestrebt wird, ist die kleinere CD-Festigkeit der kritische Qualitätsparameter – ein Anheben des CD-Werts auf Kosten des MD-Werts ist also erstrebenswert. Für die weitere Kooperation war daher der Angleich der Richtungen neben einer weiteren Verbesserung der Uniformität die Motivation für eine signifikant veränderte Strömungsführung, die im Unterschied zu den vorangehenden Auslegungen zu vollständig dreidimensionalen Strömungsbildern führt. Dadurch wird ein Verkippen der Achsen des Ablagedepots erreicht, das wesentlich zur Reduktion der Festigkeitsunterschiede in Produktions- und Querrichtung beiträgt. Zur Einschätzung der bisherigen Zusammenarbeit und des durch das Fraunhofer ITWM eingebrachten Simulationsansatzes sei Matthias Schemken, Vice-President und Head of Development Oerlikon Neumag, zitiert (Mai 2013): *„Simulationen haben wesentlich zur Entwicklung … der Forming-Zone unserer Spunbond-Anlage beigetragen.“*

7 Produktion von Glaswolle – Rotationsspinnen

Die Produktion von mineralischen Fasern aus Glas oder Stein erfordert das Aufschmelzen und Zerfasern bei Temperaturen jenseits von 1000 °C, die mit den für Polymeren üblichen

Abb. 16 Anlage zur Herstellung von Glaswolle (Bild: Woltz GmbH)

Verfahren nicht realisierbar sind. Die technologische Lösung zur Produktion von Glaswolle besteht darin, die hohen Materialdrücke im geschlossenen Spinnkopf durch Zentrifugalkräfte in einer offenen Spinnerscheibe zu ersetzen. Die aus Zehntausenden von Löchern in der Scheibenwandung austretende Glasschmelze wird dann anschließend in einem Heißgasstrom zu Fasern verstreckt und schließlich auf einem Band gesammelt, Abb. 16. Eine typische Produktionsanlage zur Herstellung von Glaswolle als Dämmstoff besteht aus vier bis sieben solcher seriell angeordneter Köpfe.

Wir betrachten nachfolgend im Detail den Anlagentyp unseres Industriepartners Woltz. Wie vielleicht schon in den einleitenden Sätzen deutlich wurde, verschiebt sich die Wortwahl branchenspezifisch von Filamenten zu Fasern. Auf die verwendeten Modelle hat dies keinen Einfluss. Das gewählte Industriebeispiel zeigt aber deutlich, dass der generische Modell- und Simulationsbaukasten zwar viele, aber keinewegs alle Aspekte eines realen Produktionsprozesses abdeckt. Nach einer Beschreibung des Prozesses widmen wir uns daher dem anwendungsspezifischen Simulationsmodell und demonstrieren schließlich seine Leistungsfähigkeit an einem Beispiel zur Prozessführung.

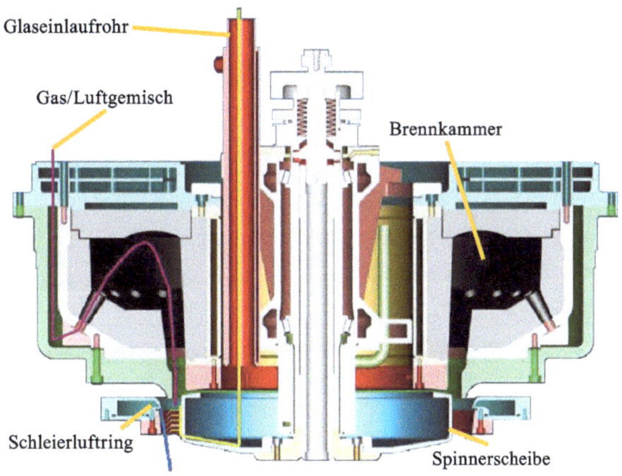

Abb. 17 Prinzip des Rotationsspinnens von Glaswolle (Bild: Woltz GmbH)

7.1 Prozessbeschreibung Rotationsspinnen

Das Rotationsspinnen ist ein etablierter Prozess zur Herstellung von Glaswolle mit einem erheblichen Dämmstoff-Marktanteil. Das verfahrenstechnische Prinzip ist in Abb. 17 skizziert. Das Ausgangsmaterial mit einem Altglasanteil von bis zu 70 % wird über einen großen Ofen kontinuierlich aufgeschmolzen und tritt über einen Auslauf als Strang in die Spinnerscheibe ein. Aufgrund der Zentrifugalkräfte verteilt es sich zunächst auf dem Boden radial nach außen, um dann an der Mantelfläche der Scheibe über Zehntausende in Reihen angeordnete Bohrungen auszutreten. Die Durchflussmenge an einer einzelnen Kapillare hängt dabei von der sich lokal einstellenden Temperatur und damit Viskosität, der sich bildenden Glasfilmdicke und damit wirkenden Kraft sowie von Länge und Durchmesser der Bohrung ab. Am Austritt aus der Spinnerscheibe werden die Faserstränge durch einen Heißgasstrom geführt und weiter außen durch einen im sogenannten Schleierluftring erzeugten Kaltluftstrahl verzogen. Der Gesamtprozess ist hochgradig verzahnt, wobei sich bei gleichbleibender Glaszufuhr ein Gleichgewicht innerhalb der Spinnerscheibe einstellt. Dieses hängt insbesondere von der Glasmenge und -temperatur, der Drehzahl, der Heißluftmenge und -temperatur sowie der Kaltluftmenge ab.

7.2 Prozessspezifisches Simulationsmodell

Den Simulationskern zur Abbildung des Rotationsspinnens bildet die in Abschn. 5.3 vorgestellte MATLAB–FLUENT-Toolbox VISFID. Allerdings führt diese allein nur zu systemischen Einsichten in den realen Produktionsprozess [3] und nicht zu seiner umfassenden Abbildung, da weder die Anfangsbedingungen für die Simulation der Jets im Heißgasstrom, noch die Temperaturrandbedingungen an der Spinnerscheibe für die Strömungsrechnung hinreichend geschätzt werden können. Ein am Fraunhofer ITWM unter Beteiligung mehrerer Gruppen entwickelter Simulator verknüpft daher *Spinnen im*

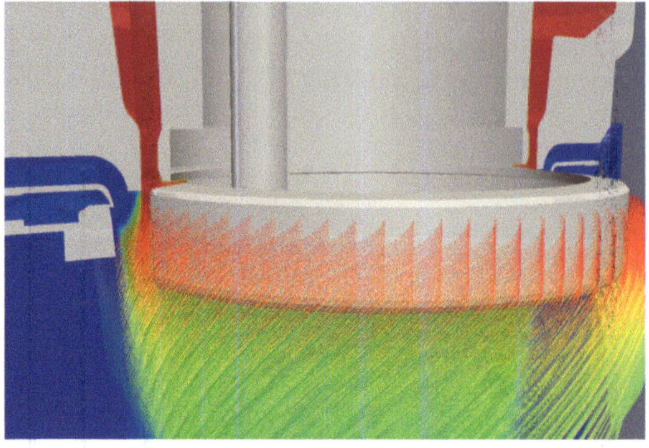

Abb. 18 Spinnerscheibe mit ausgewählten Reihen des Faservorhangs (Simulation: Johannes Schnebele, Fraunhofer ITWM)

Heißgasstrom auf Basis der Faser–Strömungs-Simulation VISFID mit *Schmelzefluss und Spinnerscheibe*, einer COMSOL-basierten Simulation der Thermomechanik von Spinnerscheibe und Glasreservoir, die ihrerseits eine Reihe von analytisch geprägten Ersatzmodellen für den Schmelzefluss im Inneren der Trommel benötigt [15]. Für Details zur kommerziellen FEM-Software COMSOL sei auf die Anbieterseite www.comsol.com verwiesen.

7.2.1 Spinnen im Heißgasstrom

Durch die Perforierung der Spinnerscheibe, die aus einer moderaten Anzahl von Reihen mit jeweils 770 äquidistanten Löchern im Umfang besteht, bildet sich, durch Zentrifugalkräfte ausgebracht und dann durch den Heißgasstrom verzogen, ein dichter Vorhang von Glasjets (Abb. 18), den wir im Sinne der in Abschn. 4.3.3 dargestellten Homogenisierungsstrategie als Kontinuum auffassen. Der Aufbau der Anlage legt damit eine rotationsinvariante Beschreibung von Strömungs- und Faserdynamik nahe. Für das Faserkontinuum bedeutet dies insbesondere, dass die gesamte Information einer Reihe durch einen einzelnen Repräsentanten analytisch erfasst werden kann.

Zur numerischen Behandlung der vertikalen Richtung wählen wir als Repräsentanten in jeder Reihe jeweils eine reale Spinnposition, da diese für das verwendete Strömungsgitter eine hinreichende Auflösung des Kontinuums darstellen. Da wir an der Verstreckungsphase der Fasern interessiert sind, blenden wir die Ablage aus, beschränken unsere Untersuchung auf den düsennahen Bereich der Anlage und betrachten Fasern mit vorgegebener Länge L und spannungsfreiem Ende in Euler-Beschreibung. Somit ergibt sich im rotierenden Bezugssystem mit Winkelgeschwindigkeit Ω (1/s) Stationarität in Faser- und Strömungsdynamik. Ausgehend von viskosen Rods (8) mit Energiebilanz (9) (jeweils für $e = 1$) lauten unter Einführung des konstanten Massestroms $Q = \rho A u$ (kg/s) die stationären Modellgleichungen [3]

$$\begin{aligned}
\mathsf{D}\cdot\partial_s\bar{\mathsf{r}} &= \mathsf{e}_3\\
\partial_s\mathsf{D} &= -\kappa\times\mathsf{D}\\
\partial_s\kappa &= -\frac{\rho}{3Q}\frac{\kappa n_3}{\mu}+\frac{4\pi\rho^2}{3Q^2}\frac{u}{\mu}\mathsf{P}_{3/2}\cdot\mathsf{m}\\
\partial_s u &= \frac{\rho}{3Q}\frac{un_3}{\mu}\\
\partial_s\mathsf{n} &= -\kappa\times\mathsf{n}+Qu\kappa\times\mathsf{e}_3+\frac{\rho}{3}\frac{un_3}{\mu}\mathsf{e}_3+\mathsf{k}\\
\partial_s\mathsf{m} &= -\kappa\times\mathsf{m}+\mathsf{n}\times\mathsf{e}_3+\frac{\rho}{3}\frac{u}{\mu}\mathsf{P}_3\cdot\mathsf{m}-\frac{Q}{12\pi}\frac{n_3}{\mu}\mathsf{P}_2\cdot\kappa+\mathsf{l}\\
\partial_s T &= \frac{1}{c_pQ}q_{air}
\end{aligned}$$

mit äußeren Kräften (Luftkräfte, Gravitation und Scheinkräfte durch Rotation) und rotationsbedingten Drehmomenten

$$\begin{aligned}
\mathsf{k} &= -\mathsf{D}\cdot\bar{\mathsf{k}}_{air}+Qg\frac{1}{u}\mathsf{D}\cdot\mathsf{e}_1+2Q\Omega(\mathsf{D}\cdot\mathsf{e}_1)\times\mathsf{e}_3+Q\Omega^2\frac{1}{u}\mathsf{D}\cdot\big(\mathsf{e}_1\times(\mathsf{e}_1\times\bar{\mathsf{r}})\big)\\
\mathsf{l} &= -\frac{Q\Omega}{12\pi}\frac{n_3}{\mu u}\mathsf{P}_2\cdot(\mathsf{D}\cdot\mathsf{e}_1)-\frac{Q^2\Omega}{4\pi\rho}\frac{1}{u}\mathsf{P}_2\cdot(\kappa\times\mathsf{D}\cdot\mathsf{e}_1)\\
&\quad-\frac{Q^2}{4\pi\rho}\frac{1}{u^2}\mathsf{P}_2\cdot(u\kappa+\Omega\mathsf{D}\cdot\mathsf{e}_1)\times(u\kappa+\Omega\mathsf{D}\cdot\mathsf{e}_1).
\end{aligned}$$

Die Randbedingungen berücksichtigen die Spinnposition in Höhe H und radialem Achsenabstand R sowie die Austrittsgeschwindigkeit U und -temperatur θ an der Spinnerscheibe

$$\begin{aligned}
&\bar{\mathsf{r}}(0)=(H,R,0), \qquad \mathsf{D}(0)=\mathsf{e}_1\otimes\mathsf{e}_1-\mathsf{e}_2\otimes\mathsf{e}_3+\mathsf{e}_3\otimes\mathsf{e}_2\\
&\kappa(0)=0, \qquad u(0)=U, \qquad T(0)=\theta, \qquad \mathsf{n}(L)=0, \qquad \mathsf{m}(L)=0.
\end{aligned}$$

Die Modellierung der Luftströmung beruht auf den rotationssymmetrischen stationären Navier–Stokes-Gleichungen mit Quelltermen $\mathbf{k}_{rod}$ und q_{rod}, die aus der dreidimensionalen Faserdynamik geeignet zu projizieren sind (siehe [3]). Das gekoppelte Gesamtsystem aus Faser- und Strömungsdynamik $\mathcal{S}_{rod}$–$\mathcal{S}_{air}$ kann mit der Toolbox VISFID (Abschn. 5.3) gelöst werden, benötigt aber für die Jets die Düsenbedingungen $\Psi_{nozzle}=(H,R,U,\theta)$ und für die Strömungsdynamik die Scheibentemperatur und Geometrieinformationen. Diese Daten werden vom nachfolgend beschriebenen Simulationsmodell $\mathcal{S}_{disk}$ für *Schmelzefluss und Spinnerscheibe* geliefert (siehe Abb. 21).

7.2.2 Schmelzefluss und Spinnerscheibe

Im Kern des Modells für *Schmelzefluss und Spinnerscheibe* steht die Thermomechanik der Scheibe und des Glasschmelzereservoirs. Das Modell beruht auf linearer Elastizitätstheorie für große Verformungen und berücksichtigt thermische Expansion, Konvektion sowie

Abb. 19 COMSOL-Simulation Temperatur in Scheibe und Glasreservoir (Simulation: Jan Mohring, Fraunhofer ITWM)

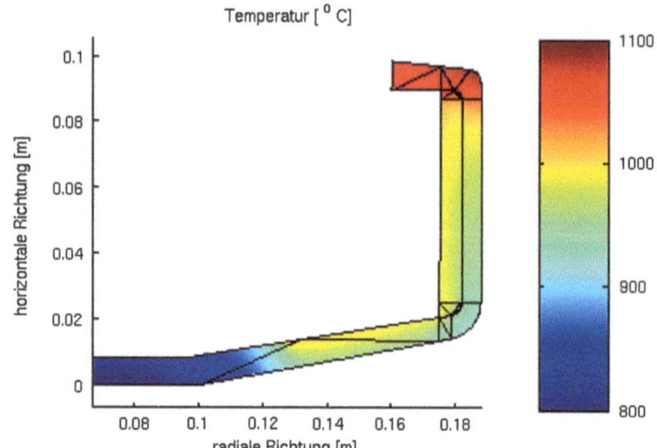

Abb. 20 Übersicht der analytischen Ersatzmodelle zur Schmelzeverteilung

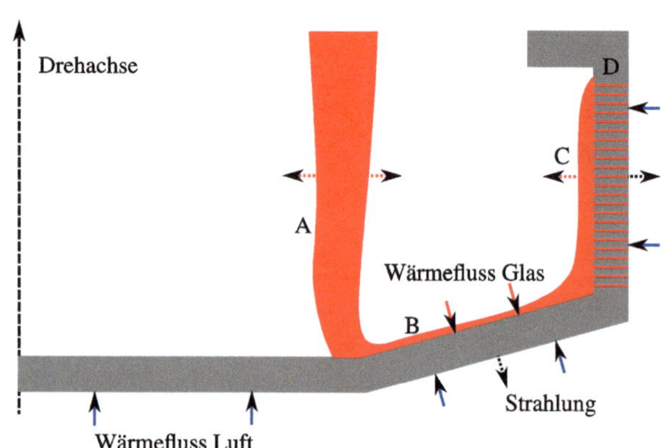

Wärmeleitung und -strahlung. Die numerische Umsetzung $\mathscr{S}_{disk}$ des stationären rotationssymmetrischen Problems erfolgt mit dem Softwaretool COMSOL (Abb. 19), für das Randbedingungen, Flüsse und Wärmequellen aus vier analytischen Ersatzmodellen zur Beschreibung der Schmelzeverteilung hergeleitet werden (Abb. 20). A: Ein viskoses uniaxiales String-Modell für den materialzuführenden Glasstrang im Trommelinneren liefert die Scheibentemperatur im Auftreffpunkt. B: Die anschließende Dünnfilmapproximation beschreibt als Schleichströmung die Schmelzebewegung zur Innenwand infolge der wirkenden Zentrifugalkräfte und liefert den Wärmefluss durch den Glasfilm in die Scheibe. C: Das freie Randwertproblem des Reservoirs wird in einer Stokes-Approximation behandelt, liefert letztlich eine gewöhnliche Differentialgleichung für die Dicke und abhängig davon analytische Ausdrücke für Druck und Konvektionsgeschwindigkeit an der perforierten Wand. Die Dicke wird als Geometrieinformation für das gemeinsame COMSOL-Modell von Wand und Reservoir genutzt. D: Eine druckgetriebene Rohrströmung für den Fluss durch die Kappilaren liefert den Wärmeeintrag in die Scheibe sowie für das Simulationsmodell *Spinnen im Heißgastrom* die Temperatur- und Geschwindigkeitsrandbedingungen der Fasern. Diese Modelle sind detaillierter in [15] beschrieben. Das COMSOL-

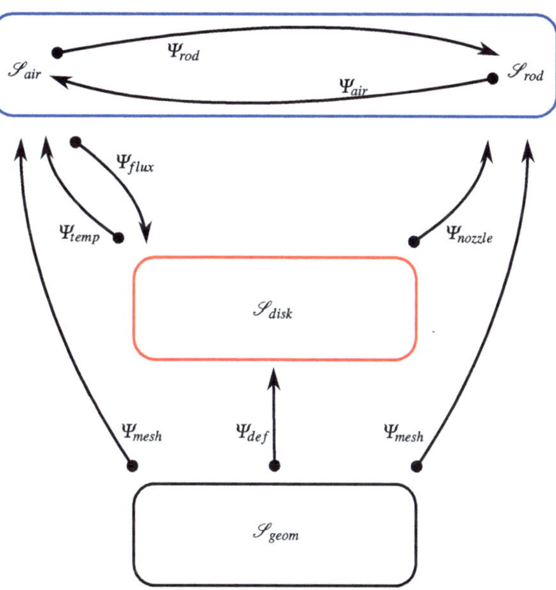

Abb. 21 Kopplungsstruktur der verschiedenen Routinen

Modell benötigt vom Strömungsteil des Simulationsmodells *Spinnen im Heißgasstrom* die Wärmeflüsse in die Scheibe (siehe Abb. 21).

7.2.3 Iterative Kopplung

Zur numerischen Lösung des aus den beiden Simulationsmodellen *Spinnen im Heißgasstrom* sowie *Schmelzefluss und Spinnerscheibe* bestehenden Gesamtproblems (Abb. 21) verwenden wir erneut eine iterative Kopplungsstrategie, die als Erweiterung der aus Abschn. 5.3 bekannten VISFID-Kopplung mit $\Psi_{rod} = \Psi$ und $\Psi_{air} = \Psi_a$ betrachtet werden und algorithmisch, wie folgt, skizziert werden kann (siehe auch Algorithm 2). Da sowohl die Thermomechanik $\mathscr{S}_{disk}$ wie auch die von ihr abhängende Fasersimulation $\mathscr{S}_{rod}$ Daten aus der Strömungsrechnung benötigen, führen wir diese aus Stabilitätsgründen in jedem Iterationsschritt zweimal durch. Es ist zu beachten, dass die Thermomechanik $\mathscr{S}_{disk}$ eine veränderte Geometrie liefert, die für Strömungsrechnungen neu vernetzt werden muss. Zur Klarheit haben wir diesem Schritt $\mathscr{S}_{geom}$ daher eine eigenständige Rolle zugewiesen.

Zum Nachweis der Konvergenz des iterativen Verfahrens ist der relative $\mathscr{L}^2$-Fehler der Faserpositionen in logarithmischer Skala in Abb. 22 dargestellt. In Parameterstudien genügen in der Regel vier bis fünf Iterationen, die in wenigen Stunden Rechenzeit bei parallelisierter Fasersimulation durchgeführt werden können, für ein aussagekräftiges Simulationsergebnis.

Die Notwendigkeit zur komplett gekoppelten Betrachtung aller Aspekte wird besonders eindrucksvoll durch die Ergebnisse der faserbeladenen Luftströmung belegt. Abbildung 23 zeigt die axiale Geschwindigkeit, die Rotationsgeschwindigkeit (Swirl) und die Temperatur über mehrere Iterationen. Der Einfluss der Fasern wird insbesondere in der Ausprägung

Algorithm 2 Kopplung Simulationsmodelle.

Initialisiere die Wärmeflüsse mit einer geeigneten Schätzung und berechne alle initialen Felder (Strömung unbeladen, d. h. ohne Fasern)

Setze $k = 0$

repeat

Berechne

$$\begin{aligned}
\textit{Strömung:}\quad & \left(\cdot, \Psi_{flux}^{k+1}\right) = \mathscr{S}_{air}\left(\Psi_{rod}^{(k)}, \Psi_{temp}^{(k)}, \Psi_{mesh}^{(k)}\right)\\
\textit{Schmelze und Scheibe:}\quad & \left(\Psi_{nozzle}^{(k+1)}, \Psi_{temp}^{(k+1)}, \Psi_{def}^{(k+1)}\right) = \mathscr{S}_{disk}\left(\Psi_{flux}^{(k+1)}\right)\\
\textit{Gitter:}\quad & \Psi_{mesh}^{(k+1)} = \mathscr{S}_{geom}\left(\Psi_{def}^{(k+1)}\right)\\
\textit{Strömung:}\quad & \left(\Psi_{air}^{(k+1)}, \cdot\right) = \mathscr{S}_{air}\left(\Psi_{rod}^{(k)}, \Psi_{temp}^{(k+1)}, \Psi_{mesh}^{(k+1)}\right)\\
\textit{Fasern:}\quad & \Psi_{rod}^{(k+1)} = \mathscr{S}_{rod}\left(\Psi_{air}^{(k+1)}, \Psi_{nozzle}^{(k+1)}, \Psi_{mesh}^{(k+1)}\right).
\end{aligned}$$

Inkrementiere k

until $\|\Psi_{rod}^{(k)} - \Psi_{rod}^{(k-1)}\| < tol$

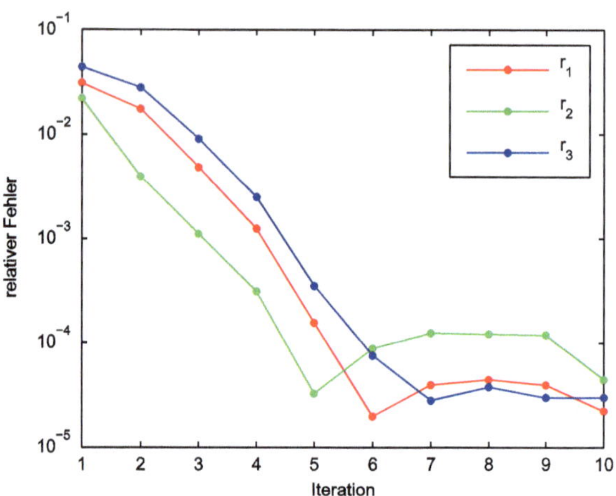

Abb. 22 Konvergenz des iterativen Verfahrens: relativer $\mathscr{L}^2$-Fehler der Faserpositionen in logarithmischem Maßstab (Simulation: Johannes Schnebele, Fraunhofer ITWM)

einer relevanten Rotationsgeschwindigkeit (Schleppwirkung) und in der Erwärmung der Luft (einhergehend mit der Abkühlung der Fasern) deutlich.

7.3 Simulationsbasierte Prozessführung und -auslegung

Der vorgestellte Simulationsrahmen ermöglicht ein umfassendes Verständnis des Rotationsspinnens und bildet die Basis für eine simulationsbasierte Prozessführung und -auslegung. Hierfür werden u.a. folgende Parameter berücksichtigt: Ofentemperatur, Glasdurchsatz, Kaltluftmenge, Geometrie des Kaltluftrings und Lochdurchmesser der

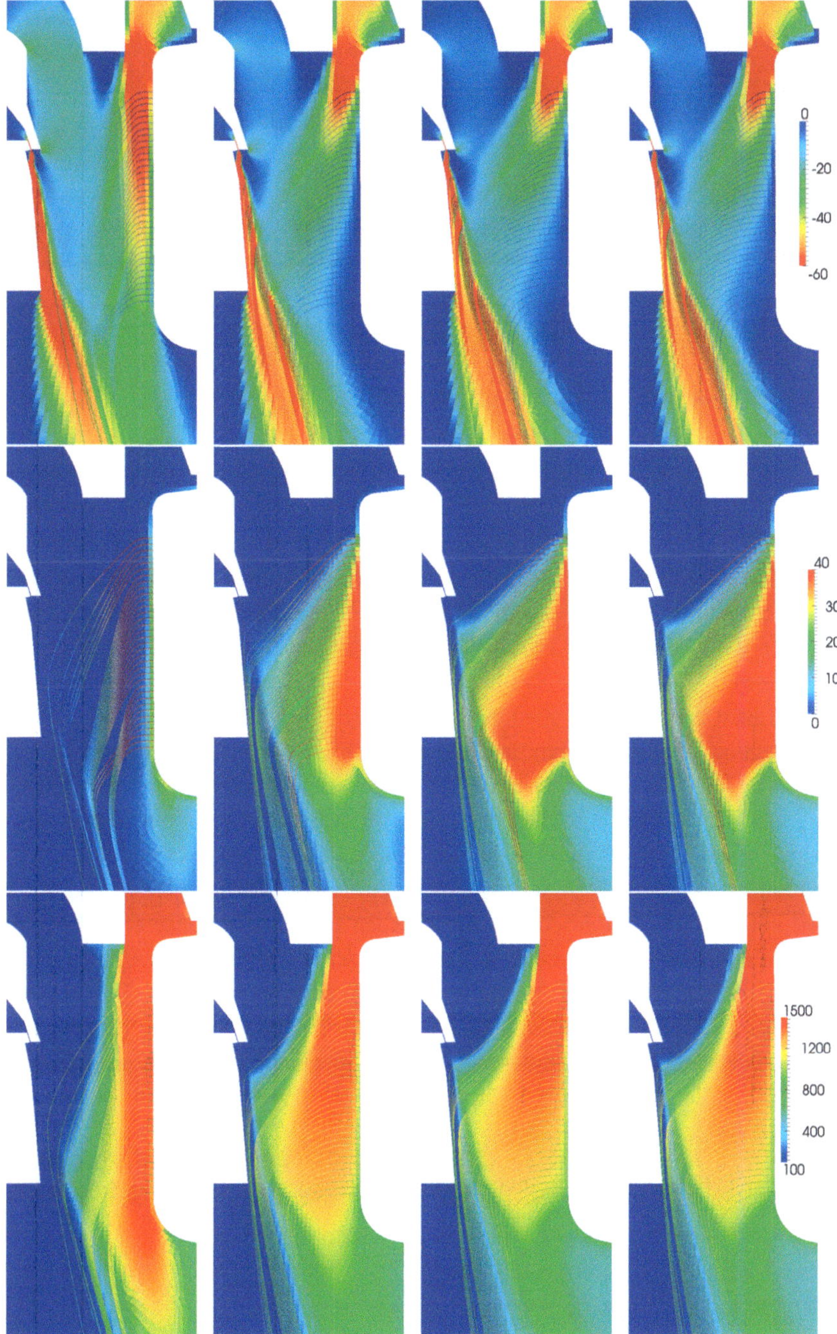

Abb. 23 Von oben nach unten: axiale Geschwindigkeit (m/s), Rotationsgeschwindigkeit (m/s) und Temperatur (°C) der faserbeladenen Luftströmung. Von links nach rechts: Ergebnisse zu den Iterationsschritten 0, 1, 5 und 10 (Simulation: Johannes Schnebele, Fraunhofer ITWM)

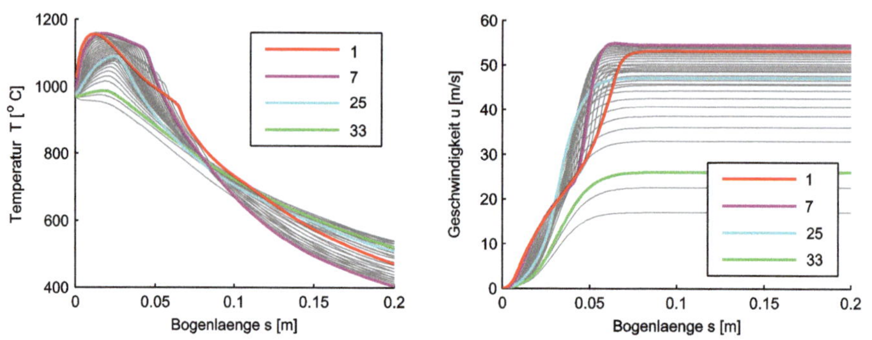

Abb. 24 Temperatur und Geschwindigkeit entlang der Fasern. Die Nummerierung erfolgt über die Lochreihen von oben nach unten (Simulation: Johannes Schnebele, Fraunhofer ITWM)

verschiedenen Reihen. In Kooperation mit dem Industriepartner Woltz wurden verschiedene Aspekte der Anlage untersucht.

Ein fast allen Untersuchungen übergeordnetes Optimierungsziel ist die Produktion von Fasern mit möglichst gleichmäßigen Durchmessern oder doch zumindest kontrollierter Durchmesserverteilung. Dabei ist zu beachten, dass die Lochreihen mit unterschiedlichem Druck durch das Glasreservoir beaufschlagt sind und im Spinnprozess unterschiedliche Strömungsverhältnisse und -temperaturen durchlaufen. In Abb. 24 ist die Temperatur und Geschwindigkeit der Fasern für alle Lochreihen dargestellt. Als Folge der stationären Kontinuitätsgleichung gilt für Durchmesser d und Geschwindigkeiten u der einfache Zusammenhang $d = D\sqrt{u/U}$, wobei D und U die Größen am Lochaustritt bezeichnen. Den abhängig von der Lochreihe variierenden Geschwindigkeiten kann also durch angepasste Auslegung der Spinnerscheibe bzgl. der Durchmeser D begegnet werden, um die finale Durchmesserverteilung zu vergleichmäßigen. Die Auswirkungen solcher Maßnahmen sind aufgrund der beschriebenen Kopplungen in höchster Weise komplex, können aber simulationsbasiert gut beurteilt werden. Durch Parameterstudien wurden verschiedene Auslegungsvorschläge am Fraunhofer ITWM erarbeitet.

Als Beispiel für eine simulationsbasierte Prozessführung mögen die Untersuchungen zur Abrasion dienen, die im laufenden Betrieb durch die heiße Glasströmung zu einer Aufweitung der Kapillaren führt. Abbildung 25 zeigt Lochdurchsatz, finalen Faserdurchmesser, maximale Fasergeschwindigkeit und Austrittstemperatur aller Reihen zunächst für den Ausgangszustand (neue Spinnerscheibe) und dann für um 5 % geweitete Kapillaren. Die Abrasion hat den dramatischen Effekt, dass die oberen Lochreihen nicht mehr mit Glasschmelze versorgt werden, so dass ohne eine Nachführung der Prozessparameter die Spinnerscheibe ausgetauscht werden muss. Die am Fraunhofer ITWM erarbeitete Maschineneinstellung mit abgesenkter Glasschmelzetemperatur und Spinnerscheibendrehzahl kann den Effekt vollständig kompensieren und führt auf Durchsatz- und Faserdurchmesserverteilungen, die der Verwendung einer neuen Scheibe gleichkommen. Durch die Prozessführung wird die Lebensdauer der Scheibe signifikant verlängert, so dass erhebliche Kosten eingespart werden.

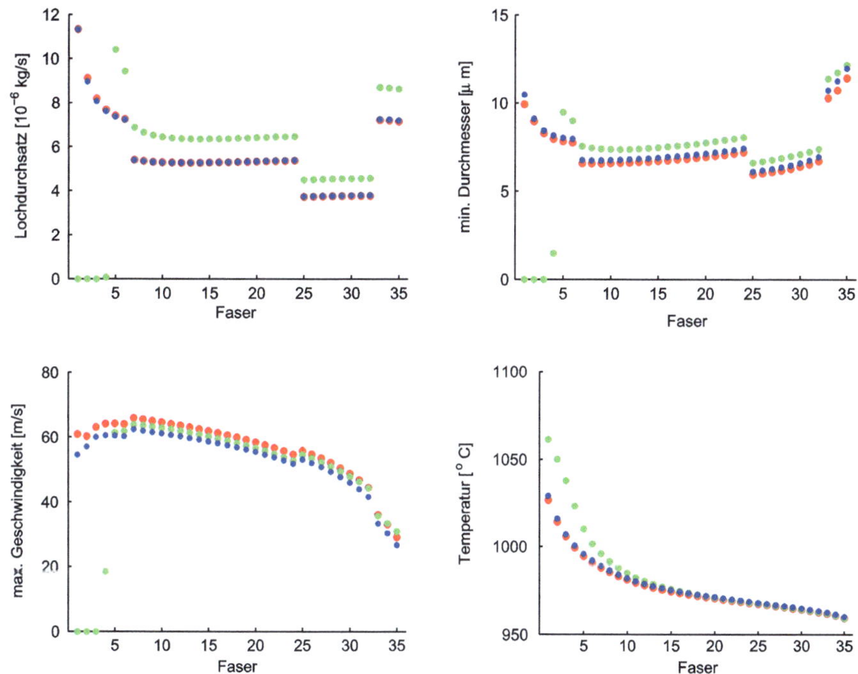

Abb. 25 Prozessführung: Spinnerscheibe nach Einbau (*rot*), durch Betrieb um 5 % geweitet Lochdurchmesser (*grün*), Einstellungsvorschlag zur Kompensation der Abrasion (*blau*). Von links nach rechts, *oben*: Lochdurchsätze und minimaler Faserdurchmesser; *unten*: maximale Geschwindigkeit und Temperatur in Abhängigkeit der Lochreihen (Simulation: Johannes Schnebele, Fraunhofer ITWM)

8 Resümee und Ausblick

Die virtuelle Produktion von Filamenten und Vliesstoffen ist in den letzten Jahren am Fraunhofer ITWM Realität geworden. Mit den entwickelten Modellen, Algorithmen und Softwaretools gelingt die Erfassung der hoch komplexen Produktionsprozesse, so dass ihre simulationsbasierte Prozessführung und -auslegung ermöglicht wird. Dies schafft im zugehörigen Maschinenbau eine neue Qualität und damit verbunden neue vielfältige Möglichkeiten. In mehreren spezifischen Modellierungsbereichen hat das Fraunhofer ITWM ein Alleinstellungsmerkmal erreicht. Dies gilt insbesondere für die Behandlung der Filamentdynamik in turbulenten Strömungen, die Modellierung der Vliesablage durch effiziente stochastische Ersatzmodelle und für die Filament-Strömungs-Kopplung in Spinnprozessen mit dichten Filamentvorhängen. Dennoch ist das Arbeitsfeld nach wie vor lebendig. Die Einbeziehung viskoelastischer Effekte in die Filamentdynamik, die Verallgemeinerung der Turbulenzwirkung auf LES-Simulationen, Faser-Faser-Kontakt, die Weiterentwicklung der simulationsbasierten Mikrostrukturgeneration und die Rückwirkung der Filamente auf die Strömung in instationären und chaotischen Situationen sind nur einige der zukünftigen Aufgaben und Themenstellungen. In gewohnter Weise werden wir uns bei ihrer Behandlung durch die Praxisprobleme unserer Industriepartner leiten lassen und freuen uns auf deren Herausforderungen.

Danksagung Die in diesem Beitrag gezeigten Simulationsergebnisse beruhen auf der Arbeit der in Abschn. 3 genannten Mitarbeiter der Abteilung Transportvorgänge am Fraunhofer ITWM. Ihnen gilt unser besonderer Dank. Wesentliche Arbeiten der Autoren wurden unterstützt durch die Deutsche Forschungsgemeinschaft (DFG), WE 2003/3-1, WE 2003/4-1, MA 4526/2-1 und das Bundesministerium für Bildung und Forschung (BMBF), Verbundprojekt ProFil, 05M10WEA, 05M10AMB, Verbundprojekt OPAL, 05M13WEA, 05M13AMD.

Literaturverzeichnis

Publikationen der Autoren

1. Arne, W., Marheineke, N., Meister, A., Wegener, R.: Numerical analysis of Cosserat rod and string models for viscous jets in rotational spinning processes. Math. Models Methods Appl. Sci. **20**(10), 1941–1965 (2010)
2. Arne, W., Marheineke, N., Meister, A., Wegener, R.: Finite volume approach for the instationary Cosserat rod model describing the spinning of viscous jets, arXiv:1207.0731 (2012)
3. Arne, W., Marheineke, N., Schnebele, J., Wegener, R.: Fluid-fiber-interactions in rotational spinning process of glass wool manufacturing. J. Math. Ind. **1**, 2 (2011)
4. Arne, W., Marheineke, N., Wegener, R.: Asymptotic transition of Cosserat rod to string models for curved viscous inertial jets. Math. Models Methods Appl. Sci. **21**(10), 1987–2018 (2011)
5. Bonilla, L.L., Götz, T., Klar, A., Marheineke, N., Wegener, R.: Hydrodynamic limit for the Fokker–Planck equation describing fiber lay-down models. SIAM J. Appl. Math. **68**(3), 648–665 (2007)
6. Götz, T., Klar, A., Marheineke, N., Wegener, R.: A stochastic model and associated Fokker–Planck equation for the fiber lay-down process in nonwoven production processes. SIAM J. Appl. Math. **67**(6), 1704–1717 (2007)
7. Götz, T., Klar, A., Unterreiter, A., Wegener, R.: Numerical evidence for the non-existence of solutions to the equations describing rotational fiber spinning. Math. Models Methods Appl. Sci. **18**(10), 1829–1844 (2008)
8. Grothaus, M., Klar, A., Maringer, J., Stilgenbauer, P., Wegener, R.: Application of a three-dimensional fiber lay-down model to non-woven production processes. J. Math. Ind. **4**, 4 (2014)
9. Hietel, D., Wegener, R.: Simulation of spinning and laydown processes. Technical Textiles **3**, 145–148 (2005)
10. Hübsch, F., Marheineke, N., Ritter, K., Wegener, R.: Random field sampling for a simplified model of melt-blowing considering turbulent velocity fluctuations. J. Stat. Phys. **150**(6), 1115–1137 (2013)
11. Klar, A., Marheineke, N., Wegener, R.: Hierarchy of mathematical models for production processes of technical textiles. Z. Angew. Math. Mech. **89**, 941–961 (2009)
12. Klar, A., Maringer, J., Wegener, R.: A 3d model for fiber lay-down in nonwoven production processes. Math. Models Methods Appl. Sci. **22**(9), 1250020 (2012)
13. Klar, A., Maringer, J., Wegener, R.: A smooth 3d model for fiber lay-down in nonwoven production processes. Kinet. Relat. Models. **5**(1), 57–112 (2012)
14. Lorenz, M., Marheineke, N., Wegener, R.: On simulations of spinning processes with a stationary one-dimensional upper convected Maxwell model. J. Math. Ind. **4**, 2 (2014)

15. Marheineke, N., Liljo, J., Mohring, J., Schnebele, J., Wegener, R.: Multiphysics and multimethods problem of rotational glass fiber melt-spinning. Int. J. Numer. Anal. Model. B **3**(3), 330–344 (2012)
16. Marheineke, N., Wegener, R.: Fiber dynamics in turbulent flows: General modeling framework. SIAM J. Appl. Math. **66**(5), 1703–1726 (2006)
17. Marheineke, N., Wegener, R.: Fiber dynamics in turbulent flows: Specific Taylor drag. SIAM J. Appl. Math. **68**(1), 1–23 (2007)
18. Marheineke, N., Wegener, R.: Asymptotic model for the dynamics of curved viscous fibers with surface tension. J. Fluid Mech. **622**, 345–369 (2009)
19. Marheineke, N., Wegener, R.: Modeling and application of a stochastic drag for fiber dynamics in turbulent flows. Int. J. Multiph. Flow **37**, 136–148 (2011)
20. Panda, S., Marheineke, N., Wegener, R.: Systematic derivation of an asymptotic model for the dynamics of curved viscous fibers. Math. Methods Appl. Sci. **31**, 1153–1173 (2008)
21. Tiwari, S., Antonov, S., Hietel, D., Kuhnert, J., Olawsky, F., Wegener, R.: A meshfree method for simulations of interactions between fluids and flexible structures. In: Griebel, M., Schweitzer, M.A. (eds.) Meshfree Methods for Partial Differential Equations III. Lecture Notes in Computational Science and Engineering, vol. 57, pp. 249–264. Springer, Berlin (2006)

Dissertationen zum Thema am Fraunhofer ITWM

22. Arne, W.: Viskose Jets in rotatorischen Spinnprozessen. Ph.D. thesis, Universität Kassel (2012)
23. Dhadwal, R.: Fibre spinning: Model analysis. Ph.D. thesis, Technische Universität Kaiserslautern (2005)
24. Leithäuser, C.: Controllability of shape-dependent operators and constrained shape optimization for polymer distributors. Ph.D. thesis, Technische Universität Kaiserslautern (2013)
25. Lorenz, M.: On a viscoelastic fibre model – Asymptotics and numerics. Ph.D. thesis, Technische Universität Kaiserslautern (2013)
26. Marheineke, N.: Turbulent fibers – On the motion of long, flexible fibers in turbulent flows. Ph.D. thesis, Technische Universität Kaiserslautern (2005)
27. Maringer, J.: Stochastic and deterministic models for fiber lay-down. Ph.D. thesis, Technische Universität Kaiserslautern (2013)
28. Panda, S.: The dynamics of viscous fibers. Ph.D. thesis, Technische Universität Kaiserslautern (2006)
29. Repke, S.: Adjoint-based optimization approaches for stationary free surface flows. Ph.D. thesis, Technische Universität Kaiserslautern (2011)
30. Schröder, S.: Stochastic methods for fiber-droplet collisions in flow processes. Ph.D. thesis, Technische Universität Kaiserslautern (2013)

Weitere Literatur

31. Antman, S.S.: Nonlinear Problems of Elasticity. Springer, New York (2006)
32. Audoly, B., Clauvelin, N., Brun, P.T., Bergou, M., Grinspun, E., Wardetzky, M.: A discrete geometric approach for simulating the dynamics of thin viscous threads. J. Comput. Phys. **253**, 18–49 (2013)
33. Audoly, B., Pomeau, Y.: Elasticity and Geometry. Oxford University Press, Oxford (2010)

34. Barrett, J.W., Knezevic, D.J., Süli, E.: Kinetic Models of Dilute Polymers: Analysis, Approximation and Computation. Nečas Center for Mathematical Modeling, Prague (2009)
35. Batchelor, G.K.: Slender-body theory for particles of arbitrary cross-section in Stokes flow. J. Fluid Mech. **44**(3), 419–440 (1970)
36. Bechtel, S.E., Forest, M.G., Holm, D.D., Lin, K.J.: One-dimensional closure models for three-dimensional incompressible viscoelastic free jets: von Karman flow geometry and elliptical cross-section. J. Fluid Mech. **196**, 241–262 (1988)
37. Bonilla, L.L., Klar, A., Martin, S.: Higher order averaging of linear Fokker–Planck equations with periodic forcing. SIAM J. Appl. Math. **72**(4), 1315–1342 (2012)
38. Bonilla, L.L., Klar, A., Martin, S.: Higher order averaging of Fokker–Planck equations for nonlinear fiber lay-down processes. SIAM J. Appl. Math. **74**(2), 366–391 (2014)
39. Chiu-Webster, S., Lister, J.R.: The fall of a viscous thread onto a moving surface: a fluid-mechanical sewing machine. J. Fluid Mech. **569**, 89–111 (2006)
40. Cosserat, E., Cosserat, F.: Théorie des corps déformables. Hermann, Paris (1909)
41. Cox, R.G.: The motion of long slender bodies in a viscous fluid. Part 1. General theory. J. Fluid Mech. **44**(4), 791–810 (1970)
42. Decent, S.P., King, A.C., Simmons, M.J.H., Parau, E.I., Wallwork, I.M., Gurney, C.J., Uddin, J.: The trajectory and stability of a spiralling liquid jet: Viscous theory. Appl. Math. Model. **33**(12), 4283–4302 (2009)
43. Desvilettes, L., Villani, C.: On the trend to global equilibrium for spatially inhomogeneous entropy-dissipating systems: The linear Fokker–Planck equation. Commun. Pure Appl. Math. **54**, 1–42 (2001)
44. Dewynne, J.N., Ockendon, J.R., Wilmott, P.: A systematic derivation of the leading-order equations for extensional flows in slender geometries. J. Fluid Mech. **244**, 323–338 (1992)
45. Doulbeault, J., Klar, A., Mouhot, C., Schmeiser, C.: Exponential rate of convergence to equilibrium for a model describing fiber lay-down processes. Appl. Math. Res. Express **2013**, 165–175 (2013)
46. Doulbeault, J., Mouhot, C., Schmeiser, C.: Hypocoercivity for linear kinetic equations conserving mass, arXiv:1005.1495 (2010)
47. Eggers, J.: Nonlinear dynamics and breakup of free-surface flow. Rev. Mod. Phys. **69**, 865–929 (1997)
48. Eggers, J., Dupont, T.: Drop formation in a one-dimensional approximation of the Navier–Stokes equation. J. Fluid Mech. **262**, 205–221 (2001)
49. Elliott, F., Majda, A.J.: A new algorithm with plane waves and wavelets for random velocity fields with many spatial scales. J. Comput. Phys. **117**, 146–162 (1995)
50. Entov, V.M., Yarin, A.L.: The dynamics of thin liquid jets in air. J. Fluid Mech. **140**, 91–111 (1984)
51. Ferziger, J.H., Perić, M.: Computational Methods for Fluid Dynamics, 3rd edn. Springer, Berlin (2002)
52. Forest, M.G., Wang, Q.: Dynamics of slender viscoelastic free jets. SIAM J. Appl. Math. **54**(4), 996–1032 (1994)
53. Forest, M.G., Wang, Q., Bechtel, S.E.: 1d models for thin filaments of liquid crystalline polymers: Coupling of orientation and flow in the stability of simple solutions. Physics D **99**(4), 527–554 (2000)
54. Frisch, U.: Turbulence. The Legacy of A.N. Kolmogorov. Cambridge University Press, Cambridge (1995)
55. Geyling, F.T., Homsey, G.M.: Extensional instabilities of the glass fiber drawing process. Glass Technol. **21**, 95–102 (1980)
56. Gidaspow, D.: Multiphase Flow and Fluidization: Continuum and Kinetic Theory Descriptions. Academic Press, San Diego (1994)

57. Glowinski, R., Pan, T.W., Hesla, T.I., Joseph, D.D., Périaux, J.: A fictitious domain approach to the direct numerical simulation of incompressible viscous flow past moving rigid bodies: Application to particulate flow. J. Comput. Phys. **169**, 363–426 (2001)
58. Gospodinov, P., Roussinov, V.: Nonlinear instability during the isothermal drawing of optical fibers. Int. J. Multiph. Flow **19**, 1153–1158 (1993)
59. Grothaus, M., Klar, A.: Ergodicity and rate of convergence for a non-sectorial fiber lay-down process. SIAM J. Math. Anal. **40**(3), 968–983 (2008)
60. Grothaus, M., Klar, A., Maringer, J., Stilgenbauer, P.: Geometry, mixing properties and hypocoercivity of a degenerate diffusion arising in technical textile industry. arXiv:1203.4502 (2012)
61. Grothaus, M., Stilgenbauer, P.: Geometric Langevin equations on submanifolds and applications to the stochastic melt-spinning process of nonwovens and biology. Stoch. Dyn. **13**(4), 1350001 (2013)
62. Hagen, T.C.: On viscoelastic fluids in elongation. Adv. Math. Res. **1**, 187–205 (2002)
63. Hairer, E., Nørsett, S.P., Wanner, G.: Solving Ordinary Differential Equations I, 2nd edn. Nonstiff Problems. Springer, Berlin (2009)
64. Hartmann, S., Meister, A., Schäfer, M., Turek, S. (eds.): Fluid-Structure Interaction – Theory, Numerics and Application. Kassel University Press, Kassel (2009)
65. Herty, M., Klar, A., Motsch, S., Olawsky, F.: A smooth model for fiber lay-down processes and its diffusion approximations. Kinet. Relat. Models **2**(3), 489–502 (2009)
66. Hlod, A., Aarts, A.C.T., van de Ven, A.A.F., Peletier, M.A.: Three flow regimes of viscous jet falling onto a moving surface. IMA J. Appl. Math. **77**(2), 196–219 (2012)
67. Hoerner, S.F.: Fluid-Dynamic Drag. Practical Information on Aerodynamic Drag and Hydrodynamic Resistance. (1965) Published by the author. Obtainable from ISVA
68. Howell, P.D., Siegel, M.: The evolution of a slender non-axisymmetric drop in an extensional flow. J. Fluid Mech. **521**, 155–180 (2004)
69. Jung, P., Leyendecker, S., Linn, J., Ortiz, M.: A discrete mechanics approach to Cosserat rod theory – Part I: Static equilibria. Int. J. Numer. Methods Eng. **85**, 31–60 (2010)
70. Keller, J.B., Rubinow, S.I.: Slender-body theory for slow viscous flow. J. Fluid Mech. **75**(4), 705–714 (1976)
71. Kirchhoff, G.: Über das Gleichgewicht und die Bewegung eines unendlich dünnen elastischen Stabes. J. Reine Angew. Math. **56**, 285–316 (1859)
72. Kolb, M., Savov, M., Wübker, A.: (Non-)ergodicity of a degenerate diffusion modeling the fiber lay down process. SIAM J. Math. Anal. **45**(1), 1–13 (2013)
73. Kurbanmuradov, O., Sabelfeld, K.: Stochastic spectral and Fourier-wavelet methods for vector Gaussian random fields. Monte Carlo Methods Appl. **12**(5–6), 395–445 (2006)
74. Kutoyants, Y.: Statistical Inference for Ergodic Diffusion Processes. Springer, London (2004)
75. Lamb, H.: On the uniform motion of a sphere through a viscous fluid. Philos. Mag. **6**(21), 113–121 (1911)
76. Launder, B.E., Spalding, B.I.: Mathematical Models of Turbulence. Academic Press, London (1972)
77. Love, A.E.H.: A Treatise on the Mathematical Theory of Elasticity, 4th edn. Cambridge University Press, Cambridge (1927)
78. Lu, Q.Q.: An approach to modeling particle motion in turbulent flows – I. Homogeneous isotropic turbulence. Atmospheric Enviroment **29**(3), 423–436 (1995)
79. Maddocks, J.H.: Stability of nonlinearly elastic rods. Arch. Ration. Mech. Anal. **85**(4), 311–354 (1984)
80. Maddocks, J.H., Dichmann, D.J.: Conservation laws in the dynamics of rods. J. Elast. **34**, 83–96 (1994)

81. Mahadevan, L., Keller, J.B.: Coiling of flexible ropes. Proc. R. Soc. Lond. A **452**, 1679–1694 (1996)
82. Majda, A.J.: Random shearing direction models for isotropic turbulent diffusion. J. Stat. Phys. **75**(5–6), 1153–1165 (1994)
83. Malkan, S.R.: An overview of spunbonding and meltblowing technologies. Tappi J. **78**(6), 185–190 (1995)
84. Matovich, M.A., Pearson, J.R.A.: Spinning a molten threadline. Steady-state isothermal viscous flows. Ind. Eng. Chem. Fundam. **8**(3), 512–520 (1969)
85. Monaghan, J.J.: Smoothed particle hydrodynamics. Rep. Prog. Phys. **68**, 1703–1759 (2005)
86. Pearson, J.R.A.: Mechanics of Polymer Processing. Elsevier, New York (1985)
87. Pearson, J.R.A., Matovich, M.A.: Spinning a molten threadline Stability. Ind. Eng. Chem. Fundam. **8**(3), 605–609 (1969)
88. Peskin, C.S.: The immersed boundary method. Acta Numer. **11**, 479–517 (2002)
89. Pinchuk, L.S., Goldade, V.A., Makarevich, A.V., Kestelman, V.N.: Melt Blowing: Equipment, Technology and Polymer Fibrous Materials. Springer Series in Materials Processing. Springer, Berlin (2002)
90. Pismen, L.M., Nir, A.: On the motion of suspended particles in stationary homogeneous turbulence. J. Fluid Mech. **84**, 193–206 (1978)
91. Renardy, M.: Mathematical analysis of viscoelastic flows. Annu. Rev. Fluid Mech. **21**, 21–36 (1989)
92. Ribe, N.M.: Coiling of viscous jets. Proc. R. Soc. Lond. A **2051**, 3223–3239 (2004)
93. Ribe, N.M., Habibi, M., Bonn, D.: Stability of liquid rope coiling. Phys. Fluids **18**, 084102 (2006)
94. Ribe, N.M., Lister, J.R., Chiu-Webster, S.: Stability of a dragged viscous thread: Onset of 'stitching' in a fluid-mechanical 'sewing machine'. Phys. Fluids **18**, 124105 (2006)
95. Rubin, M.B.: Cosserat Theories. Kluwer, Dordrecht (2000)
96. Schewe, G.: On the force fluctuations acting on a circular cylinder in cross-flow from subcritical up to transcritical Reynolds numbers. J. Fluid Mech. **133**, 265–285 (1983)
97. Schlichting, H.: Grenzschicht-Theorie. Verlag G. Braun, Karlsruhe (1982)
98. Schultz, W.W., Davis, S.H.: One-dimensional liquid fibres. J. Rheol. **26**, 331–345 (1982)
99. Shah, F.T., Pearson, J.R.A.: On the stability of non-isothermal fibre spinning. Ind. Eng. Chem. Fundam. **11**, 145–149 (1972)
100. Simo, J.C., Vu-Quoc, L.: Three-dimensional finite strain rod model. Part I: Computational aspects. Comput. Methods Appl. Mech. Eng. **58**, 79–116 (1986)
101. Simo, J.C., Vu-Quoc, L.: On the dynamics in space of rods undergoing large motions – a geometrically exact approach. Comput. Methods Appl. Mech. Eng. **66**, 125–161 (1988)
102. Stokes, Y.M., Tuck, E.O.: The role of inertia in extensional fall of viscous drop. J. Fluid Mech. **498**, 205–225 (2004)
103. Sumer, B.M., Fredsoe, J.: Hydrodynamics Around Cylindrical Structures. World Scientific, New Jersey (2006)
104. Taylor, G.I.: Analysis of the swimming of long and narrow animals. Proc. R. Soc. Lond. A **214**, 158–183 (1952)
105. Tiwari, S., Kuhnert, J.: Finite pointset method based on the projection method for simulations of the incompressible Navier–Stokes equations. In: Griebel, M., Schweitzer, M.A. (eds.) Meshfree Methods for Partial Differential Equations. Lecture Notes in Computational Science and Engineering, vol. 26, pp. 373–387. Springer, Berlin (2003)
106. Tomotika, S., Aoi, T.: An expansion formula for the drag on a circular cylinder moving through a viscous fluid at small Reynolds number. Q. J. Mech. Appl. Math. **4**, 401–406 (1951)

107. Tomotika, S., Aoi, T., Yosinobu, H.: On the forces acting on a circular cylinder set obliquely in a uniform stream at low values of Reynolds number. Proc. R. Soc. Lond. A **219**(1137), 233–244 (1953)
108. VDI-Gesellschaft: VDI-Wärmeatlas, 10th edn. Springer, Berlin (2006)
109. Wallwork, I.M., Decent, S.P., King, A.C., Schulkes, R.M.S.M.: The trajectory and stability of a spiralling liquid jet. Part 1. Inviscid theory. J. Fluid Mech. **459**, 43–65 (2002)
110. Whitman, A.B., DeSilva, C.N.: An exact solution in a nonlinear theory of rods. J. Elast. **4**, 265–280 (1974)
111. Yarin, A.L.: Free Liquid Jets and Films: Hydrodynamics and Rheology. Longman, New York (1993)
112. Yarin, A.L., Gospodinov, P., Gottlieb, O., Graham, M.D.: Newtonian glass fiber drawing: Chaotic variation of the cross-sectional radius. Phys. Fluids **11**(11), 3201–3208 (1999)
113. Zdravkovich, M.M.: Flow Around Circular Cylinders. Fundamentals, vol. 1. Oxford University Press, New York (1997)
114. Ziabicki, A., Kawai, H.: High Speed Melt Spinning. Wiley, New York (1985)

Modellierung und Simulation von Filtrationsprozessen

Oleg Iliev, Ralf Kirsch, Zahra Lakdawala, Stefan Rief und Konrad Steiner

1 Industrielle Herausforderungen bei der Filtration

Filtrations- und Separationsprozesse sind für unser alltägliches Leben sehr wichtig. Fortschritte in diesen Bereichen sind Garant für den dauerhaften und sicheren Betrieb von Maschinen und teilweise unerlässlich zum Schutz der Gesundheit. In einem Pkw etwa findet man eine ganze Reihe von Filtern, zum Reinigen des Kraftstoffs, des Motor- und Getriebeöls, des Kühlmittels, der Bremsflüssigkeit sowie der Luft im Ansaugtrakt des Motors und nicht zuletzt für die Atemluft im Fahrzeuginnenraum. Auch die Qualität unseres Trinkwassers, die Behandlung von Abwässern und der Luft, die wir atmen und vieles mehr, hängen von Filtrationslösungen ab. So ist es kein Wunder, dass die Filtrations- und Separationsindustrie ein schnell wachsender Wirtschaftssektor ist, wobei es einige Dutzend großer und tausende kleinerer Unternehmen gibt, die in starkem Konkurrenzkampf um die Entwicklung der besten Filter stehen. Auch der Bedarf der Industrie an innovativen Filtrations- und Separationslösungen wächst sehr schnell, wobei für das Design neuer Filtermedien und Filterelemente immer häufiger Computer Aided Engineering eingesetzt wird.

Drei Kriterien bestimmen im Wesentlichen die Leistungsfähigkeit eines Filters:

- das Verhältnis von Durchflussrate zu Druckabfall,
- die Größe und Anzahl der abzufilternden Partikel und
- die Schmutzaufnahmekapazität.

O. Iliev (✉) · R. Kirsch · Z. Lakdawala · S. Rief · K. Steiner
Fraunhofer-Institut für Techno- und Wirtschaftsmathematik, Fraunhofer-Platz 1,
67663 Kaiserslautern, Deutschland
e-mail: oleg.iliev@itwm.fraunhofer.de

H. Neunzert, D. Prätzel-Wolters (eds.), *Mathematik im Fraunhofer-Institut*,
DOI 10.1007/978-3-662-44877-9_7

Das erste Kriterium hängt mit der Energieeffizienz des Filters zusammen (d. h. die Energie, die verbraucht wird, um das Fluid durch das Filtermedium zu drücken). Das zweite Kriterium bestimmt die Anforderungen an den Abscheidegrad (z. B. 99,9 % der Partikel, die größer als ein Mikrometer sind, müssen gefiltert werden). Das dritte Kriterium ist ein Maß für die Standzeit des Filters, also der Häufigkeit, mit der ein Filterbauteil gereinigt oder ersetzt werden muss.

Offensichtlich bedeuten diese drei Kriterien, dass sich die Hersteller mit sich widersprechenden Anforderungen befassen müssen. So kann z. B. eine höhere Energieeffizienz durch eine höhere Porosität des Filtermediums erreicht werden, doch dies verschlechtert die Filtereffizienz. Eine höhere Schmutzaufnahmekapazität ist u.U. durch ein dickeres Filtermedium möglich, doch dies führt zu einem höheren Druckverlust und damit zu einem höheren Energiebedarf.

Den meist strengen Anforderungen steht eine Vielzahl von Möglichkeiten gegenüber, Filtermedium und Filterelement zu gestalten. Neben der gezielten Strukturierung des Porenraums des Filtermediums werden daher unterschiedlich poröse, gradierte Schichten übereinandergelegt um die Standzeit zu erhöhen. Häufig wird die aktive Oberfläche durch makroskopische Strukturierung (z. B. Faltenlegung oder Wabenbildung) erhöht. Insgesamt ergeben sich dann, ggf. auch durch Reihen- bzw. Parallelschaltung von einzelnen Filtern, komplette Filtersysteme (z. B. in Kläranlagen), deren äußere Dimensionen mehrere Meter umfassen, deren effektive Filtration allerdings in Poren auf der Mikro- bzw. Nanometerskala erfolgt.

Oftmals können die Einflüsse von Filtermedium und Filtersystem (Faltenlegung und Gehäuse) nur getrennt und unter Testbedingungen untersucht und optimiert werden, ohne dass Wechselwirkungen und prozessbedingte Änderungen berücksichtigt werden können. Dies führt oft dazu, dass Filtermedien oder auch komplette Filter in der Anwendung versagen, obwohl sie auf dem Prüfstand hervorragende Ergebnisse lieferten.

Der Einsatz von Simulationsmethoden und CAE-Software (Computer Aided Engineering) zur strömungsdynamischen Auslegung von Filtersystemen ist daher seit Jahren ein übliches Werkzeug in der Produktentwicklung, da die funktionale Prüfung an Prüfständen enorm zeitaufwendig und kostenintensiv ist. Allerdings werden in der Regel generelle strömungsdynamische Simulationspakete eingesetzt, ohne die speziellen Filtrationseffekte adäquat bei der Modellierung berücksichtigen zu können.

Mit kommerzieller CAE-Software lassen sich in der Regel einzelne Effekte, insbesondere die Strömung durch das Filtermedium oder auch die freie Strömung im Filtergehäuse berechnen. Die stark gekoppelten Wechselwirkungen zwischen den Strömungsbereichen im Filtermedium und der Gehäuseströmung (insbesondere unter Berücksichtigung der korrekten Grenzflächenbedingungen) oder auch die Kopplung der räumlichen Skalen ist mit den aktuellen kommerziellen Ansätzen der Co-Simulation, d. h. der schwachen Kopplung der Skalen bzw. der verschiedenen Regime nicht immer adäquat oder effizient lösbar.

1.1 Das Design von Filtermedien

In diesem Kapitel wollen wir zunächst beispielhaft Vliese als Filtermedien betrachten (siehe Abb. 7). Die Überlegungen und Ausführungen gelten aber analog auch für andere Filtermaterialien, wie Schaum, Sand, Keramik, oder Filtermedien wie Papiere, Polymermembranen und Siebe. Zu den entscheidenden Faktoren, die die Leistungsfähigkeit von Filtervliesen beeinflussen gehören

- die Mikrostruktur des Mediums,
- der Schichtaufbau,
- das Fasermaterial,
- die Oberflächenbehandlung oder elektrische Ladung der Fasern,
- die Verformungen im Medium unter Einsatzbedingungen und
- die Anpassung des Filtermediums für bestimmte Schmutzteilchen.

Die *Mikrostruktur* des Filtermediums wird durch die Form der Fasern, ihre Durchmesserverteilung und ihre Anisotropie beeinflusst. Heutzutage werden Fasern in einem weiten Größenbereich gefertigt, mit Durchmessern von wenigen Nano- bis hin zu Mikrometern und in einer Vielzahl von Formen, die von der klassischen Zylinderform bis zu trilobalen oder elliptischen Querschnitten reichen. Es ist für den Hersteller eine große Herausforderung, die richtige Kombination von Fasern für das Filtermedium zu finden, damit es die geforderte Leistungsfähigkeit für eine bestimmte Sorte von Staubteilchen erfüllt.

Häufig verwendet man *mehrlagige Filtermedien*. Das Design mehrlagiger oder gradierter Filtermedien kann die Energieeffizienz und die Schmutzaufnahmekapazität deutlich verbessern, ohne gleichzeitig den Abscheidegrad zu beeinträchtigen.

Die *Ausgangsmaterialien*, die für die Herstellung eines Filters verwendet werden, haben großen Einfluss auf die Leistungsfähigkeit des Filtermediums. Die chemische Industrie stellt immer neue Materialien zur Verfügung, wodurch die systematische Auswahl des geeignetsten Materials für eine bestimmte Filteranwendung immer schwieriger wird.

Die elektrostatische *Aufladung* des Filtermediums ist vor allem bei Luftfiltern eine Methode, den Abscheidegrad zu steigern, ohne seine energetische Effizienz (d. h. das Verhältnis von Durchflussrate zu Druckabfall) zu verringern. Gleichzeitig wären weitere Verbesserungen der Leistungsfähigkeit der Filtermedien möglich, wenn man die Mechanismen der Wechselwirkungen zwischen Mikrostruktur und der Aufladung, sowie der Rolle der angelagerten Partikel bei der Abschirmung des elektrischen Feldes besser verstehen würde.

Verformungen treten oft unter Einsatzbedingungen auf, sowohl auf der Längenskala der Fasern bzw. der dazwischenliegenden Poren als auch auf der des gesamten Filtermediums. Dadurch kann die Mikrostruktur des Filtermediums signifikant verändert und so deutlich die Leistungsfähigkeit des Filters beeinflusst werden. Es ist sehr schwierig, die qualitativen

Abb. 1 *Links:* Ein gefaltetes Filtermedium mit Riffelungen. *Mitte:* Eine gefaltete Kartusche für Kraftstofffilter. *Rechts:* Geöffnetes Gehäuse eines Ölfilters für ein Automatikgetriebe. Das Filtermedium ist perforiert und die Plastikabdeckung hat eine stützende Rippenstruktur, die auf einen geringen Fließwiderstand optimiert wurde

und quantitativen Veränderungen in der Leistungsfähigkeit eines Filters aufgrund dieser Deformationen zu verstehen und vorherzusagen.

Die *Anpassung* der Filtermedien an Kundenwünsche für eine bestimmte Art von Schmutzteilchen oder gar nur die Auswahl eines Filtermediums, das für realen Schmutz eine bessere Leistungsfähigkeit zeigt, ist eine äußerst komplexe Herausforderung. Dazu werden normalerweise ISO (International Standardization Organization)-Tests mit einem klassifizierten Schmutz durchgeführt. Diese Staubsorten haben eine bestimmte Verteilung der Teilchendurchmesser und die Teilchen haben eine relativ einfache Form. In der Realität kann der Staub jedoch beträchtlich von den genormten Teststäuben abweichen. Deshalb kann sich die Leistungsfähigkeit eines Filters unter Einsatzbedingungen von dem im Labor gemessenen Verhalten deutlich unterscheiden.

1.2 Die Auslegung von Filterelementen

Einige typische Designs von Filterelementen sind in Abb. 1 gezeigt. Die wichtigsten Einflussfaktoren, die die Leistungsfähigkeit eines Filters auf dieser Größenskala bestimmen sind:

- die Auswahl des Filtermediums,
- die Strukturierung des Filtermediums (z. B. durch Faltung),
- die Stabilisierung des Filtermediums (z. B. die Gestaltung von Stützstrukturen in Form von Gittern oder Rippen) und
- die Dimensionierung und geometrische Form des Filterelementgehäuses sowie die Positionierung und Gestaltung der Ein- und Auslassbereiche.

Die *Auswahl des geeigneten Filtermediums* ist für die Hersteller von Filterelementen und Filtersystemen wesentlich für die Leistungsfähigkeit des Gesamtfiltersystems. Die Durchschnittswerte, die von den Filtermedienherstellern zur Verfügung gestellt werden, wie das Flächengewicht oder die Porosität, reichen meist nicht aus, um die Leistungsfähigkeit des Filterelements für kundenspezifische Reinheitsanforderungen zu bewerten. Die Mehrzahl der standardisierten Testverfahren sind auf die Verwendung einzelner Flachproben des Filtermediums ausgelegt. Derartige Tests liefern nützliche Informationen, müssen aber sorgfältig analysiert werden, um vorab die Leistungsfähigkeit eines Filterelements mit einer komplexen Form des Filtermediums oder Gehäuses bewerten zu können.

Für viele Filteranwendungen ist die Bestimmung der *optimalen Faltenanzahl* bei der Auslegung einer Filter wesentlich. Hierbei wird versucht, einen optimalen Kompromiss aus Filtrationsoberfläche (d. h. möglichst viele Falten) und Druckverlust in den Faltenkanälen (d. h. keine zu geringen Faltenabstände) zu finden. Negative Einflussfaktoren wie z. B. die Deformation der Falten können die Leistungsfähigkeit eines Filterelements stark verändern, doch selbst im Fall starrer Filtermedien ist die Bestimmung der optimalen Faltenanzahl nicht offensichtlich. Ferner wird die optimale Faltenlegungsdichte üblicherweise für reine Filtermedien abgeschätzt. Weil sich aber der Strömungswiderstand bei beladenen Medien verändert, unterscheidet sich die optimale Faltenanzahl für saubere, teilweise beladene und stark verschmutze Medien u.U. deutlich.

Eine *Stabilisierung* des Filtermediums ist oft sowohl für flache als auch für gefaltete Medien notwendig. Das Trägergitter oder die Stützrippen bzw. -gewebe können in manchen Fällen die effektive Filtrationsoberfläche um mehr als zehn Prozent verringern. Außerdem verursachen diese Maßnahmen einen zusätzlichen Strömungswiderstand und verringern so die Energieeffizienz des Filterelements. Andererseits können nicht ausreichend dimensionierte Stabilisierungsmaßnahmen zu Verformungen des Filtermediums führen, was sich sehr nachteilig auf den Druckverlust auswirken und sogar die Beschädigung des Mediums herbeiführen kann.

Auch für die *Dimensionierung eines Filterelements* an sich sind oft mehrere Einschränkungen zu berücksichtigen. So ist z. B. bei Getriebeölfiltern die Form und Größe des Filterelements durch den im Motorraum zur Verfügung stehenden Bauraum eingeschränkt. In anderen Fällen, z. B. bei Filterpatronen, muss die Gesamthöhe des Filterelements sorgfältig gewählt werden, damit der zur Verfügung stehende Druck auch ausreicht, um das Fluid durch das gesamte Filterelement zu transportieren, da andernfalls die zur Verfügung stehende Filtrationsoberfläche nicht ausgeschöpft wird.

Die zum Teil stark schwankenden Betriebsbedingungen bei Filterbauteilen stellen ebenfalls eine große Herausforderung dar, die die Produktentwickler meistern müssen. Ein gutes Beispiel hierfür ist der so genannte Inlet Barrier Filter, der das Triebwerk eines Hubschraubers schützen soll. Je nach Start- oder Landeplatz werden unterschiedlichste Materialien wie Staub, Sand usw. aufgewirbelt und angesaugt. Ferner variiert die Anströmung des Filters stark je nach Flugmodus. Von ähnlicher Dynamik ist der Betrieb von Filterbauteilen im Automobilsektor geprägt: Schnell anlaufende Pumpen, das Start-Stopp-System zur Verringerung des Kraftstoffverbrauchs u.ä. führen schnelle Änderungen des

Volumenstroms bzw. Drucks herbei, was u.U. erhebliche Mengen von bereits abgelagertem Schmutz wieder freisetzt. Im industriellen Einsatz häufig verwendete Wartungsmaßnahmen wie das Rückspülen (engl. *backflushing*) können so genannte Channeling-Effekte verursachen, bei denen irreversibel Strömungskanäle im Medium geöffnet werden, was die Filtrationseffizienz erheblich verringern kann.

Man kann an dieser (immer noch unvollständigen) Aufzählung bereits erkennen, dass die Produktentwicklung im Filtrationsbereich eine Herausforderung ist. Unter Beachtung von an sich widersprüchlichen Leistungsmerkmalen und z.T. sehr dynamischen Betriebsbedingungen muss ein optimales Design erstellt werden. Lange Zeit war die Industrie dabei ausschließlich auf Laborexperimente angewiesen, doch die Herstellung von Prototypen und die Durchführung der Laborexperimente sind sehr teuer und zeitaufwendig. Im letzten Jahrzehnt wurden daher mehr und mehr mathematische Modellierungsmethoden und Computersimulationen verwendet, um den Entwurf neuer Filter zu unterstützen. Der Einsatz von CAE (Computer Aided Engineering) ist für viele Filtermedien- und Filterelementhersteller zu einem Teil der alltäglichen Arbeit geworden.

2 Mathematische Herausforderungen bei der Modellierung und Simulation von Filtrationsprozessen

Viele mathematische Aufgaben müssen für die Modellierung und Simulation von Filtrationsprozessen gleichzeitig angegangen werden. Die wichtigsten Ziele für die mathematische Modellierung von Filtrationsprozessen sind die Beschreibung

- der Strömung des Fluids durch das (poröse) Filtermedium und innerhalb des Gehäuses,
- der Wechselwirkung zwischen dem Fluid und dem Filtermedium,
- des Transports der Schmutzpartikel,
- des Filtrationsprozesses selbst und
- der Wechselwirkung der Partikel untereinander, vor allem im Falle eines stark verunreinigten Fluids.

Die größte Herausforderung besteht darin, dass all diese Vorgänge ebenfalls miteinander wechselwirken. Natürlich beeinflusst die Strömung den Transport der Schmutzpartikel im Zu- und Abstrom sowie ihre Ablagerung im Filtermedium. Die Ablagerung wiederum verändert die Geometrie der Porenräume im Medium und hat dadurch Auswirkungen auf das Strömungsfeld und die Druckverteilung.

Analytische Lösungen hierfür gibt es kaum, daher ist man in der Regel auf Computersimulationen angewiesen. Die wichtigsten Aufgaben dabei sind

- die Entwicklung geeigneter numerischer Algorithmen,
- die Implementierung dieser Algorithmen in Form geeigneter Software-Tools,
- die Festlegung eines Rechengebietes und die Erzeugung eines Rechengitters,
- die Durchführung von Simulationen und
- die Analyse der gewonnenen Ergebnisse.

In diesem Abschnitt wollen wir kurz auf die Herausforderungen eingehen, vor denen die Industriemathematik in Bezug auf die Modellierung und Simulation von Filtrationsprozessen steht. In den weiteren Unterabschnitten besprechen wir:

- Modellierungsansätze auf der Porenskala des Filtermediums,
- Modellierungsansätze auf der Skala des Filterelements,
- die Modellierung von deformierbaren Filtermedien,
- die Multiskalenmodellierung von Filtrationsprozessen,
- numerische Algorithmen auf der Porenskala des Filtermediums und
- numerische Algorithmen auf der Skala des Filterelements.

2.1 Spezifische Herausforderungen auf der Mikroskala

Wir wollen hier nur einige der wichtigsten Herausforderungen bei der Modellierung von Filtrationsprozessen auf der Porenskala des Filtermediums betrachten.

Die erste Aufgabe besteht in der *Modellierung der Geometrie der Poren im Fall einer zufälligen Mikrostruktur*. Filtermedien bestehen oft aus Vliesmaterialien, Schäumen, Membranen oder anderen Materialien, *die auf der Porenskala eine zufällige Geometrie* aufweisen. Es gibt keinen allgemeingültigen Ansatz, derartige Medien zu modellieren oder auch ganz generell um zufällige Geometrien zu modellieren. Für jede Kategorie von Geometrien müssen eigene Modelle entwickelt werden, wozu meistens Ansätze aus der stochastische Geometrie verwendet werden. Materialproben können mithilfe von computertomografischen Aufnahmen von Rasterelektronenmikroskopen (SEM oder TEM) mit nachfolgender Bildverarbeitung in eine bestimmte Kategorie von porösen Geometrien eingeordnet werden (vgl. z. B. [23]). Diese Informationen werden dann als Eingabedaten für stochastische Geometriemodelle verwendet. Diese Modelle können anschließend genutzt werden, um konkrete Realisierungen von virtuellen porösen Materialien zu generieren (vgl. [34]), die dann als Berechnungsgebiet bei den Filtrationssimulationen dienen. Offene Fragen gibt es dabei noch bei den stochastischen Geometriemodellen vieler Klassen von Filtermaterialien (z. B. verschiedene Membranen, Papiere oder gradierte Medien) sowie der Wahl geeigneter Abbruchkriterien bei der Generierung von Mikrogeometrien, speziell bei Modellen mit vielen Parametern.

Ferner benötigt man *Modelle für den Partikeltransport und die Wechselwirkung von Partikeln im Porenraum.* Die Herleitung von Modellen für den *Transport und die Anlagerung von Partikeln auf der Porenskala* ist äußerst komplex, so dass üblicherweise Modellvereinfachungen notwending sind. Im Fall einer laminaren Strömung und sphärischer Partikel ergibt sich das Modell als ein gekoppeltes System, bei dem die Stokes- oder Navier–Stokes-Gleichungen die Strömung und gewöhnliche stochastische Differentialgleichungen vom Langevin-Typ (vgl. Abschn. 4.1) den Partikeltransport unter Berücksichtigung der verschiedenen Adhäsionsmechanismen beschreiben (etwa das direkte Einfangen, die Anlagerung aufgrund der Trägheit oder durch Diffusion, das Sieben nach Partikel- und Porengröße). Die Langevin-Gleichung, welche die Brownsche Bewegung insbesondere kleiner Partikel beschreibt, wird in der Literatur für die Fälle ohne oder mit absorbierenden Randbedingungen umfassend untersucht. Klassische theoretische Modelle, die auf die Untersuchung der Einflussfaktoren auf die sogenannte Einzelfasereffizienz beruhen, sind z. B. in [81] zusammengefasst. Dort finden sich auch weitere relevante Literaturverweise zu diesen Forschungen. Jüngere Arbeiten auf diesem Gebiet befassen sich mit der Filtrationseffizienz von Fasermedien für Nanopartikel (siehe z. B. [79, 98] und die Verweise dort). All diesen Modellen ist gemeinsam, dass die Effizienz von vielen Faktoren, u.a. von der Reynolds-Zahl, Péclet-Zahl, Stokes-Zahl usw., abhängt.

Im Allgemeinen wirken die transportierten Partikel auch auf das Strömungsfeld ein, für geringe Konzentrationen kann diese Kopplung aber vernachlässigt werden. Aber natürlich nehmen die angelagerten Partikel ein gewisses Volumen ein, weshalb sich der Porenraum verringert, was wiederum zu einer Veränderung des Strömungsfeldes führt. Insbesondere bei der Luftfiltration mit elektrisch geladenen Medien müssen zusätzlich die Gleichungen für das elektrostatische Feld mitberücksichtigt werden [20]. Selbst wenn die elektrische Ladung eines Filtermediums im Voraus bekannt ist, verändert die Partikelanlagerung das elektrische Feld, sodass es neu berechnet werden muss. Zu den offenen Fragen auf diesem Gebiet gehört die Erweiterung der Modelle für asphärische oder deformierbare Partikel. Außerdem ändert sich die Modellierung der Strömungsdynamik auf der Porenskala im Falle gasförmiger oder nicht Newtonscher Fluide. Bei der Gasfiltration mit sehr feinporigen Medien, die beispielsweise aus Nanofasern produziert sind, werden Knudsen-Effekte bedeutsam, für die die Verwendung der (Navier-) Stokes-Gleichung nicht mehr angemessen ist und auf kinetischen Modellen basierende Randkorrekturen verwendet werden müssen.

Schließlich bedarf es in einigen Anwendungen der *Modellierung der Partikel–Partikel-Wechselwirkung.* Es existieren Modelle für die Wechselwirkung von Partikeln in Fluiden [84], in denen auch der Zerfall und die Agglomeration von Partikeln berücksichtigt werden. Jedoch ist die Anpassung dieser Modelle für den Fall einer Strömung im Porenraum eines Filtermediums, wo die Partikel nicht nur miteinander, sondern auch mit den Porenwänden wechselwirken, längst noch nicht ausreichend untersucht.

2.2 Problemstellungen auf makroskopischer Ebene

Mit gewissen Einschränkungen, etwa bei periodischen oder stochastischen homogenen Mikrostrukturen eines Filtermediums und bei langsamer Strömung, können mathematische Modelle von Filtrationsprozessen auf der Makroskala aus Modellen auf der Mikroskala mithilfe der Methoden der asymptotischen Homogenisierung [66, 72] oder durch Volumenmittelung [80] systematisch abgeleitet werden. Alternativ können sie direkt auf der makroskopischen Filterelementskala auf Grundlage der Erhaltungssätze postuliert und – soweit nötig – mit Zustandsgleichungen zu einem geschlossenen System vervollständigt werden.

Selbst wenn zunächst nur die Strömung des reinen Fluids durch das saubere poröse Medium betrachtet wird, ist die Modellierung keinesfalls trivial. *Langsame Strömungen in porösen Medien* werden normalerweise durch die Darcy-Gleichung [62] oder die Brinkman-Gleichung [58] modelliert. Zu den *offenen Fragen* zählen hier die Definition der Permeabilität im Falle stark heterogener Medien (bei denen kein repräsentatives Volumenelement identifiziert werden kann), die Bestimmung der Viskosität in porösen Medien im Fall der Brinkman-Gleichung und die Modellierung der Stochastik im Fall makroskopischer Heterogenität des Filtermediums.

Schnelle Strömungen in porösen Medien sind deutlich schwieriger zu modellieren. Meistens werden sie mit der quadratischen Forchheimer-Gleichung [69, 80] (manchmal auch Ergun-Gleichung genannt) modelliert, die nicht nur die Permeabilität, sondern vor dem quadratischen Term einen weiteren Koeffizienten enthält, der experimentell ermittelt werden muss. Mittels asymptotischer Homogenisierung wurde in [52] gezeigt, dass schnelle Strömungen in porösen Medien durch eine in Bezug auf die Geschwindigkeit kubische Gleichung beschrieben werden müssten. Dagegen behaupten einige Forscher, dass die Navier–Stokes–Brinkman-Gleichungen ausreichend für die Beschreibung schneller Strömungen in porösen Medien sind. Schließlich wurde in einer interessanten Veröffentlichung [53] eine Gleichung eingeführt, die in Bezug auf die Geschwindigkeit gebrochenrationale Terme enthält. Zu den *offenen Fragen* zu diesem Thema gehören die Bestimmung der Bereiche, in denen die jeweiligen Modelle Gültigkeit haben und die Entwicklung von zuverlässigen Modellen im Falle auftretender turbulenter Strömungen. Zusätzlich zum nichtlinearen Druckabfallverhalten ist noch ein genaueres Verständnis der Turbulenzen in der freien Fluidströmung und insbesondere deren Wechselwirkung mit der Strömung am und im porösen Medium erforderlich. Bei der Modellierung der Strömung in einem Filterelement sind die *Grenzflächenbedingungen an der Randfläche zwischen dem porösen Medium und der freien Fluidströmung* sehr wichtig [76]. Bei Strömungen, die parallel zu porösen Medien verlaufen, wird normalerweise die bekannte Beavers–Joseph-Bedingung [55] verwendet, sowie das Stokes-Modell für das freie Fluid und das Darcy-Modell für das poröse Medium. Die Bedingungen an der Grenzfläche wurden mithilfe von Experimenten ermittelt und später in [76] streng hergeleitet. Im Fall des Stokes–Brinkman-Systems wurden die Bedingungen an der Grenzfläche von Ochoa-Tapia und Whitaker [85] durch Volumenmittelung hergeleitet.

Weil die *Modellierung des Abscheidegrades auf der Makroskala* viele verschiedene mikroskopische Aspekte effektiv miteinbeziehen muss, gibt es unterschiedliche Modelle, die jeweils auf verschiedenen zusätzlichen Annahmen beruhen, wie z. B. konstante Geschwindigkeit, Permeabilität oder Porosität. Unter dem *Abscheidegrad* verstehen wir den Anteil der zurückgehaltenen Partikel im Filter. Es gibt sehr viel Literatur über die Modellierung des Abscheidegrades auf der Makroskala, die nur das Filtermedium berücksichtigen, jedoch den Einfluss des Filtergehäuses vernachlässigen. Eine repräsentative Auswahl von Modellen wird in Abschn. 4.2 besprochen. Jedoch ist nur wenig für den komplizierteren Fall bekant, in dem der Einfluss des Filterelementgehäuses berücksichtigt werden muss. Ein Ansatz basiert auf der geeigneten Erstellung von *Lookup-Tabellen* unter Verwendung geeigneter Abscheidemodelle für das Filtermedium und Parameteridentifikationsverfahren; dieses Vorgehen wird z. B. in [37] beschrieben. Dieser Ansatz lässt eine grundlegende Herangehensweise an die Modellierung industrieller Prozesse erkennen, denn er führt die aktuellsten Forschungsergebnisse und die zu untersuchenden Prozesse in einem ganzheitlichen Ansatz zusammen, wodurch quantitative Ergebnisse erzielt werden können und die Industrie bei der Entwicklung innovativer Lösungen unterstützt wird.

Offene Fragen sind die Entwicklung von makroskopischen Modellen von komplizierteren Filtrationsprozessen, etwa die direkte Einbeziehung einer Partikeldurchmesserverteilung, kombinierte Filtrationseffekte (z. B. Sieben und Abscheiden), Effektivmodelle für mehrschichtige und gradierte Filtermedien, robuste und zuverlässige Verfahren für die Parameteridentifizierung und die Analyse der Stabilität und Sensitivität des Lookup-Tabellenansatzes.

2.3 Mathematische Modellierung deformierbarer Filtermedien

In den vorhergehenden Überlegungen wurde das Filtermedium immer als starre Struktur betrachtet. Doch in vielen Filtrationsanwendungen kann die Wechselwirkung zwischen der Strömung und dem Filtermedium nicht mehr vernachlässigt werden. Das führt zum einen dazu, dass das Gebiet des Filtermediums durch die Druckverteilung beeinflusst wird und umgekehrt hängt das Strömungsfeld dynamisch von der Gestalt des porösen Mediums ab. Die Verformung des Filtermediums kann gewaltige Auswirkungen auf die Leistungsfähigkeit des Filterelements haben. Bekannte Beispiele sind die Verformung und das Kollabieren der Filterfalten, d. h. die Kanäle zwischen den Falten verschließen sich aufgrund des Strömungsdrucks. Besonders entscheidend ist der Einfluss dieser Deformationen auf die Permeabilität und den Abscheidegrad des Mediums.

Die Wechselwirkung von Strömungen mit festen Strukturen (Fluid-Struktur-Interaktion, FSI) ist ein intensiv untersuchtes und lebendiges Forschungsgebiet der Physik, Technik und angewandten Mathematik. Auf der anderen Seite weiß man nur sehr wenig über die Verformungen poröser Medien im Allgemeinen und der Wechselwirkung von Fluiden mit porösen Strukturen (FPSI: Fluid–Poröse-Struktur-Interaktion) im Besonderen. Es ist offensichtlich, dass sich ein verformbares poröses Medium ganz anders verhalten kann als

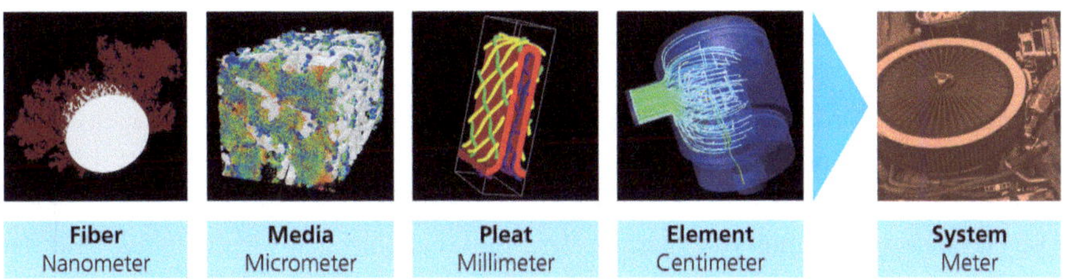

Abb. 2 Eine Übersicht über die Größenskalen, die bei der Filtration eine Rolle spielen. (Grafik: S. Grützner, Fraunhofer ITWM, Simulationen: Fraunhofer ITWM, Abteilung SMS, Foto: iStockphoto)

eine feste Struktur: Ein Teil des Fluids kann in das Medium eindringen, was zeigt, wie wichtig eine sorgfältige Modellierung der Auswirkungen der Vorgänge an der Grenzfläche zwischen dem Fluid und dem porösen Medium ist. Darüber hinaus muss der Einfluss der Vorgänge innerhalb des Filtermediums, etwa der Porendruck, berücksichtigt werden.

Klassische Theorien, wie die Pionierarbeiten von Biot (vgl. [56, 57]), sind für Bodenströmungen und Bodenverdichtungen entwickelt worden. Eine erste offene Frage ist, inwieweit ein derartiges Modell überhaupt auf Filtermedien angewandt werden kann. Außerdem sind entsprechende Messungen alles andere als einfach, sodass es für jedes abgeleitete Modell schwierig ist, es durch Experimente zu verifizieren. Wie es auch bei anderen Aspekten der Filtration der Fall ist, muss die Modellierung sowohl für den Porenraum als auch auf makroskopischer Ebene durchgeführt werden.

Erste vielversprechende Schritte in Richtung eines besseren Verständnisses der Poroelastizität und der FPSI wurden bereits erzielt. Wir werden diese im nächsten Abschnitt kurz erläutern.

2.4 Multiskalenmodellierung und -simulation von Filtrationsprozessen

Die Filtration im Allgemeinen und die Tiefenfiltration fester Schmutzpartikel aus einem Fluid im Besonderen sind von Natur aus Multiskalenprobleme (vgl. Abb. 2 die dies veranschaulicht). Die Partikelabscheidung hängt im Wesentlichen von der lokalen Geschwindigkeit, der Mikrostrukturgeometrie (also der Geometrie auf der Porenraumskala) des Filtermediums und von der Partikeldurchmesserverteilung ab. Die abgeschiedenen Partikel verändern die Mikrostruktur des porösen Mediums, was zu einer Veränderung der Permeabilität führt. Die veränderte Permeabilität beeinflusst unmittelbar das Strömungsfeld und die Druckverteilung im Filterelement. Diese Schleife schließt sich, da die daraus resultierende Strömungsgeschwindigkeit wiederum den Transport und die Abscheidung der Partikel verändert. In manchen Fällen kann man den Abscheidegrad rein durch Auswertung der Modelle auf der mikroskopischen oder nur der makroskopischen Skala bestimmen, aber im Allgemeinen erfordert eine genau Vorhersage des Abscheidegrades Multiskalenmodelle und dafür entwickelte Algorithmen.

Die Filtrationsanwendung weist einige Gemeinsamkeiten mit verwandten Multiskalenproblemen aus anderen industriellen Fragestellungen oder bei Umweltprozessen auf, gleichzeitig gibt es dabei aber einige mathematische Herausforderungen, die sehr filtrationsspezifisch sind, wie etwa:

i) Die rigorose Herleitung von (gemittelten) makroskopischen Gleichungen geht davon aus, dass die Stokes- oder Navier–Stokes-Gleichungen für die Strömungen im Porenraum gültig sind.
ii) Die Bestimmung der Permeabilität als Funktion der Porengeometrie führt zu mathematischen Problemen, die bei allen Strömungen in porösen Medien auftreten. Auf der anderen Seite ist die Untersuchung des Zusammenhangs zwischen der mikroskopischen Natur der Partikelanlagerung und der makroskopischen Geschwindigkeit in einem Filterelement eine filtrationsspezifische Herausforderung.

Wir wollen kurz einige der mathematischen Herausforderungen besprechen, die mit der Modellierung und Simulation von Filtrationsprozessen auf mehren Skalen zusammenhängen.

Die mathematische Modellierung mithilfe der asymptotischen Homogenisierungsmethoden ist für die Untersuchung vieler Multiskalenprobleme ein leistungsfähiger Ansatz und weist folgende typische Eigenschaften auf:

- Durch die rigorose Herleitung werden die meist durch Experimente gewonnenen Modelle zusätzlich begründet.
- Die rigorose Herleitung liefert eine direkte Beziehung zwischen der jeweiligen Mikrostruktur und der effektiven (makroskopischen) Eigenschaft.
- Die rigorosen Herleitungen der Zellprobleme können auf Fälle angewendet werden, in denen Messungen nicht oder nur sehr schwer durchgeführt werden können.

Ein typisches Beispiel ist das Darcy-Gesetz, das eine langsame inkompressible Einphasenströmung durch ein starres poröses Medium beschreibt [66, 72]. Die Herleitung, z. B. mithilfe der Homogenisierung, führt zu einer zuverlässigen Erweiterung für den Fall anisotroper poröser Medien und liefert darüber hinaus einen Algorithmus für die Berechnung des Permeabilitätstensors. Zusätzlich gibt es Beispiele, in denen die mikroskopischen und makroskopischen Eigenschaften entkoppeln (sogenannte Skalen separation).

Bei der Skalen separation reduziert sich die Lösung des Multiskalenproblems auf eine zweistufige Vorgehensweise: Zuerst löst man das mikroskopischen Zellprobleme und verwendet die Lösungen, um die effektiven Koeffizienten für das Multiskalenmedium zu berechnen und im Anschluss löst man die makroskopischen Gleichungen mit diesen effektiven Koeffizienten. Es ist hier wichtig anzumerken, dass die Homogenisierungstheorie alle Komponenten zur Verfügung stellt, die für die Lösung eines Multiskalenproblems benötigt werden: die skalenverbindenden Operatoren; die Form der grobskaligen makroskopischen Gleichungen, die sich von der Art der Gleichungen auf der Feinskala unterscheiden können sowie Abschätzungen für die Abweichungen zwischen den fein- und grobskaligen

Lösungen. Die rigorosen Herleitungen sind bisher nur für periodische und statistisch homogene Medien und langsame inkompressible Strömungen durchgeführt. Strenge Herleitungen makroskopischer Gleichungen für Strömungen in porösen Medien für eine breitere Klasse schneller Strömungen oder für kompressible Strömungen sind immer noch Gegenstand intensiver Forschung.

Im Falle der komplexen Filtrationsprozesse muss das Zellproblem [66, 72] (vgl. Abschn. 4.3 für Details) numerisch gelöst werden, wenn man belastbar quantitative Eigenschaften von Filtermedien bestimmen möchte. Die Lösung des Zellproblems an sich kann numerisch sehr aufwendig sein und erfordert meist spezielle Lösungstechniken. Einige der Herausforderungen, die in diesem Fall auftreten, werden in Abschn. 3.1 erläutert.

Die Skalentrennung bei der Filtration ist nicht immer möglich, noch nicht einmal für das reine Strömungsproblem. In diesem Fall können numerische Upscalingmethoden verwendet werden, wie etwa die MsFEM (Multiscale Finite Element Method) [64], die MSFV (Multiscale Finite Volume Method) [77], die HMM (Heterogeneous Multiscale Method) [100] und die VMM (Variational Multiscale Method) [51]. Diese Ansätze erlauben es Multiskalenprobleme bei Strömungen in porösen Medien anzugehen, doch sie sind sehr aufwendig in der Anwendung. Die Anpassung und Erweiterung an Filtrationsprobleme ist herausfordernd und es sind hier noch intensive weitere Forschungsarbeiten notwendig. Einige der neuesten Entwicklungen werden im nächsten Abschnitt erwähnt werden. Die oben genannten Ansätze der numerischen Upscalingmethoden sind immer sehr rechenintensiv, weshalb insbesondere Modellreduktionsverfahren und reduzierte Basisfunktionenansätze notwendig sind, will man praktische Filtrationsprobleme damit lösen.

Noch schwieriger wird der Fall, wenn zusätzlich zur Strömung der Transport und die Anlagerung der Partikel berücksichtigt werden soll. Die stochastische Langevin-Gleichung, die den Partikeltransport beschreibt (vgl. Details in Abschn. 4.1), wird bei der Homogenisierung zu einer makroskopischen Konzentrationsgleichung. Aber es ist noch einige mathematische Forschung erforderlich, will man die spezifischen Filtrationsmechanismen (etwa Anhaftung, Sieben) in die Homogenisierung miteinbeziehen. Es gibt fast keine Literatur zu Multiskalenmodellierung und -simulation in der Filtration. Ein erster Ansatz zur Lösung derartige Probleme wird im nächsten Abschnitt besprochen und in Abschn. 4.3 kurz erklärt werden.

Die Modellierung und Simulation von Filtrationsprozessen ist und bleibt aus mathematischer Sicht eine große Herausforderung aufgrund des Multiskalencharakters der Aufgabenstellung. Die vorhandene Literatur beschäftigt sich hauptsächlich mit einigen Teilbereichen dieser Prozesse, schlägt aber nur selten vollständige Lösungen für industrielle Filtrationsfragestellungen vor. In der mathematischen Forschung bekannte Multiskalensimulationsansätze müssen noch an die spezifischen Erfordernisse bei der Simulation von Filtrationsprozessen angepasst werden.

3 Beiträge des Fraunhofer ITWM zur Modellierung und Simulation von Filtrationsprozessen

Seit mehr als einem Jahrzehnt beschäftigt sich das Fraunhofer-Institut für Techno- und Wirtschaftsmathematik ITWM mit der Entwicklung von Modellen, Algorithmen und Software für die Modellierung und Simulation von industriellen Filtrationsprozessen [25]. Dabei wurden zahlreiche spezielle mathematische Fragestellungen erfolgreich bearbeitet. Ziel und Schwerpunkt der Entwicklungen ist die Bereitstellung von vollständigen Lösungen für industrielle Filtrationsaufgaben. Letzteres erfordert die Integration der entwickelten Algorithmen in maßgeschneiderte Software-Tools [26]. Die folgenden Abschnitte geben einen Überblick über das bereits Erreichte.

3.1 Virtuelles Design von Filtermedien

Ein entscheidendes Problem für Computersimulationen auf der Porenskala des Filtermediums ist die Komplexität des Strömungsgebietes aufgrund der stochastischen Geometrie. Die meisten kommerziellen und akademischen Software-Tools zur 3D-Gittererzeugung versagen aufgrund der komplizierten Porenstruktur im Filtermedium. Da dreidimensionale Computertomografie-Bilder (CT) ohnehin mithilfe von Voxeln (dreidimensionalen Bildpunkten) definiert und gespeichert werden, ist die Verwendung dieser Voxel als Berechnungsgitter naheliegend und wird inzwischen erfolgreich auch für Realisierungen stochastischer Geometriemodelle genutzt [32]. Die derzeitige Computerrechenleistung erlaubt bei einer vollen Auflösung der Porengeometrie die Simulation von Filtrationsprozessen in kleinen Ausschnitten eines gesamten Filtermediums. Deshalb muss ein besonderes Augenmerk auf die Effizienz der entwickelten Algorithmen gelegt werden. Erfolgreiche Entwicklungen findet man in [3, 26]. Einen Überblick über die Mikrostruktursimulation von Filtrationsprozessen findet man z. B. in [21, 26, 90].

Seit mehr als einem Jahrzehnt wird am Fraunhofer ITWM das *virtuelle Materiallabor GeoDict* ständig weiterentwickelt. Die modulare Software-Toolbox stellt eine große Auswahl von Algorithmen zur Verfügung um virtuelle poröse Medien und insbesondere Filtermedien zu erzeugen; unter anderem für die Erzeugung von

- Vliesstrukturen, die z. B. aus textilen Anwendungen stammen,
- Geweben aus Textilfasern oder Metalldrähten,
- gesinterten Keramiken, z. B. für Diesel-Partikelfilter,
- Papieren, d. h. Zellulosematerial, inklusive Füll- und Feinstoffe und
- Schäumen.

Darüber hinaus stellt die GeoDict-Software Schnittstellen zum Import von CAD-Daten (Computer Aided Design) und Mikro-CT-Daten zur Verfügung, dazu Bildverarbeitungswerkzeuge zum Ausschneiden, Rotieren und Glätten der Bilder. Eine weitere Reihe von Modulen führt die Berechnungen an vollständig aufgelösten porösen Medien (Porenskala) durch, um die effektiven (makroskopischen) Eigenschaften des porösen Mediums zu bestimmen. Diese Module berechnen u. a.

- die Porosität und die Porengrößenverteilung des Mediums,
- die Permeabilität und den Strömungswiderstand auf Grundlage der Navier–Stokes-Gleichungen,
- Zweiphasen-Eigenschaften, wie relative Permeabilitäten und
- den Abscheidegrad und den Verlauf des Druckabfalls bei Singlepass und Multipass-Tests.

Das Interesse an GeoDict wuchs im Laufe der Jahre ständig, sodass 2011 die Math2Market GmbH als Spin-off-Unternehmen des Fraunhofer ITWM gegründet wurde. Math2Market kümmert sich vor allem um die Entwicklung, Vermarktung und weltweite Verbreitung der GeoDict-Software-Suite.

Darüber hinaus wurde am Fraunhofer ITWM ein Elastizitätslöser für poröse Materialien und Verbundmaterialien (FeelMath) entwickelt, mit dem man nichtlineare strukturmechanische Simulationen auf hochaufgelösten Mikrostrukturen durchführen kann. Dem Ansatz liegt die Formulierung des Elastizitätsproblems als Lippmann–Schwinger-Gleichung zugrunde, die sehr effektiv mithilfe schneller Fouriertransformation (FFT) gelöst werden kann (vgl. [29] und die dort angegebenen Referenzen). Mithilfe von FeelMath kann man die lokale Dehnung und/oder Kompression des Filtermediums berechnen, die zu einer Veränderung der Porengeometrie führen und natürlich auch die effektiven Elastizitätseigenschaften des Materials bestimmen. Die entsprechenden Permeabiltäten für den nicht deformierten und den deformierten Zustand können mit der GeoDict-Software berechnet werden (vgl. Abb. 3), in die mittlerweile auch der FeelMath-Löser integriert ist.

Es gibt ständig weiterführende Forschungsarbeiten in Zusammenarbeit mit Filterherstellern (vgl. z. B. [18]) und es wird auch auf dem Gebiet der makroskopischen Deformation von Filtern geforscht (vgl. Abschn. 3.2).

3.2 Rechnergestütze Auslegung von Filterelementen

Auch auf der makroskopischen Skala betreibt das Fraunhofer ITWM im Bereich der Modellierung, der Numerik und der Software-Entwicklung intensiv Forschung. Es soll hier nur eine Auswahl der erzielten Ergebnisse vorgestellt und im Hinblick auf die in Abschn. 2.2 beschriebenen Herausforderungen diskutiert werden.

Für industrielle Anwendungen ist die Auswahl eines geeigneten Modells für die Strömung des Fluids und die Bewegung der Partikel entscheidend. Für die Strömung in Filterelementen wird meistens die Navier–Stokes–Brinkman-Gleichung verwendet und der Partikeltransport wird mit Hilfe eines Konvektions–Diffusions–Reaktions-Modells für die Partikelkonzentration beschrieben. Warum die Navier–Stokes–Brinkman-Gleichung zur Modellierung von Filtrationsprozessen geeigneter ist als eine Kopplung des Darcy-

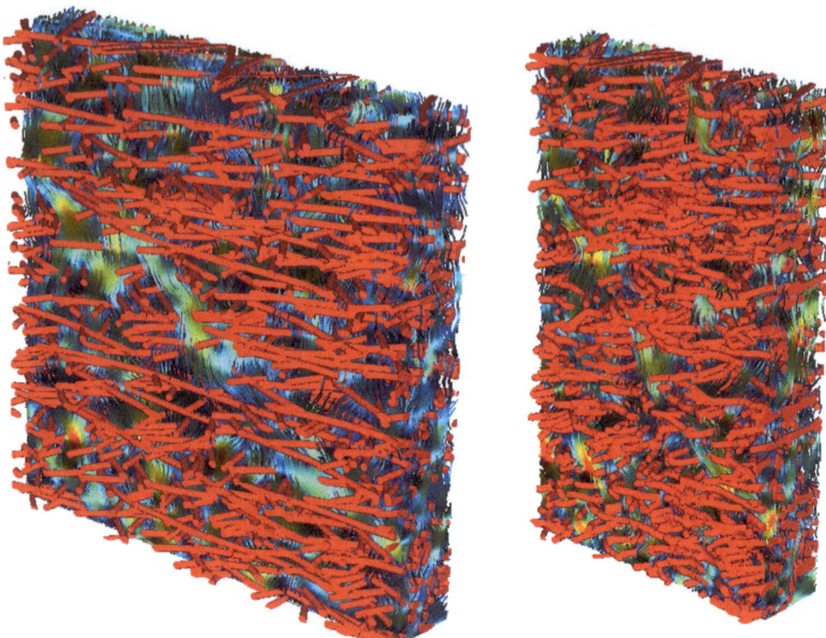

Abb. 3 Numerische Untersuchung des Einflusses der Deformation eines Filtermediums auf die Permeabilität. Stromliniendarstellung der Geschwindigkeit für eine nicht deformierte Probe (*links*) und für die entsprechend komprimierte Struktur (*rechts*)

Modells mit der Navier–Stokes-Gleichung, ist in [38] und [13] begründet. Eine detailliertere Diskussion der Verwendung von makroskopischen Filtrationsmodellen bei der Simulation findet sich in [37]. In einer aktuellen Veröffentlichung [8] wurden Modelle für schnelle Strömungen (nicht-linearer Druckverlust) sowie mathematische und experimentelle Ergebnisse hierzu untersucht und diskutiert. Um die jeweiligen Gültigkeitsbereiche dieser Modelle eingrenzen zu können, müssen weitergehende Analysen durchgeführt werden. Eine Untersuchung verschiedener Interfacebedingungen zur Modellierung der Phänomene, die an der Medienoberfläche auftreten und ihre Anwendbarkeit im Zusammenhang mit Filtersimulationen findet sich in [13, 38]. Eine repräsentative Auswahl makroskopischer Modelle für die Partikelabscheidung ist in [7] im Hinblick auf die robuste Schätzung von Modellparametern aus experimentellen Daten studiert worden (siehe auch Abschn. 4.2).

Analog zur mikroskopischen Skala ist auch auf der Filterelementebene die Erstellung eines Rechengitters notwendig und teilweise nicht-trivial. Auf dieser Größenskala wird die zu vernetzende Geometrie meist in Form von CAD-Daten bereitgestellt. Robuste Methoden zur Generierung von Voxelgittern und zur effizienten numerischen Lösung der Navier–Stokes–Brinkman-Gleichung für Filtrationsanwendung sind u.a. Gegenstand der Arbeiten [37, 38] und [4, 13, 30]. Bei der Lösung der Brinkman-Gleichung muss besonderes Augenmerk auf den Übergangsbereich zwischen dem freien Fluid und dem porösen Medium

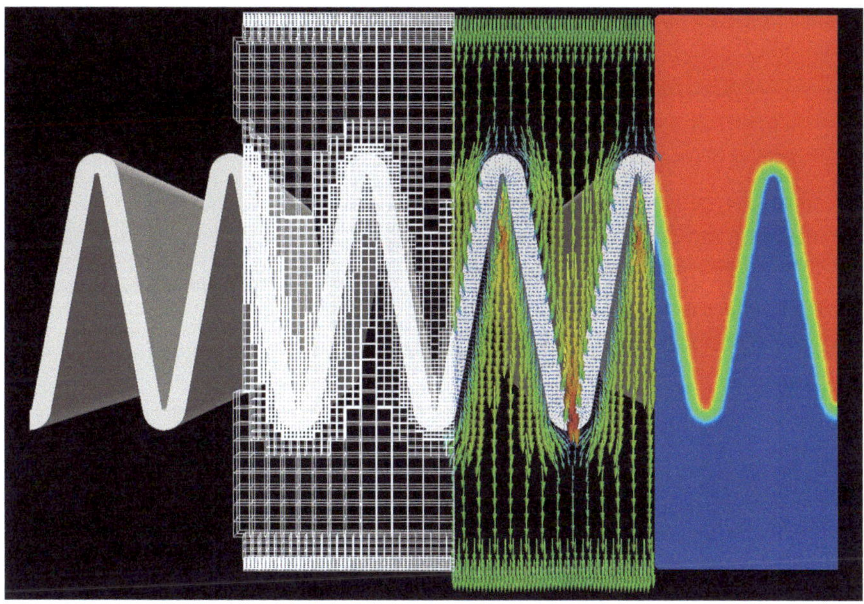

Abb. 4 Überblick über die verschiedenen Stufen der Strömungssimulation in einem Sternfilterelement. Von links nach rechts: CAD-Geometrie (Oberfläche), lokal verfeinertes 3D-Gitter für die numerische Simulation und resultierendes Geschwindigkeitsfeld sowie Druckverteilung

gelegt werden. Dies gilt sowohl für den instationären Fall bei Verwendung von Diskretisierungen vom Chorin-Typ (siehe z. B. [68]) als auch für das stationäre System bei Einsatz eines Projektionsverfahrens wie SIMPLE (siehe z. B. [67]). Eine spezielle Diskretisierung für die Übergangszone wurde u.a. in [4] vorgeschlagen. Sie erlaubt die Rekonstruktion des linearen Druckverlusts in einem Filtermedium, selbst wenn das Filtermedium mit nur einer einzigen Voxelschicht aufgelöst wird.

Die Dissertation [37] hatte unter anderem die Einbindung der Filtrations- und Abscheidevorgänge in die makroskopische Simulation zum Gegenstand. Ferner wurde dort eine Methode zur Erstellung und Anwendung von Lookup-Tabellen für die dynamische Anpassung der Modellparameterwerte während der Simulation entwickelt.

Die genannten numerischen Verfahren bilden die Grundlage für zwei Software-Tools, die am Fraunhofer ITWM entwickelt werden: Suction Filter Simulation (SuFiS®) (siehe u.a. [10]) und die Filter Element Simulation Toolbox, FiltEST. SuFiS® ist auf Fragestellungen zur Ölfiltration in der Automobilbranche spezialisiert und wird in enger Zusammenarbeit mit dem Unternehmen IBS Filtran weiterentwickelt (siehe hierzu auch Abschn. 5.1).

Die *Filter Element Simulation Toolbox (FiltEST)* ist eine Sammlung von Softwaremodulen für die analytische Untersuchung und numerische Simulation der Effizienz von Filterelementen für die Flüssigkeits- und Luftfiltration. Der Kern dieser Softwarefamilie besteht aus Modulen zur Simulation

- der Strömung durch das Filtergehäuse (einschließlich der Filtermedien),
- des Partikeltransports mit der Strömung und
- der Partikelabscheidung im Filtermedium,

wie in Abschn. 4.2 näher beschrieben wird.

Die durch die numerische Simulation gewonnene Kenntnis des Strömungsfelds, der Druckverteilung, der Partikelkonzentration und der Abscheidung im Medium ermöglicht eine Bewertung der wichtigsten Eigenschaften eines Filterdesigns. Damit kann der Produktentwicklungsprozess erheblich beschleunigt werden, da u.a. eine geringere Zahl an Prototypen experimentell untersucht werden muss.

Unter anderem gibt es Module für:

- den Import von CAD-Geometrien (siehe Abb. 4, links) und die automatische Generierung eines adäquaten Berechnungsgitters,
- robuste Schätzer zur Identifikation der Filtrationsmodellparameter aus experimentellen Daten (siehe Abschn. 4.2.6) und
- den Export der berechneten Ergebnisse in Datenformate, die eine aussagekräftige Visualisierung (siehe Abb. 4, rechts) und die weitere Bearbeitung mit Tabellenkalkulationsprogrammen u.ä. erlauben.

Durch die kontinuierliche Leistungssteigerung bei der Computerhardware wird die numerische Simulation von immer komplexeren Problemen möglich. Damit geht aber auch ein entsprechender Aufwand an Rechenzeit und Speicherbedarf einher. Von zunehmender Wichtigkeit ist deshalb die effiziente Nutzung der Rechnerressourcen, d. h. es sollen nach Möglichkeit schon vor der Computersimulation die aussichtsreichsten Auslegungsvarianten identifiziert werden. Im wichtigen Anwendungsfall der Faltenfilter unterstützt FiltEST dies auf zweierlei Weise: Zum einen dienen analytische Methoden dazu, einen bezüglich des Druckverlusts optimalen Bereich der Faltenlegungsdichte zu bestimmen. Dies erfolgt nicht nur für das saubere Medium, sondern auch für die beladenen Filterfalten. Die analytischen Modelle basieren auf vereinfachenden Annahmen und lassen sich in Sekundenbruchteilen auswerten, so dass man den relevanten Parameterbereich schnell identifizieren kann. Die zweite Methode zur Reduktion des Simulationsaufwands setzt bei den berechneten Ergebnissen an: Die Simulationsresultate werden in einer Datenbank gesammelt und von einem Data-Mining-Tool analysiert. Wenn dies für eine hinreichend große Datenmenge vorgenommen wurde, können recht zuverlässige Vorhersagen über die zu erwartenden Ergebnisse von noch nicht simulierten Varianten getroffen werden. Beide Techniken helfen dabei, aufwendige 3D-Simulationen für suboptimale Designs zu vermeiden.

Dank der modularen Struktur kann FiltEST schnell an spezifische Anwendungen angepasst werden. Die neuesten Entwicklungen berücksichtigen nichtlineare Druckverluste (siehe [8] und Abschn. 4.2).

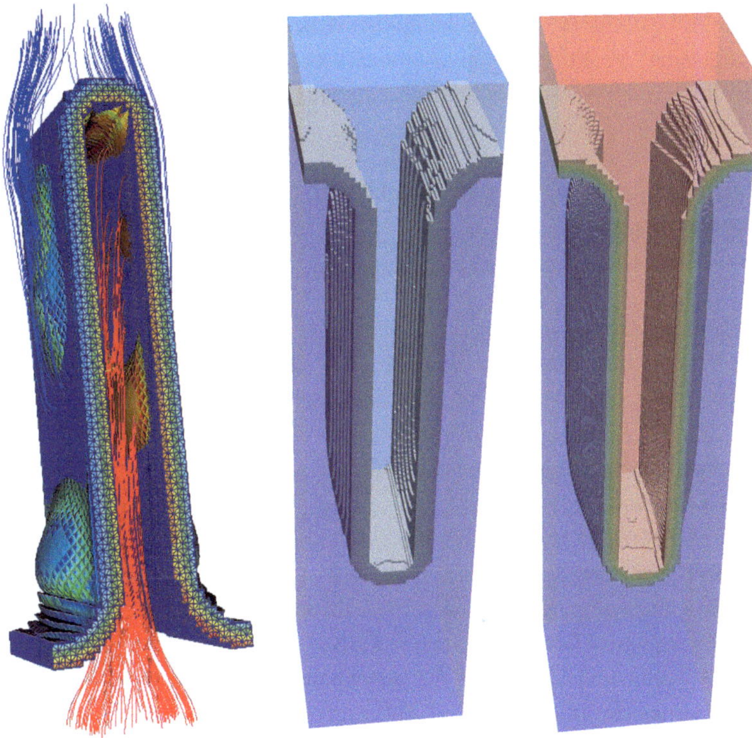

Abb. 5 Interaktion des Fluids mit der porösen Struktur des Filtermediums. Simulationsergebnisse der Verformung einer sauberen Filterfalte (*links*) und einer teilweise beladenen Falte mit dadurch geringerer Permeabilität (*rechts*)

Das Fraunhofer ITWM ist im Bereich der mathematischen und numerischen Untersuchung der *Fluid-Porösen-Struktur-Interaktion (FPSI)* auf den verschiedenen Größenskalen sehr aktiv [40]. In einem Forschungsprojekt wurden numerische Lösungsverfahren für Strömungen durch poröse Medien mit Elastizitätslösern gekoppelt, um FPSI-Effekte zu untersuchen (vgl. Abb. 5). Die dabei gewonnen Ergebnisse waren äußerst vielversprechende erste Schritte in diese Richtung und stießen in der Filtrations-Community auf entsprechend große Resonanz (vgl. [2, 9]).

Analog zur Festkörpermechanik können dimensionsreduzierte Plattenmodelle auch für die Poroelastizität hergeleitet werden (vgl. [93]). Dies war unter anderem die Motivation dafür die Forschung zur FPSI auf eine breitere Basis zu stellen. Im französisch–deutschen Fraunhofer–Carnot-Projekt FPSI_Filt wird die strömungsinduzierte Verformung von Filtermedien analytisch, numerisch und experimentell durch die gebündelten Kompetenzen des Fraunhofer ITWM, der Fakultät für Mathematik der Universität Lyon und des Labors für die Mechanik von Fluiden und Akustik (LMFA, Lyon) untersucht. In diesem Rahmen werden neue poroelastische Plattenmodelle hergeleitet (vgl. [82]) und implementiert. Validierungen mithilfe bekannter exakter Lösungen und Experimente zeigen, dass dieser Ansatz sehr effektiv ist (vgl. [6]). In den laufenden Arbeiten werden poroelastische Schalenmodelle hergeleitet, die Kopplungsalgorithmen weiter verbessert sowie theoretische und experimentelle Studien zu turbulenten Strömungen in porösen Medien durchgeführt.

3.3 Multiskalenkopplung für die Filtration und verwandte Anwendungen

Wie bereits erwähnt, haben die Phänomene auf der mikroskopischen Ebene einen großen Einfluss auf die Effekte, die man makroskopisch beobachtet. Umgekehrt ist dies aber auch der Fall: In vielen industriellen Auslegungen von Filterelementen wird das Filtermedium durch ein Drahtnetz oder durch eine Rippenstruktur unterstützt, die das Strömungsfeld beeinflusst. Selbst wenn also das saubere Medium als makroskopisch homogenes Kontinuum betrachtet werden kann, stimmt das nicht mehr, sobald das Medium ungleichmäßig mit Schmutz beladen ist.

Die direkte numerische Simulation eines gesamten Filterelements wäre sehr aufwendig und zeitraubend, weil der gesamte Bereich von wenigen Nanometern (Fasern, Schmutzpartikel) bis hin zu Zentimetern und Metern (Gehäuse, Ein- und Auslaufrohre) auf einem gemeinsam Rechengitter behandelt werden müsste. Ein effizienterer Ansatz ist eine getrennte Modellierung und Simulation für jede Skala durchzuführen und diese dann über einen Multiskalenansatz zu koppeln.

Numerisches Upscaling und gekoppelte Mikro–Makro-Simulationen sind leistungsfähige Werkzeuge, um ein vollständiges Bild des Filtrationsprozesses zu gewinnen. Ersteres ist ein etabliertes Gebiet der angewandten Mathematik mit vielen Anwendungen. Im Zusammenhang mit der Filtration ist eine naheliegende Anwendung die Multiskalensimulation der Strömung durch das poröse Medium. Zunächst wird ein repräsentatives Volumenelement des Filtermediums mit hochaufgelöster Mikrostruktur ausgewählt. Dieses Teilgebiet wird für die numerische Lösung des sogenannten *Zellproblems* ausgewählt um die *effektive* Permeabilität des Volumens zu berechnen (vgl. z. B. [16, 25] und die dort angegebenen Referenzen). Der so gewonnene Wert für die Permeabilität dient dann als Eingabeparameter für die Makro-Simulation.

Ein ähnlich komplexer Ansatz, aus dem man aber mehr Details bezüglich der feinskaligen Lösung gewinnt (oder sogar die vollständige Lösung auf der Feinskala), wurde in [14] vorgeschlagen. Dort wird eine allgemeine Methodik für Multiskalenprobleme auf Grundlage einer Multiskalen-Variationsmethode entwickelt, die wechselseitige Iterationen zwischen Skalen ermöglicht. Speziell wird der Fall des numerischen Upscalings eines Stokes–Brinkman-Problems zu einem Stokes–Brinkman-Problem behandelt, inklusive der Neuberechnung der makroskopischen Permeabilität. Allerdings werden keine Partikeleinflüsse und die Änderung der Porengeometrie mit berücksichtigt. Die einseitige Kopplung einer Mikroskala, beschrieben durch die Navier–Stokes–Brinkman-Gleichungen, mit der Makroskala, die dann ebenfalls mit den Navier–Stokes–Brinkman-Gleichungen beschrieben wird, wird in [12] betrachtet, allerdings auch nur in Bezug auf die Strömung. Der

Abb. 6 *Links*: Pressenpartie einer Papierentwässerungsanlage (Foto: Voith GmbH). *Rechts*: Mikrostruktursimulation des Pressfilzes

Artikel berücksichtigt auch nicht die Rückwirkung der Makroskala auf die Mikroskala. All diese genannten Methoden sind bei Anwendung auf industrielle Filtrationsprobleme immer noch sehr aufwendig, und sie berücksichtigen darüber hinaus im Allgemeinen auch nicht die Bewegung der Partikel auf der Mikroskala.

Auf Grundlage der ersten Ergebnisse in [37] wurde vor kurzem ein komplettes Multiskalenmodell für die Filtration erfolgreich realisiert (vgl. [11]): Ausgehend von einer makroskopischen Berechnung der Strömung durch ein ganzes Filterelement wird das makroskopische Strömungsfeld als Randbedingung für lokale Simulationen auf der mikroskopischen Ebene verwendet, die die Strömung und den Abscheidegrad in sorgfältig ausgewählten Volumenelementen berechnen. Die Volumenelemente sind an charakteristischen „kritischen" Punkten des Filterelements gewählt. Die berechneten Ergebnisse in den ausgewählten Volumenelementen werden auf das ganze Filtermedium interpoliert und für eine weitere Strömungssimulation auf makroskopischer Ebene verwendet (vgl. Abschn. 4.3 für weitere Details). Da heterogene Multiskalenmethoden (HMM) als allgemeine Lösungstechnik für Multiskalenprobleme betrachtet werden können, können die Entwicklungen des ITWM als HMM für Filtrationsprobleme kategorisiert werden. Mehr Details zur Multiskalensimulation und Beispiele zu ihrer Anwendung sind in den Abschn. 4.3 und 5.1 zu finden.

Eine spezielle industrielle Anwendung der Multiskalenmethoden ist das Design der Pressenpartie einer Papiermaschine (Abb. 6). Bei der mechanischen Entwässerung des feuchten Rohpapiers im Pressspalt der Papiermaschine wird das Wasser durch einen porösen Filz gedrückt. Am Fraunhofer ITWM wurde eine vollständige Multiskalensimulation des Pressspalts mit einem Mikrostrukturmodell der Pressfilze entwickelt [24]. Heute werden diese Simulationswerkzeuge in der Papiermaschinenindustrie für die Entwicklung neuer Pressfilze verwendet, wie auch zur Bewertung virtuell erstellter Filze in einer Multiskalen-Pressspalt-Simulation bzgl. verschiedener Papiermaschinenkonfigurationen. Wichtige Fragestellungen bei der Multiskalenmodellierung und der numerischen Simulation von schnellen Strömungen in dünnschichtigen porösen Medien im Pressspalt einer Papiermaschine können damit beantwortet werden [15, 42, 43].

Viele weitere industrielle Multiskalenmodelle und zugehörige effiziente Simulationsmethoden sowohl für Filtrations- und Separationsprozesse [37–39, 42–44, 47] wie auch für andere industrielle Anwendungen [35, 36, 41, 45, 46, 48] wurden in den letzten Jahren insbesondere im Rahmen von Promotionsarbeiten am Fraunhofer ITWM entwickelt.

Zusammenfassend lässt sich sagen, dass am Fraunhofer ITWM vielfältige Modelle, Algorithmen und Software-Tools entwickelt wurden, um die Lücke zwischen den unvollständigen mathematischen Untersuchungen im Bereich der Filtrationsprozessen und den Anforderungen der Industrie zu schließen. Die Abteilung Strömungs- und Materialsimulation des Fraunhofer ITWM hat im letzten Jahrzehnt die mathematische Forschung und Entwicklung der Modellierung und Simulation von Filtrationsprozessen wesentlich mitbestimmt und geprägt.

4 Modellierung und Simulation von Filtrationsprozessen auf den verschiedenen Größenskalen

Dieser Abschnitt gibt einen Überblick über einige mathematische Modelle und numerische Verfahren zur Simulation der Strömung von Fluiden durch Filtermedien und der Ausfilterung der darin gelösten Partikel. Wir betrachten hier ausschließlich die so genannte Dead-End-Filtration, bei der man zwei unterschiedliche Arten bzw. Phasen unterscheidet:

- *Tiefenfiltration*: Die Partikel dringen in das Filtermedium ein und werden zu einem gewissen Anteil dort abgelagert.
- *Kuchenfiltration*: Die Abfilterung findet an der stromaufwärts liegenden Grenzschicht zwischen Fluid und Filtermedium statt. Die abgelagerten Partikel bilden auf der Medienoberfläche einen sogenannten *Filterkuchen*, der in der Folge selbst zum Filtrationsvorgang beiträgt.

Zunächst wird die Modellierung des Filtrationsvorgangs auf der Partikel- und Faserebene behandelt. Nach der Vorstellung der zugehörigen Modelle für Strömung und Abscheidung werden einige Beispiele für die rechnergestützte Untersuchung der Filtrationseffizienz und des Druckverlusts von Filtermedien betrachtet und diskutiert. Der zweite Abschnitt widmet sich der makroskopischen Ebene des gesamten Filterelements, speziell der Modellierung der Tiefenfiltration und der damit verbundenen Permeabilitätsänderung. Nach einer kurzen Erläuterung der eingesetzten numerischen Approximationsmethoden wird eine robuste Methode zur Schätzung der Effizienzparameter aus experimentellen Daten vorgestellt. Alternativ hierzu kann man die Simulation der Strömung auf der makroskopischen

Ebene mit Effizienzsimulationen für die Mikrostrukturen des Filtermediums koppeln. Eine kurze Erläuterung solcher Multiskalenansätze ist Gegenstand des dritten Abschnitts.

4.1 Modelle und Methoden auf der Porenskala

In diesem Abschnitt stellen wir die mathematische Modellierung und Computersimulation von Filtrationsprozessen auf der Porenskala vor. Da das Hauptziel der Mikrostruktur-Modellierung die Berechnung des Filtrationsprozesses auf einer realen Porenstruktur des Filtermediums ist, nutzt man als Eingangsdaten für die Geometrie hochaufgelöste 3D-Bilder (CT, FIB (Focused Ion Beam)-SEM). Sie werden normalerweise auf einem strukturierten tensoriellen Gitter dargestellt; meistens in einem regelmäßigen Voxel–Gitter. Weil die Modellierung und Simulation mit großen 3D-Bildern arbeiten sollten, stehen sowohl die Modellierung virtueller Filtrationsprozesse als auch die numerischen Simulationstechniken in einer engen Beziehung zur regelmäßigen Datenstruktur und machen intensiven Gebrauch davon.

Deshalb verbindet dieser Abschnitt Modellierungs- und Simulationsaspekte und ist folgendermaßen aufgebaut: Zuerst werden die grundlegenden Prinzipien der Erzeugung einer virtuellen Geometrie eingeführt. Dann erklären wir den Ansatz für das Strömungsfeld und das Partikelfiltrations-Modell und zum Schluss unseren iterativen Euler–Lagrange-Ansatz, mit dem wir die Strömung, den Teilchentransport und die Abscheidung lösen.

4.1.1 Modellierung virtueller Filtergeometrien

Ausgangspunkt einer jeden Filtersimulation ist ein realistisches dreidimensionales Computermodell der zu simulierenden Struktur. Besonders im Hinblick auf das Materialdesign ist die Möglichkeit der ausschließlich computerbasierten Generierung von Filtermedien ein besonders wichtiger Punkt. In den Abb. 7 und 8 werden vier virtuelle Strukturen gezeigt, die in Filtrationsanwendungen verwendet werden könnten. Die Geometrien wurden von der Fraunhofer-Software GeoDict erzeugt [32].

Ein kritischer Punkt bei der Simulation von Filtermedien ist, dass eine Auflösung über die gesamte Dicke benötigt wird, weil die Struktur u. U. herstellungsbedingt gradiert sein kann, in jedem Fall aber aufgrund der Beladung mit Teilchen inhomogen wird. Die Modellierung virtueller Strukturen hat die Theorie der deterministischen und stochastischen Modellierung von dreidimensionalen Bildern als Grundlage [86]. Als Eingabeinformationen für die virtuelle Modellierung kann die geometrische Analyse von Bildern des echten Materials dienen, wie in [22] beschrieben wird. Im Allgemeinen werden die Geometrien auf regelmäßigen kubischen Netzen modelliert. Für diesen Ansatz ist zwar eine große Zahl von Voxeln, notwendig, andererseits gibt es aber äußerst effektive Algorithmen, die diese hochstrukturierten Netze nutzen. Darüber hinaus gewährleistet diese Art von Gitter eine hohe Flexibilität, sodass auch die Simulationskette durch tomografische Datensätze gefüttert werden kann.

Im Folgenden werden die Methoden der Strukturgenerierung beschrieben.

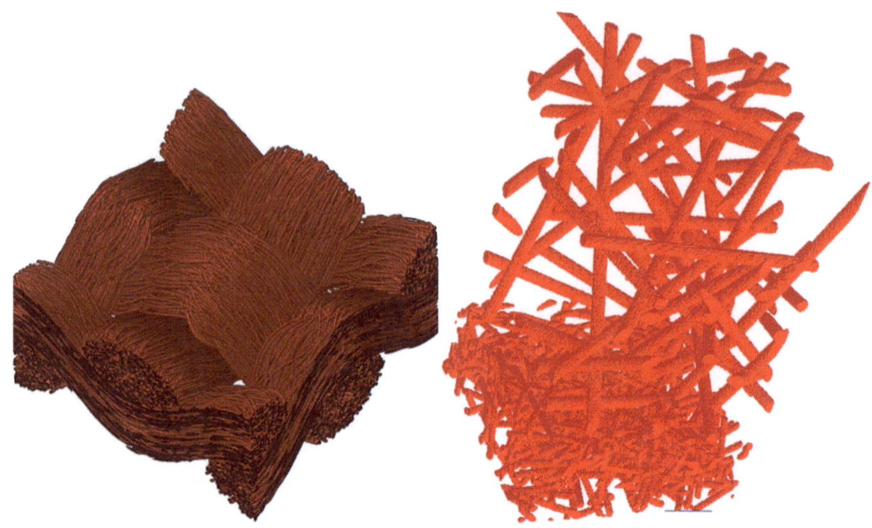

Abb. 7 Virtuelle Strukturen: gewebte Struktur (*links*); zweischichtiges Faservlies (*rechts*)

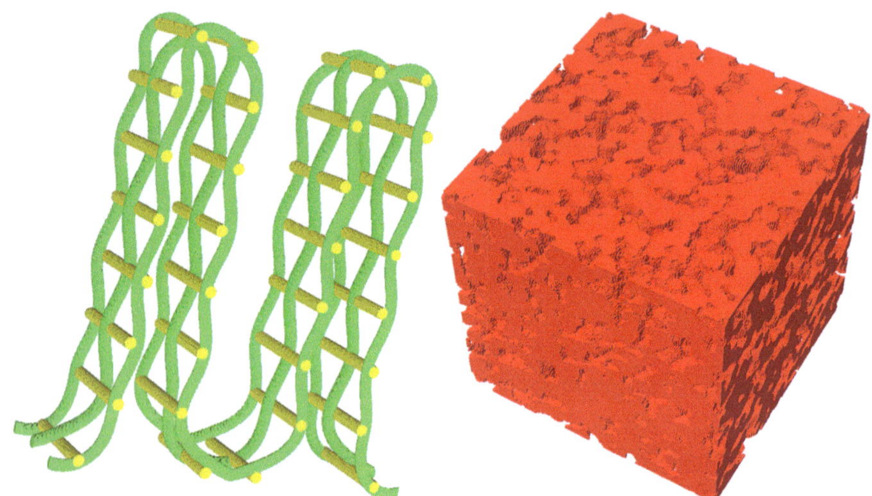

Abb. 8 Virtuelle Strukturen: Drahtgewebe (*links*); Sinterkeramik (*rechts*)

Virtuelle Vliese Der Erzeugung virtueller Vliese liegt ein stochastischer Poisson-Linien-Prozess zugrunde [22, 86]. Der Strukturgenerator besitzt eine Reihe von Parametern, die geometrisch einfach zu interpretieren sind. So kann man z. B. die Porosität oder den Faseranteil wählen. Außerdem können mehrere Fasereigenschaften, wie Dichten, Längen, Querschnitte und Orientierungen vorgegeben werden. Zum Schluss müssen die Auflösung des zugrunde liegenden Voxel-Netzes und die Gesamtdimensionen eingegeben werden. Nach Spezifikation der Eingabeparameter werden mittels mehrerer Zufallsprozesse die Faserparameter ausgewählt. Konkret werden ein Punkt und die Richtung der Faser bestimmt und anschließend die Faser entsprechend ihrer weiteren Parameter in das Voxel–Gitter eingetragen. Dies geschieht solange, bis der spezifizierte Faseranteil erreicht ist. Kann der Faseranteil innerhalb einer einstellbaren Toleranz nicht erzielt werden, startet der Fasergenerator mit geänderter Initialisierung der Zufallsgeneratoren erneut. Die Algorithmen sind so konstruiert, dass Fasermischungsverhältnisse und Faserorientierung entsprechend der Spezifikation in der resultierenden Geometrie wiederzufinden sind. Da mittels eines Computers nur Pseudozufallsprozesse abgebildet werden können, ist durch entsprechend vorgebbare Initialisierung der Zufallsgeneratoren auch die Reproduzierbarkeit der Struktur gegeben.

Im Hinblick auf die Simulationen sollten die Dimensionen genügend groß gewählt werden um repräsentative Ergebnisse zu erhalten. Repräsentativ bedeutet, dass die Ergebnisse sich nicht ändern, wenn die Dimensionen weiter vergrößert werden. Zur Veranschaulichung dienen die Geometrien in Abb. 7, die diese Eigenschaft im Bezug auf Strömungssimulationen besitzen. Bei Filtersimulationen bedeutet repräsentativ oft, dass man das Medium in Strömungsrichtung vollständig auflöst. Die Größe des dazu notwendigen Gitters kann mehrere Millionen Voxel erreichen: Gegeben sei ein Filtermedium mit 1,5 mm Dicke und feinsten Fasern von 20 µm Durchmesser. Für eine aussagefähige Strömungssimulation sollte der Faserdurchmesser mit mindestens 4 Voxel aufgelöst sein. Man benötigt somit Voxel mit 5 µm Kantenlänge, also 300 Voxel in Strömungsrichtung. Bei ähnlicher lateraler Größe benötigen wir letztendlich 27 Millionen Voxel.

Virtuelle Gewebe Virtuelle Gewebestrukturen erfordern genau festgelegte Regeln, die dem Webmuster ihrer realen Gegenstücke entsprechen. In Abb. 7 ist links die virtuelle Struktur einer Leinwandbindung zu sehen. Weiterhin ist hier ein Garn modelliert, welches aus einer Vielzahl von Einzelfasern besteht. Es ist auch eine gewisse Zufälligkeit der Einzelfaserlagen zu erkennen, die keinen streng deterministischen Regeln folgen. Die Berücksichtung solcher herstellungsbedingter Unregelmäßigkeiten ist für die Generierung realistisch aussehender Strukturen mit entsprechenden Materialeigenschaften entscheidend.

Virtuelle Sinterstrukturen Die Generierung von Sinterstrukturen erfolgt in zwei Schritten: Mit Hilfe eines stochastisches Punkt-Verfahrens [22] werden Zylinder- und Kugelpackungen mit gewünschter Porosität erzeugt. Im zweiten Schritt kommen dann sogenannte morphologische Operationen [86] zum Einsatz. Dabei werden mittels Dilatation (=Ausdehnung) und anschließender Erosion (=Schrumpfung) die Sinterhälse zwischen den einzelnen Körnern in die Struktur eingebracht. Da die Vorgehensweise zumindest aus geometrischer Sicht dem Sinterprozess ähnlich ist, hat es sich bei der Nachstellung realer Sintermaterialien als günstig herausgestellt, sich bei der Wahl der Zylinder und Kugeln an Form und Größe der Sinterkörner zu orientieren.

Komplexe Geometrien Die Methoden, die in den vorhergegangenen Abschnitten vorgestellt wurden, können als Elementarbausteine für komplexere Geometrien betrachtet werden. Der Voxel–Gitter-Ansatz erlaubt natürlich die Verbindung von Schichten aus ele-

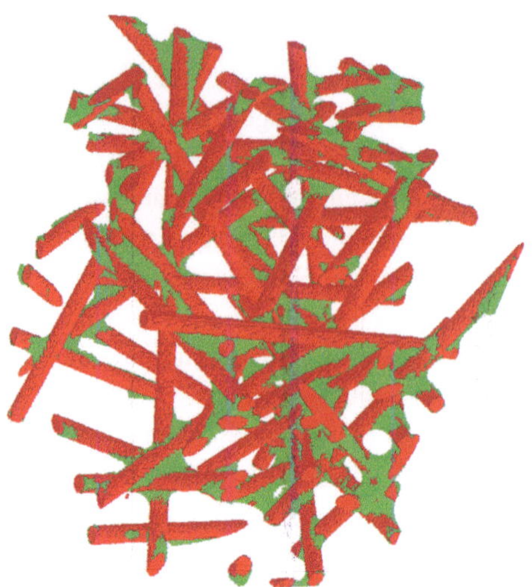

Abb. 9 Virtuelles Vlies mit Binder

mentaren Strukturen. Deshalb ist die Erzeugung von Gradientenmedien bezüglich einiger Eigenschaften problemlos machbar (Abb. 7, rechts). Ein weiteres interessantes Beispiel ist das Vlies mit Binder in Abb. 9. Das Bindemittel wird dem Vlies ganz analog wie bei den Sinterverbindungen hinzugefügt.

Im Hinblick auf das virtuelle Materialdesign wollen wir schließlich eine interessante Möglichkeit für tomografische Datensätze erwähnen. Wenn jemand eine bestimmte Schicht eines bestehenden Mediums umgestalten möchte, kann man diese Schicht durch eine virtuelle Struktur ersetzen. Die Auswirkungen dieses Austausches können mithilfe von Simulationen untersucht werden.

Vergleich und Bewertung realer und virtueller Strukturen Für virtuelle Strukturen, die bestehende Medien wiedergeben sollen, werden Qualitätskriterien benötigt. Oft stehen zweidimensionale REM-Bilder (Rasterelektronenmikroskop) oder gar dreidimensionale Tomografiedaten realer Muster zur Verfügung. Diese Informationen können dazu verwendet werden, verschiedene geometrische Eigenschaften zu berechnen und zu vergleichen, etwa die Porosität, die Faserlängen- und die Porengrößenverteilung, die spezifische Oberfläche, die Faserorientierung usw. In der Industrie sind Permeabilitätsuntersuchungen poröser Medien Standard. Darüber hinaus sind Strömungssimulationen für typische poröse Medienregime, insbesondere für langsam fließende Strömungen, sehr zuverlässig. Deshalb können gemessene und berechnete Strömungseigenschaften belastbar verglichen werden und liefern aussagekräftige Ergebnisse.

4.1.2 Mikrostrukturmodellierung von Filtrationsprozessen

Abhängig von der gewünschten Filtrationsanwendung kann der Aufwand für die Berechnung bestimmter Filtereigenschaften ganz unterschiedlich sein. In manchen Situationen reicht eine einfache Strömungssimulation aus um die gefragten effektiven Permeabilitäten oder Strömungswiderstände zu bestimmen. Für die Berechnung des Abscheidegrades

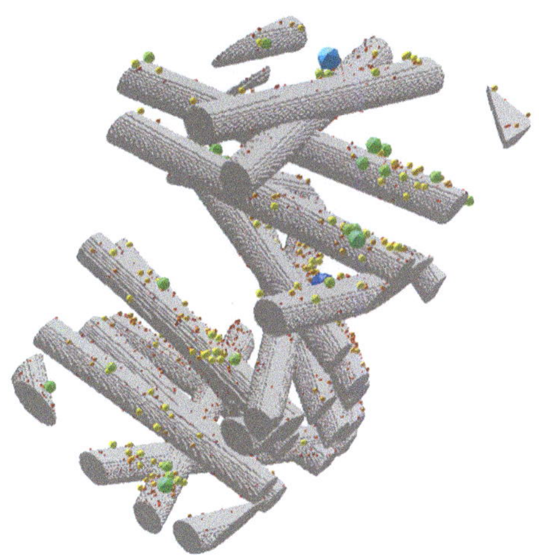

Abb. 10 Simulation eines bestaubten Fasermediums

wird zuerst der Transport der Teilchen durch das Medium bestimmt. Die Standzeitsimulation eines Filters ist sicherlich die anspruchsvollste Anwendung.

Im Allgemeinen können wir annehmen, dass die Zeitskala der Strömungsfeldänderungen viel größer ist als die für den Partikeltransport. Dies liegt an den kleinen Partikelgrößen. Deshalb wird zunächst das initiale stationäre Strömungsfeld des reinen Mediums berechnet und eine gewisse Zahl von Teilchen verfolgt, die im Falle von Kollisionen abgeschieden werden. Nach einiger Zeit kann der Einfluss des abgelagerten Staubs nicht länger vernachlässigt werden, und das Strömungsfeld muss neu berechnet werden. Dieser iterative Algorithmus wird solange wiederholt, bis z. B. ein bestimmter Druckabfall erreicht wird. Am Ende von Abschn. 4.1.3 ist eine entsprechende Standzeitsimulation eines realistischen Rußfiltermediums dargestellt.

Modellierung des Filtrationsprozesses Für langsame Strömungen, wie sie für die meisten Filteranwendungen typisch sind, eignen sich Strömungslöser auf Basis der Stokes-Gleichungen. Dieses Gleichungssystem beschreibt die Strömung eines rein viskosen, inkompressiblen Fluids unter Vernachlässigung der Trägheit. In Gestalt je einer Erhaltungsgleichung für den Impuls und die Masse sind sie nachfolgend in der Geschwindigkeits-Druck-Formulierung notiert:

$$-\mu \Delta \mathbf{u} + \nabla p = \mathbf{f}, \quad (Impulserhaltung) \tag{1}$$

$$\nabla \cdot \mathbf{u} = 0, \quad (Massenerhaltung) \tag{2}$$

$$+Randbedingungen. \tag{3}$$

In Gl. (1) und (2) bezeichnet **u** die Geschwindigkeit, p ist der Druck, **f** die Kraftdichte und μ steht für die Fluidviskosität. In der Praxis müssen für die Lösbarkeit des Gleichungssystems noch Randbedingungen spezifiziert werden, die beispielsweise durch Ein- und Ausströmbedingungen gegeben sind.

Ist die Trägheit für die Strömung relevant, z. B. im Fall schneller Strömung, benutzt man die Navier–Stokes-Gleichungen. Sie besitzen im Vergleich zu den Stokes-Gleichungen (1) und (2) einen zusätzlichen konvektiven Term in der Impulserhaltungsgleichung:

$$-\mu\Delta\mathbf{u} + (\rho\mathbf{u}\cdot\nabla)\mathbf{u} + \nabla p = \mathbf{f}, \quad (\textit{Impulserhaltung}) \tag{4}$$

$$\nabla\cdot\mathbf{u} = 0 \quad (\textit{Massenerhaltung}) \tag{5}$$

$$+\textit{Randbedingungen}. \tag{6}$$

In Gl. (4) bezeichnet ρ die Dichte des Fluids. Die Kopplung von freien Strömungen mit Strömungen in porösen Medien ermöglicht die Modellierung von Diesel-Partikelfiltern (vgl. Abschn. 4.1.3), in denen die abgeschiedenen Rußteilchen nicht durch Voxel aufgelöst werden, sondern als poröses Medium modelliert werden. Für diese Art von Anwendung, verwenden wir die Navier–Stokes–Brinkman-Gleichungen [38]:

$$-\mu\Delta\mathbf{u} + (\rho\mathbf{u}\cdot\nabla)\mathbf{u} + \mu K^{-1}\mathbf{u} + \nabla p = \mathbf{f}, \quad (\textit{Impulserhaltung}) \tag{7}$$

$$\nabla\cdot\mathbf{u} = 0, \quad (\textit{Massenerhaltung}) \tag{8}$$

$$+\textit{Randbedingungen}. \tag{9}$$

K^{-1} ist der Kehrwert der Permeabilität (=Strömungswiderstand) eines porösen Mediums. Im Bereich der freien Strömung ist die Permeabilität unendlich, sodass Gl. (7) auf Gl. (4) reduziert wird.

Im porösen Medium ist K^{-1} typischerweise relativ groß und die Geschwindigkeit $\mathbf{u}$ klein. Die ersten zwei Terme in Gl. (7) können vernachlässigt werden und wir erhalten mit guter Näherung die Darcy-Gleichung:

$$\mathbf{u} = -\frac{K}{\mu}(\nabla p - \mathbf{f}). \tag{10}$$

Darcys Gesetz wurde 1856 experimentell gefunden [62]. Es beschreibt die Proportionalität zwischen der Geschwindigkeit und dem Druckabfall in langsamen Strömungen durch poröse Medien.

Modellierung des Transports und der Abscheidung von Teilchen Der erste Schritt bei der Bestimmung der initialen Filtereffizienz ist die Berechnung der Fluidströmung in der virtuellen Geometrie (vgl. Abschn. 4.1.2). Der zweite Schritt besteht in der Berechnung der Teilchenbahn. Dafür machen wir einige Annahmen: Die Partikel sind kugelförmig, es gibt keine Wechselwirkung zwischen ihnen (d. h. geringe Konzentration) und die Partikel beeinflussen nicht das Strömungsfeld. Nachdem die Partikelgrößenverteilung und einige zusätzliche Parameter bestimmt wurden, wird die Partikelbewegung durch das zweite Newton'sche Gesetz modelliert:

$$\mathbf{F} = m\mathbf{a}, \tag{11}$$

wobei $\mathbf{F}$ die Kraft auf das Teilchen, m seine Masse und $\mathbf{a}$ die resultierende Beschleunigung des Partikels bezeichnet. Das Teilchen bewegt sich unter dem Einfluss seiner eigenen Trägheit, der Reibung mit dem Fluid sowie diffusiv als Folge der Brown'schen Bewegung. Außerdem kann die Teilchenbahn durch elektrostatische Kräfte beeinflusst werden. Weitere Details über Elektrostatik finden sich in [27]. Neben der Trägheit, die in (11) enthalten ist, werden alle Effekte als Überlagerung von Kräften modelliert. Wir lösen schließlich das folgende System stochastischer Differentialgleichungen für die Bewegung eines Partikels:

$$d\mathbf{v} = \gamma\big(\mathbf{v}(\mathbf{x}(\mathbf{t})) - \mathbf{u}(\mathbf{x}(\mathbf{t}))\big)\,dt + \sigma\,d\mathbf{W}(t) + \frac{q\mathbf{E}(\mathbf{x}(t))}{m}\,dt, \tag{12}$$

$$\frac{d\mathbf{x}}{dt} = \mathbf{v}. \tag{13}$$

In (12) und (13) bezeichnen t, $\mathbf{x}$ und $\mathbf{v}$ jeweils die Zeit, den Ort und die Geschwindigkeit des Partikels. Der erste Term auf der rechten Seite von (12) beschreibt mit γ als Reibungskoeffizienten die Reibungskraft. Sie ist proportional zum Geschwindigkeitsunterschied von Partikel und Fluid. Der Koeffizient γ nimmt für langsam umströmte, kugelförmige Partikel den folgenden Wert an:

$$\gamma = \frac{6\pi\mu R}{m} \quad \text{(Stokes–Reibung)} \tag{14}$$

R steht hier für den Partikelradius.

Der zweite Term auf der rechten Seite von (12) steht für den Einfluss der Brownschen Bewegung, beschrieben durch einen dreidimensionalen Wiener-Prozess $\mathbf{W}$. Wenn T die Temperatur und k_B die Boltzmann-Konstante ist, dann gilt nach dem Fluktuations–Dissipations-Theorem:

$$\sigma^2 = \frac{2k_B\gamma T}{m}. \tag{15}$$

Weitere Details dieses Modells findet man in [20, 27]. Der letzte Term beschreibt den Einfluss des elektrostatischen Feldes $\mathbf{E}$ auf die Partikelbahn mit Partikelladung q.

4.1.3 Simulation von Filtermedien

Wie bereits oben erwähnt, werden für industrielle Anwendungen aufgrund der komplexen Geometrien der realen oder virtuellen geometrischen Struktur nur numerische Methoden verwendet, die hauptsächlich die reguläre Voxel-Struktur nutzen. Ein Ansatz für die numerische Lösung von System (1), (2) oder im Allgemeinen (7) und (8) ist die Lattice-Boltzmann-Methode [19, 31]. Die Lattice-Boltzmann-Methode nutzt die Beziehung zwischen der Boltzmann-Gleichung und der (Navier-) Stokes-Gleichung auf einem regulären

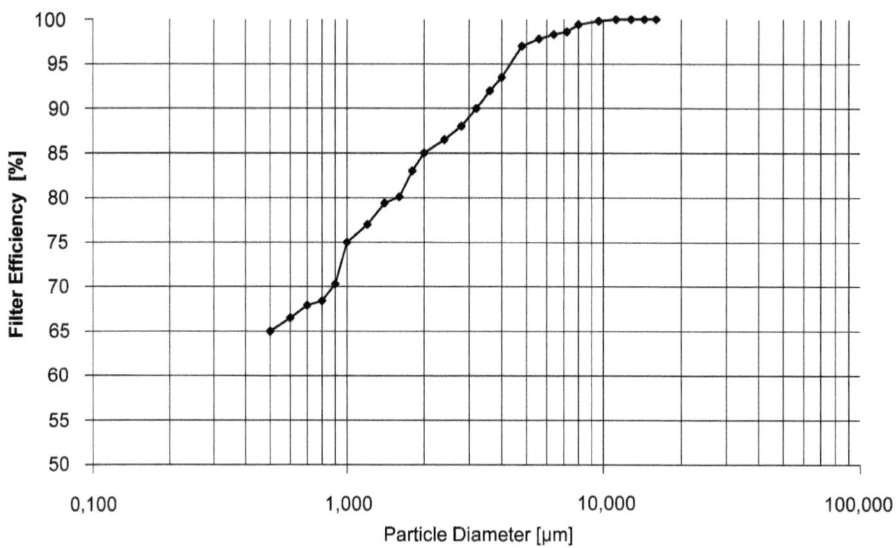

Abb. 11 Simulation der initialen Filtereffizienz eines Luftfiltermediums

Voxel–Gitter mit diskreten Schritten. Die entscheidende Größe ist eine diskrete Verteilungsfunktion, wobei die Geschwindigkeit und der Druck die Momente der Verteilung sind.

Deshalb kann die Methode direkt auf das Voxel–Gitter angewendet werden. Sie nutzt dann eine explizite Regel für Neuberechnungen, die gegen die stationäre Lösung konvergiert. Da zumindest die diskrete Verteilungsfunktion für jedes Voxel gespeichert werden muss, werden auch alternativ andere, matrixfreie Methoden betrachtet.

Andere industrielle Simulationstechniken nutzen Integralgleichungsformulierungen und eine Finite-Volumen-Diskretisierung auf dem Voxel–Gitter und lösen das sich ergebende System mithilfe der schnellen Fouriertransformation [1, 33].

Im Bezug auf die Implementierung aller Lösungsverfahren möchten wir darauf hinweisen, dass zwei Bestandteile von herausragender Wichtigkeit sind:

- die Nutzung der Regelmäßigkeiten des Voxel-Netzes und die Vermeidung von allem Überflüssigem, um Speicherplatz zu sparen und
- die skalierbare Parallelisierung der Algorithmen.

Behält man diese Regeln im Kopf, sind auf modernen Workstations mit mehreren Prozessoren Berechnungszeiten von Minuten oder wenigen Stunden für die Lösung der CFD (Computational Fluid Dynamics)-Probleme möglich.

Die Gleichungen für den Partikeltransport (12) und (13) können mit einer impliziten Euler-Methode für jedes einzelne Teilchen unabhängig gelöst werden. Zusätzlich zur Berechnung der Partikelbewegung, wird also in jedem Zeitschritt kontrolliert, ob eine Kollision der Oberfläche des Partikels mit der Geometrie stattgefunden hat. Im Falle einer

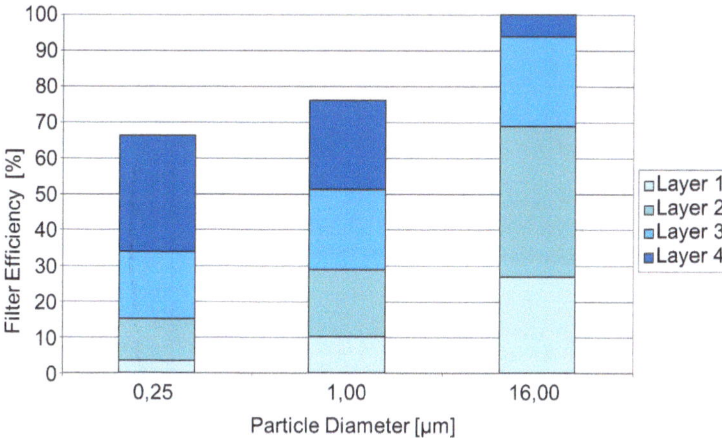

Abb. 12 Kumulative Fraktions-Abscheidegrade eines vierlagigen Luftfiltermediums

Kollision wird das Partikel als angelagert protokolliert, ansonsten setzt es seine Bahn fort. Nach Beendigung des Simulationslaufs (vgl. Abb. 10) werden die initialen Abscheidegrade als Verhältnis der Anzahl der angelagerten Partikel zu der Anzahl der aufgegebenen Partikel bestimmt (vgl. Abb. 11). Weil die Simulation für jedes einzelne Teilchen einen vollständigen Satz von Informationen liefert, ist es möglich Diagramme wie in Abb. 12 zu erzeugen. Bis heute sind derart genaue Analysen für viele Filtrationsanwendungen experimentell nicht verfügbar.

Simulation der Filterstandzeit – Solide und poröse Anlagerungsart Die Simulation der Filterstandzeit beruht auf der Iteration der in Abschn. 4.1.2 vorgestellten Simulationsschritte, d. h. Strömungsberechnung und Partikeltransport. Im Gegensatz zur Simulation der initialen Fraktionsabscheidegrade muss zwischen den Iterationen die Filtergeometrie aufgrund abgelagerter Partikel *modifiziert* werden. Im Modell besitzt dazu jeder Voxel des Gitters die Information über seinen aktuellen Füllgrad. Ist der Füllgrad gleich Null, befindet sich kein Partikel im Voxel. Ist der Füllgrad größer als Null, hat sich ein Teilchen ganz oder teilweise im Voxel angelagert. Es gibt nun zwei grundsätzlich verschiedene Arten, wie die Information über den Füllgrad nachfolgende Strömungs- und Partikelsimulationen beeinflusst. Wir nennen den ersten Modus die *solide Anlagerungsart*. Sie wird benutzt, wenn der typische Partikeldurchmesser größer oder gleich der Gitterweite ist. Erreicht der Füllgrad eines Voxels den Wert Eins, wird er auf *solide* geschaltet und wirkt forthin für den Strömungslöser als festes Hindernis analog der initialen Geometrie. Des Weiteren tritt dieser Voxel im Partikeltransport als Voxel auf, an dem abgelagert werden kann. Die zweite und so genannte *poröse Anlagerungsart* findet Verwendung, wenn die Größenordnung der Partikel die Gitterweite deutlich unterschreitet. Angelagerte Partikel sind in diesem Fall durch das Gitter nicht mehr individuell darstellbar und werden als Beitrag zum Aufbau einer porösen Struktur betrachtet. Konkret wirkt ab einem gewissen Füllgrad der *poröse* Voxel auf die Strömung durch eine Permeabilität oder einen Strömungswiderstand. Für

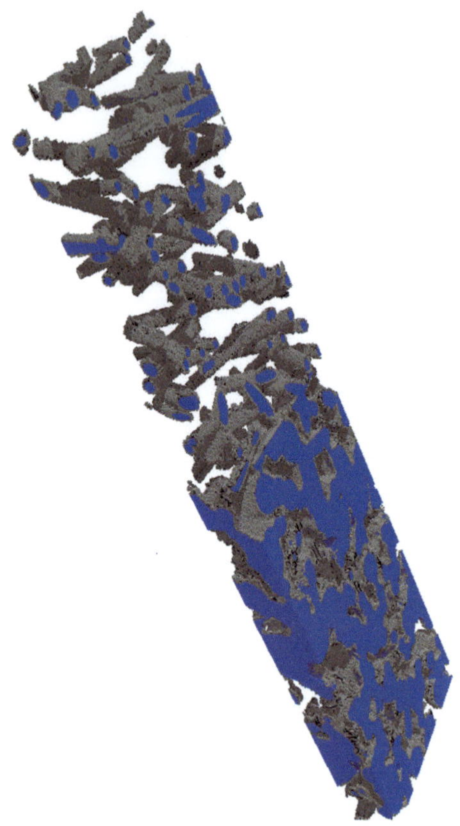

Abb. 13 Simulierte Rußanlagerung in einem Partikelfilter

die Strömungssimulation muss folglich der Navier–Stokes–Brinkman-Ansatz (vgl. Gl. (7) und (8)) gewählt werden. Die Behandlung poröser Voxel in der Partikelsimulation erfolgt analog der soliden Anlagerungsart mit dem Unterschied, dass der maximale Füllgrad typischerweise sehr viel kleiner als Eins ist. Ein entscheidender Punkt bei Standzeitsimulationen mit poröser Anlagerungsart ist die Wahl der Parameter, d. h. der maximale Füllgrad und die Permeabilität der sich aufbauenden porösen Struktur.

Beispiel: Simulation eines Rußpartikelfilters Am Beispiel der Simulation eines Rußpartikelfilters sollen die Simulationsmethoden nochmals verdeutlicht werden. Ziel ist die Berechnung des Gegendruckverhaltens des Filtermediums aus Abb. 13 bei Rußbeladung. Wir werden die wichtigsten Schritte kurz zusammenfassen und verweisen für mehr Details auf [28]. Die unbeladene (=blaue) Struktur besteht aus einem keramischen Substrat mit Faserauflage. Beide Geometrien sind virtuell mit den Methoden aus Abschn. 4.1.1 erzeugt. Die Auflösung beträgt 1 μm, die Gesamtgeometrie hat eine Gittergröße von $150 \times 150 \times 650$ Voxel und damit reale Abmessungen von $150\,\mu m \times 150\,\mu m \times 650\,\mu m$. Die virtuelle Struktur besitzt bzgl. Porosität und Sehnenlängenverteilung sehr ähnliche Eigenschaften wie das reale Medium, was durch Anpassung der Generierungsparameter und Abgleich mit REM-Aufnahmen innerhalb weniger Iterationen möglich ist. Neben der rein geometrischen Analyse wird der experimentell gemessene Gegendruck bis auf wenige Prozent Abweichung durch die Simulation bestätigt. Der typische Rußpartikeldurchmesser liegt im Bereich von 20 und 300 nm, also weit unterhalb der Kantenlänge eines Voxels von 1 µm. Es kommt für die Simulation somit die Standzeitsimulation mit poröser Anlagerungsart zum Einsatz. Es stellt sich nun die Frage nach den Parametern des Subgitter-Modells. In unserem Beispiel werden zur Bestimmung des maximal möglichen Füllgrads und der Permeabilität hoch aufgelöste Einzelfasersimulationen durchgeführt (vgl. Abb. 14). Die Auflösung beträgt 10 nm und löst somit die Partikel hinreichend genau auf. Um in unserem bisherigen Sprachgebrauch zu bleiben, wird durch eine Standzeitsimulation mit solider Anlagerungsart der Aufbau der Rußschicht an der Einzelfaser nachgestellt. Hat sich eine hinreichend dicke Schicht aufgebaut, wird deren Porosität bestimmt und die Permeabilität durch eine Strömungssimulation berechnet. Im Beispiel liegt die Porosität bei ungefähr 85 %, die Permeabilität im Bereich von 10^{-3} Darcy. Beide Parameter werden nun in der eigentlichen Standzeitsimulation eingesetzt. Das simulierte Gegendruckverhalten mit dem typischen S-förmigen Verlauf beim Übergang von Tiefen- zur Oberflächenfiltration deckt sich qualitativ sehr gut mit experimentellen Beobachtungen (vgl. Abb. 15). Die Oberflächenfiltration findet in diesem Fall an der Oberfläche des Substrats statt. Abschließend sei zu diesem Beispiel bemerkt, dass eine Simulation des Substrats ohne Faserauflage einen schnelleren Übergang der Filtrationsregime aufzeigt. Das Substrat alleine besitzt also einen schnelleren Gegendruckanstieg bei minimal geringerem initialen Gegendruck bedingt durch die fehlenden Fasern. Damit ist das Design mit Faserauflage dem Design ohne Faserauflage vorzuziehen.

4.2 Modellierung und Numerik für die makroskopische Ebene

Im Prinzip ist die Zielsetzung der mathematischen Modellierung des Filtrationsprozesses auf der makroskopischen Ebene die gleiche wie für die Mikroskala: Auf der Grundlage einer geeigneten Beschreibung des betrachteten Gebiets muss man adäquate Modelle für die Strömung, den Transport der Partikel und deren Abscheidung im Filtermedium finden. Im Vergleich zur Vorgehensweise auf der Mikroskala gibt es hierbei folgende Unterschiede:

- Ein Filtermedium wird wie im Darcy-Gesetz (10) als poröses Kontinuum mit einer Permeabilität K beschrieben, d. h. es wird nicht wie auf der Mikroskala zwischen Porenräumen und soliden Bereichen unterschieden.
- Eine Beschreibung der Kontamination des Fluids durch Betrachtung einzelner Partikel wäre für die Simulation auf makroskopischer Ebene viel zu aufwendig. Darüber hinaus sind derart detaillierte Informationen auf dieser Größenskala normalerweise nicht notwendig. Die Verunreinigung wird deshalb in Form einer Partikelkonzentration beschrieben.

Abb. 14 Simulierte Rußdeposition an einer Einzelfaser

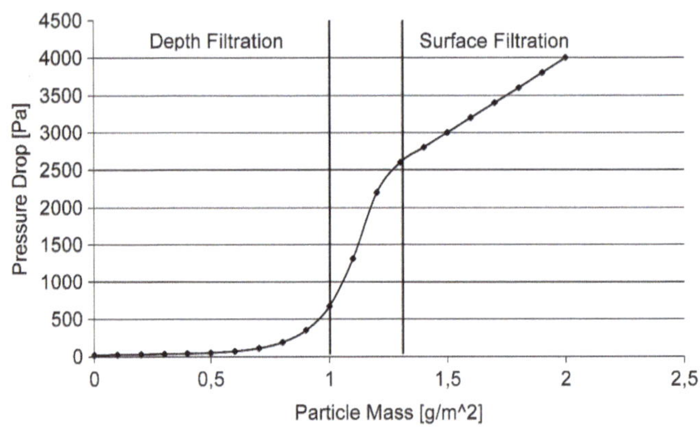

Abb. 15 Typische Druckabfallentwicklung in einem Diesel-Partikelfilter

Aus dieser unterschiedlichen Beschreibungsweise folgt unmittelbar, dass auch die (lokale) Änderung der Permeabilität des Mediums infolge der Beladung mit Partikeln anders als auf der Mikroskala modelliert werden muss. Im Folgenden werden die folgenden Modellierungsaspekte näher beleuchtet:

- Modelle für langsame und schnelle Strömungen durch das Filterelement,
- verschiedene Modelle für die Partikelabscheidung im Filtermedium mit Schwerpunkt auf der Tiefenfiltration,

- eine Vorgehensweise zur Schätzung von Filtrationsmodellparametern aus gegebenen Messwerten,
- Modelle für die zeitliche Entwicklung der Permeabilität des beladenen Mediums,
- numerische Algorithmen zur makroskopischen Simulation der Strömung sowie des Transports und der Partikelabscheidung und
- Validierung und Kalibrierung der Simulationssoftware sowie deren Nutzen für die Filterelementauslegung.

Damit dieser Abschnitt selbstkonsistent ist, werden an einigen Stellen Formeln wiederholt, die in dieser oder ähnlicher Form bereits aus dem Abschnitt zur mikroskopischen Modellierung bekannt sind.

4.2.1 Makroskopische Modellierung von Filtrationsprozessen

Die Beschreibung des makroskopischen Gebiets unterscheidet sich in einigen Punkten von der Vorgehensweise auf der Mikroebene. Auf der Makroskala muss man die geometrischen Eigenschaften des Filtergehäuses und des Filtermediums berücksichtigen. Darüber hinaus können die Ein- und Auslassbereiche geometrisch kompliziertere Formen annehmen. Das vom Filterelement gebildete Gebiet $\Omega^{\text{macro}} \subset \mathbb{R}^3$ kann auf naheliegende Art und Weise in (mindestens) drei Bereiche aufgeteilt werden:

- Das Teilgebiet Ω_f^{macro} ist der Bereich des „freien" Fluids außerhalb des Filtermediums.
- Der solide Teil Ω_s^{macro} wird von den Filtergehäusewänden und ggf. Stützrippen oder -gittern usw. gebildet.
- Das poröse Teilgebiet Ω_p^{macro} wird vom Filtermedium eingenommen.

Es gilt offensichtlich

$$\Omega^{\text{macro}} = \Omega_f^{\text{macro}} \cup \Omega_s^{\text{macro}} \cup \Omega_p^{\text{macro}},$$
$$\Omega_f^{\text{macro}} \cap \Omega_s^{\text{macro}} \cap \Omega_p^{\text{macro}} = \emptyset.$$

Beispielgeometrien von Filterelementen sind in Abb. 16 dargestellt. Man beachte, dass ein Filterelement je nach Anwendung mehrere, durchaus unterschiedliche Filtermedien enthalten kann. Im Allgemeinen gilt also

$$\Omega_p^{\text{macro}} = \bigcup_{i=1}^{N_m} \Omega_{p,i}^{\text{macro}}, \qquad \bigcap_{i=1}^{N_m} \Omega_{p,i}^{\text{macro}} = \emptyset,$$

wobei N_m die Anzahl der Filtermedien ist und $\Omega_{p,i}^{\text{macro}}$ das vom i-ten Filtermedium eingenommene Teilgebiet bezeichnet.

Auch der Gebietsrand $\Gamma = \partial\Omega^{\text{macro}}$ setzt sich aus mehreren Teilen zusammen:

$$\Gamma = \Gamma_i \cup \Gamma_o \cup \Gamma_s, \tag{16}$$

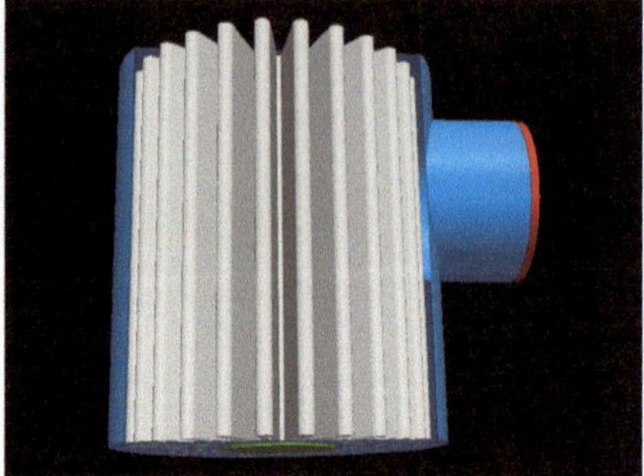

Abb. 16 Einfache Beispielgeometrien von Filterelementen. *Links*: Ein kegelförmiges Filterelement mit einem flachen Filtermedium. *Rechts*: Gefalteter Rundfilter (Sternfilter). Der Fluidbereich Ω_f^{macro} ist *blau* gefärbt und das poröse Teilgebiet Ω_p^{macro} *weiß*. Die Einlassbereiche sind *rot* dargestellt, die Auslässe jeweils *grün*

wobei Γ_i der Einlass- oder Einströmrand, Γ_o der Auslass- oder Ausströmrand und Γ_s der solide Teil des Randes ist. In manchen Fällen sind mehrere Ein- oder Auslässe vorhanden und je nach Anwendung können auch druckgesteuerte Filterumgehungsventile Bestandteil des Gehäuses sein.

4.2.2 Makroskopische Strömungsmodelle

Wir beschränken unsere Betrachtungen auf inkompressible, laminare Strömungen. Hierfür gibt es mehrere Möglichkeiten, das Strömungsfeld in einem Filterelement zu modellieren:

- Basierend auf der Zerlegung des Gebiets in einen Fluid-Bereich Ω_f^{macro} und das poröse Teilgebiet Ω_p^{macro} kann man ein gekoppeltes System aus Navier–Stokes-Gleichungen und dem Darcy-Gesetz betrachten.
- Alternativ kann man die Navier–Stokes–Brinkman-Gleichungen als Strömungsmodell verwenden.

In der Regel weisen Filtermedien eine relativ hohe Porosität auf, was die Verwendung des Brinkman-Modells nahelegt. Weil wir uns hier auf industrielle Filtrationsanwendungen konzentrieren, wird das gekoppelte Modell aus Navier–Stokes-Gleichungen und Darcy-Gesetz nicht weiter betrachtet. Ein detaillierter Vergleich der beiden Formulierungen findet sich z. B. in [38].

Mit den bereits bekannten Bezeichnungen lauten die instationären Navier–Stokes–Brinkman-Gleichungen wie folgt:

$$\begin{aligned} \nabla \cdot \mathbf{u} &= 0, \\ \rho\left(\frac{\partial \mathbf{u}}{\partial t} + (\mathbf{u} \cdot \nabla)\mathbf{u}\right) - \nabla \cdot (\tilde{\mu} \nabla \mathbf{u}) + \mu K^{-1}\mathbf{u} &= -\nabla p + \mathbf{f}. \end{aligned} \tag{17}$$

Man beachte, dass die Impulsgleichung die *effektive Viskosität* $\tilde{\mu}$ enthält, die sich von μ in Ω_p^{macro} unterscheiden kann. Außerhalb des porösen Teilgebiets Ω_p^{macro} gilt $\tilde{\mu} = \mu$ und offensichtlich $K^{-1} = 0$, so dass die Gleichung in Ω_f^{macro} mit dem üblichen Navier–Stokes-System identisch ist.

Typische Randbedingungen sind:

$$\mathbf{u}(x) = \mathbf{u}_{\text{in}}(x), \quad x \in \Gamma_i; \qquad p(x) = 0, \quad x \in \Gamma_o; \qquad \mathbf{u}(x) = 0, \quad x \in \Gamma_s. \tag{18}$$

Im Falle mehrerer Ein- und/oder Auslässe müssen die Randbedingung entsprechend angepasst werden.

Wie bereits erwähnt, ist die Wahl der Interfacebedingungen am Übergang zwischen freiem Fluid und dem porösen Medium besonders wichtig bei der Strömungsmodellierung. Im Falle der Tiefenfiltration ist die Strömung im Wesentlichen senkrecht zur Oberfläche des porösen Mediums gerichtet, so dass die Forderung der Stetigkeit der Geschwindigkeit sowie der Normalkomponente des Spannungsstensors eine übliche Wahl ist. Für weitere Varianten und Details verweisen wir auf die Arbeiten [38] und [50].

Für moderate Volumenströme und entsprechende Strömungsgeschwindigkeiten im Filtermedium hat sich das Navier–Stokes–Brinkman-System als mathematisches Strömungsmodell bewährt. Andererseits wurde jedoch auch beobachtet, dass die im Darcy-Gesetz formulierte Proportionalität zwischen dem Differenzdruck und der Fluidgeschwindigkeit für schnelle Strömungen nicht gilt. In einigen wichtigen Anwendungsgebieten (z. B. Luftfiltration) muss dies berücksichtigt werden.

In der Literatur findet man recht viel zu verschiedenen Modellen für schnelle Strömungen durch poröse Medien (siehe z. B. [54, 78, 80] und die dort angegebenen Referenzen). Wir werden diese Modelle als *Nicht-Darcy*-Modelle bezeichnen. Um das nichtlineare Verhalten des Druckverlusts in die Navier–Stokes–Brinkman-Gleichungen (17) einzubringen, wird die Permeabilität K durch eine sogenannte *scheinbare* Permeabilität K_{app} ersetzt. Wir betrachten einige Beispiele hierfür:

Wenn das Darcy-Gesetz gültig ist, bleiben die Navier–Stokes–Brinkman-Gleichungen unverändert, d. h. es gilt einfach

$$\mu K_{\text{app}}^{-1} = \mu K^{-1}. \tag{19}$$

Beim klassischen Forchheimer-Modell (vgl. [69]) ist

$$\mu K_{\text{app}}^{-1} = \mu K^{-1} + \frac{\rho}{2} F |\mathbf{u}|, \tag{20}$$

mit dem Forchheimer-Koeffizienten F. Die Modelle vom Ergun-Typ (vgl. [65, 99]) enthalten ebenfalls einen quadratischen Term, sie lauten

$$\mu K_{\text{app}}^{-1} = \mu K^{-1} + \frac{\rho}{\sqrt{K}} E |\mathbf{u}|, \tag{21}$$

mit dem Ergun-Koeffizienten E. Diese beiden Modelle sind in der technischen Literatur und auch in kommerziellen Softwarepakten zur Strömungssimulation gebräuchlich. Ein neueres Modell für nichtlineare Druckverlustmodelle wurde von Barree und Conway vorgestellt (siehe [53]) und basiert auf der Reynolds-Zahl des Porenraums:

$$Re = \frac{\rho u \xi}{\mu},$$

wobei u die Darcy-Geschwindigkeit im porösen Medium und ξ die charakteristische Länge ist, die mit der (mittleren) Porengröße des Mediums zusammenhängt. Die scheinbare Permeabilität hängt wie folgt von der Strömung ab:

$$\mu K_{\text{app}}^{-1} = \mu \left(K_{\min} + \frac{K - K_{\min}}{(1 + Re^F)^E} \right)^{-1}. \tag{22}$$

Dieses Modell deckt mit einer einzigen Formel den gesamten Bereich von geringen bis zu sehr hohen Volumenströmen ab. Bei geringen Strömungsgeschwindigkeiten ist dieses Modell identisch mit dem Darcy-Gesetz und stimmt im Falle mittlerer Volumenströme gut mit der Forchheimer-Analyse überein. Darüber hinaus weist es bei hohen Strömungsgeschwindigkeiten ein asymptotisches Verhalten auf, d. h. die scheinbare Permeabilität strebt gegen einen konstanten minimalen Wert $K_{\min}$, was in entsprechenden Labormessungen bestätigt wurde.

Durch Verwendung asymptotischer Homogenisierungsmethoden kommen die Autoren der Veröffentlichung [52] zu dem Schluss, dass der nichtlineare Term nicht quadratisch sein kann, sondern vielmehr kubisch sein muss. In diesem Zusammenhang sei erwähnt, dass eine Reihe von Veröffentlichungen von einem experimentell gefundenen linearen Zusammenhang zwischen Forchheimer-Koeffizient und Darcy-Geschwindigkeit berichten, was gleichbedeutend mit einer kubischen Abhängigkeit des Differenzdrucks von der Geschwindigkeit ist.

An dieser Stelle soll nicht unerwähnt bleiben, dass das Konzept der scheinbaren Permeabilität bei der Modellierung von Strömungen durch poröse Medien kein allgemeiner Standard ist. Die scheinbare Permeabilität ermöglicht jedoch eine kompakte und einheitliche Beschreibung einer Reihe von Modellen und der zugehörigen numerischen Algorithmen, mit deren Hilfe schnelle Strömungen durch Filtermedien simuliert werden können. Ferner soll hier nochmals betont werden, dass die nichtlinearen Differenzdruckmodelle für schnelle, aber immer noch laminare Strömungen verwendet werden. Turbulenz in porösen Medien und die damit verbundenen Effekte liegen außerhalb der hier angestellten Betrachtungen.

4.2.3 Modelle für Partikeltransport und -abscheidung

Wie schon zu Beginn dieses Abschnitts erwähnt, ist die Konzentration eine geeignete Größe, um die Kontamination des Fluids auf der makroskopischen Skala zu beschreiben. Für eine gegebene Partikelart kann es sich hierbei um die Anzahl oder die Masse pro Einheitsvolumen handeln. Im Folgenden bezeichnen wir mit C die Konzentration der gelösten Teilchen und mit M die Konzentration der im Medium abgelagerten Partikel.

Wir werden hier ausschließlich die Tiefenfiltration betrachten. Die Modellierung der Kuchenfiltration auf der makroskopischen Ebene ist ein sehr aktives Forschungsgebiet (siehe u.a. [87, 94] und [49] sowie die Literaturverweise dort).

Unter der Annahme, dass sich die Teilchen (im Wesentlichen) mit dem Geschwindigkeitsfeld bewegen und unter Berücksichtigung der Partikeldiffusion im Fluid erhalten wir das folgende Modell für die Partikelkonzentration:

$$\frac{\partial C}{\partial t} + \mathbf{u} \cdot \nabla C - D \Delta C = \begin{cases} 0, & x \in \Omega_f^{\text{macro}} \\ -\frac{\partial M}{\partial t}, & x \in \Omega_p^{\text{macro}}. \end{cases} \tag{23}$$

Hierbei ist D die Diffusionskonstante. Die zeitliche und räumliche Entwicklung der Konzentration $C(x,t)$ der gelösten Teilchen wird durch eine Konvektions–Diffusions–Reaktions-Gleichung modelliert. Der „Reaktionsterm" ist nur im porösen Gebiet von Null verschieden (Tiefenfiltration) und durch die *Absorptionsrate* gegeben, die als Ableitung der Partikelabscheidung M nach der Zeit definiert ist.

Für die Konzentrationsgleichung verwendet man üblicherweise die folgenden Randbedingungen:

$$\forall x \in \Gamma_i : C(x,t) = C_{\text{in}}(t), \tag{24}$$

wobei C_{in} die erwähnte Einlasskonzentration ist und

$$\forall x \in \Gamma_s \cup \Gamma_o : \frac{\partial C}{\partial n}(x) = 0 \tag{25}$$

gilt.

4.2.4 Makroskopische Tiefenfiltrationsmodelle

Der eigentliche Filtrationsvorgang im Medium wird auf der makroskopischen Ebene durch die konkrete Form der Absorptionsrate auf der rechten Seite von (23) modelliert. Man beachte hierbei, dass die im Labor verwendeten Teststäube ein Gemisch aus verschiedenen Partikelgrößen sind. Im realen Betrieb sind im Allgemeinen nicht nur verschiedene Partikelgrößen, sondern auch unterschiedliche Materialien zu erwarten. Daraus folgt, dass in diesen Fällen die Konzentrationen der einzelnen Komponenten betrachtet werden müssen und für jede dieser Komponenten ein individuelles Filtrationsverhalten modelliert werden muss.

Es würde zu weit führen, wollte man in diesem kurzen Abschnitt einen vollständigen Überblick über makroskopische Tiefenfiltrationsmodelle geben. Die Diskussion hier beschränkt sich daher auf eine Auswahl solcher Modelle, die sich bei der Simulation von Filtrationsprozessen in der Praxis als geeignet erwiesen haben. Einen Überblick über klassische Modellierungen findet man u.a. in [73] und [95].

Das einfachste Modell basiert auf der Annahme, dass die Absorptionsrate proportional zur Konzentration der gelösten Partikel ist, d. h.:

$$\frac{\partial M}{\partial t} = \alpha C, \tag{26}$$

wobei $\alpha > 0$ *Absorptionskoeffizient* genannt wird. Dieses Modell gilt in den meisten Fällen zumindest für die Anfangsphase der Filtration, wenn das Filtermedium noch (relativ) sauber ist. Ähnlich zum Filterkuchen können aber auch die Ablagerungen im Medium einen gewissen Einfluss auf die Absorptionsrate haben. Deshalb besitzen die meisten Tiefenfiltrationsmodelle folgende Form:

$$\frac{\partial M}{\partial t} = \alpha \Phi(M) C - \Psi(M). \tag{27}$$

Durch Φ wird der verstärkende Einfluss der abgeschiedenen Masse M auf die Filtereffizienz beschrieben. Ψ dagegen ist ein „Verlustterm", der die Ablösung (das Auswaschen) bereits abgelagerter Partkel modelliert. Auch hier bezeichnet α den Absorptionskoeffizienten des sauberen Filtermediums, so dass $\Phi(0) = 1$ und $\Psi(0) = 0$ gilt.

Wenn die Absorptionsrate durch die bereits eingelagerten Partikel wächst, werden die stromaufwärts liegenden Schichten des Mediums mit der Zeit deutlich stärker beladen als die Bereiche stromabwärts. Dieser Effekt verstärkt sich selbst, so dass es zum Zusetzen des Filters an der Anströmseite kommt (engl. *filter clogging*). Ein *lineares Clogging-Modell* wurde in [74] für die Wasserfiltration eingeführt und später in [59] für Aerosole näher untersucht, es lautet:

$$\frac{\partial M}{\partial t} = \alpha \left(1 + \frac{M}{M_0}\right) C, \tag{28}$$

d. h. wir haben $\Psi(M) \equiv 0$ und $\Phi(M) = 1 + M/M_0$. Die Absorptionsrate hängt also linear von der abgeschiedenen Masse ab. Qualitativ wird die Abhängigkeit durch den Parameter M_0 beschrieben.

Wie schon in Abschn. 4.1 erwähnt wurde, beobachtet man in vielen Anwendungen anfangs Tiefenfiltration, worauf nach einer Übergangsphase die Kuchenfiltration folgt (siehe auch Abb. 15). Bei diesem Übergang kann es zu einem plötzlichen Anstieg der Absorptionsrate kommen. Um diesen Effekt zu berücksichtigen, wurde in [88] ein *Zweistufenmodell* eingeführt:

$$\frac{\partial M}{\partial t} = \begin{cases} \alpha(1 + \frac{M}{M_0})C, & M \le M_1 \\ \alpha(1 + \frac{M}{M_0} + a\frac{M-M_1}{M_0})C, & M > M_1. \end{cases} \tag{29}$$

Sobald die abgeschiedene Masse einen bestimmten Wert M_1 überschreitet, beginnt eine zweite, beschleunigte Filtrationsstufe. Die „Beschleunigung" des Abscheidevorgangs wird durch den Parameter $a > 0$ beschrieben. Dieses Verhalten ist aus der Luftfiltration gut bekannt, kann aber je nach Betriebsbedingungen auch bei der Filtration von Flüssigkeiten beobachtet werden.

Vor allem bei der Filtration von Flüssigkeiten kann es passieren, dass ein Teil der Ablagerungen wieder freigesetzt wird. In [83] wurde zur Beschreibung dieses Phänomens das Modell

$$\frac{\partial M}{\partial t} = \alpha C - \gamma M, \tag{30}$$

hergeleitet, wobei $\gamma > 0$ den *Desorptionskoeffizienten* bezeichnet.

4.2.5 Modelle für die Permeabilität

Aus der Betrachtung des Filtrationsvorgangs auf der mikroskopischen Ebene wissen wir bereits, dass die Ablagerung der Partikel zu einer Verengung der Porenräume und damit zu einem höheren lokalen Strömungswiderstand führt. Daraus folgt für die makroskopische Modellierung, dass die Permeabilität als Größe angesehen werden muss, die sowohl orts- als auch zeitabhängig ist.

Es stellt sich nun die Frage, wie man aus der Kenntnis der abgeschiedenen Masse $M(x,t)$ auf die Permeabilität $K(x,t)$ schließen kann. Experimentelle Untersuchungen und theoretische Betrachtungen haben gezeigt, dass die Permeabilität eines porösen Materials wesentlich von der *Porosität*

$$\phi = \frac{V_{\text{pore}}}{V}, \tag{31}$$

abhängt. Durch Betrachtung von repräsentativen Elementarvolumina kann hieraus eine Porositätsverteilung $\phi(x)$ für die Makroskala abgeleitet werden. Viele aus theoretischen Überlegungen hergeleitete Permeabilitätsgesetze sind von der folgenden Form

$$K(x) = r^2 F\big(\phi(x)\big).$$

Für faserige Medien ist dabei r der (effektive) Faserradius, im Falle granularer Materialien der (effektive) Partikelradius.

Ein bekanntes Beispiel dieser Art ist das Jackson–James-Modell (siehe [75]), das für Fasermedien entwickelt wurde:

$$K_{JJ}(\phi) = -r_{\text{fib}}^2 \frac{3}{20} \frac{\ln(1-\phi) + 0.931}{1-\phi}. \tag{32}$$

Für granulare poröse Medien ist das Kozeny–Carman-Modell (vgl. z. B. [80]) ein klassisches Beispiel, es lautet

$$K_{KC}(\phi) = r_{\text{par}}^2 c_{\text{par}} \frac{\phi^3}{(1-\phi)^2}, \tag{33}$$

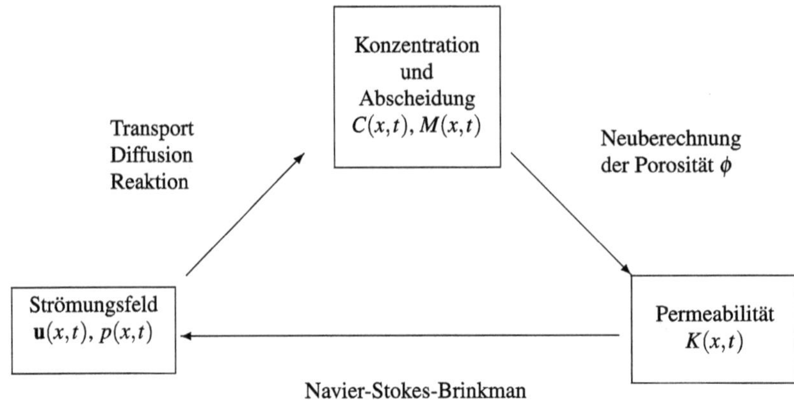

Abb. 17 Das Prinzip makroskopischer Filtersimulationen

wobei der Wert der Konstanten c_{par} von der Sphärizität der Teilchen abhängt.

Der Beitrag der abgelagerten Partikel zum gesamten Druckverlust wird sich im Allgemeinen qualitativ und quantitativ stark von dem Widerstandsbeitrag des Mediums unterscheiden. Dies legt nahe, kombinierte Permeabilitätsgesetze zu betrachten,

$$K(t) = \left(\frac{1}{K_{\text{clean}}} + \frac{1}{K_{\text{load}}(\overline{\phi_+}(t))} \right)^{-1}. \tag{34}$$

Dabei ist $\phi_+(t)$ der durch die Partikeleinlagerung verursachte Zuwachs an Feststoffanteilen im Medium

$$\overline{\phi_+}(x,t) = \phi(x,0) - \phi(x,t).$$

Ein Beispiel für ein derartiges kombiniertes Permeabilitätsmodell wurde erstmals in [2] vorgestellt.

Es soll hier nochmals betont werden, dass die Permeabilität letztlich von der Mikrostruktur des Filtermediums, der Art der abgelagerten Partikel und deren Verteilung im Medium abhängt. Um all dies bei der Simulation angemessen berücksichtigen zu können, haben sich Multiskalenmethoden zur Homogenisierung und Permeabilitätsberechnung bewährt. Diese werden in Abschn. 4.3 näher besprochen.

4.2.6 Numerische Algorithmen für die Simulation von Filterelementen

Die Zeitskala bei der mikroskopischen Betrachtung der Filtration ist meist eine ganz andere als die auf der makroskopischen Ebene. Die Anlagerung einzelner Partikel an die Fasern bzw. an bereits abgelagerte Partikel führt ja nicht zu einer signifikanten Änderung der Permeabilität des homogenisierten Materials. Deshalb hat sich die folgende quasistationäre Methode für die Simulation von Filterelementen als sehr effektiv herausgestellt (vgl. Abb. 17):

1. Berechnung des Strömungsfeldes durch numerische Lösung der Navier–Stokes–Brinkman-Gleichungen (17).
2. Lösung der Transport–Diffusions–Reaktions-Gleichung (23) und Berechnung der abgeschiedenen Masse $M(x, t)$ im Filtermedium.
3. Neuberechnung der Porosität $\phi(x, t)$ und der Permeabilität $K(x, t)$ des Filtermediums.
4. Wiederholung der Schritte 2. und 3., bis sich der Wert der Permeabilität gegenüber der letzten Berechnung des Strömungsfelds zu einem bestimmten Grad verändert hat. Dann Fortsetzung mit Schritt 1.

Die Festlegung eines geeigneten Schwellenwertes für die Permeabilitätsänderung basiert auf der Abwägung der gewünschten Genauigkeit und eines vertretbaren Rechenaufwands. Einerseits kann die Strömungssimulation recht aufwendig sein, andererseits ist die korrekte Berechnung der Anströmung des Mediums entscheidend für die Simulation des Beladungsvorgangs.

Eine umfassende Diskussion numerischer Algorithmen für Navier–Stokes–Brinkman-Gleichungen und Konvektions–Diffusions–Reaktions-Gleichungen würde hier zu weit führen. Wieder werden wir uns auf Methoden beschränken, die sich im Zusammenhang mit der makroskopischen Simulation von Filtrationsvorgängen bewährt haben.

4.2.7 Orts- und Zeitdiskretisierung

Die numerische Simulation von Filterelementen ist eine spezielle Anwendung numerischer Strömungsmechanik (engl. *Computational Fluid Dynamics, CFD*). Daher sind auch hier folgende Schritte durchzuführen:

- Erzeugung eines Rechengitters (in den meisten praktischen Fällen auf Grundlage von CAD-Daten),
- Orts- und Zeitdiskretisierung der Navier–Stokes–Brinkman-Gleichung (17) auf diesem Gitter,
- Orts- und Zeitdiskretisierung der Konzentrationsgleichung(en) (23) auf diesem Gitter und
- Lösung der großdimensionierten linearen Gleichungssysteme, die man durch die Diskretisierung erhält.

Gittergenerierung In der numerischen Strömungsmechanik werden verschiedene strukturierte und unstrukturierte Gitter (Netze) verwendet (vgl. z. B. [67, 68, 101] und die Verweise dort). Wie schon in Abschn. 3.2 erwähnt wurde, kann die Vernetzung von komplizierten Geometrien des Filtergehäuses und/oder des Mediums (Falte) aufwendig sein.

Wir betrachten hier einfache Gitter, die verhältnismäßig schnell und robust generiert werden können: Für die Simulation werden kartesische Gitter auf Voxelbasis bzw. die aus diesen durch lokale Verfeinerung oder Vergröberung gewonnenen Gitter (vgl. Abb. 18) eingesetzt.

Die Anzahl der Gitterzellen bestimmt wesentlich die Anzahl der Unbekannten in den diskretisierten Gleichungen. Die Größe des Rechengitters ist damit ein bestimmender Faktor für den Rechenaufwand bei der Simulation und sollte nach Möglichkeit minimiert wer-

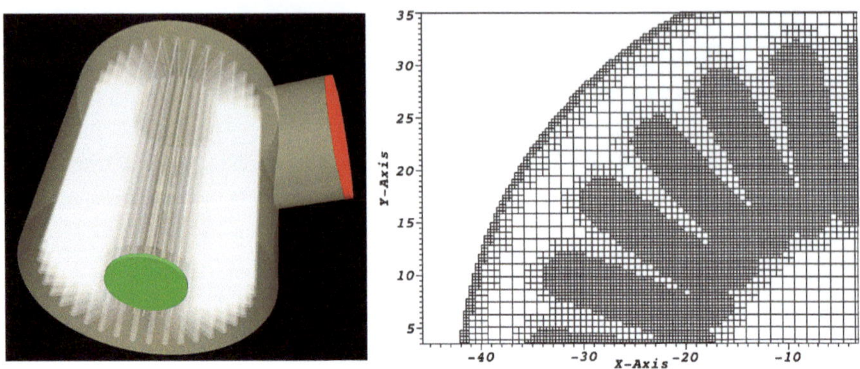

Abb. 18 *Links*: Eine CAD-Geometrie eines gefalteten Filterelement-Einsatzes mit Gehäuse, Filtermedium (*weiß*), Einlass (*rot*) und Auslass (*grün*); *Rechts*: ein zweifach lokal vergröbertes Gitter für die Simulation des gefalteten Mediums (vergrößerte Ansicht eines Querschnitts im 3D-Gitter)

den. Andererseits ist eine gute Auflösung geometrischer Details wichtig für die Genauigkeit der numerischen Berechnungen, so dass ein zu grobes Rechengitter zu schlechten Ergebnissen führt. Ein naheliegender Mittelweg ist die Unterteilung des Rechengebiets in Teilbereiche, die eine feine Gitterauflösung erfordern und solche, in denen eine gröbere Auflösung ausreicht. Hierzu existieren viele Ansätze wie z. B. die adaptive Gitterverfeinerung auf der Grundlage von Fehlerschätzern.

Im Zusammenhang mit Filtrationssimulationen hat sich die Betrachtung von Materialübergängen bewährt:

- Am Rand Γ des Gebiets wird die feinste Voxelauflösung verwendet, um Randeffekte zu erfassen.
- Im Teilgebiet $\Omega_p^{\mathrm{macro}}$ des Filtermediums wird die feinste Voxelauflösung verwendet, damit die Druckverteilung, die Konzentrationsänderungen und das Abscheidungsprofil möglichst gut erfasst werden.
- Die Übergangszonen zwischen Fluid und Filtermedium werden ebenfalls am feinsten aufgelöst, um die Effekte an den Materialgrenzen möglichst genau zu berücksichtigen.
- Alle verbleibenden Zonen im Teilgebiet $\Omega_f^{\mathrm{macro}}$ können gröber aufgelöst werden.

Durch rekursive Anwendung dieser Methode können mehrere Auflösungsstufen in einem Gitter realisiert und die Anzahl der Gitterzellen weiter verringert werden. Ein auf diese Weise erzeugtes Gitter für einen Sternfiltereinsatz ist in Abb. 18 (rechts) gezeigt.

Bei Verwendung moderner effizienter Lösungsverfahren für die linearen Gleichungssysteme sind deutliche Geschwindigkeitsgewinne (bis zu einem Faktor 5 für die gleiche Geometrie) in der Simulation erreichbar. Weitere Details zu den betrachteten Voxelgittern findet man z. B. in [37].

Zeitdiskretisierung des Strömungsproblems Die Schwierigkeit bei der Diskretisierung der inkompressiblen Navier–Stokes–(Brinkman-) Gleichung liegt darin, dass sie keine explizite Gleichung für den Druck enthalten, sondern nur eine implizite Bedingung in Form der Kontinuitätsgleichung.

In der Literatur finden sich sehr viele Arbeiten über Verfahren zur Lösung dieses Problems. Dazu zählen u.a. Splitting-Algorithmen und/oder Vorkonditionierungsmethoden für die Navier–Stokes-Gleichungen (vgl. z. B. [68, 70, 92, 96]). Eine naive Übertragung dieser Algorithmen auf die Navier–Stokes–Brinkman-Gleichung ist jedoch nicht ratsam, denn der Darcy-Term erfordert eine spezielle Art der Diskretisierung. Wie dies geschehen kann, wird im Folgenden beschrieben.

Zuvor sei bemerkt, dass für die scheinbare Permeabilität im Falle schneller Strömungen die Nichtlinearitäten mit Hilfe der Picard-Methode linearisiert werden. Dies ist nicht der zuverlässigste und effizienteste Ansatz, aber auf diese Weise lassen sich alle Algorithmen einheitlich formulieren.

Wir werden folgende Bezeichnungen verwenden: Die diskreten Operatoren für die Konvektions- und Diffusionsterme werden mit $\mathbf{C}(\mathbf{u})\mathbf{u}$ bzw. $\mathbf{Du}$ bezeichnet. $\mathbf{G}$ steht für den diskreten Gradienten, $\mathbf{G}^\top$ für den diskreten Divergenzoperator und $\mathbf{Bu}$ für den diskreten Darcy-Term in den Impulsgleichungen. Die konkreten Form dieser Operatoren hängt von der Art der Ortsdiskretisierung ab. Wir kommen darauf im Anschluss an die Zeitdiskretisierung zu sprechen. Die Exponenten $\cdot^{k+1}$ und $\cdot^k$ bezeichnen jeweils den neuen bzw. alten Zeitschritt und τ steht für die Zeitschrittweite, d. h. $\tau = t^{k+1} - t^k$.

Ein Splitting-Verfahren zur Zeitdiskretisierung der Navier–Stokes–Brinkman-Gleichungen (17) kann folgendermaßen geschrieben werden:

$$\big(\rho\mathbf{u}^* - \rho\mathbf{u}^k\big) + \tau\big(\mathbf{C}(\mathbf{u}^k) - \mathbf{D} + \mathbf{B}\big)\mathbf{u}^* = \tau\mathbf{G}p^k \tag{35}$$

$$\big(\rho\mathbf{u}^{k+1} - \rho\mathbf{u}^*\big) + \tau\big(\mathbf{B}\mathbf{u}^{k+1} - \mathbf{B}\mathbf{u}^*\big) = \tau\big(\mathbf{G}p^{k+1} - \mathbf{G}p^k\big) \tag{36}$$

$$\mathbf{G}^\top\rho\mathbf{u}^{k+1} = 0. \tag{37}$$

Operatoren-Splitting oder Projektionsmethoden sind verschiedene Begriffe für recht ähnliche Konzepte (vgl. [61, 67, 68, 70]). Alle diese Modelle lösen erst die Impulsgleichungen und im Anschluss eine Druckkorrekturgleichung. Deshalb kann der obige Algorithmus im Wesentlichen als eine Brinkman-Variante der bekannten Chorin-Methode für die Navier–Stokes-Gleichungen angesehen werden.

Zuerst wird die Impulsgleichung (35) gelöst, wobei man für den Druck auf der rechten Seite den Wert des vorherigen Zeitschritts verwendet. Man erhält so eine approximative Vorhersage $\mathbf{u}^*$ für die Geschwindigkeit. Im Anschluss löst man eine Gleichung für die Druckkorrektur

$$q = p^{k+1} - p^k.$$

Die Druckkorrekturgleichung ergibt sich durch Anwendung der (diskreten) Divergenz auf (36):

$$\tau \mathbf{G}^\top \mathbf{G} q = \mathbf{G}^\top \left(\rho \mathbf{u}^{k+1} - \rho \mathbf{u}^*\right) + \tau \mathbf{G}^\top \left(\mathbf{B}\mathbf{u}^{k+1} - \mathbf{B}\mathbf{u}^*\right).$$

Mit der Kontinuitätsgleichung (37) und der Annahme eines im Wesentlichen linearen Druckprofils im porösen Medium (d. h. $\mathbf{G}^\top \mathbf{B}\mathbf{u}^{k+1} \approx 0$) vereinfacht sich dies zu

$$\tau \mathbf{G}^\top \mathbf{G} q = -\mathbf{G}^\top \left(\rho \mathbf{u}^* + \tau \mathbf{B}\mathbf{u}^*\right). \tag{38}$$

Dies ist eine Poisson-Gleichung mit konstanten Koeffizienten für die Druckkorrektur. Der Nachteil dieser Form ist, dass der Operator für die Druckkorrektur keinerlei Informationen über das poröse Medium enthält und die Kontinuitätsgleichung in Ω_p^{macro} nur näherungsweise erfüllt wird. Diese Variante eignet sich daher nicht für die numerische Simulation der Durchströmung eines porösen Mediums mit einer im Allgemeinen lokal variierenden Permeabilität.

Der Darcy-Term muss vielmehr in den Gl. (35) und (36) berücksichtigt werden. Dazu betrachten wir die folgende Umformulierung von (36):

$$\left(\mathbf{I} + \frac{\tau}{\rho}\mathbf{B}\right)\rho \mathbf{u}^{k+1} - \left(\mathbf{I} + \frac{\tau}{\rho}\mathbf{B}\right)\rho \mathbf{u}^* = \tau \mathbf{G} q,$$

wobei $\mathbf{I}$ den Identitätsoperator bezeichnet. Der Brinkman-Term ist positiv definit und $\mathbf{I} + \frac{\tau}{\rho}\mathbf{B}$ somit invertierbar. Die obige Gleichung kann also folgendermaßen umgeformt werden:

$$\rho \mathbf{u}^{k+1} - \rho \mathbf{u}^* = \tau \left(\mathbf{I} + \frac{\tau}{\rho}\mathbf{B}\right)^{-1} \mathbf{G} q. \tag{39}$$

Anwenden des Divergenzoperators liefert in Verbindung mit der Kontinuitätsgleichung die folgende Druckkorrektur-Gleichung:

$$\tau \mathbf{G}^\top \left(\mathbf{I} + \frac{\tau}{\rho}\mathbf{B}\right)^{-1} \mathbf{G} q = -\mathbf{G}^\top \rho \mathbf{u}^*. \tag{40}$$

Im Teilgebiet Ω_f^{macro} ist diese Formulierung mit der vorherigen Druckkorrekturgleichung identisch, da dort $\mathbf{B} \equiv 0$ gilt. In Ω_p^{macro} jedoch dominiert der Brinkman-Term, so dass diese Variante im Gegensatz zu (38) eine Näherung für das Poisson-Problem ist, das man durch Anwenden der Divergenz aus dem Darcy-Gesetz erhält. Diese Druckkorrekturgleichung eignet sich also gleichermaßen für die Fluidzone und den Bereich des Filtermediums.

Nach der Lösung der Druckkorrekturgleichung wird der Druck neu berechnet

$$p^{k+1} = p^k + q\,, \tag{41}$$

und gemäß Gl. (39) die neue Geschwindigkeit bestimmt:

$$\rho \mathbf{u}^{k+1} = \rho \mathbf{u}^* + \tau \left(\mathbf{I} + \frac{\tau}{\rho} \mathbf{B} \right)^{-1} \mathbf{G} q. \tag{42}$$

Zeitdiskretisierung der Konzentrationsgleichung Unter Verwendung der allgemeinen Form (27) für das Tiefenfiltrationsmodell lautet eine naheliegende implizite Zeitdiskretisierung der Konzentrationsgleichung (23) wie folgt:

$$\begin{aligned} &\frac{C^{n+1} - C^n}{\Delta t} + \mathbf{u} \cdot \left(\mathbf{G} C^{n+1} \right) - \mathbf{D} C^{n+1} \\ &= \begin{cases} 0 & \text{in } \Omega_f^{\text{macro}} \\ -(\alpha \Phi(M^n) C^{n+1} - \Psi(M^n)) & \text{in } \Omega_p^{\text{macro}} \end{cases} \end{aligned}$$

Die diskreten Zeiten t^n $(n = 0, 1, \ldots)$ und die zugehörigen Zeitschritte $\Delta t = t^{n+1} - t^n$ beziehen sich auf die Zeitskala der Beladung des Mediums und sollten daher nicht mit denen verwechselt werden, die für das Strömungsproblem oben verwendet wurden. Dieser Diskretisierungsansatz ist offensichtlich einer der einfachsten, hat sich aber für viele Problemstellungen als sehr effektiv erwiesen.

Für diesen Teil der numerischen Simulation sind die Wahl eines geeigneten Abscheidungsmodells und die Kenntnis der Werte für die zugehörigen Modellparameter entscheidend für die Zuverlässigkeit der Simulationsergebnisse. Wir werden die Frage, wie das geschehen kann, weiter unten behandeln.

Nach Lösung der Konzentrationsgleichung verwendet man C^{n+1} zur Neuberechnung der lokalen Abscheidung M^{n+1}. Damit werden die lokale Porosität und Permeabilität aktualisiert und falls nötig auch eine Neuberechnung der Strömung durchgeführt.

Am Ende können aus den numerischen Ergebnissen, die sich aus der Strömungs- und Konzentrationssimulation ergeben haben, die maßgeblichen makroskopischen Leistungsindikatoren wie Gesamtdruckverlust, Abscheidegrad (Filtrationseffizienz) und die Gesamtmasse der Abscheidung abgeleitet werden.

Ortsdiskretisierung Für die numerische Lösung von Strömungsproblemen in porösen Medien können die folgenden Diskretisierungsverfahren verwendet werden:

- Finite-Volumen-Verfahren (FVM),
- Finite-Differenzen-Methoden (FDM),
- Finite-Elemente-Methoden (FEM) und
- Lattice-Boltzmann-Methoden (LBM) (vor allem für Probleme auf der Porenebene).

Um eine möglichst hohe Robustheit des Lösungsverfahrens zu erreichen und um für die diskretisierten Gleichungen die lokale Erhaltung von Masse, Impuls und Partikelkonzentration zu gewährleisten ist das Finite-Volumen-Verfahren eine gute Wahl. Eine Vielzahl von Publikationen behandelt die Finite-Volumen-Methode zur Lösung der Navier–Stokes-Gleichungen (siehe u.a. [67, 97, 101] und die Verweise dort).

Wir wollen daher hier nur kurz auf die speziellen Aspekte bei der Anwendung der Finite-Volumen-Methode auf die Navier–Stokes–Brinkman-Gleichungen eingehen.

Bei Einsatz von zellenzentrierten Gittern, d. h. wenn die Werte von Druck und Geschwindigkeit in den Zentren der Kontrollvolumina betrachtet werden, besteht die Gefahr von Oszillationen in den numerisch berechneten Größen. Vor allem die Druckverteilung ist hierfür anfällig. Dies lässt sich durch Verwendung der Rhie-Chow-Interpolation (vgl. [89]) vermeiden bzw. dämpfen. Alternativ kann man gestaffelte Rechengitter (engl. *staggered grids*) verwenden, bei denen die Geschwindigkeitskomponenten auf Gittern betrachtet werden, die jeweils um eine halbe Zellenlänge gegenüber den Druckwerten versetzt sind (siehe z. B. [97]).

Wie bereits erwähnt, ist bei vielen Filterelementen das poröse Medium sehr dünn im Vergleich zur typischen Länge des Gehäuses. Trotz der beschriebenen Methoden der Gittervergröberung kann es passieren, dass selbst die feinste Auflösungsebene im Gitter noch relativ grob verglichen mit der Mediendicke ist. Um auch in diesen Situationen zu guten Ergebnissen zu gelangen, muss man speziell am Übergang vom Fluid zum Filtermedium, u.a. wegen der Sprünge der Permeabilitätswerte, angepasste Diskretisierungstechniken verwenden.

Der interessierte Leser findet weitere Details zu den genannten Aspekten in [37, 38] und [4].

4.2.8 Parameterbestimmung für Tiefenfiltrationsmodelle

Wir widmen uns nun der Frage, wie man die richtigen Werte für die Parameter bestimmt, die in den Modellgleichungen auftreten. Die Wahl des geeigneten Modells wird im Allgemeinen von der Kombination der folgenden Einflussfaktoren bestimmt:

- Art des Fluids,
- Art des Filtermediums (Material, Porosität usw.),
- Art des (Test-)Staubs, vor allem das Partikelmaterial, Partikelgrößen und deren Verteilung, und
- Umgebungsbedingungen wie z. B. die Temperatur wegen ihres Einflusses auf die Viskosität, die relative Luftfeuchtigkeit bei der Luftfiltration usw.

In den meisten Fällen ist es nicht von vorneherein klar, welches Modell den Filtrationsvorgang adäquat beschreibt. Deshalb müssen Messungen durchgeführt werden, um ein geeignetes Modell zu identifizieren und die zugehörigen Parameterwerte zu bestimmen.

Dies sollte für mehrere experimentelle Konfigurationen durchgeführt werden, um Effekte zu erfassen, die im (manchmal recht stark) vereinfachten Filtrationsmodell nicht berücksichtigt werden. Wie in Abschn. 2.1 schon erwähnt wurde, hängt die Filtrationseffizienz auf der mikroskopischen Ebene von vielen Faktoren ab, wobei die meisten davon mehr oder weniger direkt mit der Strömungsgeschwindigkeit verbunden sind. Daraus folgt, dass man die Modellparameter für den beim späteren Betrieb relevanten Geschwindigkeitsbereich finden muss. Dies wiederum erfordert die Durchführung mehrerer Messungen bei

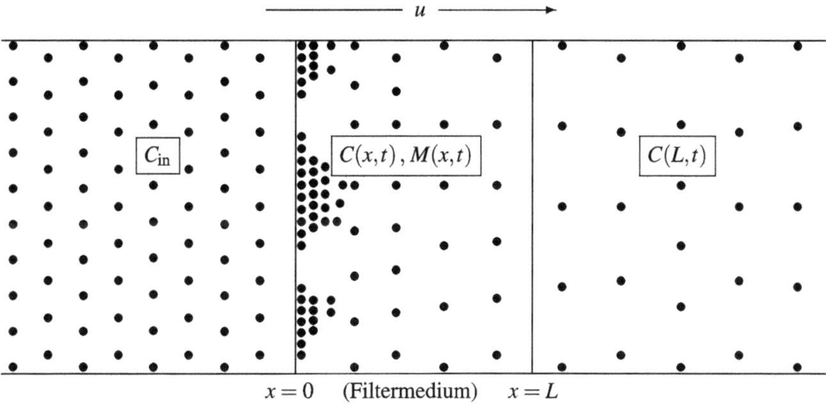

Abb. 19 Konzentrations- und Abscheidungsprofil bei einem Single-Pass-Test

unterschiedlichen Volumenströmen, so dass aus diesen Daten Lookup-Tabellen erstellt werden können, die zur Bestimmung der Parameterwerte für die bei der Simulation auftretenden Geschwindigkeiten dienen.

Zur Vereinfachung nehmen wir im Folgenden an, dass der Teststaub aus gleichgroßen Partikeln besteht und man sich daher auf die Betrachtung einer Konzentration beschränken kann. Ein einfaches Testverfahren ist das sogenannte *Single-Pass*-Experiment (siehe Abb. 19): Eine Flachprobe des Filtermediums wird in einen hinreichend breiten Strömungskanal eingebracht, so dass Randeffekte vernachlässigt werden können. Das kontaminierte Fluid fließt bei konstantem Volumenstrom durch das Medium. Mithilfe von Partikelzählern werden die Konzentrationen stromauf- und -abwärts des Mediums zu bestimmten Zeitpunkten t_i $(i = 0, \dots, N)$ gemessen. Eine häufig verwendete Größe zur Darstellung der Filtereffizienz ist der sogenannte *Beta-Wert* (engl. *beta ratio*), gebildet als Quotient der Partikelkonzentrationen vor und nach Passieren des Mediums. Bei einem Filtermedium der Dicke L lautet er zum (Mess-) Zeitpunkt t:

$$\beta(t) = \frac{C(0,t)}{C(L,t)}. \tag{43}$$

Weil die Konzentration auf der Anströmseite des Mediums bei diesem Versuchsaufbau konstant gehalten wird und lokale Schwankungen der Konzentration außerhalb des porösen Mediums vernachlässigbar sind, kann man

$$C(0,t) \equiv C_{\text{in}}$$

annehmen, wobei C_{in} die Einlasskonzentration bezeichnet.

Wir nehmen ferner an, dass für eine vorgegebene Kombination von Fluid, Teststaub und Filtermedium ein geeignetes Filtrationsmodell bestimmt wurde. Das Ziel ist nun, aus einer Reihe von gemessenen Beta-Werten

$$\beta_i = \beta_{\exp}(t_i), \quad i = 0, 1, \ldots, N,$$

die Parameter für das Filtrationsmodell quantitativ zu bestimmen.

Aufgrund der unvermeidlichen Messungenauigkeiten sollte die Schätzmethode so robust wie möglich sein. (Semi-) Diskrete Verfahren, die auf der Finite-Differenzen-Methode basieren, sind im Bezug auf den Versuchsaufbau recht flexibel, aber die Näherungen führen im Allgemeinen zu einer zusätzlichen Sensitivität gegenüber Messfehlern. Ein zuverlässigerer Ansatz verwendet exakte Lösungen, die man im Falle der Single-Pass-Tests für eine relativ große Klasse von Tiefenfiltrationsmodellen berechnen kann. In diesem Fall kann man davon ausgehen, dass sich die lokale Partikelkonzentration im Filtermedium nur durch Transport und Filtration ändert. Die Diffusion ist entweder von vornherein kein dominierender Effekt (z. B. bei Ölen), oder sie wird später in der Simulation indirekt dadurch berücksichtigt, dass man die Werte in den Lookup-Tabellen für verschiedene Stömungszustände erstellt hat. Unter all diesen Annahmen vereinfacht sich die Konzentrationsgleichung (23) erheblich, man erhält ein eindimensionales stationäres Problem:

$$\forall t \geq 0, \quad x \in [0, L] : u\frac{\partial C}{\partial x} = -\frac{\partial M}{\partial t}, \tag{44}$$

mit der Randbedingung

$$\forall t \geq 0 : C(0, t) \equiv C_{\text{in}}.$$

Zu Beginn des Experiments sei das Medium sauber, d. h. es gilt

$$\forall x \in [0, L] : M(x, 0) \equiv 0.$$

Hieraus erhält man die folgenden exakten Lösungen für die Abscheidungsmodelle, die wir bisher betrachtet haben: Die Konzentration des einfachen Tiefenfiltrationsmodells (26) lautet

$$C(x, t) = C_{\text{in}} \mathrm{e}^{-\frac{\alpha}{u}x}, \tag{45}$$

und für das lineare Clogging-Modell (28) erhält man:

$$C(x, t) = \frac{C_{\text{in}}}{1 + \mathrm{e}^{-\frac{\alpha C_{\text{in}}}{M_0}t}(\mathrm{e}^{\frac{\alpha}{u}x} - 1)}. \tag{46}$$

Für das Zweistufenmodell (29) muss man mehrere Fälle unterscheiden. Wir bezeichnen mit

$$t_c = \frac{M_0}{\alpha C_{\text{in}}} \ln\left(1 + \frac{M_1}{M_0}\right),$$

den Zeitpunkt, an dem die zweite Stufe des Filtrationsprozesses beginnt, d. h. für $t \leq t_c$ entspricht das Modell genau dem vorhergehenden Clogging-Modell, und entsprechend ist der Ausdruck für die Konzentration der gleiche. Für $t > t_c$ wird ein gewisser Teil des Mediums durch die zweite Stufe beschrieben und der Rest mit dem anfänglichen linearen Modell. Zur Zeit $t > t_c$ befindet sich die Übergangszone der beiden Filtrationsstufen im Medium an der Position

$$x_c(t) = \frac{u}{\alpha}\frac{M_0}{M_0 - aM_1}\ln\left(1 + \frac{M_0 - aM_1}{M_1(1+a)}\left(1 - \mathrm{e}^{-\alpha\frac{1+a}{M_0}C_{\text{in}}(t-t_c)}\right)\right).$$

Für $t > t_c$ und $x \leq x_c(t)$ ist

$$C(x,t) = \frac{C_{\text{in}}}{1 + \frac{M_0+M_1}{M_0-aM_1}\mathrm{e}^{\alpha\frac{1+a}{M_0}C_{\text{in}}(t-t_c)}\left(\mathrm{e}^{\frac{M_0-aM_1}{M_0}\frac{\alpha}{U}x} - 1\right)}, \tag{47}$$

während für $t > t_c$ und $x > x_c(t)$ die Konzentration die folgende Form annimmt:

$$C(x,t) = C_{\text{in}}\left(\frac{1}{1+a}\left(\left(a\frac{M_1}{M_0} - 1\right) + \left(1 + \frac{M_1}{M_0}\right)\mathrm{e}^{\alpha\frac{1+a}{M_0}C_{\text{in}}(t-t_c)}\right)\right.$$
$$\left.\times\left(\left(1 + \frac{M_0}{M_1}\right)\mathrm{e}^{\frac{\alpha}{u}(x-x_c(t))} - 1\right)\right)^{-1}. \tag{48}$$

Der analytische Ausdruck für die Konzentration im Fall des linearen Desorptionsmodells (30) ist

$$C(x,t) = C_{\text{in}}\mathrm{e}^{-\frac{\alpha}{u}x}\left(\mathrm{e}^{-\gamma t}I_0\left(2\sqrt{\frac{\alpha\gamma}{u}xt}\right) + \gamma\int_0^t \mathrm{e}^{-\gamma\tau}I_0\left(2\sqrt{\frac{\alpha\gamma}{u}x\tau}\right)d\tau\right), \tag{49}$$

wobei I_0 die modifizierte Bessel-Funktion erster Art der Ordnung 0 bezeichnet.

Setzt man $x = L$ und $t = t_i$ für $i = 0, 1, \ldots, N$, so erhält man aus den exakten Lösungen die analytischen Beta-Werte:

$$\beta(t_i) = \frac{C_{\text{in}}}{C(L,t_i)},$$

sodass unter Verwendung der Methode der kleinsten Fehlerquadrate die Parameterwerte für das jeweilige Filtrationsmodell geschätzt werden können:

$$\sum_{i=0}^{N}\left(\beta(t_i) - \beta_i\right)^2 \to \min.$$

Die Lösungen dieser nichtlinearen Gleichungen können mithilfe eines Quasi-Newton-Verfahrens berechnet werden. Um die Robustheit dieser Methode systematisch und reproduzierbar zu überprüfen, wurden für jedes der Modelle exakte Parameterwerte vorgegeben.

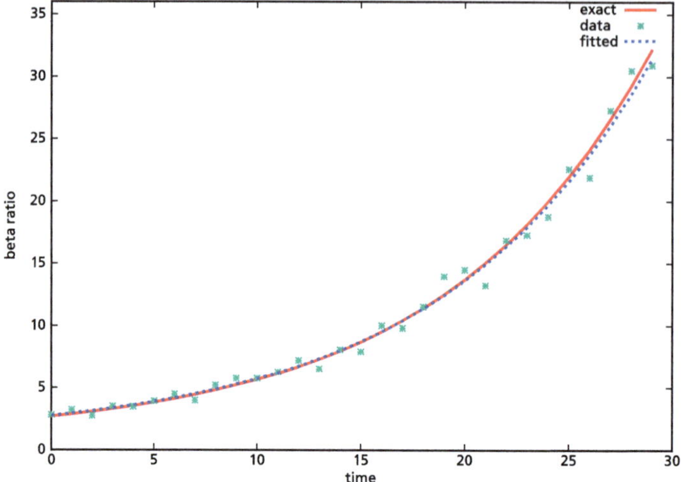

Abb. 20 Parameterbestimmung für das lineare Clogging-Modell (28)

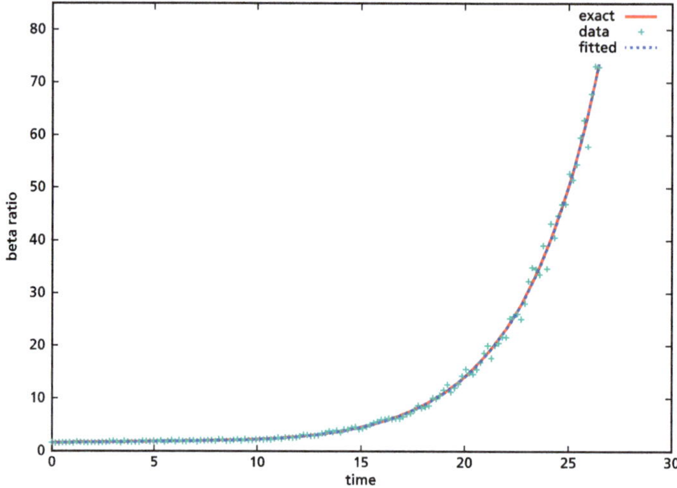

Abb. 21 Parameterbestimmung für das Zweistufenmodell (29)

Aus den zugehörigen exakten Beta-Werten zu den Zeiten t_i wurden durch Verrauschen synthetische Messdaten erzeugt. Diese fehlerbehafteten Beta-Werte dienten als Eingangswerte für die Parameterschätzung. Schließlich wurden die rekonstruierten Kurven mit den exakten Originalen verglichen. Die Ergebnisse sind in den Abb. 20, 21 und 22 dargestellt.

Die exakten Lösungen dienen nicht nur der robusten Gewinnung von Modellparametern aus Messdaten. Sie eignen sich auch für eine erste gründliche Validierung des Simulationscodes, indem man numerische Tests für entsprechende Single-Pass-Versuche durchführt.

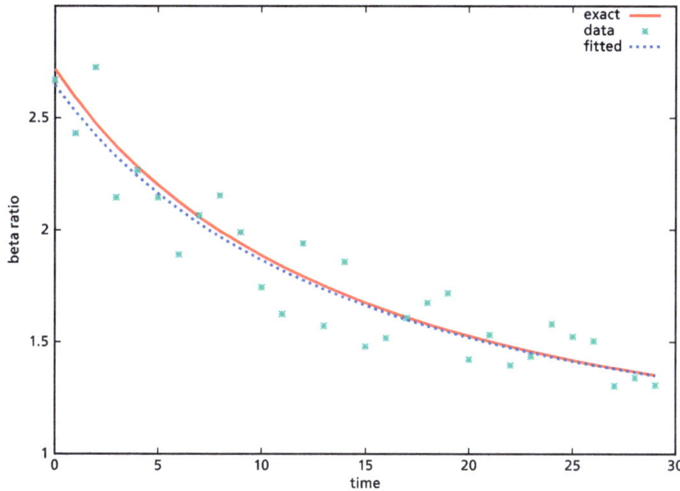

Abb. 22 Parameterbestimmung für das lineare Desorptionsmodell (30)

4.2.9 Simulation von Filterelementen: Kalibrierung, Validierung und Nutzen

In diesem Abschnitt diskutieren wir kurz, wie eine Simulationssoftware durch Anwendung auf ein einfaches Referenzproblem validiert und kalibriert wird. Sobald dies getan ist, können Simulationen für kompliziertere realitätsnahe Probleme durchgeführt werden.

Kegelförmiges Testfiltergehäuse mit flachem Filtermedium Zur Validierung und Kalibrierung der Simulationssoftware sollte ein Versuchsaufbau gewählt werden, der gleichermaßen für die Labormessungen als auch für die Simulationen in reproduzierbarer Weise verfügbar ist. Um insbesondere die bei der Simulation verwendeten Modelle für Abscheidung und Permeabilität validieren zu können, sollten die geometrische Form des Gehäuses und des Filtermediums möglichst einfach sein und wenig Einfluss auf die Ergebnisse haben.

Als Beispiel hierfür betrachten wir ein kegelförmiges Filtergehäuse mit einem flachen Filtermedium, wie in Abb. 16 (links) gezeigt.

Wie bei der Parameterschätzung wird ein konstanter Volumenstrom vorgegeben und das Fluid sowie ein standardisierter Teststaub spezifiziert. Unter der Annahme, dass das durch die Navier–Stokes–Brinkman-Gleichung (17) gegebene Strömungsmodell für das Testfluid gültig ist, bleibt noch die Identifikation der Modelle für die Tiefenfiltraton und die Permeabilitätsänderung.

Mit dem so definierten Testszenario kann die Validierung folgendermaßen durchgeführt werden:

- Zuerst wird das Permeabilitätsmodell des sauberen Filtermediums überprüft, indem man jeweils Messungen und Simulationen zur Bestimmung des gesamten Differenzdrucks für das kegelförmige Filterelement für verschiedene Volumenströme durchführt.

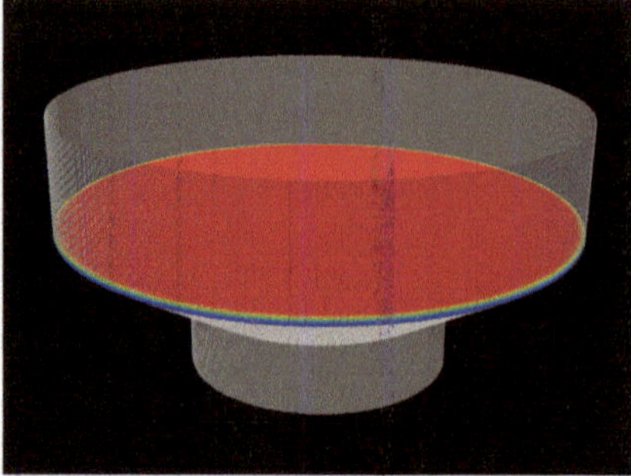

Abb. 23 Simulationsergebnisse für das Testfilterelement mit kegelförmigem Gehäuse. *Links*: Konzentration der gelösten Teilchen (zentraler Querschnitt, *rot*: hoch; *blau*: gering). *Rechts*: Verteilung der abgeschiedenen Masse im Filtermedium

Hierdurch kann man feststellen, ob für den in Frage kommenden Volumenstrombereich das Darcy-Gesetz gültig ist bzw. welches Nicht-Darcy-Modell das Differenzdruckverhalten des Mediums adäquat abbildet. Im letzteren Fall werden aus den Messdaten die Modellparameter bestimmt.

- Nach Festlegung einer Folge von Messzeitpunkten t_i $(i = 0, 1, \ldots, N)$ wird das Medium mit dem Teststaub beladen und wie bei der Bestimmung der Filtrationsmodellparameter die Beta-Werte (43) zu diesen Zeitpunkten gemessen. In der zugehörigen Simulation können diese Beta-Werte leicht aus der Lösung der Konzentrationsgleichung abgeleitet werden (vgl. Abb. 23 (links)), d. h. die Simulationssoftware liefert diese Daten automatisch. Man ist allerdings nicht mehr auf die Betrachtung von Single-Pass-Tests beschränkt, sondern kann auch andere Effizienztests durchführen und simulieren. Wenn eine gute Übereinstimmung von gemessenen und simulierten Beta-Werten beobachtet wird, ist das Abscheidungsmodell und alle beteiligten Parameter validiert. Insbesondere folgt dann, dass die in der Simulation berechnete abgeschiedene Masse M (siehe Abb. 23 (rechts)) gut mit der entsprechenden Abscheidung im realen Medium übereinstimmt. Mit gravimetrischen Methoden kann die abgeschiedene Masse auch direkt gemessen werden.
- Nach Verifizierung der Filtrationsmodelle bleibt noch die Validierung des Modells für die Permeabilitätsänderung während der Beladung des Mediums. Dies kann einfach durch direkten Vergleich des gemessenen Differenzdrucks mit den zugehörigen simulierten Werten für den Druckverlust erfolgen.

Im Allgemeinen wird diese Validierung und Kalibrierung mit mehreren Viskositäten (Temperaturen) und Volumenströmen durchgeführt, so dass die Parametersätze für verschiedene Betriebsbedingungen verfügbar sind.

Abbildung 24 zeigt die zeitliche Entwicklung des Differenzdrucks während der Partikelbeladung für ein Testfilterelement, das eine Flachprobe eines hocheffizienten Filtermediums enthält. Abgebildet sind die gemessene und die von der Software SuFiS® berechnete Druckkurve.

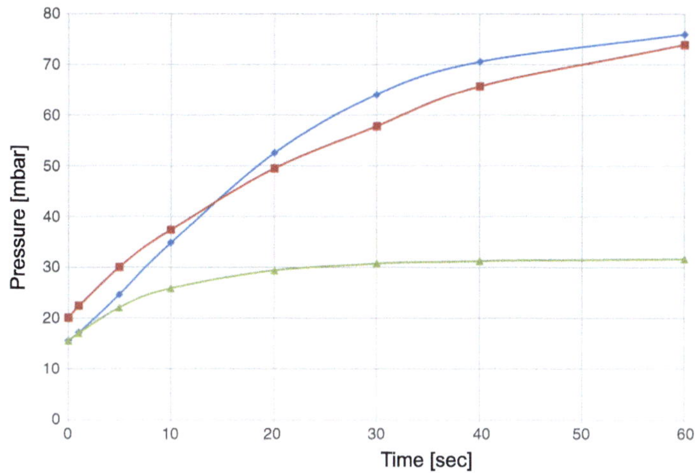

Abb. 24 Der zeitliche Anstieg des Differenzdrucks infolge der Permeabilitätsänderung durch Beladung nach jeweils fünf Minuten. Vergleich der gemessenen Druckwerte (*rot*) mit dem Jackson–James-Modell (*grün*) und dem kombinierten Permeabilitätsmodell (*blau*). (Grafik: IBS Filtran)

Wie man sehen kann, ist die richtige Wahl des Permeabilitätsmodells für eine zuverlässige Vorhersage des Druckverlusts bei der Computersimulation entscheidend. In der hier gezeigten Untersuchung erkennt man, dass das kombinierte Permeabilitätsmodell (34) viel bessere Ergebnisse liefert als die ausschließliche Anwendung des Jackson–James-Modells (32).

Anwendung auf reale Auslegungen Nach erfolgreicher Validierung der verwendeten Modelle und Parameter kann die Simulation komplexerer Filterelemente für den Markt vorgenommen werden. Abbildung 18 (links) zeigt die CAD-Geometrie eines Sternfilterelements. Dies ist ein sehr gebräuchliches Filterelement, weil auf diese Art eine relativ große Filteroberfläche in einem relativ kleinen Gehäuse untergebracht werden kann. Die Geometrie des Elements ist als STL-Oberfläche (*surface tesselation language*) gegeben, ein verbreitetes Output-Format für CAD-Software. Aus dieser geometrischen Beschreibung wird ein Rechengitter für die Finite-Volumen-Methode erzeugt, wie in Abb. 18 (rechts) dargestellt.

Abbildung 25 (links) zeigt das berechnete Geschwindigkeitsfeld der Strömung innerhalb des Sternfilterelements. Man erkennt, dass die höchsten Strömungsgeschwindigkeiten in der Nähe des Einlasses und des Auslasses des Filters auftreten. Mit Hilfe der Simulationen können die Geschwindigkeiten und Drücke in verschiedenen Querschnitten des Filterelements visualisiert und analysiert werden. Dies gibt bereits erste Hinweise auf eine optimale Faltenzahl und -form. Abbildung 25 (rechts) zeigt die Partikelkonzentration in einem Querschnitt des Filterelements. Die Simulationsergebnisse bieten einen quantitativen Einblick in die Vorgänge im Innern des Filterelements. So können u.a. die zu verschiedenen Zeiten während des Betriebs aktiveren bzw. weniger aktiven Bereiche im Element

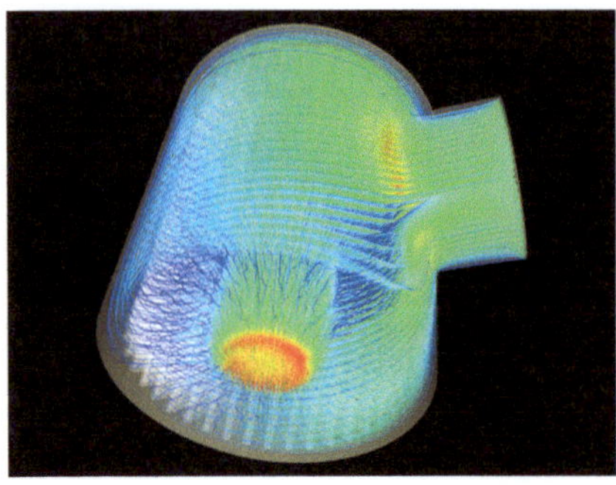
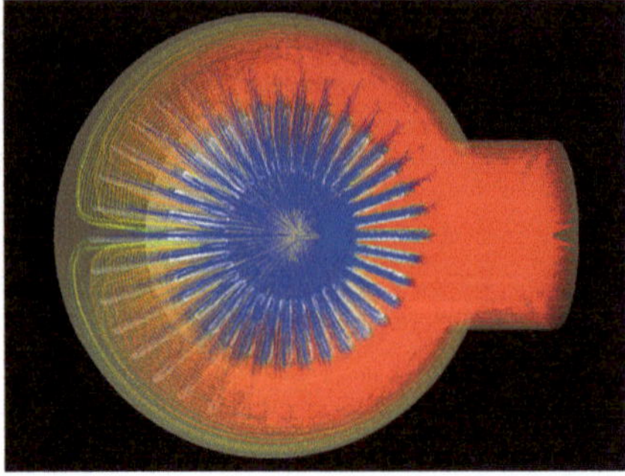

Abb. 25 Simulationsergebnisse für das Sternfilterelement. *Links*: Stromliniendarstellung des berechneten Geschwindigkeitsfelds der Strömung durch das Element (*rot* bedeutet hohe, *blau* geringe Geschwindigkeit). *Rechts*: Stromliniendarstellung der Partikelkonzentration im Filterelement (*rot*: hoch; *blau*: gering)

lokalisiert werden. Experimentell sind solche Daten nur mit erheblichem Aufwand zu gewinnen, sofern dies überhaupt möglich ist. Der Produktentwickler erhält mit Hilfe der Computersimulation wertvolle Hinweise für eine weitere Optimierung des Designs.

4.3 Multiskalenmethoden für die Simulation von Filtrationsvorgängen

Es wurde bereits mehrfach betont, dass Filtrationsprozesse von Natur aus Phänomene auf verschiedenen Größenskalen miteinander verknüpfen. Die mathematischen Herausforderungen, die sich bei der Multiskalenmodellierung und Simulation von Filtrationsprozessen ergeben, wurden schon in Abschn. 2 angesprochen. In diesem Abschnitt werden die folgenden Themen etwas näher betrachtet:

- Modellierung und numerische Berechnung der Permeabilität des Filtermediums,
- Subgitter-Algorithmen für die Simulation der Strömung innerhalb des Filterelements und
- Multiskalenmodellierung und -simulation des Filtrationsprozesses.

Aus Sicht der Mathematik gehört vieles hiervon zu einem breiteren Themengebiet und betrifft nicht nur Filtrationsprozesse, sondern allgemein Strömungen in einem porösen Medium. Man könnte die beiden letzten Punkte auch aus einem allgemeinen Blickwinkel betrachten, doch wir werden uns auf diejenigen Entwicklungen konzentrieren, welche an die Filtrationsanwendung angepasst sind.

4.3.1 Modellierung der Permeabilität des Filtermediums

Die Permeabilität spielt bei der Simulation des Filtrationsprozesses eine Schlüsselrolle, so dass genauer auf sie eingegangen werden soll. Beispiele für analytische Permeabilitätsmodelle wurden bereits im Abschn. 4.2 mit der Kozeny–Carman- (33) und der Jackson-

und-James-Formel (32) vorgestellt. Sie verknüpfen die Permeabilität mit der Porosität und im Falle granularer Packungen mit dem Partikeldurchmesser bzw. dem Faserdurchmesser im Falle von Filtervliesen. Analytische Modelle sind zwar sehr nützlich, aber wie so oft nicht unbegrenzt anwendbar. So liefern sie nur eine skalare Permeabilität und nicht den vollen Tensor und sind zumeist nur für einen bestimmten Porositätsbereich gültig.

Genauere Modellierungen sind mit Hilfe der *asymptotischen Homogenisierung* möglich. Wir wollen einige bereits bekannte Ergebnisse wiederholen, die wichtig für das Verständnis der weiteren Vorgehensweise sind. Dazu betrachten wir zunächst eine langsame, inkompressible, laminare Strömung in einer periodischen Mikrostruktur. Mathematisch wird dies durch die stationäre Stokes-Gleichung in einer periodischen Zelle Y beschrieben, wobei Y_F der Porenraum der periodischen Zelle ist. Es ist bekannt, dass die Permeabilität in diesem Fall gegeben ist durch (vgl. z. B. [66, 72])

$$K_{ij} = \left\langle \nabla_y \omega^i : \nabla_y \omega^j \right\rangle_Y, \quad i, j \in \{1, 2, 3\}, \tag{50}$$

wobei ω^i, $\nabla \pi^i$ Lösungen des folgenden *Zellproblems* sind:

$$\begin{aligned} -\Delta \omega^i + \nabla \pi^i &= e^i && \text{in } Y_F, \\ \nabla \cdot \omega^i &= 0 && \text{in } Y_F, \\ \omega^i &= 0 && \text{on } \partial Y_F, \\ \omega^i,\ \pi^i & && Y\textit{-periodic}. \end{aligned} \tag{51}$$

Hier bezeichnet e^i den Einheitsvektor in Richtung der x_i-Koordinate. Die zugehörigen Gleichungen auf der makroskopischen Skala des effektiven porösen Mediums sind das Darcy-Gesetz und die Kontinuitätsgleichung:

$$\begin{cases} \mathbf{u} = \dfrac{1}{\mu} K(\mathbf{f} - \nabla p) & \text{in } \Omega, \\ \nabla \cdot \mathbf{u} = 0 & \text{in } \Omega, \\ \mathbf{u} \cdot \nu = 0 & \text{on } \partial\Omega, \end{cases} \tag{52}$$

mit dem Normaleneinheitsvektor ν. In der Ingenieurliteratur wird für die Berechnung der Permeabilität normalerweise ein anderer Ansatz, nämlich die sogenannte Volumenmittelung, verwendet. Das Darcy-Gesetz wird nicht wie im Fall der Homogenisierung hergeleitet, sondern als gültig angenommen und zur Berechnung der Permeabilität benutzt. Genauer: Auf einer mikroskopischen Skala wird das Stokes-Problem in einem repräsentativen Elementarvolumen (REV) formuliert:

$$\begin{aligned} -\mu \Delta \mathbf{u}^i_\varepsilon + \nabla p^i_\varepsilon &= \mathbf{f}^i && \text{in } Y^\varepsilon_F, \\ \nabla \cdot \mathbf{u}^i_\varepsilon &= 0 && \text{in } Y^\varepsilon_F, \\ \mathbf{u}^i_\varepsilon &= 0 && \text{on } \partial Y^\varepsilon_F, \\ \mathbf{u}^i_\varepsilon,\ p^i_\varepsilon & && Y^\varepsilon\textit{-periodic}, \end{aligned} \tag{53}$$

wobei $\mathbf{u}_\varepsilon^i$ und p_ε^i die Geschwindigkeit und den Druck auf der Mikroskala bezeichnen. Unter Verwendung des Darcy-Gesetzes

$$\langle u_{\varepsilon,j}^i \rangle_{Y_\varepsilon} = \frac{1}{\mu} \sum_{k=1}^{3} K_{jk} \left(\mathbf{f}_k^i - \left\langle \frac{\partial p_\varepsilon^i}{\partial x_k} \right\rangle_{Y_\varepsilon} \right), \tag{54}$$

wird die Permeabilität wie folgt berechnet:

$$K_{ij} = K_{ji} = \langle u_{\varepsilon,j}^i \rangle_{Y_\varepsilon}. \tag{55}$$

In [71] wurde gezeigt, dass im Falle einer Stokes-Strömung in einer periodischen Mikrostruktur beide Ansätze äquivalent sind. Bei der Volumenmittelung gibt es jedoch keine Periodizitätsforderung für das Medium. Formal kann man diese Methode auch auf die Navier–Stokes-Gleichungen anwenden. Dieser Ansatz ist zwar noch nicht mathematisch streng begründet worden, hat sich aber in der Praxis für Filtrationsprobleme durchaus bewährt. Die in Abschn. 4.1 vorgestellte Technologie der Mikrostruktursimulation nutzt im Wesentlichen die dargestellten mathematischen Zusammenhänge und Unterschiede zwischen asymptotischer Homogenisierung und Volumenmittelung aus um numerisch die Materialeigenschaften des Filtermediums zu bestimmen.

4.3.2 Subgitter-Algorithmus für die Simulation der Strömung in einem Filterelement

Die Entwicklung von Subgitterverfahren für die Filtrationssimulation ist dadurch motiviert, dass Filterelementgehäuse sehr komplizierte Formen annehmen können, in manchen Fällen zugleich dicke und sehr dünne Bewandungen besitzen und schließlich die Filtermedien relativ dünn sind. Solche geometrischen Details können nur mithilfe von sehr feinen Gittern aufgelöst werden, aber derartige Simulationen sind (je nach Computerhardware) nicht immer durchführbar. Andererseits liefern Simulationen auf groben Gittern keine ausreichende Genauigkeit, um den Differenzdruck zu berechnen. Lokale Gitterverfeinerungen sind ein möglicher Ausweg, wobei in solchen Situationen ein Subgitter-Algorithmus als deutlich effizientere Alternative anzusehen ist. Hierbei wird das Strömungsproblem auf einem groben Gitter gelöst. Man berücksichtigt jedoch die nicht aufgelösten geometrischen Eigenschaften, indem man in sorgfältig ausgewählten Zellen des Grobgitters ein feineres Rechengitter erstellt und dort geeignete Hilfsprobleme löst. Subgitter-Methoden wurden zur Lösung des Darcy-Problems in [51] und [60] und für die Navier–Stokes–Brinkman-Gleichung in [47] bzw. [14] verwendet. Der folgende Upscaling-Ansatz ähnelt dem Vorgehen, das in [71] behandelt und begründet wird.

Wir betrachten wieder die Aufgabe, die Strömung in einem Filterelement zu simulieren. Für das Berechnungsgebiet werden ein grob und ein fein aufgelöstes Rechengitter erstellt, wobei jede Zelle im groben Gitter genau einer gewissen Vereinigung von Gitterzellen des feinen Gitters entspricht. Bei der Gittergenerierung wird jeder Berechnungszelle ein Materialwert zugeordnet, je nachdem ob sie zum Teilgebiet der freien Strömung, des porösen

Mediums oder zum Festkörper gehört. Auf dem groben Gitter wird das Navier–Stokes–Brinkman-System

$$\rho\frac{\partial \mathbf{u}_0}{\partial t} - \nabla\cdot(\tilde{\mu}\nabla\mathbf{u}_0) + \mu\tilde{K}_{\text{eff}}^{-1}\mathbf{u}_0 + \nabla p_0 = \mathbf{f}_0 \tag{56}$$

betrachtet, wobei die auf der makroskopischen Skala bzw. dem groben Gitter zu berechnenden Größen mit 0 indiziert sind. Die Aufgabe des feinen Subgitters ist das Upscaling der Permeabilität, d. h. die numerische Berechnung der effektiven Permeabilität $\tilde{K}_{\text{eff}}$ für die Simulation auf dem gröberen Gitter. Dazu werden in einem Präprozessorschritt die sogenannten *quasi-porösen* Zellen im Grobgitter identifiziert. Diese sind dadurch gekennzeichnet, dass die zugehörige Feingitterdarstellung Fluidzellen sowie poröse und/oder solide Zellen enthält. Innerhalb einer quasi-porösen Zelle wird die Navier–Stokes–Brinkman-Gleichung auf dem feinen Subgitter betrachtet, hier jedoch mit der realen Permeabilität des Filtermediums. Den Effektivwert für die quasi-poröse Zelle bestimmt man dann mit Hilfe der Volumenmittelung (55). Man kann hierbei auf zwei Arten vorgehen: Entweder wird $\tilde{K}_{\text{eff}}$ für eine einzelne quasi-poröse Grobgitterzelle berechnet oder man legt mehrere quasi-poröse Zellen zusammen und löst das Subgitter-Problem für diese Vereinigung. Die berechnete effektive Permeabilität wird dann allen beteiligten Grobgitterzellen zugeordnet. Diese Variante ist dann vorzuziehen, wenn man ein hinreichend großes repräsentatives Elementarvolumen zur Berechnung der effektiven Permeabilität benötigt. Der Subgitter-Algorithmus lässt sich also wie folgt zusammenfassen:

1. Wähle/Identifiziere auf dem groben Gitter die quasi-porösen Zellen.
2. Löse die lokalen Zellprobleme auf dem feinen Gitter (ggf. nur auf ausgewählten Grobgitterzellen).
3. Berechne die effektiven Permeabilitäten für die quasi-porösen Zellen.
4. Löse das makroskopische Strömungsproblem (56) auf dem Grobgitter unter Verwendung der effektiven Permeabilität.

Bemerkung:

a) Sowohl für die makroskopische Simulation als auch für die Zellprobleme wird das gleiche numerische Verfahren verwendet. Die Abbruchkriterien werden sich im Allgemeinen jedoch unterscheiden.
b) Bei einer großen Zahl an quasi-porösen Zellen haben die Schritte 2 und 3 des obigen Algorithmus den größten Anteil an der Gesamtrechenzeit. Andererseits sind die Zellprobleme voneinander entkoppelt, so dass sich die Methode sehr effizient parallelisieren lässt.

Eine detaillierte Beschreibung der Methode und ihrer Ergebnisse findet sich in [12]. Eine praktische Anwendung wird in Abschn. 5 illustriert.

4.3.3 Multiskalensimulation von Strömung und Beladung in Filterelementen

Die bisher vorgestellten Multiskalenmodelle und -methoden hatten zum Ziel, den lokalen Strömungswiderstand möglichst genau zu bestimmen und durch Upscaling zu besseren Resultaten bei der numerischen Simulation der Strömung auf der makroskopischen Ebene zu gelangen. Dieses generelle Konzept soll nun dahingehend erweitert werden, dass die Beladung des Filtermediums durch die Partikel während des Betriebs mit berücksichtigt wird. Die abgelagerten Partikel wirken sich mit der Zeit auf die Permeabilitätsverteilung im Medium aus und beeinflussen somit das Strömungsfeld im Filterelement. Umgekehrt zieht die Änderung der lokalen Anströmung des Filtermediums eine Änderung im lokalen Filtrationsverhalten nach sich.

Die prinzipielle Vorgehensweise bei der Multiskalensimulation der Beladung kann folgendermaßen skizziert werden:

- Auf der makroskopischen Skala, d. h. auf der Ebene des gesamten Filterelements, wird die Navier–Stokes–Brinkman-Gleichung (17) gelöst.
- An repräsentativen Stellen im Filtermedium wird die Partikelabscheidung mit Hilfe der Methoden aus Abschn. 4.1 simuliert. Die auf der makroskopischen Skala berechnete Geschwindigkeit dient hierbei als Randbedingung.
- Die Permeabilitätsänderung infolge der Partikelablagerung auf der Mikroskala wird durch Volumenmittelung berechnet und durch geeignete Interpolation auf das gesamte Filtermedium fortgesetzt.

Diese Schritte werden so lange wiederholt, bis ein vorgegebenes Abbruchkriterium erfüllt ist (maximal zulässiger Differenzdruck, maximale Prozessdauer, usw.). Wie die Anzahl und Position der „Beobachtungszellen“ für die Mikrosimulation gewählt werden soll, ist in der Praxis oft klar. Hier fließen Kriterien wie die Nähe zu Ein- und Auslässen des Filtergehäuses u.ä. ein. Offensichtlich muss man auch genügend Informationen über die Mikrostruktur des Mediums besitzen. Aus algorithmischer Sicht ist von Bedeutung, dass die Prozesse auf der Mikro- und Makroskala auf unterschiedlichen Zeitskalen ablaufen. Das bedeutet, dass man auf der Ebene des Filterelements eine andere Zeitschrittweite verwendet als bei der Beladungssimulation auf der Mikroskala.

Hinsichtlich des numerischen Aufwands ist festzustellen, dass je nach Anzahl der Mikrosimulationszellen und der dort verwendeten Gitterauflösung die Beladungssimulation recht aufwendig werden kann. Aber wie für die anderen Multiskalenmethoden gilt auch hier, dass die lokalen Simulationen voneinander entkoppelt sind und daher parallel ausgeführt werden können. Die Verknüpfung der lokalen Permeabilitätsinformationen erfolgt erst bei der Interpolation auf der makroskopischen Ebene.

Exemplarische Ergebnisse für ein praxisnahes Anwendungsbeispiel (siehe Abb. 26) sind in den Abb. 27, 28 und 29 gezeigt. Man erkennt u.a., dass die Ablagerungsprozesse an verschiedenen Beobachtungszellen unterschiedlich schnell ablaufen. Durch die Interpolation kann die hieraus resultierende Inhomogenität im Strömungswiderstand des Filtermediums bei der makroskopischen Simulation angemessen berücksichtigt werden.

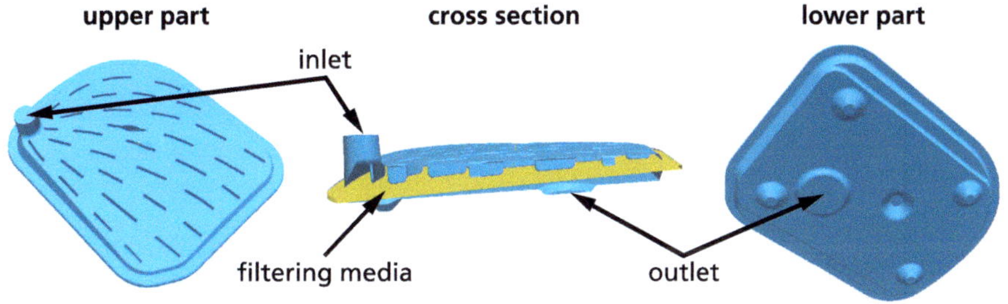

Abb. 26 Von IBS Filtran entwickeltes Filterelementgehäuse (*blau*) mit flachem Filtermedium (*gelb*)

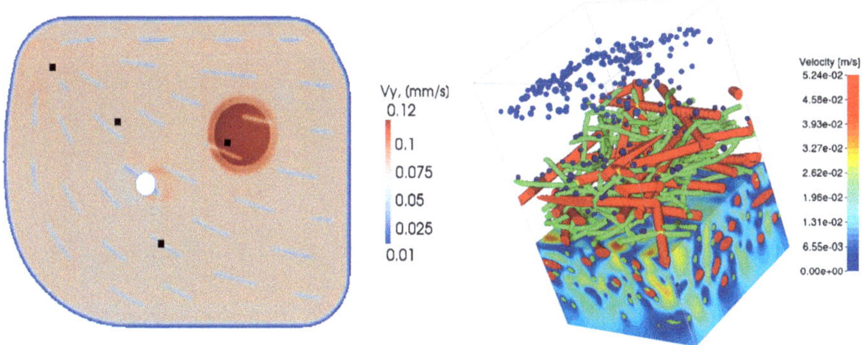

Abb. 27 *Links*: Geschwindigkeitsprofil in einem Querschnitt durch das Filterelement. Die Punkte markieren die Positionen der „Beobachtungszellen" für die Filtrationssimulation auf der Porenebene. *Rechts*: Ergebnis der Mikrossimulation in einer Beobachtungszelle

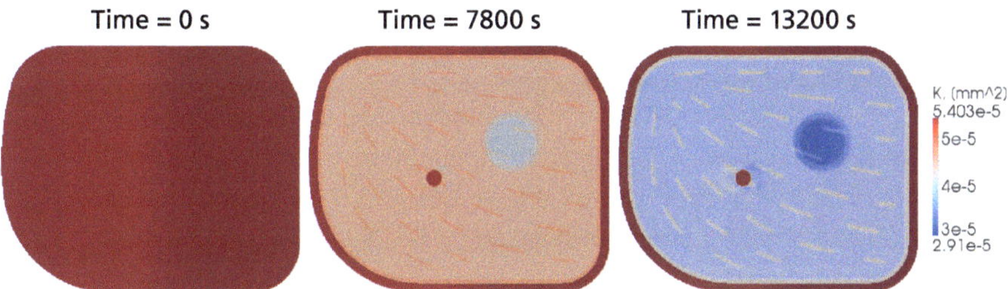

Abb. 28 Durch Interpolation berechnete Permeabilitätsverteilung im Filtermedium. Die lokal variierende Anströmung führt zu ausgeprägten Inhomogenitäten

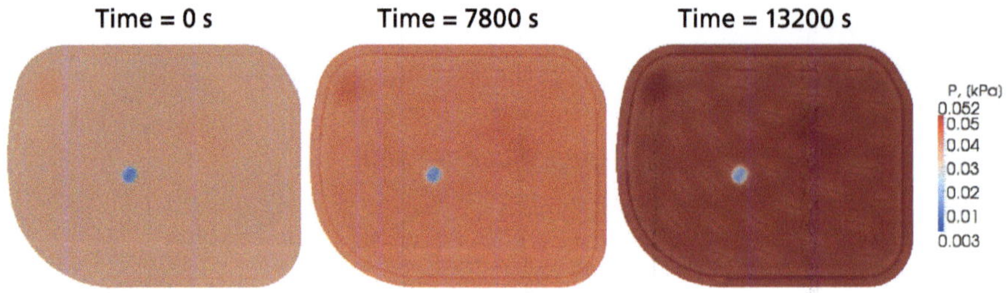

Abb. 29 Von der Makroskalensimulation berechnete Druckverteilung

Wir haben gesehen, wie mathematische Forschung durch die Entwicklung von Modellen und numerischen Algorithmen den komplexen Filtrationsvorgang mittels Computersimulationen qualitativ und quantitativ beherrschbar macht. Die Kalibrierung und Validierung erfolgt mit Hilfe klar definierter und reproduzierbarer Experimente, die meist ohnehin durchgeführt werden müssen. Es ist also nicht so, dass der Einsatz von Simulationen die Labormessungen überflüssig werden lässt. Vielmehr helfen sie, den experimentellen Aufwand bei der Produktentwicklung zu minimieren. Die hierdurch frei werdenden Ressourcen können gezielt zur Produktinnovation und -optimierung eingesetzt werden.

5 Beispiele für erfolgreiche Industrieanwendungen

In diesem Abschnitt werden wir zwei Beispiele vorstellen, in denen Filterhersteller die numerischen Simulationen erfolgreich für die Verbesserung ihrer Produkte eingesetzt haben.

5.1 Effizienzsteigerung in der Produktentwicklung bei IBS Filtran

Das Unternehmen IBS Filtran[1] entwickelt und fertigt Bauteile für die Automobilindustrie, wie z. B. Saugölfilter, Druckölfilter, Ölwannen und spezielle Filtermedien. Zur Unterstützung bei der Auslegung dieser Teile wird vom Fraunhofer ITWM seit Jahren in enger Zusammenarbeit mit IBS Filtran die maßgeschneiderte Software SuFiS® (Suction Filter Simulation) entwickelt (vgl. z. B. [5]).

Schwerpunkt dieser Entwicklung ist das rechnergestützte Design und die Optimierung von Automatikgetriebeölfiltern. Die Reinheit des Getriebeöls ist wesentlich für den zuverlässigen und effizienten Betrieb von Automatikgetrieben. Eine entsprechende Bedeutung kommt der Qualität dieser Filterelemente zu. Die Entwicklung dieser Produkte ist sehr anspruchsvoll und gekennzeichnet durch fortwährende Anpassung an veränderte Betriebs-

[1] IBS-Filtran GmbH, Morsbach, Germany, www.ibs-filtran.com.

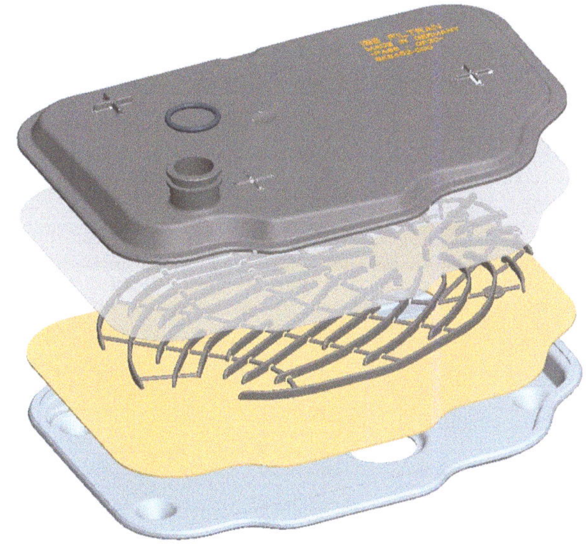

Abb. 30 Ein *Kombifilterelement* von IBS Filtran. Von oben nach unten: *Obere* Filterabdeckung (Kunststoff), Sieb aus Drahtgewebe, gerippter Abstandshalter, Filtervlies, *untere* Wanne (Blech). (Grafik: IBS Filtran)

bedingungen und Einschränkungen des verfügbaren Bauraums. Ein Beispiel für einen solchen Getriebeölfilter wird in Abb. 30 gezeigt. Die Optimierung eines derartigen Filterelements muss bestimmten Nebenbedingungen genügen. Wie bereits erwähnt ist der im Motorraum zur Verfügung stehende Bauraum bezüglich Größe und Form begrenzt, so dass die Gehäuseform nur sehr eingeschränkt verändert werden kann. Um unter diesen Bedingungen den Differenzdruck zu minimieren und trotzdem eine hohe Abscheiderate und Schmutzaufnahmekapazität zu erreichen, waren die folgenden zwei Punkte Hauptgegenstand bei der Optimierung:

- Die geometrische Struktur der Stützrippen im Abstandshalter sollte einerseits für möglichst hohe mechanische Stabilität sorgen, andererseits sollte der durch diese Komponente verursachte Strömungswiderstand aber so gering wie möglich sein.
- Es sollte ein Vlies mit hoher Filtereffizienz zum Einsatz kommen, um die geforderte Reinheit des Öls zu gewährleisten. Ohne weitere Modifikationen wurde für dieses Medium ein schnell ansteigender Differenzdruck bei der Beladung beobachtet, vor allem wenn das Getriebeöl kalt ist (hohe Viskosität). Der Lösungsansatz der Entwicklungsabteilung von IBS Filtran hierfür bestand im Wesentlichen darin, das Filtermedium zu perforieren und damit die guten Effizienzeigenschaften mit einem verringerten Strömungswiderstand zu kombinieren. Die Frage nach einer optimalen Kombination von Anzahl, Größe und räumlicher Verteilung der Perforationen sollte quantitativ mit Hilfe von Simulationen beantwortet werden.

Da die Abmessungen des Filtergehäuses mehrere Zentimeter betragen, die Löcher der Perforation jedoch nur einen Durchmesser im Millimeterbereich (oder weniger) besitzen, liegen sehr unterschiedliche Längenskalen in der Geometrie des Problems vor. Entsprechend

Tab. 1 SuFiS®-Simulationsergebnisse für perforierte Filtermedien. *Oben*: Rechenaufwand und Differenzdruck (dP) bei Verwendung eines hochauflösenden Gitters. *Unten*: Rechenzeit, Hauptkomponente der Permeabilität K_{22} und Differenzdruck (dP) bei Verwendung des Subgitter-Verfahrens. Hier sind T_{SG} die benötigte CPU-Zeit zur Lösung der Hilfsprobleme und l die Zahl der entsprechenden zusätzlichen Fluidschichten

Gitterauflösung [mm]	Zahl der CVs	Speicher [MB]	T_{CPU} [s]	dP [kPa]
2	5445	4,42	63,54	16,762
1	37400	26,49	465,02	11,627
0,5	299200	182,70	28271,47	1,579
0,25	2393600	1338,37	518425,0	1,762

Gitter-/Subgitter-auflösung [mm]	l [1]	K_{22} [mm^2]	T_{SG} [s]	T_{CPU} [s]	dP [kPa]
1/0,25 mm	4	0,00972	1126,3	1829,4	1,7984

aufwendig wäre die numerische Simulation des gesamten Filterelements auf einem ausreichend feinen Gitter. Bei Verwendung eines gröberen Gitters würde die Perforation jedoch nur unzureichend aufgelöst oder sogar ganz verschwinden, so dass ihr Einfluss auf den Differenzdruck nicht untersucht werden könnte.

Bei der gestellten Aufgabe handelte es sich also um einen Anwendungsfall für die in Abschn. 4.3 beschriebene Subgitter-Methode: Die quasi-porösen Zellen sind in diesem konkreten Beispiel jene Grobgitterzellen, die das Filtervlies mit den Perforationslöchern enthalten. Zusätzlich wurden in Hauptströmungsrichtung noch die stromauf- und abwärts angrenzenden Fluidschichten in die quasi-porösen Zellen integriert.

In Tab. 1 sind die Ergebnisse einer herkömmlichen Strömungssimulation für verschiedene Gitter-Auflösungen dargestellt. Man erkennt, dass die erwähnten Auflösungsfehler bei einem zu groben Gitter dazu führen, dass ein zu großer Differenzdruck berechnet wird. Erwartungsgemäß verbessern sich die Ergebnisse bei Verwendung von feiner auflösenden Rechengittern. Allerdings ist dies mit einem entsprechend höheren Bedarf an Rechenzeit und Speicher verbunden. Der untere Teil der Tabelle zeigt die entsprechenden Daten bei Verwendung des Subgitter-Verfahrens. Man erkennt die erhebliche Steigerung der numerischen Effizienz.

Mit SuFiS® ist auch die Simulation von standardisierten Effizienztests für Filterelemente möglich. Dies wird in der Entwicklungsabteilung von IBS Filtran verwendet, um den bei Partikelbeladung steigenden Strömungswiderstand des Filtermediums unter Testbedingungen zu berechnen. Für das perforierte Filtermedium konnte so der Einfluss der Lochgröße und des Perforationsmusters auf die Filtereffizienz quantitativ untersucht werden. (vgl. Abb. 31). Dies ist nötig, um den erreichbaren Reinheitsgrad und die Filterstandzeit für das jeweilige Design vorab einschätzen zu können. Die Möglichkeit, mit Hilfe von Computersimulationen vermeidbare Schwächen in der Auslegung eliminieren zu können, führt zu einer wesentlichen Beschleunigung des Produktentwicklungsprozesses (vgl.

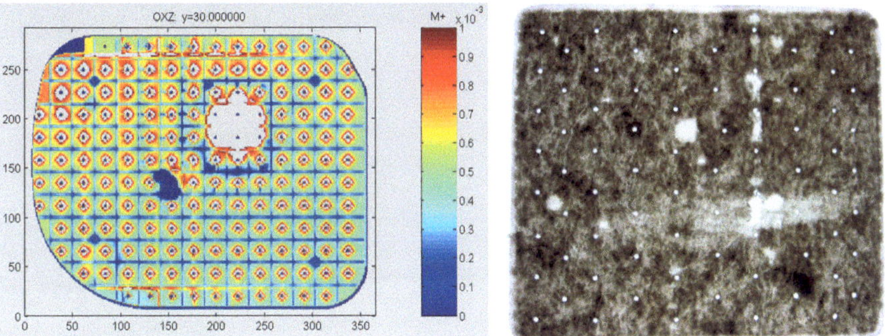

Abb. 31 *Links*: Mit SuFiS® berechnete Partikelablagerung im perforierten Filtermedium. *Rechts*: Die Ablagerung im Medium, wie sie im Labor beobachtet wird. (Foto: IBS Filtran)

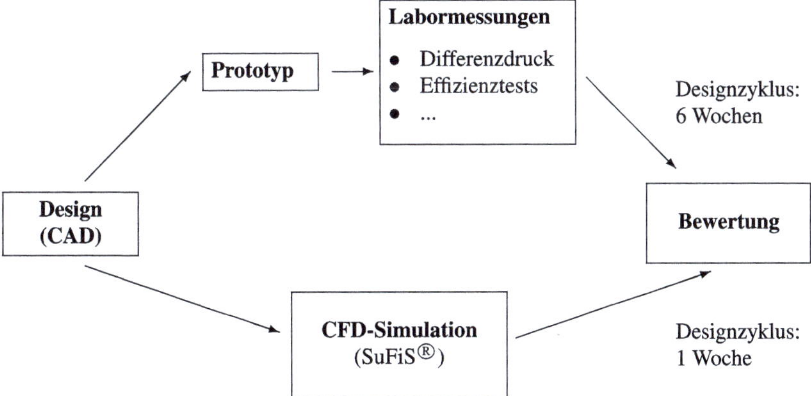

Abb. 32 Beschleunigung der Produktentwicklung durch Einsatz von SuFiS® bei IBS Filtran

Abb. 32). Auf das endgültige Design des perforierten Mediums hält IBS Filtran inzwischen ein Patent (siehe [63]).

5.2 Optimierung von Stützgeweben in Hydraulikfiltern bei ARGO-HYTOS

Das Unternehmen ARGO-HYTOS[2] ist ein führender Hersteller von Systemen und Komponenten im Bereich der mobilen Arbeitsmaschinen und des allgemeinen Maschinenbaus. Ein wichtiger Teilbereich ist die Entwicklung und Produktion von Filterelementen für die Mobil- und Industriehydraulik. In diesen Filtern werden häufig gefaltete Filtermedien

[2] ARGO-HYTOS GmbH, Kraichtal-Menzingen, Germany, www.argo-hytos.com.

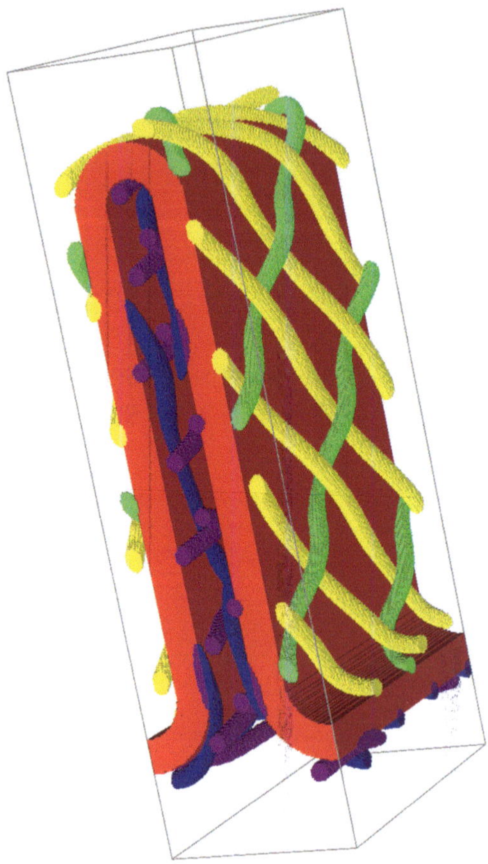

Abb. 33 Computermodell einer Filterfalte mit Stützgewebe

(Sternfilter) eingesetzt, um ein möglichst günstiges Verhältnis von Filtrationsoberfläche und Platzbedarf zu erreichen.

Die Herausforderung beim Design von Filterelementen für Hydraulikanwendungen stellt der große Druck dar, mit dem die Hydraulikflüssigkeit durch das System strömt. Wie wir schon in den einleitenden Abschnitten erwähnt haben, kann die Wechselwirkung der Flüssigkeit mit dem Filtermedium bei so hohen Drücken leicht dazu führen, dass sich die Filterfalten zusammenschieben bzw. die Strömungskanäle zwischen den Falten kollabieren. Eine verbreitete Methode um dies zu verhindern, besteht darin, eine stützende Gewebestruktur (z. B. aus Stahldraht) einzuarbeiten. Es gibt sicherlich unzählige Möglichkeiten, ein derartiges Stützgewebe auszulegen. Neben der Art des Materials und der Drahtstärke kann man auf vielfältige Art und Weise die Maschenform und -weite miteinander kombinieren.

Wir beschreiben hier nur die für die Optimierung wichtigsten Aspekte:

- Das Stützgewebe sollte nicht zu viel der Filterfläche blockieren.
- Der vom Stützgewebe verursachte zusätzliche Differenzdruck sollte minimal sein.

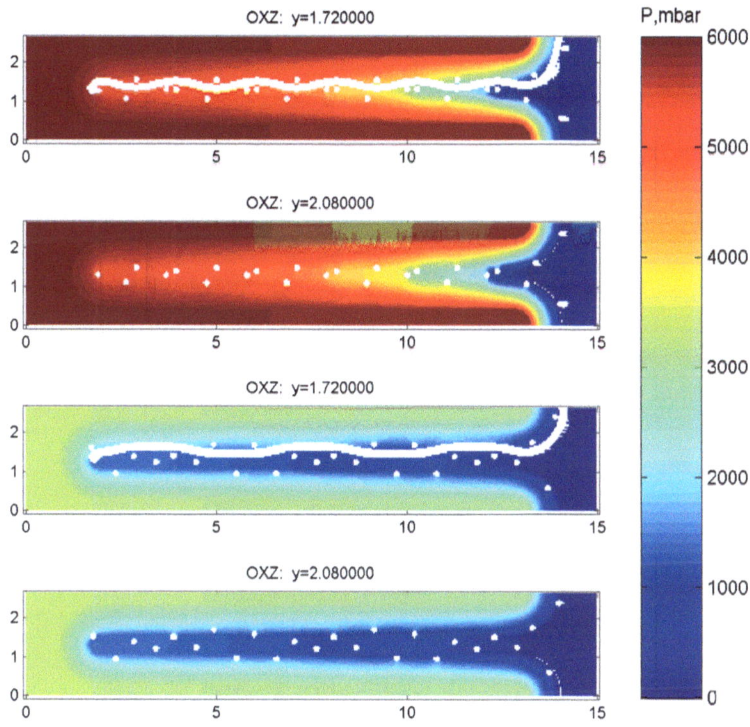

Abb. 34 In der Simulation berechneter Differenzdruck für zwei verschiedene Auslegungsvarianten des Stützgewebes (in zwei verschiedenen Querschnitten der Filterfalte). Die weißen Gebiete zeigen die jeweilige Lage der Stützdrähte

- Selbst bei hohen Drücken sollten die Drähte im Gewebe so angeordnet sein, dass die Flüssigkeit durch die Faltenkanäle fließen kann. Dies sollte auch dann noch sichergestellt sein, wenn sich die Stützdrähte benachbarter Falten berühren.

Durch diese letzte Anforderung wird unmittelbar klar, dass die Optimierung nur durch Betrachtung eines dreidimensionalen Modells erfolgen kann. Zur Lösung der Aufgabe wurde das GeoDict-Modul PleatGeo verwendet mit dem ein Computermodell der Falten mit der Stützgewebestruktur erzeugt werden kann (vgl. Abb. 33). Die Auflösung des Rechengitters wurde so gewählt, dass die Stützdrähte in einer Filterfalte hinreichend genau geometrisch erfasst waren. Schließlich wurde der Druckabfall durch numerische Lösung der Navier–Stokes–Brinkman-Gleichung (17) berechnet (vgl. [17]).

Wie man in Abb. 34 erkennen kann, hat die Anordnung der Drähte im Stützgewebe einen signifikanten Effekt auf den Differenzdruck. Durch Verwendung der Computersimulationen konnte eine optimierte Auslegung des Stützgewebes vorgenommen werden, ohne für jede denkbare Variante einen Prototyp fertigen zu müssen. Die erzielte Verringerung des Druckverlusts um bis zu 35 % und die damit verbundene Steigerung in der

Energieeffizienz des gesamten Filters ist signifikant, so dass das neue Design schließlich auch patentiert wurde (siehe [91]).

Die zwei hier gezeigten Beispiele zeigen, dass durch problemorientierte mathematische Forschung, Entwicklung angepasster numerischer Methoden und deren Kombination mit Ingenieurwissen erhebliche Verbesserungen bei der Produktentwicklung in der Filtration erreicht werden können. In Situationen, in denen rein empirische Ansätze unzuverlässig, teuer oder praktisch unmöglich sind, stellen die Computersimulationen ein leistungsfähiges Werkzeug sowohl für Innovationen als auch für die Optimierung von Filtrationsprodukten zur Verfügung. Auf Märkten mit starkem Wettbewerbsdruck ist dies definitiv ein Gewinn für die Forschungs- und Entwicklungsabteilungen in der Industrie.

Literaturverzeichnis

Publikationen zum Thema des Fraunhofer ITWM

1. Andrä, H., Combaret, N., Dvorkin, J., Glatt, E., Han, J., Kabel, M., Keehm, Y., Krzikalla, F., Lee, M., Madonna, C., Marsh, M., Mukerji, T., Saenger, E.H., Sain, R.: Physics benchmarks – Part II: Computing Effective Properties. Comput. Geosci. **50**, 33–43 (2013)
2. Andrä, H., Iliev, O., Kabel, M., Lakdawala, Z., Kirsch, R., Starikovičius, V.: Modelling and simulation of filter media loading and of pleats deflection. In: Proceedings FILTECH Conference 2011, vol. I, pp. 480–486 (2011)
3. Beier, H., Vogel, C., Haase, J., Hunger, M., Schmalz, E., Sauer-Kunze, M., Bergmann, L., Lieberenz, K., Fuchs, H., Frijlink, J.J., Schmidt, G., Wiesmann, A., Durst, M., Best, W., Burmeister, A., Wiegmann, A., Latz, A., Rief, S., Steiner, K.: Vliesstoffe für technische anwendungen. In: Fuchs, H., Albrecht, W. (eds.) Vliesstoffe: Rohstoffe, Herstellung, Anwendung, Eigenschaften, Prüfung, pp. 539–637. Wiley-VCH, Weinheim (2012)
4. Ciegis, R., Iliev, O., Lakdawala, Z.: On parallel numerical algorithms for simulating industrial filtration problems. Comput. Methods Appl. Math. **7**(2), 118–134 (2007)
5. Dedering, M., Stausberg, W., Iliev, O., Lakdawala, Z., Ciegis, R., Starikovičius, V.: On new challenges for CFD simulation in filtration. In: Proceedings of the 10th World Filtration Congress (2008)
6. Iliev, D., Iliev, O., Kirsch, R., Dedering, M., Mikelić, A.: Modelling and simulation of fluid-porous structure interaction (FPSI) on the filter element scale. In: Proceedings Filtech 2013 Conference (2013). G16-03-138
7. Iliev, O., Kirsch, R., Lakdawala, Z.: On some macroscopic models for depth filtration: analytical solutions and parameter identification. In: Proceedings Filtech Conference 2011 (2011)
8. Iliev, O., Kirsch, R., Lakdawala, Z., Starikovičius, V.: Numerical simulation of non-Darcy flow using filter element simulation toolbox (FiltEST). In: Proceedings Filtech 2013 Conference (2013). G18-02-148
9. Iliev, O., Lakdawala, Z., Andrä, H., Kabel, M., Steiner, K., Starikovičius, V.: Interaction of fluid with porous structure in filteration processes: modelling and simulation of pleats deflection. In: Proc. Filtech Europa, vol. 2, pp. 27–31 (2009)

10. Iliev, O., Lakdawala, Z., Kirsch, R., Steiner, K., Toroshchin, E., Dedering, M., Starikovičius, V.: CFD simulations for better filter element design. In: Proceedings Filtech Conference 2011. Filtech Congress 2011 (2011)
11. Iliev, O., Lakdawala, Z., Printsypar, G.: On a multiscale approach for filter efficiency simulations. Comput. Math. Appl. **67**(12), 2171–2184 (2014)
12. Iliev, O., Lakdawala, Z., Starikovičius, V.: On a numerical subgrid upscaling algorithm for Stokes–Brinkman equations. Comput. Math. Appl. **65**(3), 435–448 (2013)
13. Iliev, O., Laptev, V.: On numerical simulation of flow trough oil filters. Comput. Vis. Sci. **6**, 139–146 (2004)
14. Iliev, O., Lazarov, R., Willems, J.: Variational multiscale finite element method for flows in highly porous media. Multiscale Model. Simul. **9**(4), 1350–1372 (2011)
15. Iliev, O., Printsypar, G., Rief, S.: A two-dimensional model of the pressing section of a paper machine including dynamic capillary effects. J. Eng. Math. **01/2013**, 81–107 (2013)
16. Iliev, O., Rybak, I.: On numerical upscaling for flows in heterogeneous porous media. Comput. Methods Appl. Math. **8**, 60–76 (2008)
17. Iliev, O., Schindelin, A., Wiegmann, A.: Computer aided development of hydraulic filter elements – from theory to patent and products. In: Berns, K., Schnindler, C., Dreßler, K., Jörg, B., Kalmar, R., Hirth, J. (eds.) Proceedings of the 1st Commercial Vehicle Technology (CVT 2010). Commercial Vehicle Technology 2010, pp. 68–75 (2010)
18. Kabel, M., Andrä, H., Hahn, F., Lehmann, M.: Simulating the compression of filter materials. In: Proceedings Filtech 2013 Conference (2013). G16-01-057
19. Khan, F., Enzmann, F., Kersten, M., Wiegmann, A., Steiner, K.: 3d simulation of the permeability tensor in a soil aggregate on basis of nanotomographic imaging and lbe solver. J. Soils Sediments **12**(1), 86–96 (2012)
20. Latz, A., Rief, S., Wiegmann, A.: Research note: computer simulation of air filtration including electric surface charges in 3-dimesional fibrous microstructures. Filtration **6**(2), 169–172 (2006)
21. Latz, A., Wiegmann, A.: Filtermaterialdesign per software. Laboratory IT User Service **1/04** (2004)
22. Ohser, J., Schladitz, K.: 3d images of material structures – processing and analysis. Imaging Microsc. **11**(4), 21 (2009)
23. Prill, T., Schladitz, K., Jeulin, D.: Morphological segmentation of FIB-SEM data of highly porous media. J. Microsc. **250**(2), 77–87 (2013)
24. Probst-Schendzielorz, S., Rief, S., Wiegmann, A., Andrä, H., Schmitt, M.: Simulation of press dewatering. In: Progress in Paper Physics Seminar 2011, pp. 301–302 (2011)
25. Proceedings of 2nd Annual Meeting of Bulgarian Section of SIAM: Modelling and Simulation of Multiscale Problems in Industrial Filtration Processes (2007)
26. Rief, S., Iliev, O., Kehrwald, D., Latz, A., Steiner, K., Wiegmann, A.: Simulation und virtuelles Design von Filtermedien und Filterelementen. In: Durst, G.M., Klein, M. (eds.) Filtration in Fahrzeugen. Expert-Verlag, Renningen (2006)
27. Rief, S., Wiegmann, A., Latz, A.: Computer simulation of air filtration including electric surface charges in three-dimensional fibrous micro structures. Math. Model. Anal. **10**(3), 287–304 (2005)
28. Schmidt, K., Rief, S., Wiegmann, A.: Simulation of dpf media, soot deposition and pressure drop evolution. In: Proc. Filtech Europa, vol. 2, pp. 74–80 (2009)
29. Spahn, J., Andrä, H., Kabel, M., Müller, R.: A multiscale approach for modeling progressive damage of composite materials using fast Fourier transforms. Comput. Methods Appl. Mech. Eng. **268**, 871–883 (2014). ISSN 0045-7825

30. Starikovičius, V., Ciegis, R., Iliev, O., Lakdawala, Z.: A parallel solver for the 3d simulation of flows through oil filters. In: Parallel Scientific Computing and Optimization. Springer Optimization and Its Applications, vol. 27, pp. 181–191 (2008)
31. Thömmes, G., Becker, J., Junk, M., Vaikuntam, A.K., Kehrwald, D., Klar, A., Steiner, K., Wiegmann, A.: A lattice Boltzmann method for immiscible multiphase flow simulations using the level set method. J. Comput. Phys. **228**(4), 1139–1156 (2009)
32. Wiegmann, A.: GeoDict. Fraunhofer ITWM Kaiserslautern. www.geodict.com
33. Wiegmann, A.: Computation of the permeability of porous materials from their microstructure by FFF-Stokes. Tech. Rep. 129, Fraunhofer ITWM (2007)
34. Wiegmann, A., Becker, J.: Virtual characterization of the pore structure of nonwoven. In: Proceedings of the International Nonwoven Technical Conference (2007)

Dissertationen zum Thema am Fraunhofer ITWM

35. Buck, M.: Overlapping domain decomposition preconditioners for multi-phase elastic composites. Ph.D. thesis, Technical University Kaiserslautern (2013)
36. Kronsbein, C.: On selected efficient numerical methods for multiscale problems with stochastic coefficients. Ph.D. thesis, Technical University Kaiserslautern (2013)
37. Lakdawala, Z.: On efficient algorithms for filtration related multiscale problems. Ph.D. thesis, Technical University Kaiserslautern (2010)
38. Laptev, V.: Numerical solution of coupled flow in plain and porous media. Ph.D. thesis, Technical University Kaiserslautern (2004)
39. Nagapetyan, T.: Multilevel Monte Carlo method for distribution function approximation with application to asymmetric flow field flow fractionation. Ph.D. thesis, Technical University Kaiserslautern (2014)
40. Naumovich, A.: Efficient numerical methods for the Biot poroelasticity system in multilayered domains. Ph.D. thesis, Technical University Kaiserslautern (2007)
41. Niedziela, D.: On numerical simulations of viscoelastic fluids. Ph.D. thesis, Technical University Kaiserslautern (2006)
42. Printsypar, G.: Mathematical modeling and simulation of two-phase flow in porous media with application to the pressing section of a paper machine. Ph.D. thesis, Technical University Kaiserslautern (2012)
43. Rief, S.: Nonlinear flow in porous media – numerical solution of the Navier–Stokes system with two pressures and application to paper making. Ph.D. thesis, Technical University Kaiserslautern (2005)
44. Schmidt, K.: Dreidimensionale Modellierung von Filtermedien und Simulation der Partikelabscheidung auf der Mikroskala. Ph.D. thesis, Technical University Kaiserslautern (2011)
45. Schmidt, S.: On numerical simulation of granular flow. Ph.D. thesis, Technical University Kaiserslautern (2009)
46. Strautins, U.: Flow-driven orientation dynamics in two classes of fibre suspensions. Ph.D. thesis, Technical University Kaiserslautern (2008)
47. Willems, J.: Numerical upscaling for multiscale flow problems. Ph.D. thesis, Technical University Kaiserslautern (2009)
48. Zemerli, C.: Continuum mechanical modelling of granular systems. Ph.D. thesis, Technical University Kaiserslautern (2013)

Weitere Literatur

49. Abboud, N.M., Corapcioglu, M.Y.: Numerical solution and sensitivity analysis of filter cake permeability and resistance to model parameters. Transp. Porous Media **10**(3), 235–255 (1993)
50. Angot, P.: A fictitious domain model for the Stokes–Brinkman problem with jump embedded boundary conditions. C. R. Math. **348**(11–12), 697–702 (2010)
51. Arbogast, T., Bryant, S.: A two-scale numerical subgrid technique for waterflood simulations. SPE J. **7**(4), 446–457 (2002)
52. Balhoff, M., Mikelić, A., Wheeler, M.: Polynomial filtration laws for low Reynolds number flows through porous media. Transp. Porous Media **81**(1), 35–60 (2010)
53. Barree, R., Conway, M.: Beyond beta factors: a complete model for Darcy, Forchheimer and trans-Forchheimer flow in porous media. In: 2004 Annual Technical Conference and Exhibition, Paper SPE 89325 (2004)
54. Bear, J., Bachmat, Y.: Introduction to Modeling of Transport Phenomena in Porous Media. Kluwer Academic, Dordrecht (1990)
55. Beavers, G., Joseph, D.: Boundary conditions at a naturally permeable wall. J. Fluid Mech. **30**, 197–207 (1967)
56. Biot, M.: General theory of threedimensional consolidation. J. Appl. Phys. **12**(2), 155–164 (1941)
57. Biot, M.: Theory of elasticity and consolidation for a porous anisotropic solid. J. Appl. Phys. **26**(2), 182–185 (1955)
58. Brinkman, H.: A calculation of the viscous force exerted by a flowing fluid on a dense swarm of particles. Appl. Sci. Res. A **1**, 27–34 (1949)
59. Brown, R., Wake, D.: Loading filters with monodisperse aerosols: macroscopic treatment. J. Aerosol Sci. **30**(2), 227–234 (1999)
60. Chen, M., Durlofsky, L., Gerristen, M., Wen, X.: A coupled local-global upscaling approach for simulating flow in highly heterogeneous formations. Adv. Water Resour. **26**(10), 1041–1060 (2003)
61. Chorin, A.: Numerical solution of Navier–Stokes equation. In: Mathematics of Computation, vol. 22, pp. 745–760 (1968)
62. Darcy, H.: Les fontaines publiques de la ville de Dijon. Victor Dalmont, Paris (1856)
63. Dedering, M.: Filter medium for an oil filter. Patent DE102008027663 (2009)
64. Efendiev, Y., Hou, T.: Multiscale Finite Element Methods. Springer, Berlin (2009)
65. Ergun, S.: Fluid flow through packed columns. Chem. Eng. Prog. **48**, 89 (1952)
66. Espedal, M., Fasano, A., Mikelić, A.: Filtration in Porous Media and Industrial Application. Springer, Berlin (1998)
67. Ferziger Peric, M.: Computational Methods for Fluid Dynamics. Springer, Berlin (1999)
68. Fletcher, C.: Computational Techniques for Fluid Dynamics. Springer, Berlin (1991)
69. Forchheimer, P.: Wasserbewegung durch Boden. Z. Ver. Deutsch. Ing. **45**, 1782 (1901)
70. Gresho, P., Sani, R.: Incompressible Flow and the Finite Element Method. Advection–Diffusion and Isothermal Laminar Flow, vol. 1. Wiley, Chichester (1998). In collaboration with M.S. Engelman
71. Griebel, M., Klitz, M.: Homogenisation and numerical simulation of flow in geometries with textile microstructures. Multiscale Model. Simul. **8**(4), 1439–1460 (2010)
72. Hornung, U.: Homogenization and Porous Media. Springer, New York (1996)
73. Ives, K.: Rapid filtration. Water Res. **4**, 201–223 (1970)
74. Iwasaki, T.: Some notes on sand filtration. J. Am. Wat. Wks. Ass. **29**(10), 1591–1602 (1937)
75. Jackson, G.W., James, D.F.: The permeability of fibrous porous media. Can. J. Chem. Eng. **64**(3), 364–374 (1986)

76. Jäger, W., Mikelić, A.: On the boundary conditions at the contact interface between a porous medium and a free fluid. Ann. Sc. Norm. Super. Pisa, Cl. Sci. **23**(3), 403–465 (1996)
77. Jenny, P., Lunati, I.: Multi-scale finite-volume method for elliptic problems with heterogeneous coefficients and source terms. PAMM **6**(1), 485–486 (2006)
78. Johnson, R.W. (ed.): The Handbook of Fluid Dynamics. CRC Press, Boca Raton (1998)
79. Kasper, G., Schollmeier, S., Meyer, J.: Structure and density of deposits formed on filter fibers by inertial particle deposition and bounce. J. Aerosol Sci. **41**(12), 1167–1182 (2010)
80. Kaviany, M.: Principles of Heat Transfer in Porous Media. Mechanical Engineering Series. Springer, Berlin (1995)
81. Kirsch, A., Stechkina, I.: The theory of aerosol filtration with fibrous filters. In: Shaw, D. (ed.) Fundamentals of Aerosol Science. Wiley, New York (1978)
82. Marciniak-Czochra, A., Mikelić, A.: A rigorous derivation of the equations for the clamped Biot-Kirchhoff-Love poroelastic plate. To appear in Discrete Cont. Dyn. Systems D (2013)
83. Mints, D.M.: Kinetics of the filtration of low concentration water suspensions. Dokl. Akad. Nauk SSSR **78**(2), 315–318 (1951)
84. Morris, J.: An Overview of the Method of Smoothed Particle Hydrodynamics (1995)
85. Ochoa-Tapia, J., Whitaker, S.: Momentum-transfer at the boundary between a porous-medium and a homogeneous fluid. Int. J. Heat Mass Transf. **38**, 2635–2655 (1995)
86. Ohser, J., Mücklich, F.: Statistical Analysis of Microstructures in Materials Science. Wiley, New York (2000)
87. Olivier, J., Vaxelaire, J., Vorobiev, E.: Modelling of cake filtration: an overview. Sep. Sci. Technol. **42**(8), 1667–1700 (2007)
88. Podgórski, A.: Macroscopic model of two-stage aerosol filtration in a fibrous filter without reemission of deposits. J. Aerosol Sci. **29**, S929–S930 (1998)
89. Rhie, C., Chow, W.: Numerical study of the turbulent flow past an airfoil with trailing edge separation. AIAA J. **21**(11), 1525–1532 (1983)
90. Saleh, A., Hosseini, S., Tafreshi, H.V., Pourdeyhimi, B.: 3-d microscale simulation of dust-loading in thin flat-sheet filters: a comparison with 1-d macroscale simulations. Chem. Eng. Sci. **99**, 284–291 (2013)
91. Schindelin, A., Schadt, W.: Gewelltes oder gefaltetes Flachmaterial. Patent DE102007040892 A1 (2009)
92. Silvester, D., Elman, H., Kay, D., Wathen, A.: Efficient preconditioning of the linearized Navier–Stokes equation. J. Comput. Appl. Math. **128**, 261–279 (2001)
93. Taber, L.A.: A theory for transversal deflection of poroelastic plates. J. Appl. Mech. **59**, 628–634 (1992)
94. Tien, C.: Introduction to Cake Filtration: Analyses, Experiments and Applications. Elsevier, Amsterdam (2006)
95. Tien, C., Payatakes, A.C.: Advances in deep bed filtration. AIChE J. **25**(5), 737–759 (1979)
96. Turek, S.: Efficient Solvers for Incompressible Flow Problems. An Algorithmic and Computational Approach. Lecture Notes in Computational Science and Engineering, vol. 6. Springer, Berlin (1999)
97. Versteeg, H., Malalasekera, W.: An Introduction to Computational Fluid Dynamics: The Finite Volume Method. Pearson Education, Upper Saddle River (2007)
98. Wang, J., Chen, D., Pui, D.: Modeling of filtration efficiency of nanoparticles in standard filter media. In: Maynard, A., Pui, D. (eds.) Nanotechnology and Occupational Health, pp. 109–115. Springer, Netherlands (2007)
99. Ward, J.: Turbulent flow in porous media. J. Hyd. Div. ASCE **90**, 1–12 (1964)
100. Weinan, E., Engquist, B.: The heterognous multiscale methods. Commun. Math. Sci. **1**(1), 87–132 (2003)
101. Wesseling, P.: Principles of Computational Fluid Dynamics. Springer, Berlin (2001)

Maximale Materialausbeute bei der Edelsteinverwertung

Karl-Heinz Küfer, Volker Maag und Jan Schwientek

1 Optimale Materialnutzung – ein Muss bei teuren Ressourcen

Das Streben nach bestmöglicher Materialausbeute ist eines der Grundprinzipien industrieller Produktion, da der Verkaufspreis eines Wirtschaftsgutes neben den Produktionskosten häufig dominant vom notwendigen Einsatz an Rohmaterialien abhängt. Das Spektrum von Aufgabenstellungen zur Maximierung der Materialausbeute ist groß.

So wird ein Handwerker etwa beim Tapezieren danach streben, die Zahl der verwendeten Tapetenrollen möglichst klein zu halten. Dabei wird er versuchen, mit den Reststücken so zu wirtschaften, dass die Abfallstücke möglichst klein werden. Das gleiche Problem hat ein Schreiner, der Leisten zuschneidet, oder ein Schlosser, der Fertigprofile nutzt. Dieses eindimensionale Problem – nur die Länge der Teilstücke spielt eine Rolle – ist in der mathematischen Literatur als *Cutting-Stock-Problem* bekannt (siehe z. B. [18, 38]) und selbst in einfachen Ausprägungen nachweislich NP-schwer, was gleichbedeutend dafür ist, dass es keinen effizienten Algorithmus zur Minimierung des Verschnittes geben kann.

Im Hinblick auf den Materialverbrauch schwieriger zu optimieren ist der Zuschnitt von Holzformteilen aus Standardplatten, der Zuschnitt von Teilen eines Kleidungsstückes aus Stoffbahnen oder der Zuschnitt von Schuhteilen aus Leder. Dort müssen neben der Geometrie der Teile etwa die Ausrichtung – wie die Laufrichtung des Fadens bei Textilien – beachtet oder Fehlstellen im Material – Äste beim Holz oder Verletzungen des Tieres beim Leder – ausgespart werden.

Analoge Probleme findet man auch im Dreidimensionalen: so wird ein Versender in der Kommissionierung von Waren stets nach der kleinsten Paketgröße, die alle Teile aufnehmen kann suchen, um die Versandkosten möglichst klein zu halten. Auch ein Diamant-

K.-H. Küfer · V. Maag (✉) · J. Schwientek
Fraunhofer-Institut für Techno- und Wirtschaftsmathematik ITWM, Fraunhofer-Platz 1,
67663 Kaiserslautern, Deutschland
e-mail: volker.maag@itwm.fraunhofer.de

H. Neunzert, D. Prätzel-Wolters (eds.), *Mathematik im Fraunhofer-Institut*,
DOI 10.1007/978-3-662-44877-9_8

Abb. 1 Verwertung von Edelsteinen: Rohsteine und eine Auswahl von Schmucksteinen der Firma Paul Wild oHG

Abb. 2 Die Bereiche eines Facettensteins

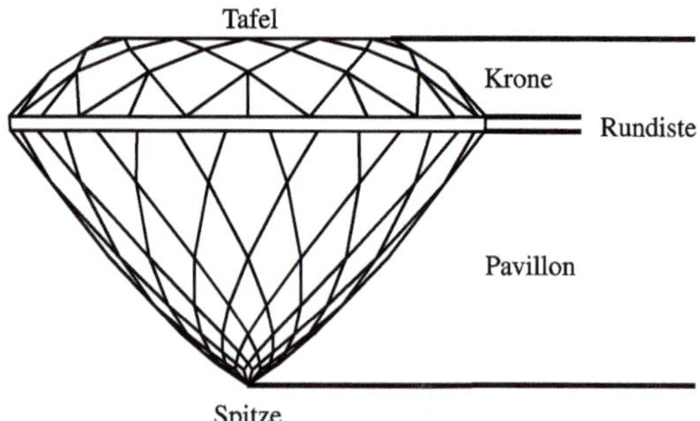

oder Farbedelsteinproduzent wird daran arbeiten, möglichst große und somit wertvolle Schmucksteine unter Beachtung von Vorzugsrichtungen und Fehlern wie Rissen und Einschlüssen aus dem Rohmaterial, wie es aus der Mine kommt, zu schneiden (siehe Abb. 1). Die Aufgabenstellungen im 2D- oder 3D-Bereich werden in der Literatur häufig als *Nesting-Probleme* (siehe z. B. [19]) bezeichnet.

1.1 Edelsteinproduktion – eine alte Handwerkskunst bei knappem Rohstoff

Der vorliegende Beitrag beschäftigt sich mit der optimalen Verwertung von Edelsteinen. Die dabei erarbeiteten Methoden können großteils in Analogie auch auf die anderen angesprochenen Beispiele übertragen werden. Zum besseren Verständnis der praktischen Fragestellung stellen wir ein paar Informationen zur Verwertung von Edelsteinen zusammen.

Die seit gut 500 Jahren häufigste Erscheinungsform von Schmucksteinen ist die des *Facettensteins*. Bei diesem handelt es sich um einen geschliffenen Edelstein, dessen Oberfläche aus kleinen planen Flächen, den sogenannten *Facetten*, zusammengesetzt ist. Der Edelstein wird in drei Bereiche unterteilt: man betrachtet die *Krone*, die *Rundiste* und den *Pavillon* (siehe Abb. 2).

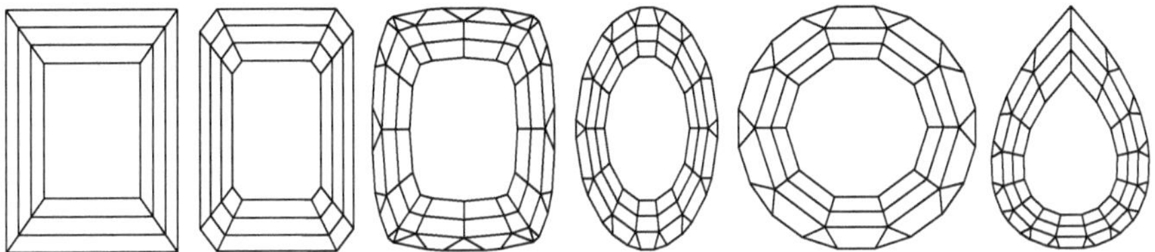

Abb. 3 Die bekanntesten Facettensteinformen v.l.n.r.: Baguette, Emerald, Antique, Oval, Rund und Tropfen

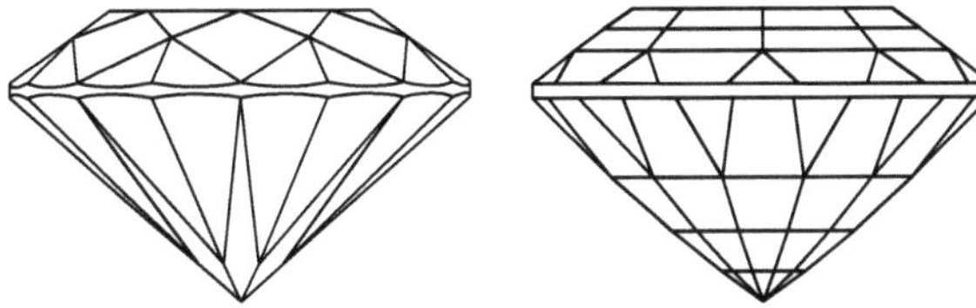

Abb. 4 Die Form Rund im Brillantschliff und im Treppenschliff. Abbildung 2 zeigt den Netzschliff

Die Krone und der Pavillon sind polyedrisch. Die Rundiste ist durch plane oder gekrümmte Flächen berandet; sie gibt dem Facettenstein seine Grundform. Es gibt eine Vielzahl von *Facettensteinformen*, die bekanntesten sind in Abb. 3 dargestellt.

Neben den Grundformen gibt es verschiedene Grundtypen der Schliffe von Krone und Pavillon, die wir im Folgenden *Facettierung* nennen (siehe Abb. 4, [25]). Manche sind für jede Grundform möglich, andere nicht. Des Weiteren ist bei manchen Schliffen die Anzahl der Facetten fest, während bei anderen die Anzahl der Facetten von der Größe des zu fertigenden Steins abhängt.

Neben seiner Grundform und seinem Schliff ist ein Facettenstein durch verschiedene Kenngrößen, z. B. die Höhen, Längen und Breiten von Krone, Rundiste und Pavillon, charakterisiert. Aus optischen und ästhetischen Gründen müssen bestimmte Verhältnisse aus diesen, im Folgenden *Proportionen* genannt, innerhalb gewisser Schranken liegen. Bei Diamanten etwa sind wegen der Transparenz des Materials und den Regeln der Optik Facettierungsmuster und Proportionen in sehr engen Grenzen gehalten, um eine möglichst günstige Lichtführung zu erhalten. Typischerweise werden dort zur bestmöglichen Verwertung jeweils feste Facettensteinformen lediglich in das Rohmaterial skaliert und gedreht. Bei Farbedelsteinen sind die Regeln für Proportionen und Facettierung deutlich weniger streng, welches sich einerseits günstig auf den Optimierungsspielraum auswirkt, aber andererseits die resultierende mathematische Aufgabe deutlich erschwert. Wir betrachten aus diesem Grund im Folgenden die allgemeinere Aufgabe der Farbedelsteinverwertung.

Größenabhängige Schliffe und weiche Vorgaben an die Proportionen führten in der Vergangenheit bei der Fertigung eines Facettensteins dazu, dass nicht direkt die Facetten geschliffen wurden. Der Arbeitsprozess gliedert sich in vier Arbeitsschritte:

(1) *Zerlegung*: Zunächst wird das Rohmaterial unter Vermeidung von Fehlern und Rissen in gesäuberte Stücke zerlegt, die wir im Folgenden als *Rohstein*e bezeichnen, aus welchen jeweils ein Facettenstein gearbeitet wird.

(2) *Vorformen*: Dann werden die Rohsteine zunächst grob *vorgeschliffen* oder *ebauchiert*. Hierbei werden Grundform und die ungefähren Proportionen des späteren Facettensteins festgelegt.
(3) *Schleifen*: Anschließend werden auf diese Vorschliffform die Facetten des präferierten Schliffs aufgebracht.
(4) *Polieren*: Schließlich werden die Facetten auf Hochglanz poliert.

Ein Facettenstein wird nach vier Kriterien bewertet, den sogenannten *vier C's*: dem Gewicht (*Carat*), der Reinheit (*Clarity*), der Farbe (*Color*) und dem Schliff (*Cut*). Das *Gewicht* wird in Carat gemessen, wobei ein Carat 0,2 Gramm entspricht. Je schwerer ein Facettenstein ist, umso wertvoller ist er. Die *Reinheit* ist ein Maß für die Abwesenheit von Einschlüssen, Rissen und Oberflächenmakeln. Je höher der Reinheitsgrad, desto wertvoller ist der Facettenstein. Die natürliche *Farbe* eines Edelsteins bzw. ihre durch die Formgebung des Steines verstärkte Wirkung beeinflusst wesentlich den Wert eines Facettensteins. Da sie allerdings kaum zu beeinflussen ist, wird dieser Aspekt hier nicht weiter ausgeführt. Der *Schliff* eines Facettensteins entscheidet über dessen Vermögen, Licht zurückzuwerfen und zu brechen. Je mehr Licht reflektiert und gestreut wird, umso wertvoller ist der Facettenstein. Außerdem ist auch das Facettenbild wesentlich für die Ästhetik des Steins.

Der Wert eines Facettensteins bemisst sich also nach seinem Gewicht und seiner Ästhetik.

Bis heute geschieht die Produktion von Edelsteinen und Diamanten größtenteils von Hand in Manufakturen. Hierbei werden Industriesägen und moderne Schleifmaschinen eingesetzt, jedoch werden alle geometrischen Festlegungen lediglich durch das geübte Auge und das handwerkliche Geschick der Mitarbeiter getroffen. Die aufwändigen Produktionsprozesse finden seit langer Zeit aus Kostengründen und Nachwuchsmangel in den alten Industrieländern vor allem in den Ländern Südasiens statt. Beim ersten Verarbeitungsschritt, der Zerlegung von größeren Steinen in Rohsteine unter Berücksichtigung und Vermeidung von Fehlern im Material geht etwa die Hälfte des Rohmaterials verloren. Bei der Fertigung von Facettensteinen aus den resultierenden Einzelsteinen nach Schritt (1) gehen in den Produktionsschritten (2–4) noch einmal etwa zwei Drittel des wertvollen Materials verloren. Somit liegt der Gesamtverlust vom ursprünglichen Gesamtgewicht zum Fertigprodukt bei etwa 5/6 des Ausgangsgewichts.

1.2 Automatisierung als Chance für bessere Materialnutzung

Daher ist es naheliegend zu fragen, ob durch Nutzung von mathematischer Modellierung und algorithmischen Konzepten bei der bestmöglichen Zerlegung und Einbettung eines Facettensteins in einen Rohstein nicht deutlich mehr Ausbeute erzielbar wäre als durch das Geschick der Handwerker. Will man dieses jedoch tun, stellen sich eine Reihe von Herausforderungen, von denen hier nur die wichtigsten genannt werden:

- *Datenakquisition:* Der erste Schritt zu einer Nutzung von mathematischen Modellen ist die Erfassung der Ausgangsdaten. Hierfür muss für den Gesamtprozess (Schritte 1–4), die Geometrie der Rohsteine durch eine 3D-Bildgabe erfasst werden. Dies kann zum Beispiel mit CT-Technologie geschehen. Jedoch ist es sehr schwierig, Haarrisse und feinste Lufteinschlüsse im Material aufgrund der limitierten Auflösung der verfügbaren technischen Geräte darzustellen. Geht man nur von sauberen Einzelsteinen aus (Produktionsschritte 2–4), kann man die Digitalisierung auf die Erfassung der Oberfläche reduzieren, was durch Streifenprojektion oder Laserscans erfolgen kann.

Wie bereitet man die großen Datenmengen auf, dass sie für die nachfolgenden Optimierungsaufgaben geeignet sind?

- *Mathematisches Modell:* Bei Optimierungsaufgaben sind zwei Fragen zu klären: Was ist zulässig? Was ist gut? Bei der Farbsteinproduktion sind beide Fragen schwierig zu beantworten. Weiche Vorgaben an die Proportionsregeln und die große Vielfalt von Grundformen und Facettierungsmustern machen es schwer, die Alternativenmenge mathematisch vollständig zu beschrieben. Noch schwieriger ist es, den Wunsch nach möglichst großem Gewicht, welches einfach proportional zum Volumen zu messen ist, in Einklang zu ästhetischen Mindestanforderungen, die von individuellem Geschmack und kultureller Herkunft rühren, zu bringen.

Wie formuliert man ästhetische Anforderungen mathematisch?

- *Verwertungsalgorithmik:* Die resultierenden Optimierungsaufgaben sind mathematisch äußerst komplex. Dies liegt weniger an den bereits genannten großen Datenmengen der Digitalisierung von Rohsteinen als vielmehr an den eigentlich einfachen, aber nur umständlich zu mathematisierenden geometrischen Prinzipien, dass die resultierenden Facettensteine einerseits im Rohstein liegen müssen und sich andererseits nicht wechselseitig überlappen dürfen. Ein zweites Problem ist das gleichzeitige Auftreten von kontinuierlichen Variablen wie Größen und Proportionen und von diskreten Variablen wie Facettenzahlen.

Wie modelliert man die Enthaltensein- und die Nichtüberlappungsbedingungen mathematisch? Ist es denkbar, die Kombinatorik der Facettierung von der optimalen Bemessung der Proportionen zu entkoppeln?

- *Vollautomatischer Produktionsprozess:* Nutzt man zur optimalen Verwertung von Rohedelsteinen mathematische Modelle und algorithmische Konzepte, so wird man die Produktion automatisieren müssen, da man dem Handwerker nicht einfach einen guten Plan an die Hand geben kann. Einfache Studien zeigen, dass selbst kleinste Abweichungen von der optimalen Positionierung der Facettensteine im Rohstein zu einer deutlichen Verschlechterung der Ausbeute führen können. Insofern führt an einer industriellen Produktion unter Nutzung von CNC-Technologie kein Weg vorbei.

Wie schafft man es, die individuellen Werkstücke zu halten? Wie übergibt man die Geometrie zwischen den Fertigungsschritten in der geforderten Genauigkeit? Welche Haltetechnologie wird genutzt? Welche Säge-, Schleif- und Polierwerkzeuge setzt man ein? Kann man bei den Techniken der Manufaktur bleiben oder muss man neue Mittel entwickeln?

2 Optimale Volumenausbeute – ist das ein schwieriges Problem für die Mathematik?

Der mathematisch weniger geschulte Leser mag denken: So schwierig kann doch dieses einfach zu verstehende und auch verbal einfach zu beschreibende Problem nicht sein. Schließlich geht es doch nur darum, in günstiger Weise ein paar wenige Facettensteine in einen Rohstein zu packen. Das kann doch nicht allzu schwer sein. Leider täuscht dieser erste Eindruck, und ein Blick in die mathematische Literatur oder die Suche im Internet nach Cutting-Stock- oder Nesting-Problemen ernüchtert schnell. Nur die einfachsten Aufgaben wie Rechteck- oder Kugelpackungen sind mathematisch gut verstanden, aber nur partiell gelöst. Allgemeinere Aufgabenstellungen und Lösungsansätze sind kaum zu finden. So war auch zu Beginn der Arbeiten am ITWM im Jahre 2003 die erste Frage die nach einer geeigneten Modellierung der Aufgabenstellung.

2.1 Die mathematische Modellierung der Optimierungsaufgabe – oder: Was ist ein zulässiges Design für einen Schmuckstein?

Bei der Modellierung der Aufgabe ist die zentrale Frage: Wie kann man einen Facettenstein mathematisch beschreiben? Die erste Idee, einen Facettenstein in den gängigsten konvexen Grundformen als Polyeder zu beschreiben scheitert, weil die Rundiste, welche die Krone vom Pavillon trennt, in vielen Fällen eine glatte, gekrümmte Fläche ist, während Krone und Pavillon eine polyedrische Struktur aufweisen. Noch komplizierter ist die Frage: Was ist die zu einer Grundform gehörige Klasse von zulässigen bzw. akzeptablen Facettenbildern? Die Handwerker nennen Faustregeln für die Zahl der Facetten an der Rundiste in Abhängigkeit von der Steingröße, sie wissen von der ungefähren Anzahl von Facettenreihen oder Stufen in der Krone und im Pavillon, sie kennen etwa die Größe von Grenzwinkeln der Facetten gegenüber der Rundiste. Facetten sollen von der Rundiste weggehend absteigend in der Höhe sein, beim Netzschliff sollen die Facetten Drachenform haben, bei denen sich die Halbachsen ungefähr im goldenen Schnitt teilen und vieles mehr. Hinsichtlich der Proportionen soll das Folgende gelten: Die Krone liegt etwa bei einem Drittel der Gesamthöhe, der Pavillon bei etwa 50–55 Prozent, der Rest ist der Rundiste vorbehalten. Der Pavillon soll nicht zu bauchig sein, aber auch nicht zu straff, sonst geht zu viel Volumen verloren usw. Und das Wichtigste überhaupt: Schön soll der Stein am Schluss aussehen, Regeln alleine genügen nicht.

Das Beschriebene zeigt das allzu typische Dilemma bei der Nutzung mathematischer Optimierung in der Praxis: Der Mathematiker braucht zum Arbeiten klare Regeln. Die Alternativenmenge, hier die zulässigen Facettensteine, aus welchen am Ende günstige Lösungen ausgewählt werden sollen, muss nach festen Regeln exakt beschrieben werden, für Vagheiten ist kein Platz. Andererseits braucht es zum Optimieren auch eine Zielgröße, welche dabei hilft, zwei Lösungen bezüglich ihrer Güte zu vergleichen. Dies scheint auf den ersten Blick einfach bei der Edelsteinverwertung: Möglichst groß sollen die Steine sein, damit die Caratzahl hoch und der resultierende Stein somit möglichst schwer ist. Doch auch hier gibt es beim zweiten Blick ein Problem.

Ist der Stein nur groß aber nicht schön, wird ihn keiner kaufen. Wie lautet aber eine Definition von „schön", die man in die Beschreibung der Alternativenmenge packen kann? Oder was sind zumindest Messgrößen, die gut mit „schön" korrelieren und welche man gegebenenfalls als Zielgrößen in Balance zu „groß" oder „schwer" optimieren kann?

Die zunächst so leicht daherkommende geometrische Aufgabe ist nun doch für die Mathematik problematisch. Edelsteinschleifen scheint irgendwie keine Wissenschaft zu sein, sondern eine Kunst, ein Kunsthandwerk vielleicht. Ein Blick über die Schultern der Praktiker mag helfen. Wie geht ein Schleifer mit den genannten Fragen um? Schleift er einfach darauf los, oder hat er Faustregeln für seine Arbeit, die mathematische Prinzipien enthalten und die man mit Modellen imitieren könnte?

Die Beobachtungen in der Manufaktur sind aufschlussreich: Zunächst wird bei der genauen Inspektion der Form eines Rohsteins (nach der Zerlegung) geschaut, welche Grundform der Facettenstein haben könnte, und wie diese im Rohstein liegt. Dann wird begonnen die Grundform an der Rundiste zu schleifen, Ober- und Unterteil werden grob vorgeformt, Facetten gibt es zunächst keine. Bei dieser Vorformung entstehen die Proportionen des Steins, die Höhenverhältnisse und die Bauchigkeiten, die Grundwinkel zur Rundiste. Nach diesem Vorform- oder Ebauchierprozess werden dann die Facettenreihen und -zahlen eingeteilt sowie Ober- und Unterteil facettiert. Abbildung 5 zeigt die vorgeschliffene Form und angedeuteten Proportionen zu dem in Abb. 2 dargestellten Facettenstein.

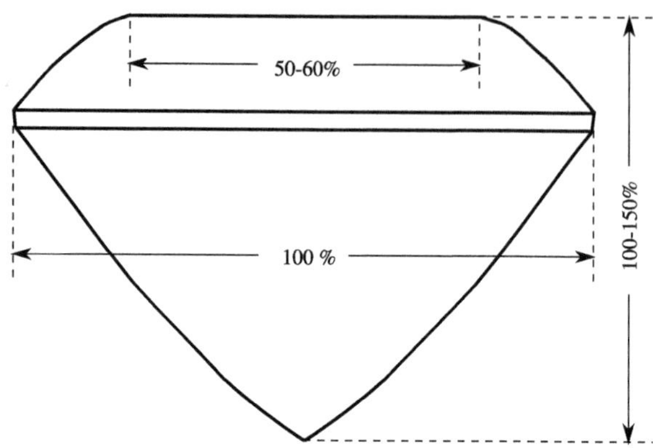

Abb. 5 Vorschliffform und Proportionen für ein Rund: Tafeldurchmesser und Gesamthöhe in Bezug auf den Rundistendurchmesser

Der Prozess in der Manufaktur ist also zweigeteilt in Vorformen und Facettieren. Dies inspiriert bei der mathematischen Modellierung eine Entkopplung der kontinuierlichen Variablen, wie Höhen und Proportionen des Facettensteins, von den diskreten Variablen, wie die Anzahl der Reihen und Facetten eines Facettenbilds.

Der Schritt der Entkopplung von kontinuierlichen und diskreten Variablen vereinfacht die Struktur des Optimierungsproblems erheblich und erlaubt, die ästhetischen Randbedingungen in den reduzierten Variablensätzen einfacher zu beschreiben. Doch wie setzt man diese Idee am besten um?

Der Ansatz ist, ein parametrisiertes Äquivalent zu der glatten Vorschliffform einzuführen, das wir als *Eichkörper* bezeichnen. Dieser wird mit dem Ziel der maximalen Materialausbeute optimiert. Wie eine passende Facettierung dazu aussieht, wird erst in einem zweiten Schritt überlegt. In Abschn. 5.1 wird dieser Schritt näher erläutert.

Nun wenden wir uns der Optimierungsaufgabe des parametrisierten Eichkörpers zu. Diese ist im Fall eines Einzelsteins eng mit dem aus der Literatur bekannten Design-Centering-Problem (siehe [30]) verwandt, wenn man die für die Proportionen relevante Größen wie Höhe, Breiten und Bauchigkeit als Parameter des Eichkörpers (des *Designs*) beschreibt und Lage sowie Skalierung als weitere Freiheitsgrade der Optimierung auffasst. Setzt man nun den Proportionsparametern Schranken, dass eine einigermaßen zufriedenstellende Ästhetik gewährleistet ist, dann bleibt die Frage nach dem bestmöglichen Volumen eines parametrischen Steins.

Die Forderung, dass der Facettenstein komplett im Rohstein enthalten ist, im Folgenden *Enthaltenseinsbedingung* genannt, ist grundlegend und einfach zu verstehen, aber wie kann man sie mathematisch umsetzen?

Anders formuliert fordert die Enthaltenseinsbedingung, dass jeder Punkt des Designs, d.h. des Eichkörpers, auch ein Punkt des Containers, d.h. des Rohsteins, sein muss. Dies ist eine *infinite*, also unendliche Anzahl von Nebenbedingungen bei einer endlichen Zahl von Parametern, die für einen zulässigen Eichkörper erfüllt sein muss. Probleme dieser Art werden als *semi-infinite Optimierungsprobleme* bezeichnet. Weitere Herausforderungen sind die Fragen, ob man auch die Lokalisation von Fehlern im resultierenden Schmuckstein oder die Nichtüberlappung jeweils zweier Facettensteine bei der Einbettung von mehreren Schmucksteinen in einen Rohstein in ähnlicher Weise mathematisch beschreiben kann. Diese *Nichtüberlappungsbedingung* ist eng verwandt mit der Enthaltenseinsbedingung. Der Umgang mit beiden Fragestellungen wird in Abschn. 4 diskutiert.

Eine Verallgemeinerung ergibt sich, wenn man zusätzlich noch Mindestabstände fordert. So ist es bei der Zerlegung des Rohmaterials in Rohlinge bzw. bei der Einbettung mehrerer Steine in einen Rohstein wichtig, produktionsbedingte Mindestabstände bei der Anordnung einzuhalten. Dazu kommt, dass gegebenenfalls durch die Produktionstechnik auch noch prinzipielle Eigenschaften der Anordnung erforderlich sind. Beispielsweise wird man bei Verwendung der Kreissägetechnik sicherstellen müssen, dass die Anordnung eine konsekutive Einbringung durchgehender Trennschnitte (*Guillotine–Schnitte*) ermöglicht. Mehr dazu in Abschn. 6.2.

2.2 Die Algorithmen – wie findet man optimale Lösungen?

Hält man an der oben beschriebenen Modellierung fest, so ist es die algorithmische Herausforderung zur Gewinnung eines optimalen Eichkörpers, numerische Lösungskonzepte für *semi-infinite Optimierungsprobleme* zu entwickeln, welche numerisch robust hochdimensionale, nicht-konvexe Aufgaben in vertretbarer Rechenzeit lösen.

Hierfür muss man zunächst an der Reduktion der Aufgabengröße arbeiten. Dabei gilt es den Rohstein, diskretisiert durch Volumen- oder Oberflächendaten, durch eine möglichst sparsame Repräsentation darzustellen, idealerweise in einer dem Modell freundlichen Form, welche eine Reduktion auf eine endliche Aufgabenstellung ermöglichen (siehe Abschn. 5.1.3). Für die Darstellung des Rohsteins wird man möglichst wenige einfache glatte parametrische Funktionen heranziehen, die numerisch unproblematische Auswertungen ermöglichen.

Es verbleibt eine globale Optimierungsaufgabe, die im Allgemeinen eine Vielzahl lokaler Extremlösungen hat. Kann man die lokalen Extrema im allgemeinen Fall durch eine Optimalitätsbedingung ersten Grades wie der Karush–Kuhn–Tucker-Bedingung (KKT-Bedingung) charakterisieren, so bleibt die Herausforderung, nach einer geeigneten Strategie zu suchen, eine möglichst global optimale lokale Lösung zu finden. Hierfür gibt es keinen generischen Ansatz. Es muss eine hybride Strategie zur Aufzählung günstiger lokaler Extrema bzw. zum Ausschluss ungünstiger solcher gefunden werden.

Hat man gute Eichkörper als Approximation von zulässigen Facettensteinen gefunden, so verbleibt die zweite Optimierungsaufgabe, eine günstige Facettierung zu finden, die einerseits den gängigen Regeln der Edelsteinkunst genügt, und andererseits den berechneten Eichkörper kaum im Volumen beschneidet. Hier scheint es zunächst offenbar, dass bei genügend kleinen Facetten eine solche Approximation gewährleistet sein sollte, jedoch wird bei näherem Hinsehen schnell klar, dass bei gängigen Facettenmustern der Branche nicht jeder Eichkörper gut approximierbar ist. Somit erleidet man durch die Hintertür wieder eine gewisse Kopplung von Facettierung und Vorform. Die Aufgabe der Facettierung lässt sich bei festen Facettenmustern wieder als nichtlineare globale Optimierungsaufgabe modellieren. Es stellt sich die Frage, wie man Facettenzahlen und Facettenreihen als freie Optimiervariablen in geeigneter Form in die Optimierungsaufgabe einbringt.

3 Arbeiten zum Thema am ITWM

3.1 Projekte mit der Edelsteinindustrie

Die Idee, die Materialausbeute bei der Edelsteinverwertung durch den Einsatz von mathematischen Optimierungsverfahren und Automatisierung zu erhöhen, wurde von der Firma Paul Wild oHG aufgeworfen. Das familiengeführte, mittelständische Unternehmen aus dem rheinland-pfälzischen Kirschweiler bei Idar-Oberstein ist europaweit führend in der Produktion von hochwertigen Farbedelsteinen. Eigene Minen des Unternehmens in Afrika, Südamerika und Asien sichern die Versorgung mit Rohsteinen. Die Fertigung der Schmucksteine erfolgt überwiegend in Asien, Verwaltung und Vertrieb am Heimatstandort Kirschweiler. Wie branchenüblich wurde bis zum Jahr 2003 die Schmucksteinproduktion bei der Fa. Wild ausschließlich im Manufakturprozess betrieben. Es wurden keine nennenswerten Versuche zu einer Industrialisierung bzw. Automatisierung der Produktionsprozesse unternommen. Erste Experimente mit einem Halbautomaten aus Israel zur Verbesserung der Verwertungspotenziale in den 90er Jahren brachten Geschäftsführer Markus P. Wild auf die Idee, dass es möglich sein sollte, Farbsteine auch vollautomatisch und individuell auf den jeweiligen Rohstein optimiert in einem industriellen Prozess zu fertigen. Diese Vision verfolgt Markus P. Wild seit 2003 mit der Fraunhofer-Gesellschaft und Partnern aus dem Maschinenbau.

3.1.1 Die ersten Schritte – Vorstudien zu Machbarkeit und Rentabilität

Im Frühling 2003 erfolgte die erste Kontaktaufnahme durch Markus P. Wild mit der Fraunhofer-Gesellschaft. Das Fraunhofer-Institut für Techno- und Wirtschaftsmathematik ITWM, Kaiserslautern, das Fraunhofer-Institut für Optik und Feinmechanik IOF, Jena, und das Fraunhofer-Institut für Fertigungstechnik und Angewandte Materialforschung IFAM, Bremen, wurden darauf im Herbst 2003 und 2004 mit einer Serie von Vorstudien zur Erarbeitung eines Konzeptes für eine automatische Produktion von farbigen Schmucksteinen beauftragt:

- Studie zur 3D-Vermessung von Rohedelsteinen mittels Streifenprojektionsverfahren (Fraunhofer IOF, Jena)

- Studie zur Berechnung von optimalen Verwertungsvolumina von farbigen Rohedelsteinen (Fraunhofer ITWM, Kaiserslautern)
- Studie zur Verklebung von Farbedelsteinen mit metallischen Verarbeitungsstiften mittels UV-härtenden Klebern bzw. Heißklebern (Fraunhofer IFAM, Bremen)

Im Verlauf dieser Vorarbeiten wurde die grundsätzliche Umsetzbarkeit der Farbsteinproduktion hinsichtlich Vorformen, Schleifen und Polieren in einem industriellen Prozess insoweit nachgewiesen, dass die Entwicklung eines automatischen Verwertungsprozesses im Rahmen eines industriellen Forschungsprojektes mit vertretbarem Risiko begonnen werden konnte. Dieses Projekt wurde durch die Mittelstandsförderung des Landes Rheinland-Pfalz durch die Investitions- und Strukturbank (ISB) in den Jahren 2005 bis 2007 gefördert. In diesem Rahmen gelang es, die Realisierbarkeit einer vollautomatischen Verarbeitung von Farbedelsteinen mit einem Versuchsaufbau wissenschaftlich fundiert nachzuweisen.

3.1.2 Die Pionierleistung – erste industrielle Automatisierung von Vorformen, Schliff und Politur

Da die vorläufigen Ergebnisse vielversprechend waren und eine deutlich höhere Volumenausbeute bei exzellenter Qualität der automatisch bearbeiteten Schmucksteine erzielt werden konnte, beauftragte die Fa. Wild im Anschluss an das geförderte FuE-Vorhaben den Bau einer vollautomatischen, CNC-gesteuerten Produktionsanlage. Obwohl die wesentlichen technologischen Risiken im Rahmen des ISB-Projektes ausgeräumt wurden, waren noch einige Hindernisse zu überwinden, bis ein praxisgerechter Industrieprozess auf der neuen Anlage realisiert werden konnte. Seit Anfang 2008 ist bei der Fa. Wild die weltweit erste vollautomatische Produktionsanlage für Farbedelsteine im Produktionsbetrieb.

Der Betrieb der Anlage zeigte schnell, dass zur effizienten Nutzung der neuen Anlage ein Entscheidungsprozess notwendig ist, der mehrkriteriell und ganzheitlich die vier C's (Verwertungsvolumen – Carat, Farbe – Color, Reinheit des Steines – Clarity sowie Schönheit/Schliff des Steines – Cut) betrachtet. In Kooperation mit dem Fraunhofer ITWM in Kaiserslautern entstand in einem weiteren, vom Bundeswirtschaftsministerium in den Jahren 2009–2011 geförderten Projekt, ein neuartiges Entscheidungsunterstützungssystem, mit dessen Hilfe Produktionsentscheidungen in verteilten Rollen getroffen werden können: Die von der Verwertungsoptimierung resultierenden Vorschläge werden vor der Produktion eingebettet in die Rohsteine visualisiert. Die interaktive 3D-Darstellung ermöglicht Vergleiche verschiedener Varianten von Proportionen und Facettierung. Produktionsleiter können die Qualität davon vor Produktionsbeginn prüfen, Kunden können vom Marketing in den Entscheidungsprozess über das Design via Internet einbezogen werden.

Die Forschungsarbeiten im Verbund von der Fa. Wild und dem Fraunhofer ITWM wurden in Reportagen von Zeitungen – über 70 Meldungen, darunter Die Zeit, FAZ, Handelsblatt oder Bild der Wissenschaft – als bahnbrechend gewürdigt. Des Weiteren wurden die Leistungen des Forschungsverbundes 2009 durch den Joseph-von-Fraunhofer-Preis in einer Feierstunde mit der Bundeskanzlerin Angela Merkel gewürdigt.

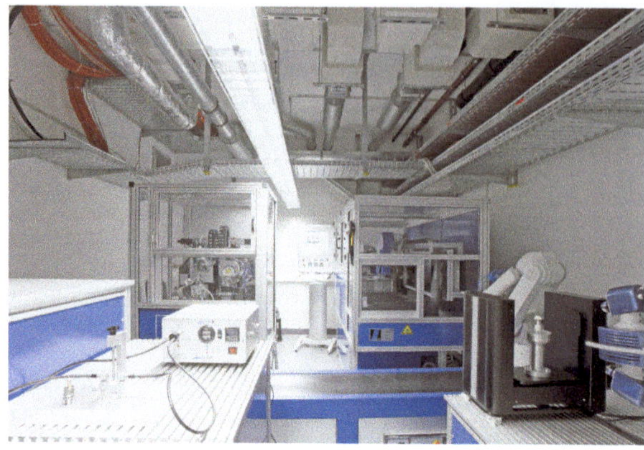

Abb. 6 Vorserienprototyp entwickelt am Fraunhofer ITWM (Foto: G. Ermel, Fraunhofer ITWM)

Ende 2009 fiel schließlich die Entscheidung, die Edelsteinproduktionsmaschine zur Serienreife zu führen und zu vermarkten. Im Jahre 2010 wurde dazu im Fraunhofer-Zentrum Kaiserslautern eine modulare Vorserienmaschine aufgebaut und beginnend im gleichen Jahr eine Steuerungssoftware entwickelt (siehe Abb. 6). Die Maschine ist seit Herbst 2013 vermarktungsreif und wird nun Interessenten vorgestellt. Bisher eingegangene Interessensbekundungen von über 70 Firmen und Technologiemaklern aus der ganzen Welt sind vielversprechend. Schutzrechte zur Sicherung des Maschinenkonzeptes wurden erteilt. Von einer Demonstration auf Messen wird bislang Abstand genommen, um nicht frühzeitig Plagiaten außerhalb der Patentreichweite Vorschub zu leisten.

3.1.3 Die neue Perspektive – Automatisierung der Zerlegung

Drehten sich die ersten Arbeiten bis zum Jahr 2008 vor allem um die Frage, wie man aus einem Rohstein einen einzelnen Facettenstein gewinnen kann, rückte ab 2009 die Frage nach der Automatisierung der Zerlegung in den Blick der Projektgruppe um die Fa. Wild. Kann man sich bei der Produktion von Einzelsteinen aus gesäubertem Rohmaterial noch mit der Erfassung der Steinoberfläche behelfen, müssen bei der Zerlegung Volumendaten erfasst werden, um Verunreinigungen, Einschlüsse und Risse von verwertbarem Material zu unterscheiden. Das Mittel der Wahl zur Gewinnung von 3D-Daten ist die hochaufgelöste Computertomographie (CT). Deswegen wurden von der Fa. Wild Tests von CT-Geräten auf ihre Eignung für die volumetrische Erfassung von farbigen Rohedelsteinen in Auftrag gegeben. 2010 wurde ein geeignetes, auf einem Zweifrequenzmesssystem beruhendes System in der Industrie gefunden, welches jedoch noch nicht in Serie produziert wird.

Neben der Erfassung volumetrischer Daten war für eine Automatisierung der Zerlegung eine umfassende Studie notwendig, um zu klären mit welcher Schneidetechnologie das Zerlegen automatisiert werden kann. Wie bei der Verwertung von Einzelsteinen erschien die Imitation des Manufakturprozesses als sicherster Weg. Bislang wurde die Zerlegung des Rohmaterials in der Manufaktur von den erfahrensten Mitarbeitern mit Hilfe von diamantbestückten Kreissägen durchgeführt. Die Fa. Wild und das Fraunhofer ITWM starteten 2009 das Projekt „Entwicklung eines vollautomatischen Zerlegeprozesses für Farbedelsteine“, gefördert von der ISB Rheinland-Pfalz, welches Ende Juni 2011 abgeschlossen wurde. Ergebnis war, dass man mit Hilfe einer Kreissäge vollautomatisch Farbedelsteine zerlegen kann. Die entsprechende Maschine wurde in der Manufaktur in Kirschweiler prototypisch aufgebaut. Im praktischen Betrieb zeigten sich jedoch einige Hindernisse, die den Betrieb der Anlage unwirtschaftlich machen. Deshalb wurden auch andere Technologien erwogen. Die Fa. Wild kaufte schließlich 2013 eine Hochdruckwasserstrahlschneidemaschine. Mit Hilfe einer Erweiterung des von der ISB geförderten Zerlegeprojektes wird nun in Kooperation mit dem Fraunhofer ITWM eine vollautomatische Zerlegung auf Basis von CT- und Wasserstrahlschneidetechnik gesetzt. Eine detaillierte Auseinandersetzung mit dem Thema Zerlegung findet sich in Abschn. 6.

3.2 Einschlägige Kompetenzen der Abteilung Optimierung am ITWM und verwandte Projekte

Seit Beginn der Kooperation mit der Fa. Wild baut die Abteilung Optimierung des Fraunhofer ITWM systematisch Kompetenzen zur Modellierung und Lösung von Praxisaufgaben mittels semi-infiniter Optimierung aus. Neben dem Leitprojekt der Edelsteinverwertung werden Fragestellungen aus anderen Domänen, welche vergleichbare Struktur haben, mit Hilfe dieser Techniken behandelt.

Im Bereich der nichtlinearen Optimierung setzt die Abteilung seit ihrer Gründung auf eigene Algorithmen, aber auch auf kommerzielle, meist aus dem akademischen Umfeld stammende Verfahren, die jeweils individuell auf die zu behandelnden Probleme angepasst werden. Ein großes Arbeitsfeld ist hierbei die hierarchische Zerlegung der Probleme in einfachere Subprobleme bzw. die Komplexitätsreduktion durch adaptive Diskretisierungen oder die Modellreduktion in der Optimierungsaufgabe mittels vereinfachter Modelle.

Neben dem Edelstein-Projekt wurden folgende Aufgabenstellungen mit Hilfe von semi-infiniter Optimierung modelliert und gelöst:

- Optimierung der Kühlsysteme von Spritz- und Druckgussformen und
- Optimierung der Applikatorposition bei der Radiofrequenzablation

In beiden Optimierungsaufgaben geht es um die optimale Verteilung von Wärme in einem geometrisch komplexen Umfeld. Beim Spritz- und Druckgießen muss eine Kavität möglichst homogen gekühlt werden, während bei der Radiofrequenzablation Tumorgewebe möglichst homogen beheizt werden muss. In beiden Fällen muss eine geeignete umschließende Isotherme um die Kühl- bzw. Heizzone aufgebaut werden. Modelliert man die Wärmeverteilung im Gleichgewicht, so ist die Forderung nach dem Liegen der Kühl- bzw. Heizzone in der geeigneten Isotherme analog zur Enthaltenseinsbedingung eines Facettensteins in einen Rohstein. Des Weiteren kann man – wie beim Edelstein-Problem – die Nichtüberlappung von Kühlkanälen mit der Gießkavität oder das Nichtdurchstechen des Applikators durch Blutgefäße mit Hilfe von semi-infiniten Restriktionen beschreiben und die Algorithmik aus dem Edelsteinumfeld benutzen.

Neben den genannten semi-infiniten Modellierungen verwandter Aufgaben betrachtet die Abteilung Optimierung des Fraunhofer ITWM eine Reihe von weiteren Zerlegeproblemen aus unterschiedlichsten Branchen, die jedoch aufgrund ihres Charakters mit diskreten Enumerationstechniken gelöst werden:

- Optimale Anordnung von elektronischen Bauteilen und Schaltungen bei System-in-Package
- Optimierung von Schnittbildern bei der Verwertung von Nadelholz in Großsägewerken
- Optimale Schnittmuster für Hosen in der Textilindustrie
- Optimale Layouts von Photovoltaikanlagen

3.3 Wissenschaftliche Arbeiten und Kooperationen zur optimalen Volumenausbeute

Eine ganze Reihe von wissenschaftlichen Fragestellungen aus den genannten Domänen mündete in Graduierungsarbeiten und Publikationen. In einer grundlegenden Diplomarbeit wurden erstmals Methoden der semi-infiniten Optimierung auf das Problem der optimalen Materialausbeute von Edelsteinen angewandt. Konkret ging es in [11] um die Approximation des Rohsteins mittels Ebenen und Quadriken sowie die Volumenoptimierung eines Facettensteins mittels allgemeiner semi-infiniter Optimierung anhand eines einfachen Eichkörper-Modells. Die dort entstandenen Ideen wurden in einer Dissertation [16] weiterentwickelt und ergänzt. Themen waren dabei neben der Volumenoptimierung anhand von realistischen Eichkörper-Modellen die Modellierung von Mehr-Körper-Einbettungsaufgaben als allgemeines semi-infinites Optimierungsproblem und die Entwicklung einer zulässigen Methode für allgemeine semi-infinite Optimierungsprobleme. Wesentliche Ergebnisse daraus wurden in [2, 10, 12] veröffentlicht.

Weitere Teilprobleme wurden in drei Diplomarbeiten behandelt. In [6] wurde die Berechnung der Facettierung für einen gegebenen Eichkörper mit Methoden der 3D-Körper-Rekonstruktion aus zweidimensionalen Zeichnungen untersucht. Das Ziel von [3] war die Verbesserung der Rohstein-Approximation mittels Splines. Die Generierung von besseren Startpunkten durch Abgleich der Rohsteingeometrien war das Thema von [7].

Ein zu dem semi-infiniten Ansatz alternative Modellierung der Volumenoptimierung eines Facettensteins wurde in dem Artikel [4] beschrieben. Der Idee dort ist, auf Triangulierungen des Roh- und des Facettensteins Methoden der Kollisionserkennung aus der algorithmischen Geometrie anzuwenden.

Das komplexere Problem der Zerlegung bzw. der Einbettung mehrerer Designs in einen Container wurde vertieft in der Dissertation [14] studiert. Dabei ging es um die Volumenoptimierung mehrerer Eichkörper mittels allgemeiner semi-infiniter Optimierung, die Erweiterung der Modellierung von Mehr-Körper-Einbettungsaufgaben als allgemeines semi-infinites Optimierungsproblem und die Entwicklung zweier Methoden für allgemeine semi-infinite Optimierungsprobleme.

Eine in diesem Kontext verwendete Methode, die semi-infiniten Optimierungsprobleme zu lösen, ist deren Umformulierung in ein normales nichtlineares Problem (siehe Abschn. 4.5.1), das aber in dem Sinn schlecht gestellt ist, dass die üblichen Regularitätsanforderungen nicht alle erfüllt sind. Das hat zur Folge, dass die gebräuchlichen Lösungsverfahren nicht direkt funktionieren, sondern erst eine Regularisierung, also eine Art Aufweichung des Originalproblems zu einem ähnlichen Problem mit besseren Eigenschaften notwendig ist. Diese Idee der Aufweichung wurde in dem Artikel [5] übertragen auf das flächenminimale Packen von Rechtecken, formuliert als nichtlineares Optimierungsproblem, um ein Steckenbleiben der Optimierung in lokalen Optima zu verhindern.

In den im vorherigen Abschnitt genannten, verwandten Themengebieten der Kühlsysteme und der Radiofrequenzablation entstanden jeweils eine Dissertation ([13] und [15]) sowie bei letzterem auch eine Publikation ([1]).

Die Leistungen bei der Edelsteinverwertung fanden auch in der mathematischen Community große Beachtung. Neben einem Titelbeitrag über die Edelsteinverwertung in den SIAM News wurde das Thema auch in den Mathematical Moments der American Mathematical Society aufgenommen und ein Podcast dazu erstellt.

Neben dem schon erwähnten Joseph-von-Fraunhofer-Preis für das Edelsteinprojekt wurden die beiden erstgenannten Dissertationen durch einen Preis für die beste Dissertation des Jahres im Fach Mathematik von der Kreissparkassen-Stiftung der Universitätsstadt Kaiserslautern ausgezeichnet.

4 Modellierung und Lösung von Aufgaben der maximalen Materialausbeute

Aus mathematischer Sicht handelt es sich bei der Volumenoptimierung in der Edelsteinverwertung um ein Zuschnitt- und Packungsproblem, genauer um eine *Aufgabe der maximalen Materialausbeute* (MaxMA).

> Bei Aufgaben der maximalen Materialausbeute geht es darum, aus einem großen Körper, dem sogenannten *Container*, eine Menge von kleineren Körpern, die sogenannten *Designs*, derart herauszuarbeiten, dass möglichst wenig Container-Material als Verschnitt übrig bleibt. Ist der Container fehlerhaft, gilt es bei der Fertigung der Designs zudem die Fehler zu vermeiden.

Bei der Modellierung derartiger Aufgaben muss zwischen zwei verschiedenen Typen unterschieden werden:

(1) Haben die Designs eine feste Größe, ist die Teilmenge der Menge aller Designs gesucht, welche aus dem Container gefertigt werden kann und diesen am besten ausbeutet.

(2) Können die Designs in ihrer Größe und evtl. auch in ihrer Form variieren, gilt es die Ausprägung der Designs zu finden, welche in den Container passt und größtes Gesamtvolumen besitzt.

Notationsvereinbarungen Es seien $\mathbb{N}$ die Menge der natürlichen Zahlen $\{1, 2, \ldots\}$, $\mathbb{N}_0 := \mathbb{N} \cup \{0\}$, $\mathbb{R}_+$ die Menge der nichtnegativen reellen Zahlen und $\mathbb{R}_{++}$ die Menge der positiven reellen Zahlen.

Die Menge der reellen m-dimensionalen Vektoren bezeichnen wir mit $\mathbb{R}^m$. Die Bezeichnungen $\mathbb{R}^m_+$ und $\mathbb{R}^m_{++}$ übertragen sich entsprechend. Vektoren sind grundsätzlich Spaltenvektoren und werden klein sowie fett gedruckt: **a**. Den Nullvektor bezeichnen wir mit **0**.

Die Menge der reellen $m \times n$ Matrizen bezeichnen wir mit $\mathbb{R}^{m \times n}$. Matrizen werden groß sowie fett gedruckt: **A**. Die Matrix diag(**a**) ist die Diagonalmatrix, welche als Diagonalelemente die Komponenten des Vektors **a** besitzt.

Mengen (von Skalaren, Vektoren, usw.) werden groß und normal gedruckt: A. Wir bezeichnen mit $|A|$ die Kardinalität, mit $\text{int}(A)$ das Innere und mit 2^A die Potenzmenge einer Menge A.

Den Gradienten einer differenzierbaren Funktion $f : \mathbb{R}^m \to \mathbb{R}$ im Punkt $\bar{\mathbf{x}}$ bezeichnen wir mit $\nabla f(\bar{\mathbf{x}})$. Hängt die Funktion von zwei (oder mehr) Vektoren ab, d.h. $f : \mathbb{R}^m \times \mathbb{R}^n \to \mathbb{R}$, dann ist $\nabla_{\mathbf{x}} f(\bar{\mathbf{x}}, \bar{\mathbf{y}})$ der Vektor der ersten Ableitungen von f in $(\bar{\mathbf{x}}, \bar{\mathbf{y}})$ bezüglich der **x**-Variablen. Optimierungsprobleme werden groß und serifenlos gedruckt: P.

4.1 Mengentheoretische Modelle

Wir formalisieren im folgenden Abschnitt die verbale Beschreibung und leiten für beide Typen von Aufgaben der maximalen Materialausbeute ein mengentheoretisches Modell her.

4.1.1 Aufgaben mit festen Designs

Zunächst wenden wir uns den Aufgaben des Typs (1) zu, welche wir Aufgaben der maximalen Materialausbeute mit *festen* Designs (MaxMA-FD) nennen. Wir bezeichnen mit C den Container, mit F_k, $k \in K := \{1, \ldots, r\}$, die Fehler und mit D_l, $l \in L := \{1, \ldots, s\}$, die Designs. Jedes dieser Objekte sei durch eine nichtleere, kompakte Teilmenge des $\mathbb{R}^n$, $n \in \mathbb{N}$ (im Allgemeinen $n \in \{2, 3\}$), repräsentiert.

Während der Container mit seinen Fehlern in beliebiger Lage gegeben sein kann, nehmen wir an, dass die Designs in einer definierten Lage vorliegen. Um überprüfen zu können, ob ein Design überlappungsfrei zu den anderen Designs und den Fehlern im Container angeordnet werden kann, müssen die Designs in den Container transformiert werden. Bei einer Aufgabe der maximalen Materialausbeute mit festen Designs, bei der Drehungen der Designs nicht erlaubt sind, gilt es eine Teilmenge $L^* \subseteq L$ von Designs sowie *Verschiebungsvektoren* $\boldsymbol{\sigma}_l \in \Sigma_l \subseteq \mathbb{R}^n$, $l \in L^*$, zu finden, so dass das um $\boldsymbol{\sigma}_l$ verschobene Design

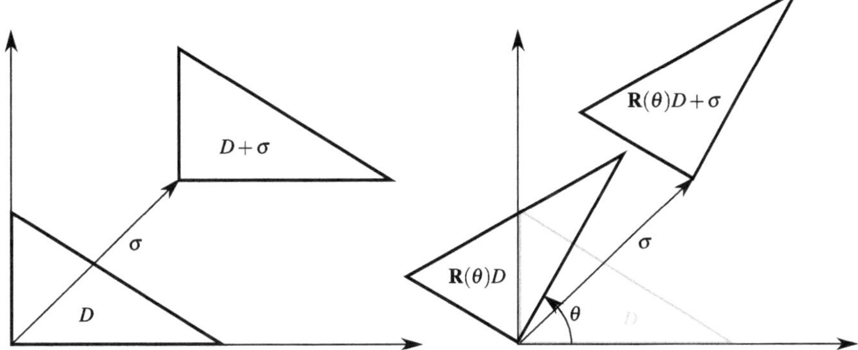

Abb. 7 *Links* Verschiebung, *rechts* Drehung und Verschiebung eines dreieckigen Designs D

D_l (siehe Abb. 7 links) alle Anordnungsbedingungen (Enthaltensein im Container, Nichtüberlappung mit den Fehlern und Nichtüberlappung mit den anderen Designs) erfüllt für $l \in L^*$.

Ist eine Drehung der Designs erlaubt, werden zusätzlich Parameter $\boldsymbol{\theta}_l \in \Theta_l$, $l \in L^*$, einer *Drehmatrix* $\mathbf{R} = \mathbf{R}(\boldsymbol{\theta}_l) \in \mathbb{R}^{n \times n}$ gesucht, so dass das mittels $\mathbf{R}(\boldsymbol{\theta}_l)$ gedrehte und um $\boldsymbol{\sigma}_l$ verschobene Design D_l (siehe Abb. 7 rechts) die Anordnungsbedingungen erfüllt für $l \in L^*$. In vielen Anwendungsfällen sind die Bereiche Θ_l, $l \in L$, der Drehparameter stark eingeschränkt oder sogar endliche Mengen.

Damit ergibt sich für Aufgaben der maximalen Materialausbeute mit festen Designs das folgende mengentheoretische Modell:

$$
\begin{aligned}
\text{MaxMA-FD:} \quad & \max_{\substack{L^* \subseteq L \\ \boldsymbol{\sigma}_l \in \Sigma_l \\ \boldsymbol{\theta}_l \in \Theta_l}} \sum_{l \in L^*} \mathrm{Vol}(D_l) \\
\text{u.d.N.} \quad & \mathbf{R}(\boldsymbol{\theta}_l)D_l + \boldsymbol{\sigma}_l \subseteq C, \\
& \quad l \in L^*, && (1) \\
& \mathbf{R}(\boldsymbol{\theta}_l)D_l + \boldsymbol{\sigma}_l \cap \mathrm{int}(F_k) = \emptyset, \\
& \quad l \in L^*,\ k \in K, && (2) \\
& \mathbf{R}(\boldsymbol{\theta}_{l_1})D_{l_1} + \boldsymbol{\sigma}_{l_1} \cap \mathrm{int}\big(\mathbf{R}(\boldsymbol{\theta}_{l_2})D_{l_2} + \boldsymbol{\sigma}_{l_2}\big) = \emptyset, \\
& \quad l_1, l_2 \in L^*,\ l_1 < l_2, && (3)
\end{aligned}
$$

wobei $\mathrm{int}(A)$ das Innere der Menge A bezeichnet und somit erlaubt ist, dass sich die Designs untereinander sowie mit den Fehlern berühren dürfen.

4.1.2 Aufgaben mit veränderlichen Designs

Wir betrachten nun Aufgaben des Typs (2), welche wir Aufgaben der maximalen Materialausbeute mit *veränderlichen* Designs (MaxMA-VD) nennen. Zusätzlich zur bisher eingeführten Notation bezeichnen wir mit $\mathbf{p}_l \in \mathbb{R}^{d_l}$ die Größen- und Formparameter des l-ten

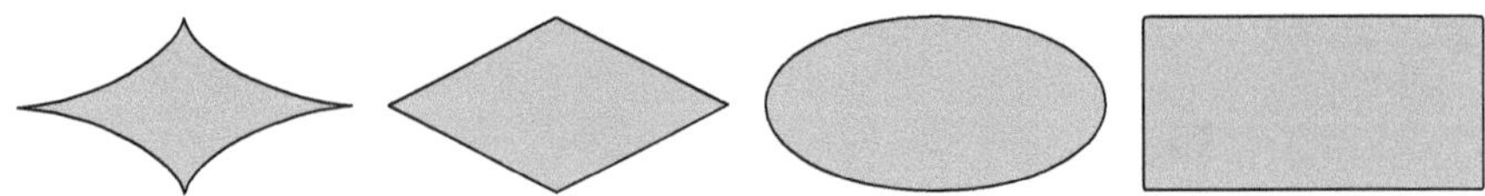

Abb. 8 Superellipse für $p_1 = 2$ sowie $p_2 = 1$ und verschiedene Werte von p_3, v.l.n.r.: $p_3 = 1/3$, $p_3 = 1/2$, $p_3 = 1$ und $p_3 = 50$

Designs und mit P_l die zugehörige Menge der zulässigen Parameterwerte. Das einfachste Beispiel für ein rein größenveränderliches Design ist ein Kreis mit variablem Radius. Ein Beispiel für ein größen- und formveränderliches Design ist eine sogenannte *Superellipse*:

$$D^{\mathrm{SE}}(\mathbf{p}) := \left\{\mathbf{y} \in \mathbb{R}^2 \,\middle|\, \left(\frac{y_1^2}{p_1^2}\right)^{p_3} + \left(\frac{y_2^2}{p_2^2}\right)^{p_3} \leq 1\right\}, \quad \mathbf{p} \in P = \mathbb{R}^3_{++}. \tag{4}$$

Durch Variation in p_1 oder p_2 ändert sich ihre Größe, durch Variation in p_3 ihre Form. Für $p_3 = 1/3$ ist $D^{\mathrm{SE}}(\mathbf{p})$ eine verallgemeinerte Astroide, für $p_3 = 1/2$ eine Raute, für $p_3 = 1$ eine gewöhnliche Ellipse und für $p_3 \to \infty$ strebt $D^{\mathrm{SE}}(\mathbf{p})$ gegen ein Rechteck (siehe Abb. 8).

Da die Designs jetzt mindestens größenveränderlich sind, macht die Suche nach einer optimalen Teilmenge der Menge aller Designs keinen Sinn, weil prinzipiell die Designs jeder Teilmenge im Container angeordnet werden können, wenn sie nur klein genug sind.

Damit ergibt sich für Aufgaben der maximalen Materialausbeute mit veränderlichen Designs das folgende mengentheoretische Modell:

$$\begin{aligned}
\text{MaxMA-VD:} \quad & \max_{\substack{\boldsymbol{\sigma}_l \in \Sigma_l \\ \boldsymbol{\theta}_l \in \Theta_l \\ \mathbf{p}_l \in P_l}} \sum_{l \in L} \mathrm{Vol}\big(D_l(\mathbf{p}_l)\big) \\
\text{u.d.N.} \quad & \mathbf{R}(\boldsymbol{\theta}_l) D_l(\mathbf{p}_l) + \boldsymbol{\sigma}_l \subseteq C, \\
& l \in L, && (5) \\
& \mathbf{R}(\boldsymbol{\theta}_l) D_l(\mathbf{p}_l) + \boldsymbol{\sigma}_l \cap \mathrm{int}(F_k) = \emptyset, \\
& l \in L,\ k \in K, && (6) \\
& \mathbf{R}(\boldsymbol{\theta}_{l_1}) D_{l_1}(\mathbf{p}_{l_1}) + \boldsymbol{\sigma}_{l_1} \cap \mathrm{int}\big(\mathbf{R}(\boldsymbol{\theta}_{l_2}) D_{l_2}(\mathbf{p}_{l_2}) + \boldsymbol{\sigma}_{l_2}\big) = \emptyset, \\
& l_1, l_2 \in L,\ l_1 < l_2. && (7)
\end{aligned}$$

Während das Modell MaxMA-FD eine kombinatorische Komponente besitzt, ist dies im Modell MaxMA-VD nicht der Fall. Dennoch ist auch dort denkbar, das man über Teilmengen der Menge der betrachteten Designs oder verschiedene Designanzahlen variiert. Beiden Modellen gemeinsam ist die Struktur der Nebenbedingungen, um welche es uns im Weiteren gehen soll.

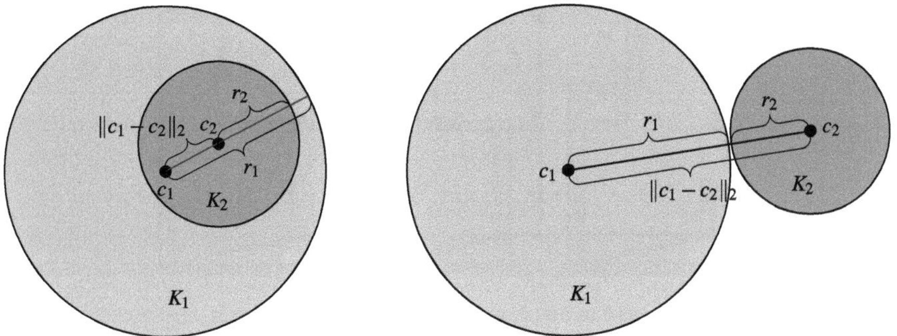

Abb. 9 Lagebeziehung zweier Kreise: *links* Enthaltensein, *rechts* Nichtüberlappung

4.2 Umgang mit Enthaltenseins- und Nichtüberlappungsbedingungen

Die mengentheoretischen Nebenbedingungen (1) bis (3) bzw. (5) bis (7) sind von zwei unterschiedlichen Arten. Während die Gl. (1) und (5) Enthaltenseinsbedingungen darstellen, repräsentieren die übrigen Gleichungen Nichtüberlappungsbedingungen. Beide Arten lassen sich aber ineinander überführen: Eine Menge $A \subseteq \mathbb{R}^n$ ist genau dann in einer Menge $B \subseteq \mathbb{R}^n$ enthalten, wenn sie mit dem Inneren des Komplement der Menge B nicht überlappt:

$$A \subseteq B \quad \Longleftrightarrow \quad A \cap \operatorname{int}\left(\mathbb{R}^n \setminus B\right) = \emptyset.$$

Wir werden daher im Folgenden den Ausdruck „Nichtüberlappung“ stellvertretend auch für das Enthaltensein benutzen.

Die abstrakte Formulierung der Bedingungen (1) bis (3) bzw. (5) bis (7) ist allerdings numerisch nicht handhabbar.

Um rechenbare Probleme zu erhalten, müssen mengentheoretische Nebenbedingungen in Restriktionen der mathematischen Optimierung überführt werden.

In einigen Fällen ist dies aufgrund von geometrischen Überlegungen möglich: Beispielsweise ist ein Kreis genau dann in einem zweiten Kreis enthalten, wenn der Abstand ihrer Mittelpunkte kleiner oder gleich der Differenz der Radien des zweiten und des ersten Kreises ist (siehe Abb. 9 links). Des Weiteren überlappen sich zwei Kreise nicht, wenn der Abstand ihrer Mittelpunkte größer oder gleich der Summe ihrer Radien ist (siehe Abb. 9 rechts).

Im Falle komplizierterer Objekte ist eine derartige Herangehensweise meist nicht zielführend. Wir beschreiben im Folgenden zwei allgemeingültige Lösungsansätze: Der erste Ansatz benutzt Methoden der algorithmischen Geometrie, genauer der Kollisionserkennung. Der zweite Ansatz setzt eine funktionale Beschreibung der Objekte voraus und überführt die mengentheoretischen Nebenbedingungen in semi-infinite Restriktionen.

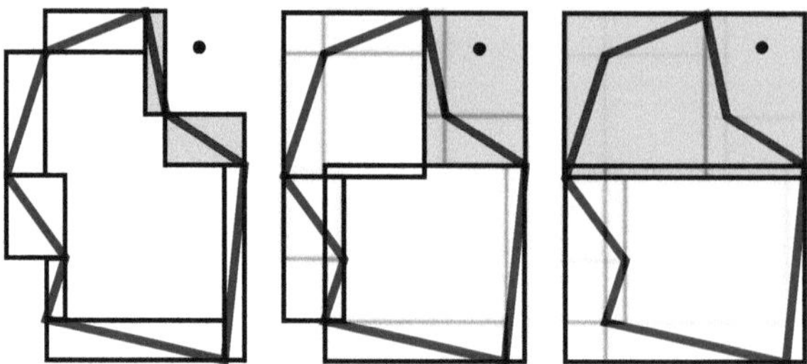

Abb. 10 Konstruktion eines BBT in 2D: Jede Linie des Ausgangsobjektes wird mit einer Box überdeckt. Iterativ werden diese dann z. B. paarweise zusammengefasst und von einer weiteren Box überdeckt bis nur noch eine übrig bleibt. Um zu überprüfen, ob der Punkt oben links in dem Objekt enthalten ist, müssen nur die gefüllten Boxen getestet werden

4.3 Behandlung der Nichtüberlappungsbedingungen mittels Methoden der Kollisionserkennung

Unter dem Begriff „Kollisionserkennung" (siehe etwa [24]) verstehen wir in diesem Zusammenhang Methoden, die vor allem im Bereich der Computerspiele und physikalischer Simulation benutzt werden, um schnell festzustellen, ob sich zwei Objekte überlappen oder nicht. Die Methoden wurden für den dreidimensionalen Raum entwickelt und setzen voraus, dass die Objekte explizit als Polyeder oder Triangulierung, also der Approximation der Objektoberfläche mittels Dreiecken, gegeben sind. Die kritische Eigenschaft der Methoden ist die Effizienz, mit der die Nichtüberlappung getestet wird. Eine Möglichkeit, den Test möglichst effizient zu gestalten, ist, die Triangulierungen vorzubearbeiten, indem man jedes Dreieck mit einer Box umschreibt, die man wiederum wiederholt geeignet zusammenfasst. Dadurch entsteht ein Baum von Boxen, ein sogenannter *Bounding Box Tree (BBT)*, wobei jede Box einen Teil des Objekts überdeckt und die Box an der Wurzel des Baums das gesamte Objekt (siehe Abb. 10). Ist nun eine Triangulierung gegeben, kann man anhand des Baumes schnell feststellen, welche Dreiecke der Triangulierung überhaupt dafür in Frage kommen, dass sie von der Oberfläche eines zweiten Objektes geschnitten werden könnten. Auf diese Art muss man im Allgemeinen für den Test nur relativ wenige Dreiecke betrachten, auch wenn die Triangulierung viele Dreiecke enthält, wie es etwa bei der Triangulierung eines Rohsteins üblicherweise der Fall ist. Für Aufgaben mit festen Designs kann man so die Nichtüberlappung direkt überprüfen, denn Verschiebung und Drehung kann man direkt auf die Triangulierung und den BBT anwenden. Für Aufgaben mit veränderlichen Designs muss man die Triangulierung und den zugehörigen BBT immer wieder neu erzeugen. Im Allgemeinen kann der Aufwand dafür zu teuer sein, in unserem Fall bleibt die komplexe Triangulierung des Rohsteins unverändert, während eine Triangulierung eines Facettensteins und der entsprechende BBT schnell zu erzeugen sind. Eine detaillierte Beschreibung der Anwendung dieser Idee im Kontext der Edelsteinverwertung findet sich in [4].

4.4 Überführung der Nichtüberlappungsbedingungen in semi-infinite Restriktionen

Kommen wir nun zur Umformulierung von Nichtüberlappungsbedingungen in semi-infinite Restriktionen. Zunächst führen wir dazu ein, was unter letzteren zu verstehen ist.

Definition 1 (Semi-infinite Restriktion, infinite Indexmenge) Seien $m, n \in \mathbb{N}$, $g : \mathbb{R}^m \times \mathbb{R}^n \to \mathbb{R}$ eine einwertige Funktion und $Y : \mathbb{R}^m \to 2^{\mathbb{R}^n}$ eine mengenwertige Abbildung mit $|Y(\mathbf{x})| = \infty$ für alle $\mathbf{x} \in \mathbb{R}^m$. Dann wird die Bedingung

$$g(\mathbf{x}, \mathbf{y}) \leq 0 \quad \text{für alle } \mathbf{y} \in Y(\mathbf{x}) \tag{8}$$

allgemeine semi-infinite Restriktion genannt. Ist $Y(\mathbf{x}) \equiv \bar{Y} \subset \mathbb{R}^n$ für alle $\mathbf{x} \in \mathbb{R}^m$, dann heißt die Bedingung (8) *gewöhnliche semi-infinite Restriktion.* Die Menge $Y(\mathbf{x})$ wird in beiden Fällen als *infinite Indexmenge* bezeichnet.

Hängt die Funktion g nicht von $\mathbf{x}$ ab, ändert sich die Bezeichungsweise nicht.

Für die weiteren Betrachtungen fassen wir für jedes Design $D_l, l \in L$, dessen Verschiebungs-, Dreh- und Größen-/Formparameter in einem Vektor $\tilde{\mathbf{p}}_l$ zusammen, führen die Menge der zulässigen Parameterwerte $\tilde{P}_l := \Sigma_l \times \Theta_l \times P_l$ ein und schreiben $D_l(\tilde{\mathbf{p}}_l)$ statt $\mathbf{R}(\boldsymbol{\theta}_l)D_l(\mathbf{p}_l) + \boldsymbol{\sigma}_l$.

Lässt sich der Container als Lösungsmenge eines Systems von Ungleichungen repräsentieren, d.h.

$$C = \left\{ \mathbf{y} \in \mathbb{R}^n \;\middle|\; c_i(\mathbf{y}) \leq 0,\ i \in I_0 \right\},$$

wobei I_0 eine endliche Indexmenge und $c_i, i \in I_0$, reellwertige Funktionen sind, ist die Überführung der Enthaltenseinsbedingungen (1) bzw. (5) in semi-infinite Restriktionen geradlinig (siehe Abb. 11 für eine grafische Veranschaulichung):

$$D_l(\tilde{\mathbf{p}}_l) \subseteq C \quad \Leftrightarrow \quad c_i(\mathbf{y}) \leq 0 \quad \text{für alle } \mathbf{y} \in D_l(\tilde{\mathbf{p}}_l),\ i \in I_0.$$

Für die semi-infinite Reformulierung der Nichtüberlappungsbedingungen wurden in [16] und [14] zwei Ansätze vorgestellt und untersucht: die *gegenseitige Trennung* und die *Trennung mittels Hyperebene*. Da nur der zweite Ansatz im Fall von produktionstechnisch relevanten, zusätzlichen Anforderungen (siehe Abschn. 6.2) anwendbar ist, stellen wir nur diesen vor. Die Grundlage dafür bildet ein sogenannter *Trennungssatz*:

Theorem 1 (Trennungssatz, siehe z. B. [20]) *Seien $A, B \subset \mathbb{R}^n$ zwei nichtleere, konvexe Mengen, von denen mindestens eine offen ist. Dann überlappen sich A und B genau dann nicht, wenn ein Vektor $\boldsymbol{\eta} \in \mathbb{R}^n \setminus \{\mathbf{0}\}$ und eine Zahl $\beta \in \mathbb{R}$ existieren, so dass gilt:*

$$\boldsymbol{\eta}^T \mathbf{y} \leq \beta \quad \text{für alle } \mathbf{y} \in A$$

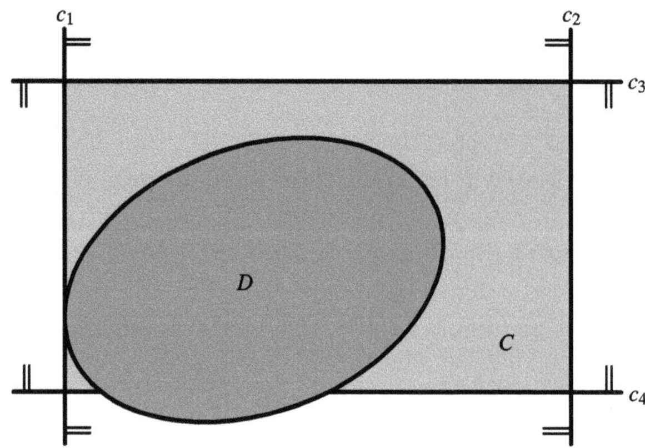

Abb. 11 Überführung einer Enthaltenseinsbedingung in semi-infinite Restriktionen

und

$$\eta^T \mathbf{z} \geq \beta \quad \text{für alle } \mathbf{z} \in B.$$

Die Hyperebene $H(\eta, \beta) := \{\mathbf{y} \in \mathbb{R}^n \mid \eta^T \mathbf{y} = \beta\}$, welche die Mengen A und B trennt, wird *trennende Hyperebene* genannt.

Sind die Fehler und die Designs konvex, liefert obiger Trennungssatz eine semi-infinite Formulierung der Nichtüberlappungsbedingungen (2) und (3) bzw. (6) und (7) (für eine grafische Veranschaulichung siehe Abb. 25 rechts mit $\delta = 0$):

(1) Es ist $D_l(\tilde{\mathbf{p}}_l) \cap \operatorname{int}(F_k) = \emptyset$ genau dann, wenn ein Vektor $\boldsymbol{\eta}_{l,k}^{\mathrm{DF}} \in \mathbb{R}^n \setminus \{\mathbf{0}\}$ und eine Zahl $\beta_{l,k}^{\mathrm{DF}}$ existieren, so dass gilt:

$$\left(\boldsymbol{\eta}_{l,k}^{\mathrm{DF}}\right)^T \mathbf{y} \leq \beta_{l,k}^{\mathrm{DF}} \quad \text{für alle } \mathbf{y} \in D_l(\tilde{\mathbf{p}}_l) \tag{9}$$

und

$$\left(\boldsymbol{\eta}_{l,k}^{\mathrm{DF}}\right)^T \mathbf{z} \geq \beta_{l,k}^{\mathrm{DF}} \quad \text{für alle } \mathbf{z} \in F_k. \tag{10}$$

(2) Es ist $D_{l_1}(\tilde{\mathbf{p}}_{l_1}) \cap \operatorname{int}(D_{l_2}(\tilde{\mathbf{p}}_{l_2})) = \emptyset$ genau dann, wenn ein Vektor $\boldsymbol{\eta}_{l_1,l_2}^{\mathrm{DD}} \in \mathbb{R}^n \setminus \{\mathbf{0}\}$ und eine Zahl $\beta_{l_1,l_2}^{\mathrm{DD}}$ existieren, so dass gilt:

$$\left(\boldsymbol{\eta}_{l_1,l_2}^{\mathrm{DD}}\right)^T \mathbf{y} \leq \beta_{l_1,l_2}^{\mathrm{DD}} \quad \text{für alle } \mathbf{y} \in D_{l_1}(\tilde{\mathbf{p}}_{l_1}) \tag{11}$$

und

$$\left(\boldsymbol{\eta}_{l_1,l_2}^{\mathrm{DD}}\right)^T \mathbf{z} \geq \beta_{l_1,l_2}^{\mathrm{DD}} \quad \text{für alle } \mathbf{z} \in D_{l_2}(\tilde{\mathbf{p}}_{l_2}). \tag{12}$$

Während es sich bei den Bedingungen (9), (11) und (12) um allgemeine semi-infinite Restriktionen handelt, ist Bedingung (10) eine gewöhnliche semi-infinite Restriktion. Die aus Optimierungssicht problematische Bedingung $\boldsymbol{\eta} \neq \mathbf{0}$ kann durch Normierung, z. B. $\|\boldsymbol{\eta}\|_2^2 = 1$, wobei $\|\cdot\|_2$ die euklidische Norm ist, geeignet reformuliert werden.

Seien

$$\mathbf{x} := \left(\tilde{\mathbf{p}}_1, \ldots, \tilde{\mathbf{p}}_s, \boldsymbol{\eta}_{1,1}^{\mathrm{DF}}, \beta_{1,1}^{\mathrm{DF}}, \ldots, \boldsymbol{\eta}_{s,r}^{\mathrm{DF}}, \beta_{s,r}^{\mathrm{DF}}, \boldsymbol{\eta}_{1,2}^{\mathrm{DD}}, \beta_{1,2}^{\mathrm{DD}}, \ldots, \boldsymbol{\eta}_{s-1,s}^{\mathrm{DD}}, \beta_{s-1,s}^{\mathrm{DD}}\right)$$

der Vektor aller Parameter (Design- und Hyperebenenparameter) und

$$X := \left\{ \mathbf{x} \;\middle|\; \begin{array}{c} \tilde{\mathbf{p}}_l \in \tilde{P}_l,\ l \in L, \\ \|\boldsymbol{\eta}_{l,k}^{\mathrm{DF}}\|_2^2 = 1,\ l \in L,\ k \in K, \\ \|\boldsymbol{\eta}_{l_1,l_2}^{\mathrm{DD}}\|_2^2 = 1,\ l_1, l_2 \in L,\ l_1 < l_2 \end{array} \right\}$$

die Menge der zulässigen Parameterwerte, dann lautet die Reformulierung einer Aufgabe der maximalen Materialausbeute mit veränderlichen Designs als sogenanntes *allgemeines semi-infinites Optimierungsproblem* unter Verwendung des obigen Trennungsansatzes:

$$\begin{aligned}
\mathsf{GSIP}_{\mathsf{MaxMA\text{-}VD}}:\quad & \max_{\mathbf{x} \in X} \sum_{l \in L} \mathrm{Vol}\big(D_l(\mathbf{p}_l)\big) \\
\text{u.d.N.}\quad & c_i(\mathbf{y}) \leq 0 \text{ für alle } \mathbf{y} \in D_l(\tilde{\mathbf{p}}_l), \\
& i \in I_0,\ l \in L, && (13) \\
& \left.\begin{array}{ll} \big(\boldsymbol{\eta}_{l,k}^{\mathrm{DF}}\big)^T \mathbf{y} - \beta_{l,k}^{\mathrm{DF}} \leq 0 & \text{für alle } \mathbf{y} \in D_l(\tilde{\mathbf{p}}_l), \\ \big(\boldsymbol{\eta}_{l,k}^{\mathrm{DF}}\big)^T \mathbf{z} - \beta_{l,k}^{\mathrm{DF}} \geq 0 & \text{für alle } \mathbf{z} \in F_k, \end{array}\right\} && (14) \\
& l \in L,\ k \in K, \\
& \left.\begin{array}{ll} \big(\boldsymbol{\eta}_{l_1,l_2}^{\mathrm{DD}}\big)^T \mathbf{y} - \beta_{l_1,l_2}^{\mathrm{DD}} \leq 0 & \text{für alle } \mathbf{y} \in D_{l_1}(\tilde{\mathbf{p}}_{l_1}), \\ \big(\boldsymbol{\eta}_{l_1,l_2}^{\mathrm{DD}}\big)^T \mathbf{z} - \beta_{l_1,l_2}^{\mathrm{DD}} \geq 0 & \text{für alle } \mathbf{z} \in D_{l_2}(\tilde{\mathbf{p}}_{l_2}), \end{array}\right\} && (15) \\
& l_1, l_2 \in L,\ l_1 < l_2.
\end{aligned}$$

4.5 Lösungsverfahren für allgemeine semi-infinite Optimierungsprobleme

Nachdem wir nun wissen, wie sich Aufgaben der maximalen Materialausbeute in ein allgemeines semi-infinites Optimierungsproblem überführen lassen, stellt sich die Frage, wie derartige Probleme numerisch gelöst werden können. Diese wollen wir im Folgenden beantworten.

Wir betrachten Optimierungsprobleme der folgenden Gestalt:

$$\begin{aligned}
\mathsf{GSIP}:\quad & \min_{\mathbf{x} \in X \subseteq \mathbb{R}^m} f(\mathbf{x}) \\
\text{u.d.N.}\quad & g_i(\mathbf{x}, \mathbf{y}) \leq 0 \quad \text{für alle } \mathbf{y} \in Y(\mathbf{x}),\ i \in I, && (16)
\end{aligned}$$

mit

$$Y(\mathbf{x}) := \left\{\mathbf{y} \in \mathbb{R}^n \;\middle|\; v_j(\mathbf{x}, \mathbf{y}) \leq 0,\; j \in J\right\} \quad \text{und} \quad \left|Y(\mathbf{x})\right| = \infty \quad \text{für alle } \mathbf{x} \in X, \tag{17}$$

$I := \{1, \ldots, p\}$ und $J := \{1, \ldots, q\}$ sowie reellwertigen, hinreichend glatten Funktionen f, g_i, $i \in I$, und v_j, $j \in J$. Gemäß Definition 1 heißt ein derartiges Optimierungsproblem

- *allgemeines semi-infinites Optimierungsproblem* (engl. ***general(ized) semi-infinite program***), wenn die Abbildung Y von $\mathbf{x}$ abhängt, und
- *gewöhnliches semi-infinites Optimierungsproblem* (engl. *(standard)* ***semi-infinite program***), wenn die Abbildung Y konstant ist.

Letztere werden mit SIP statt GSIP bezeichnet.

Die Betrachtung mehrerer infiniter Indexmengen, wie sie bei Aufgaben der maximalen Materialausbeute vorliegen, ist ohne weiteres möglich. Der Übersichtlichkeit halber beschränken wir uns im Folgenden auf eine infinite Indexmenge.

Für eine ausführliche Einführung in die semi-infinite Optimierung verweisen wir für die Problemklasse SIP auf den Überblicksartikel [29] und das Buch [36] sowie für die allgemeinere Problemklasse GSIP auf die Übersichtsartikel [28, 40] und die Monografien [39, 50].

Auch wenn der Unterschied zwischen einem allgemeinen und einem gewöhnlichen semi-infiniten Problem auf den ersten Blick nur minimal erscheint, besitzen erstere eine wesentlich kompliziertere Struktur und sind viel schwieriger numerisch zu lösen.

Wir treffen für den Rest des Abschnitts die folgenden Annahmen, welche wir für die weiteren Betrachtungen benötigen, und die für Aufgaben der maximalen Materialausbeute durch eine geeignete Modellierung problemos erfüllbar sind:

Annahme 1 *Für alle* $\mathbf{x} \in X$ *ist die Menge* $Y(\mathbf{x})$ nichtleer *und* kompakt.

Annahme 2 *Für alle* $\mathbf{x} \in X$ *sind die Funktionen* $g_i(\mathbf{x}, \cdot)$, $i \in I$, konkav *und die Menge* $Y(\mathbf{x})$ konvex.

Annahme 3 *Für alle* $\mathbf{x} \in X$ *besitzt die Menge* $Y(\mathbf{x})$ *einen* Slater-Punkt, *d.h. einen Punkt* $\hat{\mathbf{y}}(\mathbf{x})$, *so dass gilt*: $v_j(\mathbf{x}, \hat{\mathbf{y}}(\mathbf{x})) < 0$, $j \in J$.

Der Schlüssel für die theoretische wie auch die numerische Behandlung von semi-infiniten Optimierungsproblemen liegt in ihrer zweistufigen Struktur. Die parametrischen *Probleme der unteren Stufe* von GSIP sind gegeben durch

$$\begin{aligned} \mathsf{Q}_i(\mathbf{x}): \quad & \max_{\mathbf{y}\in\mathbb{R}^n} \; g_i(\mathbf{x},\mathbf{y}) \\ & \text{u.d.N.} \;\; v_j(\mathbf{x},\mathbf{y}) \le 0, \;\; j \in J. \end{aligned} \tag{18}$$

$\varphi_i(\mathbf{x})$ bezeichnet den Optimalwert von $\mathsf{Q}_i(\mathbf{x})$. Dementsprechend heißt die Funktion φ_i *Optimalwertfunktion*. Offensichtlich ist ein Punkt $\mathbf{x} \in X$ genau dann zulässig für GSIP, wenn $\varphi_i(\mathbf{x}) \le 0$ für alle $i \in I$ ist. Das Hauptproblem für das numerische Lösen von semi-infiniten Optimierungsproblemen besteht darin, dass das Auswerten von $\varphi_i(\mathbf{x}) \le 0$ die Berechnung einer *globalen* Lösung des Problems $\mathsf{Q}_i(\mathbf{x})$ erfordert. Dies ist im Allgemeinen eine sehr schwierige Aufgabe. Unter den Annahmen 2 und 3 handelt es sich bei den Problemen der unteren Stufe jedoch um konvexe, reguläre Optimierungsprobleme, was eine globale Lösung berechenbar macht. Des Weiteren sind unter den Annahmen 1 bis 3 die Optimalwertfunktionen $\varphi_i, i \in I$, wohldefiniert und stetig. Damit ist die zulässige Menge von GSIP

$$\begin{aligned} M &:= \left\{\mathbf{x} \in X \;\middle|\; g_i(\mathbf{x},\mathbf{y}) \le 0 \text{ für alle } \mathbf{y} \in Y(\mathbf{x}),\; i \in I\right\} \\ &= \left\{\mathbf{x} \in X \;\middle|\; \varphi_i(\mathbf{x}) \le 0,\; i \in I\right\} \end{aligned}$$

abgeschlossen, und es existiert der Minimalwert.

Lösungsverfahren für allgemeine semi-infinite Optimierungsprobleme wurden bislang hauptsächlich aus konzeptioneller Sicht entwickelt. Umfangreiche numerische Auswertungen gibt es unseres Wissens nach nur für den expliziten Glättungsansatz aus [39, 42], und zwar in [16, 39] und [12]. Im Großen und Ganzen basieren die bisher entwickelten Verfahren auf zwei Konzepten:

(1) der *Verallgemeinerung* von Methoden für gewöhnliche semi-infinite Optimierungsprobleme sowie
(2) der *Transformation* eines allgemeinen in ein gewöhnliches semi-infinites Optimierungsproblem.

Die Verfahren, welche Konzept (1) entstammen, können weiter unterteilt werden:

(A) Diskretisierungs- und Austauschverfahren (siehe [46, 47]),
(B) Verfahren, welche auf der lokalen Reduktion des allgemeinen semi-infiniten Problems basieren (siehe [43–45, 48]), und
(C) Verfahren, welche auf der Reformulierung von GSIP in eine verwandte Problemstellung basieren (sogenannte *Lift-&-Project*-Ansätze, siehe [23, 42] und [10]).

Wir stellen im Folgenden zwei Verfahren vor, welche am ITWM im Rahmen zweier Dissertationen [14, 16] entwickelt und anhand von Edelsteinverwertungsaufgaben erprobt wurden.

4.5.1 Ein zulässiges explizites Glättungsverfahren

Beim ersten Verfahren (siehe [16] und [10]) handelt es sich um eine Modifikation des expliziten Glättungsansatzes aus [39, 42], die dazu führt, dass die im Verfahren erzeugten Lösungen der Ersatzprobleme zulässig für das Originalproblem sind. Dazu stellen wir den expliziten Glättungsansatz zunächst kurz vor und gehen anschließend auf die genannte Modifikation näher ein.

Expliziter Glättungsansatz Unter der Annahme 1 sind die semi-infiniten Restriktionen (16) äquivalent zu den Bedingungen

$$\max_{\mathbf{y} \in Y(\mathbf{x})} g_i(\mathbf{x}, \mathbf{y}) \leq 0, \quad i \in I$$

(siehe [41]). Damit kann GSIP als *zweistufiges Optimierungsproblem* (engl. ***bi-level program***) geschrieben werden:

$$\begin{aligned} \mathsf{BLP}_{\mathsf{GSIP}}: \quad & \min_{\substack{\mathbf{x}, \\ \mathbf{y}_1, \ldots, \mathbf{y}_p}} \; f(\mathbf{x}) \\ & \text{u.d.N.} \;\; g_i(\mathbf{x}, \mathbf{y}_i) \leq 0, && (19) \\ & \qquad\quad \mathbf{y}_i \text{ löst } \mathsf{Q}_i(\mathbf{x}), \quad i \in I. && (20) \end{aligned}$$

Unter den Annahmen 2 und 3 lässt sich jede globale Lösung $\mathbf{y}_i$ der Probleme der unteren Stufe $\mathsf{Q}_i(\mathbf{x})$, $i \in I$, durch die Optimalitätsbedingungen erster Ordnung charakterisieren:

$$\begin{aligned} \nabla_{\mathbf{y}} \mathcal{L}_i(\mathbf{x}, \mathbf{y}_i, \boldsymbol{\mu}_i) &= \mathbf{0}, \\ \operatorname{diag}(\boldsymbol{\mu}_i) \mathbf{v}(\mathbf{x}, \mathbf{y}_i) &= \mathbf{0}, \\ \boldsymbol{\mu}_i &\geq \mathbf{0}, \\ \mathbf{v}(\mathbf{x}, \mathbf{y}_i) &\leq \mathbf{0}, \end{aligned}$$

wobei

$$\mathcal{L}_i(\mathbf{x}, \mathbf{y}, \boldsymbol{\mu}) := g_i(\mathbf{x}, \mathbf{y}) - \boldsymbol{\mu}^T \mathbf{v}(\mathbf{x}, \mathbf{y})$$

die Lagrange-Funktion des Problems $\mathsf{Q}_i(\mathbf{x})$, $\boldsymbol{\mu}_i$ der zu $\mathbf{y}_i$ gehörige Vektor der Lagrange-Multiplikatoren, $\operatorname{diag}(\boldsymbol{\mu}_i)$ die Diagonalmatrix mit den Diagonalelementen μ^i_j, $j \in J$, und

$$\mathbf{v}(\mathbf{x}, \mathbf{y}) := \big(v_1(\mathbf{x}, \mathbf{y}), \ldots, v_q(\mathbf{x}, \mathbf{y})\big)^T$$

sind. Damit kann $\mathsf{BLP}_{\mathsf{GSIP}}$ als *Optimierungsproblem mit Komplementaritätsnebenbedingungen* (engl. ***m**athematical **p**rogram with **c**omplementarity **c**onstraints*) geschrieben werden:

$$\mathsf{MPCC_{GSIP}}: \quad \min_{\substack{\mathbf{x},\\ \mathbf{y}_1,\ldots,\mathbf{y}_p,\\ \boldsymbol{\mu}_1,\ldots,\boldsymbol{\mu}_p}} \quad f(\mathbf{x})$$

$$\text{u.d.N.} \quad g_i(\mathbf{x}, \mathbf{y}_i) \leq 0, \tag{21}$$

$$\nabla_{\mathbf{y}} \mathcal{L}_i(\mathbf{x}, \mathbf{y}_i, \boldsymbol{\mu}_i) = \mathbf{0}, \tag{22}$$

$$-\mathrm{diag}(\boldsymbol{\mu}_i)\mathbf{v}(\mathbf{x}, \mathbf{y}_i) = \mathbf{0}, \tag{23}$$

$$\boldsymbol{\mu}_i \geq \mathbf{0}, \tag{24}$$

$$-\mathbf{v}(\mathbf{x}, \mathbf{y}_i) \geq \mathbf{0}, \quad i \in I. \tag{25}$$

An dieser Stelle liegt nun zwar eine Reformulierung von GSIP als finites, einstufiges Optimierungsproblem vor, allerdings sind für Optimierungsprobleme mit Komplementaritätsnebenbedingungen klassische Regularitätsbedingungen wie z. B. MFCQ, welche für numerische Verfahren von enormer Bedeutung sind, im Allgemeinen in keinem zulässigen Punkt erfüllt (siehe [37]). Eine Möglichkeit der Regularisierung stellt die (explizite) Glättung dar. Die Idee ist dabei, die „bösartigen" Bedingungen (23) durch die Bedingungen

$$-\mathrm{diag}(\boldsymbol{\mu}_i)\mathbf{v}(\mathbf{x}, \mathbf{y}_i) = \tau^2 \mathbf{1}, \quad i \in I, \tag{26}$$

zu ersetzen, wobei $\tau > 0$ ein Störungsparameter und $\mathbf{1} = (1, \ldots, 1)^T \in \mathbb{R}^q$ sind. Damit wird $\mathsf{MPCC_{GSIP}}$ eingebettet in eine parametrische Familie von Optimierungsproblemen

$$\mathsf{P}_\tau: \quad \min_{\substack{\mathbf{x},\\ \mathbf{y}_1,\ldots,\mathbf{y}_p,\\ \boldsymbol{\mu}_1,\ldots,\boldsymbol{\mu}_p}} \quad f(\mathbf{x})$$

$$\text{u.d.N.} \quad g_i(\mathbf{x}, \mathbf{y}_i) \leq 0,$$

$$\nabla_{\mathbf{y}} \mathcal{L}_i(\mathbf{x}, \mathbf{y}_i, \boldsymbol{\mu}_i) = \mathbf{0},$$

$$-\mathrm{diag}(\boldsymbol{\mu}_i)\mathbf{v}(\mathbf{x}, \mathbf{y}_i) = \tau^2 \mathbf{1},$$

$$\boldsymbol{\mu}_i \geq \mathbf{0},$$

$$-\mathbf{v}(\mathbf{x}, \mathbf{y}_i) \geq \mathbf{0}, \quad i \in I.$$

In [42] wurde gezeigt, dass die Degeneriertheit der Komplementaritätsnebenbedingungen (23) durch die eben beschriebene Regularisierung beseitigt wird, und P_τ mittels Standard-Software für nichtlineare Optimierungsprobleme gelöst werden kann. Eine Lösung von $\mathsf{P}_0 = \mathsf{MPCC_{GSIP}}$ kann nun iterativ durch das Lösen einer Folge von Problemen P_{τ_k}, wobei $\{\tau_k\}_{k \in \mathbb{N}_0} \subset \mathbb{R}_{++}$ eine monoton fallende Nullfolge ist, gefunden werden:

Algorithmus 1 Explizites Glättungsverfahren, [39, 42]

Wähle eine monoton fallende Nullfolge $\{\tau_k\}_{k\in\mathbb{N}_0} \subset \mathbb{R}_{++}$ und einen Startpunkt $\mathbf{x}^0 \in X \subseteq \mathbb{R}^m$.
Berechne einen Startpunkt $(\mathbf{x}^{0,0}, \mathbf{y}_1^{0,0}, \ldots, \mathbf{y}_p^{0,0}, \boldsymbol{\mu}_1^{0,0}, \ldots, \boldsymbol{\mu}_p^{0,0})$ von P_{τ_0}.
Setze $k := 0$.
while ein Abbruchskriterium nicht erfüllt ist **do**
  Berechne eine Lösung $(\mathbf{x}^{k,*}, \mathbf{y}_1^{k,*}, \ldots, \mathbf{y}_p^{k,*}, \boldsymbol{\mu}_1^{k,*}, \ldots, \boldsymbol{\mu}_p^{k,*})$ von P_{τ_k} unter Verwendung von $(\mathbf{x}^{k,0}, \mathbf{y}_1^{k,0}, \ldots, \mathbf{y}_p^{k,0}, \boldsymbol{\mu}_1^{k,0}, \ldots, \boldsymbol{\mu}_p^{k,0})$ als Startpunkt.
  Setze $(\mathbf{x}^{k+1,0}, \mathbf{y}_1^{k+1,0}, \ldots, \boldsymbol{\mu}_p^{k+1,0}) := (\mathbf{x}^{k,*}, \mathbf{y}_1^{k,*}, \ldots, \boldsymbol{\mu}_p^{k,*})$.
  Ersetze k durch $k+1$.
end while
return $\mathbf{x}^{k,0}$

Während das Problem $\text{MPCC}_{\text{GSIP}}$ eine äquivalente Formulierung für GSIP ist, stellt das parametrische Problem P_τ für $\tau > 0$ nur eine Näherung dar.

In [39] wurde gezeigt, dass der explizite Glättungsansatz eine äußere Approximationseigenschaft besitzt (siehe auch Abb. 12):

Theorem 2 ([39]) *Sei M_τ die Projektion der zulässigen Menge von P_τ in den $\mathbf{x}$-Raum. Dann gilt*:

(i) *Für alle $0 < \tau_1 < \tau_2$ ist $M_{\tau_1} \subset M_{\tau_2}$.*
(ii) *Für alle $\tau > 0$ ist $M \subset M_\tau$.*

Ein negativer Effekt dieser äußeren Approximationseigenschaft ist, dass die $\mathbf{x}$-Komponenten der Lösungen von P_τ unzulässig für GSIP für alle $\tau > 0$ sein können, obwohl die Unzulässigkeit im Grenzfall verschwindet. Dies ist ein ernsthaftes Problem, wenn Zulässigkeit der Iterierten eine Rolle spielt.

Zulässigkeit im expliziten Glättungsansatz In der Dissertation [16] (und dem Artikel [10]) wurde gezeigt, wie das Manko der Unzulässigkeit der Iterierten durch eine einfache Modifikation der Bedingungen (21) behoben werden kann. Dies skizzieren wir im Folgenden.

Während die Bedingungen (23) bis (25) die globalen Lösungen der Probleme der unteren Stufe charakterisieren, beschreiben die Bedingungen (24) bis (26) für $\tau > 0$ die globalen Lösungen der sogenannten *Log-Barriere-Probleme* (siehe [39, 42]):

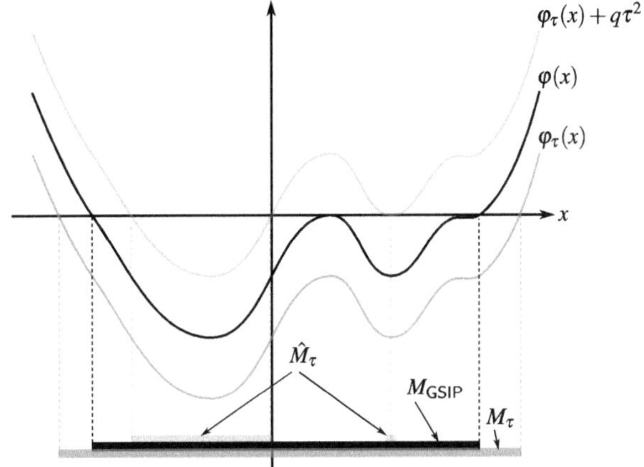

Abb. 12 Unter- und Überschätzung der Optimalwertfunktion φ durch φ_τ bzw. $\varphi_\tau + q\tau^2$

$$\mathsf{Q}_i^\tau(\mathbf{x}):\quad \max_{\mathbf{y}\in\mathbb{R}^n} b_i^\tau(\mathbf{x},\mathbf{y}) := g_i(\mathbf{x},\mathbf{y}) + \tau^2 \sum_{j=1}^{q} \ln\big(-v_j(\mathbf{x},\mathbf{y})\big), \quad i \in I. \tag{27}$$

Mittels der Dualitätstheorie der konvexen Optimierung können die Optimalwertfunktionen $\varphi_i, i \in I$, nach oben abgeschätzt und so die zulässige Menge von GSIP von innen approximiert werden (siehe Abb. 12).

Lemma 1 ([16]) *Für $\tau > 0$ und $i \in I$ sei $\mathbf{y}_i^\tau(\mathbf{x})$ eine globale Lösung von $\mathsf{Q}_i^\tau(\mathbf{x})$. Dann ist*

$$\varphi_i(\mathbf{x}) = \max_{\mathbf{y}\in Y(\mathbf{x})} g_i(\mathbf{x},\mathbf{y}) \le g_i\big(\mathbf{x},\mathbf{y}_i^\tau(\mathbf{x})\big) + q\tau^2,$$

wobei q die Anzahl der die Indexmenge beschreibenden Funktionen v_j, $j \in J$, ist.

Damit können die Originalrestriktionen der oberen Stufe (21) durch die Bedingungen

$$g_i(\mathbf{x},\mathbf{y}_i) + q\tau^2 \le 0, \quad i \in I, \tag{28}$$

ersetzt werden und es ergibt sich schließlich das parametrische Optimierungsproblem

$$\begin{aligned}
\hat{\mathsf{P}}_\tau:\quad & \min_{\substack{\mathbf{x},\\ \mathbf{y}_1,\dots,\mathbf{y}_p,\\ \boldsymbol{\mu}_1,\dots,\boldsymbol{\mu}_p}} \; f(\mathbf{x}) \\
& \text{u.d.N.}\;\; g_i(\mathbf{x},\mathbf{y}_i) + q\tau^2 \le 0, \\
& \qquad\quad \nabla_{\mathbf{y}} \mathscr{L}_i(\mathbf{x},\mathbf{y}_i,\boldsymbol{\mu}_i) = \mathbf{0}, \\
& \qquad\quad -\mathrm{diag}(\boldsymbol{\mu}_i)\mathbf{v}(\mathbf{x},\mathbf{y}_i) = \tau^2\mathbf{1}, \\
& \qquad\quad \boldsymbol{\mu}_i \ge \mathbf{0}, \\
& \qquad\quad -\mathbf{v}(\mathbf{x},\mathbf{y}_i) \ge \mathbf{0}, \quad i \in I.
\end{aligned}$$

Diese Modifikation führt zu einer inneren Approximation der zulässigen Menge von GSIP (siehe auch Abb. 12):

Theorem 3 ([16]) *Sei $\hat{M}_\tau$ die Projektion der zulässigen Menge von $\hat{\mathsf{P}}_\tau$ in den* **x***-Raum. Für alle $\tau > 0$ ist $\hat{M}_\tau \subset M$.*

Eine Kombination der inneren Approximationseigenschaft von $\hat{M}_\tau$ mit der äußeren von M_τ führt schließlich zu einem „Sandwich-Resultat“:

Korollar 1 ([16]) *Sei $\{\tau_k\}_{k\in\mathbb{N}_0} \subset \mathbb{R}_{++}$ eine monoton fallende Nullfolge. Dann ist*

$$\bigcup_{k\in\mathbb{N}_0} \hat{M}_{\tau_k} \subseteq M \subseteq \bigcap_{k\in\mathbb{N}_0} M_{\tau_k}.$$

Dieses Ergebnis verbessert signifikant die von der Problemstruktur abhängigen Abbruchskriterien: Für gegebenes $\tau > 0$ ist der Zielfunktionswert für jeden Punkt in $\hat{M}_\tau$ eine obere Schranke für den Optimalwert von GSIP, während der globale Minimalwert von f über M_τ eine untere Schranke liefert. Somit kann in Fällen, wo der letztere Minimalwert numerisch verfügbar ist, die Differenz von oberer und unterer Schranke als Abbruchskriterium verwendet werden.

Analog zu Algorithmus 1 soll eine optimale Lösung von GSIP durch das Lösen der Probleme $\hat{\mathsf{P}}_{\tau_k}$ für eine monoton fallende Nullfolge $\{\tau_k\}_{k\in\mathbb{N}_0} \subset \mathbb{R}_{++}$ gefunden werden. Problematisch ist diesmal jedoch, dass die Menge $\hat{M}_\tau$ für große Werte von τ aufgrund der getätigten Modifikation leer sein kann. Dies ist z. B. der Fall, wenn die durch die verschärften Restriktionen (28) definierte Menge

$$G_\tau(\mathbf{x}) := \left\{\mathbf{y} \in \mathbb{R}^n \;\middle|\; g_i(\mathbf{x}, \mathbf{y}) \leq -q\tau^2,\ i \in I\right\},$$

welche im Kontext von Aufgaben der maximalen Materialausbeute mit nur einem Design und ohne Fehler einem „*geschrumpften*“ Container

$$C_\tau := \left\{\mathbf{y} \in \mathbb{R}^n \;\middle|\; c_i(\mathbf{y}) \leq -q\tau^2,\ i \in I_0\right\} \tag{29}$$

entspricht, leer ist. In einer ersten Phase muss daher zunächst ein Schwellwert $\bar{\tau}$ mit $\hat{M}_\tau \neq \emptyset$ für alle $\tau \leq \bar{\tau}$ und ein $\mathbf{x} \in \hat{M}_{\bar{\tau}}$ gefunden werden, bevor in der zweiten Phase wie in Algorithmus 1 verfahren wird. Für Details verweisen wir auf [16] und [10].

Abschließend wollen wir die Funktionsweise des expliziten Glättungsverfahrens (Algorithmus 1) sowie dessen zulässiger Variante anhand eines *Einbeschreibungsproblems* (engl. ***d****esign* ***c****entering problem*):

$$\mathsf{DC:} \quad \max_{\mathbf{x}\in X\subseteq\mathbb{R}^m} \ \mathrm{Vol}\big(D(\mathbf{x})\big) \text{ u.d.N. } D(\mathbf{x}) \subseteq C,$$

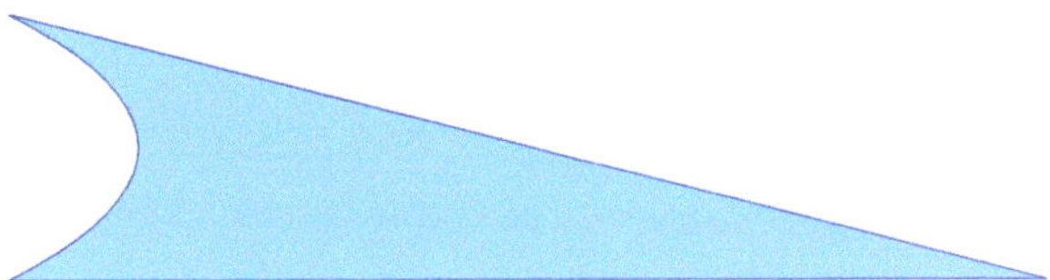

Abb. 13 Der Container C^{krD}

d.h. einer Aufgabe der maximalen Materialausbeute mit einem veränderlichen Design und ohne Fehler, grafisch veranschaulichen. Dazu soll eine Ellipse in den folgenden Container, ein „konkavifiziertes" rechtwinkliges Dreieck (siehe Abb. 13), flächenmaximal einbeschrieben werden:

$$C^{\text{krD}} := \left\{ \mathbf{y} \in \mathbb{R}^2 \,\middle|\, \begin{array}{r} -y_1 - y_2^2 \le 0, \\ 1/4 y_1 + y_2 - 3/4 \le 0, \\ -y_2 - 1 \le 0 \end{array} \right\} \tag{30}$$

Eine mögliche Beschreibung einer Ellipse ist die als affines Bild des Einheitskreises:

$$\begin{aligned} D^{\text{E}}(\mathbf{x}) &:= \left\{ \mathbf{A}(\mathbf{x})\mathbf{y} + \mathbf{c}(\mathbf{x}) \in \mathbb{R}^2 \middle| \|\mathbf{y}\|_2^2 \le 1 \right\} \\ &= \left\{ \mathbf{y} \in \mathbb{R}^2 \middle| \left[\mathbf{y} - \mathbf{c}(\mathbf{x})\right]^T \left[\mathbf{A}(\mathbf{x})\mathbf{A}(\mathbf{x})^T\right]^{-1} \left[\mathbf{y} - \mathbf{c}(\mathbf{x})\right] - 1 \le 0 \right\} \end{aligned} \tag{31}$$

mit

$$\mathbf{c}(\mathbf{x}) := \begin{pmatrix} x_1 \\ x_2 \end{pmatrix}, \qquad \mathbf{A}(\mathbf{x}) := \begin{pmatrix} x_3 & x_5 \\ 0 & x_4 \end{pmatrix} \quad \text{und} \quad \mathbf{x} \in X := \mathbb{R}^2 \times \mathbb{R}^2_{++} \times \mathbb{R}_+.$$

Der Flächeninhalt einer Ellipse mit dieser Parametrisierung berechnet sich zu:

$$\text{Vol}_2(\mathbf{x}) = \pi x_3 x_4.$$

Die Formulierung des Einbeschreibungsproblems $\text{DC}^{\text{E-krD}}$ als allgemeines semi-infinites Optimierungsproblem lautet:

$$\begin{aligned} \text{GSIP}_{\text{DC}^{\text{E-krD}}}: \quad & -\min_{\mathbf{x} \in X} \; -\pi x_3 x_5 \\ & \text{u.d.N.} \; -y_1 - y_2^2 \le 0 \quad \text{für alle } \mathbf{y} \in D^{\text{E}}(\mathbf{x}), \\ & \qquad 1/4 y_1 + y_2 - 3/4 \le 0 \quad \text{für alle } \mathbf{y} \in D^{\text{E}}(\mathbf{x}), \\ & \qquad -y_2 - 1 \le 0 \quad \text{für alle } \mathbf{y} \in D^{\text{E}}(\mathbf{x}). \end{aligned}$$

Wir wenden uns zunächst dem expliziten Glättungsverfahren (Algorithmus 1) zu. Als Nullfolge haben wir die geometrische Folge $\{1/2^k\}_{k \in \mathbb{N}_0}$ und als Startpunkt $\mathbf{x}^0$ den (unzulässigen) Punkt $(0, 0, 1, 1, 0)$, d.h. den Einheitskreis, gewählt (siehe auch Abb. 14(a)). Eine initiale Belegung für die Lösungen der Probleme der unteren Stufe sowie die zugehörigen Lagrange-Multiplikatoren haben wir durch das Lösen der Log-Barriere-Probleme

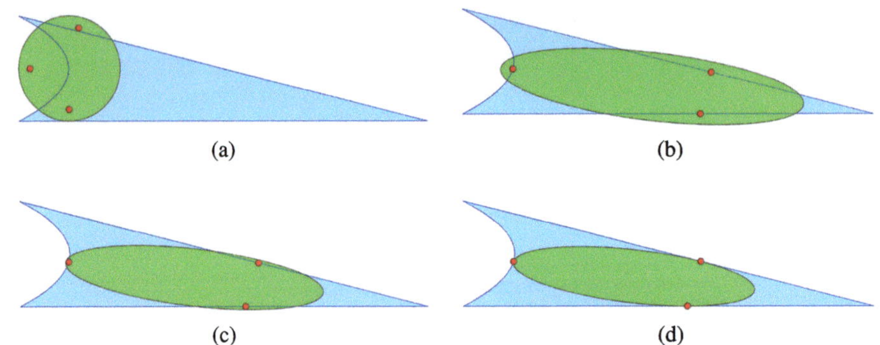

Abb. 14 Flächenmaximale Einbeschreibung einer Ellipse in den Container C^{krD} mittels explizitem Glättungsverfahren (Algorithmus 1) [*hellblau* – Container, *grün* – Design, *rot* – Lösungen der Log-Barriere-Probleme (27)]: (**a**) initiale Situation ($\tau = 0{,}5$), (**b**) nach dem Lösen von Problem $\mathsf{P}_{0,5}$, (**c**) nach dem Lösen von Problem $\mathsf{P}_{0,25}$ und (**d**) finale Situation (nach insgesamt 12 Iterationen, d.h. für $\tau = 0{,}000244140625$)

(27) erhalten. Algorithmus 1 terminiert, wenn der relative Fehler entweder in den Lösungen oder in den zugehörigen Funktionswerten kleiner oder gleich 10^{-6} ist und die Verletzung der Zulässigkeit der Lösung bezüglich dem zugrundeliegenden allgemeinen semi-infiniten Problem kleiner oder gleich 10^{-6} ist. Eine grafische Veranschaulichung des iterativen Lösens der Probleme P_{τ_k}, $k \in \mathbb{N}_0$, findet sich in Abb. 14.

Wir wollen uns nun am selben Beispiel die zulässige Variante des expliziten Glättungsverfahrens anschauen. Dazu verwenden wir dieselbe Nullfolge sowie den gleichen Startpunkt. Die Initialisierung der Lösungen der Probleme der unteren Stufe sowie der zugehörigen Lagrange-Multiplikatoren erfolgt wie oben. Für die Terminierung genügt es jetzt, die relativen Fehler in den Lösungen sowie in den „Optimalwerten" zu betrachten, weil eine zulässige Lösung eines Problems $\hat{\mathsf{P}}_{\tau_k}$ per Konstruktion zulässig für das nächste Problem $\hat{\mathsf{P}}_{\tau_{k+1}}$ ist. Eine grafische Veranschaulichung des algorithmischen Vorgehens findet sich in Abb. 15. Neben dem eigentlichen Container (in hellblau) ist auch der „geschrumpfte" Container C_τ (in dunkelblau, siehe (29)) dargestellt. Bei diesem Beispiel muss keine erste Phase zum Finden eines geeigneten Schwellwertes $\bar{\tau}$ und einer zulässigen Lösung für $\mathsf{GSIP}_{\mathsf{DC}^{\mathrm{E\text{-}krD}}}$ vorgeschaltet werden, weil der „geschrumpfte" Container nicht leer ist.

4.5.2 Ein transformationsbasiertes Diskretisierungsverfahren

Wir stellen nun ein zweites am ITWM entwickeltes Verfahren zum Lösen von allgemeinen semi-infiniten Optimierungsproblemen mit konvexen Problemen der unteren Stufe vor. Es handelt sich dabei um eine Methode, welche die Lösungsansätze „Diskretisierung der infiniten Indexmenge" sowie „Transformation in ein gewöhnliches semi-infinites Problem" geschickt miteinander kombiniert und so die Schwachpunkte beider Ansätze umgeht. Wir gehen zunächst auf die beiden genannten Lösungsansätze separat ein.

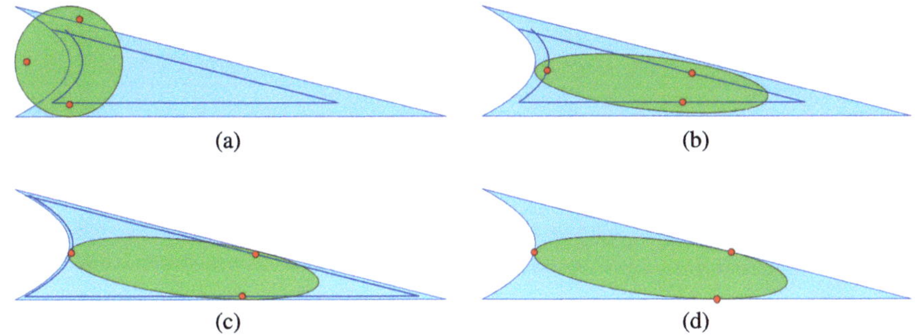

Abb. 15 Flächenmaximale Einbeschreibung einer Ellipse in den Container C^{krD} mittels zulässigem expliziten Glättungsverfahren [*hellblau* – Container, *dunkelblau* – „geschrumpfter" Container, *grün* – Design, *rot* – Lösungen der Log-Barriere-Probleme (27)]: (**a**) initiale Situation ($\tau = 0{,}5$), (**b**) nach dem Lösen von Problem $\hat{\mathsf{P}}_{0,5}$, (**c**) nach dem Lösen von Problem $\hat{\mathsf{P}}_{0,25}$ und (**d**) finale Situation (nach insgesamt 7 Iterationen, d.h. für $\tau = 0{,}0078125$)

Diskretisierungsverfahren für gewöhnliche semi-infinite Optimierungsprobleme
Wir betrachten in diesem Abschnitt gewöhnliche semi-infinite Optimierungsprobleme, d.h. Optimierungsprobleme der Gestalt

$$\mathsf{SIP}: \quad \min_{\mathbf{x} \in X \subseteq \mathbb{R}^m} f(\mathbf{x})$$
$$\text{u.d.N.} \quad g_i(\mathbf{x}, \mathbf{y}) \leq 0 \quad \text{für alle } \mathbf{y} \in Y, \; i \in I,$$

wobei $I := \{1, \ldots, p\}$, Y eine nichtleere, kompakte, infinite (Index-)Menge ist und f, g_i, $i \in I$, reellwertige, hinreichend glatte Funktionen sind. Für $\hat{Y} \subset Y$ führen wir das Optimierungsproblem

$$\mathsf{SIP}(\hat{Y}): \quad \min_{\mathbf{x} \in X \subseteq \mathbb{R}^m} f(\mathbf{x})$$
$$\text{u.d.N.} \quad g_i(\mathbf{x}, \mathbf{y}) \leq 0 \quad \text{für alle } \mathbf{y} \in \hat{Y}, \; i \in I,$$

ein. Wenn die Menge $\hat{Y}$ endlich ist, bezeichnet man $\mathsf{SIP}(\hat{Y})$ als *diskretisiertes SIP-Problem.*

Die grundlegende Idee von Diskretisierungsverfahren ist, sukzessive Lösungen diskretisierter SIP-Probleme $\mathsf{SIP}(\dot{Y}^k)$, $k \in \mathbb{N}_0$, mittels eines Lösungsverfahrens für finite Optimierungsprobleme zu berechnen, wobei $\{\dot{Y}^k\}_{k \in \mathbb{N}_0}$ eine Folge endlicher Teilmengen von Y ist, welche im Hausdorff-Abstand gegen die Menge Y konvergiert. Die Folge $\{\dot{Y}^k\}_{k \in \mathbb{N}_0}$ wird entweder *a-priori* festgelegt oder *adaptiv* definiert. Im letzteren Fall werden Informationen aus der k-ten Diskretisierungsstufe zur Definition von $\dot{Y}^{k+1}$ herangezogen. Diese Überlegungen lassen sich algorithmisch wie folgt verwerten:

Algorithmus 2 Allgemeines Diskretisierungsverfahren für SIP-Probleme, [34, 35]

1: Wähle eine Folge $\{Y^k\}_{k \in \mathbb{N}_0}$ von nichtleeren, kompakten Teilmengen von Y derart, dass $|Y^0| < \infty$, $Y^k \subseteq Y^{k+1}$ für alle $k \in \mathbb{N}_0$ und die Folge im Hausdorff-Abstand gegen Y konvergiert, einen Startpunkt $\mathbf{x}^0 \in X \subseteq \mathbb{R}^m$ und eine Zulässigkeitstoleranz $\varepsilon > 0$.
2: Setze $\dot{Y}^0 := Y^0$, $\mathbf{x}^{0,0} := \mathbf{x}^0$ und $k := 0$.
3: **repeat**
4: Berechne eine Lösung $\mathbf{x}^{k,*}$ des diskretisierten SIP-Problems SIP($\dot{Y}^k$) unter Verwendung von $\mathbf{x}^{k,0}$ als Startpunkt.
5: Wähle eine Menge $\dot{Y}^{k+1}$ mit $\dot{Y}^k \subseteq \dot{Y}^{k+1} \subseteq Y^{k+1}$.
6: **for** $i = 1 \to p$ **do**
7: Berechne eine globale Lösung $\mathbf{y}_i^{k,*}$ von $\max_{y \in Y^{k+1}} g_i(\mathbf{x}^{k,*}, \mathbf{y})$.
8: **if** $g_i(\mathbf{x}^{k,*}, \mathbf{y}_i^{k,*}) > \varepsilon$ **then**
9: Setze $\dot{Y}^{k+1} := \dot{Y}^{k+1} \cup \{\mathbf{y}_i^{k,*}\}$.
10: **end if**
11: **end for**
12: Setze $\mathbf{x}^{k+1,0} := \mathbf{x}^{k,*}$ und ersetze k durch $k+1$.
13: **until** $\max_{i=1,\ldots,p} \{g_i(\mathbf{x}^{k-1,*}, \mathbf{y}_i^{k-1,*})\} \leq \varepsilon$
14: **return** $\mathbf{x}^* = \mathbf{x}^{k-1,*}$.

Der Startpunkt $\mathbf{x}^0$ in Schritt 1 muss nicht zulässig für SIP sein. In den Schritten 1 und 5 kann im einfachsten Fall $Y^{k+1} := Y$ gewählt werden. Für Schritt 4 kann prinzipiell jedes Verfahren zur Lösung finiter Optimierungsprobleme verwendet werden. Die einzigen beiden Anforderungen an dieses sind, dass es mit unzulässigen Startpunkten und hochdimensionalen Problemen umgehen kann. Außer für kleines m und $|\dot{Y}^k|$ ist es jedoch nicht angebracht, ein generisches Lösungsverfahren zu verwenden, weil solche Methoden oft Teilprobleme mit der gleichen Anzahl von Restriktionen lösen, wie das Problem selbst besitzt, und somit nicht die Tatsache ausnutzen, dass die Restriktionen eines diskretisierten SIP-Problems aus wenigen Funktionen entstammen. Deswegen sind für das Lösen dieser speziellen finiten Optimierungsprobleme eigene Verfahren entwickelt worden (siehe z. B. [27, 31, 32]).

Für die Konvergenz des Verfahrens ist es in Schritt 7 zwingend erforderlich, eine globale Lösung bzw. eine gute Näherung davon zu berechnen.

Transformation eines allgemeinen in ein gewöhnliches semi-infinites Problem Um Diskretisierungstechniken zur Lösung von allgemeinen semi-infiniten Optimierungsproblemen anwenden zu können, müssen diese entweder auf den Fall von veränderlichen Indexmengen verallgemeinert oder das allgemeine semi-infinite Optimierungsproblem in ein äquivalentes gewöhnliches überführt werden.

Die Verallgemeinerung von Diskretisierungs- und Austauschverfahren für gewöhnliche semi-infinite Optimierungsprobleme auf allgemeine ist prinzipiell möglich. Ein zusätzliches Problem, neben der rasch wachsenden Größe der induzierten finiten Probleme, stellt in diesem Fall jedoch die $\mathbf{x}$-Abhängigkeit der Indexmenge $Y(\mathbf{x})$ und somit ihrer Diskretisierungen dar. Um die Abgeschlossenheit der zulässigen Menge der von den Diskretisierungen induzierten Optimierungsprobleme zu gewährleisten, müssen die Diskretisierungspunkte derart konstruiert werden, dass sie mindestens stetig von $\mathbf{x}$ abhängen, was nicht trivial ist (siehe [47]).

Die Überführung eines allgemeinen in ein gewöhnliches semi-infinites Optimierungsproblem ist unter geeigneten Annahmen zumindest *lokal* prinzipiell möglich (siehe [45, 49]). Allerdings ist eine solche Transformation nur von praktischem Nutzen, wenn sie *global* definiert ist. Die ideale Situation ist die folgende:

Annahme 4 *Gegeben sei eine nichtleere, kompakte Menge $Z \subset \mathbb{R}^{\tilde{n}}$ und eine mindestens stetige Abbildung $\mathbf{t}: \mathbb{R}^m \times Z \to \mathbb{R}^n$, so dass $\mathbf{t}(\mathbf{x}, Z) = Y(\mathbf{x})$ für alle $\mathbf{x} \in X \subseteq \mathbb{R}^m$ ist.*

Unter dieser Annahme sind die allgemeinen semi-infiniten Restriktionen

$$g_i(\mathbf{x}, \mathbf{y}) \leq 0 \quad \text{für alle } \mathbf{y} \in Y(\mathbf{x}),\ i \in I,$$

offensichtlich äquivalent zu den gewöhnlichen semi-infiniten Restriktionen

$$\tilde{g}_i(\mathbf{x}, \mathbf{z}) := g_i\big(\mathbf{x}, \mathbf{t}(\mathbf{x}, \mathbf{z})\big) \leq 0 \quad \text{für alle } \mathbf{z} \in Z,\ i \in I.$$

Für eindimensionale Indexmengen $Y(\mathbf{x}) = [a(\mathbf{x}), b(\mathbf{x})]$ mit $a(\cdot) \leq b(\cdot)$ kann eine derartige Transformation einfach durch Konvexkombination der Intervallgrenzen konstruiert werden, für höherdimensionale Indexmengen existiert eine solche, wenn diese sternförmig sind (siehe [45]), was unter den Annahmen 1 bis 3 der Fall ist.

Allerdings bringt die Transformation auch einen schwerwiegenden Nachteil mit sich: Sie kann die für die Konvergenz von Diskretisierungsverfahren so wichtige Konvexität in der untere Stufe zerstören (siehe z. B. [14]).

Kombination beider Techniken Wir skizzieren nun, wie der genannte Nachteil umgangen und so *transformierbare* allgemeine semi-infinite Optimierungsprobleme mittels Diskretisierungsverfahren gelöst werden können. Für Details verweisen wir auf [14] (siehe auch [8] und [9]).

Dazu führen wir zunächst das durch die Transformation induzierte gewöhnliche semi-infinite Optimierungsproblem ein:

$$\widetilde{\mathsf{SIP}}: \quad \min_{\mathbf{x} \in X \subseteq \mathbb{R}^m} f(\mathbf{x})$$
$$\text{u.d.N.} \quad \tilde{g}_i(\mathbf{x}, \mathbf{z}) \leq 0 \quad \text{für alle } \mathbf{z} \in Z,\ i \in I,$$

mit $\tilde{g}_i(\mathbf{x}, \mathbf{z}) := g_i(\mathbf{x}, \mathbf{t}(\mathbf{x}, \mathbf{z}))$, $i \in I$. Dessen Probleme der unteren Stufe bezeichnen wir mit

$$\tilde{\mathsf{Q}}_i(\mathbf{x}): \quad \max_{\mathbf{z} \in Z} \tilde{g}_i(\mathbf{x}, \mathbf{z}), \qquad i \in I.$$

Wie wir bereits wissen, stimmen die zulässigen Mengen und somit die lokalen und globalen Lösungen von GSIP und $\widetilde{\mathsf{SIP}}$ überein. Somit kann durch das Lösen des induzierten gewöhnlichen semi-infiniten Problems eine Lösung für das zugrundeliegende allgemeine gewonnen werden. Ähnlich verhält es sich auch mit den globalen Lösungen der korrespondierenden Probleme der unteren Stufe.

Theorem 4 ([14]) *Seien $\mathbf{x} \in X$ und $i \in I$. Der Punkt $\mathbf{z}^*$ ist genau dann eine globale Lösung von $\tilde{\mathsf{Q}}_i(\mathbf{x})$, wenn $\mathbf{y}^* = \mathbf{t}(\mathbf{x}, \mathbf{z}^*)$ eine globale Lösung von $\mathsf{Q}_i(\mathbf{x})$ ist.*

Man kann also eine globale Lösung des nichtkonvexen Problems $\tilde{\mathsf{Q}}_i(\mathbf{x})$ berechnen, indem man eine globale Lösung des konvexen Problems $\mathsf{Q}_i(\mathbf{x})$ ermittelt und diese via $\mathbf{t}(\mathbf{x}, \cdot)$ in Z abbildet. Damit ist es nicht nötig, die nichtkonvexen Probleme $\tilde{\mathsf{Q}}_i(\mathbf{x})$, $i \in I$, mittels aufwendigen Verfahren der globalen Optimierung zu lösen.

Mit der Erkenntnis aus Theorem 4 lassen sich nun die betreffenden Schritte in Algorithmus 2 anpassen und ein Diskretisierungsverfahren für transformierbare allgemeine semi-infinite Optimierungsprobleme gewinnen:

Algorithmus 3 Transformationsbasiertes Diskretisierungsverfahren für GSIP-Probleme, [14] und [8]

Wähle einen Startpunkt $\mathbf{x}^0 \in X$ und eine Zulässigkeitstoleranz $\varepsilon > 0$.
Wähle/Berechne eine Startdiskretisierung $\dot{Y}^0(\mathbf{x}^0) \subset Y(\mathbf{x}^0)$ und bestimme $\dot{Z}^0$ derart, dass $\mathbf{t}(\mathbf{x}^0, \dot{Z}^0) = \dot{Y}^0(\mathbf{x}^0)$ ist.
Setze $\mathbf{x}^{0,0} := \mathbf{x}^0$ und $k := 0$.
repeat
  Berechne eine Lösung $\mathbf{x}^{k,*}$ von $\widetilde{\mathsf{SIP}}(\dot{Z}^k)$ unter Verwendung von $\mathbf{x}^{k,0}$ als Startpunkt.
  for $i = 1 \to p$ **do**
    Berechne eine Lösung $\mathbf{y}_i^{k,*}$ von $\mathsf{Q}_i(\mathbf{x}^{k,*})$.
    if $g_i(\mathbf{x}^{k,*}, \mathbf{y}_i^{k,*}) > \varepsilon$ **then**
      Bestimme $\mathbf{z}_i^{k,*}$ derart, dass $\mathbf{t}(\mathbf{x}^{k,*}, \mathbf{z}_i^{k,*}) = \mathbf{y}_i^{k,*}$ ist, und setze $\dot{Z}^{k+1} := \dot{Z}^k \cup \{\mathbf{z}_i^{k,*}\}$.
    end if
  end for
  Setze $\mathbf{x}^{k+1,0} := \mathbf{x}^{k,*}$ und ersetze k durch $k+1$.
until $\max_{i=1,\dots,p}\{g_i(\mathbf{x}^{k-1,*}, \mathbf{y}_i^{k-1,*})\} \le \varepsilon$
return $\mathbf{x}^* = \mathbf{x}^{k-1,*}$.

Die Anforderungen für das transformationsbasierte Diskretisierungsverfahren sind dieselben wie für Algorithmus 2. Falls in Schritt 2 keine Startdiskretisierung $\dot{Y}^0(\mathbf{x}^0)$ von $Y(\mathbf{x}^0)$ zur Hand ist, kann eine solche durch das Lösen der Probleme der unteren Stufe und das Transformieren der Lösungen gewonnen werden. Ein zulässiger Startpunkt für Schritt 7 kann über die Transformation $\mathbf{t}(\mathbf{x}, \cdot)$ aus einem zulässigen Punkt von Z berechnet werden. Da für obige Methode hinsichtlich des Krümmungsverhaltens der involvierten Funktionen nur die Konvexität der Probleme der unteren Stufe vorausgesetzt wird, aber nicht die Konvexität der Zielfunktion f und der Funktionen $g_i(\cdot, \mathbf{y})$, $i \in I$, für alle $\mathbf{y}$, ist das Ergebnis $\mathbf{x}^*$ von Algorithmus 3 nur so „optimal" wie die Ergebnisse des eingesetzten Verfahrens zur Lösung der diskretisierten SIP-Probleme in Schritt 5. Beim expliziten Glättungsverfahren (Algorithmus 1) und dessen zulässiger Variante ist dies übrigens ebenfalls der Fall.

Wir wollen die Funktionsweise des transformationsbasierten Diskretisierungsverfahrens schließlich auch an einem Beispiel veranschaulichen, und zwar an demselben wie für das explizite Glättungsverfahren. Aufgabe soll also sein, eine Ellipse flächenmaximal in den Container C^{krD} einzubeschreiben. Neben einer funktionalen Beschreibung der Ellipse und einer Berechnungsvorschrift für deren Flächeninhalt benötigen wir für das transformationsbasierte Diskretisierungsverfahren zusätzlich eine Darstellung als Bild einer kompakten Menge unter einer stetig differenzierbaren Abbildung. Wie bereits erwähnt modellieren wir die Ellipse als verschobenen und verzerrten Einheitskreis. Demzufolge ist eine mögliche Transformation:

$$\mathbf{t}: \mathbb{R}^5 \times [0,1]^2 \to \mathbb{R}^2 \quad \text{mit} \quad \mathbf{t}(\mathbf{x}, \mathbf{z}) := \mathbf{A}(\mathbf{x}) \begin{pmatrix} z_1 \cos(2\pi z_2) \\ z_1 \sin(2\pi z_2) \end{pmatrix} + \mathbf{c}(\mathbf{x}),$$

wobei $\mathbf{A}(\mathbf{x})$ und $\mathbf{c}(\mathbf{x})$ wie oben gewählt sind.

Als Startpunkt $\mathbf{x}^0$ haben wir wiederum den (unzulässigen) Punkt $(0, 0, 1, 1, 0)$ (siehe auch Abb. 16(a)) und als Zulässigkeitstoleranz $\varepsilon = 10^{-6}$ gewählt. Die initiale Diskretisierung $\dot{Y}^0(\mathbf{x}^0)$ besteht aus den Lösungen der Probleme der unteren Stufe. Eine grafische Veranschaulichung des sukzessiven Verfeinerns der Diskretisierung und des Lösens der diskretisierten SIP-Probleme $\widetilde{\mathrm{SIP}}(\dot{Z}^k)$, $k \in \mathbb{N}_0$, findet sich in Abb. 16.

5 Industrieprojekt I – Automatisierung von Vorformen, Schleifen und Polieren

In Abschn. 1.1 wurde die traditionelle, manuelle Art der Edelsteinverwertung in der Manufaktur, als auch die daraus abgeleitete, in den letzten zehn Jahren neu entwickelte, maschinelle Herangehensweise zur Produktion von Farbedelsteinen skizziert. Im Folgenden werden die sich ergebenden Modellierungsfragestellungen und die algorithmischen Lösungsansätze sowie die maschinelle und softwaretechnische Umsetzung präzisiert.

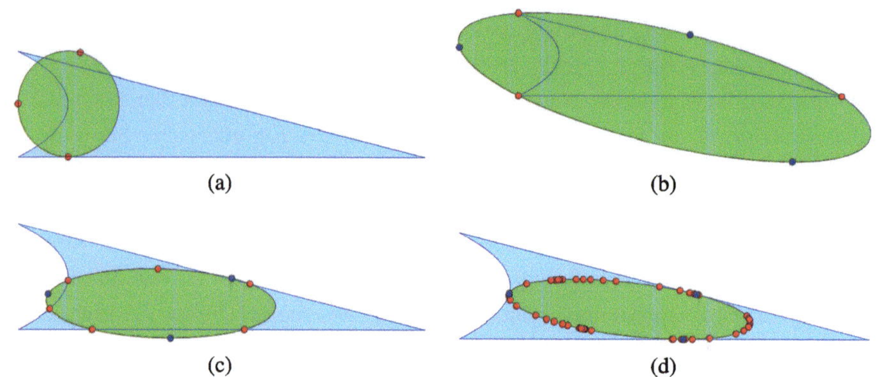

Abb. 16 Flächenmaximale Einbeschreibung einer Ellipse in den Container C^{krD} mittels transformationsbasiertem Diskretisierungsverfahren (Algorithmus 3) [*hellblau* – Container, *grün* – Design, *rot* – Punkte der aktuellen Diskretisierung, *dunkelblau* – Punkte der stärksten Verletzung der Containerrestriktionen, welche der aktuellen Diskretisierung für die nächste Rechnung hinzugefügt werden]: (**a**) initiale Situation mit berechneter Diskretisierung, (**b**) nach dem Lösen von Problem $\widetilde{\mathsf{SIP}}(\dot{Z}^0)$, (**c**) nach dem Lösen von Problem $\widetilde{\mathsf{SIP}}(\dot{Z}^1)$ und (**d**) finale Situation (nach insgesamt 30 Verfeinerungen)

5.1 Fragen der Modellierung einer Optimierungsaufgabe – Beschreibung von Alternativenmenge und Qualitätsmaßen

Will man mathematische Optimierungsverfahren praktisch nutzbar machen, braucht man eine verfügbare Zulässigskeits- oder Alternativenmenge und wohldefinierte Zielgrößen, die man möglichst günstig gestalten möchte. Ein einfach zu formulierendes Optimierungsziel ist die Maximierung der Materialausbeute, also des verkaufbaren Volumenanteils eines Rohsteins. Eine einfache Zulässigkeitsforderung ist die Enthaltenseinsbedingung, also die Forderung, dass der zu schleifende Facettenstein vollständig im Rohstein enthalten sein muss und gegebenenfalls aus technischen Gründen auch noch einen Sicherheitsabstand zum Rand des Rohsteins hat.

Deutlich schwieriger sind Ästhetikanforderungen. Zum Beispiel prägt das Schliffbild eines Steins wesentlich das Aussehen des sich ergebenden Facettensteins. Dabei treten offensichtlich mehrere Probleme auf: Nicht nur, dass die Schönheit sprichwörtlich im Auge des Betrachters liegt, also subjektiv ist, sondern auch, dass die subjektive Einschätzung einer Person, etwa eines Fachmanns, schwer präzise zu fassen ist, macht die Ästhetik zu einer der größten Modellierungsherausforderungen.

Prinzipielle Herangehensweise Aus diesem Grund werden bei gegebenem Rohstein für jede betrachtete Facettensteingrundform, wie Rund, Oval oder Achteck, unter verschiedenen ästhetisch motivierten Bedingungen an die Proportionen volumenoptimale Lösungen bestimmt. Die so ermittelten, unterschiedlich geformten und proportionierten Facettensteine werden dann mittels einer grafischen Benutzeroberfläche einem Entscheider präsentiert, der aufgrund einer für ihn günstigen Kombination aus Materialausbeute und ästhetischen Gesichtspunkten eine Facettensteinform zur Produktion auswählt.

Wie in Abschn. 2.1 dargelegt, motiviert der zweigeteilte Prozess der Manufaktur von Vorformen und Facettieren auch eine Zweiteilung der Modellierung durch eine Entkopplung der kontinuierlichen und diskreten Variablen. Dies erreichen wir durch die Einführung des Eichkörpers als ein parametrisiertes Äquivalent zur glatten Vorschliffform. Den Eichkörper können wir mit Hinblick auf die Materialausbeute und unter Berücksichtigung der Proportionen optimieren, ohne uns auf eine bestimmte Facettierung festlegen zu müssen. In den folgenden Unterabschnitten erörtern wir genauer die Beschreibung der Eichkörper, die Facettierung und die Modellierung des Rohsteins.

5.1.1 Facettensteinformen und Eichkörper

Ein Eichkörper ist zum einen durch seine Parametrisierung charakterisiert. Die Parameter sind etwa Lage im Rohstein, Höhe, Länge, Breite und Bauchigkeit und zum Teil generische, also unabhängig von der Facettensteinform, zum Teil aber auch für die Facettensteinform spezifische Parameter. Über den Zulässigkeitsbereich der Parameter kann man sicherstellen, dass sich die Proportionen in Bereichen bewegen, in welchen der Facettenstein ästhetisch ansprechend ist. Hat man konkrete Werte für die Parameter bestimmt, kann man die geeignetste Facettierung auswählen.

Zum anderen beschreiben wir den Eichkörper durch glatte Funktionen $\mathbf{v} : \mathbb{R}^m \times \mathbb{R}^3 \to \mathbb{R}^q$, die in Abhängigkeit von den Parametern $\mathbf{x} \in \mathbb{R}^m$ festlegen, ob ein Punkt $\mathbf{y} \in \mathbb{R}^3$ sich im Eichkörper befindet ($v_j(\mathbf{x}, \mathbf{y}) \leq 0$ für alle $j = 1, \ldots, q$) oder nicht ($v_j(\mathbf{x}, \mathbf{y}) > 0$ für mindestens ein $j \in \{1, \ldots, q\}$). Die Wahl der Funktionen hängt natürlich von der Facettensteinform ab.

Anhand einer einfachen Facettensteinform mit kreisrunder Rundistengrundform erklären wir nun, wie ein Eichkörper beschrieben und parametrisiert werden kann, und auf welche Weise die Ästhetikanforderungen dabei hereinspielen.

Parametrisierung eines Eichkörpers Mit Hilfe von sechs reellwertigen Parametern kann man die absolute Position und Drehung eines Eichkörpers bezogen auf den Rohstein in einem geeigneten Koordinatensystem darstellen. Die eigentlichen Ausmaße der Facettensteinform, abhängig von der Rundistengrundform, können für einen runden Stein mit sieben weiteren Parametern beschrieben werden, wie in der Abb. 17 dargestellt. Für die drei Facettenstein-Teile Krone, Rundiste und Pavillon ist die jeweilige Höhe h_K, h_R und h_P ein Parameter, für Krone und Rundiste gibt es jeweils einen Radius r_T und r_R von der Tafel und der Rundiste sowie für Krone und Pavillon noch jeweils einen Parameter τ_K und τ_P, der die Bauchigkeit bzw. Wölbung beschreibt. Für andere, kompliziertere Facettensteinformen kommen weitere zusätzliche Parameter hinzu wie etwa das Verhältnis von Länge und Breite der Rundistengrundform.

Alternativ dazu kann man auch eine *skalierungsinvariante* Parametrisierung wählen. Dabei wird der Radius der Rundiste auf 1 festgesetzt und alle Parameter, die eine Länge angeben, durch das Verhältnis von dieser Länge zum Rundistenradius ersetzt. Damit erhalten wir neue Parameter $\tilde{h}_K := \frac{h_K}{r_R}$, $\tilde{h}_R := \frac{h_R}{r_R}$, $\tilde{h}_P := \frac{h_P}{r_R}$, $\tilde{r}_T := \frac{h_K}{r_R}$. τ_K und τ_P bleiben

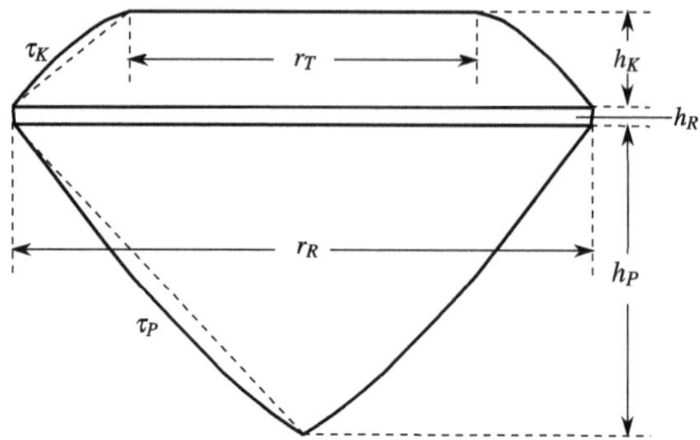

Abb. 17 Parametrisierung der Facettensteinform Rund mittels Höhen und Radien und Bauchigkeiten von Pavillon und Krone

unverändert. Wir werden später im algorithmischen Teil Vorteile dieser skalierungsinvarianten Parametrisierung ausnutzen.

Proportionen eines Eichkörpers Die zulässigen Wertebereiche der Parameter sind sehr wichtig für das ästhetische Erscheinungsbild des resultierenden Facettensteins. Beispielsweise müssen Parameter, die Längen angeben, bestimmte Verhältnisse erfüllen. So ist etwa das Verhältnis von Rundisten- und Kronenradius sowohl nach oben als auch nach unten beschränkt. Dasselbe gilt auch für das Verhältnis aus Gesamthöhe des Eichkörpers zum Rundistenradius oder zu den einzelnen Höhen von Pavillon, Rundiste und Krone. Für die Bauchigkeitsparameter τ_P und τ_K gibt es ebenfalls untere und obere Schranken. Es ist schwierig, eine gute Wahl für die Kombination dieser Schranken vorzunehmen, da dies stark vom ästhetischen Empfinden des Einschätzenden abhängig ist. Für das mathematische Modell sollte eine Leitlinie sein, die Zulässigkeitsintervalle jeweils nicht zu klein zu wählen, um den Spielraum für die Volumenoptimierung bzw. für die Auswahl des Steines nach ästhetischen Gesichtspunkten nicht zu stark einzuschränken.

Funktionale Beschreibung eines Eichkörpers Um die Methoden aus Abschn. 4.5 verwenden zu können, muss der Eichkörper mittels konvexer, differenzierbarer Funktionen beschrieben sein. Unter Verwendung der oben beschriebenen Parameter geben wir beispielhaft für die Facettensteinform Rund eine entsprechende Beschreibung an: Hier ist der Eichkörper gegeben als $Y^{\text{Rund}}(\mathbf{x}) := \{\mathbf{y} \in \mathbb{R}^3 \mid \mathbf{v}(\mathbf{x}, \mathbf{y}) \leq 0\}$. Dabei ist $\mathbf{v}$ wie folgt definiert:

$$\mathbf{v} : \mathbb{R}^7 \times \mathbb{R}^3 \to \mathbb{R}^5 : y \mapsto \begin{cases} y_1^2 + y_2^2 - r_P(y_3) & \text{Seitenabgrenzung des Pavillon} \\ y_1^2 + y_2^2 - r_K(y_3) & \text{Seitenabgrenzung der Krone} \\ y_1^2 + y_2^2 - r_R^2 & \text{Seitenabgrenzung der Rundiste} \\ y_3 - h_K - h_R & \text{Abgrenzung der Tafel} \\ -y_3 - h_P & \text{Abgrenzung an der Pavillonspitze} \end{cases} \tag{32}$$

Die Funktionen r_P und r_K geben hierbei den Radius für eine gegebene Höhe y_3 an und hängen von τ_P, τ_K, r_K und r_R ab. In Abhängigkeit von τ_P bzw. τ_K ist der Pavillons bzw. die Krone mehr oder weniger stark gekrümmt. Für eine genauere Beschreibung von

Abb. 18 Eichkörper der Facettensteinform Rund

r_P und r_K sei auf [16] verwiesen. Dort und in [14] finden sich auch Formeln für die Volumenberechnung des Eichkörpers mittels geeigneter Integration. Abbildung 18 zeigt eine Approximation der Menge $Y^{\text{Rund}}(\mathbf{x})$.

5.1.2 Berechnung von Facettierungen

Der Schritt vom Eichkörper zu einer schönen Facettierung ist komplexer als man vielleicht denken könnte. Die naheliegende Idee, die Ecken der Facetten einfach auf den Rand des Eichkörpers zu legen, funktioniert nicht, da das sich ergebende System an Gleichungen zumindest für den Netzschliff überbestimmt ist.

Die Herausforderungen, geeignete Facettierungen zu bestimmen, ergeben sich wie in Abschn. 2.1 bereits angedeutet aus einer Vielzahl von Aspekten, die zu berücksichtigen sind: Die Facettierung bestimmt die Reflexion des Lichtes und damit das Funkeln und das innere Feuer des Steins. Entscheidend dabei sind die Anstellwinkel der Facetten. Diese Winkel dürfen nicht zu steil oder zu flach sein, um eine optimale Spiegelung zu gewährleisten. Wichtig ist hierbei auch die Anzahl von Reihen und die Anzahl von Facetten je Reihe, die von den Ausmaßen und Materialeigenschaften des Steins abhängen. Insbesondere sollte ein Stein umso mehr Facetten haben, je größer er ist. Die Facettierung muss die gleichen Symmetrieachsen haben wie die zugehörige Facettensteinform. Ein ansprechendes Schliffbild zeichnet sich zusätzlich dadurch aus, dass die Facetten in einer Reihe ungefähr den gleichen Anstellwinkel haben und in etwa gleich hoch und breit sind, wobei die Facettengröße von der Rundiste weg abnimmt.

Zur Berechnung der Facettierung haben sich zwei Ansätze als erfolgreich erwiesen. Der eine Ansatz besteht darin, von der Rundiste ausgehend, für den Pavillon Richtung Spitze und für die Krone Richtung Tafel reihenweise iterativ Facetten hinzuzufügen, wobei für jede Reihe ein jeweils flacherer Anstellwinkel vorgegeben wird. Dabei sind allerdings die Einflussmöglichkeiten auf das Facettenbild begrenzt. In einem zweiten Facettierungsansatz werden die vorhandenen Facetten von vornherein vorgeben und durch ihre Eckpunkte und Normalen der zugehörigen Ebenen parametrisiert. Formuliert man nun die Tatsachen, dass zwei benachbarte Facetten sich zwei Ecken teilen oder die Facetten in einer Reihe den

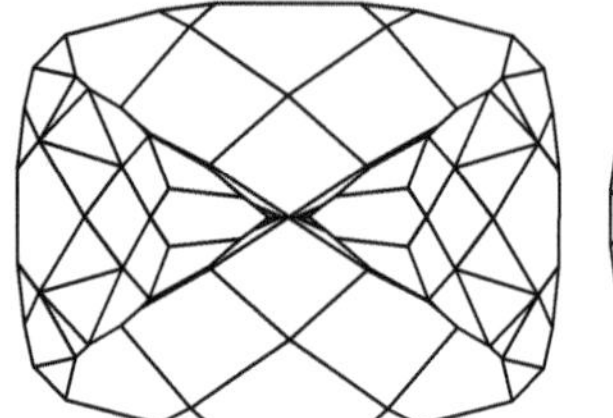
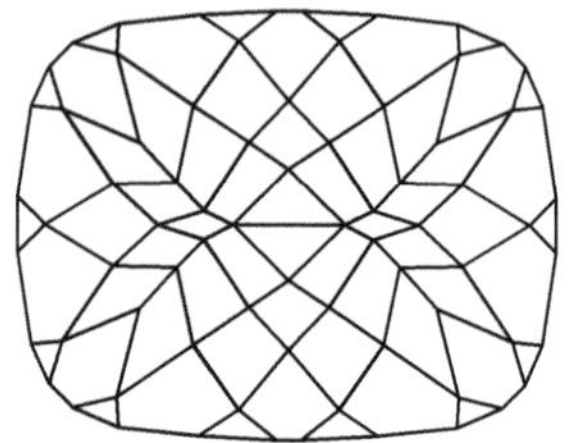

Abb. 19 2D-Projektion eines Facettenbildbeispiels des Pavillons bei der Facettensteinform Antik *links* mittels iterativem Ansatz, der bei dem Beispiel kein gutes Ergebnis liefert, *rechts mittels* dem expliziten Ansatz

gleichen Anstellwinkel haben sollen, als Gleichungen, erhält man ein Gleichungssystem, das zwar überbestimmt ist, das man nach geeigneter Relaxierung aber näherungsweise lösen kann. Dieser Ansatz ist explizit und erlaubt, das sich ergebende Facettenbild genau zu kontrollieren, ist aber wesentlich aufwendiger, da für jede Facettensteinform eine andere Art von Gleichungssystem aufgestellt werden muss. Wie in Abb. 19 dargestellt, liefert er unter Umständen deutlich ansprechendere Facettierungen, während der erste Ansatz nicht immer gute Ergebnisse garantieren kann.

5.1.3 Beschreibung des Rohsteins

Die geometrische Form des Rohsteins muss in einer geeigneten Weise erfasst werden, um sie den Optimierungsalgorithmen zugänglich zu machen. Eine Möglichkeit der Digitalisierung des Rohsteins nutzt Oberflächendaten des Rohsteins. Mit Hilfe eines 3D-Scanners unter Nutzung von Streifenprojektion oder Laserabtastung werden Oberflächenpunktwolken auf dem Rohstein erfasst, die man durch Triangulierung zu einem Oberflächenmodell des Rohsteins machen kann.

Der Rohstein bildet in der Terminologie der Materialausbeutung den Container. Wollen wir die Lösungsverfahren aus Abschn. 4.5 verwenden, ist die Triangulierung als Beschreibung desselben jedoch weitestgehend ungeeignet, da bei einer Genauigkeitsanforderung von etwa 5–10 Mikrometern auf der Oberfläche gewaltige Punktwolken entstehen. Statt dessen wird die konvexe Hülle des Netzes verwendet, wobei zusätzlich größere Einbuchtungen, also Unterschiede zwischen Rohsteinnetz und konvexer Hülle, durch Quadriken beschrieben werden. Da man das Innere der konvexen Hülle durch eine potenziell große Anzahl von linearen Ungleichungen darstellen kann, erhält man auf diese Weise eine Beschreibung des Containers durch lineare und konvex-quadratische Funktionen.

5.2 Algorithmische Umsetzung

Im Folgenden stellen wir zwei alternative Verfahren für das Erreichen einer maximalen Materialausbeute vor.

Das erste Verfahren basiert auf dem Algorithmus 1 aus Abschn. 4.5.1. Wir betrachten eine hierarchische Formulierung der Aufgabe: Optimiere zuerst das Volumen des Eichkörpers und approximiere im Anschluss daran diesen Eichkörper durch ein geeignetes Facettenbild mit möglichst geringem Volumenverlust. In einem Schritt der Nachoptimierung kann man den resultierenden Facettenstein volumenoptimal in den Rohstein hineinskalieren bzw. -drehen.

Die in Abschn. 5.1.1 beschriebene Modellierung des Eichkörpers entspricht nach Konstruktion den für den Algorithmus notwendigen formalen Anforderungen an die Beschreibung eines Designs. Der Container wird ebenfalls funktional beschrieben, wie im vorherigen Abschnitt dargelegt. Somit ist Algorithmus 1 prinzipiell anwendbar, allerdings tritt in der Praxis das Problem auf, dass wegen der vielen Funktionen, die den Container beschreiben, im Folgenden *Container-Funktionen* genannt, der Algorithmus sehr langsam wird. Dieses Problem bekommt man dadurch in den Griff, dass man zunächst nur einen sehr kleinen Teil der Container-Funktionen betrachtet. Iterativ wendet man den Algorithmus auf die gewählte Teilmenge der Container-Funktionen an, berechnet eine Lösung des auf diese Art relaxierten Problems und prüft, ob der resultierende Facettenstein zulässig bezüglich aller Container-Funktionen ist. Ist dies nicht der Fall, vergrößert man die gewählte Teilmenge um die verletzten Container-Funktionen. Mit dieser neuen größeren Auswahl wird dann erneut gerechnet und eine nächste Iteration gestartet. In der Praxis führt dieses Vorgehen dazu, dass man nach einer kleinen Zahl von Iterationen eine Lösung erhält, die zum einen für das Ausgangsproblem zulässig ist, man aber trotzdem auch in der letzten Durchführung des Algorithmus nur eine geringe Anzahl an Container-Funktionen berücksichtigen muss. Mithilfe der so gefundenen Eichkörperparameter wird nun die Facettierung berechnet. Da die Container-Funktionen den Rohstein nicht exakt abbilden und nur der Eichkörper in der Optimierung berücksichtigt wurde, muss in einem letzten Schritt der Facettenstein noch durch leichte Verschiebung, Drehung und Skalierung so nachjustiert werden, dass er komplett innerhalb der durch die Triangulierungen beschriebenen Rohsteinoberfläche liegt.

Der zweite Ansatz basiert auf der in Abschn. 4.3 beschriebenen Behandlung der Nichtüberlappungsbedingung und arbeitet direkt mit der Triangulierung des Rohsteins. So kann die originale Oberflächenbeschreibung unmittelbar genutzt werden. Auch eine Facettierung kann als Triangulierung aufgefasst werden, wenn man die Rundiste geeignet diskretisiert. Die Herausforderungen bei diesem zweiten Ansatz liegt vor allem darin, bei geänderten Eichkörperparametern schnell eine Facettierung zu erstellen. Vorteilhaft dabei ist zum einen, dass die aus einer Facettierung resultierende Triangulierung sehr klein relativ zur Triangulierung des Rohsteins ist, und zum anderen, dass eine die Lage des Facettensteins betreffende Änderung nicht zu einer Neuberechnung der Facettierung führt. Für die algorithmische Umsetzung dieses Ansatzes wird nun die oben beschriebene skalierungsinvariante Parametrisierung mit Skalierungsparameter s verwendet. Das Problem der maximalen Materialausbeute kann man nun mit der Suche nach einem maximalen Skalierungsparameter s^* beschreiben. Da das Enthaltensein des Designs im Container für gegebenes s schnell zu überprüfen ist, ist auch der optimale Wert s^* etwa durch einen Bisektionsansatz schnell zu bestimmen. Wie in [4] gezeigt, hängt s^* im Allgemeinen stetig von den skalierungsinvarianten Parametern ab, so dass übliche Optimierungsverfahren auf das entstandene Optimierungsproblem anwendbar sind.

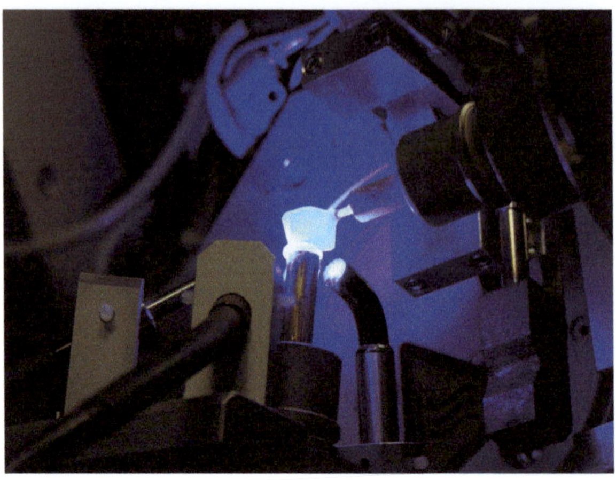

Abb. 20 Auf Messstift aufgeklebter Rohstein und Umklebevorgang

5.3 Automatisierung des Schleif- und Polierprozesses – technische Herausforderungen

Neben der oben beschriebenen Virtualisierung von Design und Container, die das Problem der maximalen Volumenausbeute Mathematik und Informationstechnik zugänglich macht, sind technische Herausforderungen wie Haltung und Führung des zu bearbeitenden Steins und die Automatisierung von Schleifen und Polieren zu meistern.

Ausgangsbasis für eine erfolgreiche Industrialisierung der Edelsteinproduktion ist die handwerkliche Herangehensweise der Manufaktur, die geeignet weiterentwickelt und automatisiert wird. Der Ablauf des gesamten Prozesses ist wie folgt:

1. Der Rohstein wird manuell auf einen Messstift aufgeklebt.
2. Er wird dann mit einem 3D-Scanner vermessen und digitalisiert (siehe Abb. 21).
3. In den vermessenen Rohstein wird mit mathematischer Optimierung virtuell ein optimaler Facettenstein eingebettet, wie in Abschn. 5.2 beschrieben.
4. Entsprechende Differenzbilder werden in Umklebe-, Schleif- u. Polier-Pläne umgewandelt und an die Maschine übertragen.
5. Der Rohstein wird koordinatentreu vom Messstift auf einen Bearbeitungsstift umgestiftet (siehe Abb. 20).
6. Übergabe an die Bearbeitungsstation, Schleifen und Polieren der Rundiste und der Vorseite (siehe Abb. 22).
7. Übergabe an Umstiftstation, axiales Umstiften auf einen zweiten Bearbeitungsstift.
8. Übergabe an Bearbeitungsstation, Schleifen und Polieren der Rückseite.
9. Der Facettenstein ist fertig, nachdem der Bearbeitungsstift händisch entfernt wurde.

Bei der Gestaltung des Prozesses war es Ziel, die Genauigkeit bei allen Schritten so zu gestalten, dass bei der Produktion eine absolute Genauigkeit von 5–10 Mikrometern erreicht wird. Es führt an dieser Stelle zu weit, alle technischen Anforderungen und ihre

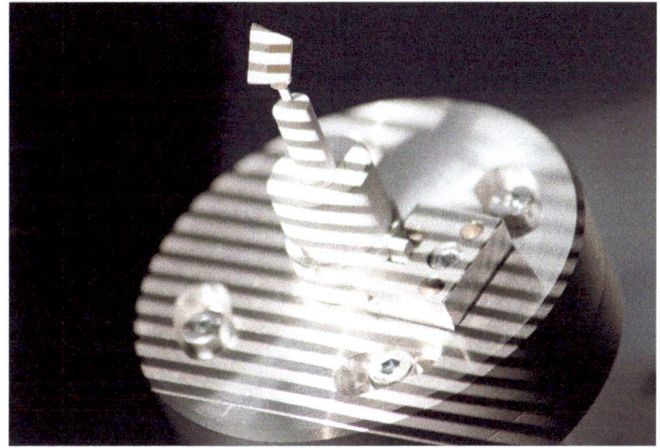

Abb. 21 Eine Einstellung bei der Erzeugung einer dreidimensionalen Repräsentation des Rohsteins mittels Streifenprojektionsverfahren (Foto: G. Ermel, Fraunhofer ITWM)

Abb. 22 Schleifen der ersten Bearbeitungsseite eines Steins

maschinenbautechnische Lösung genau zu beschreiben. Die genannten Bilder zeigen Eindrücke vom Vorserienprototypen am Fraunhofer ITWM, der den gesetzten Anforderungen genügt.

5.4 Automatisierung des Schleif- und Polierprozesses – softwaretechnische Herausforderungen

Neben den technischen Aufgaben waren aus Sicht der Softwareentwicklung fünf Probleme zu lösen:

1. Umsetzung der Optimierungsalgorithmen: Dabei ist die Herausforderung vor allem, die oben dargestellten Ansätze effizient zu implementieren und insbesondere auch robust gegen sehr selten auftretende, pathologische Spezialfälle in der Numerik zu machen, die erst bei häufiger Verwendung in Erscheinung treten.

2. Skalierbare Parallelisierung: Aufgrund des hohen Rechenaufwandes – immerhin müssen für jeden Stein ungefähr zehn Facettensteinformen gerechnet werden – ist es notwendig, die Optimierungen parallel auszuführen. Dazu werden die Berechnungen auf mehrere CPUs verteilt.
3. Eine zentrale Datenhaltung ist ein kritisches Element, da sie nicht nur die Parallelisierung der Berechnungen unterstützen muss, sondern auch für die Maschinensteuerung und die Benutzeroberfläche eine konsistente Sicht auf die Daten bereithalten muss. Dabei ist die große Funktionalität moderner Datenbanksysteme sehr hilfreich.
4. Die Maschinensteuerung muss die verschiedenen Stationen der Maschinen zum Schleifen, Polieren, Umstiften, Scannen und den Transport des Steines abbilden und Fehlfunktionen und Ausfälle auffangen.
5. Die Benutzeroberfläche als Schnittstelle zwischen Mensch und Maschine muss Komponenten zur Steuerung und Konfiguration der Maschinen, zur Anzeige der virtuellen Rohsteine und berechneten Facettensteinen mit hardware-optimierten 3D-Darstellungen und zum Starten und Konfigurieren der Optimierungsberechnungen bereithalten. Hierbei spielt auch die Bedienbarkeit und die sogenannte user experience, also das Nutzererlebnis beim Umgang mit der Software, eine wichtige Rolle.

Aufgrund der vielfältigen Funktionen ist ein professionelles Design der Software unumgänglich. Obwohl der Code ursprünglich in einer Dissertation unter rein wissenschaftlichen Gesichtspunkten entstand, verfügt die aktuelle Prozess-Software nun über eine modulare, wartbare und erweiterbare Struktur, bei der die einzelnen Komponenten je nach Bedarf hinzugefügt oder weggenommen werden können.

6 Industrieprojekt II – Edelsteinzerlegung

Nachdem wir uns im Industrieprojekt 1 mit der optimalen Verwertung (hinsichtlich Schliff und Volumen) eines Rohsteins zu einem Facettenstein beschäftigt haben, geht es im Projekt „Edelsteinzerlegung“ darum, aus einem Rohstein mehrere Facettensteine unter Maximierung des Gesamtvolumens dieser und der Beachtung von Fehlern zu fertigen und damit einen weiteren Schritt in Richtung Lösung der vollständigen Verwertungsaufgabe zu machen.

6.1 Beschreibung der Aufgabenstellung

Wir erinnern uns daran, dass die (Haupt-)Aufgabenstellung der Edelsteinverarbeitung darin besteht, einen mit Oberflächenmakeln versehenen und mit Einschlüssen sowie Rissen durchsetzten Rohstein derart in Facettensteine „zu überführen“, dass der Gesamtwert dieser so groß wie möglich ist. Wir betrachten nun lediglich das Volumen als wertbestimmendes Kriterium und fordern, dass die gefertigten Facettensteine frei von Fehlern sind. Die Umsetzung der Ästhetikforderungen kann analog zu Abschn. 5 erfolgen.

Um aus einem Rohstein mehrere Facettensteine zu fertigen, muss dieser in Rohlinge, aus denen dann jeweils ein Facettenstein gefertigt wird, zerlegt werden. Damit ergeben sich die folgenden beiden Fragen:

Wie viele Facettensteine sollen aus dem Rohstein gefertigt, d.h. in wie viele Rohlinge soll dieser zerlegt werden? Wie sieht eine solche Zerlegung aus?

Obwohl in der Manufaktur die Arbeitsschritte „Zerlegen" und „Schleifen" getrennte Arbeitsschritte sind und meistens auch von verschiedenen Personen ausgeführt werden, überlegt sich bereits der Säger, wie die Rohlinge aussehen müssen, damit sich daraus großvolumige und ästhetische Facettensteine fertigen lassen.

Das Standardwerkzeug für das Zerlegen der Rohsteine ist die Kreissäge. Diese bedingt geradlinige Schnitte. Ein keilförmiges Einschneiden und Heraustrennen eines Stückes ist damit zwar möglich, wir wollen aber davon ausgehen, dass die Schnitte immer durchgehend sind. Man spricht dann von sogenannten *Guillotine–Schnitten*. Des Weiteren verbraucht das Zersägen des Rohsteins wertvolles Material. Deswegen gilt es, möglichst dünne Trennscheiben zu verwenden und wenige sowie kurze Schnitte zum Zerteilen des Rohsteins auszuführen.

6.2 Modellierung

Aus mathematischer Sicht haben wir es bei obiger Aufgabenstellung wiederum mit einer Aufgabe der maximalen Materialausbeute zu tun. Allerdings benötigen wir hier eine Verallgemeinerung der Nichtüberlappungsbedingung, denn die Facettensteine müssen für die Sägefuge einen vorgegebenen Mindestabstand voneinander haben. Als zusätzliche Anforderung müssen sie in einer Guillotine-Anordnung vorliegen, um der Kreissägetechnologie Rechnung zu tragen (siehe Abb. 23). Wir erläutern im Folgenden, wie sich beides im Kontext der Abschn. 4.1 und 4.4, d.h. für beliebige Container und Designs, mathematisch modellieren lässt.

6.2.1 Mindestabstand zwischen den Designs

Wir wenden uns zunächst der Anforderung zu, dass die Designs einen vorgegebenen Mindestabstand $\delta > 0$ zueinander einhalten müssen.

In einigen Fällen lassen sich aufgrund geometrischer Überlegungen handhabbare Bedingungen dafür herleiten. So haben beispielsweise zwei Kreise genau dann mindestens einen Abstand δ voneinander, wenn der Abstand ihrer Mittelpunkte größer oder gleich der Summe ihrer Radien plus δ ist (siehe Abb. 24).

Im Falle komplizierterer Designs ist eine derartige Herangehensweise meist nicht zielführend. Bei funktionaler Beschreibung der Designs ist jedoch auch hier – wie schon bei den Nichtüberlappungsbedingungen – eine Umsetzung dieser Anforderung mittels semi-

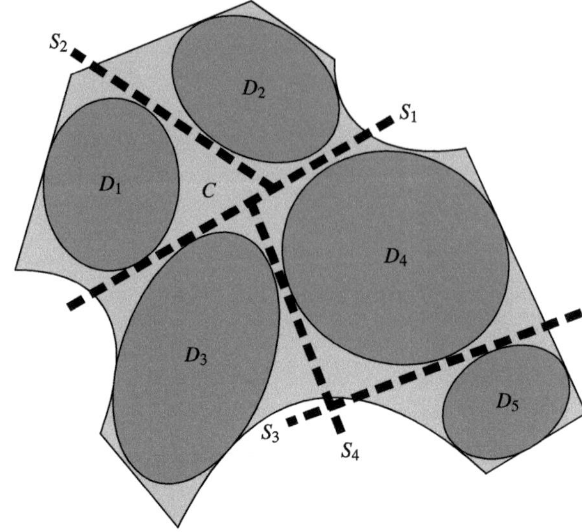

Abb. 23 Guillotine-Anordnung von fünf elliptischen Designs mit Mindestabstand in einem durch Linien und Quadriken beschriebenen Container

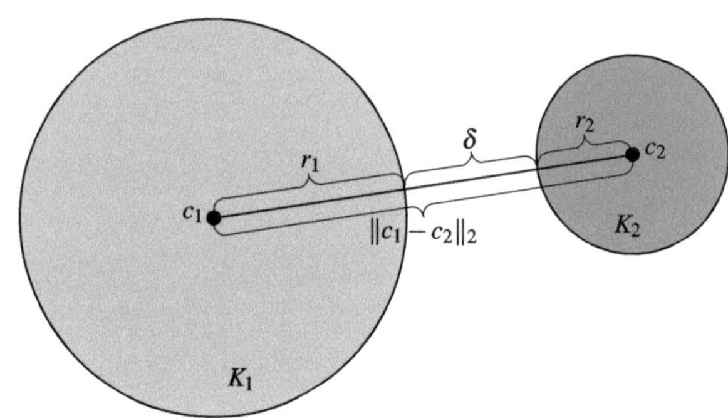

Abb. 24 Zwei Kreise mit Abstand δ

infiniter Restriktionen möglich. In [14] wurden zwei Modellierungsansätze dafür vorgeschlagen: mittels *euklidischem (Norm-)Abstand* und mittels *trennender Hyperebene*.

Der erste Ansatz ist intuitiv: Zwei Designs haben genau dann einen Mindestabstand δ voneinander, wenn jeder Punkt des einen Designs mindestens einen Abstand δ von jedem Punkt des anderen Designs hat (siehe Abb. 25 links). Die mathematische Formulierung dafür ist

$$\|\mathbf{y} - \mathbf{z}\|_2 \geq \delta \quad \text{für alle } (\mathbf{y}, \mathbf{z}) \in D_1(\tilde{\mathbf{p}}_1) \times D_2(\tilde{\mathbf{p}}_2),$$

welche offensichtlich semi-infiniter Natur ist.

Der zweite Ansatz basiert – wie der Name schon sagt – auf der Trennung der Designs mittels Hyperebene: Einerseits kann man die Nichtüberlappung zweier konvexer Designs bekanntlich mittels einer trennenden Hyperebene gewährleisten (siehe Abschn. 4.4), andererseits kann man den Abstand eines Punktes von einer Hyperebene direkt durch Einsetzen dieses in die Hyperebenengleichung $\boldsymbol{\eta}^T \mathbf{y} = \beta$ berechnen, wenn der Normalenvektor $\boldsymbol{\eta}$ der

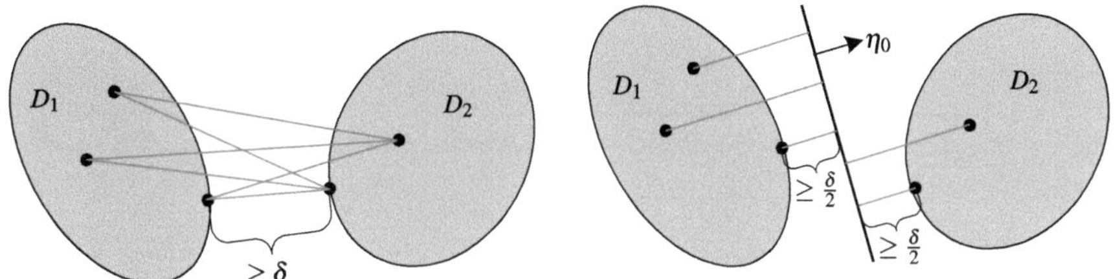

Abb. 25 Realisierung eines Mindestabstandes zwischen zwei elliptischen Designs: *links* mittels euklidischem (Norm-)Abstand, *rechts mittels* trennender Hyperebene

Hyperebene auf 1 normiert, d.h. $\|\boldsymbol{\eta}\|_2 = 1$, ist. Fordert man nun, dass alle Punkte des einen Designs auf der einen Seite der Hyperebene liegen und mindestens einen Abstand $\delta/2$ von ihr haben und alle Punkte des anderen Designs auf der anderen Seite der Hyperebene mit mindestens demselben Abstand, dann haben die Designs einen Mindestabstand δ voneinander (siehe Abb. 25 rechts). Mathematisch lassen sich diese Forderungen formulieren als Ungleichungen

$$\boldsymbol{\eta}_0^T \mathbf{y} - \beta \leq -\frac{\delta}{2} \quad \text{für alle } \mathbf{y} \in D_1(\tilde{\mathbf{p}}_1)$$

und

$$\boldsymbol{\eta}_0^T \mathbf{z} - \beta \geq \frac{\delta}{2} \quad \text{für alle } \mathbf{z} \in D_2(\tilde{\mathbf{p}}_2),$$

welche beide ebenfalls semi-infiniter Natur sind. Dabei bezeichnet $\boldsymbol{\eta}_0$ den Normaleneinheitsvektor.

6.2.2 Guillotine-Anordnung der Designs

Wir zeigen nun, wie sich die Anforderung nach einer Guillotine-Anordnung der Designs für Aufgaben der maximalen Materialausbeute abbilden lässt.

Für die Umsetzung einer solchen Anordnung mittels Säge ist es natürlich nötig, dass zwischen den zu produzierenden Designs Platz für die Sägefuge ist. Der Übersichtlichkeit halber fordern wir in den folgenden Betrachtungen jedoch keinen Mindestabstand zwischen den Designs. Diese Anforderung lässt sich im Nachhinein – wie im vorigen Abschnitt gezeigt – leicht in das Modell integrieren.

In der Mathematik werden Guillotine-Zuschnittprobleme seit Mitte der 60er Jahre des letzten Jahrhunderts untersucht ([26]). Die am häufigsten betrachtete Aufgabe ist das sogenannte *zweidimensionale orthogonale Guillotine-Zuschnittproblem* (siehe Abb. 26):

2DOGZP: Kann eine gegebene Menge von (nur orthogonal rotierbaren) Rechtecken aus einem großen Rechteck durch eine Folge von linearen und zu den Seiten des großen Rechtecks parallelen oder orthogonalen Schnitten, den *Guillotine–Schnitten*, herausgetrennt werden?

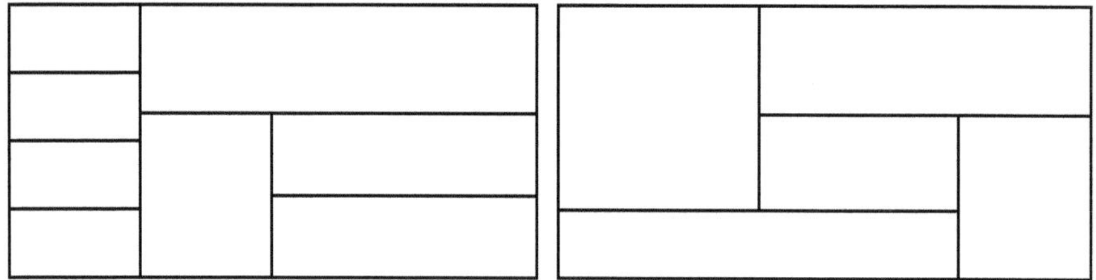

Abb. 26 Anordnung von Rechtecken in einem Rechteck: Guillotine-Anordnung *links*, keine Guillotine-Anordnung *rechts*

Bis heute wurden nur geringfügige Modifikationen dieser Standard-Problemstellung untersucht: Guillotine-Anordnung von gleichgroßen Kreisen in einem Rechteck (siehe [21, 22]), Guillotine-Zuschnitt von Quadern (siehe [33]) und Hyperquadern (siehe [17]).

Alle bekannten Modelle und Lösungsverfahren nutzen die einfache und feste Geometrie der Designs und des Containers aus. Die Designs sind verschiebbar, Rotation dieser ist dagegen, wenn überhaupt, nur um 90° erlaubt. Die Guillotine–Schnitte verlaufen orthogonal oder parallel zueinander.

Für die Verwertungsaufgabe der Edelsteinbearbeitung sind derartige Guillotine-Anordnungen aufgrund der Unförmigkeit des Rohsteins und der Gestalt sowie der Parametrik der Facettensteine jedoch nicht geeignet. Dies würde zu kleineren Schmucksteinen und somit weniger Ertrag führen. Stattdessen braucht man hier, dass sich die Guillotine–Schnitte sowohl absolut als auch relativ zueinander in beliebiger Lage befinden dürfen, damit man mehr Schmucksteinvolumen „generieren" kann.

In Anlehnung an 2DOGZP lässt sich jedoch einführen, was man unter einer Guillotine-Anordnung beliebiger konvexer Designs (*allgemeines Guillotine-Zuschnittproblem*, siehe auch Abb. 23) versteht und wie man eine solche erhält:

AGZP: Gegeben sei eine Anordnung einer Menge von konvexen Designs in einem Container. Die Anordnung wird *Guillotine-Anordnung* genannt, wenn sich der Container durch eine Folge von geradlinigen, durchgehenden Schnitten, den *Guillotine–Schnitten*, derart in Teile zerlegen lässt, dass jedes Teil genau ein Design enthält und kein Design beim Zerteilen des Containers zerschnitten wird.

Ein Guillotine–Schnitt ist demnach eine Hyperebene, welche nicht nur zwei Designs voneinander trennt, sondern eine Menge von Designs von einer anderen Menge von Designs. D. h. in Guillotine-Anordnungen erfolgt die Gewährleistung der Nichtüberlappung der Designs (und die Einhaltung eines Mindestabstandes) immer durch trennende Hyperebenen. Davon braucht es jedoch weniger als bei einer beliebigen Anordnung. Somit ist die Anzahl an Optimierungsparametern kleiner. Die Anzahl und die Struktur der semiinfiniten Restriktionen bei Guillotine-Anordnungen ist jedoch dieselbe wie bei beliebigen Anordnungen.

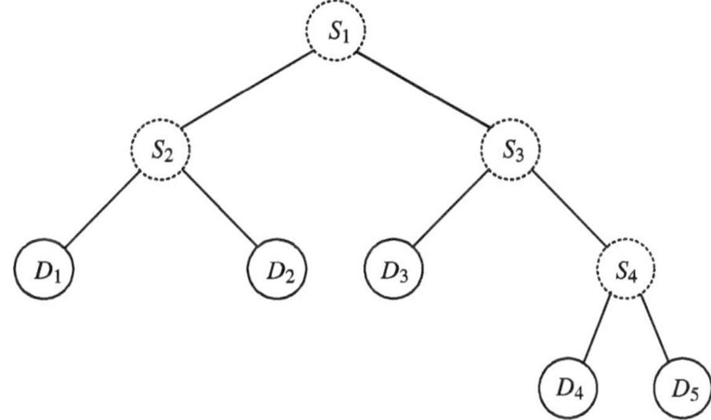

Abb. 27 Repräsentation der Guillotine-Anordnung aus Abb. 23 mittels einem vollen binären Baum

Das Vorgehen im AGZP erzeugt einen vollen binären Baum, dessen Knoten den durch das sukzessive Zerteilen entstehenden Containerteilen entsprechen. Gleichzeitig repräsentieren die inneren Knoten die Guillotine–Schnitte und die Blätter die Designs (siehe Abb. 27).

Ab einer Anzahl von vier Designs gibt es mehr als eine Guillotine-Anordnung dieser. Um die beste Guillotine-Anordnung zu finden, müssen dann alle strukturell unterschiedlichen Guillotine-Anordnungen gerechnet werden. Die Anzahl dieser wächst exponentiell in der Anzahl der Designs.

6.3 Algorithmische Umsetzung

Wir haben uns hinsichtlich der numerischen Lösung dieser Aufgabenstellung für das in Abschn. 4.5.2 vorgestellte transformationsbasierte Diskretisierungsverfahren entschieden, weil dieses sehr gut funktioniert, wenn die meisten der Restriktionsfunktionen affin-linear und die infiniten Indexmengen nahezu polyedrisch sind, was im Fall von Edelsteinverwertungsaufgaben unter Guillotine-Anordnung der Facettensteine der Fall ist bzw. bewerkstelligt werden kann (siehe [14]).

6.3.1 Modellierung der Facettensteine

Für das transformationsbasierte Diskretisierungsverfahren benötigt man neben der funktionalen Beschreibung der Facettensteinform eine Darstellung dieser als Bild einer kompakten Menge unter einer stetig differenzierbaren Abbildung. Aufgrund der Komplexität der Facettensteinformen ist es für keine Form möglich, diese als Bild *einer* Menge darzustellen. Betrachtet man jedoch die Krone, die Rundiste und den Pavillon getrennt voneinander geht dies. Bei sehr komplexen Formen sind gegebenenfalls weitere Unterteilungen dafür nötig.

Wir wollen exemplarisch die Rundiste der Form Rund betrachten. Für die Darstellung der Krone und des Pavillons sowie anderer Formen als Bild einer bzw. mehrerer kompakter Mengen unter stetig differenzierbaren Abbildungen verweisen wir auf [14]. Wie wir aus Gl. (32) wissen, ist die Rundiste der Form Rund

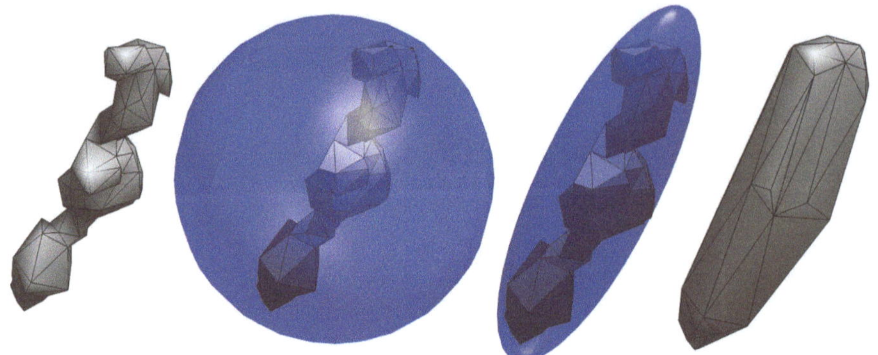

Abb. 28 Überdeckung eines Fehlers: v.l.n.r. Triangulierung seiner Oberfläche, kleinste umschließende Kugel, Löwner-John-Ellipsoid, konvexe Hülle der Triangulierung

$$\left\{ \mathbf{y} \in \mathbb{R}^3 \,\middle|\, \begin{array}{r} y_1^2 + y_2^2 - r_R^2 \leq 0 \\ 0 \leq y_3 \leq h_R \end{array} \right\}$$

ein Zylinder mit Radius r_R und Höhe h_R. Unter Verwendung der Polarkoordinatendarstellung eines Zylinders ist diese demnach das Bild der Menge $[0, 1]^3$ unter der Abbildung $\mathbf{t}((h_R, r_R), \cdot) : \mathbb{R}^3 \to \mathbb{R}^3$ mit

$$\mathbf{t}(\mathbf{x}, \mathbf{z}) := \begin{pmatrix} z_2 r_R \cos(2\pi z_1) \\ z_2 r_R \sin(2\pi z_1) \\ z_3 h_R \end{pmatrix}.$$

6.3.2 Modellierung des Rohsteins und seiner Fehler

Wie sich die Rohsteinoberfläche modellieren lässt, damit obige Aufgabenstellung als allgemeines semi-infinites Optimierungsproblem (re-)formuliert und gelöst werden kann, ist aus Abschn. 5.1.3 bekannt. Daher beschreiben wir an dieser Stelle nur die Modellierung der Fehler. Dazu erinnern wir uns daran, dass für die Konvexität der Probleme der unteren Stufe, die aus der Reformulierung der Nichtüberlappungsbedingungen zwischen den Designs und den Fehlern resultieren, sowohl die Designs als auch die Fehler konvex sein müssen (siehe Abschn. 4.4). Erstere sind es, letztere nicht notwendigerweise. Deswegen müssen sie durch konvexe Mengen approximiert werden. Die einfachste derartige Approximation stellt die Überdeckung eines Fehlers bzw. der Triangulierung seiner Oberfläche durch eine Kugel mit minimalem Radius dar. Eine bessere äußere Approximation liefern die sogenannten *Löwner-John-Ellipsoide*. Das sind Ellipsoide, welche eine Menge von Punkten überdecken und minimales Volumen haben. Schließlich wird für jede Fehlertriangulierung ihre konvexe Hülle berechnet. Die Approximation der Fehler durch verschiedene Körper ist dem mehrstufigen Vorgehen beim Lösen der Aufgabe geschuldet (siehe nächsten Abschnitt) und in Abb. 28 grafisch veranschaulicht.

6.3.3 Startpunktbestimmung

Wir beschreiben nun, wie das transformationsbasierte Diskretisierungsverfahren (Algorithmus 3, Abschn. 4.5.2) im Fall von Edelsteinverwertungsaufgaben initialisiert werden kann. Der Startpunkt in Schritt 1 des Verfahrens entspricht in diesem Kontext einer initialen Belegung der Verschiebungs-, Dreh- und Größen-/Formparameter aller Facettenstein-Designs sowie der Parameter aller Trennebenen; die Startdiskretisierung(en) in Schritt 2 einer initialen Diskretisierung der Facettenstein-Designs sowie der Fehler.

Zur Berechnung von initialen Facettenstein-Design- und Trennebenen-Parametern gehen wir – motiviert dadurch, dass es sich um eine Aufgabe der maximalen Materialausbeute handelt – wie folgt vor: Das Problem der volumenmaximalen Einbeschreibung einer gegebenen Zahl von Kugeln in einen polyedrischen Container mit kugelförmigen Oberflächen- und inneren Kavitäten (Fehlern) stellt die einfachste Aufgabe der maximalen Materialausbeute im $\mathbb{R}^3$ dar und lässt sich direkt auf ein finites Optimierungsproblem, d.h. ein Problem mit endlich vielen Nebenbedingungen, reduzieren. Darum lösen wir in einem ersten Schritt ein solches Problem. Da es sich bei diesem – außer im Fall der Einbeschreibung von nur einer Kugel – um ein nichtkonvexes Optimierungsproblem handelt, wird ein Standardlösungsverfahren für nichtlineare Probleme im Allgemeinen keine globale Lösung finden. Deswegen wird eine berechnete Lösung mehrfach gestört und neu optimiert (eine Technik der globalen Optimierung, die als *Monotonic Basin Hopping (MBH)* bekannt ist), um eine möglichst gute lokale, vielleicht sogar globale Lösung zu finden.

Da Facettensteine im Gegensatz zu Kugeln unterschiedliche Ausdehnungen in Richtung der drei Hauptachsen haben, sind letztere als Ersatzmodelle nicht so gut geeignet. Deswegen gehen wir in einem zweiten Schritt zu einer elliptischen Repräsentation der verschiedenen Objekte über und lösen das entsprechende Einbeschreibungsproblem. Dieses lässt sich ebenfalls noch als finites Optimierungsproblem formulieren. Aufgrund seiner Nichtkonvexität verwenden wir auch an dieser Stelle MBH, um eine möglichst gute lokale Lösung zu finden.

Eine initiale Belegung der Parameter der Facettenstein-Designs erhalten wir schließlich durch Einbeschreibung einer Diskretisierung dieser in die angeordneten Design-Ellipsoide unter Maximierung des Volumens der Facettenstein-Designs. Zur Lösung der semi-infiniten Reformulierung der Verwertungsaufgabe gehen wir zur polyedrischen Darstellung der Oberflächen- und inneren Kavitäten über. Für Details hinsichtlich der gesamten Startpunktberechnung verweisen wir auf [14] (siehe auch Abb. 31 für eine grafische Veranschaulichung).

6.3.4 Ein numerisches Beispiel

Abschließend veranschaulichen wir anhand eines numerischen Beispiels die Problemdimensionen der auftretenden Optimierungsprobleme sowie die Laufzeiten und Iterationszahlen des transformationsbasierten Diskretisierungsverfahrens.

Wir haben die Einbeschreibungsprobleme sowie das transformationsbasierte Diskretisierungsverfahren in MATLAB (R2012a) implementiert. Zur Lösung der finiten Reformulierungen der Einbeschreibungsprobleme sowie der diskretisierten SIP-Probleme im

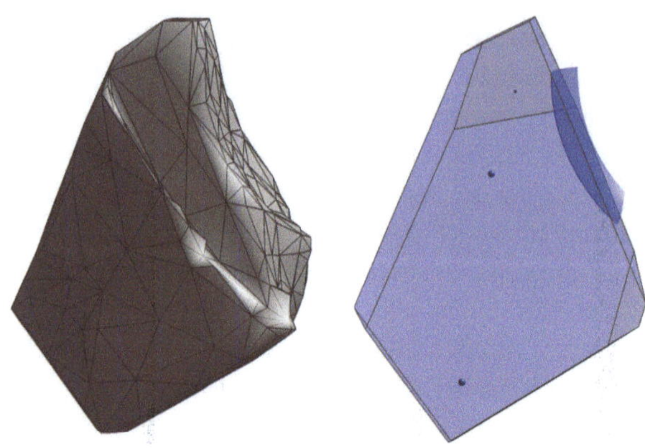

Abb. 29 Rohstein mit drei Einschlüssen: *links* Oberflächentriangulierung, *rechts* Approximation der Rohsteinoberfläche durch Ebenen und eine Kugel sowie Überdeckung der Einschlüsse durch Kugeln

Rahmen des transformationsbasierten Diskretisierungsverfahrens benutzten wir das SQP-Verfahren der Routine `fmincon` der `Optimization Toolbox V6.1` mit Standardeinstellungen und unter Verwendung erster Ableitungen. Die Rechnungen erfolgten auf einem 32 bit Windows Laptop-PC mit Intel Core Duo T2500 2.0 GHz Prozessor und 2.0 GB RAM.

Die Forderung nach Einhaltung eines Mindestabstandes betrachten wir in diesem Beispiel nicht, weil es für den Betrachter schwer ist, diese im zweidimensionalen Abbild der dreidimensionalen Situation nachzuprüfen. Aus demselben Grund haben wir auf die Forderung nach Guillotinierbarkeit der Anordnung verzichtet.

Der gewählte Rohstein besitzt drei Einschlüsse. Wir betrachten eine Triangulierung seiner Oberfläche mit 576 Dreiecken (siehe Abb. 29 links). Diese haben wir durch 9 Ebenen und eine Quadrik approximiert (siehe Abb. 29 rechts). Die konvexe Hülle der approximierten Oberflächenkavität besitzt 24 Eckpunkte. Die Oberflächentriangulierungen der drei Einschlüsse haben wir durch je eine Kugel und je einen Ellipsoiden überdeckt (siehe Abb. 29 rechts). Die konvexen Hüllen dieser besitzen 25, 38 bzw. 50 Eckpunkte.

In diesen Rohstein wollen wir ein bis fünf Facettenstein-Designs der Form Baguette (siehe Abb. 3) mit maximalem Gesamtvolumen einbeschreiben. Als maximale Anzahl der Nichtverbesserungen für das MBH wählen wir sowohl für das Einbeschreiben der Kugeln als auch der Ellipsoide den Wert 3. Das transformationsbasierte Diskretisierungsverfahren terminiert, wenn die maximale Verletzung der Zulässigkeit der Lösung bzgl. des zugrundeliegenden allgemeinen semi-infiniten Problems kleiner oder gleich 10^{-3} ist. Die initiale Diskretisierung eines Facettenstein-Designs der Form Baguette besteht aus 10 Punkten und ist in Abb. 30 dargestellt.

In Tab. 1 sind die Problemdimensionen der aus den Einbeschreibungsproblemen resultierenden allgemeinen semi-infiniten Optimierungsprobleme festgehalten. Tabelle 2 zeigt die Ergebnisse der Rechnungen für die Einbeschreibung von einem bis fünf Facettenstein-Designs der Form Baguette in die betrachtete Rohstein-Approximation. Die Bezeichnungen in den Tabellen haben die folgende Bedeutung:

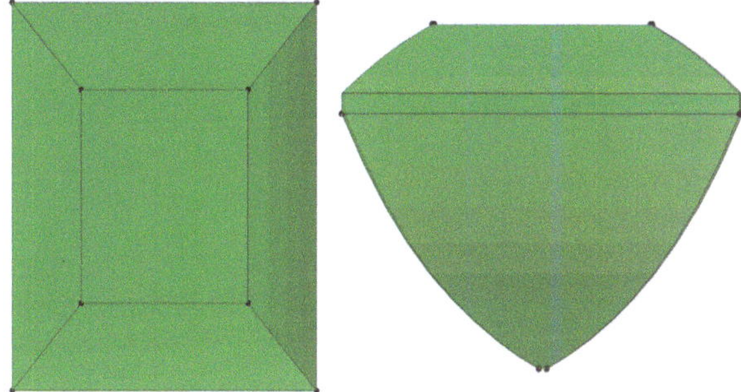

Abb. 30 Die initiale Diskretisierung eines Facettenstein-Designs der Form Baguette: *links* Draufsicht, *rechts* Seitenansicht

Tab. 1 Problemdimensionen der resultierenden allgemeinen semi-infiniten Optimierungsprobleme für die Einbeschreibung von einem bis fünf Facettenstein-Designs in die Rohstein-Approximation

# D	# V	# g's	# IIM	# SIR
1	30	13	5	17
2	64	18	6	36
3	102	24	7	54
4	144	31	8	80
5	190	39	9	105

Tab. 2 Einbeschreibung von bis zu fünf Kugeln, Ellipsoiden sowie Facettenstein-Designs der Form Baguette in die Rohstein-Approximation: Problemdimensionen der finiten Probleme, Rechenzeiten und Volumenausbeuten

# D	D	# V	# FR	# I	t	MBH-V	Vol
1	K	4	21	5	1.465	<0.01	12.20
	E	25	35	9	7.815	3.03	22.40
	FD	30	182 ↗ 472	7	14.159	–	35.66
2	K	8	43	11	2.476	8.11	20.04
	E	54	73	5	17.873	<0.01	32.46
	FD	64	385 ↗ 1605	6	67.419	–	56.37
3	K	12	66	6	2.169	4.64	29.39
	E	87	114	6	31.214	<0.01	45.63
	FD	102	609 ↗ 2274	6	93.905	–	62.93
4	K	16	90	12	4.191	10.71	36.64
	E	124	158	5	46.495	<0.01	48.68
	FD	144	854 ↗ 3554	7	335.644	–	69.39
5	K	20	115	10	4.658	1.30	37.49
	E	165	205	7	132.598	<0.01	50.79
	FD	190	1120 ↗ 5383	9	545.305	–	73.02

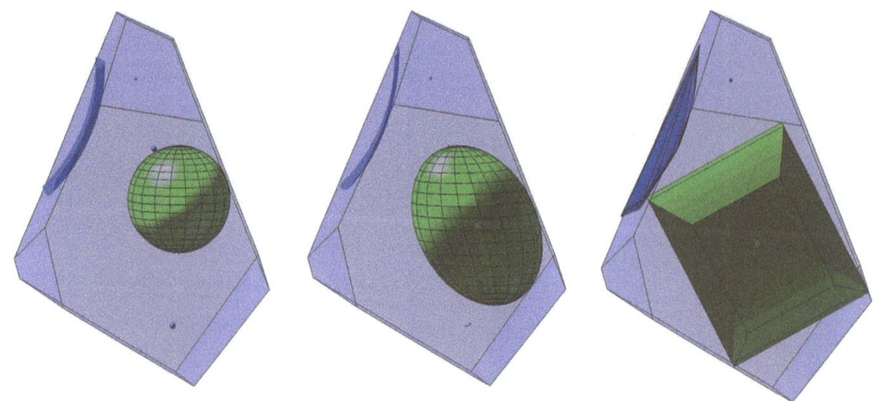

Abb. 31 Mehrstufiges Vorgehen beim Lösen von Edelsteinverwertungsaufgaben: von kugelförmigen über elliptischen zu polyedrischen Objekten

# D:	Anzahl der jeweiligen Designs
D:	Designs: K – Kugel(n), E – Ellipsoid(e), FD – Facettenstein-Design(s)
# V:	Anzahl der Variablen des Problems
# FR:	Anzahl der finiten Restriktionen
# g's:	Anzahl der Restriktionsfunktionen der semi-infiniten Restriktionen
# IIM:	Anzahl der infiniten Indexmengen
# SIR:	Anzahl der semi-infiniten Restriktionen
# I:	Anzahl der Schleifendurchläufe beim Monotonic Basin Hopping bzw. beim transformationsbasierten Diskretisierungsverfahren zur Verfeinerung der Diskretisierung
t:	Rechenzeit in Sekunden
MBH-V:	absolute Verbesserung des Zielfunktionswertes in Prozent infolge MBH
Vol:	Volumenausbeute in Prozent

Eine grafische Veranschaulichung der berechneten Lösungen findet sich in den Abb. 31, 32 und 33.

6.4 Automatisierung des Zerlegeprozesses

Das technische Ziel dieses Projektes war es, das Zerlegen des Rohmaterials in weiterverarbeitbare Rohlinge zu automatisieren. Dazu sollte versucht werden, möglichst viele Herangehensweisen der Manufaktur in den automatischen Prozess zu überführen.

Die in der Manufaktur eingesetzte Sägetechnologie ist die Kreissägetechnologie. Die Rohsteine werden dabei mit Steinklemmen aus Holz gehalten. Diese Haltetechnik ist für den automatischen Prozess jedoch nicht geeignet, weil nicht vorausgesagt werden

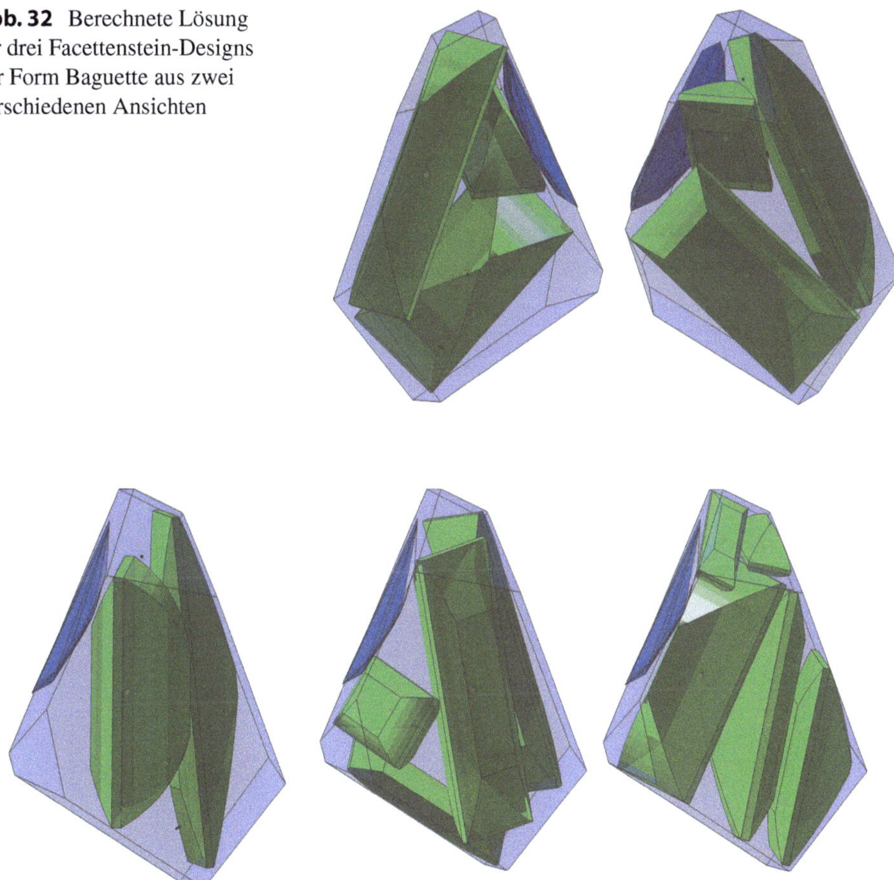

Abb. 32 Berechnete Lösung für drei Facettenstein-Designs der Form Baguette aus zwei verschiedenen Ansichten

Abb. 33 Berechnete Lösungen für zwei, vier und fünf Facettenstein-Designs der Form Baguette

kann, wie tief der Rohstein in das Holz eindringt. Es bedarf im automatischen Prozess aber der Erhaltung der Koordinaten. Dieses Problem wurde schließlich wie folgt gelöst: Der Rohstein wird in Kunstharz eingegossen und dieser Block anschließend auf einen Quader zugefräst (siehe Abb. 34). Der Harzquader wird auf eine Schnittunterlage aufgeklebt, in welche mit der Trennscheibe hineingeschnitten werden darf. Die Schnittunterlage wird auf eine T-Nutenplatte aufgeklemmt, welche in eine Schraubzwinge eingespannt wird.

Die Kreissäge ist so konzipiert, dass die Trennscheibe feststeht und der Harzquader gemäß des auszuführenden Schnittes ausgerichtet wird. Dazu wurde die Schraubzwinge auf Dreh- und Schwenktische montiert, welche orthogonal und parallel zur Trennscheibe verschiebbar sind. Der Schnitt erfolgt, indem die Haltevorrichtung gegen die Trennscheibe geführt wird (siehe Abb. 35).

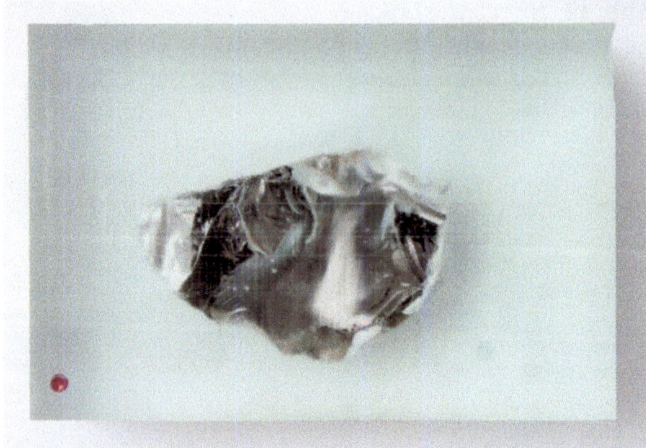

Abb. 34 Zugefräster Harzquader mit eingeschlossenem Rohstein

Abb. 35 Sägen durch Führen des ausgerichteten Harzquaders gegen die Trennscheibe

Die Datenerfassung konnte in diesem Projekt aufgrund der Anforderung nach Detektion von Fehlern im Inneren der Rohsteins nicht mittels Streifenprojektion erfolgen. Stattdessen entschied man sich für Computertomographie. Im hauseigenen Computertomographen wurden die Rohsteine samt Harzquader digitalisiert.

Neben der Optimierungsalgorithmik wurden zwei Module implementiert, welche auf die Ausführung der Guillotine–Schnitte abzielen. Dabei handelt es sich zum einen um ein Programm zur virtuellen Durchführung der Guillotine–Schnitte mit anschließender Visualisierung der entstehenden Rohlinge und zum anderen um ein Programm zur Berechnung der Maschinendaten (Winkeleinstellungen der Drehachsen sowie Position der Linearachsen) für den Säge-Prototypen zur realen Ausführung der Schnittsequenz.

Geplant war, dass die Schnitte, nachdem der Harzquader ausgerichtet ist, automatisch erfolgen. Dies konnte jedoch so nicht umgesetzt werden, weil zwei Probleme bereits bei den ersten Schneidversuchen auftraten: Wenn die Trennscheibe beim Einschnitt zu schräg und/oder zu schnell auf die Harzquaderoberfläche trifft, kann sie abrutschen und verkanten. Gleiches kann beim Herausziehen des Werkstückes aus der Trennscheibe geschehen.

Deswegen muss der Anschnitt und das Herausziehen manuell mit dem Gefühl eines erfahrenen Sägers geschehen.

Der Ablauf einer Zerlegung gestaltet sich schließlich wie folgt:

1. **Vorbereitung**: Eingießen des Rohsteins in Kunstharz, Zufräsen des Kunstharzquaders
2. **Computertomographie und Aufbereitung der Volumendaten**: Fotografieren des Kunstharzquaders, Segmentierung des Kunstharzquaders und des Rohsteins sowie Fehleranalyse
3. **Zwischenkontrolle 1**: Nachjustage der Fehlerklassifikation
4. **Aufbereitung der Volumendaten für die Optimierung**: Erzeugung von Oberflächendaten, Approximation des Harzquaders, der Rohsteinoberfläche und der Fehler
5. **Optimierung**: Berechnung hinsichtlich des Volumens optimaler Zerlegepläne
6. **Zwischenkontrolle 2**: Auswahl eines Zerlegeplans
7. **Erzeugung der Maschinendaten**
8. **Vorbereiten des Schnittes**: Aufkleben des Harzquaders auf eine Acrylglasplatte, Fixieren der Acrylglasplatte auf einer Aluminium-T-Nutenplatte mittels Spannpratzen, Einspannen der Aluminium-T-Nutenplatte in den Schraubstock der Haltevorrichtung, Ausrichten der Haltevorrichtung gemäß der berechneten Winkel und Verschiebungen
9. **Zersägen des Harzquaders**: manueller Anschnitt, Schneiden mit automatischem Vorschub, manuelles Zurückziehen
10. **Ablösen der Harzquader**
11. **Wiederholung der Schritte (7/8) bis (10) bis alle berechneten Schnitte realisiert wurden**
12. **Endkontrolle**

Ein Problem dieses Prozesses ist die Schwierigkeit, ausreichende Arbeitssicherheit zu gewährleisten. Die manuelle Führung des Harzquaders bei hohen Kräften, die das Sägeblatt erzeugt, ist kaum zu verantworten. Daher müssen auch alternative Ansätze erwogen werden. Ein vielversprechender Ansatz ist die Zerlegung mittels Hochdruckwasserstrahl, der im Folgenden diskutiert wird.

6.5 Zerlegung mittels Wasserstrahl

Bei der Entscheidung, wie die Zerlegung des Rohmaterials am besten umzusetzen wäre, war die Wasserstrahltechnologie zunächst verworfen worden, weil die Schneidfugen, die der Strahl erzeugt, zu breit waren. Weiterentwicklungen der Technologie im Jahr 2011 machten jedoch einen Einsatz in der Edelsteinindustrie möglich. Von der Fa. Wild beauftragte Testserien in Schweden und in der Schweiz zeigten, dass mit Hochdruckwasserstrahl in Kombination mit dem richtigen Abrasivmittel Edelsteine geschnitten werden können, ohne dass nennenswerte Kräfte in die Steine eingetragen werden und die Breite der Schneidfugen sowie die Tiefe des Schnitts in vertretbarem Rahmen liegen. In einem

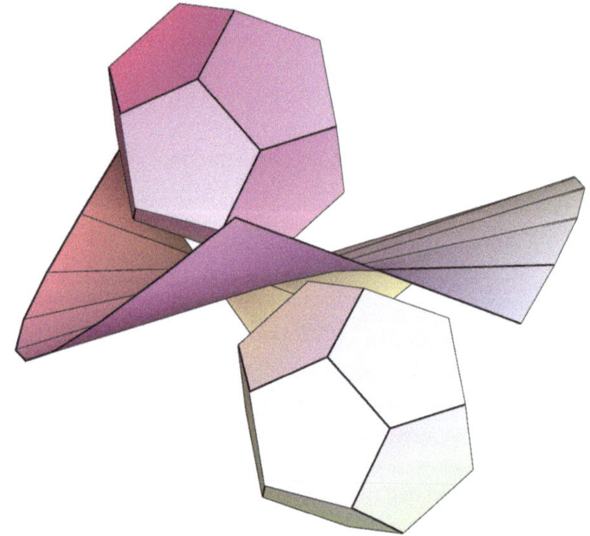

Abb. 36 Zwei Designs getrennt durch eine abwickelbare Trennfläche

aktuellen Forschungsprojekt wird daher die Hochdruckwasserstrahltechnik weiter untersucht.

Zum Trennen des Materials wird ein harter Wasserstrahl genutzt, der im Vergleich zu den Guillotine–Schnitten deutlich mehr Freiheitsgrade hat. Somit sind die Schnittflächen bei Wasserstrahltrennung nicht notwendigerweise Ebenen sondern im Allgemeinen sogenannte abwickelbare Flächen wie in Abb. 36 dargestellt. Zur Modellierung dieser Herangehensweise und zur Lösung des zugehörigen Problems der maximalen Materialausbeute müssen in zukünftiger Forschungsarbeit die bisherigen Ansätze verallgemeinert werden.

7 Ausblick

Das Problem der optimalen Materialausbeute beim Edelsteinschleifen ist ein hervorragendes Beispiel für den Nutzen mathematischer Methode in Zeiten der computergestützten individualisierten Produktion. Nicht nur maschinen- und softwaretechnische Herausforderungen sind zu meistern, vor allem auch mathematische. Zu Beginn der Projekte am Fraunhofer ITWM im Auftrag der Fa. Paul Wild oHG gab es kein praxistaugliches mathematisches Verfahren zur Berechnung optimaler Designs von Facettensteinen, welches einfach zur Lösung der gestellten Aufgaben herangezogen werden konnte. Es war notwendig, verfügbare algorithmische Konzepte für Probleme mit Enthaltenseins- und Nichtüberlappungsbedingungen zu entwickeln bzw. so zu verändern, dass numerisch robuste Verfahren entstanden, die bei der vorliegenden Komplexität der Aufgaben in vernünftiger Zeit zu Ergebnissen kommen.

Neue Mathematik entstand bei den Projekten am ITWM durch die Entwicklung eines Verfahrens zulässiger Lösungen für allgemeine semi-infinite Aufgaben (GSIP) und es wurde eine neue Verfahrensklasse zur Lösung von GSIPs mit dem transformationsbasierten Diskretisierungsverfahren entwickelt. Zudem wurde gezeigt, dass auch Zerlegungsprobleme oder auch die Berücksichtigung von Einschlüssen mit der Modellklasse der GSIPs abbildbar sind.

Trotz des sichtbaren Erfolges gibt es eine Menge weiterer spannender offener Fragen, die bislang noch nicht hinreichend gelöst worden sind.

Ein spannendes Beispiel ist die Zerlegung von Steinen mit Wasserstrahlwerkzeugen. Bisher wurden nur die Guillotine–Schnitte, wie sie mit der Kreissägetechnik möglich sind, untersucht. Die neue Technologie biete mehr Freiheiten, die Schnitte zu gestalten. Wie kann man diese allgemeineren Trennmöglichkeit mathematisch sinnvoll beschreiben? Wie kann man optimale Zerlegungen rechnen? Ist die semi-infinite Formulierung oder die Methode basierend auf Kollisionserkennung zielführender? In einem neuen Projektvorhaben mit der Fa. Wild wird genau diese Frage technisch angegangen, weil die Guillotine–Schnitte mit Kreissägetechnik aufgrund der hohen Krafteinträge zu große praktische Probleme aufwerfen.

Literaturverzeichnis

Publikationen zum Thema am Fraunhofer ITWM

1. Haase, S., Süss, P., Schwientek, J., Teichert, K., Preusser, T.: Radiofrequency ablation planning: an application of semi-infinite modelling techniques. Eur. J. Oper. Res. **218**(3), 856–864 (2012). doi:10.1016/j.ejor.2011.12.014
2. Küfer, K.H., Stein, O., Winterfeld, A.: Semi-infinite optimization meets industry: a deterministic approach to gemstone cutting. SIAM News **41**(8) (2008)
3. Ludes, T.: Inverse convex approximation of irregular solids by tensor-product splines. Diplomarbeit, TU Kaiserslautern (in Kooperation mit dem Fraunhofer ITWM) (2008)
4. Maag, V.: A collision detection approach for maximizing the material utilization. Optimization Online, Preprint ID 2014-09-4543 (2014)
5. Maag, V., Berger, M., Winterfeld, A., Küfer, K.H.: A novel non-linear approach to minimal area rectangular packing. Ann. Oper. Res. **179**, 243–260 (2008). doi:10.1007/s10479-008-0462-7
6. Malysheva, O.: Optimal approximation of nonlinear gemstone-models by parameterized polyhedra. Diplomarbeit, TU Kaiserslautern (in Kooperation mit dem Fraunhofer ITWM) (2008)
7. Proll, S.: Matching and alignment methods for three-dimensional objects applied to the volume optimization of gemstones. Diplomarbeit, TU Kaiserslautern (in Kooperation mit dem Fraunhofer ITWM) (2009)
8. Schwientek, J., Seidel, T., Küfer, K.H.: A transformation-based discretization method for solving general semi-infinite optimization problems. Working paper
9. Seidel, T.: Konvexitäts- und Konvergenzbetrachtungen am Beispiel des transformationsbasierten Diskretisierungsverfahrens für semi-infinite Optimierungsprobleme. Bachelorarbeit, TU Kaiserslautern (in Kooperation mit dem Fraunhofer ITWM) (2014)
10. Stein, O., Winterfeld, A.: A feasible method for generalized semi-infinite programming. J. Optim. Theory Appl. **146**(2), 419–443 (2010). doi:10.1007/s10957-010-9674-5
11. Winterfeld, A.: Maximizing volumes of lapidaries by use of hierarchical GSIP-models. Diplomarbeit, TU Kaiserslautern (in Kooperation mit dem Fraunhofer ITWM) (2004)
12. Winterfeld, A.: Application of general semi-infinite programming to lapidary cutting problems. Eur. J. Oper. Res. **191**, 838–854 (2008). doi:10.1016/j.ejor.2007.01.057

Dissertationen zum Thema am Fraunhofer ITWM

13. Maag, V.: Multicriteria global optimization for the cooling system design of casting tools. Ph.D. thesis, TU Kaiserslautern (in Kooperation mit dem Fraunhofer ITWM) (2010). Erschienen bei Der Andere Verlag, Marburg, ISBN 978-3-89959-956-5
14. Schwientek, J.: Modellierung und Lösung parametrischer Packungsprobleme mittels semi-infiniter Optimierung – Angewandt auf die Verwertung von Edelsteinen. Ph.D. thesis, TU Kaiserslautern (in Kooperation mit dem Fraunhofer ITWM) (2013). Erschienen im Fraunhofer-Verlag, Stuttgart, ISBN 978-3-8396-0566-0
15. Teichert, K.: A hyperboxing pareto approximation method applied to radiofrequency ablation treatment planning. Ph.D. thesis, TU Kaiserslautern (in Kooperation mit dem Fraunhofer ITWM) (2013)
16. Winterfeld, A.: Large-scale semi-infinite optimization applied to lapidary cutting. Ph.D. thesis, TU Kaiserslautern (in Kooperation mit dem Fraunhofer ITWM) (2007). Erschienen bei dissertation.de – Verlag im Internet GmbH, Berlin, ISBN 978-3-86624-301-9

Weitere Literatur

17. Amossen, R.R., Pisinger, D.: Multi-dimensional bin packing problems with guillotine constraints. Comput. Oper. Res. **37**(11), 1999–2006 (2010)
18. Belov, G.: Problems, models and algorithms in one- and two-dimensional cutting. Ph.D. thesis, TU Dresden (2004)
19. Bennell, J.A., Oliveira, J.F.: The geometry of nesting problems: a tutorial. Eur. J. Oper. Res. **184**(2), 397–415 (2008)
20. Boyd, S., Vandenberghe, L.: Convex Optimization, 7th edn. Cambridge University Press, Cambridge (2009)
21. Cui, Y., Chen, F., Liu, R., Liu, Y., Yan, X.: A simple algorithm for generating optimal equal circle cutting patterns with minimum sections. Adv. Eng. Softw. **41**, 401–403 (2010)
22. Cui, Y., Gu, T., Hu, W.: Simplest optimal guillotine cutting patterns for strips of identical circles. J. Comb. Optim. **15**, 357–367 (2008)
23. Diehl, M., Houska, B., Stein, O., Steuermann, S.: A lifting method for generalized semi-infinite programs based on lower level Wolfe duality. Comput. Optim. Appl. **54**(1), 189–210 (2013)
24. Ericson, C.: Real-Time Collision Detection, vol. 14. Elsevier, Amsterdam (2005)
25. Fischer, K.: Edelsteinbearbeitung, Bd. 2, 3. Aufl. Rühle-Diebener-Verlag, Stuttgart (1996)
26. Gilmore, P.C., Gomory, R.E.: Multistage cutting-stock problems of two and more dimensions. Oper. Res. **13**, 90–120 (1965)
27. Goerner, S.: Ein Hybridverfahren zur Lösung nichtlinearer semi-infiniter Optimierungsprobleme. Ph.D. thesis, TU Berlin (1997)
28. Guerra Vázquez, F., Rückmann, J.J., Stein, O., Still, G.: Generalized semi-infinite programming: a tutorial. J. Comput. Appl. Math. **217**(2), 394–419 (2008)
29. Hettich, R., Kortanek, K.O.: Semi-infinite programming: theory, methods, and applications. SIAM Rev. **35**, 380–429 (1993)
30. Horst, R., Tuy, H.: The design centering problem. In: Global Optimization – Deterministic Approaches, pp. 572–591. Springer, Berlin (1996). Chap. C 4.1
31. Lawrence, C.T., Tits, A.L.: Feasible sequential quadratic programming for finely discretized problems from SIP. In: Reemtsen and Rückmann [36], pp. 159–193
32. Panier, E.R., Tits, A.L.: A globally convergent algorithm with adaptively refined discretization for semi-infinite optimization problems arising in engineering design. IEEE Trans. Autom. Control **34**, 903–908 (1989)

33. de Queiroz, T.A., Miyazawa, F.K., Wakabayashi, Y., Xavier, E.C.: Algorithms for 3D guillotine cutting problems: unbounded knapsack, cutting stock and strip packing. Comput. Oper. Res. **39**, 200–212 (2012)
34. Reemtsen, R.: Discretization methods for the solution of semi-infinite programming problems. J. Optim. Theory Appl. **71**(1), 85–103 (1991)
35. Reemtsen, R., Goerner, S.: Numerical methods for semi-infinite programming: A survey. In: Reemtsen and Rückmann [36], pp. 195–275
36. Reemtsen, R., Rückmann, J.J. (eds.): Semi-Infinite Programming. Kluwer Academic, Boston (1998)
37. Scheel, H., Scholtes, S.: Mathematical programs with complementarity constraints: stationarity, optimality, and sensitivity. Math. Oper. Res. **25**, 1–22 (2000)
38. Scheithauer, G.: Zuschnitt- und Packungsoptimierung: Problemstellungen, Modellierungstechniken, Lösungsmethoden. Vieweg+Teubner, Wiesbaden (2008)
39. Stein, O.: Bi-Level Strategies in Semi-Infinite Programming. Kluwer, Boston (2003)
40. Stein, O.: How to solve a semi-infinite optimization problem. Eur. J. Oper. Res. **223**(2), 312–320 (2012)
41. Stein, O., Still, G.: On generalized semi-infinite optimization and bilevel optimization. Eur. J. Oper. Res. **142**, 444–462 (2002)
42. Stein, O., Still, G.: Solving semi-infinite optimization problems with interior point techniques. SIAM J. Control Optim. **42**(3), 769–788 (2003)
43. Stein, O., Tezel, A.: The semismooth approach for semi-infinite programming under the reduction ansatz. J. Glob. Optim. **41**(2), 245–266 (2008)
44. Stein, O., Tezel, A.: The semismooth approach for semi-infinite programming without strict complementarity. SIAM J. Optim. **20**(2), 1052–1072 (2009)
45. Still, G.: Generalized semi-infinite programming: theory and methods. Eur. J. Oper. Res. **119**, 301–313 (1999)
46. Still, G.: Discretization in semi-infinite programming: the rate of convergence. Math. Program. **91**, 53–69 (2001)
47. Still, G.: Generalized semi-infinite programming: numerical aspects. Optimization **49**, 223–242 (2001)
48. Still, G.: Solving generalized semi-infinite programs by reduction to simpler problems. Optimization **53**(1), 19–38 (2004)
49. Weber, G.W.: Generalized semi-infinite optimization: on some foundations. J. Comput. Sci. Technol. **4**, 41–61 (1999)
50. Weber, G.W.: Generalized Semi-Infinite Optimization and Related Topics. Heldermann-Verlag, Lemgo (2003)

Robuste Zustandsschätzung komplexer Systeme

Jan Hauth, Patrick Lang und Andreas Wirsen

1 Herausforderungen für die Industrie

Die Komplexität vieler technischer Anwendungen und Produktionsprozesse nimmt aufgrund wachsender technologischer Möglichkeiten der Produkte kontinuierlich zu. In biologischen Prozessen ist diese naturgegeben immer schon sehr groß. Komplexität hat hierbei ganz unterschiedliche Facetten, sie drückt sich beispielsweise aus durch die Vernetzung einer Vielzahl von Teilprozessen, in nichtlinearer Systemdynamik und in Kombinationen hiervon. Andererseits aber sind in vielen Fällen die Beschreibungen der Prozesse und Systeme mit signifikanten Unsicherheiten behaftet. In technischen Systemen resultieren diese zum einen aus Unsicherheiten hinsichtlich der Parameter von integrierten Bauteilen und deren zeitlicher Veränderung im Betrieb, zum anderen aber auch aus Störungen aus dem externen Prozessumfeld. In biologischen Systemen sind sie durch die natürlichen Schwankungen und Variabilitäten, die für lebende Systeme typisch sind, oft noch viel ausgeprägter und müssen daher beispielsweise bei der Entwicklung neuer medizinischer Wirkstoffe und Geräte oder bei der Auslegung und Steuerung von Bioreaktoren unbedingt berücksichtigt werden.

Trotz steigender Komplexitäten und unvermeidbarer Unsicherheiten in technisch relevanten Systemen steigen dennoch ständig auch die Anforderungen hinsichtlich der Sicherstellung gewisser Prozess- und Systemqualitäten, wie:

Produktqualität Gerade die Komplexität und auch die damit einhergehenden dynamischen Effekte setzen eine lückenlose Überwachung kritischer Systemparameter voraus, um gegebenenfalls mit geeigneten Steuerungsmaßnahmen in das Systemverhalten eingreifen

J. Hauth · P. Lang (✉) · A. Wirsen
Fraunhofer-Institut für Techno- und Wirtschaftsmathematik, Fraunhofer-Platz 1,
67663 Kaiserslautern, Deutschland
e-mail: patrick.lang@itwm.fraunhofer.de

H. Neunzert, D. Prätzel-Wolters (eds.), *Mathematik im Fraunhofer-Institut*,
DOI 10.1007/978-3-662-44877-9_9

und die gleichbleibende Produktqualität garantieren zu können. Auch der Einsatz automatisierter Regelungsverfahren erfordert die Bereitstellung dieser Informationen.

Systemzuverlässigkeit Beim komplexen Zusammenspiel vieler Komponenten, das sehr stark vom jeweiligen Operationsmodus des Systems abhängt, ist eine sinnvolle Abschätzung der Lebensdauern einzelner Komponenten oftmals nicht mehr sinnvoll a-priori angebbar. Um ein möglichst kontinuierliches Funktionieren des Gesamtsystems (kostengünstig) sicherzustellen, ist vielmehr ein permanentes Überwachen kritischer Systemkomponenten sinnvoll, deren Austausch dann im Falle sich verschlechternder Betriebseigenschaften vorausschauend geplant werden kann. Hierdurch lassen sich die Stillstandszeiten und die Wartungskosten im Sinne einer vorausschauenden Instandhaltung minimieren.

Die Sicherstellung beider Qualitäten erfordert die Bereitstellung kritischer Informationen aus dem dynamischen Systemgeschehen. Der direkte Weg, um die erforderlichen System- bzw. Prozessinformationen zu erhalten, besteht prinzipiell in der direkten Messung der entscheidenden Zustände und Parameter durch den Einsatz geeigneter Sensorik. Allerdings ist die direkte Überwachung aller interessierenden Systemgrößen in den meisten Fällen aufgrund technischer Limitationen der verfügbaren Sensorik und des eingeschränkten Vorhandenseins geeigneter Messstellen nicht möglich. Auch würde in vielen Fällen die direkte Messung aller Größen aufgrund der Anzahl der erforderlichen Sensoren zu teuer. Einen Ausweg zeigt hier die modellbasierte Zustandsschätzung auf. Hierbei wird ausgehend von einer auf Basis des vorhandenen Systemmodells durchgeführten Systemsimulation diese schrittweise mit der jeweils zur Verfügung stehenden Messinformation kombiniert, um hieraus eine möglichst gute Schätzung der wahren Systemzustände abzuleiten. Das Systemmodell ist hierbei so gewählt, dass sich die eigentlich interessierenden kritischen Systemgrößen und -parameter auf Basis einfacher funktionaler Zusammenhänge im Sinne einer virtuellen Sensorik daraus berechnen lassen.

Aufgrund der Charakteristika moderner technischer Systeme resultieren eine Reihe von Herausforderungen an diese Zustandsschätzer.

Echtzeitfähigkeit Für viele Anwendungen, die steuernde und regelnde Systemeingriffe erfordern, ist es unabdingbar die hierfür erforderlichen Schätzungen der aktuellen Systemzustände praktisch in Echtzeit bereitzustellen. Gerade für hochdynamische Prozesse ist dies eine echte Herausforderung, die den Einsatz dimensionsbeschränkter Systemmodelle in Kombination mit entsprechend leistungsfähiger Hardware erfordert. Insbesondere ist auch sicherzustellen, dass die ausgewählte Sensorik den dynamischen Herausforderungen des betrachteten Prozesses gewachsen ist.

Robustheit Da die Zustandsschätzung in vielen Fällen die Basisinformation für darauf aufsetzende Regelungsalgorithmen liefert, ist eine gewisse Robustheit gegenüber Änderungen in der Systemspezifikation zu garantieren. Dies gilt zum einen für kurzfristig variierende Parameterwerte von bestimmten Bauteilen aufgrund sich ändernder Umgebungsbedingungen im Prozessumfeld, zum anderen aber auch für sich dauerhaft ändernde

Parameterwerte aufgrund von Alterungsprozessen. Insbesondere sind ja auch initial die meisten Systemparameter nur mit einer eingeschränkten Genauigkeit seitens der Zulieferer gegeben, dennoch ist man ja an einer möglichst genauen Information hinsichtlich der wahren Systemdynamik interessiert. Überdies ist auch eine Robustheit der Zustandsschätzung gegenüber den oftmals nur ansatzweise bekannten Störungen zu garantieren, die von Außen auf das System einwirken. Einen besonderen Aspekt stellt auch die Zuverlässigkeit der Sensorik dar, vereinzelte Fehlmessungen oder gar der Ausfall eines Sensors sollten vor allem in sicherheitskritischen Anwendungen nicht zum Komplettausfall der darauf aufsetzenden Zustandsschätzung führen. Hier muss unter Umständen mit entsprechenden Redundanz-Konzepten gearbeitet werden. Auch die Problematik nicht synchron arbeitender Sensorik muss in diesem Kontext geeignet berücksichtigt werden.

2 Herausforderungen für die Mathematik

Die mathematische Zustandsschätzung ist in vielen technischen, medizinischen und biologischen Prozessen ein wichtiges Hilfsmittel, um verborgene und nicht direkt messbare Prozesszustände basierend auf dem synergetischen Zusammenführen von Informationen aus einer Systemsimulation und realen Messungen verschiedener Systemgrößen zu bestimmen. Bei der Erstellung der entsprechenden Zustandsschätzer treten folgende Herausforderungen zu Tage:

Systemmodell Basierend auf einem geeignet zu definierenden Systemzustand, der zu jedem Zeitpunkt alle für die weitere dynamische Entwicklung des Systems erforderliche Information beinhaltet, wird aufsetzend auf dem vorhandenen technischen bzw. biologischen Verständnis zusammen mit entsprechend vorhandenen Prozessdaten ein Modell für die zeitliche Entwicklung dieses Zustandes erstellt. In vielen Fällen führt diese Modellierung auf eine Zustandsdynamik in Form eines gewöhnlichen Differentialgleichungssystems oder eines Differential-Algebraischen Systems. Ausgehend von einer rein wissensgetriebenen Modellierung, bei der das resultierende Modell dann als White Box Modell bezeichnet wird, spricht man mit steigendem Datenanteil an der Modellierung dann von Gray Box, bzw. Black Box Modellen. Ergänzt wird das Modell für die Zustandsdynamik durch Gleichungen, die die Berechnung der eigentlich zu überwachenden Systemgrößen aus dem Systemzustand heraus erlauben. Auch der Zusammenhang zu den gemessenen Systemgrößen muss entsprechend abgebildet werden. Insbesondere lassen sich im Rahmen der Auslegung des Zustandsschätzers mögliche Varianten hinsichtlich der Messungen auf ihren Informationsgehalt hin bewerten und vergleichen. So kann die Auswahl einer möglichst optimalen Messkonfiguration unterstützt werden.

Je nach Profil der zugrundeliegenden Anwendung ist sicherzustellen, dass bei der Modellerstellung die Komplexität dieses Modells verträglich mit den für die Durchführung der Zustandsschätzung verfügbaren Zeiträumen ist. Gerade hochdynamische Anwendungen erfordern eine Zustandsschätzung praktisch in Echtzeit. Ist die Dimension des resultierenden Modells zu groß, so besteht durch Anwendung von Modellreduktionstechniken die Möglichkeit zu einer fehlerkontrollierten Approximation durch ein verkleinertes Systemmodell. Je nach Art des Zustandsraummodells stehen jeweils verschiedene Modellreduktionsverfahren zur Verfügung.

Besondere Anforderungen bei der Modellerstellung und der anschließenden Erstellung des Zustandsschätzers resultieren vor allem auch aus signifikanten Nichtlinearitäten im dynamischen Verhalten des zugrundeliegenden Systems. Im Kontext großer vernetzter Systeme ist zudem zu entscheiden, ob ein zentrales oder ein lokales Design für den/die Zustandsschätzer zugrundegelegt werden soll.

Unsicherheiten Ein zentrales Problem bildet die geeignete Berücksichtigung von Unsicherheiten bei der Modellbildung. Diese umfassen zum einen das Verständnis hinsichtlich der den Prozess bzw. das System dominierenden physikalischen oder biologischen Zusammenhänge. Andererseits sind auch viele Parameter bei Modellerstellung nur mit beschränkter Genauigkeit bekannt und sind überdies oftmals kurzfristigen Schwankungen aufgrund des Prozessumfeldes unterworfen. Überdies findet zusätzlich aufgrund von Alterungsprozessen ein langfristiger Drift der Parameterwerte statt. Sind zentrale Parameterwerte gar nicht bekannt, so kann eine entsprechende Parameterschätzung im Rahmen eines erweiterten Zustandsschätzproblemes behandelt werden.

Neben den Parameterunsicherheiten spielen vor allem auch die im Rahmen der Messungen zu erwartenden Messfehler eine wichtige Rolle. Auch diese sind geeignet zu berücksichtigen. Anhaltspunkte für die Modellierung liefert die Technologie der verwendeten Sensorik und die sich anschließende Signalverarbeitungskette. Zentral für die Festlegung entsprechender Verteilungsfunktionen ist die Analyse ausreichend vieler Messungen. Neben den Eigenschaften der einzelnen Sensoren spielen auch die Kenntnis der Messzeitpunkte und das Verhältnis dieser Zeitpunkte bei verschiedenen Sensoren eine zentrale Rolle für das Design des Zustandsschätzers. Vorhandene Unsicherheiten in diesen Größen müssen ebenfalls geeignet abgebildet werden.

Weiterhin gibt es fast immer auch Effekte oder Phänomene, die von Außen auf das System einwirken aber aufgrund mangelnder Detailkenntnis in der Modellierung nicht explizit, sondern lediglich im Rahmen grober Störungsmodelle berücksichtigt werden. Je nach Dominanz der im Modell berücksichtigten deterministischen beziehungsweise stochastischen Phänomene wird man das Zustandsschätzproblem auch eher in einem deterministischen oder stochastischen Umfeld sehen.

Performancekriterium Je nach gewünschten Eigenschaften des zu entwerfenden Zustandsschätzers sind die Performancekriterien geeignet zu spezifizieren. Hierbei werden natürlich die zu erwartenden Schätzfehler eine zentrale Rolle spielen, Akzentuierungen erfolgen über die konkret gewählten Fehlernormen und Signalklassen, für die die entsprechende Optimierung durchgeführt wird. In vielen Fällen ist die Gewichtung der Schätzfehler auch nicht uniform, sondern eine Gewichtung durch Angabe von Zeithorizonten ist vorteilhaft.

Basierend auf dem erstellten Modell, zusammen mit dem gewählten Performancekriterium lassen sich insbesondere im Kontext linearer zeitinvarianter Systemmodelle die Gewichtsmatrizen für die Kombination aus Modellsimulation und Messung durch Lösen geeigneter Riccati-Gleichungen explizit vorab bestimmen. Wichtige und bekannte Varianten sind hier einmal der Kalman-Filter und dann der H_∞-Filter. Für nichtlineare Systeme lassen sich durch Linearisierung um gewisse Betriebspunkte die linearen Konzepte im Rahmen des Extended Kalman Filter ein Stück weit anwenden. Allerdings können hier keine Optimalitätseigenschaften gezeigt werden und die ableitbaren Konfidenzintervalle sind nicht gültig. Im allgemeinen nichtlinearen Fall kann ein optimaler Zustandsschätzer zwar theoretisch angegeben werden, allerdings ist eine direkte Berechnung wie im Falle des Kalman-Filters nicht möglich. Man ist daher auf Approximationen angewiesen. Der Partikelfilter realisiert eine solche approximative Berechnung mit Hilfe eines sequentiellen Monte-Carlo-Ansatzes, was im Grunde darauf hinaus läuft, eine Vielzahl möglicher Systemtrajektorien über eine geeignete Proposal-Verteilung parallel zu simulieren und durch einen Importance-Sampling-Ansatz mit den Messwerten zu Gewichten. Ein zusätzlicher Resampling-Schritt verhindert die Degeneration dieses Verfahrens über die Zeit. Die Filterverteilung ist dann zu jedem Zeitpunkt als empirische Verteilung (gewichtete Samples) gegeben, mit deren Hilfe sich Näherungswerte für weitere interessierende Größen wie Mittelwerte, Varianzen oder Konfidenzintervalle berechnen lassen. Im Gegensatz zum Extended Kalman Filter ist für diesen Ansatz die mathematische Konvergenz gesichert. Auf der anderen Seite hängt die Effizienz des implementierten Algorithmus stark von der Wahl geeigneter Proposal-Verteilungen ab. Deren Auffinden ist eine Aufgabe, die anwendungsspezifisch zusammen mit der Modellerstellung gelöst werden muss.

3 Arbeiten zum Thema

Die Abteilung Systemanalyse, Prognose und Regelung beschäftigt sich bereits seit vielen Jahren in unterschiedlichen Anwendungskontexten mit dem Thema der Zustandsschätzung. Hierbei wurden in vielen Fällen bestehende Verfahren auf die spezifische Anwendung hin adaptiert, aber auch Weiter- und Neuentwicklungen für spezielle Fragestellungen durchgeführt.

Robuste Beobachter für elastomechanische Systeme Die ersten Arbeiten der Abteilung zur Zustandsschätzung begannen mit einem Projekt zur Entwicklung eines Zustandsbeobachters für Turbosätze im Kraftwerk. Diese Turbosätze bestehen aus einer langen Welle, auf der der Generator und in der Regel mehrere Turbinen montiert sind. Sie sind anfällig für Torsionsschwingungen, die durch Störfälle im elektrischen Netzwerk induziert werden können. Diese Schwingungen können aufgrund der schwachen Dämpfung beachtliche Amplituden erreichen und aufgrund von Materialermüdung die Lebenserwartung der Turbosätze deutlich reduzieren. Daraus resultierte der Bedarf nach einem Monitoringsystem, welches die noch zu erwartende Restlebensdauer permanent schätzt und überwacht.

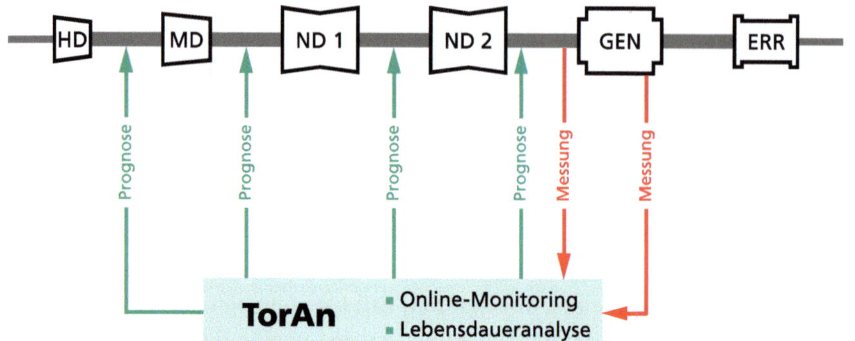

Abb. 1 Schema eines Beobachters für Kraftwerksturbosätze mit Hochdruckturbine (HD), Mitteldruckturbine (MD), Niederdruckturbine (ND), Generator (Gen) und Erregermaschine (ERR)

Da man aufgrund der Umbauung der Turbosätze nur an ganz wenigen Stellen Zugang zur eigentlichen Welle hat, wurde ein auf der Torsionsmessung an einer Wellenposition aufsetzender Zustandsbeobachter entwickelt. Ausgangspunkt für die Beschreibung der Systemdynamik ist hierbei ein hochdimensionales lineares Zustandsraummodell zweiter Ordnung, wobei die Zustände die Verdrehwinkel der einzelnen Wellenabschnitte gegenüber der Nullposition beschreiben. Während die hierbei auftretenden Matrizen für die Trägheitsmomente und Steifigkeiten aus dem Finite Element Modell recht gut bekannt sind, bestehen in der Regel große Unsicherheiten hinsichtlich der Dämpfungen. Wenn überhaupt sind hier lediglich grobe Schätzwerte für die modalen Systemdämpfungen bekannt. Aufgrund dieser Randbedingungen lag der Schwerpunkt im Projekt auf der Adaption bekannter Ansätze aus der robusten Zustandsbeobachtung insbesondere hinsichtlich der hohen Dimensionalität. Gerade für schwach gedämpfte Systeme ist die erforderliche Lösung gewisser Riccati-Gleichungen sehr schlecht konditioniert und auf Basis herkömmlicher Lösungsverfahren problematisch. Andererseits lassen sich aber für spezielle, aus modalen Zustandsraumtransformationen resultierende, Systemdarstellungen explizite Formeln für Näherungslösungen angeben. Fehlerabschätzungen hinsichtlich der Approximationsgüte lassen sich aus bekannten Matrixungleichungen ableiten.

Zur Entwicklung der Zustandsschätzer für Turbosätze hat die Abteilung industrieseitig über viele Jahre hinweg mit der Siemens AG am Standort Mülheim und auch Service Anbietern wie E.ON Anlagenservice kooperiert. Auf der wissenschaftlichen Ebene ist hier die bis heute andauernde Zusammenarbeit mit dem Lehrstuhl „Elektrische Antriebe und Mechatronik" von Prof. Dr. Stefan Kulig an der Universität Dortmund zu nennen. Gemeinsam mit Mitarbeitern des Lehrstuhls von Prof. Kulig wurde das in Abschn. 6 vorgestellte Torsionserfassungs- und -analysesystem TorAn (siehe Abb. 1) entwickelt, mit dem basierend auf den entwickelten Zustandsschätzern online das Torsionsschwingungsverhalten an Turbosätzen an kritischen Wellenkomponenten vorhergesagt wird und die an Wellenkupplungen resultierende Materialermüdung in Falle von Störfällen bestimmt wird [5, 6]. Für die Messung der zur Bestimmung des Korrekturterms benötigten Drehmomente wurde ein berührungsloser magnetostriktiver Sensor im Auftrag des ITWM weiterentwickelt. Neben TorAn wurden im Laufe der Jahre die Monitoringsysteme TorFat und TorStor entwickelt. Im Gegensatz zu TorAn erfolgt bei diesen Systemen jedoch keine Prognose der Torsionspendelungen mittels eines Zustandsschätzers. Bei TorFat stand die Entwicklung von Verfahren zur schnellen Detektion von sehr kritischen Torsionsschwingungen, z. B. Subsynchrone Resonanzen, im Fokus. Mit TorStor sollen die Drehmomente im Rahmen von Experimenten erfasst und relevante Systemgrößen wie Dämpfungsparameter oder Eigenfrequenzen der Welle möglichst exakt bestimmt werden. Dazu musste ein Filter entwickelt werden, mit dem periodische Störungen, der sogenannte Run-Out, resultierend aus dem magnetostriktiven Messprinzip des verwendeten berührungslosen Drehmomentsensors kompensiert werden können. In Abschn. 6 wird das Phänomen des Run-Outs und die Einsatzmöglichkeit eines Zustandsschätzers zur Filterung dieser Störungen beschrieben. Die am ITWM entwickelten Torsionserfassungs- und -analysesystem sind inzwischen weltweit in Kraftwerken und industriellen Großanlagen im Einsatz.

Reglerdesign zur aktiven Schwingungsdämpfung von elastomechanischen Systemen
Viele modellbasierte Regelansätze arbeiten auf dem Prinzip einer gewichteten Zustandsrückführung, d. h. die Schätzung des Systemzustands ist Teil des Regelungsalgorithmus. Somit besteht ein enger Bezug der Zustandsschätzung zum Reglerdesign. Insofern wurden die im vorausgehenden Abschnitt beschriebene Expertise bei der Zustandsschätzung elastomechanischer Systeme auch bei Projekten zur aktiven Schwingungsdämpfung weiter verfolgt. Nur im optimalen Zusammenspiel zwischen Struktur und Regler kann die bestmögliche Dämpfung des Schwingungsverhaltens z. B. in Bezug auf Vibrationen oder der abgegebenen Schallleistung erzielt werden. Ausgangspunkt für das modellbasierte Reglerdesign sind auch hier die Differentialgleichungssysteme zweiter Ordnung zur Beschreibung der Systemdynamik elastomechanischer Systeme. Basierend auf einer expliziten Schätzung der Systemzustände, wie z. B. im Rahmen der Modellprädiktiven Regelung, oder einer impliziten Zustandsschätzung, z. B. im Rahmen der optimalen H_2-Regelung oder der robusten H_∞-Regelung, werden die Stellgrößen für die Aktoren in Bezug auf die gewählte Performanceziele bestimmt. Durch die Zustandsschätzung erfolgt dabei die Anpassung der Modellparameter an die „Wirklichkeit“. Die geschätzten Zustände bilden dann den Ausgangspunkt für die Berechnung Stellgrößen zur Einstellung des gewünschten Performanceverhaltens. Im Vergleich zu klassischen Regelansätzen wie z. B. PID-Regler ermöglicht die modellbasierte Regelung so auch die Einstellung von nicht direkt messbaren aber zu optimierenden Performancegrößen.

Im Auftrag der Volkswagen AG wurde eine Matlab-Toolbox für automatisiertes Reglerdesign zur aktiven Schwingungsdämpfung im Antriebsstrang eines Kraftfahrzeugs unter Berücksichtigung nichtlinearen Aktorverhaltens entwickelt [39]. In weiteren Projekten wurde spezielle streichen der Einsatz von neuen „Smart Aktoren“ insbesondere im Hinblick auf ihre nichtlineares Verhalten wie Hysterese und Sättigung untersucht und Regelkonzept zur Kompensation dieser Effekt entwickelt. Untersucht wurde unter Anderem der Einsatz von intelligente Aktoren zur aktiven Lärmreduktion im Fahrzeuginneren [7].

Partikel Filter Das Problem der Zustandsschätzung für nichtlineare Systemmodelle unter Berücksichtigung von Nicht-Gauß'schen Störprozessen kann mit Hilfe von Sequentiellen Monte-Carlo-Methoden approximativ gelöst werden. Darunter fällt insbesondere der Partikelfilter-Algorithmus, der auf einer Menge von gewichteten Samples (Partikeln) arbeitet. Durch die Einbeziehung von Parametern in die Zustandsmenge oder durch zusätzliche Markov Chain Monte-Carlo (MCMC)-Ansätze lassen sich auch Parameterschätzprobleme adressieren.

Die Methodik der Partikelfilter wurde in der Abteilung zunächst für die Zustandsschätzung auf Basis von hysteresebehafteten, nichtlinearen Bauteilmodellen aus der Automobilindustrie untersucht und angepasst. Später kamen dann diese Techniken vor allem im Kontext der Zustands- und Parameterschätzung in biologischen Systemen zum Einsatz. Neue methodische Entwicklungen fanden zum einen statt hinsichtlich der expliziten Berücksichtigung von Unsicherheiten in den Messzeitpunkten im Partikelfilteransatz. Andererseits wurde gezeigt, dass durch eine geeignete Kopplung von zwei Partikelfiltern auch ein modellprädiktiver Regler (Model Predictive Controller/MPC) realisiert werden kann.

In diesem Umfeld hat die Abteilung jahrelang mit der Abteilung Systembiologie von Prof. Mats Jirstrand am Fraunhofer Chalmers Centre in Göteburg zusammengearbeitet. Hierbei stand insbesondere die Entwicklung einer Systembiologie-Toolbox auf Basis von Mathematica im Fokus der Aktivitäten.

4 Grundlagen der Modellierung

Wir werden in diesem Kapitel die Theorie der Filterung aus einem sehr allgemeinen stochastischen Zugang heraus darlegen. Basis für diese Überlegungen sind stochastische Zustandsraummodelle. Sie trennen die Modellierung der nichtbeobachtbaren internen Zustände des betrachteten Systems von den durch Messungen am System beobachteten Größen. Beides wird durch gekoppelte stochastische Prozesse modelliert. Die Stochastik dient dabei zur Modellierung von Störungen und Unsicherheiten, aber auch von systemimmanenter Variabilität. Der Zustandsprozess modelliert die Dynamik des Systems, während der Messprozess den Mess-/Beobachtungsvorgang beschreibt. Die zugrundeliegenden Räume für Zustands- und Messprozess sind dabei sehr allgemein gehalten: es gibt keine Einschränkung auf diskrete oder reelle Räume, und auch Mischungen sind möglich. Ebensowenig sind die Zeitpunkte, an denen Messungen stattfinden, eingeschränkt: mehrere Messungen mit unterschiedlichen Samplingzeiten, auch Unsicherheiten in Messzeitpunkten können modelliert werden. Der Vorteil dieses Ansatzes ist die Möglichkeit einer sehr flexiblen mathematischen Modellierung, Modelle müssen nicht von vorneherein auf eine bestimmte Modellklasse eingeschränkt werden. Der Nachteil dabei ist, dass Rückschlüsse auf interne Zustände auf Basis beobachteter Messungen am realen System sehr schwierig werden und in dieser Allgemeinheit nur mit Monte Carlo-Ansätzen machbar sind.

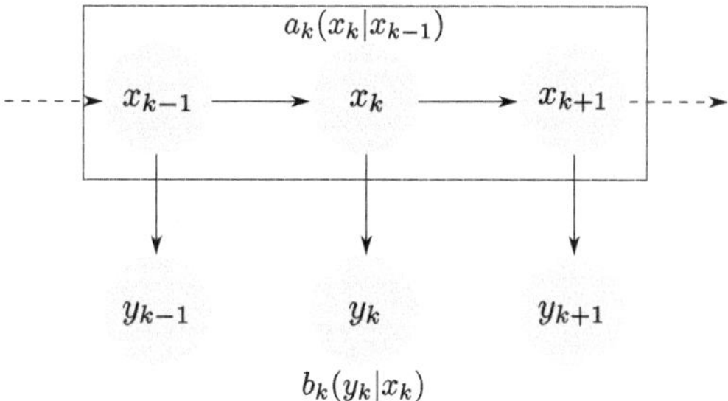

Abb. 2 Ein Zustandsraummodell in diskreter Zeit. Dabei ist x_k der Zustandsvektor zur Zeit k, y_k ist die Messung zur Zeit k, abhängig nur vom Zustand x_k zur gleichen Zeit. Die stochastischen Abhängigkeiten sind hier durch bedingte Dichten gegebenen, und zwar beschreibt $a_k(x_k \mid x_{k-1})$ die Abhängigkeit des aktuellen Zustands x_k ausschließlich vom vorhergehenden Zustand x_{k-1} (Markov-Eigenschaft des Zustandsprozesses), und $b_k(y_k \mid x_k)$ die Abhängigkeit der Messung y_k nur vom aktuellen Zustand x_k. Nur die Messungen sind beobachtbar, die Zustände x_k selbst sind versteckt (nicht beobachtbar)

4.1 Inferenz in komplexen Systemen

Reale Systeme zeigen immer eine gewisse Variabilität. Während man in technischen Systemen versucht, durch Konstruktion und Regelungsmechanismen diese Varianz klein oder zumindest unter Kontrolle zu halten, ist dies bei biologischen Systemen in den meisten Fällen nicht gegeben. Lebende Zellen zum Beispiel, auch von der gleichen Art, von gleichem Alter, unterscheiden sich in ihren Eigenschaften dennoch stark: sie besitzen unterschiedliche Größen, Formen, oder befinden sich in unterschiedlichen Entwicklungsstadien. In der Verwendung solcher Mikroorganismen in Bioreaktoren zur Herstellung von pharmazeutischen Wirkstoffen überträgt sich diese Variabilität schließlich auch auf technische Systeme. Aber auch in nicht-biologischen technischen Systemen können (meist ungewollte) Variabilitäten auftreten, etwa durch Alterung und Verschleiß, oder durch fehlerhaftes Verhalten.

Das adäquate mathematische Mittel zum Umgang mit diesen Unsicherheiten ist die Wahrscheinlichkeitstheorie. Während es in einfachen (meist technischen) Systemen oft genügt, mit Mittelwerten zu rechnen und man sich damit auf deterministische Berechnungen (sprich: das Lösen von Differentialgleichungen) beschränken kann, ist dies in vielen natürlich gegebenen, komplexen (vor allem biologischen) Systemen nicht gerechtfertigt. Wir wählen daher hier von vorneherein einen stochastischen Ansatz.

Informationen über technische oder natürliche Systeme erhalten wir durch Beobachtungen dieser Systeme, quantitative Aussagen erhalten wir über Messungen. Der Messprozess selbst sollte immer unabhängig vom eigentlichen System gesehen werden (siehe Abb. 2). Der eigentliche Zustand, in dem sich das System befindet, ist für uns nicht ersichtlich. In diesem Sinne ist derjenige Prozess, der die Zustände des Systems beschreibt, für uns versteckt. Die Messungen dienen dazu, dennoch indirekt quantitative Aussagen über den aktuellen Zustand des betrachteten Systems zu treffen. Beide Prozesse, der versteckte Zustandsprozess wie auch der Beobachtungsprozess, müssen mit Unsicherheiten behaftet gedacht werden: der Zustandsprozess durch systeminterne Variabilitäten oder unbeobachtbare bzw. unmodellierte äußere Störungen, der Messprozess durch Messfehler oder Messungenauigkeiten.

Durch diese vielfachen stochastischen Abhängigkeiten bedingt, weisen die Messergebnisse, über die Zeit an einem dynamisch sich ändernden System erhoben, komplizierte Korrelationen untereinander auf, so dass einfache statistische Auswertungen diesen Messungen nicht genügen.

Der Schlüssel, der es überhaupt erst erlaubt, aus gestörten Messergebnissen Rückschlüsse auf die internen Systemzustände ziehen zu können, besteht in den stochastischen Abhängigkeiten beider Prozesse. Diese Abhängigkeiten betreffen die zeitlichen Abhängigkeiten der Systemzustände untereinander einerseits und die stochastischen Abhängigkeiten des Messprozesses vom Systemprozess andererseits. Auch hier bietet die Wahrscheinlichkeitstheorie ein in sich geschlossenes und äußerst effizientes Werkzeug, das sowohl die Möglichkeiten der Modellierung solcher Systeme als auch in rigoroser und eindeutiger Weise die Möglichkeiten der Schlussfolgerungen bietet.

Speziell der Bayessche Ansatz, der es erlaubt, jegliche Größe mit Verteilungen auszustatten, liefert hier über die Bayessche Regel ein Universalwerkzeug, mit dem jedes Inferenzproblem unter Unsicherheit auf durchschaubare und einfache Weise zumindest theoretisch gelöst werden kann. Diese letzte Eigenschaft, die Einfachheit der theoretischen Lösung, überträgt sich nicht unbedingt auf praktische Berechnungen. Hier gibt es nur in sehr wenigen Fällen analytisch und damit leicht berechenbare Lösungen. Im Falle von Zustandsfilterung sind es genau zwei: Systeme mit endlich vielen diskreten Zuständen und lineare Systeme mit Gaußschen Störungen, im letzten Falle ist die Lösung durch den bekannten Kalman-Filter gegeben.

In allen anderen Fällen gestaltet sich die Berechnung schwierig, und erst die zweite Hälfte des 20. Jahrhunderts hat durch die Entwicklung von entsprechend leistungsfähigen Rechenmaschinen in Verbindung mit der Entwicklung der Monte Carlo-Methoden eine Möglichkeit gefunden, diese Berechnungen auch in komplexeren Fällen durchzuführen. Die Entwicklung ist hier bei Weitem nicht abgeschlossen. Viele Algorithmen insbesondere im Bereich der Zustandfilterung oder Parameterschätzung in dynamischen Systemen sind neu. So ist der Partikelfilter zur Zustandsschätzung in nichtlinearen Systemen keine 20 Jahre alt, und eine vielverspechende durch Konvergenzbeweise untermauerte Methode zur gemeinsamen Bayes-Schätzung von Zuständen und Parametern scheint erst mit dem neuen PMCMC-Ansatz [16] gefunden zu sein.

4.2 A-posteriori Pfadverteilungen und Filterverteilungen

Es stellt sich die Frage, was an Hand von vorliegenden Messdaten im besten Falle über die internen Zustände eines Systems ausgesagt werden kann. In dynamischen Systemen, die über Zustandsraummodelle mathematisch abgebildet werden, spielen die Trajektorien (Pfade) der internen (momentanen) Zustände des Systems eine wichtige Rolle.

Da wir stochastische Systeme betrachten, sind die Pfade nicht deterministisch bestimmt, sondern unterliegen Zufallsverteilungen. Diese Zufallsverteilungen sind zunächst durch das Systemmodell vorgegebenen und legen die Möglichkeiten der Entwicklung des Systems über die Zeit fest. Man spricht auch von den Prior oder A-priori-Verteilungen der Trajektorien (Pfade) des Systems, da dies die Wahrscheinlichkeitsverteilungen sind, die *vor* der Aufnahme von Messungen gelten. Üblicherweise sind in Systemen mit hohem stochastischem Störanteil die Möglichkeiten des Systems sehr groß, d. h. die Prior-Wahrscheinlichkeitsverteilung der Pfade ist sehr breit. Die Aufgabe der Filterung ist es, mit Hilfe der ebenfalls zufällig gestörten Messdaten die Prior-Wahrscheinlichkeiten des Systems so zu modifizieren, dass Systempfade, die nicht auf die Daten passen, unwahrscheinlicher werden und im Gegensatz dazu Systempfade, die die Messungen gut erklären, höhere Wahrscheinlichkeiten erhalten. Diese Wahrscheinlichkeitsverteilungen, die sich *nach* der Erhebung der Messdaten für die Zustände bzw. Trajektorien des Systems ergeben, heißen entsprechend Posterior oder A-posteriori-Verteilungen. Dies sind bedingte Wahrscheinlichkeiten, die von den Messungen abhängen. Die Wahl der Pior-Verteilungen für die Zustandstrajektorien des Systems als auch die Wahl der Verteilungen für die Messungen in Abhängigkeit von den Zustandstrajektorien gehören zur Modellbildung. Sind diese Verteilungen einmal festgelegt, so ist im wahrscheinlichkeitstheoretischen Sinne die Posteriorverteilung der Zustände die bestmögliche Information, die man über die Systementwicklung an Hand der Messdaten erhalten kann. Das mathematische Resultat, das die Posterior-Verteilung liefert, ist der Satz von Bayes.

Das eigentliche Interesse liegt also in den Posterior-Verteilungen der Zustandstrajektorien. Diese Pfadverteilungen sind aber oft nur sehr schwer handhabbar. Unter gewissen Voraussetzungen ist es aber gar nicht nötig, komplette Pfade zu betrachten. Das ist dann der Fall, wenn die momentanen Systemzustände zu jedem Zeitpunkt schon die vollständige Information über die zukünftige Entwicklung des Systems enthalten. Die Betrachtung vergangener Zustände (oder auch ganzer Pfade in der Vergangenheit) ist damit nicht mehr nötig, da sie keine zusätzliche Information liefern würde. Man spricht dann davon, dass das System die Markov-Eigenschaft besitzt. Es genügt in Systemen mit Markov-Eigenschaft also, statt der Pfadverteilungen die momentanen Verteilungen der Zustände über die Zeit zu betrachten. Berechnet man jetzt die entsprechenden Posterior-Verteilungen der momentanen Systemzustände zu gegebener Zeit t, zieht dafür aber jeweils ausschließlich Messungen in Betracht, die vor oder zum Zeitpunkt t gemacht wurden, so erhält man genau die Filterverteilungen. Die Filterverteilung zu jedem Zeitpunkt t ist also die Posterior-Verteilung der Zustände zum Zeitpunkt t, gegeben die Messungen bis zum Zeitpunkt t. Es stellt sich heraus, dass die Filterverteilungen zu aufeinanderfolgenden Mess-Zeitpunkten rekursiv auseinander berechenbar sind. Die Zustandsfilterung kann in dieser Allgemeinheit dann mit Sequentiellen Monte Carlo-Methoden durchgeführt werden. Die wichtigste dieser Methoden ist der Partikelfilter, eine Kombination aus Importance Sampling und Resampling über die Zeit. Theoretische Konvergenzresultate sind verfügbar. Die Filter-Verteilung dient als Grundlage für weitere wichtige Anwendungen wie Parameterschätzung und Regelung.

4.3 Parameter-Schätzung mit Maximum Likelihood-Ansatz

Parameterschätzung in stochastischen Zustandsraumsystemen ist ein äußerst schwieriges Problem. Im Falle, dass die Systemdynamik einfach durch gewöhnliche Differentialgleichungen modelliert werden kann, also ohne stochastisches Rauschen in den Zuständen bzw. ohne korreliertes Rauschen in den Messungen, so wird das Problem oft als deterministisches Optimierungsproblem auf Basis eines Maximum Likelihood (ML)-Ansatzes betrachtet. Eine Übersicht über diese Ansätze mit Fokus auf biologische Anwendungen kann in [38] und [22] gefunden werden; siehe auch [17], wo auch andere Aspekte wie Identifizierbarkeit betrachtet werden. Eine Generalisierung des ML-Ansatzes durch die Einführung flexiblerer Kostenfunktionen ist durch die Prediction Error Estimation-Methode gegeben [20]. Legt man dagegen ein Modell zugrunde, in dem zusätzlich stochastische Störungen in der Zustandsdynamik angenommen werden, so gelangt man zu einem Optimierungsproblem mit Nebenbedingungen, wobei diese Nebenbedingungen durch Stochastische Differentialgleichungen (SDE) gegeben sind. In diesem Fall können die internen Systemzustände nicht mehr direkt beobachtet oder errechnet werden, und müssen daher zusammen mit den Parametern an Hand vorliegender Messdaten geschätzt werden. Zu diesem Zwecke muss die Methode zur Parameterschätzung um entsprechende Zustandsfilter-Methoden ergänzt werden. Eine Übersicht über ML-Schätzung in diesem Falle findet sich in [40]. Wenn die zugrundeliegenden SDEs linear sind, liefert der Kalman-Filter eine exakte Lösung der Filterverteilung. Sind die SDEs dagegen nichtlinear, behilft man sich üblicherweise mit linearisierten Versionen des Kalman-Filters, wie Extended Kalman Filter (EKF) oder Unscented Kalman Filter (UKF), um Approximationen an Mittelwerte und Kovarianzen der Filterverteilung über die Zeit zu erhalten. Alle diese auf dem Kalman-Filter basierenden Approximationen haben jedoch den entscheidenden Nachteil, dass sie im besten Falle die Filterverteilung zu jedem Zeitpunkt nur durch eine Gaußsche Normalverteilung approximieren und daher multimodale (also Verteilungen mit mehreren lokalen Maxima der Verteilungsdichte) oder schiefe Filterverteilungen nicht angemessen approximieren können. Bessere Approximationen sind durch simulationsbasierte Methoden (Sequential Monte Carlo, SMC) gegeben, zu denen auch der Partikelfilter gehört. Hier sind gute Konvergenzresultate bekannt [24]. Allerdings weisen diese Algorithmen in der Anwendung auf die gleichzeitige Schätzung von dynamischen Zuständen und festen Parametern immer noch erhebliche Probleme auf ([15, 31, 45], siehe auch [16]).

4.4 Parameter-Schätzung mit Bayes-Ansatz

In einem Bayesschen Kontext wird dem Parametervektor, im Gegensatz zum „klassischen" ML-Ansatz, eine Prior-Wahrscheinlichkeitsverteilung zugeordnet, die Parameter werden also wie die Zustandsvariablen und Messvariablen als Zufallsvariablen aufgefasst. Die Prior-Verteilung spiegelt das Wissen über die Parameter vor der Betrachtung der Messungen wider. In diesem Sinne besteht die Schätzaufgabe in der Bestimmung der Posterior-Verteilung, das ist die Wahrscheinlichkeitsverteilung, die das Wissen über die Parameter nach Einbeziehung der Messergebnisse (Beobachtungen) beschreibt. Sie kann, zumindest theoretisch, mit Hilfe des Bayesschen Satzes berechnet werden, wenn Prior-Verteilung und Beobachtungen gegeben sind. Dies erfordert aber bei nicht-trivialen Problemen die Berechnung von hochdimensionalen Integralen, für die keine analytische Lösung existiert. Die praktische Berechnung bereitet also größte Schwierigkeiten. Eine Abhilfe schaffen hier wieder simulationsbasierte Methoden, in diesem Falle Markov Chain Monte Carlo (MCMC)-Methoden. Mit ihnen steht ein allgemein einsetzbares Werkzeug zur Approximation von Posteriorverteilungen zur Verfügung. Allerdings treten auch hier wieder Schwierigkeiten auf, wenn es um die gemeinsame Schätzung von dynamischen Zuständen und festen Parametern geht. So ist beispielsweise das Design von guten Proposal-Verteilungen im Falle von Standard-MCMC-Methoden wie dem Metropolis-Hastings-Sampler praktisch unmöglich. Diese Methoden sind damit für die Schätzung in stochastischen Zustandsraummodellen nicht praktisch anwendbar.

Wünschenswert wäre daher ein Ansatz, der die dynamischen SMC- und die statischen MCMC-Methoden miteinander kombiniert: SMC als geeignetes Werkzeug zur Schätzung der Zustände, MCMC als geeignetes Werkzeug zur Schätzung der Posteriorverteilung der Parameter. Damit hätte man ein allgemeines Werkzeug zur Schätzung von Parametern in Stochastischen Zustandsraummodellen zur Verfügung. Lange ist dies nicht gelungen, weil die Berechnung der Akzeptanzwahrscheinlichkeiten der MCMC-Methoden die Kenntnis der Dichtefunktion der Partikelverteilungen voraussetzt. Erst Andrieu et al. [16] gelang dies, in dem sie mit Hilfe eines Auxiliary Variable-Ansatzes (Erweiterung des Zustandsraumes um die anzestralen Pfadverteilungen) zeigen konnten, dass die Kenntnis der approximativen Daten-Likelihoods schon genügt; diese liefert der Partikelfilter quasi gratis mit. Ihr vielversprechender Ansatz, Particle Markov Chain Monte Carlo (PMCMC) genannt, ist allgemein einsetzbar und mit guten Konvergenzbeweisen untermauert.

Alternativ dazu war und ist es ein gängiger Ansatz, die festen Zustände mit einer künstlichen Dynamik zu versehen, indem man den Parametern erlaubt, ihre Werte über die Zeit in stochastischer Weise leicht zu ändern. In diesem Sinne werden im Bayesschen Kontext Zustände und Parameter konzeptuell auf die gleiche Ebene gestellt: Parameter können demnach zu den Systemzuständen hinzugefügt werden (augmented states) und gemeinsam über Filtermethoden geschätzt werden. Dabei muss allerdings bedacht werden, dass für ein gutes Funktionieren dieses Ansatzes die Varianzen der künstlichen Parameterdynamik gut gewählt werden müssen, was in vielen Fällen nicht einfach ist.

4.5 Nichtlineare Mixed Effects-Modelle

Schätzung in Nichtlinearen Mixed Effects-Modellen (NLME) erfordert die Schätzung sowohl von globalen wie von individuellen Parametern. Bei der klassischen Maximum Likelihood-Schätzung gibt es einen großen konzeptuellen Unterschied zwischen diesen beiden Typen von Parametern. Während die individuellen Parameter als Zufallsvariablen gedacht werden, die entsprechend mit Wahrscheinlichkeitsverteilungen ausgestattet sind, bleiben die globalen Parameter reine Konstanten, deren „wahrer" Wert nur nicht bekannt ist. Sind die dem Modell zugrundeliegenden Gleichungen nichtlinear, so führt das zu Likelihood-Funktionen, die nicht mehr direkt ausgewertet werden können, so dass man in diesem Falle mit Approximationen arbeiten muss. In bestimmten Anwendungsbereichen und im Falle, dass die Zustandsdynamik über deterministische ODEs modelliert wird, hat sich das Tool NONMEM [18] etabliert. Dagegen wird in [41] für NLME-Modelle basierend auf Stochastischen Differentialgleichungen (SDEs) ein Schätz-Algorithmus vorgeschlagen, der auf dem Extended Kalman Filter (EKF) zur Filterung der SDEs beruht. Dieser Ansatz wurde zu NONMEM hinzugefügt [46]. In [19] wurde ein Vergleich zwischen ODE- und SDE-basierten Methoden zur Parameterschätzung in NLME-Modellen durchgeführt mit dem Ergebnis, dass die Schätzungen der inter-individuellen Variabilitäten im allgemeinen für das SDE-Modell kleinere Werte annehmen. Donnet und Samson [27] schlagen eine stochastische Version des Expectation-Maximization-Algorithmus (zur Schätzung der globalen Parameter) in Kombination mit MCMC-Methoden (zur Schätzung der Zustände und der individuellen Parameter) vor. Da allerdings MCMC-Methoden wie oben erwähnt Probleme im Hinblick auf die Anwendung von gemeinsamer Zustands- und Parameterschätzung in Zustandsraummodellen zeigen, wurde in [28] der MCMC-Ansatz durch die geeignetere PMCMC-Methode von Andrieu et al. [16] ersetzt.

Im Gegensatz zum Maximum Likelihood-Ansatz sind im Bayesschen Kontext auch die globalen Parameter mit (Prior-) Wahrscheinlichkeiten ausgestattet, und der konzeptuelle Unterschied zwischen globalen und individuellen Parametern besteht hier nicht. Das Mixed-Effects-Modell kann hier einfach als hierarchisches stochastisches Modell mit unabhängigen und abhängigen Parametern aufgefasst werden [14, 43, 44]. Simulationsbasierte (Monte Carlo) Methoden können leicht an diesen Fall angepasst werden. Allderdings werden die oben genannten Schwierigkeiten und Anforderungen an die SMC- und MCMC-Methoden (oder Kombinationen davon) dank der entsprechend größeren Zahl an Zuständen und Parametern in NLME-Modellen um so größer, da die Anzahl der Zustände und der individuellen Parameter mit der Anzahl der Individuen multipliziert werden muss.

4.6 Das Zustandsraummodell

Wir stellen hier die mathematischen Grundlagen zur Verfügung, die unsere Beschreibungen in den letzten Abschnitten konkretisieren, und zwar in einem sehr allgemeinen Kontext. Wir betrachten die Zustandsraummodelle in kontinuierlicher Zeit, d. h. dass insbesondere der Zustandsprozess als zeit-kontinuierlicher Hidden-Markov-Prozess mit entsprechenden zeit-koninuierlichen Übergangskernen gegeben ist.

4.6.1 Der Zustandsprozess

Sei $(\Omega, \mathscr{A}, \mathsf{P})$ ein Wahrscheinlichkeitsraum und für jedes $t \in [t_0, \infty)$ mit $t_0 \in \mathbf{R}$ sei $(\mathscr{X}_t, \mathscr{B}_{\mathscr{X}_t})$ ein beliebiger Messraum. Für jedes $t \in [t_0, \infty)$ sei ferner $X_t : \Omega \to \mathscr{X}_t$ eine $\mathscr{A} - \mathscr{B}_{\mathscr{X}_t}$-messbare Zufallsvariable so dass $X_{[t_0,\infty)} := (X_t)_{t \in [t_0,\infty)}$ ein zeitkontinuierlicher Markov-Prozess mit allgemeinem Zustandsraum

$$\mathscr{X}_{[t_0,\infty)} := \prod_{t_0 \leq s} \mathscr{X}_s$$

ist. Für jedes $t \in [t_0, \infty)$ bezeichnen wir mit $\mathscr{L}_{X_t}$ das Bildmaß von P unter X_t, d. h. $\mathscr{L}_{X_t}(B) := \mathsf{P}(X_t^{-1}(B))$ für alle $B \in \mathscr{B}_{\mathscr{X}_t}$. Ferner bezeichnen wir mit $\mathscr{L}_{X_{[t_0,\infty)}}$ das Bildmaß von P unter $X_{[t_0,\infty)} := (X_s)_{s \in [t_0,\infty)}$ (mit der entsprechenden Produktalgebra). Analog bezeichnen wir mit

$$\mathscr{X}_{[t_0,t]} := \prod_{t_0 \leq s \leq t} \mathscr{X}_s \quad \text{für jedes } t \geq t_0$$

den Zustandsraum eingeschränkt auf das Intervall $[t_0, t]$, und mit $\mathscr{L}_{X_{[t_0,t]}}$ das entsprechende Bildmaß. Für jedes s und t mit $t > s \geq t_0$ sei $K_{s,t}(x_s, \mathrm{d}x_t)$ der Markov-Kern des Prozesses $X_{[t_0,\infty)}$ von Zeit s zu Zeit t.

Ein wichtiger Spezialfall für $X_{[t_0,\infty)}$ ist gegeben durch einen multidimensionalen Itô-Prozess auf $\mathscr{X}_t = \mathbf{R}^n$ (ausgestattet mit der entsprechenden Borel-σ-Algebra), definiert durch eine stochastischen Differentialgleichung (SDE)

$$\mathrm{d}X_t = a(X_t, t)\,\mathrm{d}t + B(X_t, t)\,\mathrm{d}\mathcal{W}_t$$

mit Drift $a(x, t)$, Diffusionsmatrix $B(x, t)$, multidimensionalem Standard-Wiener-Prozess $\mathcal{W}_t$ und Anfangswert gegeben durch die Zufallsvariable X_{t_0}. In diesem Fall ist es möglich, direkt (zumindest approximativ) von den Kernen $K_{s,t}$ zu sampeln, falls eine geeignete Diskretisierungsmethode angewandt wird, beispielsweise die Euler–Maruyama-Methode.

4.6.2 Beobachtungen/Messungen

Der Prozess $X_{[t_0,\infty)}$ sei nun beobachtet via M Zufallsvariablen $Y_{1:M}$ mit Werten in Messräumen $(\mathscr{Y}_j, \mathscr{B}_{\mathscr{Y}_j})$. Jede einzelne Beobachtung (Messung) Y_j hängt von der Zustandsvariable X_{t_j} zu einer Zeit t_j und von der Beobachtungszeit (Zeit der Messung) t_j selbst ab. Wir nehmen an, dass, gegeben die Beobachtungszeit t_j und der Zustand $X_{t_j} = x_{t_j}$, die Variable Y_j unabhängig ist von allen anderen Variablen, und dass das bedingte Wahrscheinlichkeitsmaß durch eine bedingte Wahrscheinlichkeitsdichte $g_j(y_j \mid x_{t_j}, t_j)$ mit Bezug auf ein gegebenes Referenzmaß $\mu_{\mathscr{Y}_j}$ auf

$(\mathcal{Y}_j, \mathcal{B}_{\mathcal{Y}_j})$ ausgedrückt werden kann. Wir stellen keine weiteren Bedingungen an g, wie etwa lineare Abhängigkeit von den Zuständen, Normalverteilung oder Ähnliches.

4.6.3 Beobachtungs-/Messzeitpunkte

Die Beobachtungszeitpunkte (Messzeitpunkte) t_j für $j = 1, \ldots, M$ werden üblicherweise als deterministisch gegeben und bekannt angenommen. Am ITWM wurde ein Variante des Partikelfilters entwickelt, die in der Lage ist, Unsicherheiten in den Messzeitpunkten selbst auf direkte Weise berücksichtigen zu können [1, 8]. Dazu wird angenommen, dass die Beobachtungszeiten t_j Realisierungen von Zufallsvariablen T_j sind. Diese Variablen modellieren also die Unsicherheit über den exakten Messzeitpunkt.

Wir werden jetzt zunächst den Standardfall betrachten, in dem alle t_j als deterministisch gegeben und bekannt vorausgesetzt werden. Formal entspricht dies dem Fall, dass alle t_j zufällig aber beobachtet sind, so dass wir alle anderen auftretenden Wahrscheinlichkeiten darauf bedingen können. Wir werden daher diese Abhängigkeit von den Zeitpunkten in unserer Notation $g_j(y_j \mid x_{t_j}, t_j)$ für die Beobachtungsdichte immer mit ausdrücken. Der Einfachheit halber setzen wir auch voraus, dass die Beobachtungszeiten $t_{1:M}$ strikt aufsteigend geordnet sind, dass also $t_0 < t_1 < \cdots < t_M$ gilt.

Der Standard-Partikelfilter wird üblicherweise für zeitdiskrete Markov-Prozesse $X_{t_{0:M}} := (X_{t_j})_{j \in \{0,\ldots,M\}}$ mit allgemeinem Zustandsraum formuliert, und zwar so, dass die Zustandsvariablen nur für den Startzeitpunkt t_0 und diejenigen Zeitpunkte $t_1, \ldots, t_M$ definiert sind, für die Messungen existieren. Dieser Fall ist allerdings als Spezialfall in einem allgemeineren Rahmen enthalten, in dem die Zustandsvariable X_t für alle Zeiten $t \geq t_0$ definiert ist (man muss ja nur die Zustände an den weiterhin diskret gegebenen Messzeitpunkten herauspicken und die anderen außer Acht lassen).

4.6.4 Volles Modell und Filtermodell

Das volle Modell ist gegeben durch die gemeinsame Verteilungsdichte der Variablen $X_{t_{0:M}}$ und $Y_{1:M}$ (gegeben die Beobachtungszeitpunkte $T_{1:M} = t_{1:M}$) bezüglich des Produktmaßes $\mathcal{L}_{X_{t_{0:M}}} \prod_{j=1}^{M} \mu_{\mathcal{Y}_j}$:

$$f^{X_{t_{0:M}}, Y_{1:M} \mid T_{1:M}}(x_{t_{0:M}}, y_{1:M} \mid t_{1:M}) := \prod_{j=1}^{M} g_j(y_j \mid x_{t_j}, t_j). \tag{1}$$

Dagegen basiert die Filterverteilung zu einem Zeitpunkt t_k auf einem reduzierten Modell.

Dieses Filtermodell ist gegeben durch die gemeinsame Verteilungsdichte der Variablen $X_{t_{0:k}}$ und $Y_{1:k}$ (bedingt auf $T_{1:M} = t_{1:M}$) bezüglich des Produktmaßes $\mathscr{L}_{X_{t_{0:k}}} \prod_{j=1}^{k} \mu_{\mathscr{Y}_j}$:

$$f^{X_{t_{0:k}},Y_{1:k}|T_{1:M}}(x_{t_{0:k}}, y_{1:k} \mid t_{1:M}) := \prod_{j=1}^{k} g_j(y_j \mid x_{t_j}, t_j). \tag{2}$$

Diese Wahrscheinlichkeitsdichte fußt auf der Folge $X_{t_{0:k}}$ der Zustände. Im Gegensatz dazu können wir uns auch auf einzelne Zustände X_{t_k} konzentrieren, indem wir die gemeinsame Dichte der Variablen X_{t_k} und $Y_{1:k}$ (bedingt auf $T_{1:M} = t_{1:M}$) bezüglich $\mathscr{L}_{X_{t_k}} \prod_{j=1}^{k} \mu_{\mathscr{Y}_j}$ betrachten. Diese Dichte kann durch Marginalisierung wie folgt berechnet werden:

$$\begin{aligned} &f^{X_{t_k},Y_{1:k}|T_{1:M}}(x_{t_k}, y_{1:k} \mid t_{1:M}) \\ &:= \int_{\{\tilde{x}_{t_{0:k}} \in \mathscr{X}_{t_{0:k}}:\ \tilde{x}_{t_k} = x_{t_k}\}} f^{X_{t_{0:k}},Y_{1:k}|T_{1:M}}(\tilde{x}_{t_{0:k}}, y_{1:k} \mid t_{1:M})\, \mathrm{d}\mathscr{L}_{X_{t_{0:k}}}(\tilde{x}_{t_{0:k}}). \end{aligned} \tag{3}$$

Die Filterdichte zur Zeit t_k bezüglich $\mathscr{L}_{X_{t_k}}$ kann dann mittels Bayes' Satz berechnet werden:

$$f^{X_{t_k}|Y_{1:k},T_{1:M}}(x_{t_k} \mid y_{1:k}, t_{1:M}) := \frac{f^{X_{t_k},Y_{1:k}|T_{1:M}}(x_{t_k}, y_{1:k} \mid t_{1:M})}{f^{Y_{1:k}|T_{1:M}}(y_{1:k} \mid t_{1:M})} \tag{4}$$

mit

$$f^{Y_{1:k}|T_{1:M}}(y_{1:k} \mid t_{1:M}) := \int_{\mathscr{X}_{t_{0:k}}} f^{X_{t_{0:k}},Y_{1:k}|T_{1:M}}(x_{t_{0:k}}, y_{1:k} \mid t_{1:M})\, \mathrm{d}\mathscr{L}_{X_{t_{0:k}}}(x_{t_{0:k}}). \tag{5}$$

Für allgemeine (nichtlineare) Modelle ist die praktische Berechnung der Filterdichte äußerst schwierig. Allerdings kann mit Hilfe des Partikelfilters eine Monte Carlo-Approximation berechnet werden. Diese basiert entscheidend auf der Tatsache, dass Filterdichten $f^{X_{t_k}|Y_{1:k},T_{1:M}}$ im Gegensatz zur Dichte des vollen Modells rekursiv über die Zeit berechnet werden können. Dies geschieht in zwei Schritten. Wir betrachten die Filterverteilung zur Zeit t_{k-1}, gegeben durch die Wahrscheinlichkeiten

$$\begin{aligned} &\mathsf{P}(X_{t_{k-1}} \in B \mid Y_{1:k-1} = y_{1:k-1}, T_{1:M} = t_{1:M}) \\ &= \int_B f^{X_{t_{k-1}}|Y_{1:k-1},T_{1:M}}(x_{t_{k-1}} \mid y_{1:k-1}, t_{1:M})\, \mathrm{d}\mathscr{L}_{X_{t_{k-1}}}(x_{t_{k-1}}) \end{aligned} \tag{6}$$

für jede Menge $B \in \mathscr{B}_{\mathscr{X}_{t_{k-1}}}$. Wir erhalten zunächst die Vorhersageverteilung, also die Verteilung von X_{t_k} gegeben die Daten $Y_{1:k-1}$ (und $T_{1:M}$), und zwar unter Benutzung des Markov-Kerns K_{t_{k-1},t_k}:

$$\mathsf{P}(X_{t_k} \in B \mid Y_{1:k-1} = y_{1:k-1}, T_{1:M} = t_{1:M})$$
$$= \int_B \int_{\mathcal{X}_{t_{k-1}}} f^{X_{t_{k-1}}|Y_{1:k-1},T_{1:M}}(x_{t_{k-1}} \mid y_{1:k-1}, t_{1:M})\, \mathrm{d}\mathcal{L}_{X_{t_{k-1}}}(x_{t_{k-1}}) K_{t_{k-1},t_k}(x_{t_{k-1}}, \mathrm{d}x_{t_k}) \tag{7}$$

für jede Menge $B \in \mathcal{B}_{\mathcal{X}_{t_k}}$.

Im zweiten Schritt erhalten wir dann über Bayes' Satz die Filterverteilung zur Zeit t_k:

$$\begin{aligned} &\mathsf{P}(X_{t_k} \in B \mid Y_{1:k} = y_{1:k}, T_{1:M} = t_{1:M}) \\ &= \int_B \frac{g_k(y_k \mid x_{t_k}, t_k)}{f^{Y_k|Y_{1:k-1},T_{1:M}}(y_k \mid y_{1:k-1}, t_{1:M})} \\ &\times \int_{\mathcal{X}_{t_{k-1}}} f^{X_{t_{k-1}}|Y_{1:k-1},T_{1:M}}(x_{t_{k-1}} \mid y_{1:k-1}, t_{1:M})\, \mathrm{d}\mathcal{L}_{X_{t_{k-1}}}(x_{t_{k-1}}) \\ &\times K_{t_{k-1},t_k}(x_{t_{k-1}}, \mathrm{d}x_{t_k}) \end{aligned} \tag{8}$$

für jede Menge $B \in \mathcal{B}_{\mathcal{X}_{t_k}}$, mit der Normalisierungskonstante

$$\begin{aligned} &f^{Y_k|Y_{1:k-1},T_{1:M}}(y_k \mid y_{1:k-1}, t_{1:M}) \\ &:= \int_{\mathcal{X}_{t_k}} g_k(y_k \mid x_{t_k}, t_k) \\ &\times \int_{\mathcal{X}_{t_{k-1}}} f^{X_{t_{k-1}}|Y_{1:k-1},T_{1:M}}(x_{t_{k-1}} \mid y_{1:k-1}, t_{1:M})\, \mathrm{d}\mathcal{L}_{X_{t_{k-1}}}(x_{t_{k-1}}) \\ &\times K_{t_{k-1},t_k}(x_{t_{k-1}}, \mathrm{d}x_{t_k}). \end{aligned} \tag{9}$$

4.7 Partikelfilter-Algorithmen für die Zustandsschätzung

Partikelfilter [21, 30, 32] gehören zur Klasse der SMC-Methoden für die Zustandsfilterung in Zustandsraummodellen. Mit entsprechenden Anpassungen bzw. Ergänzungen bilden sie damit auch die Grundlage für Parameterschätzungen. Der Standard-Partikelfilter arbeitet auf zeitdiskreten, nichtlinearen und nicht-Gaußschen Modellen und kann leicht für die Nutzung auch auf zeitkontinuierlichen Systemen mit zeitdiskreten Messungen angepasst werden. Die Idee des Partikelfilters besteht darin, zu jedem Zeitpunkt eine Repräsentation der aktuellen Filterverteilung durch eine Menge von gewichteten Realisierungen (gewichteten Samples oder Partikeln) vorzuhalten. Diese Partikelmenge wird in geeigneter Weise durch die Zeit propagiert, indem die Realisierungen und die Gewichte der Partikel durch die Systemdynamik bzw. durch die zu den jeweiligen Zeitpunkten verfügbaren Messungen angepasst werden.

4.7.1 Importance sampling

Ein wichtiger Bestandteil des Partikelfilters ist Sequentielles Importance Sampling. Wir nehmen an, dass eine zweite Markov Kette $\tilde{X}_{t_{0:M}}$ auf demselben Zustandsraum gegeben ist mit Bildmaß $\mathscr{L}_{\tilde{X}_{t_j}}$ und Markov-Kernen $\tilde{K}_{t_{j-1},t_j}(x_{t_{j-1}}, \mathrm{d}x_{t_j})$ für $j = 1, \ldots, M$. Wir nehmen weiter an, dass für jedes $x_{t_{j-1}} \in \mathscr{X}_{t_{j-1}}$ das Maß $K_{t_{j-1},t_j}(x_{t_{j-1}}, \cdot)$ absolut stetig bezüglich des Maßes $\tilde{K}_{t_{j-1},t_j}(x_{t_{j-1}}, \cdot)$ ist.

Dann folgt, dass die Radon–Nikodym-Ableitung (geschrieben als bedingte Wahrscheinlichkleitsdichte)

$$\rho_{t_j|t_{j-1}}(x_{t_j} \mid x_{t_{j-1}}) := \frac{K_{t_{j-1},t_j}(x_{t_{j-1}}, \mathrm{d}x_{t_j})}{\tilde{K}_{t_{j-1},t_j}(x_{t_{j-1}}, \mathrm{d}x_{t_j})}$$

existiert. Weiter verlangen wir, dass das Bildmaß $\mathscr{L}_{X_{t_0}}$ unter X_{t_0} absolut stetig bezüglich des entsprechenden Bildmaßes $\mathscr{L}_{\tilde{X}_{t_0}}$ unter $\tilde{X}_{t_0}$ ist mit Radon–Nikodym-Ableitung

$$\rho_{t_0}(x_{t_0}) := \frac{\mathrm{d}\mathscr{L}_{X_{t_0}}(x_{t_0})}{\mathrm{d}\mathscr{L}_{\tilde{X}_{t_0}}(x_{t_0})}.$$

Sequentielles Importance Sampling kann dann durchgeführt werden, wenn wir in der Lage sind, sowohl von der Startverteilung $\mathscr{L}_{\tilde{X}_{t_0}}$ als auch von den Kernen

$$\tilde{K}_{t_{j-1},t_j}(x_{t_{j-1}}, \cdot)$$

für jedes $x_{t_{j-1}} \in \mathscr{X}_{t_{j-1}}$ zufällige Realisierungen ziehen zu können, und falls wir $\rho_{t_0}(x_{t_0})$ sowie $\rho_{t_j|t_{j-1}}(x_{t_j} \mid x_{t_{j-1}})$ punktweise berechnen können.

Unter Benutzung von

$$K_{t_{k-1},t_k}(x_{t_{k-1}}, \mathrm{d}x_{t_k}) = \rho_{t_k|t_{k-1}}(x_{t_k} \mid x_{t_{k-1}})\tilde{K}_{t_{k-1},t_k}(x_{t_{k-1}}, \mathrm{d}x_{t_k}),$$

können wir die rekursive Formel (8) für die Filterverteilung zur Zeit t_k in folgender Weise umschreiben:

$$\begin{aligned}
&\mathsf{P}(X_{t_k} \in B \mid Y_{1:k} = y_{1:k}, T_{1:M} = t_{1:M}) \\
&= \int_B \frac{g_k(y_k \mid x_{t_k}, t_k)}{f^{Y_k|Y_{1:k-1},T_{1:M}}(y_k \mid y_{1:k-1}, t_{1:M})}
\end{aligned}$$

$$\times \int_{\mathscr{X}_{t_{k-1}}} f^{X_{t_{k-1}}|Y_{1:k-1},T_{1:M}}(x_{t_{k-1}} \mid y_{1:k-1}, t_{1:M})$$
$$\times \rho_{t_k|t_{k-1}}(x_{t_k} \mid x_{t_{k-1}})\,\mathrm{d}\mathscr{L}_{X_{t_{k-1}}}(x_{t_{k-1}})$$
$$\times \tilde{K}_{t_{k-1},t_k}(x_{t_{k-1}}, \mathrm{d}x_{t_k}) \tag{10}$$

für jedes $B \in \mathscr{B}_{\mathscr{X}_{t_k}}$.

Die direkte Berechnung der Normalisierungskonstanten

$$f^{Y_k|Y_{1:k-1},T_{1:M}}(y_k \mid y_{1:k-1}, t_{1:M})$$

(während die Werte $y_{1:M}$ als fest gegeben angesehen werden) ist nicht notwendig.

Sequential Importance Sampling geschieht dann so: Ziehe zufällig eine Anzahl N von Realisierungen $x^i_{t_0}$ von $\mathscr{L}_{\tilde{X}_{t_0}}$ und berechne die entsprechenden nicht-normalisierten Gewichte

$$w^i_{t_0} := \rho_{t_0}\big(x^i_{t_0}\big) \quad \text{für alle } i = 1, \ldots, N.$$

Dann ziehe zufällig für alle $k = 1, \ldots, M$ Realisierungen $x^i_{t_k}$ vom Kern

$$\tilde{K}_{t_{k-1},t_k}\big(x^i_{t_{k-1}}, \mathrm{d}x_{t_k}\big)$$

für jedes $i = 1, \ldots, N$ und berechne die nicht-normalisierten Gewichte

$$w^i_{t_k} := \rho_{t_k|t_{k-1}}\big(x^i_{t_k} \mid x^i_{t_{k-1}}\big) g_k\big(y_k \mid x^i_{t_k}, t_k\big) w^i_{t_{k-1}} \quad \text{für alle } i = 1, \ldots, N.$$

Für geeignete integrierbare Funktionen h (beispielsweise wenn gewisse Beschränkungen an die Geschwindigkeit des Anstiegs von h bezüglich x erfüllt sind, Näheres etwa in [34]) kann der Erwartungswert von h bezüglich der Filterdichte bedingt auf die Beobachtungen $Y_{1:k} = y_{1:k}$, gegeben durch

$$\begin{aligned} &\mathsf{E}\big[h(X_{t_k}) \mid Y_{1:k} = y_{1:k}, T_{1:M} = t_{1:M}\big] \\ &:= \mathsf{E}_{f^{X_{t_k}|Y_{1:k}=y_{1:k},T_{1:M}=t_{1:M}}(\cdot|y_{1:k},t_{1:M})}\big[h(X_{t_k})\big] \\ &= \int f^{X_{t_k}|Y_{1:k},T_{1:M}}(x_{t_k} \mid y_{1:k}, t_{1:M}) h(x_{t_k})\,\mathrm{d}\mathscr{L}_{X_{t_k}}(x_{t_k}), \end{aligned} \tag{11}$$

mittels

$$\mathsf{E}_{t_k,N}\big[h(X_{t_k}) \mid Y_{1:k} = y_{1:k}, T_{1:M} = t_{1:M}\big] := \frac{\sum_{i=1}^{N} w_{t_k}^i h(x_{t_k}^i)}{\sum_{i=1}^{N} w_{t_k}^i} \tag{12}$$

approximiert werden; dabei ist N die Anzahl der Partikel. Man kann nämlich zeigen, dass, wenn N gegen unendlich geht, diese empirischen Erwartungswerte gegen die Erwartungswerte bezüglich der Filterverteilung konvergieren:

$$\lim_{N\to\infty} \mathsf{E}_{t_k,N}\big[h(X_{t_k}) \mid Y_{1:k} = y_{1:k}, T_{1:M} = t_{1:M}\big] = \mathsf{E}\big[h(X_{t_k}) \mid Y_{1:k} = y_{1:k}, T_{1:M} = t_{1:M}\big]. \tag{13}$$

Im Falle, dass wir in der Lage sind, von den Markov-Kernen X_{t_j} der Zustände selbst zu ziehen, können wir $\tilde{X}_{t_j} = X_{t_j}$ (zumindest in Verteilung) wählen, woraus $\rho_{t_0}(x_{t_0}) \equiv 1$ und $\rho_{t_j|t_{j-1}}(x_{t_j} \mid x_{t_{j-1}}) \equiv 1$ folgt. Diese Wahl ist zwar Standard, allerdings in Bezug auf die Effektivität des Partikelfilter-Algorithmus' nicht immer die beste. Das Auffinden einer Markov-Kette $\tilde{X}_{t_{0:M}}$ verschieden von $X_{t_{0:M}}$, die die Effektivität des Algorithmus verbessern kann, ist anwendungsspezifisch und nicht immer einfach.

4.7.2 Resampling

Sequentielles Importance Sampling konvergiert, wenn die Anzahl der Samples (Partikel) über die Zeit exponentiell ansteigt. Dies ist nicht praktikabel, üblicherweise wird N über die Zeit sogar konstant gehalten. Wenn allerdings die Anzahl N der Partikel über die Zeit konstant bleibt, degenerieren die durch Sequentielles Importance Sampling propagierten Partikel schnell, da die meisten normalisierten Gewichte schnell gegen 0 konvergieren.

Der Grad der Degeneriertheit der Partikelmenge wird oft durch einen Schätzer für die sogenannte Effective Sample Size (ESS) gemessen. Dieser Schätzer zur Zeit t ist gegeben durch

$$n_{\text{ESS}} := \frac{1}{\sum_{i=1}^{N} (\tilde{w}_t^i)^2}, \tag{14}$$

wobei

$$\tilde{w}_t^i := \frac{w_t^i}{\sum_{i=1}^{N} w_t^i} \tag{15}$$

die normalisierten Gewichte bezeichnen.

Der ESS-Schätzer nimmt seinen maximalen Wert N (Anzahl der Partikel) an, wenn alle Gewichte gleich sind, und er nähert sich 1, wenn die Varianz der Gewichte und damit der Grad an Degeneriertheit groß wird. Zur Vermeidung dieser Degenerierung muss ein Resampling-Schritt in den Algorithmus eingefügt werden, der durchgeführt wird, wenn die ESS unter eine gewisse Schranke $N_{\text{Threshold}}$ fällt (die üblicherweise zu $N/2$ gewählt wird).

Resampling zum Zeitpunkt s_ℓ basiert auf gegebenen nicht-negativen (nicht-normalisierten) Auswahlgewichten $v^i_{s_\ell}$ für jeden Partikelindex i: Man wählt wiederholt zufällig (mit Zurücklegen) Partikel mit den Wahrscheinlichkeiten p^i_ℓ gegeben durch die normalisierten Auswahlgewichte

$$p^i_\ell := \frac{v^i_{s_\ell}}{\sum_{\nu=1}^N v^\nu_{s_\ell}}. \tag{16}$$

Das ist multinomiales Resampling. Darüberhinaus existieren Verfahren, mit denen jedes einzelne Partikel weiter mit der Wahrscheinlichkeit p^i_ℓ ausgewählt wird, die aber eine geringere Gesamtvarianz aufweisen, wie zum Beispiel Stratified Resampling oder Systematic Resampling, und die multinomialem Resampling vorgezogen werden sollten, siehe [29, 33]. In jedem Fall definiert dies eine (zufällige) Auswahlfunktion $\iota_\ell : I \to I$ auf der Indexmenge $I := \{1, \ldots, N\}$.

Die Durchführung des Resampling-Schrittes geschieht dann in zwei Phasen:

- Ersetzen der Zustandsrealisierungen $(x^i_{s_\ell})_{i=1,\ldots,N}$ durch die gewählten Zustandsrealisierungen $(x^{\iota_\ell(i)}_{s_\ell})_{i=1,\ldots,N}$.
- Ersetzen der nicht-normalisierten Gewichte $(w^i_{s_\ell})_{i=1,\ldots,N}$ durch die korrigierten nicht-normalisierten Gewichte $(w^{\iota_\ell(i)}_{s_\ell}/v^{\iota_\ell(i)}_{s_\ell})_{i=1,\ldots,N}$.

Das Korrigieren der Gewichte im letzten Schritt ist nötig, um den durch die Auswahl eingeführten Bias in der Partikelverteilung zu kompensieren. Dieser Bias ergibt sich aus folgender Überlegung: Vor dem Ziehen ist die Auswahlwahrscheinlichkeit für Partikel i (bei jedem Ziehen) durch p^i_ℓ gegeben. Der Erwartungwert der Anzahl, mit der Partikel i nach N-maligem Ziehen tatsächlich gezogen wird, ist daher gleich $Np^{\iota_\ell(i)}_\ell$.

Daher muss jedes normalisierte Gewicht $\tilde{w}^i_{s_\ell}$ für jedes ausgewählte Partikel i dadurch korrigiert werden, dass es durch das Gewicht

$$\frac{\tilde{w}^{\iota_\ell(i)}_{s_\ell}}{Np^{\iota_\ell(i)}_\ell} \Bigg/ \sum_{\nu=1}^N \frac{\tilde{w}^{\iota_\ell(\nu)}_{s_\ell}}{Np^{\iota_\ell(\nu)}_\ell} = \frac{w^{\iota_\ell(i)}_{s_\ell}}{v^{\iota_\ell(i)}_{s_\ell}} \Bigg/ \sum_{\nu=1}^N \frac{w^{\iota_\ell(\nu)}_{s_\ell}}{v^{\iota_\ell(\nu)}_{s_\ell}} \tag{17}$$

(unter Benutzung von (16)) ersetzt wird.

Man beachte, dass im ursprünglichen Partikelfilter die Auswahlgewichte $v_{s_\ell}^i$ zur Zeit s_ℓ so gewählt werden, dass sie durch die Partikelgewichte (vor der Ersetzung) gegeben sind, d. h.

$$v_{s_\ell}^i = w_{s_\ell}^i \quad \text{für } i = 1, \ldots, N,$$

so dass nach dem Resampling-Schritt die nicht-normalisierten Gewichte alle gleich 1 sind. Dennoch ist deren Wahl prinzipiell frei und kann zum Beispiel durch die Beobachtungen (Messungen) am System beeinflusst werden (das wird im sogenannten Auxiliary Particle Filter genutzt [42]).

4.7.3 Partikelfilter-Algorithmus

Der Partikelfilter berechnet Zustandsrealierungen und Gewichte rekursiv durch die Zeit. In seiner Standardform kann der Partikelfilter als Pseudocode wie in Algorithmus 1 angegeben werden.

Algorithm 1 Standard Partikelfilter

{*Zur Zeit* t_0:}
  Ziehe zufällig N Zustandsrealisierungen $(x_{t_0}^i)_{i=1,\ldots,N}$ von $\tilde{X}_{t_0}$, mit großem N.
  for all $i = 1, \ldots, N$ **do**
    Setze das Gewicht $w_{t_0}^i = \rho_{t_0}(x_{t_0}^i)$.
  end for
for all times t_k, $k = 1, \ldots, M$
  {*Resampling der Partikel* $(x_{t_{k-1}}^i)_{i=1,\ldots,N}$ *falls nötig (z. B. wenn die ESS unter eine Schranke fällt):*}
  Erzeuge zufällig eine Auswahlfunktion ι entsprechend gewisser Auswahlgewichte $(v_{t_{k-1}}^i)_{i=1,\ldots,N}$.
  for $i = 1, \ldots, N$ **do**
    Ersetze die Zustandsrealisierung $x_{t_{k-1}}^i$ durch die Wahl $x_{t_{k-1}}^{\iota(i)}$.
    Ersetze das nicht-normalisierte Gewicht $w_{t_{k-1}}^i$ durch das korrigierte Gewicht $w_{t_{k-1}}^{\iota(i)} / v_{t_{k-1}}^{\iota(i)}$.
  end for
for $i = 1, \ldots, N$ **do**
  Ziehe zufällig eine Realisierung $x_{t_k}^i$ vom Markovkern

$$\tilde{K}_{t_{k-1},t_k}(x_{t_{k-1}}^i, \cdot).$$

  Passe das Gewicht an durch:

$$w_{t_k}^i = \rho_{t_k|t_{k-1}}(x_{t_k}^i \mid x_{t_{k-1}}^i) g_k(y_k \mid x_{t_k}^i, t_k) w_{t_{k-1}}^i.$$

end for

17: Für gegebene geeignete integrierbare Funktionen h, berechne die Schätzungen

$$\mathsf{E}_{t_k,N}\big[h(X_{t_k}) \mid Y_{1:k} = y_{1:k}, T_{1:M} = t_{1:M}\big] := \frac{\sum_{i=1}^{N} w_{t_k}^i h(x_{t_k}^i)}{\sum_{i=1}^{N} w_{t_k}^i}.$$

18: **end for**

Man beachte, dass mit der Wahl $\tilde{X}_{[t_0,\infty)} = X_{[t_0,\infty)}$ (in Verteilung) die Identität

$$\rho_{t_k|t_{k-1}}\big(x_{t_k}^i \mid x_{t_{k-1}}^i\big) \equiv 1$$

gilt, und dass die Anpassung der Gewichte sich vereinfacht zu

$$w_{t_k}^i = g_k\big(y_k \mid x_{t_k}^i, t_k\big) w_{t_{k-1}}^i.$$

4.7.4 Data Likelihood

Die Modellvalidierung und Modellentscheidung basieren allgemein auf der Daten-Likelihood

$$\begin{aligned} Z_{t_k}(t_{1:M}) := f^{Y_{1:k}|T_{1:M}}(y_{1:k} \mid t_{1:M}) &= \int_{\mathscr{X}_{t_{0:k}}} f^{X_{t_{0:k}},Y_{1:k}|T_{1:M}}(x_{t_{0:k}}, y_{1:k} \mid t_{1:M})\,\mathrm{d}\mathscr{L}_{X_{t_{0:k}}}(x_{t_{0:k}}) \\ &= \mathsf{E}\big[f^{X_{t_{0:k}},Y_{1:k}|T_{1:M}}(\,\cdot\,, y_{1:k} \mid t_{1:M})\big] \end{aligned} \tag{18}$$

für gegebene Beobachtungen $y_{1:k}$. Ohne Resampling könnte die Daten-Likelihood durch das empirische Mittel der nicht-normalisierten Gewichte approximiert werden, also durch

$$\hat{Z}_{t_k}(t_{1:M}) := \frac{1}{N} \sum_{i=1}^{N} w_{t_k}^i, \tag{19}$$

denn das ist die empirische Schätzung des obigen Erwartungswertes. Nach einem Resampling-Schritt stimmt das nicht mehr.

In jedem Falle (mit oder ohne Resampling) kann aber die Daten-Likelihood rekursiv über den folgenden Schätzer für den Quotienten

$$Z_{t_k}(t_{1:M}) / Z_{t_{k-1}}(t_{1:M})$$

approximativ berechnet werden:

$$\frac{\widehat{Z_{t_k}(t_{1:M})}}{Z_{t_{k-1}}(t_{1:M})} := \frac{\sum_{i=1}^{N} \rho_{t_k|t_{k-1}}(x_{t_k}^i \mid x_{t_{k-1}}^i) g_k(y_k \mid x_{t_k}^i, t_k) w_{t_{k-1}}^i}{\sum_{i=1}^{N} w_{t_{k-1}}^i}, \qquad (20)$$

mit initialem Schätzer $\hat{Z}_{t_0}(t_{1:M}) = 1$ (siehe z. B. [25]).

4.8 Kalman Filter

Wie schon erwähnt, ist die explizite formelmäßige Berechnung der Filterverteilungen nur in sehr wenigen Fällen möglich. Grund dafür sind die rekursiv verschachtelten, hochdimensionalen Integrale, die im Allgemeinen nicht analytisch gelöst werden können. In zwei Fällen ist dies dennoch möglich und praktikabel. Im ersten Falle nimmt man an, dass der Zustandsraum nur zwischen endlich vielen diskreten Zuständen springen kann (man arbeitet hier üblicherweise auch in einem zeitdiskreten Modell). Die Messungen sind normalverteilt gestört. Man spricht von einem Hidden–Markov-Modell im engeren Sinne. Man hat es hier nur mit endlich vielen Übergangswahrscheinlichkeiten zu tun, die sich direkt berechnen lassen, und die Filterverteilungen können entsprechend über ein rekursives Verfahren durch direktes Ausrechnen ermittelt werden. Der zweite, für die Modellierung weitaus wichtigere Fall, ist gegeben durch lineare Systeme mit ausschließlich Gauß-verteilten Störungen. Gaußverteilungen sind alleine durch die ersten beiden Momente (Mittelwert und Varianz) charakterisiert, und darüberhinaus bleibt die Normalverteilheit in linearen Systemen für alle relevanten Verteilungen erhalten. Der entsprechende Zustandsfilter ist der Kalman-Filter: Mittelwert und Varianz können über Matrizenrechnungen direkt und einfach rekursiv errechnet werden.

Basierend auf der im vorigen Abschnitt entwickelten Terminologie lässt sich auf einfache Weise der Kalman-Filter als Spezialfall ableiten. Der Kalman-Filter ist als Zustandsfilter nur korrekt, wenn wir unser System gewissen Beschränkungen unterziehen: Linearität und Gaußsche Normalität im Zustandsprozess und im Messprozess. Die Annahme der Linearität im gesamten System bewirkt, dass alle Störungen im System, unabhängig davon ob man sie vorwärts oder rückwärts durch das System propagiert, normalverteilt bleiben. Dies ist durch die entsprechende Eigenschaft der multivariaten Gaußverteilung ersichtlich.

Wir betrachten hier nur den zeitdiskreten Fall.

4.8.1 Multivariate Normalverteilung und Linearität

Eine Zufallsvariable X ist multivariat normal-verteilt (multivariat Gauss-verteilt), geschrieben $X \sim \mathcal{N}_d(\mu, \Sigma)$ mit Mittelwert $\mu \in \mathbf{R}^d$ und positiv-semidefiniter Kovarianzmatrix $\Sigma \in \mathbf{R}^{d \times d}$, wenn es einen zufälligen ℓ-Vektor Z mit standard normal-verteilten Koeffizienten und eine Matrix $A \in \mathbf{R}^{k \times \ell}$ mit $AA^\top = \Sigma$ gibt, so dass gilt:

$$X = AZ + \mu.$$

Wenn die Kovarianzmatrix Σ sogar positiv-definit ist, dann existiert die entsprechende Wahrscheinlichkeitsdichte und ist gegeben durch

$$\frac{1}{(2\pi)^{d/2}|\Sigma|^{1/2}} \exp\left(-\frac{1}{2}(x-\mu)^\top \Sigma^{-1}(x-\mu)\right).$$

Eine affin-lineare Transformation $Y = BX + c$ mit $B \in \mathbf{R}^{m\times d}$ und $c \in \mathbf{R}^m$ führt zu einer Variablen Y, die ebenfalls multivariat normalverteilt ist:

$$Y \sim \mathcal{N}_m\left(B\mu + c, B\Sigma B^\top\right).$$

Spezialfälle sind gegeben durch:

- Marginalisierung: Sei $X = (X_1, X_2)^\top$. Dann ist X_1 (und X_2) normalverteilt, da

$$X_1 = BX \quad \text{mit } B = \begin{pmatrix} I & 0 \\ 0 & 0 \end{pmatrix}.$$

- Sei $Y = BX + V$ mit $V \sim \mathcal{N}_m(0, R)$. Dann gilt $Y \sim \mathcal{N}(BX, B\Sigma B^\top + R)$, da

$$Y = \begin{pmatrix} B & I \end{pmatrix} \begin{pmatrix} X \\ V \end{pmatrix}.$$

Man beachte, dass, wenn

- $p(x)$ normalverteilt ist,

$$X \sim \mathcal{N}_d(\mu, \Sigma),$$

- $p(y \mid x)$ bedingt normalverteilt zu gegebenem x,

$$Y \mid (X = x) \sim \mathcal{N}_m\left(\hat{y}(x), R\right),$$

und

- der Mittelwert $\hat{y}$ affin-linear abhängig ist von x,

$$\hat{y}(x) = Bx + c,$$

dann ist

- die gemeinsame Verteilung $p(x, y) = p(y \mid x)p(x)$ normalverteilt, und
- die marginale Verteilung $p(y) = \int p(x, y)dx$ normalverteilt.

Dabei ist die gemeinsame Verteilung $p(x, y)$ gegeben durch

$$\begin{pmatrix} X \\ Y \end{pmatrix} \sim \mathcal{N}_{d+m}\left(\begin{pmatrix} 1 \\ B \end{pmatrix}\mu + \begin{pmatrix} 0 \\ c \end{pmatrix}, \begin{pmatrix} 1 \\ B \end{pmatrix}\Sigma\begin{pmatrix} 1 \\ B \end{pmatrix}^\top + \begin{pmatrix} 0 & 0 \\ 0 & R \end{pmatrix}\right)$$

$$= \mathcal{N}_{d+m}\left(\begin{pmatrix} \mu \\ B\mu + c \end{pmatrix}, \begin{pmatrix} \Sigma & \Sigma B^\top \\ B\Sigma & B\Sigma B^\top + R \end{pmatrix}\right),$$

und die marginale Verteilung $p(y)$ durch

$$Y \sim \mathcal{N}_m\big(B\mu + c, B\Sigma B^\top + R\big).$$

Im Folgenden schreiben wir Mittelwert und Kovarianzmatrix von Y als

$$\mu_y = B\mu + c, \qquad \Sigma_y = B\Sigma B^\top + R.$$

4.8.2 Bayes' Satz für Normalverteilungen: Kalman Gain

Betrachten wir Bayes' Satz

$$p(y \mid x)p(x) = p(x, y) = p(x \mid y)p(y)$$

unter den Voraussetzungen von oben, so sind alle auftretenden Verteilungsdichten normal: Es bleibt zu zeigen, dass dies auch für die Posteriorverteilung $p(x \mid y)$ richtig ist. Machen wir den Ansatz

$$X \mid (Y = y) \sim \mathcal{N}_d(Ky + e, G),$$

und betrachten jeweils die linke und rechte Seite der vorhergehenden Gleichung, so erhalten wir die Gleichung

$$\mathcal{N}_{d+m}\left(\begin{pmatrix} \mu \\ B\mu + c \end{pmatrix}, \begin{pmatrix} \Sigma & \Sigma B^\top \\ B\Sigma & B\Sigma B^\top + R \end{pmatrix}\right)$$

$$= \mathcal{N}_{d+m}\left(\begin{pmatrix} K\mu_y + e \\ \mu_y \end{pmatrix}, \begin{pmatrix} K\Sigma_y K^\top + G & K\Sigma_y \\ \Sigma_y K^\top & \Sigma_y \end{pmatrix}\right).$$

Lösen für K, G, und e führt zu:

$$K = \Sigma B^\top \Sigma_y^{-1} \quad \text{(Kalman Gain)},$$

$$G = \Sigma - K\Sigma_y K^\top = \Sigma - K\Sigma_y\Sigma_y^{-1}B\Sigma = (I - KB)\Sigma,$$

$$e = \mu - K\mu_y = \mu - K(B\mu + c).$$

Aus der letzten Gleichung folgt

$$Ky + e = \mu + K\big(y - (B\mu + c)\big).$$

4.8.3 Anwendung auf rekursive Zustandsfilterung: Kalman Filter

Wie eben gezeigt, ist die Posterior-Verteilung $p(x \mid y)$ gegeben durch

$$\mathcal{N}_d\big(\mu + K\big(y - (B\mu + c)\big), (I - KB)\Sigma\big) \quad \text{mit } K = \Sigma B^\top \Sigma_y^{-1}.$$

Wir betrachten jetzt das lineare normale dynamische Modell

$$x_0 \sim \mathcal{N}_d(\hat{x}_0, Q_0), \qquad x_t \sim \mathcal{N}_d\big(A_t x_{t-1} + b(u_{t-1}), Q_t\big), \qquad y_t \sim \mathcal{N}_m(C_t x_t, R_t).$$

Wir nehmen außerdem an, dass $p(x_{t-1} \mid y_{1:t-1})$ rekursiv gegeben ist durch

$$\mathcal{N}_d(\hat{x}_{t-1|t-1}, P_{t-1|t-1}),$$

beginnend mit $p(x_0)$, also $\hat{x}_{0|0} = \hat{x}_0$ und $P_{0|0} = Q_0$. Wir haben zu zeigen, dass $p(x_t \mid y_{1:t})$ auch normalverteilt ist, d. h. gegeben durch

$$\mathcal{N}_d(\hat{x}_{t|t}, P_{t|t}).$$

Der Kalman Filter berechnet sich daher in zwei Schritten:

- Prädiktion

$$p(x_t \mid y_{1:t-1}) = \int p(x_t \mid x_{t-1}) p(x_{t-1} \mid y_{1:t-1}) \,\mathrm{d}x_{t-1}$$

ist gegeben durch $\mathcal{N}_d(\hat{x}_{t|t-1}, P_{t|t-1})$ mit

$$\hat{x}_{t|t-1} = A_t \hat{x}_{t-1|t-1} + b(u_{t-1}), \qquad P_{t|t-1} = A_t P_{t-1|t-1} A_t^\top + Q_t.$$

- Update

$$p(x_t \mid y_{1:t}) = \frac{p(y_t \mid x_t) p(x_t \mid y_{1:t-1})}{p(y_t \mid y_{1:t})}$$

ist gegeben durch $\mathcal{N}_d(\hat{x}_{t|t}, P_{t|t})$ mit

$$S_t = C_t P_{t|t-1} C_t^\top + R_t, \qquad K_t = P_{t|t-1} C_t^\top S_t^{-1},$$

$$\hat{x}_{t|t} = \hat{x}_{t|t-1} + K_t\big(y_t - (C_t \hat{x}_{t|t-1})\big), \qquad P_{t|t} = (I - K_t C_t) P_{t|t-1}.$$

Im zeitkontinuierlichen Fall gilt Ähnliches für die Lösungen von entsprechenden stochastischen Differentialgleichungen.

4.9 Extended Kalman Filter

Wie oben erwähnt, überträgt sich in linearen Systemen mit normalverteilten Störungen die Normalverteilung auch auf alle übrigen relevanten Verteilungen, insbesondere auch auf die Filterverteilung. Dies ist für nicht-lineare Systeme, selbst wenn alle Störungen normalverteilt angenommen werden, nicht der Fall. Insbesondere die Filterverteilung kann in diesen Fällen beliebig komplex werden. Außer den einfachen Fällen, in denen lediglich eine zusätzliche Schiefe in der Verteilung auftritt, kann es auch zu Filterverteilungen mit mehreren lokalen Maxima (sogenannten Moden) kommen. Obwohl solche Verteilungen durch die einmodigen Gaußverteilungen nur sehr schlecht approximiert werden können, ist diese Art der Approximation Standard und wird in der überwiegenden Mehrheit der Fälle angewandt. Man erreicht dies, indem man das nichtlineare System an den aktuellen Zustandswerten linearisiert und dann auf dieses linearisierte System den Kalman-Filter anwendet. Der entsprechende Filter heißt dann Extended Kalman Filter (EKF). Allgemeine Konvergenzbeweise für diesen Filter sind aber wegen der erwähnten schlechten Approximation von Gaußverteilungen an multimodale Filterverteilungen nicht zu erwarten. Oft versucht man, durch Zusatzaufwand zumindest die Kovarianzwerte des EKF-Schätzers zu verbessern, was zum Beispiel im Falle des Unscented Kalman Filters (UKF) geschieht. Das Grundproblem der Approximation komplexer Filterverteilungen mit Hilfe einmodaler Gaußverteilungen bleibt aber bestehen.

4.10 MTU-PF: Zustandsfilterung mit Partikelfilter unter Einbeziehung von Unsicherheiten in den Messzeitpunkten

Wir kehren nun zum allgemeinen Fall der stochastischen Zustandsräume zurück und wollen darüber hinaus die Annahme, dass die Beobachtungszeitpunkte (Messzeitpunkte) t_j für $j = 1, \ldots, M$ als deterministisch gegeben und bekannt voraussetzt werden, fallen lassen. Stattdessen wollen wir annehmen, dass die Beobachtungszeiten t_j Realisierungen von Zufallsvariablen T_j sind. Diese Variablen modellieren also die Unsicherheit über den exakten Messzeitpunkt. Im Gegensatz zu den Beobachtungsvariablen Y_j selbst sind die Beobachtungszeiten T_j niemals direkt beobachtet (gemessen). Vielmehr nehmen wir an, dass die einzige Information, die uns zur Verfügung steht, deren Wahrscheinlichkeitsverteilung auf der Halbachse $[t_0, \infty)$ selbst ist, während im Fall der Beobachtungen Y_j wir sowohl die Dichten $g_j(y_j \mid x_{t_j}, t_j)$ *als auch* die beobachteten Werte y_j selbst kennen. Hier besteht also ein wesentlicher konzeptioneller Unterschied.

Wir betrachten hier nur den einfachsten Fall, nämlich dass jede Variable T_j unabhängig von allen anderen ist. Dies widerspricht zwar der Tatsache, dass Messwerte üblicherweise in einer vorgegebenen zeitlichen Abfolge stehen, also etwa $T_1 < T_2 < T_3 < \ldots$ gilt, womit also eine stochastische Abhängigkeit zwischen den Variablen T_j untereinander gegeben wäre; dies würde aber zu wesentlich komplizierteren Algorithmen führen. Darüber hinaus können aber Abhängigkeiten in der zeitlichen Ordnung auch einfach über entsprechende Einschränkungen des Supports supp T_j der Zufallsvariablen T_j eingeführt werden, also etwa indem man fordert, dass sämtliche Elemente von supp T_j kleiner als sämtliche Elemente von supp T_{j+1} sind. Dadurch bleibt die Unabhängigkeit der Variablen untereinander gewahrt. Im Allgemeinen soll die Wahrscheinlichkeitsverteilung jeder einzelnen Variablen T_j durch eine Dichte $\gamma_j(t_j)$ bezüglich des Lebesgue-Maßes $\lambda_{[t_0,\infty)}$ auf dem Intervall $[t_0, \infty)$ gegeben sein.

Üblicherweise wird die Unsicherheit in den Messzeitpunkten in die Unsicherheit des Messwertes hineingezogen, indem die Varianz des Messwertes erhöht wird (lumped measurement disturbances, siehe Abb. 3). Dies führt im Allgemeinen dazu, dass die Parameter nur sehr konservativ geschätzt werden können (mit großen Unsicherheiten); bei sich schnell ändernden Zuständen kann dieses Vorgehen aber auch zu wirklich fehlerhaften Schätzungen führen (siehe Abb. 4(b)–(d)).

Der Standardpartikelfilter kann entsprechend erweitert werden (siehe [1, 8]). Falls tatsächlich Unischerheiten in den Messzeitpunkten vorliegen, liefert der resultierende MTU-Partikelfilter (MTU steht für Measurement Time Uncertainties) im Vergleich mit dem Standard-Partikelfilter deutlich bessere Schätzungen (siehe Abb. 4(a)).

Der Hauptunterschied des MTU-Partikelfilters im Vergleich zum Standardpartikelfilter besteht darin, dass die Gewichte nicht nur an diskreten Zeitpunkten (im Standardfilter sind das genau die Messzeitpunkte) angepasst werden, sondern prinzipiell kontinuierlich über alle Zeitpunkte. Das rührt daher, dass ja die Messzeitpunkte selbst auf Grund der Dichten $\gamma_j(t_j)$ über die Zeitachse „verschmiert“ werden. Dies eröffnet aber viel weitgehendere Möglichkeiten der Stabilisierung des Algorithmus, etwa durch die Wahl einer adaptiven Schrittweitensteuerung basierend auf der Entwicklung des ESS-Schätzers. So kann bei stark fallender ESS (drohende Degenerierung des Algorithmus) eine kleinere Schrittweite gewählt werden, so dass durch frühzeitiges wiederholtes Resampling die Partikelmenge in einem guten Zustand (zumindest im Sinne eines hohen ESS-Wertes) gehalten werden kann (siehe Abb. 5). Dies ist im Standardfall nicht möglich, da dort die Schrittweite des Algorithmus durch die zeitlichen Abstände der Messungen fest vorgegeben ist. Nähere Details können in [1] und [8] nachgelesen werden. In Abschn. 7 werden wir eine bio-medizinische Anwendung dieses MTU-Partikelfilters (im Vergleich zum Standard-Partikelfilter) vorstellen.

4.11 PF-MPC als Partikelfilter basierter MPC-Ansatz

Am ITWM wurde, basierend auf einer zweifachen Anwendung des Partikelfilters, ein allgemeiner stochastischer nichtlinearer Model-Predictive-Control (MPC)-Ansatz entwickelt [3]. Unter Model Predictive Control wird eine Klasse von modellbasierten Reglern verstanden, die seit den 1970er Jahren entwickelt werden. Im Gegensatz zu traditionellen Regelungsansätzen wie etwa PID-Reglern wird das Regelungssignal nicht allein durch den aktuellen Zustand (bzw. eine Schätzung dessen) bestimmt, sondern der MPC-Regler macht Gebrauch von einem System-Modell, um damit die Entwicklung des Systems unter dem Einfluss des Reglersignals u_j vorherberechnen zu können. Basierend auf diesen Vorhersagen wird das Reglersignal über einen bestimmten Zeitraum (Horizont) T_p so bestimmt,

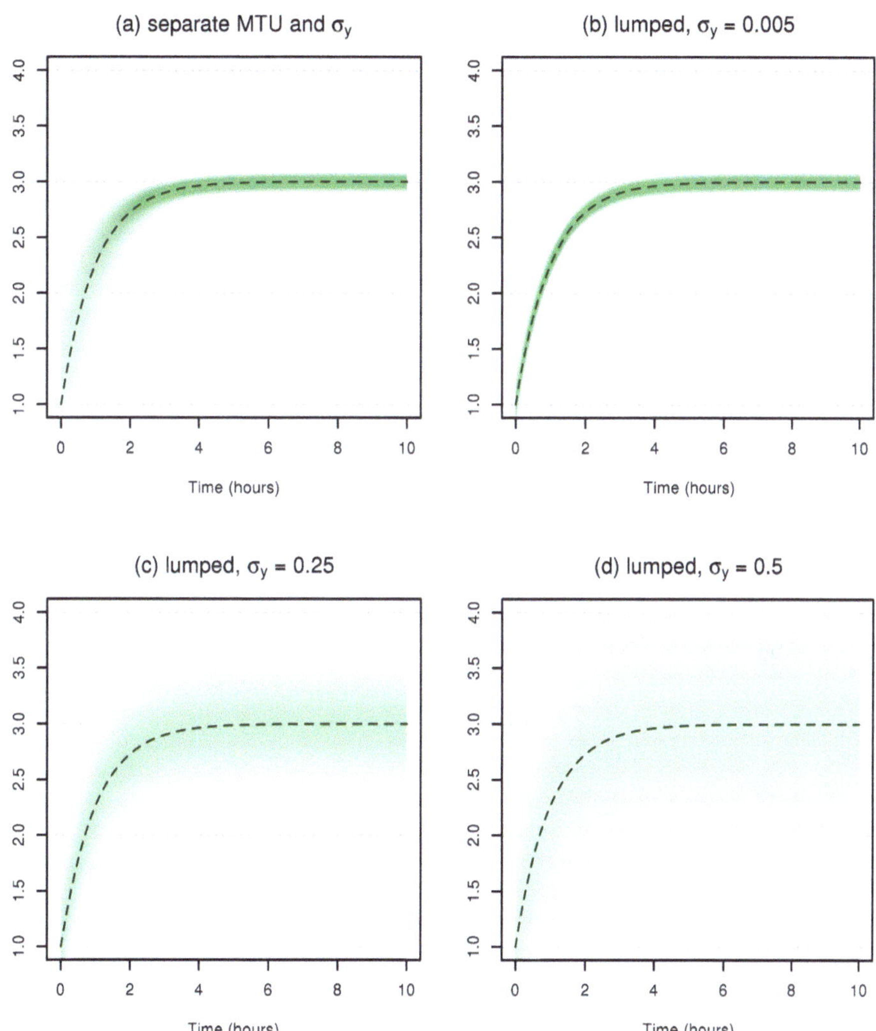

Abb. 3 Monte Carlo-Simulation von Messwerten an einem einfachen Modell (bestehend aus einem Zustand mit exponentiellem Anstieg, normalverteilten Störungen und normalverteilten Störungen in den Messwerten). Die gestrichelte grüne Linie stellt jeweils die nominelle Entwicklung (Mittelwert) des Zustandes über die Zeit dar. Die grüne-schattierten Bereiche geben die Verteilung der Messzeiten- und Messwerte wieder. (**a**) Getrennte Modellierung von Unischerheiten in Messzeitpunkten (horizontal) und Messwerten (vertikal). Varianz der Messwerte $\sigma_y = 0.005$. (**b**)–(**d**) Ohne spezielle Modellierung der Unsicherheiten in den Messzeitpunkten, Streuung nur in Messwerten (vertikal); dafür wird zur Kompensierung sukzessive die Varianz σ_y der Messwerte erhöht. Es zeigt sich, dass diese Kompensierung in (**b**)–(**d**) die Verteilung der Messwerte im Falle (**a**) nicht adäquat nachbilden kann. Das ist vor allem in Bereichen mit starkem Anstieg (frühe Zeitpunkte) zu sehen, wo in (**a**) die Verteilungen in y-Richtung mehr streuen als dort, wo der Verlauf des Zustands konstant ist (spätere Zeitpunkte). In (**b**)–(**d**) sind die Streuungen in y-Richtung modellbedingt überall gleich stark

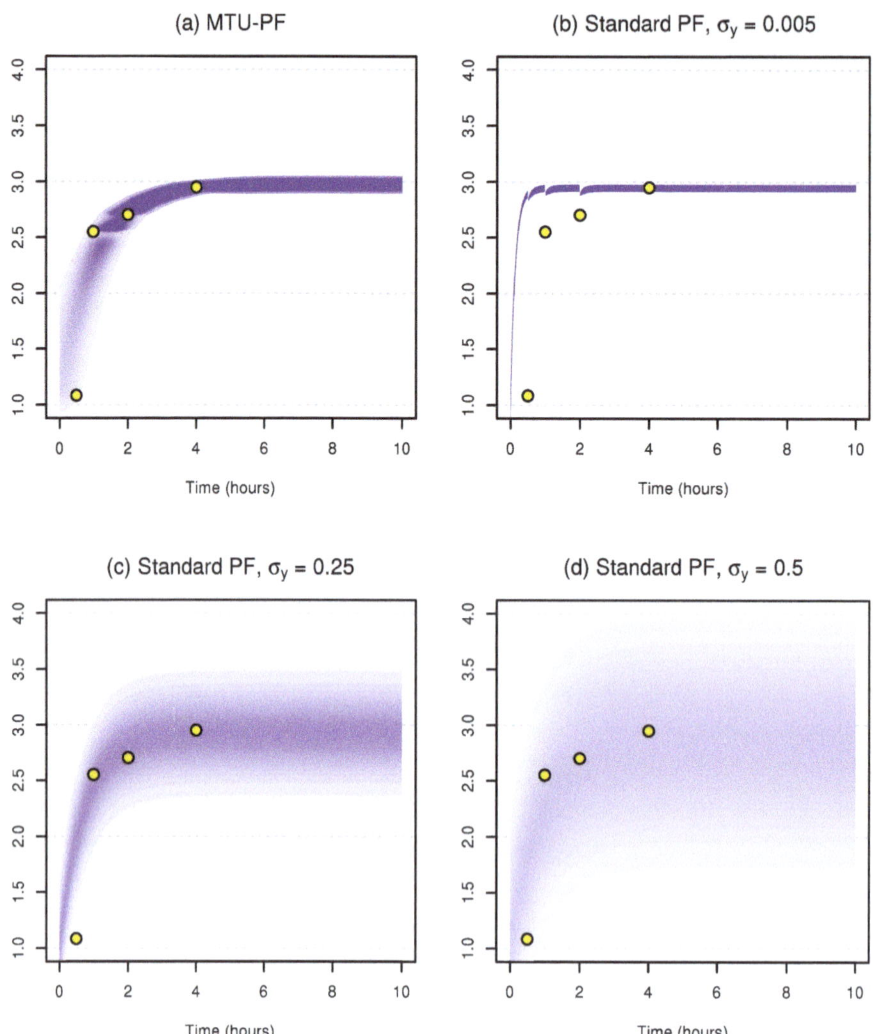

Abb. 4 Simulierte Verteilungen der Messwerte nach Schätzungen der Parameter und Zustände im Beispielmodell mit verschiedenen Filtern. Die gelben Punkte entsprechen den zur Schätzung verwendeten Messungen, die als zufällige Realisierungen der in Abb. 3(a) gezeigten Verteilung erzeugt wurden. (**a**) MTU-Partikelfilter und (**b**)–(**d**) Standard-Partikelfilter mit verschiedenen Varianzen σ_y in den Messwerten. Die violett schattierten Bereiche zeigen jeweils die Verteilungen der Messungen, die sich aus den jeweiligen Schätzungen der Partikelfilter ergeben würden. Die wirkliche Verteilung der Messwerte ist in der vorhergehenden Abb. 3(a) zu sehen. Die Schätzungen mit dem MTU-Partikelfilter erzeugen im Vergleich zum Standard-Partikelfilter dazu deutlich besser passende Verteilungen

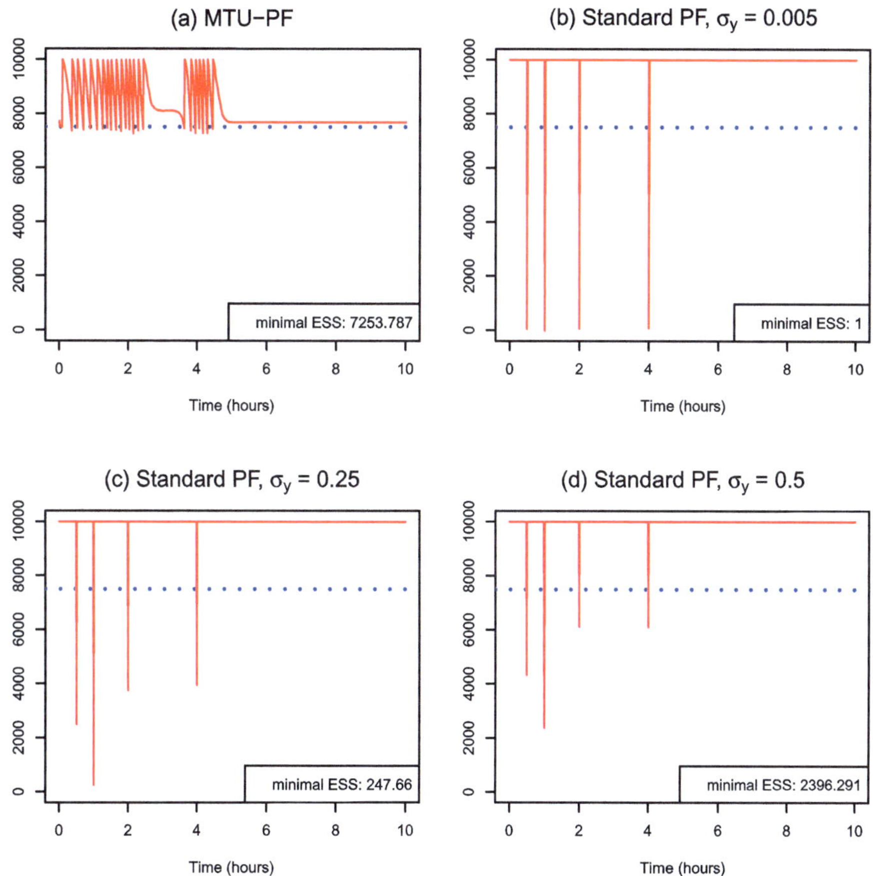

Abb. 5 Vergleich der ESS-Schätzungen während der Filterung. (**a**) MTU-Partikelfilter und (**b**)–(**d**) Standard-Partikelfilter mit verschiedenen Varianzen σ_y in den Messwerten. Es wird deutlich, dass die ESS in den Standardfiltern (**b**)–(**d**) an den diskreten Zeitpunkten, an denen eine Messung zur Verfügung steht, deutlich abfällt. In (**a**) wird das durch frühzeitiges Resampling verhindert

dass eine gegebene Zielfunktion J minimiert wird. Anschließend wird der erste Wert dieses berechneten Reglersignals als Regelungseingabe an das System übergegeben. Dieses Verfahren wird über die Zeit ständig wiederholt.

In der Vergangenheit wurde der Partikelfilter schon öfter im Rahmen eines MPC-Ansatzes für die Zustandsschätzung eingesetzt. Unser Ansatz ist dagegen in dem Sinne neu, dass unser Regler den Partikelfilter nicht nur zur Zustandsschätzung einsetzt, sondern auch zur Lösung des Optimierungsproblems. Dies wird dadurch erreicht, dass wir die Regelungsziele (Targets) als virtuelle Messungen auffassen. Nach Erweiterung der Zustandsvariablen um die Regelungsvariable reduziert sich damit das Optimierungsproblem auf ein Filterproblem: Die bedingten Verteilungen des Regelungssignals unter gegebenen Targets kann also als Filterverteilung verstanden und daher mit einem zweiten Partikel-

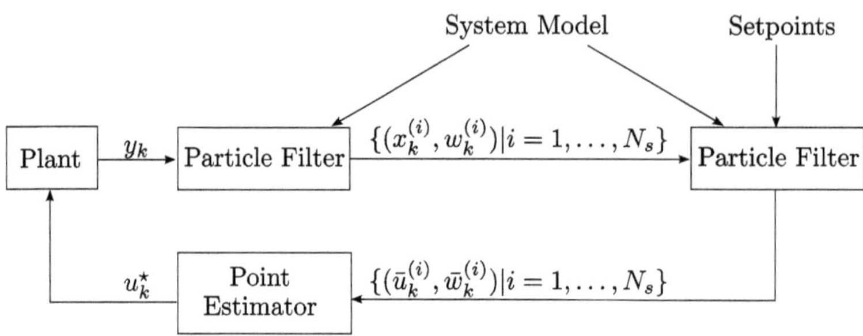

Abb. 6 Das Schema des PF-MPC-Reglers. Dabei ist $x_k^{(i)}$ der Zustandsvektor des i-ten Partikels mit Gewicht $w_k^{(i)}$ zur Zeit k im ersten Partikelfilter zur Zustandsschätzung; y_k ist die Messung zur Zeit k; $\bar{u}_k^{(i)}$ ist der Wert der Regelungsvariablen des i-ten Partikels mit Gewicht $\bar{w}_k^{(i)}$ als Ausgabe des zweiten Partikelfilters. Diese Partikelmenge dient zur Berechnung des optimalen Regelungswertes u_k^*; N_s ist die Anzahl der Partikel in beiden Filtern

filter berechnet werden. Anhand dieser Filterverteilungen für das Regelungssignal kann dann diejenige Filterungstrajektorie ausgewählt werden, die am wahrscheinlichsten zu einem guten Systemverhalten führt (siehe Abb. 6). Der erste Wert dieser Trajektorie dient dann als nächster Regelungs-Eingang.

Die Zielfunktion $J = J(x_k, \bar{u}_{k:(k+T_p)}, T_p)$ ist im Standard-MPC-Ansatz üblicherweise von der Form

$$J = \sum_{j=k}^{k+T_p} \|\bar{u}_j - \bar{u}_{j-1}\|_Q^2 + \sum_{j=k+1}^{k+T_p} \|s_j - x_j\|_R^2.$$

Dabei bezeichnen die Normen gewichtete Euklidische Normen mit Gewichtsmatrizen Q bzw. R. Der erste Term bewirkt dabei, dass der Unterschied zwischen aufeinanderfolgenden Regelungswerten $\bar{u}_{j-1}$ und $\bar{u}_j$ klein ist. Der zweite Term bestraft Abweichungen der Systemzustände x_j vom Zielzustand (Target) s_j; diese Zielzustände beschreiben diejenigen Zustandstrajektorien, denen das System bevorzugt folgen soll. Der Trick besteht darin, dass einer Minimierung von J eine Maximierung von $\exp^{-1/2J}$, also – bis auf Normalisierung – einer multivariaten Gaußverteilungsdichte entspricht. Diese kann, bei gegebenen Zuständen x_j, als gemeinsame Verteilung der Übergangswahrscheinlichkeiten des Regelungssignals und der Beobachtungswahrscheinlichkeiten von s_j aufgefasst werden. Genau dies realisiert aber die oben vorgestellte Variante des Partikelfilters. Die Auffassung der Zielfunktion als im Wesentlichen nichts Anderem als eine Verteilungsdichte eröffnet aber sofort die Möglichkeit, die Beschränkung auf Gaußverteilungen aufzuheben und allgemeine, auch komplexe Wahrscheinlichkeitsdichten zuzulassen. Damit können sehr komplexe Regelungsstrategien und auch in sehr freier Weise Einschränkungen und Nebenbedingungen in die Regelung eingebunden werden. Diese müssen nur entsprechend in Wahrscheinlichkeitsverteilungen abgebildet werden, die dann sozusagen als Wunschverteilungen der Systemzustände aufgefasst werden können. Probleme können hier al-

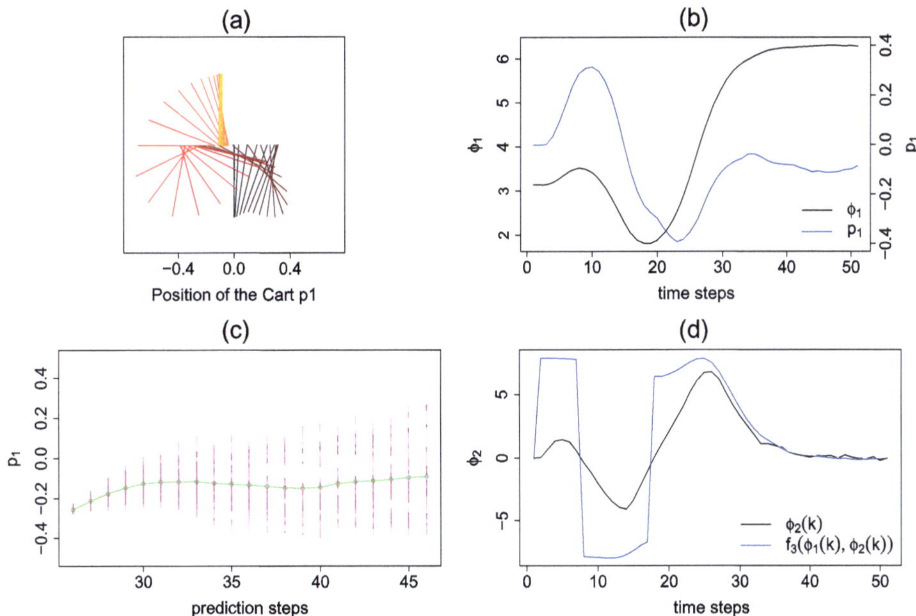

Abb. 7 Regelung eines simulierten invertierten Pendels. (**a**) Bewegung des Pendels über die Zeit, angedeutet durch den Farbverlauf von schwarz über rot nach gelb. *Schwarz*: Start mit nach unten hängendem Pendel. *Rot*: Aufschwingvorgang. *Gelb*: Aufgeschwungenes und balanciertes Pendel. Die Bewegung des Pendels in x-Richtung (Bewegung des Wagens) bleibt dabei in engen Grenzen. (**b**) Verlauf der Zustände p_1 (Position, *blau*) und ϕ_1 (Auslenkwinkel, *schwarz*) des Pendels über die Zeit. (**c**) Vorhersage der marginalen Verteilung der Position p_1 (*magenta*) über den Regelhorizont ($j = k, \ldots, k + T_p$ mit $T_p = 21$) im zweiten Partikelfilter zum Zeitpunkt $k = 25$. Die *grüne* Linie beschreibt den geschätzten Mittelwert. (**d**) Verlauf des Zustands ϕ_2 (Geschwindigkeit des Auslenkungswinkels, *schwarz*) im Vergleich mit dem vorgegebenen Verlauf der entsprechenden Setpoints f_3 (*blau*) in Abhängigkeit vom Auslenkwinkel ϕ_1 und von dessen Geschwindigkeit ϕ_2

lerdings durch die mögliche Degeneration des Partikelfilter-Algorithmus auftreten; durch ein gutes Design der Regelungsstrategie muss diese so klein wie möglich gehalten werden. Echtzeitregelungen auf Basis nichtlinearer Modelle sind dann durchaus realisierbar. Als Beispiel ist in Abb. 7 die Regelung eines nichtlinearen invertierten Pendels gezeigt, das durch die Bewegungen eines unterbauten Wagens auf einer Schiene aufgeschwungen und im aufgeschwungenen Zustand balanciert werden soll. Als Zusatzbedingung soll der Wagen während seiner Bewegung auf der Schiene nicht über vorgegebene Grenzen hinwegfahren. Das Regeldesign konnte auf einfache Weise so gestaltet werden, dass das computersimulierte System sozusagen in Echtzeit (auf einem normalen PC) geregelt werden konnte. Dadurch, dass das ursprüngliche, nichtlinearisierte Modell verwendet wird, können beide Regelungsaufgaben, das Aufschwingen wie das Balancieren im aufgeschwungenen Zustand, mit einem einzigen Regler bewältigt werden. Näheres ist in [3] beschrieben.

5 Simulationsbezug

Wie in den vorherigen Abschnitten gezeigt, kann man aus der Kombination nur weniger Messinformationen und einem geeigneten mathematischen Systemmodell die verborgenen Zustände eines Prozesses zu vorgegebenen Messzeitpunkten schätzen. Dazu führt man jeweils einen Systemsimulationsschritt aus, um dann den so berechneten Systemzustand auf Basis der in diesem Zeitschritt neu eintreffenden Messinformationen geeignet zu adaptieren. Ein wesentlicher Faktor bei der Auswahl und Implementierung eines Zustandsschätzers ist neben der eigentlichen Prozessdynamik die für den Algorithmus zur Verfügung stehende Rechenzeit bzw. die Anforderung an die Echtzeittauglichkeit der Anwendung.

5.1 Anwendungsbezogene Anforderungen

Die zur Verfügung stehende Rechenzeit hängt primär vom Anwendungskontext der Zustandsschätzung ab. Es ist zunächst zu unterscheiden, ob sie offline oder online, d. h. in Echtzeit durchzuführen ist.

Bei einer „Offline" Zustandsschätzung ist die benötigte Rechenzeit in der Regel unkritisch, d. h. die im Rahmen der Simulation zu lösenden Differentialgleichungssysteme müssen „nur" lösbar sein. Die benötigte Zeit für die Berechnung spielt eine untergeordnete Rolle, da die Datenerfassung und Zustandsschätzung zeitlich unabhängig voneinander ausgeführt werden. Diese Vorgehensweise wendet man häufig bei der Zustandsschätzung in Verbindung mit der Identifikation von Prozessparametern an.

Bei „Online" Anwendungen wie Schutzsystemen, beim Prozessmonitoring bzw. bei der Prozessdiagnose sowie bei der Regelung wird die Echtzeittauglichkeit der Zustandsschätzung gefordert. Die Echtzeittauglichkeit ist dabei in Bezug auf die geforderte Aktualisierungszeit der Zustandsschätzung zu bewerten. Sie kann je nach Prozessdynamik und Anwendung im Millisekundenbereich oder aber auch im Minutenbereich liegen. Die aus den zuvor genannten Anwendungen resultierenden Anforderungen werden im Folgenden diskutiert:

- Bei Schutzsystemen ist auch bei Verwendung von sehr schnellen Hardwaresystemen die Zustandsschätzung, die gleichzeitige Prozessanalyse zur Risikobewertung sowie die in kritischen Situationen notwendige Schutzauslösung in der geforderten Reaktionszeit im Millisekundenbereich häufig nicht möglich. Bei der Entwicklung eines solchen Systems sollte man daher die Algorithmen zur Risikoanalyse und Schutzauslösung auf einer eigenen sehr schnellen Hardwareplattform implementieren. Nachgelagert kann man dann auf einer eigenständigen Hardware ein auf einem Zustandsschätzer basierendes Monitoringsystem zur Speicherung und Diagnose der vom Schutzsystem als relevant eingestuften Events einsetzen. Diese Trennung lässt sich dadurch rechtfertigen, dass man im Rahmen einer Systemdiagnose in der Regel häufig nur an auffälligen bzw. kritischen Events interessiert ist und der vorgeschaltete Schutzmechanismus als entsprechender Event-Detektor fungiert.

- Neben dem nachgelagerten Einsatz im Rahmen eines Schutzsystems werden oft auch eigenständige Monitoringsysteme zur Analyse von Prozessverhalten bzw. zur Systemdiagnose eingesetzt. Die Analyse der Ergebnisse ist hier ebenfalls häufig mit kurzer zeitlicher Verzögerung zulässig. In diesem Fall kann man die Zustandsschätzung für Messungen über ein vorgegebenes Zeitfenster zeitverzögert durchführen, während parallel zur Zustandsschätzung die Daten für das nachfolgende Zeitfenster gespeichert werden. Um einen Datenverlust zu vermeiden, müssen innerhalb der für die Speicherung der Messdaten benötigten Zeit jedoch sowohl die Zustandsschätzung als auch die Diagnose bzw. Auswertealgorithmen fertig ausgeführt werden. Nach diesem Prinzip arbeiten auch die in Abschn. 6 vorgestellten Torsionsmonitoringsysteme des ITWM.
- Im Rahmen der Prozesssteuerung/-regelung muss ein Regler die Performance des Prozesses möglichst optimal einstellen bzw. insbesondere den Prozess stabilisieren. Die Berechnung der optimalen Stellgrößen erfolgt im Falle von nicht direkt messbaren Performancegrößen auf Basis des durch einen modellbasierten Zustandsschätzer ermittelten Systemzustands. Die Zustandsschätzung ist hier unter Berücksichtigung der Aktualisierungsrate des Reglers durchzuführen. Dabei ist zu beachten, dass für die Berechnung der Stellgrößen durch den Regler weitere zusätzliche Rechenkapazitäten benötigt werden. Die Zustandsschätzung und die Berechnung der Regelgrößen müssen zusammen innerhalb der zur Verfügung stehenden Aktualisierungszeit erfolgen. Nach diesem Konzept wurde z. B. am Fraunhofer ITWM im Auftrag der Schott AG im Rahmen des BMWI Projekts „Entwicklung eines energieeffizienten Ofenkonzeptes zur Wärmebehandlung von Glas" ein Regler für die energieeffiziente Steuerung des Abkühlprozesses von Glas umgesetzt. In jedem Zeitschritt wird dabei basierend auf Messinformationen weniger Temperatursensoren in der Luft mit einem Kalman-Filter die Temperaturverteilung im gesamten Ofen geschätzt.

Die für die Zustandsschätzung benötigte Rechenzeit selbst hängt ja zum einen von der benötigten Zeit für die Ausführung des Systemsimulationsschrittes und zum anderen von der anschließenden Adaption des Zustands ab. In vielen regelungstechnischen Anwendungen erfolgt die Modellierung des Systemverhaltens z. B. mittels Finiter Element Ansätze. Diese führen bereits bei moderater Auflösung zu hochdimensionalen Modellen und damit zu entsprechend langen Simulationszeiten. Unabhängig vom gewählten Zustandsschätzer ist es daher in vielen Applikationen zunächst notwendig, die Komplexität des Modells mittels mathematischer Modellordnungsreduktionsverfahren so zu reduzieren, dass die modellbasierte Zustandsschätzung in der zur Verfügung stehenden Rechenzeit möglich ist. Herausforderung bei der Modellordnungsreduktion ist es, ein Modell geringerer Komplexität zu generieren, das die Dynamik des realen Prozesses in den relevanten Arbeitsbereichen noch möglichst gut approximiert. Aus der Modellordnungsreduktion resultierende Fehler müssen dann in Form von Prozessunsicherheiten bei der Zustandsschätzung berücksichtigt werden. In diesem Umfeld entwickelt das Fraunhofer ITWM symbolische und numerische Modellreduktionsalgorithmen für parametrische nichtlineare Systeme.

Eine die Simulationszeit gleichermaßen beeinflussende Komponente ist die Rechen- und Speicherkapazität der verwendeten Hardwareplattform. Bei der Implementierung des verwendeten Filters ist neben dem zur Verfügung stehenden Arbeitsspeicher insbesondere auch die Prozessorleistung zu berücksichtigen. Während auf heute typischen PC-Prozessoren oder modernen Embedded Systemen bei geeignet reduzierten Modellen für viele Anwendungen keinerlei Rechenzeitprobleme bestehen, kommen bei industriellen Massenprodukten aus Kostengründen jedoch noch „Low Cost " Prozessoren mit sehr geringer Rechenleistung und Speicherkapazität zum Einsatz.

5.2 Implementierungen am ITWM

5.2.1 Lineare Zustandsschätzer

In diversen Industrieprojekten bzw. Produkten sind am Fraunhofer ITWM bereits verschiedene lineare Zustandsschätzer zum Einsatz gekommen. Ausgangspunkt für die nachfolgenden Betrachtungen ist ein lineares zeitvariantes Zustandsraummodell der Form

$$\begin{aligned} \dot{x}(t) &= A(t)x(t) + B(t)u(t) + Q(t)w(t) \\ z(t) &= C_1(t)x(t) \\ y(t) &= C_2(t)x(t) + M(t)v(t) \end{aligned} \tag{21}$$

des betrachteten technischen oder biologischen Prozesses. Dabei sind $A(t) \in \mathbb{R}^{n \times n}$ die Zustandsmatrix und $B(t) \in \mathbb{R}^{n \times q}$ die Eingangsmatrix, mit der die gemessenen Systemeingänge $u(t)$ den Zuständen zugeordnet und sofern notwendig auch in die benötigten physikalischen Größen umgerechnet werden. Mit der Matrix $C_1(t) \in \mathbb{R}^{k \times n}$ berechnet man aus den Zuständen die eigentlich interessierenden Ausgänge $z(t)$. Dies können alle Zustände selbst sein, d. h. $k = n$ und $C_1 = I_{n \times n}$ oder auch aus einem oder mehreren Zuständen umgerechnete physikalische Größen, z. B. Torsionsmomente berechnet aus den Verdrehwinkeln (Zustände $x(t)$) einer Welle. Die so berechneten Ausgänge $z(t)$ werden häufig als virtuelle Sensoren für die Prozessanalyse oder Regelung verwendet. Im Rahmen der Zustandsschätzung ist ein Abgleich des Simulationsergebnisses mit den realen Messinformationen zur Berechnung der Korrekturterme notwendig. Daher muss man aus dem Modell die den Sensormesswerten entsprechenden physikalischen Größen ermitteln. Dies erfolgt mittels der Transformation der Zustände $x(t)$ mit der Matrix $C_2(t) \in \mathbb{R}^{p \times n}$. Des weiteren sind in (21) $w(t)$ und $v(t)$ stochastische Störungen, die modelliert durch die Matrizen $Q(t)$ und $M(t)$ auf das System bzw. die Messungen wirken. Die Auswahl des geeigneten Zustandsschätzers hängt nun von den getroffenen Annahmen bzw. den Prozesseigenschaften ab.

Diskreter Kalman-Filter Der lineare diskrete Kalman-Filter mit seinen diversen Abwandlungen ist aufgrund seines einfachen iterativen Berechnungsschemas der wohl am weitesten verbreitete Algorithmus zur Zustandsschätzung linearer Systeme (siehe Abschn. 4.8). Er kann insbesondere auch im Falle von nicht stationärem Rauschen oder bei zeitvarianten Systemen verwendet werden. Für seinen Einsatz für das hier betrachtete kontinuierliche Modell (21) muss man dieses dann zunächst diskretisieren, auf eine geeignete Dimension reduzieren und den in Abschn. 4.8 angegebenen iterativen diskreten Kalman-Filter implementieren. Eine solche Implementierung wurde am ITWM z. B. im bereits genannten BMWI Projekt „Entwicklung eines energieeffizienten Ofenkonzeptes zur Wärmebehandlung von Glas" für die Schätzung der Temperaturverteilung in einem passiven Glaskühlofen aufgrund der Zeitvarianz des zu Grunde liegenden linearen Modells umgesetzt.

Zeitkontinuierliche Filter Die kontinuierliche Form des Kalman-Filters ist der Kalman-Bucy Filter. Analog zum diskreten Kalman-Filter erfolgt die Berücksichtigung der Störungen rein über den Erwartungswert und die Kovarianzen, so dass man für das kontinuierliche Zustandsraumsystem (21) ohne Beschränkung $M(t) = I$ annehmen kann. Dazu sei ferner $w(t)$ normalverteiltes Prozessrauschen mit Erwartungswert 0 und Kovarianzmatrix $R_w(t)$ sowie $v(t)$ normalverteiltes Messrauschen mit Erwartungswert 0 und Kovarianzmatrix $R_v(t)$.

Mit den zuvor getroffenen Annahmen ist der kontinuierliche Kalman-Filter gegeben durch

$$\dot{\hat{x}}(t) = A(t)\hat{x}(t) + B(t)u(t) + K(t)\big(y(t) - C_2\hat{x}(t)\big) \tag{22}$$

wobei $K(t) = P(t)C_2(t)^T R_v^{-1}(t)$ und $P(t)$ die Lösung der Differentialgleichung

$$\dot{P} = A(t)P + PA(t)^T - PC_2^T R_v^{-1}(t)C_2(t)P + QR_w(t)Q^T \tag{23}$$

mit $P(0) = E\{x(0)x^T(0)\}$ ist.

Auf Grund der Zeitabhängigkeit des Rauschens und der Zeitvarianz des Modells ist die Berechnung der Lösung der Differentialgleichung (23) für jeden Zeitschritt sehr rechenaufwendig und ist in vielen Fällen auch nicht online möglich. Anders sieht es für ein zeitinvariantes System, d. h. die Zustandsmatrizen A, B und C_2 in (21) sind konstant, aus. Bei den zugrundeliegenden Prozessen nimmt man neben der Zeitinvarianz häufig auch an, dass Mess- und Prozessrauschen stationär sind. In diesem Fall konvergiert der Kalman-Gain K gegen eine konstante Matrix und ist gegeben durch

$$K = PC_2^T R_v^{-1},$$

wobei P die stabilisierende Lösung der Riccati-Gleichung

$$AP + PA^T - PC_2^T R_v^{-1} C_2 P + QR_w Q^T = 0 \tag{24}$$

ist. Der resultierende Filter lässt sich dann als lineares Zustandsraumsystem darstellen mit (A_{KF}, B_{KF}, C_{KF}) gegeben durch

$$\begin{aligned} A_{KF} &= A - PC_2^T R_v^{-1} C_2 \\ B_{KF} &= \left[PC_2^T R_v^{-1} \; B \right] \\ C_{KF} &= C_1. \end{aligned} \tag{25}$$

Für die Implementierung dieses Filters kann man den Kalman-Gain und die Fehlerkovarianzschätzung nun a-priori offline vor der eigentlichen Zustandsschätzung einmalig berechnen und dann online für jeden Zeitschritt die gesuchten Zustände durch die Lösung des Differentialgleichungssystems bestimmen. Hierzu kann man das System entweder a-priori diskretisieren oder mit einem geeigneten Algorithmus die Lösung des Differentialgleichungssystems schrittweise berechnen. Durch diese Trennung in offline und online Berechnungsschritte ist sein Einsatz auch bei kurzen Aktualisierungszeiten möglich.

Wie in Abschn. 4 beschrieben erhält man beim Kalman-Filter in Form der Fehlerkovarianzmatrix ein Vertrauensmaß für die geschätzten Zustände unter den angenommenen stochastischen Einflüssen. Aus systemtheoretischer Sicht ist der Kalman-Filter der Zustandsschätzer, der optimale Schätzungen im Sinne einer Mittelung über alle Frequenzen liefert. Ein auf kritische Frequenzen fokussierender Schätzer ist der H_∞-Filter [48], der auf der H_∞-Norm basiert. Diese ist für ein wohldefiniertes stabiles zeitinvariantes System G definiert durch

$$\left\| G(s) \right\|_\infty := ess \sup_\omega \bar{\sigma}\left(G(j\omega)\right)$$

mit dem maximalen Singulärwert

$$\bar{\sigma}\left(G(j\omega)\right) := \max_{u(\omega) \neq 0} \frac{\|z(\omega)\|_2}{\|u(\omega)\|_2}$$

und $z(\omega) = G(j\omega)u(\omega)$. Für lineare Systeme mit einem Eingang und einem Ausgang beschreibt die Norm den maximalen Verstärkungsfaktor über alle Frequenzen. Durch die Wahl der ∞-Norm liegt der Fokus damit nicht mehr auf der gleichzeitigen Minimierung der Übertragungsenergien alle Frequenzen sondern auf der kritischsten Frequenz des Systems. Es handelt sich also um eine Worst-Case Betrachtung.

Ausgangspunkt für die Berechnung des Filters sei ein zeitinvariantes lineares Zustandsraumsystem, d. h. die Matrizen A, B, C_1 und C_2 in (21) sind konstant. Beim H_∞-Filterproblem geht man davon aus, dass die Störungen beschränkte Energie haben. Die eigentlichen Informationen über die Intensität der Störungen werden durch die zeitinvarianten Matrizen Q und M in (21) abgebildet [2]. Basierend auf der H_∞-Norm lässt sich das H_∞-Filterproblem wie folgt formulieren [48]:

H_∞-Filterproblem Gegeben ist ein $\gamma > 0$. Finde einen kausalen Filter $F(s) \in \Re H_\infty$, wobei $\Re H_\infty$ die Menge aller wohldefinierten und reell-rationalen stabilen Transferfunktionen ist, so dass

$$\sup_{w \in L^2[0,\infty)} \frac{\|\tilde{z} - \hat{z}\|_2^2}{\|w\|_2^2} < \gamma^2.$$

Dabei bezeichnet $\tilde{z}$ den realen Systemausgang und $\hat{z}$ den geschätzten Filteroutput.

Man erhält dann die gesuchte Gain-Matrix für einen linearen robusten H_∞-Filter durch Lösen der folgenden algebraischen Riccati-Gleichung:

$$PA^T + AP + P\left(\gamma^{-2} C_1^T C_1 - C_2^T M M^T C_2\right)P + QQ^T = 0. \tag{26}$$

Existiert die positive semidefinite stabilisierende Lösung P, so ist der gesuchte Filter $F(s) \in \Re H_\infty$ in Zustandsraumdarstellung darstellbar und die Systemmatrizen (A_{HF}, B_{HF}, C_{HF}) sind gegeben durch

$$\begin{aligned} A_{HF} &= A - PC_2^T \left(MM^T\right)^{-1} C_2 \\ B_{HF} &= \left[PC_2^T \left(MM^T\right)^{-1} \; B\right] \\ C_{HF} &= C_1. \end{aligned} \tag{27}$$

Der Unterschied zwischen der Riccati-Gleichung (26) und Riccati-Gleichung (24) für die Berechnung des Kalman-Gains ist im Wesentlichen der aus den Robustheitsanforderungen resultierende Zusatzterm $\gamma^{-2} C_1^T C_1$. Die Existenz der Lösung der Riccati-Gleichung (26) ist dabei nicht für jedes γ garantiert. Um einen möglichst robusten Schätzer zu erhalten wird γ iterativ solange reduziert, wie die Lösung der algebraischen Riccati-Gleichung existiert. Für die Implementierung ist damit auch beim robusten linearen H_∞-Filter (27) wie beim Kalman-Filter (25) zunächst offline eine algebraische Riccati-Gleichung für das zu Grunde liegende lineare zeitinvariante Zustandsraummodell zu lösen. Der resultierende H_∞-Filter ist ebenfalls in Form eines dynamischen zeitkontinuierlichen Zustandsraumsystems (27) gegeben. Die Minimierung der H_∞-Norm führt aber dazu, dass im Vergleich zum Kalman-Filter eine höhere Robustheit in Bezug auf unstrukturierte Störungen bzw. Modellunsicherheiten resultiert. Erweiterungen in Bezug auf strukturierte Unsicherheiten liefert die auch am ITWM eingesetzte μ-Synthese. Die Entscheidung, ob z. B. der H_∞-Filter bzw. der Kalman-Filter verwendet werden soll, hängt von den Modellunsicherheiten und den daraus resultierenden Robustheitsanforderungen ab.

Ein auf einem online-tauglichen robusten H_∞-Filter oder dem kontinuierlichen Kalman-Filter aufsetzendes Monitoringsystem des ITWM ist das in Abschn. 6 beschriebene Torsionserfassungs- und -analysesystem TorAn. Basierend auf den gemessenen mechanischen zeitlichen Drehmomentverläufen der anregenden Wellenstrangkomponenten, wie z. B. Motor oder Generator, sowie einer direkten Torsionsmessung mit einem Drehmomentsensor schätzt TorAn mittels des verwendeten Filters die Zustände gegeben in Form der Verdrehwinkel der rotierenden Welle. Auf Basis der geschätzten Zustände prognostiziert und analysiert TorAn den Drehmomentverlauf auch an weiteren kritischen unzugänglichen Wellenkomponenten. Die Algorithmen zur Datenerfassung, Zustandsschätzung, die Kriterienüberwachung und die Ermüdungsanalyse wurden als echtzeittaugliche C-Bibliothek mit Anbindung an einen Analog-Digital Wandler implementiert.

5.2.2 Nichtlineare Zustandsschätzer

Constrained Extended Kalman Filter Die Erweiterung des diskreten Kalman-Filters für nichtlineare Systeme ist der Extended Kalman Filter. Dieser wie auch die zuvor beschriebenen linearen Zustandsschätzer erlauben zunächst nicht die Berücksichtigung physikalischer Restriktionen. Hierzu existieren jedoch verschiedene Ansätze, wie z. B. Moving Horizon Estimation oder der bei [47] vorgeschlagene „Constrained Extended Kalman Filter" (CEKF). Die Grundidee des CEKF ist es, mit einem ersten Extended Kalman-Filter zunächst eine allgemeine Zustandsschätzung durchzuführen. Danach wird in einem zweiten Extended Kalman-Filter eine Korrektur der ersten Schätzung so vorgenommen, dass die Zustände im zulässigen Wertebereich liegen. Insbesondere bei nichtlinearen Systemen kann man durch physikalisch motivierte Restriktionen den Lösungsraum der Zustände häufig eingrenzen und so eine mögliche Divergenz bei der Zustandsschätzung verhindern. Eingesetzt wird dieser Filter am ITWM z. B. zur Kompensation von drehzahlabhängigen periodischen Störungen im Rahmen der Drehmomentmessung mit einem auf dem magnetostriktiven Effekt basierenden induktiven Drehmomentsensor (siehe Abschn. 6.2).

Partikelfilter-Algorithmus Wie in Abschn. 4 ausführlich beschrieben arbeitet der Standard-Partikelfilter auf zeitdiskreten, nichtlinearen und nicht-Gaußschen Modellen und kann leicht für die Nutzung auch auf zeitkontinuierlichen Systemen mit zeitdiskreten Messungen angepasst werden. Der Partikelfilter-Algorithmus wurde in Form von prototypischen Implementierungen schon in unterschiedlichen Anwendungsbereichen am ITWM umgesetzt. Zu den Anwendungen zählen unter anderem die Modell-Identifikation eines Stoßdämpfers mit Hysterese-Effekten aus Messdaten, die Schätzung von Genkopien (Copy Number) in Tumor-DNA und die Schätzungen von Parametern im biomedizinischen Bereich (siehe dazu Abschn. 7). Implementierungen liegen vor in Java und in der statistischen Programmiersprache *R* (diese wird vor allem im bio-medizinischen Bereich oft verwendet). Darüber hinaus wurde der Partikelfilteralgorithmus auch als Bestandteil einer Systembiologie-Toolbox implementiert, die am Fraunhofer Chalmers Centre (FCC) in Göteborg entwickelt wird und auf der symbolischen Programmierumgebung Mathematica aufsetzt. Am ITWM wurden auch Erweiterungen des Partikelfilteralgorithmus entwickelt, insbesondere die Anpassung des Algorithmus an Unsicherheiten in den Messzeitpunkten und die doppelte Nutzung in einem neuen nichtlinearen Model Predictive Control (MPC) Ansatz.

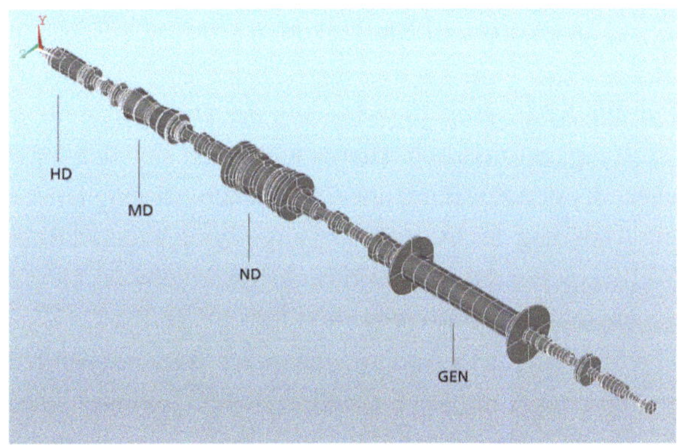

Abb. 8 Schema eines Kraftwerksturbosatzes mit Generator (Gen), Niederdruckturbine (ND), Mitteldruckturbine (MD) und Hochdruckturbine (HD)

6 Online Monitoring von Torsionsschwingungen in Kraftwerksturbosätzen

6.1 Problemstellung

Die ersten von mittlerweile einer Vielzahl von Arbeiten der Abteilung Systemanalyse, Prognose und Regelung zur Zustandsschätzung begannen mit einem Projekt zur Entwicklung eines Zustandsbeobachters für Kraftwerksturbosätze. Diese Turbosätze bestehen aus einer langen Welle auf der der Generator zur Stromerzeugung und in der Regel mehrere Turbinen zum Antrieb der Welle montiert sind (siehe Abb. 8). Speziell die durch Netzfehlfunktionen oder Bedienfehler ausgelösten Torsionsschwingungen eines Turbosatzes führen zu einer Ermüdung von Wellenkomponenten und können sogar schwere mechanische Schäden auslösen. Letztere können in einigen Fällen zusätzliche permanente Torsionsschwingungen in der Drehfrequenz und deren Harmonischen induzieren. Deshalb ist es notwendig, eine kontinuierliche Überwachung eines Turbosatzes auf Torsionsschwingungen hin zu gewährleisten. Das Fraunhofer ITWM beschäftigt sich seit vielen Jahren mit der Entwicklung von Methoden für das Online Monitoring von Torsionsschwingungen und hat in diesem Umfeld Verfahren zur modellbasierten Prognose von Torsionsschwingungen und Verfahren zur Run-Out Kompensation induktiver magnetostriktiver Sensoren entwickelt, die bei Kunden wie z. B. E.ON Anlagenservice, Siemens Energy oder ABB Utilities weltweit zum Einsatz kommen.

Die Aufgaben im Rahmen des Torsionsmonitoring von Kraftwerksturbosätzen sind vielfältig. Die vom Fraunhofer ITWM hierzu entwickelten Verfahren und Produkte umschließen Systeme

- zur experimentellen Torsionsanalyse mit denen z. B. Torsionseigendaten von Turbosätzen ermittelt werden können (TorStor),
- zur messdatenbasierten Detektion und Bewertung kritischer Torsionsschwingungen, z. B. subsynchroner Oszillationen (TorFat),
- zum gezielten Monitoring gefährdeter Stellen eines Turbosatzes, z. B. den Wellenkupplungen, durch den Einsatz modellbasierte Zustandsschätzer (TorAn) und

- zur Detektion und Klassifikation von Wellenschäden.

Für alle Systeme ist die Messung der Drehmomente an mindestens einer Stelle des Wellenstrangs erforderlich. Hierzu kann man sich den magnetostriktiven Effekt zu Nutze machen, der den Zusammenhang zwischen der magnetischen Permeabilitätsänderung und einer Änderung der Dehnung bei angelegten äußeren Belastungen beschreibt. Flexibel an der Welle positionierbare, berührungslos arbeitende Messsysteme, die basierend auf dem inversen magnetostriktiven Effekt ferromagnetischer Wellen mittels Induktion und Messung von Magnetfeldern Änderungen in der Torsionsspannung an deren Oberfläche detektieren, stellen eine Alternative zur klassischen Drehmomentsensorik dar. Der wesentliche Vorteil dieser Sensoren ist, dass ihr Einsatz keine bauliche Veränderung der Welle erfordert. Somit können sie flexibel ohne Einfluss auf die Dynamik des Wellenstrangs eingesetzt werden. Der im Auftrag des Fraunhofer ITWM für das Torsionsmonitoring in Kraftwerken entwickelte magnetostriktive Sensor misst induktiv die Differenz der magnetischen Permeabilität, die in einem großen Messbereich proportional zur Torsionsspannung an der Wellenoberfläche ist. Dazu wird eine primäre Spule im Zentrum des Messkopfes mit einem Wechselstrom hoher Frequenz angeregt und so ein magnetisches Feld erzeugt. Das magnetische Feld passiert den Luftspalt zwischen Sensor und Welle und dringt in deren Oberfläche ein. Abhängig von der magnetischen Permeabilität breitet sich das Feld auf der Wellenoberfläche aus und wird von vier Messspulen innerhalb des Sensorkopfes erfasst, die in einem Winkel von 45 Grad zu den Hauptachsen der Welle zu positionieren sind. Das aus der Verschaltung der Messspulen resultierende Signal ist bei dieser Messanordnung proportional zur Torsionsspannung an der Wellenoberfläche. Die Umrechnung der Ausgangsspannung $S_V(t)$ des Sensors in Drehmomente $S_M(t)$ erfolgt mit

$$S_M(t) = Gain * \big(S_V(t)\text{-}Offset\big).$$

Die für die Umrechnung benötigten Größen *Offset* und *Gain* müssen in einem Kalibrierungsschritt aus Messungen von zwei bekannten Lastpunkten ermittelt werden. Nach erfolgter Kalibrierung kann der Sensor dann zur Drehmomentmessung eingesetzt werden.

6.2 Run-Out Kompensation mittels Constrained Extended Kalman-Filter

Neben den aus externen Belastungen resultierenden Torsionsspannungen existieren an der Wellenoberfläche immer auch permanente bei der Fertigung entstehende eingefrorene Spannungen. Diese so genannten Inhomogenitäten sind ortsabhängig und eine generelle Aussage über ihre Form und Größe ist a priori nicht möglich. Bei der Torsionsmessung mit dem induktiven magnetostriktiven Sensor an einer rotierenden Welle ist daher zu berücksichtigen, dass diese Inhomogenitäten entlang der Messspur über den gesamten Umfang zu variierenden magnetischen Flüssen führen. Durch die Rotation der Welle tauchen die aus den Inhomogenitäten resultierenden Signale jedoch entlang der Messspur um den Wellenumfang immer wieder in gleicher Abfolge auf. Man erhält damit ein deterministisches periodisches Störsignal $y_{Inhom}(t)$, bezeichnet als Run-Out Signal. Da es sich um ortsabhängige Eigenschaften entlang des Umfangs handelt, entsprechen die Frequenzen der Einzelanteile des Störsignals ganzzahligen Vielfachen der Drehfrequenz $f(t)$ der Welle. Bei der Zustandsbewertung von z. B. Industrieturbinen sind aber häufig genau diese Frequenzen von Interesse, so dass der Run-Out die wesentlichen Systeminformationen überlagert und die Bestimmung der Torsionsbelastung ohne Signalbereinigung stets fehlerbehaftet ist. Aufgrund ihrer Charakteristik lassen sich die Run-Out Signale mit der zeitabhängigen Drehfrequenz $f(t)$ als Basisfrequenz einer Fouriersumme zum Zeitpunkt t_k wie folgt modellieren:

$$y_{Inhom}(t_k) = \sum_{l=1}^{n} a_l(t_k)\sin\bigl(l2\pi f(t_k)t_k\bigr) + b_l(t_k)\cos\bigl(l2\pi f(t_k)t_k\bigr) \tag{28}$$

Die Amplituden $a_l(t_k)$ und $b_l(t_k)$ ändern sich bezogen auf einen festen Bezugspunkt am Umfang der Welle auch bei Drehzahlvariation nicht. Bei sich nicht ändernder Messspur können sie als konstant angenommen werden. Bei einer Belastung der Welle durch ein externes Drehmoment $y_T(t_k)$ kommt es dann zu einer Überlagerung des Störsignals und dem Drehmomentsignal. Zusätzlich ist noch Messrauschen des Messsystems $v(t)$ zu berücksichtigen, so dass sich das Messsignal $y_{Mess}(t_k)$ des Drehmomentsensors zum Zeitpunkt t_k wie folgt zusammensetzt:

$$y_{Mess}(t_k) = y_T(t_k) + y_{Inhom}(t_k) + v(t_k) \tag{29}$$

Zur Kompensation des Run-Out Signals kann man in einigen Applikationen klassische Signalfilter wie Hochpass-, Tiefpass- oder Notchfilter einsetzen. Im Rahmen der Detektion von kritischen Torsionseigenfrequenzen von Turbosätzen beispielsweise kommt es zumeist zu einer Anregung der kritischen anregbaren Torsionseigenfrequenzen, die im Standardnetzbetrieb nicht mit der Wellendrehzahl und deren Harmonischen übereinstimmen. Mittels frequenzselektiver Analyse oder mit Bandpassfilterung der relevanten Frequenzbereiche kann man daher die interessierenden Torsionsschwingungen $y_T(t_k)$ vom Messsignal $y_{Mess}(t_k)$ isolieren und analysieren. Kommt es allerdings zu einer Übereinstimmung einer Störfrequenz mit einer interessierenden kritischen Torsionsfrequenz, so würden diese Torsionsschwingungssignale mit den genannten Filtern entweder ganz eliminiert oder zumindest stark verfälscht. Daher sollte ein Filter verwendet werden, der das Run-Out Signal eliminiert, aber die eigentlichen relevanten Schwingungsinformationen auch für die Wellendrehzahl und deren ganzzahlige Vielfache unverändert lässt.

Der Ansatz des am ITWM entwickelten Kompensationsverfahren ist es, das Run-Out Signal $y_{Inhom}(t_k)$ in Bezug auf den Umfang für jeden Zeitschritt t_k online zu schätzen und vom Messwert $y_{Mess}(t_k)$ zu subtrahieren. Dabei sind jedoch die Einflüsse aller Übertragungsfunktionen wie z. B. Phasenverschiebungen und Amplitudendämpfungen von Signalfiltern innerhalb der Messkette zu berücksichtigen.

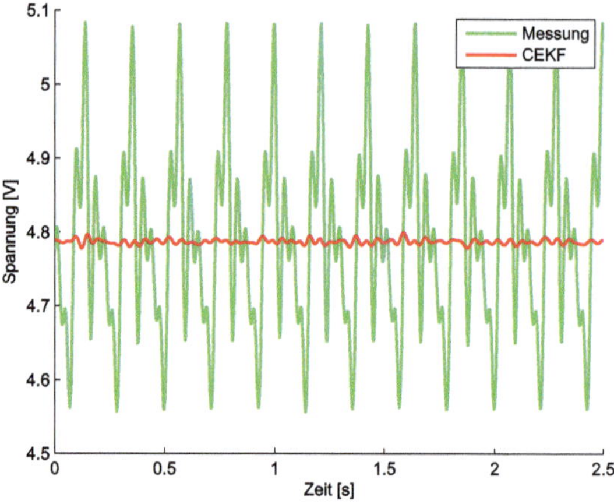

Abb. 9 Run-Out Kompensationsergebnis mit Constrained Extended Kalman Filter (CEKF)

Die in der Run-Out Funktion (28) zu bestimmenden Parameter werden durch das dynamische diskrete Zustandsraummodell

$$x(t_{k+1}) = Ax(t_k) + w(t_k) \tag{30}$$

$$y(t_k) = h\big(x(t_k)\big) + v(t_k) \tag{31}$$

mit $x(t_k) = [a_0(t_k), \ldots, a_n(t_k), b_1(t_k), \ldots, b_n(t_k), f(t_k), \Theta(t_k)]^T \in \mathbb{R}^{2n+3}$ und

$$A = \begin{bmatrix} I_1 & 0 & 0 & 0 \\ 0 & I_2 & 0 & 0 \\ 0 & 0 & 1 & 0 \\ 0 & 0 & 2\pi\Delta t & 1 \end{bmatrix} \in \mathbb{R}^{(2n+3)\times(2n+3)}$$

beschrieben, wobei $I_1 \in \mathbb{R}^{(n+1)\times(n+1)}$, $I_2 \in \mathbb{R}^{n\times n}$ Einheitsmatrizen sind. Ferner sind $w(t_k)$ und $v(t_k)$ in den Gl. (30) und (31) normalverteiltes weißes Prozess- bzw. Messrauschen. Mit $h(x(t_k))$ wird das Einsetzen der Zustände $x(t_k)$ in die Gl. (28) und die anschließende Signalfilterung abgebildet. Die Zustände $x(t)$ werden durch einen mathematischen Zustandsbeobachter online aus den Messungen durch Abgleich von $y_{Mess}(t_k)$ und $y(t_k)$ geschätzt. Dabei werden insbesondere Nebenbedingungen resultierend aus den technischen und physikalischen Randbedingungen der Messung in Form von oberen und unteren Schranken für jede physikalische Größe berücksichtigt. Als Zustandsschätzer wurde der in [47] vorgeschlagene Constrained Extended Kalman-Filter (CEKF) an das gegebene Run-Out Kompensationsproblem angepasst. Mit dem CEKF ist die Unterscheidung zwischen Run-Out Signal und Torsionsschwingungen auch bei Übereinstimmungen von Torsionseigenfrequenz mit der Drehfrequenz möglich. Abbildung 9 zeigt das Ergebnis einer Run-Out Kompensation für eine Messung bei konstanter Last mit dem CEKF. Nach der Kompensation erhält man den Lastwert mit Sensorrauschen, das in diesem Fall kleiner als 0.5 % ist. Neben der Run-Out Kompensation schätzt das Verfahren auch die Drehfrequenz $f(t_k)$ und die aktuelle Position $\Theta(t_k)$ der Welle in Bezug auf den Sensor. Dieses und weitere

Verfahren wurden für die Filterung des Run-Outs bei der magnetostriktiven Drehmomentmessung in industriellen Antrieben erfolgreich eingesetzt.

6.3 Prognose von Torsionsschwingungen an unzugänglichen Komponenten eines Turbosatzes

Beim Zustandsmonitoring von Torsionsschwingungen eines Kraftwerksturbosatzes muss eine lückenlose Überwachung kritischer Komponenten des Antriebsstranges gewährleistet sein. Aufgrund technischer Restriktionen und auch aus Kostengründen kann aber nicht immer ein Drehmomentsensor an jeder interessierenden kritischen Wellenkomponente platziert werden. Um dennoch eine Aussage über die Torsionspendelungen und ihren Einfluss auf beliebige Wellenkomponenten treffen zu können, ist der Einsatz eines geeigneten modellbasierten Prognosesystems notwendig. Ältere Systeme zum Monitoring der Torsionspendelungen basieren hier rein auf einer Systemsimulation, bei der Modellierungsfehler, geschätzte Anfangsbedingungen und Modellunsicherheiten bei der Simulation unweigerlich zu Abweichungen im Vergleich zum wahren Systemverhalten führen können. Eine Übersicht existierender Systeme findet man in [35]. Eine Erweiterung des reinen Simulationsansatzes stellt der Einsatz eines mathematischen robusten online-tauglichen Zustandsschätzers dar. Dieser Ansatz wurde vom Fraunhofer ITWM gemeinsam mit dem Lehrstuhl für Elektrische Antriebe und Mechatronik der Technischen Universität Dortmund unter Leitung von Prof. Stephan Kulig für das Torsionsmonitoring von Kraftwerksturbosätzen erstmals eingeführt. Zusätzlich zu den für die Simulation benötigten Messdaten erhält der Zustandsschätzer eine Messung der Schwingungen an einer Komponente als Eingangsgröße. Durch den mathematischen Zustandsschätzer werden dann implizit die real gemessenen Daten und die durch Simulation für die Messstelle vorhergesagten Zeitreihen verglichen. Die gewonnenen Informationen über die Differenz zwischen Messsignal und Systemsimulation werden wie in Abschn. 5 beschrieben in Form eines Korrekturterms zur Fehlerkompensation in die Vorhersage des Schwingungsverhaltens der übrigen Komponenten integriert. Bei den für das Torsionsmonitoring eingesetzten Filtern wird basierend auf der Qualität der zur Verfügung gestellten physikalischen Informationen ein Kalman-Filter oder ein robuster H_∞-Filter (siehe Abschn. 5.2.1) verwendet. Das Design des Filters erfolgt am Fraunhofer ITWM basierend auf den im folgenden skizzierten Arbeitsschritten.

Auf der Grundlage der für einen Wellenstrang zur Verfügung gestellten geometrischen und physikalischen Informationen werden mittels der Methode der Finiten Elemente zunächst die Newton'schen Bewegungsgleichungen, ein System von gewöhnlichen Differentialgleichungen 2-ter Ordnung, für das Torsionsverhalten des Antriebsstrangs erstellt:

$$J\ddot{\varphi}(t) + K\varphi(t) = \bar{B}u(t); \quad y(t) = \bar{C}\varphi(t) \tag{32}$$

Dabei ist $0 < J^T = J \in \mathbb{R}^{n\times n}$ die Matrix der Massenträgheitsmomente und $0 \leq K^T = K \in \mathbb{R}^{n\times n}$ die Drehsteifigkeitsmatrix des Systems. Ferner ist $\bar{B} \in \mathbb{R}^{n\times q}$ die Inputmatrix, die Informationen über Position und Umrechnungsfaktoren für die extern angreifenden Drehmomente des Generators und der Turbinen $u(t)$ enthält. Die Matrix $\bar{C} \in \mathbb{R}^{p\times n}$

transformiert die Winkelverdrehungen $\varphi(t)$ in Torsionsmomente $y(t)$ für die gewünschten Systemkomponenten, z. B. die zu überwachenden Kupplungen zwischen den Turbinensträngen. Ein weiterer Output ist das Torsionsmoment an der Messstelle des Sensors, mit dem dann der Abgleich zwischen Simulation und Messung in den Zustandsschätzern erfolgt. Von den Matrizen J und K weiß man, dass sie durch eine Äquivalenztransformation mit der Modalmatrix $V = [v_1 .... v_n]$ bei einer geeigneten Normierung der Eigenformen $v_i \in \mathbb{R}^n$, $i = 1..n$, wie folgt diagonalisierbar sind:

$$V^T J V = I, \qquad V^T K V = \Lambda \tag{33}$$

wobei $I \in \mathbb{R}^{n \times n}$ die Einheitsmatrix ist. Die Diagonalmatrix $\Lambda \in \mathbb{R}^{n \times n}$ enthält die generalisierten Eigenwerte des ungedämpften Systems, d. h. $KV = JV\Lambda$.

Für die Berücksichtigung von der bisher in Gl. (32) vernachlässigten Dämpfung liegen meist nur grobe Abschätzungen hinsichtlich der modalen Dämpfungen vor. Daher wird Gl. (32) wie nun gezeigt zunächst modal transformiert und danach um einen modalen Dämpfungsterm $D\dot{x}(t) \in \mathbb{R}^{n \times n}$ mit der modalen Dämpfungsmatrix D erweitert. Auf Grund dieser Vereinfachung und auch weil im Falle von Turbosätzen die modalen Dämpfungskoeffizienten meistens nicht exakt bekannt sind, muss man dies als Modellunsicherheiten beim späteren Filterdesign berücksichtigen. Mit diesen Annahmen zur Dämpfung und mit Substitution von $\varphi(t) = Vx(t)$ erhält man unter Berücksichtigung der angegebenen Orthogonalitätsbedingungen das folgende System von entkoppelten Differentialgleichungen zweiter Ordnung:

$$\ddot{x}(t) + D\dot{x}(t) + \Lambda x(t) = V^T \bar{B} u(t); \quad y(t) = \bar{C} V x(t) \tag{34}$$

Substituiert man in (34) nun ferner $z(t) = \left[\begin{smallmatrix} x(t) \\ \dot{x}(t) \end{smallmatrix}\right]$, so erhält man das folgende Zustandsraummodell:

$$\begin{aligned} \dot{z}(t) &= Az(t) + Bu(t); \\ y(t) &= Cz(t); \end{aligned} \tag{35}$$

mit $A = \left[\begin{smallmatrix} 0 & I \\ -\Lambda & -D \end{smallmatrix}\right] \in \mathbb{R}^{2n \times 2n}$, $B = \left[\begin{smallmatrix} 0 \\ V^T \bar{B} \end{smallmatrix}\right] \in \mathbb{R}^{2n \times q}$, $C = [\,\bar{C}V \;\, 0\,] \in \mathbb{R}^{p \times 2n}$. Um die Echtzeittauglichkeit des Zustandsschätzers zu erhalten, d. h. einen Zeitschritt der Zustandsschätzung innerhalb der Abtastung berechnen zu können, wird die Dimension des Zustandsraummodells (35) mit einem Modellordnungsreduktionsverfahren reduziert. Hierzu wird das Systemmodell mittels geeigneter Projektionsmatrizen T_R, $T_L \in \mathbb{R}^{n \times s}$ mit $s \ll n$, transformiert, d. h. man erhält

$$\begin{aligned} \dot{z}_r(t) &= A_r z(t) + B_r u(t) \\ y(t) &= C_r z_r(t); \end{aligned} \tag{36}$$

mit

$$z(t) = T_R z_r(t), \qquad A_r = T_L^T A T_R, \qquad B_r = T_L^T B, \qquad C_r = C T_R$$

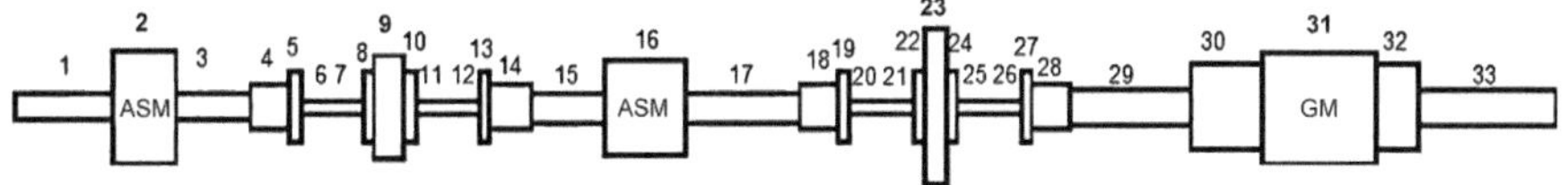

Abb. 10 Schema des Prüfstands mit Einteilung in finite Elemente

Speziell für die Reduktion schwach gedämpfter Systeme zweiter Ordnung, wie sie im Falle der Torsionsmodelle für Kraftwerksturbosätze vorliegen, wurden am Fraunhofer ITWM effiziente Methoden für eine approximierte frequenzgewichtete balanzierte Reduktion [9] entwickelt. Bei diesen Verfahren wird hinsichtlich der Approximationsgüte spezielles Gewicht auf einen vorab spezifizierten Frequenzbereich gelegt. Beim Torsionsmonitoring für Turbosätze ist dies der Niederfrequenzbereich von 0 bis 200 Hz, wobei durch die meisten Störfälle im elektrischen Netz primär eine Anregung der Torsionseigenfrequenzen des Kraftwerksturbosatzes unterhalb der Netzfrequenz erfolgt.

Beim Design des Zustandsschätzers sind dann neben den angesprochenen Modellierungsannahmen auch noch Unsicherheiten resultierend aus der Modellreduktion zu berücksichtigen. Zur Modellanpassung kommen daher geeignete Adaptionsverfahren auf Grundlage von Messungen z. B. der Modaldaten des realen Systems zum Einsatz. Hier ist zu berücksichtigen, dass bei Kraftwerksturbosätzen die Torsionseigenfrequenzen nicht beliebig experimentell angeregt werden können. Die Modaldaten sind daher häufig durch permanentes Monitoren und Analysieren aus real aufgetretenen Netzstörungen zu bestimmen. Darüber hinaus stehen auch nur Torsionsmessungen an wenigen Wellenkomponenten zur Verfügung. Insgesamt hat man meist nur wenige Eigenfrequenzen aus dem Niederfrequenzbereich gemessen und von den korrespondierenden Eigenformen stehen nur für wenige Knoten Messwerte zur Verfügung. Dagegen enthält das analytische Modell in Abhängigkeit von der Modelldimension deutlich mehr Eigenfrequenzen. Viele von diesen „zusätzlichen" Eigenfrequenzen liegen jedoch im Hochfrequenzbereich. Sofern modale Informationen, d. h. Messungen von Eigenfrequenzen und Eigenformen zur Verfügung stehen, kommen dann zur Verbesserung der Modellqualität Modelladaptionsverfahren zum Einsatz. Mit den am Fraunhofer ITWM für diese Fragestellung entwickelten iterativen Adaptionsverfahren [10] werden die Modellparameter so angepasst, dass es zur gewünschten Übereinstimmung von Modaldaten des Modells mit den gemessenen kommt. Das so reduzierte und adaptierte Modell stellt dann die Grundlage des Filterdesigns (z. B. Kalman-Filter oder H_∞-Filters (siehe Abschn. 5.2.1) dar, der dann für die Zustandsschätzung und Torsionsschwingungsprognose in das Monitoringsystem TorAn eingesetzt wird. Ausführliche Beschreibungen der oben skizzierten Designschritte sind in [4–6] zu finden.

Der Funktionsnachweis der Vorhersage des mathematischen robusten Zustandsbeobachters zur Torsionsschwingungsprognose wird am Beispiel des Prüfstandes des Lehrstuhls Elektrische Antriebe und Mechatronik der TU Dortmund demonstriert. Hier können im Gegensatz zu einem realen Kraftwerksturbosatz weitere Sensoren für die Gütebestimmung des Zustandsschätzers problemlos eingebaut werden. Abbildung 10 zeigt die schematische Darstellung, Abb. 11 ein Foto des Prüfstands und Abb. 12 den am Kno-

Abb. 11 Drehmomentprüfstand (©Lehrstuhl Elektrische Antriebe und Mechatronik, TU Dortmund)

Abb. 12 Berührungsloser Drehmomentsensor am Element 7 (©Lehrstuhl Elektrische Antriebe und Mechatronik, TU Dortmund)

ten 7 positionierten Drehmomentsensor. Der Prüfstand wurde so konstruiert, dass er typische Eigendaten und somit eine ähnliche Dynamik wie ein Turbosatz aufweist. Für den Prüfstand wurde nach den zuvor beschriebenen Modellierungsschritten ein onlinetauglicher robuster H_∞-Filter entworfen. Als Messgrößen, d. h. als Input für den Filter wurden über Leistungs- und Drehzahlmessungen das mechanische Moment der antreibenden Asynchronmaschine, Knoten 2, und der Gleichstrommaschine, Knoten 31, sowie eine Messung mit dem berührungslosen Drehmomentsensor an Knoten 7 verwendet. Wie erläutert nutzt der Zustandsbeobachter im Vergleich zur reinen Systemsimulation zusätzlich

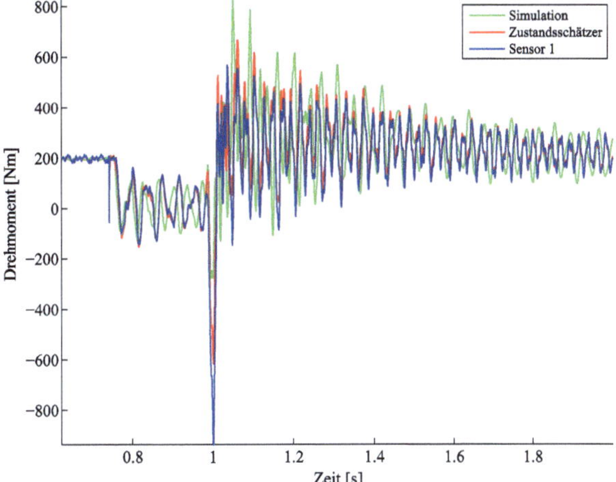

Abb. 13 Vergleich Messung (*blau*), Zustandsschätzung (*rot*) und reine Systemsimulation (*grün*) am Knoten 7

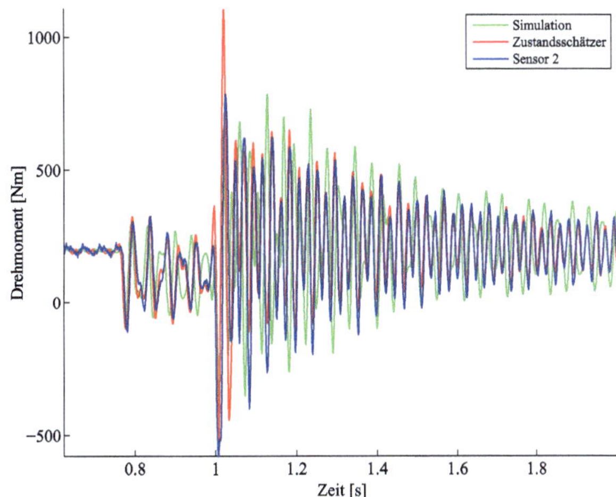

Abb. 14 Vergleich Messung (*blau*), Zustandsschätzung (*rot*) und reine Systemsimulation (*grün*) am Knoten 21

den Abgleich von Messsignal und Simulation als zentrale Größe für die Bestimmung der Drehmomentschätzungen.

Für das Störszenario einer sogenannten Kurzunterbrechung wurden sowohl auf Basis des reinen Finite Element Modells als auch mit dem aus diesem erzeugtem Filter die Torsionsschwingungen für die Knoten 7 (siehe Abb. 13) und 21 (siehe Abb. 14) prognostiziert. Um die Ergebnisse der reinen Systemsimulation und der Zustandsschätzung beurteilen zu können, wurden mit einem weiteren Sensor die Torsionsschwingungen am Knoten 21 gemessen. Im Gegensatz zur Messung am Knoten 7 wird diese Messung am Knoten 21 nicht als Eingangsgröße des Zustandsschätzers verwendet. Die Übereinstimmung zwischen Messung und Zustandsschätzung ist erwartungsgemäß deutlich besser als die zwischen Systemsimulation und Messung. Ursache für die durchgehend schlechte Übereinstimmung bei der Systemsimulation ist die fehlerhafte Modellierung der Dämpfung des

Antriebsstranges. Bei der Zustandsschätzung führt dies kurzfristig zu Fehlern zu Beginn der Kurzunterbrechung. Dieser Prognosefehler wird jedoch innerhalb von ein bis zwei Zyklen vom Filter kompensiert und damit die Kompensationsfähigkeit von Modellunsicherheiten durch einen robusten mathematischen Zustandsschätzer verdeutlicht.

7 Anwendung des MTU-Partikelfilters auf ein Plasma-Leuzin-Modell mit Populationsdaten

In diesem Abschnitt beschreiben wir eine Anwendung des MTU-PF-Algorithmus', einer im ITWM entwickelten Version des Partikelfilters, die die Einbeziehung von Unsicherheiten in den Messzeitpunkten erlaubt (MTU steht dabei für Measurement Time Uncertainties, siehe Abschn. 4.11). Die Ergebnisse basieren auf einer Zusammenarbeit des ITWM mit Mats Jirstrand vom Fraunhofer Chalmers Centre (FCC), Göteborg (Schweden), Martin Adiels vom Sahlgrenska Center for Cardiovascular Research, Göteborg, und Marja-Riitta Taskinen von der medizinischen Fakultät der Universität Helsinki (Finnland) [1, 8]. In diesem Projekt wenden wir den MTU-PF auf eine Studie an, die über sogenannte Tracer/Tracee-Experimente die Kinetik der Aminosäure Leuzin im Plasma analysieren soll. Dieses Plasma-Leuzin ist ein Bestandteil von gewissen Lipoproteinen, die als Fetttransporter im Blut dienen und im Kontext von Herz-Kreislauf-Erkrankungen eine wichtige Rolle spielen. Insbesondere sollte im Rahmen unseres Projektes eine Hypothese über die Abweichung eines Ratenparameters bei Diabetespatienten gegenüber Testpersonen aus einer Kontrollgruppe bestätigt werden. Die Schwierigkeiten in der Durchführung der entsprechenden Schätzungen ergeben sich einerseits durch die Annahme von hierarchisch angeordneten Parametern (globale, gruppenspezifische, individuelle Parameter), die zu sogenannten Mixed-Effects in den Modellen führen, und andererseits durch die Unsicherheiten in den Messwerten (Blutproben), durch fehlende Messungen, und insbesondere auch durch Unsicherheiten in den Zeitpunkten der Messungen.

Zur Analyse der Plasma-Leuzin-Kinetik wurden in der Studie Tracer/Tracee-Experimente durchgeführt. Die Kinetik der eigentlich interessierenden Substanz, des Plasma-Leuzins, in diesem Fall Tracee genannt, wird dadurch ermittelt, dass man die Kinetik eines im Experiment zugefügten gelabelten Leuzins, Tracer genannt, beobachtet. Das zugrundeliegende Modell für die Kinetik des Plasma-Leuzins entstammt Demant et al. [26] und basiert wiederum auf Cobelli et al. [23]. Daten stammen aus einer klinischen Studie an Diabetes-Patienten [12, 13]. Beide, Modell und Daten, dienen in [1] und [8] der Durchführung einer Bayesschen populationsbasierten Parameterschätzung und wurden schon früher für eine Maximum-Likelihood-Schätzung verwendet [19]. In diesem Falle musste das ursprüngliche, auf gewöhnlichen Differentialgleichungen (ODEs) basierende Modell um einen stochastischen Anteil ergänzt werden, so dass die Kinetik nun über stochastische Differentialgleichungen (SDEs) modelliert wird. Der Ansatz in [19] unterscheidet sich von unserem auch dahingehend, dass dort die stochastischen Fluktuationen im Plasma-Leuzin (Tracee) angenommen werden, während wir die Variabilität beim gelabelten Leuzin (Tra-

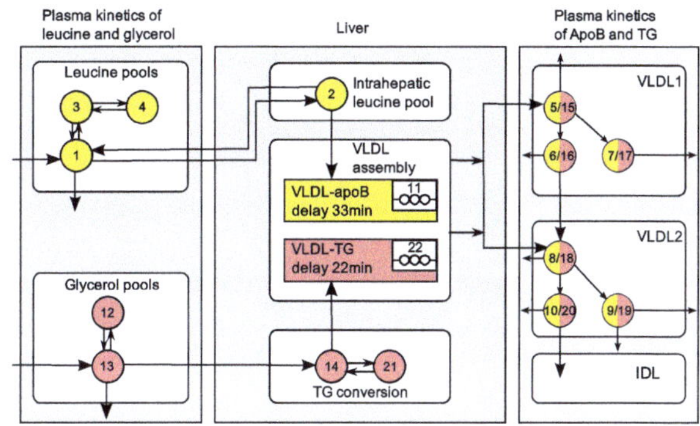

Abb. 15 Multikompartment-Modell für den Metabolismus von Apolipoprotein B-100 (apoB) und Triglyceriden (TG) in Very Low Density Lipoprotein (VLDL) Subfraktionen. Dieses Multikompartment-Modell wurde entwickelt in [13]

cer) ansetzen (eigentlich müsste stochastische Variabilität in beiden Konzentrationen angenommen werden, der Einfachheit halber beschränkt man sich aber auf eine von beiden).

Negative Auswirkungen von Unsicherheiten oder Ungenauigkeiten in der Bestimmung der Messzeitpunkte auf die Schätzungen sind vor allem am Anfang der Messreihen zu erwarten, da dort, direkt nach der Gabe des Tracers, die Konzentrationen sich innerhalb kurzer Zeit stark ändern. Unser Algorithmus ist in der Lage, diese Probleme abzufangen.

7.1 Das Leuzin-Modell

In [13] (siehe auch [11]), wurde ein neues kombiniertes Multikompartment-Modell für den Metabolismus von Apolipoprotein B-100 (apoB) und Triglyceriden in Subfraktionen von Very-Low-Density-Lipoproteinen (VLDL) entwickelt, siehe Abb. 15. VLDL dient als Transporter von Triglyceriden und Cholesterol von der Leber zur Peripherie. Erhöhte Werte werden mit einem erhöhten Risiko für kardiovaskuläre Krankheiten in Beziehung gesetzt. Jeder VLDL-Partikel enthält genau ein apoB-Molekül, was apoB zu einem geeigneten Marker für den Triglycerid-Transport macht. Die sekretierten Partikel werden umso dichter, je mehr Triglyceride an die Zielorgane wie Muskeln und Fettgewebe abgegeben werden, so dass sich der relative Proteinanteil erhöht. Mit Zunahme der Dichte wird aus VLDL zuerst Intermediate Density Lipoprotein (IDL) und schließlich Low Density Lipoprotein (LDL).

Für unsere Zwecke nutzen wir nur denjenigen Teil des Modells, der den Leuzin-Pool betrifft (Kompartmente 1–4), siehe Abb. 16. Die Flüsse aus dem Subsystem heraus befinden sich in den Kompartmenten 1 und 2. Den Fluss in das Kompartment 1 hinein bezeichnen wir mit U_1.

Die Daten stammen von Tracer/Tracee-Experimenten. Den Tracee (d. h. die Stoffkonzentration, an der wir eigentlich interessiert sind) bilden hier die Leuzin-Aminosäuren als Bestandteile der apoB-Moleküle. Zusätzliches gelabeltes Leuzin (der Tracer) wird als Bolus-Injektion dazu gegeben. Erkenntnisse über die Kinetik (Flüsse zwischen den Kompartmenten) des Tracee können dann über die Untersuchung der Kinetik des Tracers gewonnen werden.

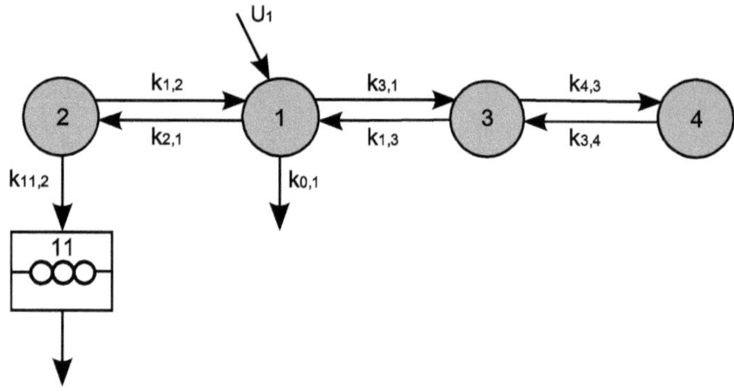

Abb. 16 Schematische Darstellung des eingeschränkten Modells (Leuzin-Pool) [11]. Dieses Schema ist ein Teilschema von Abb. 15. Kreise bezeichnen Kompartmente. Pfeile bezeichnen Flüsse zwischen Kompartmenten und sind mit den entsprechenden Transferkoeffizienten der Stofffraktionen versehen. Kompartment 1 ist das Plasma-Leuzin-Kompartment, in welches das Leuzin einströmt. Kompartment 2 ist ein intrahepatisches Kompartment als Quelle für die apoB-Synthese. Kompartmente 3 und 4 sind Proteinpools des Körpers. Der Ausgang ist aus Kompartment 1. Kompartment 11 ist ein Verzögerungskompartment, das hier nur als Ausgang aus Kompartment 2 auftritt

Für jedes Kompartment i mit $i = 1, \ldots, 4$ bezeichnen nun Q_i und q_i die Konzentrationen von Tracee bzw. Tracer. Auf ähnliche Weise bezeichnen U_i und u_i die Zugabe von Tracee bzw. Tracer. Generell wird in Tracer/Tracee-Experimenten für die Konzentration Q_i des Tracees ein Gleichgewicht (Steady State) angenommen. Wenn die Konzentration der gelabelten Injektion verglichen mit der Gesamtkonzentration klein und das Modell linear ist, denn gilt approximativ

$$\frac{\mathrm{d}q(t)}{\mathrm{d}t} = K(t)q(t) + u(t)$$

mit $q(t) = (q_i(t))^{\mathrm{T}}_{i=1,2,3,4}$, $u(t) = (u_1(t), 0, 0, 0)^{\mathrm{T}}$ und

$$K(t) = (k_{j,i})_{j,i=1,2,3,4}.$$

Hierbei ist $k_{j,i}$ für $i \neq j$ der Transferkoeffizient des Tracers von Kompartment i nach Kompartment j. Dabei ist das Kompartment 0 im Allgemeinen das (nicht bezeichnete) Ausgabekompartment. Zusätzlich wird hier Kompartment 11 ebenfalls als Ausgabe-Kompartment aufgefasst. Für jedes $i = 1, \ldots, 4$ sei außerdem

$$k_{i,i} := - \sum_{\substack{j=0,1,2,3,4,11 \\ j \neq i}} k_{j,i}.$$

Als Zeiteinheit nehmen wir immer 1 Stunde (h) an. Darüber hinaus sind alle Transferkoeffizienten in der Einheit h^{-1}, und die Stoffmenge in den Kompartmenten in mg. In unserem Modell nehmen wir nur $k_{0,1}$, $k_{1,2}$, $k_{1,3}$, $k_{2,1}$, $k_{3,1}$, $k_{3,4}$, $k_{4,3}$ und $k_{11,2}$ als von Null verschieden an, während außerdem die folgenden Abhängigkeiten zwischen den Transferkoeffizienten gelten sollen:

$$k_{1,2} = k_{2,1},$$

$$k_{3,4} = 0.1 \cdot k_{4,3}.$$

Der Transferkoeffizient $k_{11,2}$ muss fest vorgegeben werden, damit das System identifizierbar ist. Wir setzen $k_{11,2} = 0.01\ \mathrm{h}^{-1}$ als geschätzten Mittelwert aus früheren Messungen. Wir erzeugen stochastische Differentialgleichungen (SDEs) ausgehend von den resultierenden gewöhnlichen Differentialgleichungen durch das Hinzufügen von stochastischen Störtermen. Diese sind jeweils über Standard-Wienerprozesse $\mathcal{W}_{1,t}, \ldots, \mathcal{W}_{4,t}$ multipliziert mit Diffusionsparametern $\sigma_1, \ldots, \sigma_4$ gegeben. Alle Flüsse, die innerhalb des Teilsystems stattfinden, sollten dem Prinzip der Massenerhaltung folgen. Wir fügen die stochastischen Terme daher, abweichend vom üblichen Vorgehen, in der folgenden Weise hinzu:

$$\mathrm{d}q(t) = K(t)q(t)(\mathrm{d}t + \Sigma\,\mathrm{d}\mathscr{W}_t) + u(t)\,\mathrm{d}t$$

mit $\Sigma = \mathrm{diag}(\sigma_1, \sigma_2, \sigma_3, \sigma_4)$ und $\mathscr{W}_t = (\mathscr{W}_{1,t}, \ldots, \mathscr{W}_{4,t})^{\mathrm{T}}$. Wir setzen die Diffusionsparameter in der folgenden Weise fest: $\sigma_1 = \sigma_2 = \sigma_3 = \sigma_4 = 3$. Anfangsbedingungen sind gegeben durch

$$q_2(0) = q_3(0) = q_4(0) = 0.$$

Die Testpersonen bekommen eine Bolusinjektion mit gelabeltem Leuzin, so dass wir die Anfangsbedingung

$$q_1(0) = u_{1,0}$$

setzen und gleichzeitig $u_1(t) = 0$ in den Differentialgleichungen annehmen können.

Identische Differentialgleichungen, allerdings ohne die stochastischen Störterme, werden für die Zustände Q_i und die Eingabe U_1 des Tracees angenommen:

$$\frac{\mathrm{d}Q(t)}{\mathrm{d}t} = K(t)Q(t) + U(t)$$

mit $Q(t) = (Q_i(t))^{\mathrm{T}}_{i=1,2,3,4}$, $U(t) = (U_1(t), 0, 0, 0)^{\mathrm{T}}$. Dabei wird die Tracee-Eingabe $U_1(t) = U_1$ als konstant aber unbekannt vorausgesetzt. Wir wollen diesen Wert daher zusammen mit den Transferparametern schätzen. Da für den Tracee ein Gleichgewichtszustand (Steady State) vorausgesetzt wird (d. h. $\mathrm{d}Q_i(t)/\mathrm{d}t = 0$), können wir die Gleichungen nach $Q_1(t)$ auflösen, und wir erhalten:

$$Q_1(t) = \frac{(k_{11,2} + k_{1,2})U_1}{k_{0,1}(k_{11,2} + k_{1,2}) + k_{11,2}k_{1,2}}.$$

Jede Messung ist gegeben durch einen Wert, der proportional zum Verhältnis von Tracer und Tracee ist, mit zusätzlichen log-normalen Störungen:

$$y_1(t) = p_1 \frac{q_1(t)}{Q_1(t)} \xi_t, \quad \xi_t \sim \text{Log-}\mathcal{N}\big(0, \sigma_{y_1}^2\big) \text{ unabhängig für jedes } t,$$

wobei wir den Varianzparameter (er bezeichnet die Varianz von $\log \xi_t$) als $\sigma_{y_1}^2 = 0.5^2$ annehmen. Der Parameter p_1 bezeichnet den unbekannten Anteil an Plasma-Leuzin im Plasma. Die Parameter p_1 und U_1 sind nicht gemeinsam identifizierbar, daher wird (auf Basis von Vorwissen) $p_1 = 0.65$ vorgegeben. Genauere Angaben zum deterministischen Modell (ohne stochastische Störterme) finden sich in [13] und [11]. Man beachte, dass die stochastischen Störungen nicht Teil des ursprünglichen Modells sondern nachträgliche Erweiterungen von uns sind.

7.2 Das Mixed-Effects-Modell

Das Modell, wie wir es im letzten Paragraphen vorgestellt haben, enthält ausschließlich Transferparameter $k_{j,i}$, die sich für die einzelnen Individuen nicht unterscheiden. In dieser Form bildet das Modell also weder individuelle Differenzen zwischen den einzelnen Personen ab, noch berücksichtigt es gruppenspezifische Unterschiede zwischen Patienten- und Kontrollgruppe. Mögliche Unterschiede in den Transferparametern kommen im letzten Fall dadurch zustande, dass die untersuchten Personen teilweise zu einer Gruppe gehören, deren Mitglieder von einer Krankheit betroffen sind oder eine spezielle Behandlung erfahren haben, während andere Personen zu einer Kontrollgruppe gehören. Um diese Unterschiede abbilden zu können, führen wir jetzt gruppen- und patientenspezifische Parameter in das Modell ein. Speziell betrifft dies den Transferkoeffizienten $k_{0,1}$, den wir in einen gruppenabhängigen und einen patientenabhängigen Teil aufspalten. Auf diese Weise führen wir sogannte Mixed Effects in das Modell ein. Mixed Effects erschweren im Allgemeinen die Durchführung der Schätzungen, da sie nicht nur die Anzahl der zu schätzenden Parameter erhöhen, sondern auch eine hierarchische Stufung unter den Parametern bewirken. Für die folgenden Schätzungen werden wir Messdaten verwenden, die in einer Studie bestehend aus 34 Personen erhoben und die auch früher schon in anderem Zusammenhang verwendet wurden [12, 13]. Unter diesen 34 Personen sind 15, die der Gruppe der Diabetespatienten zugeordnet sind, während 19 zur Kontrollgruppe gehören. Aus früheren Experimenten ersieht man, dass die Abbaurate $k_{0,1}$ des Plasmaleuzins sich deutlich für Personen mit und ohne Diabetes unterscheidet. Wir nehmen daher an, dass der Erwartungswert von $k_{0,1}$ in jeder Gruppe verschieden ist, also gleich einem Wert $k_{0,1}^d$ oder einem Wert $k_{0,1}^c$ ist, je nachdem, ob die Person der Diabetesgruppe oder der Kontrollgruppe angehört. Darüberhinaus nehmen wir auch patientenabhängige zufällige Faktoren ζ_p an, die die Parameterunsicherheiten unter den Individuen abbilden. Im ganzen erhalten wir schließlich

$$k_{0,1}^{(p)} = \begin{cases} \zeta_p k_{0,1}^{\mathrm{d}} & \text{wenn Patient } p \text{ der Diabetesgruppe angehört,} \\ \zeta_p k_{0,1}^{\mathrm{c}} & \text{wenn Patient } p \text{ der Kontrollgruppe angehört,} \end{cases}$$

wobei alle ζ_p über die Zeit konstant und unabhängig log-normal-verteilt angenommen werden:

$$\zeta_p = \exp(\eta_p) \quad \text{mit } \eta_p \sim \mathcal{N}\left(0, \sigma_{\eta_p}^2\right) \text{ unabhängig für alle } p$$

für $p = 1, \ldots, 34$. Daraus folgt, dass jeder Zustand $q_1, \ldots, q_4$ separat für jeden Patienten p betrachtet werden muss. Wir berücksichtigen dies in der Notation durch Verwendung von Indizes, $q_1^{(p)}, \ldots, q_4^{(p)}$, $p = 1, \ldots, 34$.

Ziel unserer Untersuchungen ist es also, abgesehen von der Schätzung der übrigen Parameter, zu zeigen, dass die gruppenabhängigen Parameter $k_{0,1}^{\mathrm{d}}$, $k_{0,1}^{\mathrm{c}}$ wirklich verschieden sind. Wir verwenden dazu den Bayesschen Ansatz zur Schätzung der Parameter. Aus diesem Grunde behandeln wir die Parameter im Grunde wie Zustandsvariablen im Partikelfilter. Da die Schätzung von konstanten Parametern mit den Partikelfiltermethoden problematisch ist, führen wir routinemäßig eine geringe künstliche stochastische Dynamik ein, so dass sich die Parameter über die Zeit leicht ändern können. Dies wird dadurch realisiert, dass wir für die Parameter in jedem Zeitschritt normal bzw. log-normal verteilte Inkremente zulassen, deren Varianzen über die Zeit abnehmen [36]. Entsprechende Dynamiken führen wir auch für die konstanten individuellen Parameter η_p ein, die ebenfalls geschätzt werden müssen. Unser Prozess X_t ist damit gegeben als erweiterter Zustandsvektor

$$X_t = \left(q_{1:4}^{(1:34)}(t), k_{0,1}^{\mathrm{c}}(t), k_{0,1}^{\mathrm{d}}(t), k_{1,2}(t), k_{1,3}(t), k_{3,1}(t), k_{4,3}(t), U_1(t), \eta_{1:34}(t)\right)^{\mathrm{T}}.$$

Das vollständige Modell ist somit ein nicht-lineares Mixed-Effects-Modell mit drei Stufen von Effekten (Parametern), gegeben durch globale Parameter, gruppenabhängige Parameter ($k_{0,1}^{\mathrm{d}}$, $k_{0,1}^{\mathrm{c}}$) und individuelle Parameter (ζ_p).

7.3 Ergebnisse der Schätzung

In diesem Abschnitt werden Ergebnisse von Parameterschätzungen mit dem MTU-Partikelfilter und mit dem Standard-Partikelfilter vergleichend gegenübergestellt. Wir haben hierzu Schätzungen und anschließend Testläufe mit den geschätzten Parametern durchgeführt, unter Nutzung der Daten von allen 34 Patienten (19 der Kontrollgruppe und 15 der Diabetesgruppe angehörend). Im einzelnen wurden folgende computergestützte Berechnungen ausgeführt: Zuerst schätzen wir die Parameter mit dem MTU-Partikelfilter; dazu schätzen wir separat zum Vergleich die Parameter mit dem Standardpartikelfilter, unter gleichen Bedingungen und mit dem gleichen Seed-Wert für den Zufallszahlengenerator. Letzteres hat zur Folge, dass die Startverteilung der Partikel in beiden Fällen gleich ist. In

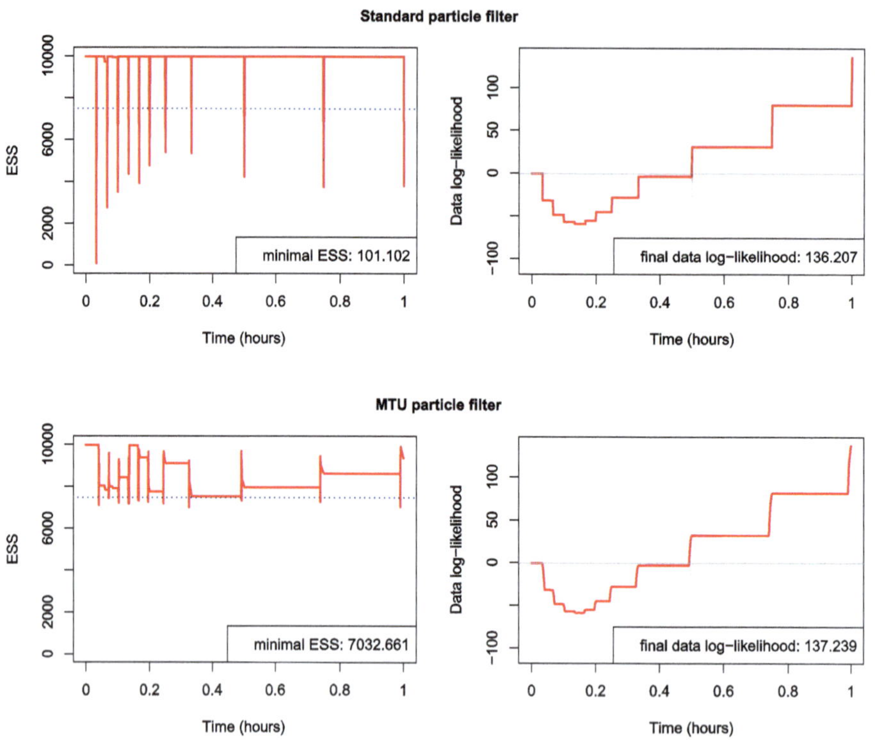

Abb. 17 Entwicklung der Effective Sample Size (ESS) und der Daten-Likelihood über die Zeit während der Parameter-Schätzung. Standard-Partikelfilter (*oben*) und MTU-Partikelfilter (*unten*)

beiden Läufen berechnen wir außerdem Schätzer für die Effective Sample Size (ESS) und die Daten-Likelihood über die Zeit. Diese Schätzer erlauben einen Performance-Vergleich zwischen MTU- und Standardpartikelfilter. Als zweites nutzen wir dann die empirischen Mediane der finalen Parameterverteilungen in Testläufen, separat für beide Fälle. Beide Versionen des Partikelfilters, diesmal mit festen Parametern gegeben durch die geschätzten Werte, werden in diesen Läufen zur Zustandsfilterung und zur Berechnung der Daten-Likelihood genutzt. Die resultierenden simulierten Verteilungen der Messwerte können auf diese Weise mit den wirklichen Messwerten verglichen werden, und zwar sowohl visuell als auch quantitativ durch Betrachtung der Daten-Likelihood.

Wir haben unsere Berechnungen mit 10 000 Partikeln und einer Resampling-Schwelle von 7 500 durchgeführt. Schrittweiten im MTU-Filter liegen zwischen 10^{-7} h und 10^{-3} h, adaptiv berechnet basierend auf dem ESS-Schätzwert. Im Standardfilter nutzen wir eine feste Schrittweite von 10^{-3} h. Die Daten enthalten Messungen bis zur Zeit $t = 8$ h, wir nutzen für unsere Schätzungen und Testläufe aber nur die Werte bis zur Zeit $t = 1$ h, in der Hauptsache um Rechenzeit einzusparen; im Übrigen sind die Tracer-Konzentrationen nach $t = 1$ h ziemlich klein und ändern sich auch kaum noch, weshalb nicht zu erwarten ist, das die Hinzunahme der späteren Daten die Schätzung stark verändert hätte. In unserer Imple-

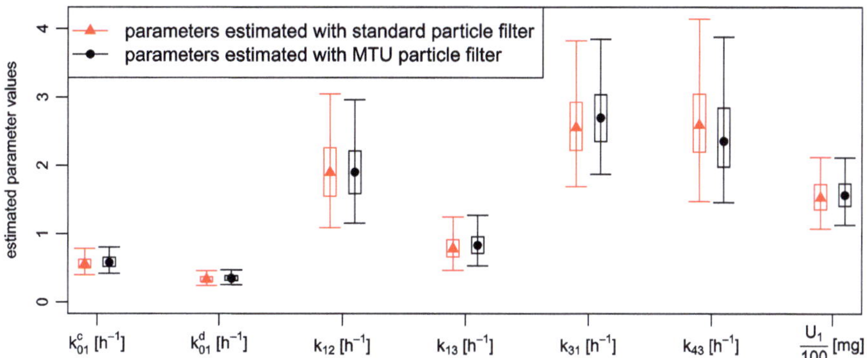

Abb. 18 Geschätzte globale und Gruppenparameter. Boxplots der geschätzten Posterior-Verteilungen der globalen Parameter und der gruppenabhängigen Parameter. Die Mediane sind mit Dreiecken (Standardpartikelfilter) bzw. Kreisen (MTU-Partikelfilter) bezeichnet. Boden und Deckel der Box sind jeweils 0.25-Quantile und 0.75-Quantile, d. h. 50 % der Werte liegen innerhalb der Box. Die Antennen (Whisker) markieren jeweils 0.025-Quantile und 0.975-Quantile, d. h. 95 % der Werte liegen dazwischen. Die Werte für U_1 wurden um den Faktor 0.01 skaliert

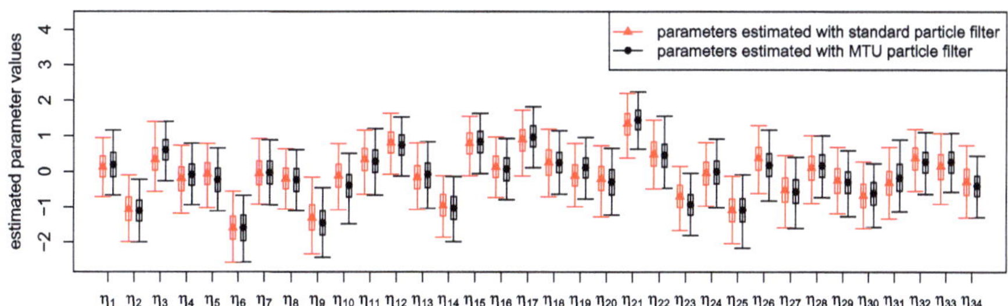

Abb. 19 Geschätzte individuelle Parameter. Boxplots der geschätzten Posterior-Verteilungen der individuellen Parameter. Die Mediane sind mit Dreiecken (Standardpartikelfilter) bzw. Kreisen (MTU-Partikelfilter) bezeichnet. Boden und Deckel der Box sind jeweils 0.25-Quantile und 0.75-Quantile, d. h. 50 % der Werte liegen innerhalb der Box. Die Antennen (Whisker) markieren jeweils 0.025-Quantile und 0.975-Quantile, d. h. 95 % der Werte liegen dazwischen

mentierung der Partikelfilter sampeln wir direkt von den (erweiterten) Zuständen X_t (d. h. $\tilde{X}_{[t_0,\infty)} = X_{[t_0,\infty)}$ in Verteilung), unter Zuhilfenahme des Euler–Maruyama-Verfahrens zur Diskretisierung der SDEs in der Zeit [37].

In Abb. 17 ist die Entwicklung über die Zeit t des Schätzwertes der Effective Sample Size ESS und der geschätzten Daten-Likelihood gezeigt. In den Abb. 18 und 19 sind jeweils Boxplots mit den Posterior-Verteilungen der globalen bzw. individuellen Parameter im letzten Zeitschritt der Schätzung gezeigt.

Ein Vergleich der Resultate von MTU-PF und Standardpartikelfilter zeigt, dass beide Algorithmen eine sehr ähnliche Performance in Hinsicht auf die Qualität der geschätzten Parameter aufweisen, da in beiden Fällen der Verlauf der Daten-Likelihood sehr ähnlich ist, und zwar sowohl während der Schätzung als auch während des Testlaufs. Die geschätzte Log-Likelihood der Daten im letzten Schritt der Schätzung beträgt 137.239 für den MTU-Partikelfilter und 136.207 für den Standardfall, sie sind also praktisch gleich. Die Rechenzeit des MTU-PF ist nur leicht höher als diejenige des Standardfilters. Visuelle Inspektion der Testläufe zeigt, dass die vorhergesagte Verteilung der Messwerte beruhend auf geschätzten Parametern mit beiden Filtern die Daten gleich gut fitten. Dieser Eindruck wird bekräftigt durch die Werte der geschätzten Daten-Likelihood. Der MTU-Partikelfilter liefert im letzten Schritt einen Log-Likelihood-Wert von 157.622, ähnlich dem des Standardfilters mit 155.952. Die Differenz ist unwesentlich, die Unsicherheit in den Messzeitpunkten scheint also in diesem Falle zumindest nicht zu Unterschieden in den eigentlichen Schätzergebnissen zu führen.

Im Gegensatz zu den unwesentlichen Unterschieden zwischen MTU-PF und Standard PF in den Likelihoods ist der Verlauf der ESS-Schätzung in den Schätzläufen deutlich unterschiedlich. Die Läufe des MTU-Partikelfilters liefern eine ESS-Schätzung mit sehr hohen Werten zu allen Zeitpunkten und fallen niemals unter einen Wert von 7032.661 während der Schätzung. Dieser Wert liegt nur um ein geringes unter der Resampling-Schranke von 7500 (siehe Abb. 17 oben). Der Standardpartikelfilter zeigt dagegen eine wesentlich schlechtere Performance. Aus dem unteren Teil der Abb. 17 kann man ersehen, dass die ESS mehrere Male auf sehr niedrige Werte fällt, mit einem Minimum von 101.102. In diesem Sinne vermeidet der MTU-Partikelfilter die Degeneration der Partikelmenge, indem er die ESS zu jedem Zeitpunkt auf einem hohen Wert hält. Daraus folgt, dass die Resultate auf einer sichereren Grundlage gewonnen wurden und damit auch vertrauenswürdiger sein sollten als mit dem Standardalgorithmus.

Ein Blick auf die Schätzwerte der Gruppenparameter $k^c_{0,1}$ und $k^d_{0,1}$ (siehe Abb. 18) zeigt, dass in beiden Fällen der Schätzungen (MTU-PF und Standard-PF) die Rate $k^d_{0,1}$ für Diabetespatienten nur um die 60 % der Rate $k^c_{0,1}$ der Kontrollgruppe beträgt (Standard-PF: $0.337\,h^{-1}$ gegen $0.557\,h^{-1}$, MTU-PF: $0.346\,h^{-1}$ gegen $0.577\,h^{-1}$). Die gute Performance insbesondere des MTU-Partikelfilters bestärkt das Vertrauen in das erhaltene Resultat und führt zur Schlussfolgerung, dass die Sekretionsrate $k_{0,1}$ in der Tat kleiner für die Gruppe der Diabetespatienten als für die Kontrollgruppe ist.

Literaturverzeichnis

Publikationen der Autoren

1. Krengel, A., Hauth, J., Taskinen, M.-R., Adiels, M., Jirstrand, M.: A continuous-time adaptive particle filter for estimations under measurement time uncertainties with an application to a plasma–leucine mixed effects model. BMC Syst. Biol. **7**, 8 (2013). doi:10.1186/1752-0509-7-8
2. Lang, P., Prätzel-Wolters, D., Kulig, S.: Modellreduktion und dynamische Beobachter für Torsionsschwingungen in Turbosätzen. In: Hoffmann, K.-H., Jäger, W., Lohmann, T., Schunk, H. (Eds.), Mathematik-Schlüsseltechnologie für die Zukunft, pp. 491–501. Springer, Berlin (1997)

3. Stahl, D., Hauth, J.: PF-MPC: Particle Filter – Model Predictive Control. Syst. Control Lett. **60**(8), 632–643 (2011)
4. Wirsen, A.: Monitoring von Torsionsschwingungen in Kraftwerksturbosätzen. In: Turbogeneratoren in Kraftwerken, Technik–Instandhaltung–Schäden. Haus der Technik, Essen (2011)
5. Wirsen, A., Humer, M.: Online Monitoring von Torsionsschwingungen in Wellensträngen von Kraftwerksturbosätzen. In: Symposium Schwingungsdiagnosc–Schwingungsddiagnostische Überwachung von Kraftwerksturbosätzen–Methoden, Nutzen, Erfahrung. Potsdam Sanscoussi, Germany (2006)
6. Wirsen, A., Lang, P., Humer, M.: Systems for monitoring and analysing torsional vibrations in turbine generator shaft lines. In: Conference Proceedings of the 16th International Conference on Electrical Machines, Krakau, Polen (2004)
7. Wirsen, A., Mohring, J.: Methods for H_2 optimal actuator placement and controller design based on high dimensional parametric models of mechanical structures. In: Conference Proceedings IV European Conference on Computational Mechanics (ECCM). (2010)

Dissertationen zum Thema am Fraunhofer ITWM

8. Krengel, A.: A Modified Particle Filter with Adaptive Stepsize for Continuous-Time Models with Measurement Time Uncertainties. (2013). Verlag Dr. Hut
9. Lang, P.: Model Reduction, Sensor Placement and Robust Hinf-Filter Design for Elastomechanical Systems. (1998). Shaker Verlag
10. Wirsen, A.: Sensitivitätsanalyse und modaldatenbasierte Modelladaption bei elastomechanischen Systemen, dissertation.de (2002)

Weitere Literatur

11. Adiels, M.: A compartmental model for kinetics of apolipoprotein B-100 and triglycerides in $VLDL_1$ and $VLDL_2$ in normolipidemic subjects. Licentiate thesis, Chalmers University of Technology, Göteborg (2002)
12. Adiels, M., Borén, J., Caslake, M.J.J., Stewart, P., Soro, A., Westerbacka, J., Wennberg, B., Olofsson, S.O.O., Packard, C., Taskinen, M.R.R.: Overproduction of VLDL1 driven by hyperglycemia is a dominant feature of diabetic dyslipidemia. Arterioscler. Thromb. Vasc. Biol. **25**(8), 1697–1703 (2005) doi:10.1161/01.ATV.0000172689.53992.25
13. Adiels, M., Packard, C., Caslake, M.J., Stewart, P., Soro, A., Westerbacka, J., Wennberg, B., Olofsson, S.O., Taskinen, M.R., Borén, J.: A new combined multicompartmental model for apolipoprotein B-100 and triglyceride metabolism in VLDL subfractions. J. Lipid Res. **46**, 58–67 (2005)
14. Andersen, K.E., Hojbjerre, M.: A population-based Bayesian approach to the minimal model of glucose and insulin homeostasis. Stat. Med. **24**(15), 2381–2400 (2005)
15. Andrieu, C., De Freitas, N., Doucet, A.: Sequential MCMC for Bayesian model selection. In: Proceedings of the IEEE Signal Processing Workshop on Higher-Order Statistics, pp. 130–134. IEEE, Caesarea (1999). doi:10.1109/HOST.1999.778709
16. Andrieu, C., Doucet, A., Holenstein, R.: Particle Markov chain Monte Carlo methods. J. R. Stat. Soc., Ser. B, Stat. Methodol. **72**(3), 269–342 (2010)
17. Ashyraliyev, M., Fomekong-Nanfack, Y., Kaandorp, J.A., Blom, J.G.: Systems biology: parameter estimation for biochemical models. FEBS J. **276**(4), 886–902 (2009) doi:10.1111/j.1742-4658.2008.06844.x

18. Beal, S., Sheiner, L.: NONMEM User's Guides. NONMEM Project Group. University of California, San Francisco (1994)
19. Berglund, M., Sunnåker, M., Adiels, M., Jirstrand, M., Wennberg, B.: Investigations of a compartmental model for leucine kinetics using non-linear mixed effects models with ordinary and stochastic differential equations. IMA J. Math. Appl. Med. Biol. **29**(4), 361–384 (2011)
20. Bohlin, T.: Practical Grey-Box Process Identification: Theory and Applications. Advances in Industrial Control. Springer, London (2010)
21. Cappé, O., Godsill, S., Moulines, E.: An overview of existing methods and recent advances in sequential Monte Carlo. Proc. IEEE **95**(5), 899–924 (2007)
22. Chou, I.C.C., Voit, E.O.: Recent developments in parameter estimation and structure identification of biochemical and genomic systems. Math. Biosci. **219**(2), 57–83 (2009) doi:10.1016/j.mbs.2009.03.002
23. Cobelli, C., Saccomani, M.P., Tessari, P., Biolo, G., Luzi, L., Matthews, D.E.: Compartmental model of leucine kinetics in humans. Am. J. Physiol. **261**(4 Pt 1), E539–50 (1991)
24. Crisan, D., Doucet, A.: A survey of convergence results on particle filtering methods for practitioners. IEEE Trans. Signal Process. **50**(3), 736–746 (2002)
25. Del Moral, P., Doucet, A., Jasra, A.: Sequential Monte Carlo samplers. J. R. Stat. Soc., Ser. B, Stat. Methodol. **68**(3), 411–436 (2006)
26. Demant, T., Packard, C.J., Demmelmair, H., Stewart, P., Bedynek, A., Bedford, D., Seidel, D., Shepherd, J.: Sensitive methods to study human apolipoprotein B metabolism using stable isotope-labeled amino acids. Am. J. Physiol. **270**(6 Pt 1), E1022–36 (1996)
27. Donnet, S., Samson, A.: Em algorithm coupled with particle filter for maximum likelihood parameter estimation of stochastic differential mixed-effects models. http://hal.archives-ouvertes.fr/hal-00519576. Preprint version 2–21 Jul. 2011
28. Donnet, S., Samson, A.: Parametric inference for mixed models defined by stochastic differential equations. ESAIM Probab. Stat. **12**, 196–218 (2008)
29. Douc, R., Cappé, O., Moulines, E.: Comparison of resampling schemes for particle filtering. In: Proceedings of the 4th International Symposium on Image and Signal Processing and Analysis, 2005 ISPA, pp. 64–69. IEEE, Zagreb (2005)
30. Doucet, A., de Freitas, N., Gordon, N. (eds.): Sequential Monte Carlo Methods in Practice. Statistics for Engineering and Information Science. Springer, New York (2001)
31. Fearnhead, P.: MCMC, sufficient statistics and particle filters. J. Comput. Graph. Stat. **11**(4), 848–862 (2002)
32. Gordon, N., Salmond, D., Smith, A.: Novel approach to nonlinear/non-Gaussian Bayesian state estimation. IEE-Proc.-F **140**(2), 107–113 (1993)
33. Hol, J.D., Schön, T.B., Gustafsson, F.: On resampling algorithms for particle filters. In: Proceedings of Nonlinear Statistical Signal Processing Workshop (NSSPW), pp. 79–82. IEEE, Cambridge (2006)
34. Hu, X.L., Schön, T., Ljung, L.: A basic convergence result for particle filtering. IEEE Trans. Signal Process. **56**(4), 1337–1348 (2008)
35. Humer, M.: Erfassung und Bewertung von Torsionsschwingungen in Wellensträngen von Kraftwerksturbosätzen. Ph.D. thesis, TU Dortumund (2004)
36. Hürzeler, M., Künsch, H.R.: Approximating and maximizing the likelihood for a general state-space model. In: Sequential Monte Carlo Methods in Practice. Springer, New York (2001)
37. Kloeden, P.E., Platen, E.: Numerical Solution of Stochastic Differential Equations. Springer, Berlin (1999)
38. Moles, C.G., Mendes, P., Banga, J.R.: Parameter estimation in biochemical pathways: a comparison of global optimization methods. Genome Res. **13**(11), 2467–2474 (2003) doi:10.1101/gr.1262503

39. Neubauer, M.: Aktive Bedämpfung von Drehschwingungen im Fahrzeugantriebstrang. Ph.D. thesis, TU Braunschweig (2011)
40. Nielsen, J., Madsen, H., Young, P.: Parameter estimation in stochastic differential equations: an overview. Annu. Rev. Control **24**, 83–94 (2000)
41. Overgaard, R.V., Jonsson, N., Tornøe, C.W., Madsen, H.: Non-linear mixed-effects models with stochastic differential equations: implementation of an estimation algorithm. J. Pharmacokinet. Pharmacodyn. **32**(1), 85–107 (2005)
42. Pitt, M.K., Shephard, N.: Filtering via simulation: auxiliary particle filter. J. Am. Stat. Assoc. **94**, 590–599 (1999)
43. Racine-Poon, A., Wakefield, J.: Statistical methods for population pharmacokinetic modelling. Stat. Methods Med. Res. **7**(1), 63–84 (1998)
44. Sheiner, L., Wakefield, J.: Population modelling in drug development. Stat. Methods Med. Res. **8**(3), 183 (1999)
45. Storvik, G.: Particle filters for state-space models with the presence of unknown static parameters. IEEE Trans. Signal Process. **50**(2), 281–289 (2002)
46. Tornøe, C.W., Overgaard, R.V., Agersø, H., Nielsen, H.A., Madsen, H., Jonsson, E.N.: Stochastic differential equations in nonmem: implementation, application, and comparison with ordinary differential equations. Pharm. Res. **22**(8), 1247–1258 (2005)
47. Ungarala, S., Dolence, E., Li, K.: Constrained extended Kalman filter for nonlinear state estimation. In: 8th International IFAC Symposium on Dynamics and Control of Process Systems, vol. 2, Cancun, Mexico (2007)
48. Zhou, K., Doyle, J.C., Glover, K.: Robust and Optimal Control. Prentice Hall, New York (1996)

Optionsbewertung in der Praxis: Das stochastische Volatilitätsmodell nach Heston

Sascha Desmettre, Ralf Korn und Tilman Sayer

1 Die Finanzindustrie als Arbeitgeber, als Lieferant mathematischer Herausforderungen und als Risikofaktor

Mit der zunehmenden Komplexität der Produkte an den Finanzmärkten in den letzten 50 Jahren entstand auch ein vollkommen neues Teilgebiet der Mathematik, die (moderne) Finanzmathematik, die in ihrem mathematischen Niveau weit über das hinaus geht, was vorher unter Finanzmathematik verstanden wurde und eher als kaufmännisches Rechnen zu bezeichnen ist.

Die bedeutende Rolle der Mathematik lässt sich hier gleich mehrfach eindrucksvoll belegen. So ist die Finanz- und Versicherungsindustrie heute mehr denn je der wichtigste Arbeitgeber der Absolventen mathematischer Studiengänge, wobei sicherlich eine gute Ausbildung in angewandter Mathematik (insbesondere Stochastik, Statistik, Optimierung und Numerik) von Vorteil ist. Im Finanzbereich arbeiten Mathematiker unter anderem als Händler, als sogenannte *Quants* (mathematische Experten, die quantitative Methoden und Modelle im Wertpapierbereich umsetzen) oder auch als externe Mitarbeiter großer Beratungsunternehmen, die ihre Kompetenz Banken und Versicherungen anbieten. Im Versicherungsbereich gibt es mit dem *Aktuar* sogar eine eigene berufsständische Bezeichnung, die mit einer Ausbildung und Prüfung durch die Deutsche Aktuarvereinigung DAV einher geht.

Die neuen mathematischen Herausforderungen lassen sich an den vier wesentlichen Gebieten der Finanzmathematik verdeutlichen. Im Einzelnen sind dies:

S. Desmettre · R. Korn (✉) · T. Sayer
Abteilung Finanzmathematik, Fraunhofer ITWM, Fraunhofer Platz 1, 67663 Kaiserslautern, Deutschland
e-mail: ralf.korn@itwm.fraunhofer.de

H. Neunzert, D. Prätzel-Wolters (eds.), *Mathematik im Fraunhofer-Institut*,
DOI 10.1007/978-3-662-44877-9_10

- Die *Modellierung* der zeitlichen Entwicklung von Preisen aller Art (wie z. B. Aktienkurse, Zinsraten, Wechselkurse) verwendet stochastische Prozesse und basiert hier im wesentlichen auf sogenannten *Itô-Prozessen*, die Mitte des vergangenen Jahrhunderts entwickelt wurden. Als Funktionen der Zeit sind sie nicht differenzierbar und benötigen einen eigenen Kalkül, den *Itô-Kalkül* (siehe z. B. [33] oder [4] für eine Einführung).
- Die *Portfolio-Optimierung* hat als Ziel die Bestimmung einer optimalen Handelsstrategie eines Investors und ist heute eines der Hauptgebiete der dynamischen Optimierung und stochastischen Steuerung (siehe z. B. [1] oder [3]).
- Das *Risikomanagement* befasst sich mit der Messung und dem Management der aufgrund der unvorhersagbaren Entwicklungen getätigter Investments eingegangenen Risiken. Hier wurde in den vergangenen Jahren mit der Theorie der Risikomaße ein neues theoretisches Forschungsgebiet geschaffen (siehe z. B. [15] als grundlegende Arbeit).
- Die *Optionsbewertung* ist das Vorzeigegebiet der Finanzmathematik und beschäftigt sich mit der Bestimmung der Preise von Optionskontrakten. Sie hat zu einer Vielzahl neuer theoretischer Probleme und Resultate z. B. in den Bereichen der Martingaltheorie sowie der Numerik stochastischer Prozesse geführt (siehe z. B. [4, 34] und [5]). Wir werden diesen Bereich im Folgenden ausführlicher behandeln.

Schließlich stellt die Finanzindustrie aufgrund der ihr intrinsischen Unsicherheit auch einen, wenn nicht den größten Risikofaktor moderner Volkswirtschaften dar. Die Rolle der Mathematik ist dabei durchaus ambivalent zu sehen. Zum einen helfen Methoden der mathematischen Modellierung und der Finanzmathematik ganz wesentlich, um Risiken zu erkennen, zu verstehen und zu managen. Zum anderen verführt die Technologie Mathematik die Anwender dazu, immer neue und kompliziertere Produkte zu kreieren, im Vertrauen darauf, dass man deren Eigenschaften und Risiken mit Hilfe mathematischer Methoden begreifbar und beherrschbar machen kann. Hier ist es für den Mathematiker von essentieller Bedeutung, auf die Grenzen der Modellierung und insbesondere auf die enorme Abhängigkeit der Modelle von ihren Eingangsparametern hinzuweisen, ein Risiko, das oft weitgehend ignoriert wird.

Des weiteren ist es wichtig, den Unterschied zwischen Vorhersage und Simulation aufzuzeigen. Während die Simulation von Aktienkursen dazu verwendet werden kann, Risikomaße oder Optionspreise mit Hilfe der Monte Carlo-Methode zu berechnen, hat die Simulation für die Vorhersage eines tatsächlichen Aktienkurses oft nur eine ähnliche Aussagekraft wie die Vorhersage einer Zahl aus $\{1, 2, 3, 4, 5, 6\}$ für ein Würfelergebnis. Das Bewusstsein der Grenzen mathematischer Modellierung und Simulation sollte gerade vor dem Hintergrund der Finanzkrise der Jahre 2007 bis 2012 geschärft sein. Umgekehrt sollte aber auch klar sein, dass nicht die mathematische Modellierung für die Finanzkrise ursächlich ist. Dieses von Investmentbankern gern genommene Feigenblatt ist nicht groß genug, um die tatsächlichen Ursachen wie eklatante Fehleinschätzungen von Krediten, Eingehen enorm riskanter Positionen und oft auch schlichte Unkenntnis beim Erwerb nicht verstandener Produkte zu überdecken.

Im Rahmen dieses Beitrags werden wir uns im Folgenden auf den Bereich der Optionsbewertung konzentrieren, der im modernen Investmentbanking und in der Theorie der Finanzmathematik von zentraler Bedeutung ist, aber in beiden durchaus unterschiedlich behandelt wird. Wir wollen dabei aufzeigen, dass das populäre Black–Scholes-Modell für viele Zwecke der Praxis nicht mehr adäquat ist und statt dessen das Heston-Modell (siehe [29]) vorstellen, einen in der Praxis häufig verwendeten Kompromiss zwischen Praktikabilität und theoretischer Allgemeinheit. Dabei begegnen uns mathematische Herausforderungen in den Gebieten der Modellierung, der theoretischen Stochastik und der numerischen Berechnung von Optionspreisen.

Auf dem Weg dorthin werden wir den Leser zunächst in die Begriffswelt der Optionen einführen, Projekte der Finanzindustrie mit der Abteilung Finanzmathematik des ITWM beschreiben und dann auf die theoretischen Grundlagen der Aktienpreismodellierung und der Optionsbewertung eingehen.

2 Optionen als moderne Zutaten der Finanzmärkte

Die Begriffe der Optionen und Derivate haben gerade in der großen Finanzkrise (2007 bis 2012) einen negativen Beigeschmack bekommen, was sicherlich nicht ganz zu unrecht der Fall ist, da viele Derivate auf Kredite in ihrer Form und schlussendlichen Wirkung so kompliziert und – nicht nur für den Laien – undurchschaubar waren, dass der Handel mit ihnen wesentlich zum Ausbruch der Krise beigetragen hat. Dabei ist der Begriff *exotische Option* für viele dieser Wertpapiere ironischerweise sogar vom Gesichtspunkt des Geheimnisvollen her passend gewählt.

In den folgenden Abschnitten stellen wir zunächst die grundlegenden Aspekte der Optionen und ihres Handels an den einfachsten Optionen vor und schauen uns dann kompliziertere Typen an, um auf die Notwendigkeit mathematischer Modellierung hinzuarbeiten.

2.1 Einfache Optionen – Call und Put

Das Wort Option steht im üblichen Sprachgebrauch für eine Möglichkeit, die man nicht wahrnehmen muss, aber durchaus wahrnehmen kann. Eine solche Möglichkeit ist immer etwas Gutes. Ähnlich verhält es sich mit Optionsverträgen am Finanzmarkt, die deshalb immer etwas kosten.

Optionsverträge sind aus zugrunde liegenden Gütern abgeleitete Wertpapiere, weshalb sie auch als *Derivate* bezeichnet werden. Sie werden seit Jahrhunderten in verschiedenen Formen gehandelt, erlangten aber erst ab Anfang der 70er Jahre des letzten Jahrhunderts große wirtschaftliche Bedeutung. Sie dienen sowohl zur Absicherung von Positionen, zur Konstruktion spezieller Auszahlungsprofile als auch zur reinen Spekulation. Wie es der Begriff bereits andeutet, beinhaltet der Besitz einer Option ein Wahlrecht, das ihr Käufer wahrnehmen kann, aber nicht muss.

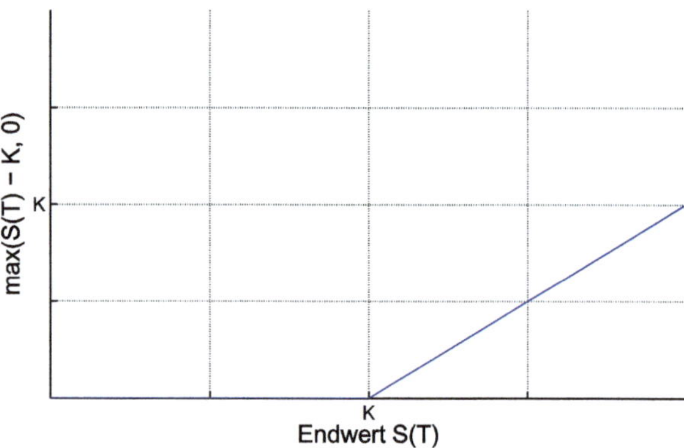

Abb. 1 Endauszahlung eines europäischen Calls mit Ausübungspreis K

Beim einfachsten Beispiel einer Option, der *europäischen Kaufoption* (oder auch *europäischer Call*) auf eine Aktie, besitzt der Käufer das Recht (aber nicht die Pflicht!), eine Aktie einer bestimmten Firma zur Zeit T (der *Fälligkeit*) zum festgelegten Preis K (dem *Ausübungspreis* oder *Strike*) vom Verkäufer zu erwerben. Er wird dies nur dann tun, wenn es für ihn vorteilhaft ist, also der Aktienpreis $S(T)$ oberhalb des Strikes K liegt, da er sonst die Aktie am Markt direkt billiger erwerben könnte. Somit ist der Besitz des europäischen Calls äquivalent zur Zahlung

$$Y_{\text{call}} = \big(S(T) - K\big)^+ = \max\big(S(T) - K, 0\big)$$

zum Zeitpunkt T und wird oft graphisch durch sein Zahlungsprofil aus Abb. 1 dargestellt. Da die Höhe der Endzahlung nicht-negativ ist und positiv sein kann, muss der Besitz der Option heute einen positiven Wert haben. Ihn zu bestimmen ist der Gegenstand der Optionsbewertung.

Das direkte Gegenstück des europäischen Calls ist eine europäische Verkaufsoption (oder auch *europäischer Put*), die durch die Endzahlung

$$Y_{\text{put}} = \big(K - S(T)\big)^+$$

zum Zeitpunkt T gegeben ist und ihrem Besitzer das Recht einräumt, zur Zeit T eine Aktie zum Preis K an den Verkäufer des europäischen Puts zu verkaufen. Hier wird der Besitzer das Recht nur dann wahrnehmen, wenn der aktuelle Marktpreis der Aktie niedriger als K ist. Solch einfache Optionen wie der europäische Call und der europäische Put werden oft am Markt auch als *Vanilla-Optionen* bezeichnet.

Als lange vergessenen Startpunkt der Optionsbewertung kann die Dissertation *Théorie de la Spéculation* von L.F. Bachelier aus dem Jahre 1900 (siehe [16]) angesehen werden. Bacheliers Idee war es, durch Modellierung von Güterpreisen theoretische Werte für verschiedene Typen von Optionen auf bestimmte Güter abzuleiten und diese Preise mit den tatsächlichen Marktpreisen zu vergleichen. Als Optionspreis schlug er den Erwartungswert der aus der Option hervorgehenden zukünftigen Zahlung vor. Dabei verwendete er implizit zum ersten Mal die sogenannte Brownsche Bewegung (mit Drift) als Güterpreismodell (siehe Abschn. 4.1), ohne sie so zu bezeichnen. Eine Konsequenz dieser Modellierung war aber auch, dass die Preise im Modell negativ werden konnten. Wieder aufgegriffen wurden seine Ideen mit der Einführung der geometrischen Brownschen Bewegung (siehe ebenfalls Abschn. 4.1) als Preismodell in den 60'er Jahren. Danach erst gelang Fischer Black und Myron Scholes 1973 der entscheidende Durchbruch auf dem Gebiet der Optionsbewertung mit der Herleitung expliziter Preisformeln für europäische Calls und Puts (siehe [20] und Abschn. 4.3).

2.2 Exotische Optionen – die nächste Stufe

Bei den obigen einfachen Optionen hing die aus ihrem Besitz resultierende Zahlung nur vom Aktienpreis $S(T)$ zur Fälligkeit der Option ab. Dies muss bei allgemeinen Optionen nicht der Fall sein. So betrachtet man allgemein europäische Optionen mit einer Endzahlung der Form

$$Y = f\big(S(t), t \in [0, T]\big),$$

wobei f (und somit auch Y) ein Funktional auf dem gesamten Preisverlauf der Aktie auf dem Zeitintervall $[0, T]$ ist. Hierbei identifizieren wir die Zeit $t = 0$ mit der Gegenwart, und $S_0 > 0$ beschreibt den Anfangspreis der Aktie. Man spricht dann auch von einer *pfadabhängigen Option*. Im Fall des europäischen Calls bzw. Puts war diese Abhängigkeit nur durch den Aktienpreis in $t = T$ gegeben. Europäische Optionen mit echter Pfadabhängigkeit sind z. B.

- die *Lookback*- oder *Maximumsoption*, bei der das Maximum des Aktienpreises in der Endzahlung wie folgt auftritt:

$$Y_{\text{lb}} = \Big(\max_{t\in[0,T]} S(t) - K\Big)^+.$$

- die *asiatische Option*, die z. B. durch eine Endzahlung der Form

$$Y_{\text{ao}} = \left(\frac{1}{T}\int_0^T S(t)\mathrm{d}t - K\right)^+$$

  und ähnliche Varianten (z. B. als diskreter Mittelwert) gegeben ist.
- oder die Klasse der *Barriere-Optionen*, bei denen der Aktienpreis im Intervall $[0, T]$, je nach entsprechender Variante, eine oder mehrere vorgegebene Barrieren H_i nicht überschreiten darf oder überschreiten muss, damit in T eine positive Zahlung an den Besitzer der Option fließt. Ein Beispiel ist der *Doppel-Barriere-Knock-Out-Call* mit Strike K, Barrieren $0 \leq H_1 < H_2$ und der Endzahlung

$$Y_{\text{dbkoc}} = 1_{\{H_1 < S(t) < H_2 \forall t\in[0,T]\}}\big(S(T) - K\big)^+.$$

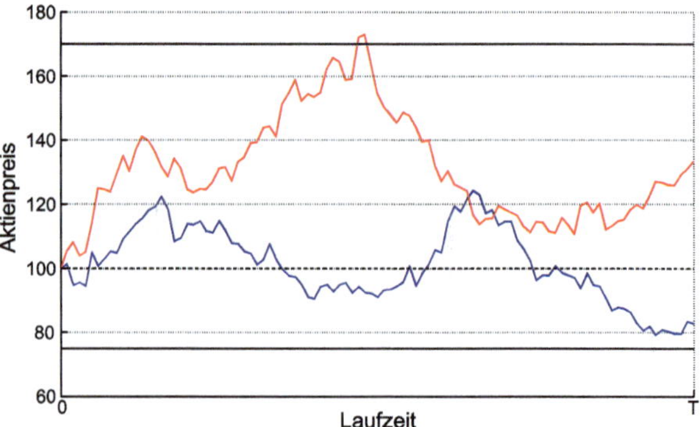

Abb. 2 Zwei mögliche Aktienpreispfade und Barrieren $H_1 = 75$ und $H_2 = 170$ sowie Strike $K = 100$ eines Doppel-Barriere-Knock-Out-Calls

Dabei kann es durchaus wie in Abb. 2 sein, dass es Preispfade gibt, die zwar oberhalb des Ausübungspreises K enden, aber vorher eine Barrierebedingung verletzen und somit zu keiner Endauszahlung führen.

Die Bewertung solcher, stark vom Pfad des Aktienpreises abhängiger Optionen, die oft auch unter dem Oberbegriff exotische Optionen zusammen gefasst werden, benötigt zum einen spezialisierte und hocheffiziente numerische Verfahren, zum anderen zeigt sie empirisch auch die Notwendigkeit komplizierterer Aktienpreismodelle auf als es die geometrische Brownsche Bewegung ist (vgl. hierzu auch Abschn. 4.6).

Anmerkung 1 Es ist sicherlich gerechtfertigt, zu fragen, warum überhaupt solch komplizierte Optionen gehandelt werden. Die Antwort darauf ist durchaus vielschichtig.

So muss eine Barriere-Option offensichtlich billiger sein als ihr Gegenstück ohne Barriere, da ja zum Erhalt derselben Zahlung zur Fälligkeit der Option noch die Barrierebedingung erfüllt sein muss, was nicht immer der Fall ist. In letzterem Fall erhält der Käufer der Barriere-Option dann nichts, während der Käufer der gewöhnlichen europäischen Variante die volle Zahlung erhält. Trotz dieses Risikos werden Barriere-Optionen wegen ihres niedrigeren Preises gern den gewöhnlichen Varianten vorgezogen.

Im Fall der Maximumsoption will sich der Besitzer der Option die höchstmögliche Differenz zwischen Optionspreis und Ausübungspreis sichern, ein Vorteil, für den er dann aber auch bereit sein muss, einen höheren Preis als für den einfachen europäischen Call zu zahlen.

Schließlich stellt eine asiatische Option eine Art Versicherung gegen eine kurzfristige Marktmanipulation dar. Es ist nämlich durchaus vorstellbar, dass große Marktteilnehmer zur Fälligkeit von Optionen durch Handel den Preis der zur Option gehörenden Aktie in die für sie vorteilhafte Richtung treiben können, während dies über einen langen Zeitraum nicht möglich sein wird. Deshalb ist bei einer asiatischen Option typischerweise ein zeitliches Mittel über einen Aktienkurs die bestimmende Größe der Optionszahlung.

2.3 Amerikanische Optionen und mehr – Freie Auswahl

Eine weitere natürliche Variante von Optionen stellen sogenannte *amerikanische Optionen* dar, bei denen der Halter der Option entscheiden darf, zu welchem Zeitpunkt $t \in [0, T]$ er sein Optionsrecht ausübt. Hier kann die Option mit einer ganzen Schar $Y(t)$, $t \in [0, T]$, möglicher Endzahlungen identifiziert werden, aus denen der Besitzer der Option eine wählen kann. Für alle oben vorgestellten europäischen Optionstypen existiert auch immer die entsprechende amerikanische Variante, die z. B. im Fall eines Calls durch die Familie möglicher Endzahlungen

$$Y_{\text{call}}(t) = \big(S(t) - K\big)^+, \quad t \in [0, T],$$

gegeben ist.

Allgemein existiert am Finanzmarkt eine enorme Vielfalt an Optionen. So gibt es neben Optionen auf Aktien solche auf Schatzbriefe, Rohstoffe, Kredite, Optionen, Verträge, Fremdwährungen, Strom und nahezu jedes gehandelte Gut. Oft entstehen für jede dieser Klasse wieder eigene mathematische Probleme bei der Preisberechnung, nicht zuletzt, da die zugrunde liegenden Güter vollkommen verschiedene Eigenschaften haben. So ist Strom i. A. nicht speicherbar und Rohstoffe verursachen Lagerkosten oder verschaffen strategische Vorteile.

Für weitere, auch historische Hintergründe zum Optionshandel, verweisen wir auf z. B. [4] oder [2].

2.4 Was kosten Optionen?

Diese grundlegende Frage der Optionsbewertung lässt sich nicht ohne zwei wesentliche Zutaten beantworten:

- die mathematische Modellierung der Preisentwicklung des der jeweiligen Option zugrunde liegenden Gutes,
- der Tatsache, dass eine Option ein Derivat ist und ihr Preis immer auch vom gegenwärtigen Marktpreis des zugrunde liegenden Gutes abhängen muss.

Beide Zutaten werden im Abschn. 4 detailliert betrachtet und werden zu einem überraschenden Resultat führen, das mit dem Nobel-Preis für Wirtschaftswissenschaften gekrönt wurde.

3 Optionen am ITWM

Als eines der zentralen Gebiete der Finanzmathematik und des Handels an modernen Finanzmärkten spielt die Optionsbewertung auch in der Arbeit der Abteilung Finanzmathematik des Fraunhofer ITWM eine zentrale Rolle. Aufgrund von Geheimhaltungsverträgen mit unseren Kunden im Bereich der Finanz- und Versicherungsindustrie müssen wir uns bei der Beschreibung der zugehörigen Projekte etwas vage halten, wollen aber doch einen Eindruck davon geben, welche Arbeiten ein mathematisches Forschungsinstitut hier leisten kann.

Die wesentlichen Komponenten, die all den Projekten im Bereich der Optionsbewertung zugrunde lagen, sind dabei:

- die Entwicklung neuer und die geeignete Modifikation vorhandener zeitlich dynamischer Aktienpreismodelle, um einen Kompromiss aus möglichst realistischer Modellierung (Haben Preisverläufe im Modell dieselben Eigenschaften wie empirisch beobachtete?) und numerischer Handhabbarkeit (Lassen sich Kenngrößen stabil und effizient berechnen?) zu erzielen,
- die Herleitung von expliziten analytischen Bewertungsformeln für spezielle exotische Optionen,
- die Entwicklung von numerischen Algorithmen zur Bewertung exotischer Optionen ohne explizite Preisformel, wobei insbesondere neue Monte Carlo-Verfahren, Baumverfahren und Lösungsverfahren für partielle Differentialgleichungen zum Einsatz kommen,
- die Umsetzung der entwickelten Algorithmen in moderne Software zur Anwendung direkt beim Händler oder aber im Risikomanagement.

In der Zeit von 2000 bis 2013 wurde eine Vielzahl von Industrieprojekten erfolgreich bearbeitet. Dabei befanden sich unter unseren Kunden Banken wie z. B. die Hypovereinsbank oder die Landesbank Baden-Württemberg, Versicherer wie z. B. die R+V Versicherung oder Finanzdienstleister wie z. B. die Assenagon Asset Management S. A. Die Projektgröße variierte stark und reichte vom Auftrag der Bewertung einer einzelnen Optionsklasse bis hin zur Erstellung kompletter Softwarebibliotheken zur Bewertung exotischer Optionen, was dann alle oben genannten Forschungs- und Entwicklungsaspekte beinhaltete und somit auch die komplette Bandbreite angewandter Finanzmathematik beanspruchte und zusätzlich auch zu Publikationen in erstklassigen Zeitschriften führte (siehe z. B. [6, 8, 26, 35] oder [9]).

Um im Bereich der Optionsbewertung wissenschaftlich immer auf dem neuesten Stand zu sein, wurde eine Vielzahl von Promotionen mit Bezug zu verschiedenen Aspekten innerhalb des obigen Zeitraums abgeschlossen. Dabei standen oftmals algorithmische Aspekte im Vordergrund, um eine hinreichend gute Modellierung überhaupt erst einsatzfähig zu machen. So wurden in [11] u. a. die numerische Bewertung sogenannter Barriere-Optionen untersucht, in [12] neue Baumverfahren für die Bewertung exotischer Optionen im Zinsbereich entwickelt, in [13] Baumverfahren zur Optionsbewertung im Heston-Modell hergeleitet (siehe auch Abschn. 6) und in [10] Monte Carlo-Methoden für spezielle Multi-Asset-Barriere-Optionen betrachtet.

4 Grundlagen der Aktienpreismodellierung und der Optionsbewertung

Die Grundlage des Einsatzes von Finanzmathematik ist die Modellierung der Entwicklung der den Finanzmärkten zugrunde liegenden Basisprozesse. Je nach Marktsegment können dies Aktienpreise, Indizes (wie z. B. der DAX), Zinsraten, Wechselkurse oder andere Kenngrößen sein. Wir werden uns in diesem Abschnitt zunächst darauf beschränken, dass lediglich Aktienpreise als stochastische Prozesse modelliert werden und alle anderen Einflussgrößen als konstant angenommen werden. Für technische Grundlagen verweisen wir hierbei auf [4].

4.1 Aktienpreismodellierung

Wir wollen einen Finanzmarkt betrachten, an dem in stetiger Zeit kontinuierlich gehandelt wird, jegliche Stückelung der Aktien zulässig ist und Nebenkosten (Gebühren, Transaktionskosten, etc.) nicht vorhanden sind. Wir betrachten als grundlegende Anlagemöglichkeiten das Investment in ein Festgeldkonto und in zunächst nur eine Aktie (oder einen Aktienindex).

Wir nehmen an, dass sich ein Festgeldbetrag $B(t)$ zu jedem Zeitpunkt mit der konstanten Zinsrate r verzinst, was zu der zeitlichen Entwicklung von

$$B(t) = B_0 e^{rt} \tag{1}$$

bei einem Anfangsbetrag von B_0 zum Startzeitpunkt $t = 0$ führt.

Die wesentliche Zutat zur Modellierung des Aktienpreises ist die Wahl des stochastischen Prozesses. Motiviert durch den zentralen Grenzwertsatz, nach dem die (zentrierte und standardisierte) Summe vieler unabhängiger, gleich verteilter Zufallsvariablen asymptotisch normal verteilt ist, wird die Brownsche Bewegung als zufälliger Treiber des Aktienpreises gewählt.

Definition 1 Es sei $(\Omega, \mathcal{F}, P)$ ein vollständiger Wahrscheinlichkeitsraum. Eine Brownsche Bewegung $\{(W(t), \mathcal{F}_t), t \in [0, \infty)\}$ ist ein reellwertiger stochastischer Prozess mit $W(0) = W_0 = 0$ und stetigen Pfaden mit stationären und unabhängigen Zuwächsen, also

$$W(t) - W(s) \sim W(t-s) \quad \forall t > s \geq 0,$$

$$W(t) - W(s) \quad \text{ist unabhängig von } \mathcal{F}_u \text{ für } t \geq s \geq u \geq 0.$$

Dabei ist $\{\mathcal{F}_t, t \in [0, \infty)\}$ eine rechtsstetige Filterung, bei der $\mathcal{F}_0$ bereits alle P-Nullmengen enthält. Die Filterung heißt natürliche Filterung, falls sie die von der Brownschen Bewegung erzeugte Filterung ist.

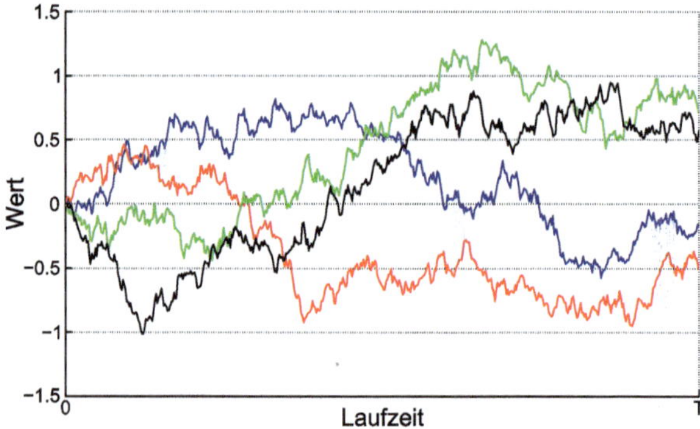

Abb. 3 Vier simulierte Pfade einer Brownschen Bewegung mit $n = 500$ und $T = 1$

Anmerkung 2 Es kann gezeigt werden, dass sich aus den Forderungen an die Brownsche Bewegung in Definition 1 bereits ergibt, dass $W(t) \sim \mathcal{N}(0, t)$ ist. Damit folgt dann direkt ein Algorithmus, um einen Pfad einer Brownschen Bewegung (approximativ) zu simulieren. Hierzu seien für ein $n \in \mathbf{N}$ und ein $T > 0$ eine Zerlegung $0 = t_0 < t_1 < \cdots < t_n = T$ des Intervalls $[0, T]$ gegeben. Wir gehen dann wie folgt vor:

1. Setze $W(0) = 0$.
2. Erzeuge n unabhängige $\mathcal{N}(0, 1)$-verteilte Zufallszahlen $Z_1, \ldots, Z_n$.
3. Für $i = 1, \ldots, n$ setze
$$W(t_i) = W(t_{i-1}) + \sqrt{t_i - t_{i-1}}\,Z_i$$
und interpoliere linear zwischen $W(t_i)$ und $W(t_{i-1})$.

Einige (diskretisierte) Pfade, die für $T = 1$, $n = 500$ und $t_j = j/n$ gemäß des obigen Algorithmus erzeugt wurden, sind in Abb. 3 wiedergegeben. Dabei lässt sich auch eine weitere Eigenschaft der Pfade der Brownschen Bewegung erraten, nämlich die, dass sie als Funktion der Zeit nirgends differenzierbar sind. Dies ist für die Modellierung eines Aktienkurses als Funktion $S_t = f(W_t)$ von großer Bedeutung, da dieser als Funktion der Zeit dann auch nicht differenzierbar ist. Diese Eigenschaft ist vom Standpunkt der Modellierung her unverzichtbar, wenn man an der Stetigkeit des Preises in der Zeit festhält. Wäre der Aktienpreis nämlich als Funktion der Zeit differenzierbar, so wäre er lokal vorhersagbar, und es käme deshalb kein Handel zustande.

Mit Hilfe der Brownschen Bewegung wird der Aktienpreis $S(t)$ als *geometrische Brownsche Bewegung*

$$S(t) = S_0 e^{(b - \frac{1}{2}\sigma^2)t + \sigma W(t)} \tag{2}$$

modelliert, d. h. seine logarithmierten Zuwächse werden als normal verteilt angenommen. Dabei sind b und σ reelle Zahlen, die die *mittlere Ertragsrate* und *Volatilität* des Aktienpreises beschreiben. Weiter gilt:

$$\mathbf{E}\big(S(t)\big) = S_0 e^{bt},$$

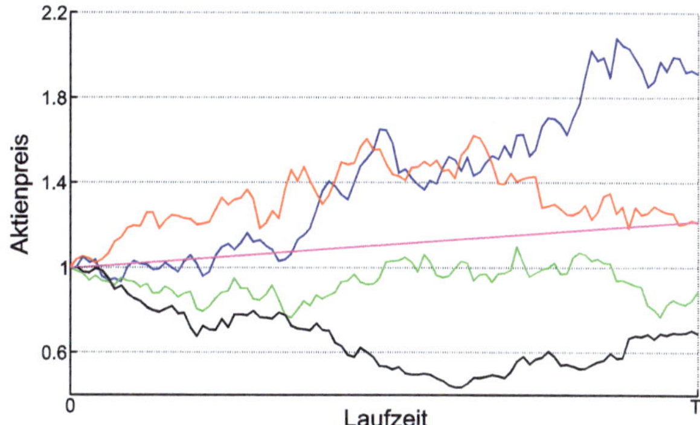

Abb. 4 Simulierte Aktienpreispfade und Erwartungswert $\mathbf{E}(S(t))$ für $b = 0,2$ und $\sigma = 0,4$

$$\mathbf{Var}\big(S(t)\big) = S_0^2 e^{2bt}\big(e^{\sigma^2 t} - 1\big),$$

$$\ln\left(\frac{S(t)}{S_0}\right) \sim \mathcal{N}\left(\left(b - \frac{1}{2}\sigma^2\right)t, \sigma^2 t\right).$$

In Abb. 4 werden die zu den Pfaden der Brownschen Bewegung zugehörigen Preispfade $S(t)$ für die Parameter $b = 0,2$, $\sigma = 0,4$ und $S_0 = 1$ zusammen mit dem Verlauf des Erwartungswerts $\mathbf{E}(S(t))$ wiedergegeben.

Anmerkung 3 Will man das so entstandene Modell für mehrere Aktien formulieren, so führt man im Fall von d Aktien eine n-dimensionale ($n \geq d$) Brownsche Bewegung $W(t) := (W^{(1)}(t), \ldots, W^{(n)}(t))$ ein, deren Komponenten jeweils unabhängige eindimensionale Brownsche Bewegungen im Sinn von Definition 1 sind und modelliert $S^{(j)}(t)$, den Preis der j-ten Aktie, als

$$S^{(j)}(t) = S_0^{(j)} e^{(b^{(j)} - \frac{1}{2}\sum_{k=1}^{n} \sigma_{j,k}^2)t + \sum_{k=1}^{n} \sigma_{j,k} W^{(k)}(t)}, \quad j = 1, \ldots, d,$$

wobei $b^{(j)}$, $\sigma_{j,k}$ und $S_0^{(j)}$ geeignete Konstanten sind. Aufgrund der Eigenschaften der Normalverteilung bleiben die Aktienkurse log-normal verteilt und auch Erwartungswerte und Varianz lassen sich analog bestimmen.

Wir führen als nächste Zutat die Investoren über den Begriff der Handelsstrategie ein, wobei die Informationsstruktur der Investoren durch die zur Brownschen Bewegung gehörende Filterung $\{\mathcal{F}_t\}_{t \in [0,T]}$ gegeben ist. Dabei ist eine Handelsstrategie ein zweidimensionaler stochastischer Prozess, dessen Komponenten die Anzahl der vom jeweiligen Wertpapier gehaltenen Einheiten angibt.

Definition 2

(a) Eine *Handelsstrategie* φ ist ein $\mathbf{R}^2$-wertiger, bzgl. $\{\mathcal{F}_t\}_{t\in[0,T]}$ progressiv messbarer Prozess $\varphi(t) := (\varphi_0(t), \varphi_1(t))'$ mit

$$\int_0^T \left|\varphi_0(t)\right| \mathrm{d}t < \infty \quad P\text{-fast sicher,}$$

$$\int_0^T \left(\varphi_1(t)S(t)\right)^2 \mathrm{d}t < \infty \quad P\text{-fast sicher.}$$

Der Wert $x := \varphi_0(0)B_0 + \varphi_1(0)S_0$ heißt Anfangswert von φ.

(b) Sei φ eine Handelsstrategie mit Anfangswert $x \geq 0$. Dann heißt der Prozess

$$X(t) := \varphi_0(t)B(t) + \varphi_1(t)S(t)$$

der *Vermögensprozess* bzgl. φ mit *Startvermögen* $X(0) = x$.

(c) Eine Handelsstrategie φ heißt *selbst-finanzierend*, falls für den zugehörigen Vermögensprozess $X(t)$, $t \in [0, T]$, P-fast sicher gilt

$$X(t) = x + \int_0^t \varphi_0(s)\mathrm{d}B(s) + \int_0^t \varphi_1(s)\mathrm{d}S(s),$$

sich also das aktuelle Vermögen als Summe aus dem Startvermögen und den Gewinnen/Verlusten aus Investment im Zeitraum $[0, t]$ ergibt. Sie heißt dann *zulässig*, wenn ihr zugehöriger Vermögensprozess nicht-negativ ist.

Man beachte, dass die Forderung der progressiven Messbarkeit der Strategie bedeutet, dass dem Investor keine Informationen über die zukünftige Entwicklung der Aktienpreise zur Verfügung stehen. Die ökonomisch natürliche Forderung, dass sich der Investor selbstfinanzierend verhält, ist eine echte Forderung und ergibt sich nicht mathematisch aus den Teilen (a) und (b) der Definition. Für die analoge Definition einer Handelsstrategie in allgemeineren Märkten (siehe oben) verweisen wir auf [4].

4.2 Optionsbewertung und das Arbitrageprinzip

Mit dem im vorangegangenen Abschnitt entwickelten mathematischen Marktmodell sind wir nun in der Lage, uns dem Problem der Optionsbewertung zu widmen.

Die wesentliche Idee hinter der Bewertung einer Option liegt zum einen darin, dass eine Option ein abgeleitetes Wertpapier (ein Derivat) ist, das kein von seinem zugrunde liegenden Gut unabhängiges Leben führt. Die Bewegung des Güterpreises bestimmt auch den Wert der Option. Das zweite zentrale Prinzip, das bei der Optionsbewertung zum Tragen kommt, ist das der *Arbitragefreiheit*. Dabei versteht man unter einer Arbitragemöglichkeit ein Geschäft, das die Möglichkeit eines Gewinns ohne Verlustrisiko einräumt, ohne dass eigenes Kapital eingesetzt werden muss. Ein typisches Beispiel für eine solche Arbitragemöglichkeit ist ein Freilos in einer Lotterie, mit dem man zwar nur selten gewinnt, aber auch nie etwas dafür bezahlen und somit kein eigenes Kapital zu seinem Erwerb einsetzen muss.

Eine solche Arbitragemöglichkeit ist ein so gutes Geschäft, dass es von jedem Marktteilnehmer sofort ausgenutzt werden würde, weshalb aufgrund der unendlichen Nachfrage nach ihm sofort entsprechende Preisanpassungen am Markt geschehen würden und die Arbitragemöglichkeit verschwinden würde. Man betrachtet deshalb in der Theorie nur Finanzmarktmodelle, die frei von Arbitragemöglichkeiten sind. Aufgrund dieser Annahme lassen sich bereits in beliebigen Finanzmarktmodellen untere und obere Schranken für Optionspreise (in Abhängigkeit vom jeweiligen Optionstyp) bestimmen (siehe z. B. Kapitel 3 in [4]).

Definition 3 Eine Arbitragemöglichkeit ist eine zulässige Handelsstrategie φ, deren zugehöriger Vermögensprozess $X(t)$ die Bedingungen

$$X(0) = 0, \qquad X(T) \geq 0 \quad P\text{-fast sicher}, \qquad P\big(X(T) > 0\big) > 0$$

erfüllt.

Im hier vorliegenden Markt mit Preisen gemäß den Gl. (1) und (2) kann sogar eine stärkere Variante des Prinzips der Arbitragefreiheit, nämlich die Gültigkeit des *Duplikationsprinzips*, gezeigt werden. Dies besagt, dass zwei Investments mit in der Zukunft identischen Zahlungsströmen heute den gleichen Preis haben müssen. Wäre dem nicht so, könnte man die billigere der beiden Alternativen heute kaufen und gleichzeitig die teurere verkaufen. Die aus dieser Transaktion entstehenden zukünftigen Zahlungsströme neutralisieren sich dann, aber es ergibt sich heute bereits ein positives Vermögen aus der Preisdifferenz, das einfach im Geldmarktkonto angelegt werden kann. Da zum Verfolgen dieser Strategie kein Anfangskapital benötigt wird, das Endvermögen aber strikt positiv ist, liegt also eine Arbitragemöglichkeit vor. Das folgende Theorem ist ein zentraler Satz in der Theorie der Optionsbewertung.

Theorem 1 (Vollständigkeit des Marktes) *Mit der Bezeichnung* $\theta = (b - r)/\sigma$ *sei* $H(t) := \exp(-(r + \theta^2/2)t - \theta W(t))$.

(a) *Es sei* $x \geq 0$. *Für eine zulässige Handelsstrategie* φ *mit Vermögensprozess* $X(t)$ *gilt*

$$\mathbf{E}\big(H(t)X(t)\big) \leq x \quad \forall t \in [0, T].$$

(b) $Y \geq 0$ *sei eine* $\mathcal{F}_T$*-messbare Zufallsvariable mit*

$$\tilde{x} := \mathbf{E}\big(H(T)Y\big) < \infty. \tag{3}$$

Dann existiert eine zulässige Handelsstrategie φ mit Anfangswert $\tilde{x}$, Vermögensprozess $X(t)$ und

$$X(T) = Y \quad P\text{-fast sicher.}$$

Der Satz über die Vollständigkeit des Marktes wirkt auf den ersten Blick unspektakulär, ist aber von zentraler Bedeutung für die Optionsbewertung. So besagt Teil (b), dass eine nicht-negative Endzahlung Y (die Bedingung (3) erfüllt), die z. B. durch den Besitz einer Option gegeben sein kann, durch das Verfolgen einer geeigneten Handelsstrategie φ in das Festgeldkonto und die Aktie synthetisch erzeugt werden kann. Es ist also vom Standpunkt der Endauszahlung egal, ob man die Option physisch besitzt oder sie sich synthetisch nachbildet. Existiert dann im Markt keine Arbitragemöglichkeit, so ergibt sich der Optionspreis als $\tilde{x}$ gemäß Gl. (3). Die Nichtexistenz einer Arbitragemöglichkeit ergibt sich aber sofort aus Teil (a) des Satzes (siehe z. B. [4]).

Korollar 1 (Arbitragefreiheit des Marktes) *Im vorliegenden Marktmodell existiert keine Arbitragemöglichkeit.*

Somit folgt aus Theorem 1 in Zusammenwirkung mit Korollar 1 direkt das Hauptresultat für die Optionsbewertung im vorliegenden Marktmodell.

Korollar 2 (Fairer Preis) *Im betrachteten Marktmodell ist der eindeutige Preis einer Option mit Endzahlung Y, der mit dem Arbitrageprinzip verträglich ist, durch*

$$x_Y := \mathbf{E}\big(H(T)Y\big) \tag{4}$$

gegeben, falls dieser Wert endlich ist.

Anmerkung 4 (Optionspreis, risikoneutrale Bewertung, äquivalentes Martingalmaß) Fasst man $H(t)$ als einen Diskontfaktorprozess auf, mit dem man zukünftige Zahlungen abzinst, so besagt Gl. (4) gerade, dass man den Preis der Option mit Endzahlung Y erhält, indem man den Erwartungswert der mit $H(T)$ abgezinsten Endzahlung berechnet. Das heißt zum einen, dass das Nettobarwertprinzip, bei dem der Preis als die auf heute abgezinste zukünftige Zahlung definiert ist, hier mit einem stochastischen Abzinsfaktor gilt. Zum anderen kann aber auch gezeigt werden, dass

$$\mathbf{E}\big(H(T)Y\big) = \mathbf{E}_Q\big(\exp(-rT)Y\big) \tag{5}$$

gilt, wobei der zweite Erwartungswert bzgl. dem (eindeutigen) Wahrscheinlichkeitsmaß Q auf dem betrachteten Wahrscheinlichkeitsraum gebildet wird, für das

$$\mathbf{E}_Q\big(\exp(-rt)S(t)\big) = S_0$$

gilt. Da unter Q somit $S(t)/S_0$ und $B(t)/B_0$ den selben Erwartungswert besitzen, unabhängig davon, ob es sich um riskante oder risikolose Investments handelt, wird Q auch *risikoneutrales Maß* genannt und man spricht von *risikoneutraler Bewertung*, da sich der

Optionspreis aus der rechten Seite der Gl. (5) ergibt. Die Existenz des risikoneutralen Maßes Q ergibt sich aus dem Satz von Girsanov (siehe z. B. [4], Kapitel 3), der auch besagt, dass unter Q der Prozess

$$W_Q(t) = W(t) + \theta t,$$

mit θ aus Theorem 1, eine Brownsche Bewegung ist. Setzt man dies in die Aktienpreisgleichung (2) ein, erhält man

$$S(t) = S_0 \exp\left(\left(r - \frac{1}{2}\sigma^2\right)t + \sigma W_Q(t)\right),$$

woraus wieder mit den definierenden Eigenschaften der Brownschen Bewegung folgt, dass der abgezinste Aktienpreisprozess $S(t)/B(t)$ ein Martingal ist. Da zusätzlich das Maß Q äquivalent zu P ist (d. h. beide Maße dieselben Nullmengen besitzen) spricht man von Q auch als dem *äquivalenten Martingalmaß*. Die Beziehung zwischen der Existenz solcher äquivalenter Martingalmaße und der Arbitragefreiheit eines Marktmodells wird auch als erster Fundamentalsatz der Optionsbewertung bezeichnet (siehe z. B. [25]). Generell kann in analogen, arbitragefreien Finanzmarktmodellen auf elementare Art und Weise gezeigt werden, dass die Festsetzung eines Optionspreises durch die rechte Seite der Gl. (5) zu keiner Arbitragemöglichkeit führt, wenn Q ein äquivalentes Martingalmaß ist.

4.3 Die Black–Scholes-Formel: Nobel-Preis für Mathematik

Für den Spezialfall der europäischen Kaufoption kann der Erwartungswert, durch den der Optionspreis gegeben ist, explizit ausgerechnet werden. Es ergibt sich dann die berühmte *Black–Scholes-Formel* (siehe [20] oder z. B. [4]).

Theorem 2 (Black–Scholes-Formel) *Im Marktmodell, das durch die Preisgleichungen* (1) *und* (2) *gegeben ist, ist der Preis* $X_{\text{call}}(t, S(t), K, T)$ *einer europäischen Kaufoption zur Zeit* $t \in [0, T]$ *mit Fälligkeit in* T *und Strike* $K > 0$ *durch*

$$X_{\text{call}}\big(t, S(t), K, T\big) = S(t)\Phi\big(d_1(t)\big) - Ke^{-r(T-t)}\Phi\big(d_2(t)\big) \tag{6}$$

gegeben, wobei $\Phi(.)$ *die Verteilungsfunktion der Standard-Normalverteilung ist und*

$$d_1(t) = \frac{\ln(S(t)/K) + (r + \sigma^2/2)(T-t)}{\sigma\sqrt{T-t}}, \qquad d_2(t) = d_1(t) - \sigma\sqrt{T-t}$$

gesetzt wurden. Für den Preis des entsprechenden europäischen Puts gilt mit denselben Bezeichnungen

$$X_{\text{put}}\big(t, S(t), K, T\big) = Ke^{-r(T-t)}\Phi\big(-d_2(t)\big) - S(t)\Phi\big(-d_1(t)\big).$$

Anmerkung 5 (Eigenschaften, Anwendung und Konsequenzen der Black–Scholes-Formel)

(a) Die herausragende Eigenschaft der Black–Scholes-Formel ist nicht etwa, dass sie eine geschlossene analytische Darstellung des Preises des europäischen Calls erlaubt, sondern die Unabhängigkeit dieses Preises von b, der mittleren Ertragsrate der Aktie. Da dies der weitaus kritischere Parameter für die Einschätzung der zukünftigen Entwicklung des Aktienkurses ist, der sich zudem noch schlecht aus den Aktienpreisen der Vergangenheit schätzen lässt (die Volatilität σ kann zumindest als σ^2 effizient aus historischen Daten geschätzt werden), liegt ein Hauptgrund der Akzeptanz der Black–Scholes-Formel am Markt gerade in der Abwesenheit von b, unabhängig von der eleganten und überzeugenden mathematischen Herleitung. Ihr Stellenwert wird auch durch die Verleihung des Nobel-Preises für Wirtschaftswissenschaften 1997 an Robert C. Merton und Myron Scholes für ihre Arbeiten im Umfeld der Formel unterstrichen. Fischer Black war bereits 1995 verstorben und konnte diese Ehrung nicht mehr erhalten.

(b) Am Markt wird die Black–Scholes-Formel in der Regel nicht zur Berechnung von Callpreisen verwendet, sondern eher in einer Art, die zeigt, dass der Markt nicht in vollem Umfang an das Black–Scholes-Modell glaubt. Geschlossene Preisformeln, auch in anderen Modellen, werden oft zur *Parameterkalibrierung* verwendet, d. h. es werden die Eingangsparameter für das jeweilige Modell so bestimmt, dass die zugehörigen Modellpreise für die jeweiligen Derivate möglichst gut mit den am Markt beobachteten Preisen übereinstimmen. Im Fall der Black–Scholes-Formel wird dies noch eine Stufe weiter getrieben, in dem für alle Calls mit unterschiedlicher Laufzeit und unterschiedlichem Strike auf die gleiche Aktie jeweils eine positive Volatilität so bestimmt wird, dass der am Markt beobachtete Preis genau mit dem Modellpreis übereinstimmt, siehe Abschn. 4.3.1. Diese Volatilität heißt die *implizite Volatilität* σ_{imp} des jeweiligen Calls. Verbindet man die so entstandenen Punkte mit einem geeigneten Interpolationsverfahren, so erhält man eine sogenannte *implizite Volatilitätsfläche*. Wäre das Black–Scholes-Modell ein genau den Marktdaten entsprechendes Modell, so müssten die impliziten Volatilitäten alle (zumindest) nahezu identisch sein. Dass dem nicht so ist, verdeutlichen wir im folgenden Abschnitt, in dem wir detailliert die implizite Volatilität sowie die implizite Volatilitätsfläche definieren und an einem Beispiel illustrieren.

Weitere Schwächen des Black–Scholes-Modells im Hinblick auf charakteristische empirische Eigenschaften von Aktien- und Optionspreisen (die sogenannten *Stylized Facts*) werden in Abschn. 4.6 behandelt.

4.3.1 Implizite Volatilität

Nach Theorem 2 ist der Preis einer europäischen Kaufoption eine Funktion in sechs Argumenten, die alle bis auf die Volatilität beobachtbar sind. Ist demnach die Volatilität bekannt, lässt sich der Optionspreis berechnen. Ist umgekehrt der Optionspreis bekannt, so

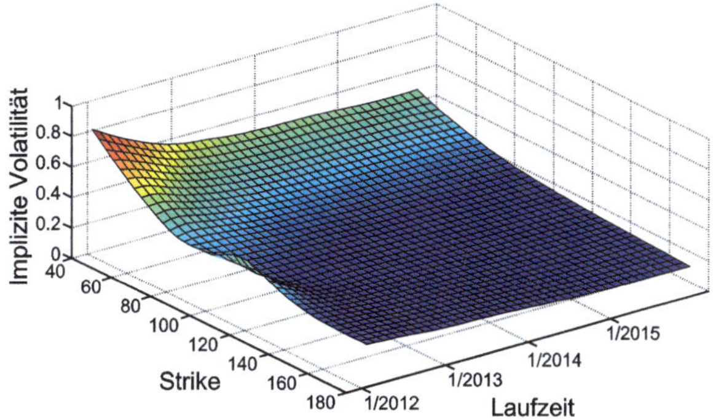

Abb. 5 Implizite Volatilitätsfläche am 14. Dezember 2011 aus europäischen Kaufoptionen auf die Aktie der Allianz SE

lässt sich leicht zeigen, dass unter der Annahme einer positiven Volatilität diese eindeutig bestimmt werden kann. Damit ist es möglich, die implizite Volatilität σ_{imp} aus den am Markt quotierten Optionspreisen zu bestimmen.

Für $i = 1, \ldots, N$ bezeichne $X_{\text{call}}^{\text{Markt}}(K_i, T_i)$ den Marktpreis einer europäischen Kaufoption mit Ausübungspreis K_i und Laufzeit T_i, wobei derselbe Strike durchaus für verschiedene Laufzeiten vorkommen kann und umgekehrt. Setzt man diese Marktpreise mit den theoretischen Preisen der entsprechenden Kaufoptionen im Black–Scholes-Modell gleich, so lässt sich σ_{imp} eindeutig aus

$$X_{\text{call}}\big(t, S(t), K_i, T_i\big) \stackrel{!}{=} X_{\text{call}}^{\text{Markt}}(K_i, T_i),$$

für $i = 1, \ldots, N$ bestimmen. Da die Marktpreise von den Ausübungspreisen und Laufzeiten abhängig sind, sind auch die impliziten Volatilitäten von diesen abhängig.

Definition 4 Die Abbildung der impliziten Volatilität σ_{imp} als Funktion des Ausübungspreises K und der Laufzeit T wird als *implizite Volatilitätsfläche* bezeichnet.

Abbildung 5 zeigt die implizite Volatilitätsfläche zum 14. Dezember 2011, die aus europäischen Calls auf die Aktie der Allianz SE erhalten werden kann. Aus der Grafik ist ersichtlich, dass Optionen mit verschiedenen Ausübungspreisen und Laufzeiten, im Gegensatz zur Annahme im Black–Scholes-Modell, verschiedene implizite Volatilitäten besitzen.

4.4 Alternative Aktienpreismodelle: Theoretische Aspekte

Um die Defizite des Black–Scholes-Modells zu beheben, bieten sich mehrere Möglichkeiten an, die allgemein bei Modellierungsaufgaben oft aufgegriffen werden. Dies sind u. a.:

- Der Übergang von einer linearen zu einer nichtlinearen stochastischen Dynamik wie er z. B. in Abschn. 4.4.1 vorgestellt wird.

- Das Einführen weiterer stochastischer Komponenten wie die einer stochastischen statt einer konstanten Volatilität (siehe Abschn. 4.4.2 und insbesondere die beiden Abschn. 5 und 6).
- Das Betrachten einer allgemeineren Klasse von stochastischen Prozessen zur Modellierung der Unsicherheit im Aktienpreisprozess wie z. B. die Klasse der Lévy-Modelle in Abschn. 4.4.3.

4.4.1 Lokale Volatilitätsmodelle

Für lokale Volatilitätsmodelle greift man die oben erstgenannte Idee auf. Um das Problem der nicht-konstanten Volatilität zu beseitigen, wird zugelassen, dass die Volatilität des Aktienpreises zeit- und ortsabhängig sein kann. Als zugrunde liegender stochastischer Prozess wird nach wie vor nur eine eindimensionale Brownsche Bewegung $W(t)$ angesetzt. Dies geschieht auch in der Hoffnung, dass so die Vollständigkeit des Marktes bewahrt werden kann. Das Duplikationsprinzip der Optionsbewertung wäre dann weiterhin gültig. Tatsächlich gilt in dieser Hinsicht ein höchst erstaunliches Resultat, das wir in Theorem 3 vorstellen werden.

Wir betrachten ein Marktmodell mit dem üblichen Geldmarktkonto mit Zinssatz r, siehe Gl. (1) und einer Aktie, deren Aktienpreis mit Hilfe der stochastischen Differentialgleichung

$$\mathrm{d}S(t) = rS(t)\mathrm{d}t + \sigma\big(S(t), t\big)S(t)\mathrm{d}W(t), \qquad S(0) = S_0 \tag{7}$$

modelliert wird. Dabei sei $\sigma(x,t)$ eine nicht-negative, reellwertige Funktion der Gestalt, dass die Gl. (7) eine eindeutige (nicht-negative) Lösung besitzt. Man sieht sofort, dass man für die konstante Funktion $\sigma(x,t) \equiv \sigma$ das Black–Scholes-Modell erhält.

Statt nun eine parametrische Form der Volatilitätsfunktion vorzugeben, wählt Dupire in [27] einen vollkommen anderen Ansatz. Motiviert durch den Begriff der impliziten Volatilitätsfläche wird eine Volatilitätsfunktion gesucht, die zu einer vorgegebenen Menge von Callpreisen sicherstellt, dass die zugehörigen theoretischen Optionspreise (berechnet als abgezinster Erwartungswert der Endauszahlung unter dem eindeutigen äquivalenten Martingalmaß) mit den gegebenen Marktpreisen übereinstimmen. Genau dies ist die Aussage des folgenden Theorems.

Theorem 3 ([27]) *Es seien die heutigen Marktpreise $X_{\text{call}}^{\text{Markt}}(0, S(0), K, T)$ von europäischen Kaufoptionen für alle möglichen Wahlen der Strikes $K \geq 0$ und Fälligkeiten $T \geq 0$ bekannt und als Funktionen der Fälligkeiten einmal sowie als Funktionen der Strikes zweimal differenzierbar. Mit der Wahl der Volatilitätsfunktion $\sigma(x,t)$*

$$\sigma(K,T) = \frac{1}{K}\sqrt{\frac{2\frac{\partial X_{\text{call}}^{\text{Markt}}}{\partial T} + rK\frac{\partial X_{\text{call}}^{\text{Markt}}}{\partial K}}{K^2\frac{\partial^2 X_{\text{call}}^{\text{Markt}}}{\partial K^2}}} \tag{8}$$

stimmen die Marktpreise mit den gemäß

$$X_{\text{call}}(0, S(0), K, T) = \mathbf{E}\big(e^{-rT}\big(S(T) - K\big)^{+}\big) \quad \forall (T, K) \in [0, \infty)^2$$

im entsprechenden lokalen Volatilitätsmodell erhaltenen theoretischen Callpreisen überein. Hierbei wird implizit vorausgesetzt, dass die Callpreise so beschaffen sind, dass alle in Gl. (8) *vorkommenden Ausdrücke definiert sind.*

Theorem 3 stellt genau das gewünschte Resultat dar. Es existiert somit zu jeder gegebenen Menge an Marktpreisen von europäischen Calls eine sie erzeugende Volatilitätsfunktion $\sigma(x, t)$. Man hat also ein Modell gefunden, in dem die theoretischen Modellpreise mit den gegebenen Marktpreisen für einfache Optionen übereinstimmen. Es ist deshalb plausibel, dieses Modell zur Berechnung von Preisen komplizierterer Optionen zu verwenden, für die keine Marktpreise vorliegen. Das Problem des Theorems liegt allerdings in seiner praktischen Anwendbarkeit, denn einige Voraussetzungen und Annahmen, die in das Resultat eingehen, sind nicht zu verifizieren bzw. praktisch nicht einfach umsetzbar:

- Zur Konstruktion der Volatilitätsfunktion wird eine kontinuierliche Menge an Marktpreisen benötigt, die aufgrund der Diskretheit der Menge der Strikes und Laufzeiten nicht vorhanden ist. Die Volatilitätsfunktion muss deshalb mit Inter- und Extrapolationsverfahren erhalten werden, ist dann jedoch von der jeweils verwendeten Methodik abhängig und insbesondere nicht mehr eindeutig.
- Im so erzeugten lokalen Volatilitätsmodell existieren selbst für einfache Standard-Optionen in der Regel keine geschlossenen, analytischen Preisformeln.
- Die Form der lokalen Volatilitätsfunktion besitzt keine anschauliche ökonomische Interpretation und Motivation und ist rein datenbasiert.

Für weitere allgemeine Aspekte verweisen wir auf [27].

Ein populäres parametrisches Modell, das aber auch keine substantielle Verbesserung des Black–Scholes-Modells darstellt, ist das CEV-Modell (*C*onstant-*E*lasticity-of-*V*ariance-Modell), bei dem die Aktienpreisgleichung als

$$\mathrm{d}S(t) = rS(t)\mathrm{d}t + \sigma S(t)^{\alpha}\mathrm{d}W(t), \qquad S(0) = S_0$$

mit $\alpha \in [0, 1]$ und $r, \sigma \in \mathbf{R}$ gegeben ist. Für die speziellen Wahlen von $\alpha = 0$ und $\alpha = 1$ besitzt sie explizite Lösungen:

- Für $\alpha = 1$ erhält man die bereits bekannte geometrische Brownsche Bewegung (Black–Scholes-Fall), also log-normal verteilte Aktienpreise.
- Für $\alpha = 0$ ergibt sich

$$S(t) = S_0 \exp(rt) + \sigma \int_0^t \exp\big(r(t - u)\big)\mathrm{d}W(u),$$

woraus folgt, dass der Aktienpreis normal verteilt ist mit

$$\mathbf{E}\big(S(t)\big) = S_0 \exp(rt), \qquad \mathbf{Var}\big(S(t)\big) = \frac{\sigma^2}{2r}\big(\exp(2rt) - 1\big).$$

Für alle Werte $\alpha \in [0, 1)$ existiert im CEV-Modell eine recht komplizierte, aber geschlossene Formel für den Preis einer europäischen Kaufoption (siehe z. B. [5]), die wir hier aber nicht wiedergeben wollen. Der weitere Parameter α bietet zwar, im Vergleich zum Black–Scholes-Modell, eine etwas bessere Anpassung an Marktpreise von Optionen, die aber dennoch weit davon entfernt ist, perfekt zu sein. Außerdem ist das Modell für $0 < \alpha < 1$ numerisch schwer handhabbar. Aus diesen Gründen wurde es von uns auch nicht zum Einsatz in der Praxis empfohlen.

4.4.2 Stochastische Volatilitätsmodelle

Die ökonomische Idee hinter stochastischen Volatilitätsmodellen ist, dass Preisschwankungen durch Angebot und Nachfrage bestimmt werden und diese je nach Handelsintensität stärker oder schwächer ausfallen. Da wiederum die Intensität der Preisschwankungen im Black–Scholes-Modell von der Höhe der konstanten Volatilität σ bestimmt wird, geht man dort von einer (im Mittel) gleichbleibenden Handelsintensität aus.

Will man hingegen eine variierende Handelsintensität modellieren, die in ihrer Höhe nicht vorhersehbar ist, so ist es naheliegend, auch die Volatilität durch einen stochastischen Prozess zu modellieren. Ein solches *stochastisches Volatilitätsmodell* ist dann durch Preis- und Varianzprozessgleichungen der Form

$$dS(t) = bS(t)dt + \sqrt{\nu(t)}S(t)dW_1(t), \qquad S(0) = S_0, \tag{9}$$

$$d\nu(t) = \alpha(t)dt + \beta(t)dW_2(t), \qquad \nu(0) = \nu_0 \tag{10}$$

gegeben, wobei $\alpha(t)$ und $\beta(t)$ geeignete stochastische oder deterministische Prozesse sind, die progressiv messbar bezüglich der von der zweidimensionalen Brownschen Bewegung $(W_1(t), W_2(t))$ erzeugten Filterung sind. Ferner sei ν_0 der Startwert des Varianzprozesses und $\rho \in [-1, 1]$ die Korrelation der Brownschen Bewegungen $W_1(t)$ und $W_2(t)$,

$$\mathbf{Corr}\big(W_1(t), W_2(t)\big) = \rho. \tag{11}$$

Analog zu σ im Black–Scholes-Model bezeichnen wir hier $\sqrt{\nu(t)}$ als den *Volatilitätsprozess*. Des Weiteren sollen alle oben beschriebenen Prozesse so gewählt sein, dass die gekoppelten stochastischen Differentialgleichungen (9) und (10) eine eindeutige Lösung besitzen.

Die Praxis selbst ist an der ökonomischen Motivation stochastischer Volatilitätsmodelle eher weniger interessiert. Für sie entscheidend sind die freien Parameter bzw. Prozesse, die durch die Einführung der stochastischen Differentialgleichung (10) entstanden sind, und mit deren Hilfe man sich erhofft, am Markt beobachtete Optionspreise deutlich besser mit dem Modell abbilden zu können.

Unter den verschiedenen in der Literatur vorhandenen Wahlen der Modellierung des Volatilitätsprozesses hat sich die Wahl nach Heston (siehe [29]) in der Praxis besonders bewährt und in vielen Bereichen das Black–Scholes-Modell als Standard abgelöst. Das Heston-Modell wurde von uns bereits in mehreren Industrieprojekten erfolgreich eingesetzt. In den Abschn. 5 und 6 werden wir neben einer ausführlichen theoretischen Vorstellung des Modells auch speziell auf Details der Anwendung in Bezug auf Modellierungsvarianten und Bewertungsalgorithmen eingehen.

4.4.3 Lévy-Modelle

In der Modellklasse der Lévy-Modelle wird im Wesentlichen die Rolle der Brownschen Bewegung $W(t)$ im Black–Scholes-Modell von einem *Lévy-Prozess* $Z(t)$ übernommen. Ein Lévy-Prozess ist ein stochastischer Prozess mit unabhängigen und stationären Zuwächsen, der mit $Z(0) = Z_0 = 0$ startet und Pfade besitzt, die fast sicher stetig sind. So ist auch eine Brownsche Bewegung ein Lévy-Prozess, aber die deutliche Mehrzahl der Lévy-Prozesse besitzt Pfade, die Sprünge aufweisen. Durch ihre Eigenschaften und die typischerweise große Anzahl von Parametern existieren Lévy-Modelle, deren Verteilungen im Vergleich zur Normalverteilung deutlich spitzere Dichten mit gleichzeitig schwereren Flanken besitzen. Diese können so auch extreme Aktienbewegungen erklären, die das Black–Scholes-Modell nicht erklären kann (oder mit Erklärungen wie *„Wir haben in der Kreditkrise 10σ-Ereignisse beobachtet“* kommentiert wurden).

Für eine Übersicht über die Anwendung von Lévy-Prozessen in der Finanzmathematik sei z. B. auf die Monographien [23] oder [40] verwiesen. In der Theorie bekannte Modelle, die auch auf Marktdaten angewendet wurden, sind z. B. das hyperbolische Modell (siehe z. B. [28]), das Varianz-Gamma-Modell (siehe z. B. [37]) oder das NIG-Modell (siehe z. B. [17]). Bisher konnten sich die Lévy-Modelle allerdings noch nicht auf breiter Front in der Praxis durchsetzen, da mit der hohen Parametrisierung ein größerer Schätzaufwand und -fehler verbunden ist.

4.5 Weitere Aspekte der Anwendung

Ein entscheidender Aspekt für die Wahl eines Aktienpreismodells liegt in der Anwendung. So reicht es für die Bewertung relativ einfacher Derivate oft aus, ein einfaches Modell wie das Black–Scholes-Modell zu verwenden. Bei komplizierten exotischen Optionen, die stark pfadabhängig sind, ist das Black–Scholes-Modell aber in der Regel nicht mehr ausreichend.

Etwas paradox mutet es hingegen an, dass man bei der Bewertung von Optionen auf mehrere zugrunde liegende Güter (sogenannte *Basket-Optionen*) oft wieder das Black–Scholes-Modell in seiner mehrdimensionalen Variante heranzieht. Der Grund hierfür liegt darin, dass es keine geeigneten mehrdimensionalen Varianten der oben erwähnten, realistischeren Modelle gibt bzw. keine solchen, die numerisch und statistisch handhabbar wären.

Schließlich ist auch die Rechenzeit, die für die Bestimmung des einzelnen Optionspreises benötigt wird, ein entscheidendes Argument. Banken führen oft *Sensitivitätsanalysen* durch, wenn es um den Verkauf großer Mengen eines Derivats geht. Hierbei variieren sie dann alle möglichen Eingangsparameter, was schnell auf eine exponentiell wachsende Anzahl verschiedener Szenarien führen kann, für die die Optionspreise zu berechnen sind. Deshalb sind auch nach wie vor Forschungen nach schnelleren Algorithmen oder aber neue Hardwarekonzepte wie der Einsatz von Grafikkarten oder von sogenannten FPGA als Rechenbeschleuniger aktuell.

4.6 Effekte bei Realdaten: Stylized Facts als Argumente gegen das Black–Scholes-Modell

Aktienpreise, Zinsraten, Devisenkurse und viele andere Zeitreihen von Finanzdaten weisen charakteristische empirische Eigenschaften auf, die sie von anderen Zeitreihen unterscheiden. Diese Eigenschaften werden als Stylized Facts bezeichnet. Im Folgenden werden wir insbesondere diejenigen Eigenschaften präsentieren, die einen Hinweis darauf geben, dass die Annahme einer konstanten Volatilität im Black–Scholes-Modell zu restriktiv ist. Hierfür verstehen wir unter einer *diskreten Zeitreihe* eine geordnete Folge von Beobachtungen zu diskreten Zeitpunkten, wie sie beispielsweise für Aktienkurse vorliegt.

Definition 5 Es sei $S(t)$ der Preis einer Aktie. Die Rendite $R(s,t)$ zwischen den Zeitpunkten s und $t > s$ definieren wir als

$$R(s,t) := \frac{S(t) - S(s)}{S(s)},$$

die logarithmierte Rendite (Log-Rendite) $r(s,t)$ als

$$r(s,t) := \ln\left(\frac{S(t)}{S(s)}\right).$$

Im Hinblick auf die Tagesrenditen einer Aktie definieren wir $r(n) := r(n-1,n)$ für $n \in \mathbf{N}$.

Anmerkung 6 Im Folgenden werden wir charakteristische Eigenschaften der täglichen und damit diskreten Zeitreihe der Log-Renditen $r(n)$, $n \in \mathbf{N}$ präsentieren. Für kleine Preisänderungen, wie sie in der Regel bei Aktiendaten üblich sind, sind die Log-Renditen eine gute Approximation der Renditen. Die für die Untersuchung relevanten Zeitreihen beziehen sich auf die täglichen Schlusskurse zwischen Januar 2008 und Dezember 2013.

Im Folgenden seien das Stichprobenmittel $\hat{\mu}_N$ und die Stichprobenvarianz $\widehat{\mathbf{Var}}_N$ der Log-Renditen definiert als

$$\hat{\mu}_N = \frac{1}{N}\sum_{n=1}^{N} r(n), \qquad \widehat{\mathbf{Var}}_N = \frac{1}{N-1}\sum_{n=1}^{N}\left(r(n) - \hat{\mu}_N\right)^2.$$

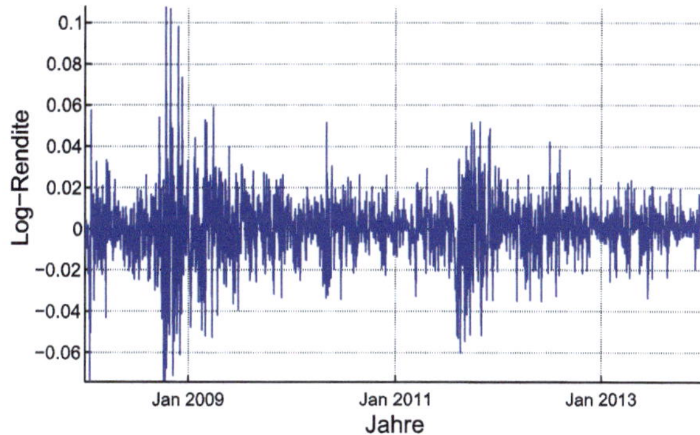

Abb. 6 Tägliche Log-Renditen des DAX zwischen Januar 2008 und Dezember 2013

4.6.1 Volatilitäts-Clustering

Abbildung 6 zeigt die täglichen Log-Renditen des DAX im relevanten Zeitraum. Man kann an der Grafik gut erkennen, dass sich Phasen mit sowohl hohen als auch geringen Preisänderungen bilden, die sich abwechseln. Dieses Phänomen wird als Volatilitäts-Clustering bezeichnet.

4.6.2 Der Hebel-Effekt

Empirische Daten zeigen, dass bei Aktienrenditen negative Nachrichten in Form hoher Verluste einen stärkeren Einfluss auf die Wahrnehmung des Risikos (und somit der Volatilität) haben als positive Nachrichten in Form hoher Gewinne. Die Volatilität reagiert demnach asymmetrisch auf das Vorzeichen von Schocks. Dieses Verhalten wird als Hebel-Effekt (englisch: leverage effect) bezeichnet. Hierzu sagte Fisher Black im Jahr 1976: „*A drop in the value of the firm will cause a negative return on its stock, and will usually increase the leverage of the stock. [...] That rise in the debt-equity ratio will surely mean a rise in the volatility of the stock.*“ Meist sind deshalb Preis- und Volatilitätsänderungen negativ korreliert.

4.6.3 Die Schiefe – Maßzahl der Symmetrie einer Verteilung

Die empirische Verteilung von logarithmierten Aktienpreisrenditen ist oft asymmetrisch. Ein Maß für diese Asymmetrie ist die Schiefe einer Zufallsvariablen.

Definition 6 Sei X eine reellwertige Zufallsvariable mit $\mathbf{E}(X^3) < \infty$. Die *Schiefe* $\gamma(X)$ von X ist definiert als

$$\gamma(X) := \frac{\mathbf{E}((X - \mathbf{E}(X))^3)}{(\mathbf{Var}(X))^{3/2}}.$$

Anmerkung 7 Für die diskreten Log-Renditen wird die Schiefe mittels der Stichprobenschiefe

$$\hat{\gamma}_N = \frac{1}{\widehat{\mathbf{Var}}_N^{3/2}} \frac{1}{N} \sum_{n=1}^{N} \left(r(n) - \hat{\mu}_N\right)^3$$

geschätzt.

Tab. 1 Stichprobenschiefe $\hat{\gamma}_{N=1527}$ des DAX und verschiedener DAX Aktien für Log-Renditen von Januar 2008 bis Dezember 2013

Stichprobenschiefe	
DAX	0,1028
BASF	0,0594
BMW	0,0861
Deutsche Bank	0,3028
Deutsche Telekom	−0,0379

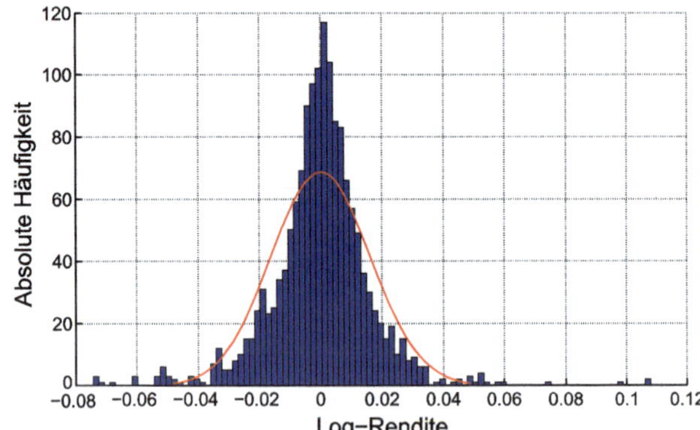

Abb. 7 Empirische Verteilung der DAX Log-Renditen und Dichte der angepassten Normalverteilung

Die Stichprobenschiefe einer normal verteilten Zufallsvariablen ist gleich Null. Je stärker $\hat{\gamma}_N$ von Null abweicht, desto asymmetrischer ist die empirische Verteilung der Daten. Ist $\hat{\gamma}_N < 0$ (linksschief), so ist der linke Rand der Verteilung schwerer als der rechte, umgekehrt ist für $\hat{\gamma}_N > 0$ (rechtsschief) der rechte Rand schwerer als der linke.

Tabelle 1 zeigt die Stichprobenschiefe des DAX und einzelner Komponenten. Alle betrachteten Werte sind ungleich Null, die zugehörenden Zeitreihen demnach asymmetrisch. Das wiederum spricht dafür, alternative Aktienpreismodelle zu betrachten, bei denen keine Normalverteilung angenommen wird.

4.6.4 Die Wölbung – Betonte Spitzen und Flanken

Abbildung 7 zeigt das Histogramm der Log-Renditen des DAX im relevanten Zeitraum im Vergleich mit der Dichte der angepassten Normalverteilung. Aus der Grafik geht hervor, dass die Dichte der Log-Renditen im Vergleich zur Dichte der Normalverteilung eine höhere Spitze in der Mitte und schwerere Flanken besitzt. Das Quantil-Quantil-Diagramm (Q-Q-Plot) in Abb. 8 verdeutlicht, wie schwer die Ränder der empirischen Verteilung im Vergleich zur Normalverteilung sind. Wären die historischen Daten normal verteilt, würden sie auf der in rot gestrichelten Geraden liegen.

Definition 7 Sei X eine reellwertige Zufallsvariable mit $\mathbf{E}(X^4) < \infty$. Die *Wölbung* oder *Kurtosis* $\kappa(X)$ von X ist definiert als

$$\kappa(X) := \frac{\mathbf{E}((X - \mathbf{E}(X))^4)}{\mathbf{Var}(X)^2}.$$

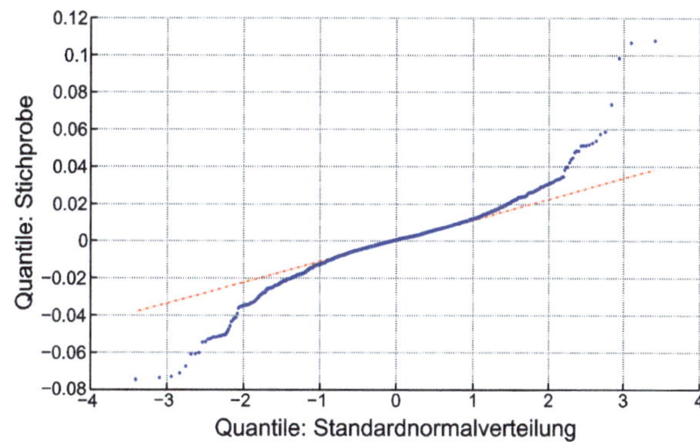

Abb. 8 Q-Q-Plot der Log-Renditen des DAX

Tab. 2 Stichprobenkurtosis $\hat{\kappa}_{N=1527}$ des DAX und verschiedener DAX Aktien für Log-Renditen von Januar 2008 bis Dezember 2013

Stichprobenkurtosis	
DAX	8,6948
BASF	10,1601
BMW	6,5074
Deutsche Bank	9,3832
Deutsche Telekom	12,8838

Anmerkung 8 Für die diskreten Log-Renditen wird die Kurtosis anhand der Stichprobenkurtosis

$$\hat{\kappa}_N = \frac{1}{\widehat{\mathbf{Var}}^2} \frac{1}{N} \sum_{n=1}^{N} \left(r(n) - \hat{\mu}_N\right)^4$$

geschätzt.

Normal verteilte Zufallsvariablen haben eine Kurtosis von 3. Ist die Wölbung größer, ist die Verteilung der zugehörigen Zufallsvariablen steilgipflig oder leptokurtisch. Im Vergleich zur Normalverteilung handelt es sich dann um eine spitzere Verteilung.

Tabelle 2 zeigt die Stichprobenkurtosis des DAX und verschiedener Aktien für die Zeitspanne von Januar 2008 bis Dezember 2013. Alle betrachteten Werte sind erheblich größer als 3, die zugehörenden Zeitreihen weisen demnach ausgeprägte Flanken und hohe Spitzen auf. Diese Charakteristiken sind typisch für Mischungen von Verteilungen mit verschiedener Varianz. Damit weisen diese Resultate ebenfalls darauf hin, dass die Annahme einer konstanten Volatilität nicht angebracht ist.

4.6.5 Die Volatilität kehrt zu ihrem Langzeitmittel zurück

Eine weitere empirische Charakteristik der Volatilität ist, dass sie zu einem Langzeitmittel zurückkehrt. Um dieses Verhalten zu untersuchen, betrachten wir die historische Standardabweichung der Log-Renditen. Diese wird als historische Volatilität bezeichnet.

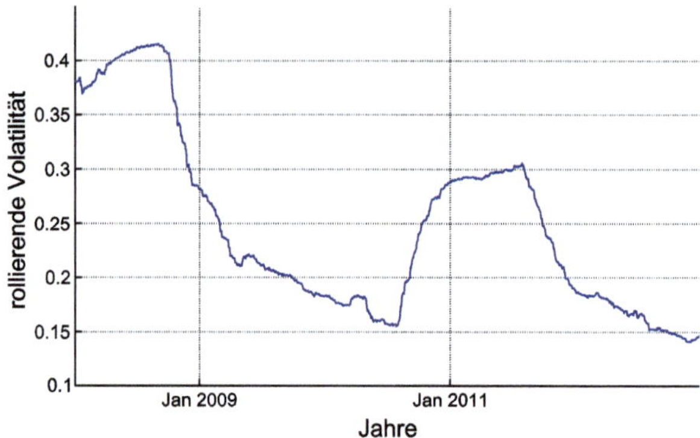

Abb. 9 Historische rollierende Ein-Jahres Volatilität des DAX

Definition 8 Die *historische N-Tages Volatilität* σ_{hist} ist definiert als die annualisierte Standardabweichung

$$\sigma_{\text{hist}}(N) := \sqrt{\frac{D}{N-1}\sum_{n=1}^{N}\left(r(n) - \hat{\mu}_N\right)^2}.$$

Hierbei steht D allgemein für eine Tageskonvention, die angibt, durch wie viele Handelstage ein Jahr approximiert wird, da durch Wochenenden und Feiertage die exakte Anzahl Schwankungen unterliegt. In der Praxis gilt oft $D = 252$.

Um das Verhalten der historischen Volatilität zu studieren, betrachten wir die rollierende historische Volatilität über eine längere Periode.

Definition 9 Für $l \in \mathbf{Z}$ versteht man unter der *rollierenden historischen N-Tages Volatilität* die Zeitreihe

$$\sigma_{\text{hist}}(N, l) := \sqrt{\frac{D}{N-1}\sum_{n=l+1}^{l+N}\left(r(n) - \hat{\mu}_N(l)\right)^2},$$

wobei das Stichprobenmittel $\hat{\mu}_N(l)$ auf Basis der N ab l beobachteten Datenpunkte berechnet wird und damit gleitet.

Abbildung 9 zeigt die rollierende historische Volatilität auf einjähriger Basis $\sigma_{\text{hist}}(252, l)$ des DAX von Januar 2008 bis Januar 2013. Es kann beobachtet werden, dass die historische Volatilität nach dem Erreichen von hohen (niedrigen) Werten die Tendenz hat zu fallen (steigen). Empirisch kehrt die Volatilität zu ihrem Langzeitmittel zurück.

Zusammenfassend kann festgestellt werden, dass sowohl die Stylized Facts als auch die am Markt beobachtete implizite Volatilität (siehe Abschn. 4.3.1) gegen die Annahme einer konstanten Volatilität im Modell sprechen. Die Volatilität sollte vielmehr selbst als eine Zufallsvariable modelliert werden, die mit dem Aktienpreis korreliert ist. Ein Modell das dies leistet, ist das stochastische Volatilitätsmodell nach Heston (vgl. [29]), das im Folgenden samt seiner von uns teils in Industrieprojekten verwendeten Varianten eingehend untersucht wird.

5 Theoretische Grundlagen des Heston-Modells

Das Heston-Modell ist ein stochastisches Volatilitätsmodell, bei dem die Funktionen $\alpha(t)$ und $\beta(t)$ aus Gl. (10) eine spezielle Form besitzen. Der Aktienpreis sowie die Varianz folgen hier den stochastischen Differentialgleichungen

$$\mathrm{d}S(t) = bS(t)\mathrm{d}t + \sqrt{\nu(t)}S(t)\mathrm{d}W_1(t), \qquad S(0) = S_0 \tag{12}$$

$$\mathrm{d}\nu(t) = \kappa\big[\theta - \nu(t)\big]\mathrm{d}t + \sigma\sqrt{\nu(t)}\mathrm{d}W_2(t), \qquad \nu(0) = \nu_0 \tag{13}$$

Die Brownschen Bewegungen $W_1(t)$ und $W_2(t)$ sind wie in Gl. (11) mit ρ korreliert. Weiter bezeichnen b die Aktiendrift, κ die Rückkehrgeschwindigkeit der Varianz zum Langzeitmittel $\theta > 0$ und σ die Volatilität der Varianz. Der Prozess $\nu(t)$ aus Gl. (13) heißt Wurzeldiffusionsprozess oder Cox-Ingersoll-Ross (CIR) Prozess. Er ist die pfadweise eindeutige schwache Lösung der Gl. (13) und fast-sicher nicht negativ. Er ist nicht explizit gegeben, ist aber nichtzentral Chi-Quadrat-verteilt und insbesondere endlich. Gilt zusätzlich die Feller-Bedingung

$$2\kappa\theta \geq \sigma^2, \tag{14}$$

ist der Prozess strikt positiv, d. h. $P(\nu(t) > 0) = 1 = Q(\nu(t) > 0)$ für alle $t \geq 0$. Zudem kehrt der Varianzprozess zu seinem Langzeitmittel θ zurück, was, wie in Abschn. 4.6 erläutert, eine empirische Eigenschaft der Volatilität ist. Die Korrelation der Brownschen Bewegungen ist in der Lage den beschriebenen Hebel-Effekt abzubilden und ist deswegen in der Regel negativ (und manchmal sogar sehr nahe bei -1!). Zusammengefasst werden durch das Heston-Modell also alle Eigenschaften der Volatilität modelliert, die als Stylized Facts beschrieben wurden.

Die Brownsche Bewegung $W_2(t)$ stellt, ebenso wie $W_1(t)$, eine Quelle der Unsicherheit dar. Da die Volatilität aber kein am Markt handelbares Gut ist, lässt sich das Duplikationsprinzip, das auf der Vollständigkeit des Marktes, siehe Theorem 1, basiert, nicht mehr anwenden. In einem solchen unvollständigen Markt ist das risikoneutrale Bewertungsmaß Q nicht mehr eindeutig, mehr noch, es existieren unendlich viele äquivalente Martingalmaße (siehe z. B. [19] oder [18]).

Bis hierhin wurde das Heston-Modell unter dem physischen Maß P, das die Preisbewegungen am realen Markt beschreiben soll, betrachtet. Die Dynamiken unter einem äquivalenten Martingalmaß Q können aus den Dynamiken (12) und (13) hergeleitet werden. Für eine positive Konstante λ lässt sich mit Hilfe der risikoneutralen Parameter

$$\kappa^\star = \kappa + \lambda, \qquad \theta^\star = \frac{\kappa\theta}{\kappa + \lambda},$$

sowie den Girsanov-Transformationen

$$\mathrm{d}W_1^Q(t) = \mathrm{d}W_1(t) + (b-r)\int_0^t \frac{1}{\sqrt{\nu(s)}}\mathrm{d}s,$$

$$\mathrm{d}W_2^Q(t) = \mathrm{d}W_2(t) + \frac{\lambda}{\sigma}\int_0^t \sqrt{\nu(s)}\mathrm{d}s,$$

die risikoneutrale Form des Heston-Modells wie folgt definieren,

$$\mathrm{d}S(t) = rS(t)\mathrm{d}t + \sqrt{\nu(t)}S(t)\mathrm{d}W_1^Q(t), \qquad S(0) = S_0, \tag{15}$$

$$\begin{aligned} \mathrm{d}\nu(t) &= \big[\kappa\big(\theta - \nu(t)\big) - \lambda\nu(t)\big]\mathrm{d}t + \sigma\sqrt{\nu(t)}\mathrm{d}W_2^Q(t) \\ &= \kappa^\star\big[\theta^\star - \nu(t)\big]\mathrm{d}t + \sigma\sqrt{\nu(t)}\mathrm{d}W_2^Q(t), \qquad \nu(0) = \nu_0. \end{aligned} \tag{16}$$

Hierbei bezeichnen $W_1^Q(t)$ und $W_2^Q(t)$ Q-Brownsche Bewegungen mit Korrelation ρ.

Anmerkung 9 In der Originalarbeit von Heston (vgl. [29]) wird der Term $\lambda\nu(t)$ als *Marktpreis des Volatilitätsrisikos* bezeichnet. Dieser (und damit auch die zugehörige Girsanov-Transformation) ist a priori frei wählbar. Für die Modellierung proportional zur Varianz $\nu(t)$ sprechen sowohl ökonomische Argumente, als auch mathematische. So ist nur unter dieser Wahl eine (halb-)geschlossene Formel für die Preise europäischer Calls und Puts bekannt.

Abschließend weisen wir noch darauf hin, dass die Wahl eines bestimmten äquivalenten Martingalmaßes äquivalent zur Wahl eines Marktpreises des Volatilitätsrisikos ist, welcher letztlich über die Wahl der positiven Konstanten λ bestimmt ist. Folglich müssen wir uns also mit der Frage befassen, welches Maß in der konkreten Anwendung Verwendung findet und geben die Antwort hierauf in Abschn. 6.1.

5.1 Geschlossene Lösung für die Preise europäischer Calls

Einer der Hauptgründe für den Erfolg des Heston-Modells in der Praxis ist eine halbgeschlossene Preisformel für europäische Calls und Puts, die es ermöglicht, die Parameter des Modells effizient aus Marktpreisen zu bestimmen und damit das Modell zu kalibrieren, siehe Abschn. 6.1. Unter Verwendung von klassischen Arbitrage-Argumenten, erhält man die folgende partielle Differentialgleichung zur Bestimmung des Preises eines europäischen Calls $X_{\text{call}}(t, S(t), K, T)$

$$\begin{aligned} 0 = {} & \frac{\partial X_{\text{call}}}{\partial t} + \frac{\nu S^2}{2}\frac{\partial^2 X_{\text{call}}}{\partial S^2} + \rho\sigma\nu S\frac{\partial^2 X_{\text{call}}}{\partial\nu\partial S} + \frac{\sigma^2\nu}{2}\frac{\partial^2 X_{\text{call}}}{\partial\nu^2} + rS\frac{\partial X_{\text{call}}}{\partial S} \\ & - rX_{\text{call}} + \big[\kappa(\theta-\nu) - \lambda\nu\big]\frac{\partial X_{\text{call}}}{\partial\nu}, \end{aligned} \tag{17}$$

wobei angenommen wurde, dass der Marktpreis des Volatilitätsrisikos gemäß der Beziehung $\lambda v(t)$ proportional zur Varianz ist. Eine explizite Lösung der partiellen Differentialgleichung (17) ist nicht bekannt. Heston hat jedoch einen Weg gefunden, die Lösung mit Hilfe charakteristischer Funktionen auszudrücken. In Analogie zur Black–Scholes Formel (6) wählt er für die Lösung den Ansatz

$$\begin{aligned} X_{\text{call}}\big(t, S(t), K, T\big) = S(t) P_1\big(S(t), v(t), t, \ln(K)\big) \\ - K e^{-r(T-t)} P_2\big(S(t), v(t), t, \ln(K)\big), \end{aligned}$$

wobei $P_1(S(t), v(t), t, \ln(K))$ und $P_2(S(t), v(t), t, \ln(K))$ die Wahrscheinlichkeiten beschreiben, dass die Aktie über dem Strike endet. Beide Wahrscheinlichkeiten erfüllen die partielle Differentialgleichung. Existieren die zu den Wahrscheinlichkeiten gehörenden charakteristischen Funktionen $\varphi_1(S(t), v(t), t, u)$ und $\varphi_2(S(t), v(t), t, u)$, dann sind $P_1(S(t), v(t), t, \ln(K))$ und $P_2(S(t), v(t), t, \ln(K))$ durch ihre inverse Fouriertransformation

$$P_j\big(S(t), v(t), t, \ln(K)\big) = \frac{1}{2} + \frac{1}{\pi} \int_0^\infty \Re\left[\frac{e^{-iu\ln(K)} \varphi_j(S(t), v(t), t, u)}{iu}\right] \mathrm{d}u \tag{18}$$

für $j = 1, 2$ gegeben, wobei $\Re(.)$ den Realteil bezeichnet. Die Linearität der Koeffizienten legt dann den Ansatz

$$\varphi_j\big(S(t), v(t), t, u\big) = \exp\big(C_j(\tau, u) + v D_j(\tau, u) + iu \ln\big(S(t)\big)\big), \tag{19}$$

für $j = 1, 2$ und $\tau := T - t$ für die charakteristischen Funktionen nahe. Einsetzen von $\varphi_1(S(t), v(t), t, u)$ und $\varphi_2(S(t), v(t), t, u)$ in die Gl. (17) liefert dann das folgende System linearer Differentialgleichungen

$$0 = -\frac{u^2}{2} + \rho\sigma ui D_j + \frac{\sigma^2}{2} D_j^2 + u_j ui - b_j D_j - \frac{\partial D_j}{\partial \tau} \tag{20}$$

$$0 = rui + a D_j - \frac{\partial C_j}{\partial \tau} \tag{21}$$

für die Unbekannten $C_j(\tau, u)$ und $D_j(\tau, u)$ mit den Anfangsbedingungen

$$C_j(0, u) = 0, \qquad D_j(0, u) = 0 \tag{22}$$

und

$$u_1 = \frac{1}{2}, \qquad u_2 = -\frac{1}{2}, \qquad a = \kappa\theta, \qquad b_1 = \kappa + \lambda - \rho\sigma, \qquad b_2 = \kappa + \lambda. \tag{23}$$

Die Lösung des Systems (20), (21) und (22) ist gegeben durch

$$C_j(\tau, u) = rui\tau + \frac{a}{\sigma^2}\left[(b_j - \rho\sigma ui + d_j)\tau - 2\ln\left[\frac{1 - g_j e^{d_j \tau}}{1 - g_j}\right]\right],$$

$$D_j(\tau,u) = \frac{b_j - \rho\sigma ui + d_j}{\sigma^2}\left[\frac{1-e^{d_j\tau}}{1-g_je^{d_j\tau}}\right] \tag{24}$$

mit

$$g_j = \frac{b_j - \rho\sigma ui + d_j}{b_j - \rho\sigma ui - d_j}, \qquad d_j = \sqrt{(\rho\sigma ui - b_j)^2 - \sigma^2\big(2u_jui - u^2\big)}. \tag{25}$$

Folgendes Theorem fasst die Ergebnisse zusammen.

Theorem 4 (Preisformel nach Heston) *Es sei der Marktpreis des Volatilitätsrisikos gegeben durch* $\lambda v(t)$. *Dann ist im Heston-Modell, das durch die Gl.* (12), (13) *und* (11) *spezifiziert ist, der arbitragefreie Preis eines europäischen Calls gegeben durch*

$$X_{\text{call}}\big(t,S(t),K,T\big) = S(t)P_1\big(S(t),v(t),t,\ln(K)\big) - Ke^{-r(T-t)}P_2\big(S(t),v(t),t,\ln(K)\big).$$

Die Wahrscheinlichkeiten $P_j(S(t),v(t),t,\ln(k))$ *und die dazu zugehörenden charakteristischen Funktionen* $\varphi_j(S(t),v(t),t,u)$ *sind in Gl.* (18) *und* (19) *gegeben. Die weiteren Größen werden in den Gl.* (23), (24) *und* (25) *definiert.*

5.2 Varianten des Heston-Modells – Anforderungen aus der Praxis

Auf Grund der Akzeptanz und Beliebtheit des Heston-Modells in der Praxis erhielt die Abteilung Finanzmathematik des Fraunhofer ITWM zahlreiche Forschungsaufträge aus der Finanz- und Versicherungsindustrie mit dem Ziel seiner theoretischen Verallgemeinerung und algorithmischen Umsetzung. Im Zuge dessen wurden neue und innovative Varianten der geschlossenen Formel aus Theorem 4 entwickelt und umgesetzt. In diesem Abschnitt werden einige dieser Varianten, insbesondere jene, aus denen Publikationen in einschlägigen Zeitschriften hervorgingen, behandelt.

5.2.1 Das Heston-Modell mit zeitabhängigen Koeffizienten

Die partielle Differentialgleichung (20) ist eine nichtlineare Differentialgleichung vom Riccati-Typ. Eine Verallgemeinerung des Heston-Modells auf nicht-konstante Parameter ist deshalb nicht trivial. In der Arbeit von Mikhailov und Nögel (vgl. [38]) werden verschiedene Varianten zur Behandlung von zeitabhängigen Koeffizienten diskutiert. Zum Beispiel kann, da Gl. (20) nicht vom Langzeitmittel θ abhängig ist, eine allgemeine Lösung für eine zeitabhängige Erweiterung $\theta(t)$ gefunden werden. Weitere Spezialfälle sind Lösungen mit Hilfe hypergeometrischer Funktionen, für den Fall, dass die Rückkehrgeschwindigkeit als $\kappa(t) = at + b$ oder $\kappa(t) = ae^{-\alpha t}$ modelliert wird. Absolut betrachtet, muss jedoch auf andere Techniken zurückgegriffen werden. Mittels numerischem Lösen der Gl. (20) und (21) kann die Anwendbarkeit des Modells aber relativ einfach auf die Situation zeitabhängiger Parameter erweitert werden. Hierzu bieten sich Runge–Kutta-Algorithmen an. Der Nutzen von approximativ geschlossenen Lösungen zeigt sich bei der algorithmischen Umsetzung und hierbei insbesondere bei der Modellkalibrierung.

Asymptotische Entwicklung Da eine analytische Lösung der partiellen Differentialgleichung (20) nur für einige Spezialfälle gefunden werden kann, liegt es nahe, asymptotische Methoden anzuwenden. Wir nehmen also an, dass sich $\rho(t)$ aus einer Überlagerung von zeitabhängigen Funktionen ergibt, die für kleine Variationen ϵ eine Potenzreihenentwicklung um einen konstanten Wert ρ_0 herum besitzt,

$$\rho(t) = \rho_0 + \epsilon\rho_1(t) + \epsilon^2\rho_2(t) + \cdots .$$

Mit dem Ansatz

$$D_j(t) = D_{j,0}(t) + \epsilon D_{j,1}(t) + \epsilon^2 D_{j,2}(t) + \cdots$$

liefert die erste Näherung eine lineare Gleichung mit zeitabhängigen Koeffizienten, deren Lösung gegeben ist durch

$$\begin{aligned} D_{j,1}(t) = -\sigma u_j i \int_0^t \rho_1(\tau) D_{j,0}(\tau) \exp\left(\int_0^\tau D_{j,0}(\xi)\mathrm{d}\xi - (-\rho_0\sigma u_j i + b_j)\tau \right)\mathrm{d}\tau \\ \times \exp\left(- \int_0^t D_{j,0}(\tau)\mathrm{d}\tau + (-\rho_0\sigma u_j i + b_j)t \right). \end{aligned}$$

Eine Alternative zu obiger Asymptotik wäre die asymptotische Analyse des Systems mit sich langsam verändernden Parametern.

Stückweise konstante Parameter Unterteilt man das Zeitintervall $[t, T]$ in n Teilintervalle $[t, t_1], \ldots, [t_i, t_j], \ldots, [t_{n-1}, T]$ und definiert die Modellparameter als konstant auf jedem Teilintervall, so kann auch für unterschiedliche Parameter in unterschiedlichen Teilintervallen eine geschlossene Lösung der Gl. (20) gefunden werden. Mit Hilfe der Zeitumkehr $\tau_k = T - t_{n-k}$, $k = 1, \ldots, n-1$ ist die Anfangsbedingung für das erste Teilintervall $[0, \tau_1]$ gleich Null. Für dieses Intervall kann dann die Lösung (24) des Heston-Modells verwendet werden. Für das zweite Teilintervall benötigen wir eine Lösung der Differentialgleichungen (20) und (21) mit beliebigen Anfangsbedingungen

$$C_j(0, u) = C_j^0, \qquad D_j(0, u) = D_j^0, \tag{26}$$

welche gegeben sind durch

$$\begin{aligned} C_j(\tau, u) &= rui\tau + \frac{a}{\sigma^2}\left[(b_j - \rho\sigma ui + d_j)\tau - 2\ln\left[\frac{1 - g_j e^{d_j\tau}}{1 - g_j} \right] \right], \\ D_j(\tau, u) &= \frac{b_j - \rho\sigma ui + d_j - (b_j - \rho\sigma ui + d_j) g_j e^{d_j\tau}}{\sigma^2(1 - g_j e^{d_j\tau})} \end{aligned} \tag{27}$$

mit

$$g_j = \frac{b_j - \rho\sigma ui + d_j - D_j^0\sigma^2}{b_j - \rho\sigma ui - d_j - D_j^0\sigma^2}, \qquad d_j = \sqrt{(\rho\sigma ui - b_j)^2 - \sigma^2\big(2u_j ui - u^2\big)} \tag{28}$$

und (23). Die Forderung der Stetigkeit der Funktionen $C_j(\tau, u)$ und $D_j(\tau, u)$ im Sprungzeitpunkt τ_1 liefert die Anfangsbedingungen des zweiten Teilintervalls als

$$C_j(0, u) = C_j^0 = C_j^H(\tau_1, u), \qquad D_j(0, u) = D_j^0 = D_j^H(\tau_1, u), \tag{29}$$

wobei $C_j^H(\tau_1, u)$ und $D_j^H(\tau_1, u)$ die Heston-Lösung mit den Anfangsbedingungen (22) bezeichnet. Löst man die obigen Gleichungen bzgl. den Anfangsbedingungen C_j^0 und D_j^0, erhält man die Anfangsbedingungen für das zweite Teilintervall. Diese Prozedur wird dann zu jedem Sprungzeitpunkt der Parameter τ_k, für $k = 2, \dots, n-1$ wiederholt. Zusammenfassend besteht die Berechnung des Optionspreises im Heston-Modell mit stückweise konstanten Parametern also aus 2 Phasen:

1. Bestimme die Anfangsbedingungen für jedes Subintervall mit Hilfe der Formeln in (29).
2. Bestimme die Funktionen $C_j(\tau, u)$ und $D_j(\tau, u)$ unter Verwendung der Lösung (27) und (28) mit den Anfangsbedingungen (26).

5.2.2 Forward Starting Optionen im Heston-Modell

Zur Bewertung vieler exotischer Optionen im Heston-Modell muss häufig auf numerische Methoden wie Monte Carlo-Simulation oder Baumverfahren zurückgegriffen werden (vgl. Abschn. 6). Es gibt aber auch Beispiele, für die es gelungen ist, für komplexe Derivate eine geschlossene Formel herzuleiten. Ein Beispiel dafür sind die sogenannten *Forward Starting Optionen*, die in der Arbeit von Kruse und Nögel (vgl. [35]) behandelt werden.

Eine Forward Starting Option ist eine Option, deren Ausübungspreis bis zu einem Zeitpunkt $t^\star$ nicht vollständig bestimmt ist. Dieser Zeitpunkt liegt zwischen Ausgabe und Fälligkeit der Option und wird als Startzeitpunkt bezeichnet. Hieraus ist ersichtlich, dass Forward Starting Optionen zur Klasse der pfadabhängigen Optionen gehören. Die Auszahlungsfunktion der Option ist gegeben durch

$$Y_{\text{fso}} = \big(S(T) - kS(t^\star)\big)^+, \tag{30}$$

wobei $k \in [0, 1]$ einen Prozentsatz bezeichnet.

Mit Hilfe des Prinzips der risikoneutralen Bewertung kann eine (halb-)geschlossene Bewertungsformel für die Optionen erarbeitet werden. Die Herleitung führt im Rahmen dieses Übersichtsartikels jedoch zu weit, so dass wir an dieser Stelle auf [35] verweisen und nur das Ergebnis präsentieren.

Theorem 5 (Forward Starting Optionen im Heston-Modell) *Es seien* $\kappa \geq \rho\sigma$ *und* $0 \leq t < t^\star < T$. *Erfüllen der Aktienkurs und die Varianz die risikoneutralen Dynamiken* (15) *und* (16) *und gilt zusätzlich die Feller-Bedingung* (14), *dann ist der Preis einer Forward Starting Option zum Zeitpunkt t mit Auszahlung* (30) *gegeben durch*

$$X_{\mathrm{fso}}\big(t, S(t), K, T\big) = S(t)\hat{P}_1(t) - ke^{-r(T-t^\star)}S(t)\hat{P}_2(t), \tag{31}$$

wobei

$$\hat{P}_j(t) := \int_0^\infty P_j\big(1, \xi, t^\star, k\big)p\big(\xi, v(t)\big)\mathrm{d}\xi$$

und die Wahrscheinlichkeiten P_j *in Gl.* (18) *gegeben sind. Weiter ist*

$$p\big(\xi, v(t)\big) = \frac{B}{2}e^{-(B\xi+\Lambda)/2}\left(\frac{B\xi}{\Lambda}\right)^{(R/2-1)/2} I_{R/2-1}(\sqrt{\Lambda B\xi})1_{\{\xi>0\}},$$

$$\Lambda = Be^{-(\kappa-\rho\sigma)(t^\star-t)}v(t), \tag{32}$$

$$B = \frac{4(\kappa-\rho\sigma)}{\sigma^2}\big(1 - e^{-(\kappa-\rho\sigma)(t^\star-t)}\big)^{-1} \tag{33}$$

und

$$R = \frac{4\kappa\theta}{\sigma^2},$$

wobei $I_{R/2-1}(.)$ *die modifizierte Bessel-Funktion erster Art bezeichnet.*

Für eine Forward Starting Option auf die Rendite einer Aktie mit Auszahlungsfunktion

$$Y_{\mathrm{rfso}} = \left(\frac{S(T)}{S(t^\star)} - K\right)^+, \tag{34}$$

kann auf Grund von

$$\left(\frac{S(T)}{S(t^\star)} - K\right)^+ = \frac{(S(T) - KS(t^\star))^+}{S(t^\star)}$$

eine entsprechende Variante der Optionspreisformel (31) angegeben werden. Der zur Auszahlung (34) gehörende Optionspreis im Heston-Modell ist gegeben durch

$$X_{\mathrm{rfso}}\big(t, S(t), K, T\big) = e^{-r(t^\star-t)}\big(\hat{P}_1(t) - Ke^{-r(T-t^\star)}\hat{P}_2(t)\big), \tag{35}$$

wobei der Ausdruck $\kappa - \rho\sigma$ in den Gl. (32) und (33) durch κ ersetzt wurde.

Anmerkung 10 Bei der numerischen Implementierung der Optionspreisformeln (31) und (35) weisen wir im Besonderen auf die Berechnung der modifizierten Bessel-Funktion erster Art hin, die durch die folgende Reihenentwicklung approximiert werden kann,

$$I_{R/2-1}\big(\sqrt{\Lambda B \xi(t^\star)}\big) \approx \sum_{n=0}^{N} \frac{(\Lambda B \xi(t^\star))^n}{2^{2n} n! \Gamma(n+R/2)}.$$

Für praktische Anwendungen stellte sich dabei heraus, dass die Reihe hinreichend schnell konvergiert, und somit relativ kleine Werte von N bereits ausreichend sind.

Mit Hilfe der geschlossenen Formeln (31) und (35) stehen effiziente Werkzeuge zur Verfügung, um Forward Starting Optionen zu bewerten.

5.2.3 Ein sparsam parametrisiertes Multi-Asset-Heston-Modell

Um Optionen auf mehrere zugrunde liegende Güter bewerten zu können, wurde am Fraunhofer ITWM eine mehrdimensionale Version des Heston-Modells von Dimitroff, Lorenz und Szimayer (vgl. [26]) entwickelt, welches wir hier nun vorstellen werden. Zuerst möchten wir an dieser Stelle darauf hinweisen, dass mit Hilfe einer Cholesky-Zerlegung die risikoneutralen Dynamiken des Heston-Modells (15) und (16) wie folgt dargestellt werden können,

$$\begin{aligned} dS(t) &= rS(t)dt + \sqrt{v(t)}S(t)dW(t), & S(t) &= S_0, \\ dv(t) &= \kappa\big[\theta - v(t)\big]dt + \sigma\sqrt{v(t)}\big[\rho dW(t) + \sqrt{1-\rho^2}d\widetilde{W}(t)\big], & v(t) &= v_0, \end{aligned}$$

wobei wir der Einfachheit halber die Notation $\star$ und Q unterdrücken und direkt mit der für die Bewertung relevanten risikoneutralen Parametrisierung starten.

Mehrdimensionale Verallgemeinerung Im Folgenden beschreiben wir eine sparsame mehrdimensionale Erweiterung des eindimensionalen Heston-Modells, welche die Eigenschaft hat, dass jedes eindimensionale Teilmodell ein klassisches eindimensionales Heston-Modell ist, wobei die Preisprozesse untereinander Korrelationen aufweisen können. Somit ist das Modell in dem Sinne sparsam, dass für ein d-dimensionales Modell nur $d(d-1)/2$ Korrelationen zwischen den Anlagegütern benötigt werden. Für $i = 1, \ldots, d$ bezeichnet

$$\begin{aligned} \begin{pmatrix} dS_i(t) \\ dv_i(t) \end{pmatrix} &= \begin{pmatrix} rS_i(t) \\ \kappa_i(\theta_i - v_i(t)) \end{pmatrix} dt \\ &\quad + \begin{pmatrix} \sqrt{v_i(t)}S_i(t) & 0 \\ 0 & \sigma_i\sqrt{v_i(t)} \end{pmatrix} \begin{pmatrix} 1 & 0 \\ \rho_i & \sqrt{1-\rho_i^2} \end{pmatrix} \begin{pmatrix} dW_i(t) \\ d\widetilde{W}_i(t) \end{pmatrix}, \end{aligned} \tag{36}$$

das Heston-Modell in vektorisierter Form, wobei $W_i(t)$ und $\widetilde{W}_i(t)$ die unkorrelierten Brownschen Bewegungen beschreiben.

Damit ist das Modell bis auf seine Abhängigkeitsstruktur definiert. Es seien nun $W(t) = (W_1(t), \dots, W_d(t))$ und $\widetilde{W}(t) = (\widetilde{W}_1(t), \dots, \widetilde{W}_d(t))$ d-dimensionale Brownsche Bewegungen. Für $i = 1, \dots, d$ und $j = 1, \dots, d$ nehmen wir an, dass $W(t)$ und $\widetilde{W}(t)$ durch die folgende Abhängigkeitsstruktur beschrieben werden:

1. $W(t)$ besitzt die Korrelationsmatrix $\Sigma^S = (\rho_{i,j})$, d. h. $\langle W_i(t), W_j(t)\rangle = \rho_{i,j}$,
2. $\widetilde{W}(t)$ besitzt die Korrelationsmatrix I_d, d. h. $\langle \widetilde{W}_i(t), \widetilde{W}_j(t)\rangle = \delta_{i,j}$,
3. $W(t)$ und $\widetilde{W}(t)$ sind unabhängig.

Die vollständige Korrelationsmatrix von $(W(t), \widetilde{W}(t))$ ist demnach gegeben durch

$$\Sigma = \Sigma^{(W,\widetilde{W})} = \begin{pmatrix} \Sigma^S & 0 \\ 0 & I_d \end{pmatrix}. \tag{37}$$

Die erste Annahme erlaubt also eine beliebige Korrelationsstruktur zwischen den Anlagegütern. Im Gegensatz dazu ist die Abhängigkeitsstruktur der Varianzprozesse auf Grund der zweiten und dritten Annahme durch die entsprechenden Korrelationen der Brownschen Bewegungen bestimmt, welche durch die jeweiligen Parameter ρ_i und ρ_j auf die Varianzprozesse übertragen werden.

Die Modellspezifizierung (36) und die angenommene Form der Korrelationsmatrix (37) definieren also die folgende Korrelationsstruktur

$$\frac{\mathrm{d}S_i(t)\mathrm{d}S_j(t)}{\sqrt{(\mathrm{d}S_i(t))^2(\mathrm{d}S_j(t))^2}} = \rho_{i,j},$$

$$\frac{\mathrm{d}S_i(t)\mathrm{d}v_j(t)}{\sqrt{(\mathrm{d}S_i(t))^2(\mathrm{d}v_j(t))^2}} = \rho_{i,j}\rho_j,$$

$$\frac{\mathrm{d}v_i(t)\mathrm{d}v_j(t)}{\sqrt{(\mathrm{d}v_i(t))^2(\mathrm{d}v_j(t))^2}} = \begin{cases} \rho_{i,j}\rho_i\rho_j, & \text{für } i \neq j, \\ 1, & \text{für } i = j. \end{cases}$$

Anmerkung 11 Die vorgestellten eindimensionalen Modelle $(S_i(t), v_i(t))$ sind affin mit entsprechender geschlossener Formel gemäß Theorem 4. Die mehrdimensionale Verallgemeinerung ist jedoch nicht affin und ihre charakteristische Funktion kann somit nicht einfach bestimmt werden. Als Konsequenz werden für die Bewertung von Optionen mit mehreren zu Grunde liegenden Anlagegütern in der Regel Monte Carlo-Verfahren und Baummethoden – wie sie im Abschn. 6 beschrieben werden – benötigt.

Empirische Korrelationen und Korrelationsadjustierung Unter der Annahme, dass die Parameter der eindimensionalen Teilmodelle bekannt sind, sind noch zusätzlich $(d-1)d/2$ freie Parameter der Matrix Σ^S zu bestimmen, um die Anlagegüter untereinander zu korrelieren. Dies würde bei hinreichend zur Verfügung stehenden Daten mit Hilfe der impliziten Korrelationen von Multi-Asset-Optionen geschehen. Sind diese nicht vorhanden, können die empirischen Korrelationen $\widehat{\Sigma}^{\text{emp}}$ aus den Zeitreihen der Anlagegüter geschätzt werden und an die Modellkorrelationen Σ^S angepasst werden. Hierbei ist bekannt, dass $\widehat{\Sigma}^{\text{emp}}$ ein unverzerrter Schätzer für die Korrelationsmatrix Σ^{emp} der Anlagegüter ist, die offensichtlich stark von der nicht zu beobachtenden Größe Σ^S abhängt.

Die Idee ist es nun, die Korrelationsmatrix Σ^S so anzupassen, dass diese zu Σ^{emp} passt, die wiederum durch $\widehat{\Sigma}^{\text{emp}}$ geschätzt wurde. An dieser Stelle ist es wichtig, darauf hinzuweisen, dass Σ^S die infinitesimale Korrelation der Brownschen Bewegung $W(t)$ und Σ^{emp} die Korrelation der Log-Renditen beschreibt. Die Anpassung von Σ^S an Σ^{emp} bezeichnen wir dabei als *Korrelationsadjustierung*. Im Folgenden werden wir nun formal den Schätzer $\widehat{\Sigma}^{\text{emp}}$ definieren. Es seien $r_i(k)$ für $k = 1, \ldots, K$ diskrete Log-Renditen der i-ten Aktie. Es sei weiter

$$\hat{\nu}^{\text{emp}}_{i,j,T,K}(\Sigma) = \frac{1}{K-1} \sum_{k=1}^{K} \big(r_i(k) - \hat{\mu}^i_K\big)\big(r_j(k) - \hat{\mu}^j_K\big), \tag{38}$$

dann ist die empirische Korrelationsmatrix der Log-Renditen als

$$\widehat{\Sigma}^{\text{emp}}_{T,K}(\Sigma) = \big(\hat{\rho}^{\text{emp}}_{i,j,T,K}(\Sigma)\big)_{1 \le i,j \le d}$$

und deren Elemente als

$$\hat{\rho}^{\text{emp}}_{i,j,T,K}(\Sigma) = \frac{\hat{\nu}^{\text{emp}}_{i,j,T,K}(\Sigma)}{\sqrt{\hat{\nu}^{\text{emp}}_{i,i,T,K}(\Sigma)\hat{\nu}^{\text{emp}}_{j,j,T,K}(\Sigma)}}, \tag{39}$$

definiert. Für die Einträge $\hat{\rho}^{\text{emp}}_{i,j,T,K}(\Sigma)$ der empirischen Korrelationsmatrix kann nun gezeigt werden, dass sie geeignet gegen die Einträge $\rho_{i,j}$ der Modellkorrelationsmatrix Σ^S konvergieren. D. h., dass durch die Berechnung der historischen empirischen Korrelationen $\widehat{\Sigma}^{\text{emp}}_{T,K}(\Sigma)$ unter Verwendung von (38) und (39) die Modellkorrelationen Σ durch Extraktion bestimmt werden können. Dies ermöglicht es, eine Prozedur zur Schätzung der unbekannten Korrelationen zu entwickeln. Unter der Annahme, dass die empirischen Korrelationen unter dem risikoneutralen Maß Q gesehen werden, gilt für große T und K, dass die beobachteten Stichprobenkorrelationen eine gute Näherung für die erwarteten Stichprobenkorrelationen gegeben die wahre Korrelationsstruktur der Brownschen Bewegungen sind, d. h. es gilt

$$\widehat{\Sigma}^{\text{emp}}_{T,K} \approx \mathbf{E}^Q \widehat{\Sigma}^{\text{emp}}_{T,K}\big(\Sigma^{\text{wahr}}\big) =: \Sigma^Q\big(\Sigma^{\text{wahr}}\big).$$

Die unbekannten Korrelationen können also durch ein Minimierungsproblem bestimmt werden:

$$\min_{\Sigma \in \text{Cor}(d)} \big\| \Sigma^Q(\Sigma) - \widehat{\Sigma}^{\text{emp}}_{T,K} \big\|, \tag{40}$$

wobei Cor(d) den Raum der $d \times d$-dimensionalen Korrelationsmatrizen und $\|.\|$ eine geeignete Matrixnorm bezeichnen. Die Lösung des Minimierungsproblems (40) ist nicht trivial, es kann jedoch mit Hilfe gängiger Software gelöst werden. Wir bezeichnen die erhaltene Lösung mit $\Sigma^\star$.

Das Generieren einer zulässigen Korrelationsmatrix Die mit obigem Algorithmus geschätzten Korrelationen führen möglicherweise zu keiner gültigen (positiv semi-definiten) Korrelationsmatrix. In diesem Fall muss eine Transformation erfolgen. Ein möglicher Algorithmus, der aus einer geschätzten Korrelationsmatrix eine echte erzeugt, ist der folgende (siehe auch [32]):

1. Bestimme eine Eigenwertzerlegung von $\Sigma^\star$ als $\Sigma^\star = S\Lambda S^T$, wobei $\Lambda = \operatorname{diag}(\lambda_i)$.
2. Definiere die Diagonalmatrix $\tilde{\Lambda}$ mit Einträgen

$$\tilde{\lambda}_i = \begin{cases} \lambda_i & \text{falls } \lambda_i \geq 0 \\ 0 & \text{falls } \lambda_i < 0 \end{cases}.$$

3. Erzeuge die Diagonalmatrix T mit Einträgen

$$t_i := \left(\sum_m s_{im}^2 \tilde{\lambda}_m \right)^{-1}.$$

4. Definiere $B := \sqrt{T} S \sqrt{\tilde{\Lambda}}$ und erhalte eine neue positiv semi-definite Korrelationsmatrix als $\hat{\Sigma}^\star := BB^T$ mit $\hat{\Sigma}^\star_{ii} = 1$.

Für weitere relevante Algorithmen verweisen wir beispielsweise auf [39]. Abschließend ist mit dem Erzeugen der Korrelationsmatrix das sparsam parametrisierte Multi-Asset-Heston-Modell vollständig definiert.

6 Das Heston-Modell in Aktion – Algorithmische Umsetzung

In diesem Abschnitt beschäftigen wir uns mit den zur Implementierung des Heston-Modells relevanten Fragestellungen.

6.1 Probleme der Kalibrierung

Wie bereits gezeigt, kann in einem vollständigen, arbitragefreien Markt ein Aktienderivat durch andere am Markt verfügbare Anlagen eindeutig dupliziert werden. In der finanzmathematischen Theorie ist damit das äquivalente Martingalmaß, respektive der Marktpreis des Risikos, eindeutig durch das Modell erklärt. Somit ist auch der Preis des Derivats eindeutig bestimmt.

Da das stochastische Volatilitätsmodell nach Heston einen unvollständigen Finanzmarkt definiert, reicht dort die Arbitragefreiheit alleine nicht zur eindeutigen Bestimmung eines Preises aus. Es existieren dort unendlich viele äquivalente Martingalmaße, die unendlich viele arbitragefreie Produktpreise definieren. Für ein Produkt lassen sich dann so genannte untere und obere Arbitragepreisgrenzen angeben und letztlich sind alle Preise, die innerhalb dieser Grenzen liegen, aus theoretischer finanzmathematischer Sicht korrekt.

Für die Praxis sind diese Preisgrenzen ungenügend. Zur konkreten Bewertung von Produkten muss ein einzelnes äquivalentes Martingalmaß ausgewählt werden, und damit stellt sich folgende Frage (vgl. [19]):

„Wer bestimmt das Martingalmaß?"

Die einfache und verblüffende Antwort hierauf lautet:

„Der Markt!"

Die simple Implikation dieser Aussage ist, die am Markt in Form von gehandelten Produkten vorhandene Information in die Maßfindung einzubeziehen. Dieser Prozess, der als *Modellkalibrierung* bezeichnet wird, verwendet die am Markt beobachteten Optionspreise als Eingabeparameter. Ziel ist es, mit ihnen die Modellparameter so zu bestimmen, dass die Modellpreise den beobachteten Marktpreisen bestmöglich entsprechen.

Da die Anzahl gehandelter Produkte die Anzahl der Modellparameter typischerweise weit übersteigt, können häufig jedoch nicht alle Marktpreise exakt abgebildet werden. Der folgende Algorithmus verwendet die Methode der kleinsten Quadrate zur Modellkalibrierung an europäischen Kaufoptionen.

Es seien für $i = 1, \ldots, N$, $X_{\text{call}}^{\text{Markt}}(K_i, T_i)$ die Preise von N am Markt beobachteten europäischen Kaufoptionen zu verschiedenen Ausübungspreisen K_i und Laufzeiten T_i und $\omega_1, \ldots, \omega_N$ positive Gewichte, die sich zu Eins addieren. Wir erhalten dann den einfachen *Kalibrierungsalgorithmus* für die das Heston-Modell beschreibenden Parameter $(\nu_0, \kappa, \theta, \sigma, \rho)$:

1. Löse das Minimierungsproblem

$$\min_{(\nu_0,\kappa,\theta,\sigma,\rho)} \sum_{i=1}^{N} \omega_i \big(X_{\text{call}}^{\text{Markt}}(K_i, T_i) - X_{\text{call}}\big(t, S(t), K_i, T_i\big)\big)^2.$$

Der gefundene (kalibrierte) Parametersatz erklärt die beobachtete Marktsituation bestmöglich.

Hier zeigt sich der entscheidende Vorteil des Heston-Modells. Da Preise europäischer Optionen (halb-)geschlossen berechnet werden können, müssen die benötigten Modellpreise nicht mit aufwändigen Methoden bestimmt werden. So können in jeder Iteration des Minimierungsalgorithmus die N Modellpreise innerhalb kürzester Zeit bestimmt werden.

Anmerkung 12

(a) Da das obige Minimierungsverfahren hochgradig nichtlinear ist, benötigt man zur Lösung Methoden der nichtlinearen Optimierung. Dabei muss im Besonderen beachtet werden, dass der Lösungsalgorithmus für das globale Optimierungsproblem in einem lokalen Minimum terminieren wird. Aus diesem Grund ist es zwingend erforderlich, die gefundenen Parameter auf Plausibilität zu prüfen und gegebenenfalls die Optimierung nochmals mit veränderten Startwerten oder unter Verwendung anderer Minimierungsalgorithmen zu starten.

(b) Zur Lösung des Optimierungsproblems existieren deterministische und stochastische Algorithmen, die jeweils spezifische Vor- und Nachteile aufweisen. So bieten sich deterministische Algorithmen an, falls bereits gute Startwerte für die Kalibrierung existieren. Ausgehend von der Startlösung versuchen diese dann die Zielfunktion durch eine lokale Änderung der Parameter zu minimieren. Die deterministischen Verfahren konvergieren daher oft sehr schnell, verlassen die Umgebung eines lokalen Optimums jedoch nicht. Im Gegensatz hierzu bieten die stochastischen Optimierungsverfahren die Möglichkeit, ein bereits gefundenes lokales Minimum wieder zu verlassen und die Suche nach einer besseren Lösung weiterzuführen. Die Implementierung dieser Algorithmen ist typischerweise aufwändiger, die Kalibrierungsergebnisse sind jedoch oftmals den Resultaten aus deterministischen Verfahren überlegen.

(c) Neben den am Markt beobachteten Optionspreisen können weitere Marktpreise anderer Produkte zur Kalibrierung verwendet werden. Sollten diese Produkte im Modell jedoch keine geschlossene Lösung besitzen, werden aufwändige numerische Simulationen zur Bestimmung der Preise benötigt, die häufig sehr zeitintensiv sind. Daher bilden Marktpreise von Derivaten, zu denen analytische Lösungen im Modell existieren, die Basis einer zufriedenstellenden Modellkalibrierung.

(d) Die am Markt beobachteten Preise haben für praxisrelevante Anwendungen unterschiedlichen Einfluss auf die Kalibrierung. Das liegt beispielsweise an der produktspezifischen Geld-Brief-Spanne, ein Zeichen für die Liquidität eines Produkts. Anwender verwenden aus diesem Grund für die Kalibrierung häufig verschiedene Gewichte ω_i zur Gewichtung einzelner Eingangspreise, um relevante Situationen stärker zu betonen oder den Einfluss weniger bedeutungsvollerer zu dämpfen.

Typischerweise sind die kalibrierten Parameter für praxisnahe Anwendungen im Zeitverlauf keineswegs konstant, so dass eine Wiederholung der Modellkalibrierung auch innerhalb kurzer Zeit (beispielsweise innerhalb eines Tages) mehrfach erforderlich sein kann. Oftmals werden für diese Anwendungen die kalibrierten Parameter als neue Startwerte verwendet.

6.2 Bewertung komplizierter Produkte und Aspekte numerischer Simulation

Normalerweise stellt die Bewertung einfacher Produkte wie beispielsweise europäischer Kauf- und Verkaufsoptionen für die Praxis kein Problem dar. Im folgenden Abschnitt werden wir numerische Verfahren wie Monte Carlo-Simulationen und Baumapproximationen zur Preisfindung von komplizierteren Derivaten betrachten.

Während die Monte Carlo-Simulation zur Bestimmung von Optionspreisen auf dem starken Gesetz der großen Zahlen basiert, ist die Baumbewertung durch den zentralen Grenzwertsatz begründet. Beide Verfahren weisen Vor- und Nachteile auf, so dass es sich für die Praxis bewährt, beide Verfahren zu implementieren. Daneben existieren weitere numerische Verfahren wie Methoden zur Lösung von partiellen Differentialgleichungen oder Fourier-Techniken, auf die wir im Weiteren jedoch nicht eingehen werden und verweisen statt dessen auf [4] oder [22].

6.2.1 Varianten der Eulerdiskretisierung

Zur Bewertung komplexer und nicht liquide gehandelter Produkte ist es notwendig, Aktien- und Varianzpfade des Heston-Modells zu simulieren.

Obwohl die Varianz keine geschlossene Lösung besitzt, ist ihre Verteilung, die nichtzentrale Chi-Quadrat-Verteilung, bekannt. Damit könnte ein vielversprechender Ansatz sein, Varianzwerte $\nu(t)$ direkt mit Hilfe der Verteilung exakt zu simulieren. Solch ein Verfahren stellen [21] vor. Mit dem dann exakt simulierten Varianzprozess lässt sich der Aktienpreisprozess mit Hilfe eines geeigneten Diskretisierungsverfahrens bestimmen.

Diese Methode funktioniert im Falle unabhängiger und damit unkorrelierter Brownscher Bewegungen gut. Probleme treten allerdings im allgemeinen Fall für betragsmäßig große Korrelationen auf. Hierfür beschreiben [21] ein erwartungstreues Verfahren, das eine invertierte Fourier-Transformation beinhaltet, welches aber im Vergleich zu einfacheren Diskretisierungsverfahren sehr zeitintensiv ist (siehe [36]).

Der folgende Algorithmus stellt ein für das Heston-Modell naheliegendes, naives Diskretisierungsverfahren vor, das auf der Euler–Maruyama-Methode zur numerischen Lösung stochastischer Differentialgleichungen basiert.

1. Initialisiere die Varianz- und Aktienpreisapproximation durch $\nu(t) = \nu_0$ und $S(0) = S_0$.
2. Definiere $\Delta = T/n$, wobei T die Produktlaufzeit und n die Anzahl der Diskretisierungsschritte bezeichnet.
3. Wiederhole für $j = 1, \ldots, n$:
   (a) Simuliere unabhängige Zufallsvariablen $Z_1, Z_2 \sim \mathcal{N}(0,1)$.
   (b) Definiere $Z_3 = \rho Z_1 + \sqrt{1-\rho^2} Z_2$.
   (c) Diskretisiere die stochastische Differentialgleichung der Varianz und iteriere

$$\nu(j\Delta) = \nu\big((j-1)\Delta\big) + \kappa\big(\theta - \nu\big((j-1)\Delta\big)\big)\Delta + \sigma\sqrt{\nu\big((j-1)\Delta\big)\Delta}\,Z_3.$$

(d) Diskretisiere die stochastische Differentialgleichung des logarithmierten Aktienpreises $\mathcal{X}(t) = \ln(S(t))$ und iteriere

$$\mathcal{X}(j\Delta) = \mathcal{X}\big((j-1)\Delta\big) + \left(r - \frac{\nu((j-1)\Delta)}{2}\right)\Delta + \sqrt{\nu\big((j-1)\Delta\big)\Delta}\,Z_1.$$

4. Bestimme den Pfad $\mathcal{X}(t)$ als lineare Approximation zwischen den diskreten Zeitpunkten $\mathcal{X}(j\Delta)$ für $j = 0, 1, \ldots, n$. Dann ist $S(t) = \exp(\mathcal{X}(t))$ der Pfad des Aktienpreises.

Obwohl die zeitstetige Lösung des Varianzprozesses nur nicht-negative Werte annimmt, kann die Approximation durchaus negative Werte erzeugen. Damit aber sind die Wurzelausdrücke, die in den Schritten (3c) und (3d) bestimmt werden müssen, komplex und für die nächste Iteration unbrauchbar.

In der Fachliteratur werden diverse Verfahren beschrieben, die diese offensichtliche Schwachstelle kompensieren. Für eine systematische Untersuchung der im Folgenden vorgestellten Methoden verweisen wir auf [36], die auf empirischen Resultaten basiert.

1. Absorption (A): Verwende den positiven Teil des Vorgängers der Varianziteration $\nu((j-1)\Delta)^+$, zur Approximation der Varianz

$$\nu(j\Delta) = \nu\big((j-1)\Delta\big)^+ + \kappa\big(\theta - \nu\big((j-1)\Delta\big)^+\big)\Delta + \sigma\sqrt{\nu\big((j-1)\Delta\big)^+\Delta}\,Z_3$$

und im Simulationsschritt zur Bestimmung von $X(j\Delta)$.

2. Reflexion (R): Verwende den Absolutbetrag des Vorgängers der Varianziteration, das heißt

$$\nu(j\Delta) = \big|\nu\big((j-1)\Delta\big)\big| + \kappa\big(\theta - \big|\nu\big((j-1)\Delta\big)\big|\big)\Delta + \sigma\sqrt{\big|\nu\big((j-1)\Delta\big)\big|\Delta}\,Z_3$$

zur Bestimmung des Varianzwertes. Verwende den Absolutbetrag ebenfalls im Simulationsschritt für $X(j\Delta)$.

3. Higham und Mao (HM): Verwende den Absolutbetrag $|\nu((j-1)\Delta)|$ nur in den Wurzelausdrücken, das heißt jeweils einmal zur Berechnung des Folgewertes der Varianz und des Aktienpreises. Die weiteren Ausdrücke von $\nu((j-1)\Delta)$ bleiben unverändert, siehe [30].

4. Partielles Abschneiden (PA): Verwende den positiven Teil $\nu((j-1)\Delta)^+$ des Vorgängerwertes der Varianzapproximation nur in den Wurzelausdrücken zur Berechnung der Folgewerte der Varianz und des Aktienpreises. Die weiteren Vorkommen von $\nu((j-1)\Delta)$ bleiben unverändert, siehe [24].

5. Vollständiges Abschneiden (VA): Verwende den positiven Teil des Vorgängers der Varianziteration in der Drift- und Diffusionskomponente der Varianzapproximation, das heißt

$$\nu(j\Delta) = \nu\big((j-1)\Delta\big) + \kappa\big(\theta - \nu\big((j-1)\Delta\big)^+\big)\Delta + \sigma\sqrt{\nu\big((j-1)\Delta\big)^+\Delta}\,Z_3$$

und im Simulationsschritt für $X(j\Delta)$, siehe [36].

Tab. 3 Simulierte Preise und eingeklammerte Standardabweichungen einer europäischen Kaufoption im Heston-Modell mit $S_0 = K = 100$, $T = 1$, $v_0 = \theta$, $r = 0,05$ und $\rho = -0,9$. Weiter ist $n = 100.000$. Der exakte Wert entspricht dem analytischen Preis

κ	θ	σ	exakt	A	R	HM	PA	VA
2,0	0,04	0,2	9,349	9,328 (0,037)	9,328 (0,037)	9,328 (0,037)	9,328 (0,037)	9,328 (0,037)
		0,5	8,881	8,890 (0,029)	8,919 (0,029)	8,871 (0,029)	8,890 (0,029)	8,859 (0,029)
	0,01	0,2	5,594	5,584 (0,017)	5,585 (0,017)	5,582 (0,017)	5,584 (0,017)	5,582 (0,017)
		0,5	5,156	5,512 (0,014)	5,862 (0,016)	5,593 (0,019)	5,516 (0,014)	5,149 (0,012)
0,5	0,04	0,2	9,278	9,255 (0,034)	9,255 (0,034)	9,255 (0,034)	9,255 (0,034)	9,255 (0,034)
		0,5	8,317	8,467 (0,024)	8,633 (0,025)	8,534 (0,027)	8,468 (0,024)	8,307 (0,023)
	0,01	0,2	5,507	5,515 (0,014)	5,533 (0,015)	5,515 (0,014)	5,515 (0,014)	5,496 (0,014)
		0,5	4,723	5,352 (0,012)	6,041 (0,016)	5,852 (0,027)	5,355 (0,012)	4,743 (0,009)

Das Fallbeispiel in Tab. 3 bestätigt das Ergebnis der Untersuchung von [36], dass die Methode des vollständigen Abschneidens unter den Beschriebenen am Besten funktioniert. Wir betrachten hierfür eine europäische Kaufoption mit einer Restlaufzeit von einem Jahr und verwenden $n = 100.000$ Pfade zur Monte Carlo-Simulation. Die weiteren Parameter sind so gewählt, dass mit sinkendem κ und θ und steigendem σ der diskretisierte Varianzprozess häufiger negativ wird und die verschiedenen Abschneidemethoden angewendet werden müssen. In der Tabelle angegeben sind der jeweilige analytische Wert, die simulierten Optionspreise und, in Klammern, die Standardabweichung des Optionspreisschätzers. Hierbei fällt auf, dass es besonders in den Fällen, in denen der Varianzprozess häufig modifiziert werden muss, zu deutlichen Preisunterschieden bei gleichzeitig ähnlich geringen und damit unauffälligen Standardabweichungen kommt. Die Gefahr für die praktische Anwendung besteht somit darin, dass inkorrekte Optionspreise, deren Standardabweichungen gering sind, für gut befunden werden. Insgesamt ergibt sich die folgende einfache Vorgehensweise:

1. Wiederhole für $i = 1, \ldots, N$:
   (a) Simuliere jeweils einen Pfad des Heston-Preisprozesses $S(t)$ und des Varianzprozesses $v(t)$, $t \in [0, T]$ wie oben beschrieben mit Hilfe des Euler-Maruyama-Schemas und der Variante VA für den Varianzprozess.
   (b) Berechne die sich jeweils ergebende Auszahlung $Y^{(i)}$ der Option.
2. Schätze den Optionspreis X_Y als

$$X_Y := e^{-rT} \frac{1}{N} \sum_{i=1}^{N} Y^{(i)}.$$

6.2.2 Baumansätze

Die Funktionsweise der Monte Carlo-Simulation, Aktienpreispfade nacheinander zu simulieren, eignet sich im Besonderen zur Bewertung pfadabhängiger Derivate.

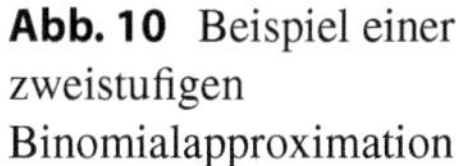

Abb. 10 Beispiel einer zweistufigen Binomialapproximation

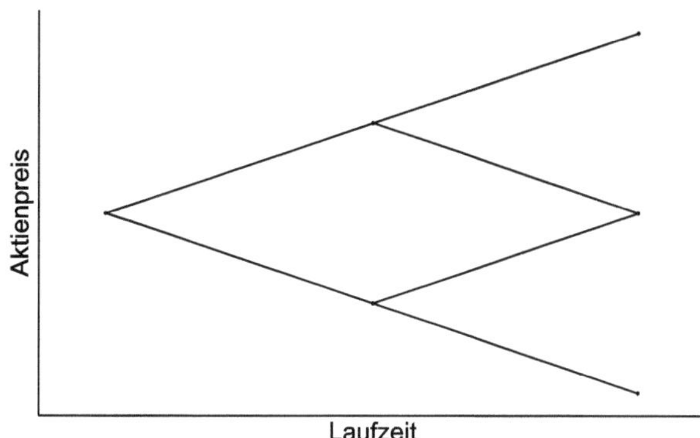

Zur Bewertung von Produkten mit mehreren Kündigungsterminen oder permanentem Kündigungsrecht, so genannten Bermuda oder amerikanischen Optionen, bieten Baumverfahren im Vergleich zu Monte Carlo-Methoden die einfacheren und effizienteren Ansätze. Hierbei werden zu jedem Zeitschritt mehrere mögliche Entwicklungen, die Folgepunkte oder Folgeknoten, angenommen und mit Übergangswahrscheinlichkeiten belegt. Die Folgeknoten bilden damit mögliche zukünftige Aktienpreise, die jeweils unterschiedlich wahrscheinlich sind. Zur Ermittlung von Optionspreisen werden die Knoten dann mittels Rückwärtsinduktion von den Blättern zur Wurzel hin bearbeitet. Analog zum Algorithmus der Euler–Maruyama-Methode zur Pfaderzeugung sei $\Delta = T/n$.

Für eine effiziente Approximation ist es entscheidend, sowohl die Knoten des Baumes als auch die Übergangswahrscheinlichkeiten vor der eigentlichen Rückwärtsinduktion berechnen zu können. Werden die Wahrscheinlichkeiten außerdem so gewählt, dass die ersten beiden Momente des stetigen und des approximierten Modells übereinstimmen, so konvergiert die Baumapproximation nach dem Satz von Donsker gegen den stetigen Prozess. Für einen detaillierten Einblick sowohl in die üblichen Approximationsverfahren im Black–Scholes-Modell als auch in die Theorie der Konvergenz verweisen wir auf [4]. Abbildung 10 zeigt einen zweistufigen Binomialbaum.

Im Folgenden stellen wir den am ITWM von Ruckdeschel, Sayer und Szimayer entwickelten Algorithmus vor (siehe [9]), der eine effiziente Baumapproximation im Heston-Modell erzielt. Die Grundidee des Verfahrens ist es, den Varianz- und Aktienpreisprozess als separate Bäume zu modellieren und die Korrelation der Brownschen Bewegungen über eine Modifikation der auftretenden Übergangswahrscheinlichkeiten einzubeziehen.

Da der Varianzprozess mittelwertstationär und seine Diffusionskomponente vom aktuellen Wert $\nu(t)$ abhängig ist, führt eine naive Approximation des Prozesses jedoch zu ersten Schwierigkeiten bei der Implementierung. Die Tendenz zum Langzeitmittel führt dazu, dass die Drift des Prozesses umso größer ist, je weiter der Prozess von θ entfernt ist. Für große Trends jedoch kommt es zu negativen und damit untauglichen Übergangswahrscheinlichkeiten. Auf der anderen Seite führt die Abhängigkeit der Diffusionskomponente vom aktuellen Zustand zu Sprunghöhen, die abhängig vom Ausgangsniveau sind. Für eine

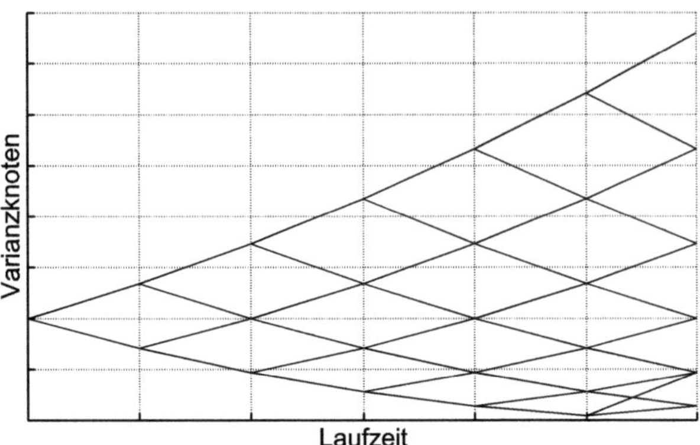

Abb. 11 Binomialapproximation des Varianzprozesses.

solche Baumapproximation wächst die Knotenmenge exponentiell, der Rechenaufwand steigt, der Baum wird damit nicht effizient und für die Praxis nutzlos. Abhilfe schafft hier die Itô-Transformation

$$R(t) = \frac{2\sqrt{\nu(t)}}{\sigma},$$

denn somit ist die Varianz des entstehenden Prozesses

$$\mathrm{d}R(t) = \left(\left(\frac{2\kappa\theta}{\sigma^2} - \frac{1}{2}\right)\frac{1}{R(t)} - \frac{\kappa}{2}R(t)\right)\mathrm{d}t + \mathrm{d}W_2(t), \qquad R(0) = \frac{2\sqrt{\nu_0}}{\sigma}$$

konstant und eine Binomialapproximation rekombinierend, wobei alle Approximationsknoten den Abstand $\sqrt{\Delta}$ aufweisen. Über die Inversion der Transformation lassen sich dann die Varianzwerte zu den gefundenen Knoten bestimmen. Wählt man nun für jeden dieser Knoten Folgeknoten, die die Drift umschließen, so kann sichergestellt werden, dass die Übergangswahrscheinlichkeiten positiv sind, sich zu Eins addieren und die Approximation gegen das stetige Modell konvergiert.

Abbildung 11 zeigt eine Varianzapproximation, bei der einerseits zu beachten ist, dass infolge der zustandsabhängigen Diffusion die Knotenabstände nach oben hin zunehmen und es andererseits für kleine Varianzwerte aufgrund der Tendenz zum Langzeitmittel zu unregelmäßigen Sprüngen, d. h. zu Sprüngen mit multipler Sprunghöhe kommt.

Zur Approximation des Aktienpreises verwenden [9] einen Trinomialbaum. Dadurch steigt zwar der Berechnungsaufwand, die Genauigkeit der Approximation nimmt jedoch ebenfalls zu. Analog zur Varianzapproximation ist die Diffusionskomponente des logarithmierten Aktienpreisprozesses nicht konstant, sondern vom aktuellen Varianzwert, das heißt vom aktuellen Knoten der Varianzapproximation, abhängig. So führt auch hier eine naive Approximation zu einem aus numerischer Sicht nicht effizienten Baum.

Ein möglicher Lösungsweg ist es hier, eine Konstante $\tilde{\nu}$ zu definieren, die die kleinste, für die Approximation erlaubte Varianzeinheit beschreibt. Mögliche Approximationsknoten weisen dann den Abstand $\sqrt{\tilde{\nu}\Delta}$ auf. Definiert man weiterhin alle benötigten

Aktiensprünge als ganzzahlige Vielfache dieser Einheit, liegen die Knoten der Aktienpreisapproximation auf einem regelmäßigen Gitter und die Approximation rekombiniert. Um die Konvergenz sicherzustellen, bestimmt man die Übergangswahrscheinlichkeiten im Modell so, dass die ersten beiden Momente im stetigen und approximierenden Modell übereinstimmen.

Zusammenfassend hat man damit die Baumapproximationen für den Varianz- und den Aktienpreisprozess bestimmt, da die Knotenmenge, die jeweiligen Folgeknoten und die Übergangswahrscheinlichkeiten bekannt sind.

Die Kombination der beiden separaten Approximationen zu einem Baummodell bildet den nächsten Schritt. Hierbei gilt es, für jede mögliche Kombination beider Knotenmengen die Folgeknoten und Übergangswahrscheinlichkeiten zu bestimmen.

Die Folgeknoten einer Knotenkombination der Aktien- und Varianzapproximation ergeben sich dabei als die sechs Kombinationen der jeweiligen Folgeknoten der separaten Approximationen. Die jeweiligen Übergangswahrscheinlichkeiten berechnen sich im Falle unkorrelierter Brownscher Bewegungen als Produkte der separaten Wahrscheinlichkeiten. Für den Fall einer von Null verschiedenen Korrelation stellen [9] eine Adjustierung der Produktwahrscheinlichkeiten vor, die die marginalen, bereits für die separate Baumerstellung bestimmten Momente unverändert beibehält. Da die Adjustierung der Wahrscheinlichkeiten vor der eigentlichen Rückwärtsinduktion bestimmt werden kann und die Baumapproximation rekombinierend ist, ist die resultierende Approximationsmethode auch für hohe Korrelationswerte schnell und akkurat.

Eine Anwendung des beschriebenen Algorithmus findet in [13] statt. Dort werden Mitarbeiteraktienoptionen, welches Optionen mit permanentem Kündigungsrecht und spezifischen Ausübungshürden sind, bewertet.

6.3 Der komplexe Logarithmus – Ein wichtiges Details der Implementierung

Die Verwendung charakteristischer Funktionen zur Produktbewertung in der Finanzmathematik ist im Besonderen durch die sehr generell einsetzbare Preisformel von [22] begründet, die auf einer schnellen Fourier-Transformation beruht. Diese Darstellung bildet ebenfalls die theoretische Basis des Theorems 4 zur analytischen Lösung im Heston-Modell. Die Implementierung dieser (halb-)geschlossenen Formel und deren numerische Auswertung erfordern die Verwendung komplexer Werte, die unter Umständen für unsere Zwecke falsch behandelt werden.

Um die Problematik detailliert untersuchen zu können, verzichten wir im Folgenden auf die Fallunterscheidung des Theorems 4 indem wir

$$\varphi(u) = \varphi_2\big(S(t), \nu(t), t, u\big)$$

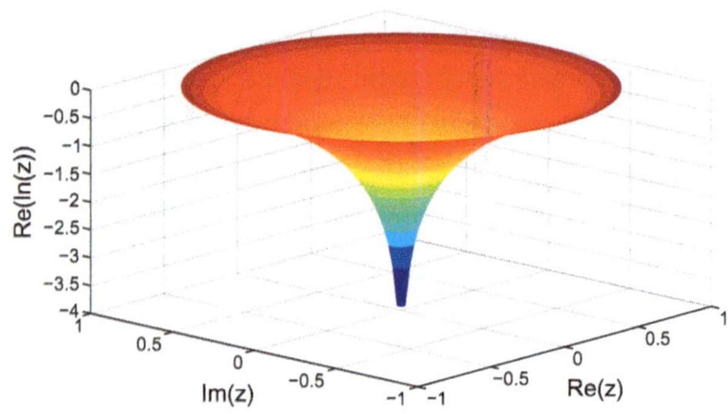

Abb. 12 Realteil des komplexen Logarithmus für eine komplexe Zahl z

definieren und die Beziehung

$$\varphi_1\big(S(t), v(t), t, u\big) = \frac{e^{-r(T-t)}}{S(t)} \varphi(u - i)$$

verwenden.

Die charakteristische Funktion lautet dann

$$\begin{aligned}\varphi(u) &= \exp\big(iu\big(\ln\big(S(t)\big) + r\tau\big)\big)\\ &\quad\times \exp\left(\frac{\kappa\theta}{\sigma^2}\left((\kappa - \rho\sigma ui + d)\tau - 2\ln\left(\frac{1 - ge^{d\tau}}{1 - g}\right)\right)\right)\\ &\quad\times \exp\left(\frac{v(t)}{\sigma^2}(\kappa - \rho\sigma ui + d)\frac{1 - e^{d\tau}}{1 - ge^{d\tau}}\right)\end{aligned}$$

mit

$$\tau = T - t, \qquad g = \frac{\kappa - \rho\sigma ui + d}{\kappa - \rho\sigma ui - d}$$

und

$$d = \sqrt{(\rho\sigma ui - \kappa)^2 + \sigma^2\big(ui + u^2\big)}. \tag{41}$$

Ein Hauptproblem bei der Implementierung stellt der komplexe Logarithmus dar, der im Gegensatz zum reellen Logarithmus nicht eindeutig ist. In den gängigen Softwaresystemen, die zur Bewertung von Finanzprodukten Verwendung finden, ist typischerweise der Hauptwert des komplexen Logarithmus implementiert. Abbildungen 12 und 13 zeigen den Real- und Imaginärteil des komplexen Logarithmus für verschiedene Zweige.

Die Integration der charakteristischen Funktion, die zur Bestimmung des Preises im Theorem 4 durchgeführt werden muss, ist aufgrund der beschriebenen Unstetigkeit ab einer gewissen Restlaufzeit τ nicht stabil. Häufig führt die Problematik der Uneindeutigkeit zu großen Preisunterschieden, die nur schwer als numerische Schwierigkeiten ausfindig zu machen sind.

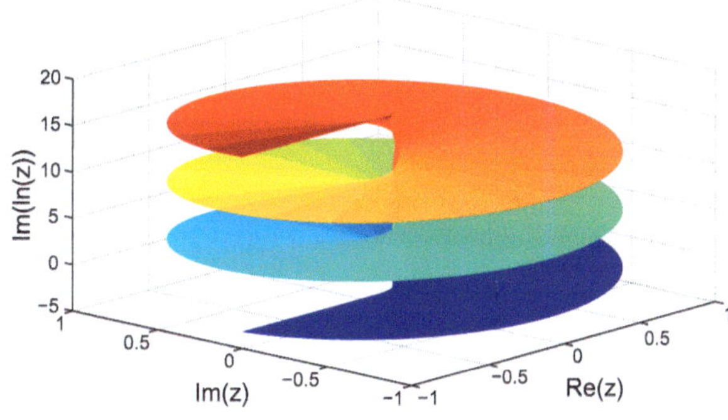

Abb. 13 Imaginärteil des komplexen Logarithmus für eine komplexe Zahl z

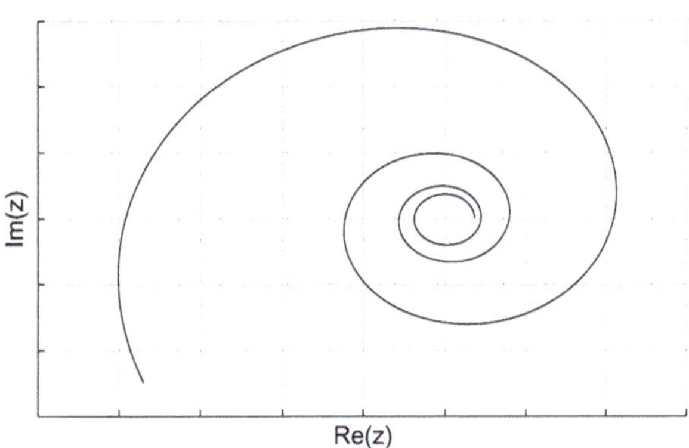

Abb. 14 Trajektorie von $(1 - ge^{d\tau})/(1 - g)$ in der komplexen Ebene

Numerische Probleme treten für ausreichend große Restlaufzeiten zwingend auf, falls die Heston-Parameter so gewählt werden, dass $\kappa\theta \neq m\sigma^2$ für eine ganze Zahl m (siehe [14]). Grund hierfür ist, dass die Trajektorie von $(1 - ge^{d\tau})/(1 - g)$ eine Spirale um den Ursprung mit exponentiell wachsendem Radius beschreibt, siehe dazu Abb. 14.

Für hinreichend große Restlaufzeiten überquert die Trajektorie damit unweigerlich die negative reelle Achse und damit die Unstetigkeit. Abhilfe schafft es, entweder pro Überquerung der negativen reellen Achse 2π zum Imaginärteil des Ergebnisses zu addieren, oder, die elegantere Variante, die charakteristische Funktion zu modifizieren. Sei nun dafür

$$
\begin{aligned}
\tilde{\varphi}(u) &= \exp\bigl(iu\bigl(\ln\bigl(S(t)\bigr) + r\tau\bigr)\bigr) \\
&\quad \times \exp\left(\frac{\kappa\theta}{\sigma^2}\left((\kappa - \rho\sigma ui - d)\tau - 2\ln\left(\frac{1 - \tilde{g}e^{-d\tau}}{1 - \tilde{g}}\right)\right)\right) \\
&\quad \times \exp\left(\frac{v(t)}{\sigma^2}(\kappa - \rho\sigma ui - d)\frac{1 - e^{-d\tau}}{1 - \tilde{g}e^{-d\tau}}\right)
\end{aligned}
$$

mit

$$
\tilde{g} = \frac{\kappa - \rho\sigma ui - d}{\kappa - \rho\sigma ui + d} = \frac{1}{g}
$$

Tab. 4 Startwerte der Kalibrierung und kalibrierte Parameter

	v_0	κ	θ	σ	ρ
Startwert	0,12	3,00	0,09	0,10	−0,95
Kalibrierung	0,28	1,01	0,21	1,50	−0,79

die modifizierte charakteristische Funktion. Einziger Unterschied von $\tilde{\varphi}$ zu φ ist das negative Vorzeichen von d, also die Wahl der negativen Wurzel in Gl. (41). Da

$$\begin{aligned} d\tau - 2\ln\left(\frac{1-ge^{d\tau}}{1-g}\right) &= d\tau - 2\ln\left(e^{d\tau}\right) - 2\ln\left(\frac{1-e^{-d\tau}/g}{1-1/g}\right) \\ &= -d\tau - 2\ln\left(\frac{1-\tilde{g}e^{-d\tau}}{1-\tilde{g}}\right) \end{aligned}$$

und

$$\frac{d(1-e^{d\tau})}{1-ge^{d\tau}} = \frac{d(1-e^{-d\tau})}{g-e^{-d\tau}} = \frac{-d(1-e^{-d\tau})}{1-\tilde{g}e^{-d\tau}}$$

gelten, ist $\tilde{\varphi}$ zu φ äquivalent. Die Trajektorie von $(1-\tilde{g}e^{-d\tau})/(1-\tilde{g})$ überquert die reelle negative Achse jedoch nicht und die Modifikation $\tilde{\varphi}$ ist damit numerisch stabiler. Für die Implementierung der analytischen Lösung empfiehlt es sich daher, die charakteristische Funktion $\tilde{\varphi}$ zu verwenden.

6.4 Empirische Güte des Heston-Modells

In diesem Abschnitt werden wir die empirische Güte des Heston-Modells, also die Abbildung der Wirklichkeit, anhand einer Kalibrierung an einer echten Volatilitätsfläche veranschaulichen. Beispielhaft haben wir die Aktie der Allianz SE gewählt.

Die entsprechende Volatilitätsfläche zum 14. Dezember 2011, die aus den impliziten Volatilitäten europäischer Kaufoptionen erhalten werden, wird in Abb. 5 in Abschn. 4.3.1 gezeigt. Die Form der Fläche ist charakteristisch für Volatilitätsflächen allgemein. So ist, für fest gewählte Optionslaufzeit, die implizite Volatilität von Optionen typischerweise niedriger, je näher der Strike am aktuellen Aktienpreis liegt. Weiter beobachtet man für einen fest gewählten Ausübungspreis einen Abfall der impliziten Volatilität für steigende Laufzeiten.

Die frei gewählten Startwerte für die Kalibrierung der Heston-Parameter und die kalibrierten Ergebnisse, die durch Anwenden eines deterministischen Minimierungsalgorithmus erhalten wurden, sind in Tab. 4 aufgelistet.

Abbildung 15 zeigt die kalibrierte Fläche, die entsteht, wenn die impliziten Volatilitäten für gegebene Laufzeiten und Ausübungspreise mit Hilfe der kalibrierten Heston-Parameter berechnet und abgetragen werden. Typischerweise ist die kalibrierte Fläche deutlich glatter als die originale, die Charakteristiken der echten Volatilitätsfläche bleiben aber erhalten.

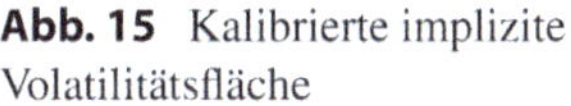

Abb. 15 Kalibrierte implizite Volatilitätsfläche

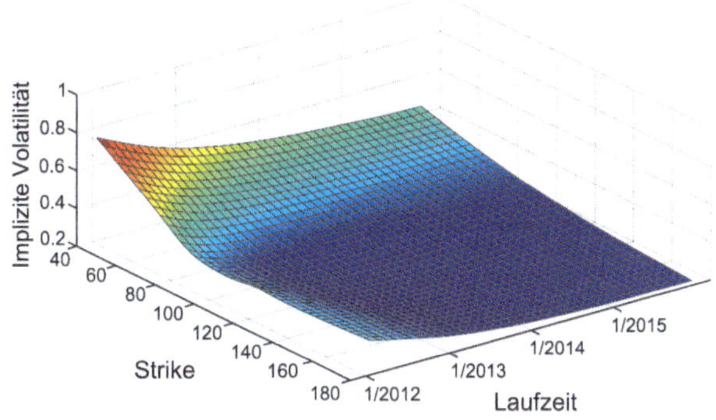

7 Mathematische Modellierung und algorithmische Umsetzung am Finanzmarkt – Einige abschließende Bemerkungen

Das vorliegende Beispiel der Optionsbewertung im Rahmen des Heston-Modells ist nur eines von vielen ähnlichen Forschungs- und Umsetzungsprojekten, die mit Partnern aus der Finanz- und Versicherungsindustrie in der Abteilung Finanzmathematik des Fraunhofer ITWM erfolgreich bearbeitet wurden. Beispiele für weitere Projekte mit innovativen Eigenentwicklungen und algorithmischen Umsetzungen sind:

- die Entwicklung eines neuen Aktienpreismodells, das auf der expliziten Modellierung zukünftiger Dividendenzahlungen basiert, in Zusammenarbeit mit der University of Cambridge (siehe [8]),
- die Entwicklung eines dynamischen Mortalitätsmodells zur Bewertung von Langlebigkeitsbonds gemeinsam mit der Hypovereinsbank (siehe [7]),
- die algorithmische Umsetzung robuster Statistik im Bereich operationelles Risiko (siehe [31]), ausgezeichnet mit einem Best-Paper-Award,
- die Entwicklung eines komplett neuen Ansatzes für effiziente, mehrdimensionale Binomialbäume (siehe [6]).

Weiter sind zahlreiche in der täglichen Praxis des ITWM verwendete Algorithmen in [5] ausführlich beschrieben.

All diesen Projekten und Entwicklungen sind einige Komponenten gemeinsam, die typisch für die Umsetzungen am Finanz- und Versicherungsmarkt sind:

1. Die verwendeten Modelle basieren in der Regel auf zeitstetigen stochastischen Prozessen und erfordern eine gründliche Ausbildung in den Bereichen des Itô-Kalküls, der Martingaltheorie und stochastischer Prozesse.
2. Der Wunsch nach möglichst perfekter Erklärung am Markt beobachteter Preise durch den Auftraggeber führt zu Wünschen nach Verallgemeinerung vorhandener Modelle, bei der unbedingt zu beachten ist, dass die Einführung weiterer Parameter (z. B. durch

Ersetzen einer Konstanten durch eine deterministische Funktion) nicht zu numerischen oder statistischen Instabilitäten führt.
3. Die Verwendung einer Vielzahl numerischer Methoden (z. B. Monte Carlo-Simulation, Baummethoden, Fouriertransformation) ist notwendig, um die Preise der verschiedenartigen (exotischen) Optionen berechnen zu können. Dabei bestimmt der Charakter der Option die Wahl des numerischen Algorithmus. Ein universeller Standard-Algorithmus, der für alle Optionstypen hervorragend abschneidet, existiert nicht.
4. Eine ganz wesentliche Rolle spielt die Kalibrierung der Parameter. Zwar lassen sich in diesem Bereich keine spektakulären theoretischen Resultate erzielen, doch sind verlässlich kalibrierte Parameter die Basis einer am Markt erfolgreichen mathematischen Modellierung und Berechnung.
5. Ein theoretisches Verständnis der Modelle ist zwingend erforderlich, damit tatsächlich auch die Werte berechnet werden, die gewünscht sind. Gerade Unverständnis im Wechsel zwischen risikoneutraler und physischer Modellwelt ist eine oft beobachtete Fehlerquelle.

Und schließlich ist es wichtig, die Verantwortung des Finanzmathematikers zu betonen, auf eine korrekte und vor allem vernünftige Anwendung seiner Modelle hinzuwirken. Insbesondere im Angesicht der Finanzkrisen der letzten Jahre muss

- vor einer Identifikation des Modells mit der Wirklichkeit gewarnt werden,
- auf die nicht vorhandene Prognosefähigkeit der meisten Modelle hingewiesen werden und
- eine übertriebene Komplexität derivativer Produkte vermieden werden.

Gerade die erfolgreiche mathematische Behandlung immer neuerer und komplexerer Probleme am Finanzmarkt hat die Produktentwickler bewogen, immer komplizierter strukturierte Produkte anzubieten, die in ihren Wirkungen zum Großteil vom Kundenkreis nicht zu verstehen waren, aber trotz dieser Unkenntnis gekauft wurden. Auch hier ist die Verantwortung des Finanzmathematikers gefordert, auf solch gefährliche Entwicklungen hinzuweisen.

Literaturverzeichnis

Publikationen der Autoren

1. Korn, R.: Optimal Portfolios. World Scientific, Singapore (1997)
2. Korn, R.: Elementare Finanzmathematik. Berichte des Fraunhofer ITWM **39**, 1–89 (2002)
3. Korn, R.: Optimal portfolios – new variations of an old theme. Comput. Manag. Sci. **5**, 289–304 (2008)
4. Korn, R., Korn, E.: Optionsbewertung und Portfolio-Optimierung. Vieweg, Wiesbaden (2001)
5. Korn, R., Korn, E., Kroisandt, G.: Monte Carlo Methods and Models in Finance and Insurance. Chapman & Hall/CRC Financial Mathematics Series, CRC Press, London (2010)

6. Korn, R., Müller, S.: The decoupling approach to binomial pricing of multi-asset options. J. Comput. Finance **12**, 1–30 (2009)
7. Korn, R., Natcheva, K., Zipperer, J.: Langlebigkeitsbonds – Bewertung, Modellierung und Aspekte für deutsche Daten. Blätter der DGVFM **27**(3), 397–418 (2006)
8. Korn, R., Rogers, L.: Stocks paying discrete dividends: modelling and option pricing. J. Deriv. **13**(2), 44–49 (2005)
9. Ruckdeschel, P., Sayer, T., Szimayer, A.: Pricing American options in the Heston model: a close look at incorporating correlation. J. Deriv. **20**(3), 9–29 (2013)

Dissertationen zum Thema am Fraunhofer ITWM

10. Horsky, R.: Barrier option pricing and CPPI-Optimization. Ph.D. thesis, TU Kaiserslautern (2012)
11. Krekel, M.: Some new aspects of optimal portfolios and option pricing. Ph.D. thesis, TU Kaiserslautern (2003)
12. Natcheva, K.: On numerical pricing methods of innovative financial products. Ph.D. thesis, TU Kaiserslautern (2006)
13. Sayer, T.: Valuation of American-style derivatives within the stochastic volatility model of Heston. Ph.D. thesis, TU Kaiserslautern (2012)

Weitere Literatur

14. Albrecher, H., Mayer, P., Schoutens, W., Tistaert, J.: The little Heston trap. Wilmott Magazine **Januar/Februar**, 83–92 (2007)
15. Artzner, P., Delbean, F., Eber, J.M., Heath, D.: Coherent measures of risk. Math. Finance **9**(3), 203–228 (1999)
16. Bachelier, L.F.: Théorie de la spéculation. Ann. Sci. Éc. Norm. Super. **17**, 21–86 (1900)
17. Barndorff-Nielsen, O., Shephard, N.: Non-Gaussian Ornstein–Uhlenbeck based models and some of their uses in financial economics. J. R. Stat. Soc. B **63**, 167–241 (2001)
18. Bingham, N., Kiesel, R.: Risk-Neutral Valuation: Pricing and Hedging of Financial Derivatives. Springer Finance. Springer, Berlin (1998)
19. Björk, T.: Arbitrage Theory in Continuous Time, 2nd edn. Oxford University Press, Oxford (2004)
20. Black, F., Scholes, M.: The pricing of options and corporate liabilities. J. Polit. Econ. **81**, 637–654 (1973)
21. Broadie, M., Kaya, Ö.: Exact simulation of stochastic volatility and other affine jump diffusion processes. Oper. Res. **54**(2), 217–231 (2006)
22. Carr, P., Madan, D.: Option valuation using the fast Fourier transform. J. Comput. Finance **2**, 61–73 (1999)
23. Cont, R., Tankov, P.: Financial Modelling with Jump Processes. Financial Mathematics Series. Chapman & Hall, Boca Raton (2003)
24. Deelstra, G., Delbaen, F.: Convergence of discretized stochastic (interest rate) processes with stochastic drift term. Appl. Stoch. Models Data Anal. **14**(1), 77–84 (1998)
25. Delbaen, F., Schachermayer, W.: The Mathematics of Arbitrage. Springer Finance. Springer, Berlin (2006)
26. Dimitroff, G., Lorenz, S., Szimayer, A.: A parsimonious multi-asset Heston model: calibration and derivative pricing. Int. J. Theor. Appl. Finance **14**(8), 1299–1333 (2011)

27. Dupire, B.: Pricing and hedging with smiles. In: Dempster, M.A., Pliska, S.R. (eds.) Mathematics of Derivative Securities, pp. 103–111. Cambridge University Press, Cambridge (1997)
28. Eberlein, E., Keller, U.: Hyperbolic distributions in finance. Bernoulli **1**, 281–299 (1995)
29. Heston, S.L.: A closed-form solution for options with stochastic volatility with applications to bond and currency options. Rev. Financ. Stud. **6**(2), 327–343 (1993)
30. Higham, D.J., Mao, X.: Convergence of Monte Carlo simulations involving the mean-reverting square root process. J. Comput. Finance **8**(3), 35–61 (2005)
31. Horbenko, N., Ruckdeschel, P., Bae, T.: Robust estimation of operational risk. J. Oper. Risk **6**, 3–30 (2011)
32. Jäckel, P.: Monte Carlo Methods in Finance. Wiley, West Sussex (2002)
33. Karatzas, I., Shreve, S.E.: Brownian Motion and Stochastic Calculus, 2nd edn. Springer, Berlin (1991)
34. Kloeden, P.E., Platen, E.: Numerical Solution of Stochastic Differential Equations. Springer, Berlin (1999)
35. Kruse, S., Nögel, U.: On the pricing of forward starting options in Heston's model on stochastic volatility. Finance Stoch. **9**, 233–250 (2005)
36. Lord, R., Koekkoek, R., van Dijk, D.: A comparison of biased simulation schemes for stochastic volatility models. Quant. Finance **2**, 177–194 (2010)
37. Madan, D.B., Seneta, E.: The variance gamma model for share market returns. J. Bus. **63**, 511–524 (1990)
38. Mikhailov, S., Nögel, U.: Heston's stochastic volatility model: Implementation, calibration and some extensions. Wilmott Magazine **Juli/August** (2003)
39. Mishra, S.: Optimal solution of the nearest correlation matrix problem by minimization of the maximum norm. http://mpra.ub.uni-muenchen.de/1783/ (2004)
40. Schoutens, W.: Lévy Processes in Finance: Pricing Financial Derivatives. Wiley, New York (2003)

Teil IV
Die Ausbildung

Angewandte Schulmathematik – Made in Kaiserslautern

Wolfgang Bock und Martin Bracke

1 Warum angewandte Schulmathematik?

Die mathematische Modellierungswoche als Veranstaltungsform wurde 1993 von Helmut Neunzert in Kaiserslautern ins Leben gerufen. Die daraus entstandene Felix-Klein-Modellierungswoche ist daher die älteste Veranstaltung dieser Art in Deutschland. Mittlerweile haben sich, inspiriert durch den Erfolg weit über rheinland-pfälzische Landesgrenzen hinaus, auch andere Modellierungswochen, etwa in Aachen, Graz, Hamburg und einigen weiteren deutschen Städten etabliert. Neben der Felix-Klein-Modellierungswoche wird mit Unterstützung des Felix-Klein-Zentrums für Mathematik in Kaiserslautern auch eine Modellierungswoche in Tramin (Italien) durchgeführt.

Die Nachfrage nach Modellierungsveranstaltungen durch Schulen spiegelt den Bedarf nach mehr angewandter Mathematik mit greifbaren realen und authentischen Problemstellungen wider und ist die Triebfeder, seit nunmehr über 20 Jahren Modellierungsaktivitäten für Schüler[1] anzubieten. Der Erfolg des Konzepts zeigt sich nicht zuletzt an ausgebuchten Veranstaltungen mit Wartelisten sowie dem Gewinn des Preises „Schule trifft Wissenschaft“ der Robert Bosch Stiftung im Jahre 2011.

[1] Aus Gründen der besseren Lesbarkeit wird in diesem Kapitel auf die gleichzeitige Verwendung männlicher und weiblicher Sprachformen verzichtet; in der Regel wird die männliche Schreibweise verwendet. Sämtliche Personenbezeichnungen gelten grundsätzlich für beiderlei Geschlecht.

W. Bock · M. Bracke (✉)
Fachbereich Mathematik, Technische Universität Kaiserslautern, Gottlieb-Daimler Straße 48, 67653 Kaiserslautern, Deutschland
e-mail: bracke@mathematik.uni-kl.de

H. Neunzert, D. Prätzel-Wolters (eds.), *Mathematik im Fraunhofer-Institut*,
DOI 10.1007/978-3-662-44877-9_11

Das Felix-Klein-Zentrum für Mathematik e.V. in Kaiserslautern Im Rahmen der „Mathematikinitiative" des Landes Rheinland-Pfalz wurde Ende 2008 das „Felix-Klein-Zentrum für Mathematik e.V." gegründet. Es ist nach dem bedeutenden Mathematiker und Wissenschaftsorganisator Felix Klein (1849–1925) benannt und etabliert eine institutionelle Verbindung zwischen dem Fachbereich Mathematik der TU Kaiserslautern und dem Fraunhofer-Institut für Techno- und Wirtschaftsmathematik ITWM, die seit vielen Jahren erfolgreich und eng zusammenarbeiten.

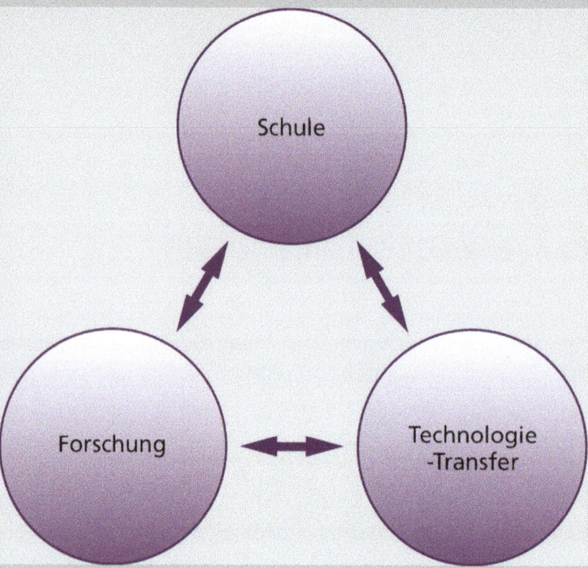

Gerade in den vielfältigen Aktivitäten für Schüler zeigt sich die Wichtigkeit jeder der drei Säulen „Forschung", „Schule" und „Technologietransfer" des Felix-Klein-Zentrums: Sie alle sind erforderlich, um Schülern einen authentischen Einblick in die Arbeits- und Denkweisen moderner angewandter Mathematik zu ermöglichen.

Ein wichtiger Grund für das gestiegene Interesse an angewandter Mathematik und ihre Auswirkungen auf den Alltag ist, dass die Mathematik in den letzten vier Jahrzehnten eine völlig neue gesellschaftliche Rolle gefunden hat. Die Ursachen für diese Neuorientierung der Mathematik stehen in engem Zusammenhang mit der rasanten Entwicklung der Computer: Die Rechner sind heute etwa 10.000 Mal so schnell wie vor 20 Jahren, leistungsfähige Algorithmen liefern bei Anwendungen wie etwa der Lösung großer Gleichungssysteme einen weiteren Faktor, der sogar noch eine höhere Größenordnung hat. Insgesamt kann man typische Problemstellungen heute also viele Millionen Mal so schnell lösen wie vor 20 Jahren. Damit ist es möglich geworden, auch komplexe mathematische Modelle für industrielle Produkte, für Herstellungsprozesse wie auch für naturwissenschaftliche, ökonomische und medizinische Vorgänge mit genügend hoher Präzision und hinreichend schnell auszuwerten. Man kann also das Verhalten eines Automobilmotors, den Verlauf einer Bypass-Operation, das Wetter der nächsten Tage simulieren, indem man dafür mathematische Modelle aufstellt und für sie Algorithmen entwickelt, um sie auf geeigneten Computern zu berechnen (vgl. Modelle I). Nahezu alle industriellen Entwicklungen, alle Vorhersagen basieren heute auf solchen mathematischen Aktivitäten – Mathematik wurde im Laufe der Jahre zur Schlüsseltechnologie.

Gleichzeitig scheint diese neue, entscheidende Rolle der Mathematik in der Schule noch nicht angekommen zu sein. Die Vernetzung der MINT-Fächer ist weder im Lehrplan noch in der praktischen Unterrichtsgestaltung im nötigen Maße sichtbar. Eine Ursache dafür ist die Struktur der Lehrerausbildung: Die angewandte Mathematik nimmt in der Ausbildung der Lehrer bis heute einen bescheidenen Teil ein. Weder das Modellieren noch das Arbeiten mit Algorithmen, welche die Anwendung komplizierter Formeln in der Praxis weitgehend verdrängt haben, spielen in der Schule die Rolle, die ihrer Bedeutung entspricht. Gleichermaßen wird innerhalb des Lehramtsstudiums das interdisziplinäre Zusammenspiel von Mathematik, Informatik, den Naturwissenschaften und Technik weder in ausreichender Form aufgezeigt noch trainiert.

Natürlich kann man mit den Mitteln auch einer fortgeschrittenen Schulmathematik nicht adäquate Modelle oder Algorithmen für die Simulation einer Bypass-Operation entwickeln – aber man kann die Fähigkeit, so etwas zu tun, auch anhand von anderen „authentischen Problemstellungen“ entwickeln, die der Schulmathematik zugänglich sind. Man kann z.B. die Qualität von Vliesstoffen messen, einfache Bestrahlungspläne optimieren, Schildkröten auf Grund ihres Panzermusters identifizieren. Aber die Basisaktivitäten – Modellieren, Berechnen und interdisziplinäres Arbeiten – werden in den Schulen kaum geübt. Es gibt natürlich die sogenannten Textaufgaben, die aber ganz selten „authentische Probleme“, deren Relevanz für die Schüler klar und von Interesse ist, beschreiben. So gibt es zum Einüben des Dreisatzes die Aufgabe: „Sechs Planierraupen brauchen 24 Stunden um ein Baugelände einzuebnen, nach sechs Stunden kommen drei Raupen hinzu. Wie lange dauert die Arbeit? “. Bei der Fragestellung wird dabei schon davon ausgegangen, dass hier nur mit Dreisatz gearbeitet wird. Es wäre aber viel interessanter zu fragen, ob es Sinn macht überhaupt drei zusätzliche Raupen hinzuzufügen, da sich die Maschinen beim Fahren selbst behindern können. Es ist jedem, der darüber nachdenkt sofort klar, dass wenn man auf dem Baugelände die Anzahl der Raupen beliebig erhöht, die Arbeitszeit eben gerade nicht unbedingt kleiner wird.

In der Schule kommen Algorithmen vor, aber kaum solche, wie sie in den letzten Jahrzehnten zur Bewältigung großer Aufgaben entwickelt wurden. Für einen angewandten Mathematiker ist kaum zu verstehen, dass der Rechner in der Schule nur der Informatik zugeordnet wird. Sicher haben die meisten Schüler einen Rechner zu Hause, mit Internetanschluss, und sie benutzen ihn zum Spielen, zum Chatten, zum Schreiben und zum Surfen – nur nicht für die Mathematik, die der Rechner eigentlich repräsentiert.

Algorithmen kann man lehren, unterrichten, aus Büchern lernen – aber man muss sie implementieren und austesten, um sie wirklich kennenzulernen. Modellieren kann man nicht lehren, hier gilt ausschließlich „learning by doing“. Es ist ein „metastrategisches Wissen“, das auf dem mathematischen Fachwissen aufbaut. Vor allem muss man aber

Probleme der realen Welt strukturieren, Wichtiges von Unwichtigem unterscheiden und das alles schließlich in Mathematik verwandeln können. Das lernt man nur durch „Praktizieren". Das interdisziplinäre Denken und Arbeiten muss man ebenso in der praktischen Tätigkeit erlernen; allein der Besitz des Wissen ist noch kein Garant für den gewinnbringende Einsatz von Informationen und Methoden aus den Bereichen Naturwissenschaft und Technik.

Das Bearbeiten von authentischen MINT-Projekten als Unterrichtsgegenstand scheitert zurzeit an zwei Fakten: Die meisten Lehrer haben schlicht keine Erfahrung damit und trauen sich daher selbst nicht zu, authentische und offene Problemstellungen mit ihren Schülern zu bearbeiten. Das geht leider nicht in Frontalunterricht, sondern nur „Schulter an Schulter" – oft ist der Weg zu Beginn „von Angesicht zu Angesicht" noch ungewiss. Ebenso ist das Auffinden passender authentischer Probleme anfangs schwer – es fehlt die „Problemfindungskompetenz".

Mathematisches Modellieren, Berechnen und interdisziplinäres Arbeiten vermitteln jungen Menschen neue Erfahrungen, vor allem aber auch ein lebensnäheres und lustvolleres Bild der beteiligten Fächer und ermöglicht so schließlich ein besseres und tieferes Verständnis der Mathematik, der Naturwissenschaften und Technik. Grundvoraussetzung für eine erfolgreiche Strategie gegen den Mangel an Fachkräften im MINT-Bereich, wozu auch Ingenieure zählen, ist, dass genügend viele Schüler motiviert sind, sich überhaupt mit den beteiligten Disziplinen auseinanderzusetzen. Solide fachliche Fähigkeiten gepaart mit der Freude, die durch die erfolgreiche Bearbeitung komplexer und interessanter Fragestellungen entsteht, werden automatisch zu einem wachsenden Interesse an den entsprechenden Studienfächern führen.

2 Modellieren und authentische Problemstellungen

Zu Beginn aller Modellierungsveranstaltungen des Felix-Klein-Zentrums steht eine reale Problemstellung. Nach jahrelanger Erfahrung in mathematischen Modellierungswochen und -tagen sowie anderen daraus entstandenen Veranstaltungen stellen wir fest, dass die Schüler in der Regel eher an Problemstellungen interessiert sind, die aus ihrem Lebensumfeld stammen. Daher kommen wir zur folgenden Definition (vgl. [3])

Definition 1 (Authentisches Problem) Ein authentisches Problem ist ein Problem, welches von einem Kunden gestellt wird, der eine Lösung erhalten will, die für seine Bedürfnisse anwendbar ist. Die Problemstellung ist weder gefiltert noch reduziert und ist in vollständiger Allgemeinheit ohne Manipulationen gestellt, (d.h. sie ist gestellt wie gesehen). Ein Real-World-Problem oder realistisches Problem ist ein authentisches Problem, welches Bestandteile beinhaltet, die für Schüler in der Realität zugänglich sind.

Damit haben wir die Problemstellung, sozusagen den Gegenstand, an dem wir das „Modellieren“ ausüben wollen. Doch was ist dieses „Modellieren“ überhaupt? Wie geht man vor? Was muss man tun? Es gibt zum mathematischen Modellieren zahlreiche Literatur, die sogenannte Modellierungskreisläufe, die im Laufe der Zeit immer weiterentwickelt wurden (vgl. [2] und die Referenzen darin). Vergleichbare Kreisläufe finden etwa seit den 1950er Jahren auch Anwendung in Operations Research (vgl. [1]).

Aus Sicht eines Problemlösers kann man einen einfachen Modellierungsablauf angeben.

Vier Phasen der Modellierung aus Sicht des Problemlösers

1. Problem des Anwenders
2. Exakte Erfassung (Definition) des Problems
3. Mathematische Modellbildung
   a. Analyse des Problems
   b. Mathematische Beschreibung des Problems
   c. Suche nach geeigneten mathematischen Verfahren
   d. Lösung des mathematischen Problems
4. Interpretation der Lösung im Hinblick auf das ursprüngliche Anwenderproblem

Exakte Erfassung (Definition) des Problems Wir haben bereits über das Problem des Anwenders, also das authentische Problem, gesprochen. Die Problemstellung soll demnach möglichst ungefiltert sein. Dies erschwert Punkt 2. Die exakte Erfassung des Problems stellt für die Schüler, für viele angewandte Mathematiker im Berufsalltag, genauso wie für den Kunden auch, eine große Hürde dar. Dies hängt damit zusammen, dass die reale Welt nun einmal offener ist und somit auch einen gewissen Spielraum für die Definition des Problems lässt. Dies ist auch sehr vom Kunden oder Problemsteller abhängig. Es kann sich sogar herausstellen, dass das Problem, welches vorgestellt wird, schon so formuliert ist, dass es auf eine gewisse Bearbeitungsweise hinweist, die aber zur späteren Problemlösung nicht zielführend ist. Daher geht es geht es bei der exakten Erfassung des Problems darum, die Problemstellung vielseitig zu hinterfragen und gegebenenfalls beim Problemsteller weitere Informationen einzuholen, so dass man Missverständnisse möglichst früh ausräumt und fehlende Datensätze oder Angaben durch geschickte Annahmen ausgleichen kann. Gerade für Letzteres hilft es sich zu fragen: Was will der Kunde mit der Lösung anfangen und ist er vielleicht noch an etwas anderem, etwa einem hinter der Problemstellung versteckten Sachverhalt, interessiert?

Mathematische Modellbildung Die mathematische Modellbildung oder das Mathematisieren und Lösen des Problems stellt sicher den Kern der mathematischen Modellierung dar. Zunächst lässt sich sagen, dass eine scharfe Abgrenzung zwischen der „Exakten Erfassung des Problems“ und der „Mathematischen Modellbildung“ in der Praxis schwer ist.

Schüler wie auch Lehrer haben – da sie sich bewusst in einer Veranstaltung zu mathematischer Modellierung befinden – oft sofort eine Idee, welche ihnen bekannte Mathematik sie benutzen sollen. Ebenso geht es Mathematikern, die im Alltag viele verschiedene mathematische Modelle im Kopf haben und zu erkennen scheinen. Inwieweit solche Modelle oder die gedachten Techniken zielführend sind, zeigt sich allerdings erst in der Anwendung auf das Problem.

Die mathematische Modellbildung kann man als Bau einer Brücke von der realen Welt zu der mathematischen Welt, in der Probleme mit Hilfe von mathematischen Techniken gelöst werden können, verstehen (vgl. Modelle I). Ein Modell bedarf jedoch oft – je nach Art der Problemstellung – nicht nur der Mathematik, sondern einer Fülle von anderen Disziplinen, wie den Naturwissenschaften, Informatik, Technik, Geographie, Sport, Wirtschaftswissenschaften und vielen mehr. Dies ist wieder der authentischen Fragestellung geschuldet. So wirft das Problem der „Zeitprognosen im Berglaufen" in dem die Laufzeit eines Sportlers bei profilierter Strecke auf Basis der Laufzeit auf flacher Strecke berechnet werden soll, je nach Herangehensweise Modelle aus den Bereichen der Biomechanik und Physik auf. Diese müssen dann geschickt zu einem geeigneten berechenbaren mathematischen Modell zusammengefügt werden. Eines lässt sich daher bereits an dieser Stelle sehen: Mathematische Modellierung ist oft interdisziplinär.

Die oben angesprochene Berechenbarkeit des mathematisierten Problems unter Zuhilfenahme eines geeigneten Modells ist gerade am Anfang der Modellierung wichtig. Hierzu ist es unabdingbar durch geschickte Annahmen die Problemstellung zu vereinfachen, um ein leicht berechenbares Basismodell zu haben (vgl. Modelle I). In der Praxis heißt das, dass man sich zunächst auf das wesentliche konzentriert und versucht ein Modell „unter Laborbedingungen" zu konstruieren. Eine spätere Verfeinerung des Modells ist natürlich ebenso notwendig.

Ist das Modell erarbeitet und die Problemstellung in mathematische Sprache gepackt, so kann man als nächstes an die mathematische Lösung des Problems gehen. Dies ist gerade bei authentischen Problemen für Schüler schwer, da hierbei entweder bekannte Techniken aus dem Unterricht so abgewandelt werden müssen, dass sie zu einer Lösung des Problems herangezogen werden können oder eben neue Techniken – etwa mit Hilfe von Recherche – erarbeitet werden müssen. Bei Letzterem kann man aus Erfahrung sagen, dass Schüler gerade mit der Anwendung von Algorithmen oft besser zurecht kommen als von den Lehrkräften gedacht. Hierbei ist es wichtig zu betonen, dass man natürlich von Schülern einer Klassenstufe 12 nicht erwarten kann, zum Beispiel tief in die Theorie der gewöhnlichen Differentialgleichungen einzudringen. Jedoch ist es ihnen möglich, ein Euler-Verfahren zu erlernen und zu implementieren.

Die mathematische Lösung des Problems erfolgt oft mit Hilfe des Computers. Dies hängt daran, dass entweder sehr große Datensätze oder geeignete numerische Verfahren genutzt werden. Sicherlich kommen auch geometrische oder analytische Lösungen vor, jedoch wollen wir nicht verschweigen, dass dies heute die Ausnahme ist. Gleiches gilt allerdings auch für die angewandte Mathematik auf Universitätsniveau bzw. für angewandte Mathematik in Industrie und Forschung.

Nicht selten wird daher von Schülern sowie von Seiten der Lehrkräfte bemängelt, dass in der mathematischen Modellierungswoche nur Informatik und keine Mathematik betrieben wird. Dem müssen die Autoren entschieden widersprechen. Sicher benötigt man zum Implementieren der Verfahren Programmierkenntnisse – dass das Verfahren an sich angewandt auf ein selbst erarbeitetes mathematisches Modell bereits Mathematik ist, übersehen die meisten. Wenn man den Rechner zur Lösung eines Problems benutzen will, so muss man auch die Sprache des Rechners benutzen und diese ist nun einmal – von der Programmiersprache abgesehen – die Mathematik.

Interpretation der Lösung im Hinblick auf das ursprüngliche Anwenderproblem
Um über die Brücke wieder zurückzugehen, also von der mathematisierten Welt wieder in die reale Welt zu gelangen, ist es wichtig die Lösung auf Alltagstauglichkeit zu prüfen. Es stellt sich also jetzt die Frage: Macht es Sinn, was ich gerechnet habe? Wie genau sieht die Lösung aus und ist diese verbesserbar?

An dieser Stelle wird nun aus dem zu Beginn des Abschnitts beschriebenen Modellierungsschema ein Kreislauf. Beim Abgleich der Lösung mit der Realität liegen in den meisten Fällen sofort Ansatzpunkte zur Optimierung des Modells oder zur Berücksichtigung neuer Einflussgrößen vor. Dann startet die Modellbildung von vorne. Funktioniert das vorherige Modell grob, so kann es verbessert werden, indem man etwa neue Annahmen trifft, neue Datensätze mit einfließen lässt oder zuvor vernachlässigte Effekte einbaut. Es kommt jedoch oft genug vor, dass die gefundene Lösung eben gerade nicht die Realität widerspiegelt – oder zumindest nicht genau genug. Dann kann es sein, dass der eigene Ansatz nicht zielführend ist und ein neues Modell entworfen werden muss.

Der Modellierungsablauf zeigt daher nur einen Teil der Aktivitäten beim Modellieren. Diese werden bis zur Vorstellung einer Lösung mehrmals durchlaufen. Ebenso lässt sich feststellen, dass der Ablauf gerade in Schülergruppen nicht von oben nach unten geschieht. Vielmehr wird während des Modellierungsprozesses zwischen den einzelnen Phasen hin- und hergesprungen. Oft ist dies auch sinnvoll. So kann es hilfreich sein, sich während der Modellbildung schon über die reale Interpretation Gedanken zu machen, um nicht unnötige Zeit beim Berechnen von Lösungen zu vergeuden, die in der Realität keinen Sinn machen.

Gerade bei längeren Modellierungsveranstaltungen kann man abhängig von den Problemstellungen die genannten vier Punkte aus dem zu Beginn des Abschnitts beschriebenen Modellierungsablauf in Abschn. 2 noch um zwei weitere Punkte ergänzen, nämlich

Erweiterung der vier Phasen der Modellierung aus Sicht des Problemlösers

1. Problem des Anwenders
2. Exakte Erfassung (Definition) des Problems
3. Mathematische Modellbildung

   a. Analyse des Problems
   b. Mathematische Beschreibung des Problems
   c. Suche nach geeigneten mathematischen Verfahren
   d. Lösung des mathematischen Problems
4. Interpretation der Lösung im Hinblick auf das ursprüngliche Anwenderproblem
5. **Übersetzung der Lösung in die Sprache des Anwenders**
6. **Anfertigung eines Produkt-Prototypen**

Beide Punkte könnte man sicherlich auch unter Punkt 4 des Kochrezepts zusammenfassen. Allerdings kommt es auf die Zeit an, die für die Modellierungsveranstaltung zur Verfügung steht, ob die Punkte 5 und 6 erreicht werden. Während der Felix-Klein-Modellierungswoche sowie auch während der Modellierungstage endet die Veranstaltung mit Schülerpräsentationen, die in der Sprache des Anwenders – also des Problemstellers oder Kunden – erfolgen soll. Hierbei kann auch Punkt 6 schon erreicht werden, wenn als Produkt-Prototyp etwa ein Computerprogramm zur Berechnung entworfen wurde. Zumindest sollten die Präsentationen darauf abzielen, in der Sprache des Anwenders – also möglichst ohne Mathematik – eine anwendbare Lösung aufzuzeigen. Grob gesagt erklären die Schülergruppen dem Anwender, was er machen kann, um sein Problem zu beherrschen, ohne dass er die „tiefe Mathematik" dahinter verstehen muss. Dies ist erfahrungsgemäß für die Schüler und auch für die Lehrkräfte in den Gruppen ein schwieriges Problem.

3 Modellierung – Der Versuch einer didaktischen Einordnung

Wir haben in Abschn. 2 gesehen, was man unter Modellierungsaktivitäten verstehen kann. Es geht dabei darum, dass ein reales authentisches Problem, welches möglichst aus dem Alltagsbereich der Schüler kommt, mit Hilfe von geeigneter Modellbildung unter Zuhilfenahme von mathematischen Begriffen und Methoden gelöst und in die Sprache des Anwenders zum Abgleich mit der Realität gebracht wird. Hierbei sollen die Schüler nach Möglichkeit selbst Lösungen erarbeiten, Lehrkräfte und Betreuer halten sich dabei bewusst im Hintergrund. Die Problemsteller sind angehalten, zunächst die Fragen lediglich aus der Perspektive des Kunden, den sie für die Schüler darstellen, zu beantworten. Je nachdem wie viel Zeit zur Verfügung steht, kann der Tutor jedoch durch das geschickte Stellen von Fragen versuchen, die Schülergruppen davon abzuhalten sich in Details zu verlieren. Dies ist vor allen Dingen bei Gruppen notwendig, die zuvor keine oder kaum Erfahrungen mit Modellierung gesammelt haben. Das Ziel der Modellierungsveranstaltung für die Schüler ist die Präsentation der von der Gruppe entwickelten Lösung oder des Produkts vor den Problemstellern und den anderen Schülergruppen.

In den Modellierungsveranstaltungen finden wir vier der fünf Merkmale von handlungsorientiertem Unterricht von Jank und Meyer (vgl. [6]):

Interessenorientierung Im handlungsorientierten Unterricht wird den Schülern Gelegenheit gegeben, durch den handelnden Umgang mit Themen eigene Interessen kritisch zu betrachten, weiterzuentwickeln und zu erkennen.

Ähnlich ist es bei den vom Felix-Klein-Zentrum für Mathematik betreuten Modellierungsveranstaltungen. Die Problemstellungen bei einer Modellierungswoche sollen ein möglichst breites Spektrum bieten, aus dem die Schüler die Themen auswählen können, die ihren Interessen am meisten entsprechen.

Selbsttätigkeit und Führung Im handlungsorientierten Unterricht wird den Schülern möglichst wenig vorgegeben. Sie sollen selbst erkunden, entdecken, planen usw. Diese Selbsttätigkeit der Schüler birgt jedoch die Gefahr, dass Unterricht zu „action and fun" verkommt. Es muss etwas Vernünftiges dabei herauskommen. Hier benötigt man eine Dialektik von Führung und Selbsttätigkeit.

Auch in der Modellierung wird wie beschrieben Wert darauf gelegt, dass die Lösungen von den Schülergruppen selbst erarbeitet werden. Dies zielt vor allem auf die Identifikation mit dem Problem ab. Die Schüler sind später die Experten, haben sich in die Problemstellung vertieft und sollen stolz auf die geleistete Arbeit sein. Die oben angesprochene Führung durch die Tutoren oder anwesende Lehrkräfte soll durch geschicktes Nachfragen geschehen und zwar so, dass die Schüler durch eigenes kritisches Hinterfragen der Arbeit Fehler selbst erkennen. Erfahrungsgemäß wird die Führung auch eben durch die Schülergruppe selbst übernommen, da man auf eine Präsentation vor anderen Schülergruppen hinarbeitet.

Verknüpfung von Kopf- und Handarbeit „Kopf- und Handarbeit der Schüler stehen im Lehr–Lern-Prozess in dynamischer Wechselwirkung zueinander" ([6]).

Hiermit ist gemeint, Schritt für Schritt eine Lernkultur aufzubauen, in der materielle Tätigkeiten der Schüler als Ausdruck menschlicher Entwicklung betrachtet werden. Echte Handarbeit im Sinne vom Bau eines realen Prototypen kommt auch zuweilen in den Modellierungsveranstaltungen vor. Jedoch ist dies sicher nicht die Regel. Andererseits kann man, nach unserer Meinung, eben die Erstellung einer Simulationssoftware, das Ausprobieren von Parametersätzen mit Hilfe von dieser oder auch das reale Experimentieren als eine Art materielle Tätigkeit ansehen. Da in fast allen Schülergruppen der letzten Jahre genau das praktiziert wurde, kann man auch dieses Merkmal des handlungsorientierten Unterrichts in der Modellierungsaktivität wiederfinden, wenn auch in abgeschwächter Form.

Einübung in solidarisches Handeln In Anlehnung an Jörg Habermas' Unterscheidung zwischen dem kommunikativen und dem instrumentellen Handeln definieren Jank und Meyer zwei Handlungsformen, die sprachlich-argumentative Verständigung über den Sinn und die Bedeutung von Handlungsaufgaben und die zielgerichtete Arbeit. Sie ergänzen diese durch eine dritte, nämlich das solidarische Handeln, das sowohl in kommunikativen wie auch im instrumentellen Handeln beinhaltet ist. Sprachliche Verständigung gehört zum kommunikativen Handeln. Sie besteht in der Verständigung zwischen den am Lehr–Lern-Prozess Beteiligten über Handlungsaufgaben und deren Lösungswege.

Zielgerichtete Arbeit besteht in der Bearbeitung der Handlungsaufgabe durch die Schüler. Solidarisches Handeln entsteht dort wo die beiden ersten Formen gut aufeinander abgestimmt sind. Es ist nicht am persönlichen, sondern am gemeinsamen Nutzen orientiert und ist auf Teamarbeit und kooperative Lehr–Lern-Formen angewiesen.

Mathematische Modellierung geschieht – zumindest in den vom Felix-Klein-Zentrum für Mathematik betreuten Veranstaltungen – in Gruppenarbeit. Die Gruppendynamik hat einen enormen Einfluss auf den Verlauf der Modellierungsveranstaltung. Hierbei spielt es auch eine Rolle, wie sehr sich die Gruppe mit der Problemstellung identifizieren kann.

Produktorientierung Handlungsorientierter Unterricht ist produktorientiert. Schüler und Lehrer verständigen sich auf ein Handlungsprodukt, welches dann bearbeitet wird. Mit ihm können sich die Schüler identifizieren, es kann Anreiz zur Kritik und zur Auswertung der Unterrichtseinheit durch die Schüler geben.

Hier unterscheidet sich handlungsorientierter Unterricht im Allgemeinen von mathematischer Modellierung. Lediglich in den Langzeitveranstaltungen, wie der vom Felix-Klein-Zentrum betreuten Junior-Ingenieur-Akademie oder den Fraunhofer MINT-EC Math Talents wird auf ein vorher gestecktes Handlungsprodukt hingearbeitet. Dabei ist das Ziel, gerade wegen der langen Zeit und der freien Planung von Schülerseite nicht sehr detailliert ausgearbeitet und kann im Laufe der Zeit verändert werden. Modellierung ist sicherlich aber orientiert am Prozess des Modellierens oder besser gesagt an allen Prozessen die zum Modellieren dazugehören. In den meisten Veranstaltungen steht am Ende jedoch eine Projektpräsentation.

Mathematische Modellierung stimmt also in vielen Teilen mit handlungsorientiertem Unterricht, vielleicht sogar Projektunterricht überein. Dies beinhaltet natürlich alle Vor- und Nachteile. Während über die Vorteile bereits etwas gesprochen wurde, möchten wir nun auf die Nachteile eingehen.

Das Einlassen auf mathematische Modellierung verlangt der Lehrkraft zwei Aufgaben ab, die unter Umständen schwer miteinander vereinbar sind. Sie muss einerseits die Richtlinien für die Lösungen auf ihre fachliche Angemessenheit und den Entwicklungsstand der Schüler prüfen, andererseits muss sie sich an den vermuteten Motiven und Spielräumen orientieren und so viele Handlungsspielräume wie möglich zur Verwirklichung eigener Ideen bieten. Sie muss also versuchen, Lehrziele und artikulierte Handlungsziele unter einen Hut zu bringen. Dies ist, wie im handlungsorientierten Unterricht, auf zwei Arten möglich: „Entweder man schafft es, die Schüler dazu zu bringen, sich die Lehrziele als Handlungsziele zu eigen zu machen (was umso eher gelingen dürfte, je stärker die Unterrichtssituation für die Schüler bedeutsame Probleme/Themenstellungen/Aufgaben enthält), oder aber es wird Raum gegeben, Interessenunterschiede anzusprechen, Gegensätze auszutragen und gemeinsame Handlungsziele auszuarbeiten und zu verfolgen.“ (vgl. [5]).

Die Schule bietet auch heute noch einige Widerstände gegenüber dem mathematischen Modellieren. So ist es schwierig, eine solche Unterrichtseinheit im 45-Minuten-Takt unterzubringen. Ebenso wirken Stoffdruck, Fächeraufteilung, sowie die oftmals genormten Klassenräume nicht unbedingt unterstützend auf den Handlungsorientierten Unterricht.

Angesichts dieser Widerstände sind zur Einführung dieses Unterrichtskonzepts wenigstens die Bedingungen zu schaffen, „die mit einigem guten Willen und ohne großen Aufwand möglich sind " (vgl. [5]). So ist es oft möglich, Stunden verwandter Fächer zusammenzufassen (etwa Biologie und Physik oder Französisch und Englisch) und somit mehr Zeit für handlungsorientierte Einheiten zu gewinnen. Ebenfalls ist es ratsam sich mit dem Kollegium abzusprechen, denn es ist möglich, dass man aufgrund der zeit- und arbeitsaufwändigen Projektphasen die Energien der Schüler von anderen Fächern gewollt oder ungewollt abzieht und sich die Schüler in den auf die Modellierung folgenden Schulstunden aufgrund der unterschiedlichen didaktischen Konzepte anders verhalten. Ebenso sollten sich Schüler und Lehrer mit der wichtigen Frage der Benotung auseinander setzen. So kann ein Projekt nun auch einmal scheitern: Dies sollte den Schülern klar sein und deshalb muss dieses Scheitern auch sanktionsfrei bleiben.

4 Die Felix-Klein-Modellierungswochen

Wie eingangs kurz beschrieben, wurde die erste Modellierungswoche für Schüler sowie Lehrkräfte bereits im Jahr 1993 organisiert und seitdem jährlich durchgeführt. Seitdem ist das Konzept nur leicht modifiziert worden. Im Folgenden wird der organisatorische Rahmen beschrieben, bevor einige Projekte aus vergangenen Modellierungswochen vorgestellt werden. Diese sollen dem Leser einen Eindruck zur Komplexität der behandelten Fragestellungen vermitteln und gleichzeitig zeigen, dass eine sehr große thematische Vielfalt möglich ist.

4.1 Das Veranstaltungskonzept

Seit 2009 veranstaltet das Felix-Klein-Zentrum für Mathematik zwei Mal pro Jahr eine Modellierungswoche für 40–48 Schüler sowie 16 Lehrkräfte in Rheinland-Pfalz. Nach Ausschreibung der Veranstaltung bewerben sich Lehrkräfte mit jeweils 2–4 Schülern der Jahrgangsstufen 11–13 um die Teilnahme. Dabei lautet die Empfehlung, Schüler mit sehr guten Mathematikkenntnissen sowie Interesse an interdisziplinärem Arbeiten und dem Einsatz des Computers auszuwählen. Programmierkenntnisse werden dabei nicht vorausgesetzt, sind aber natürlich nicht hinderlich. Auf diesen Punkt werden wir später noch genauer eingehen. Für die Lehrkräfte ist die Veranstaltung als Fortbildung vom Ministerium für Bildung, Wissenschaft, Weiterbildung und Kultur anerkannt.

Veranstaltungsort ist zumeist eine Jugendherberge, in der alle Teilnehmer und Betreuer für die Dauer der Modellierungswoche untergebracht sind. Dies verursacht auf der einen Seite Kosten, bringt andererseits eine Menge Vorteile gegenüber einer Durchführung beispielsweise an der Universität, bei der die Teilnehmer morgens kommen und nach einer definierten Arbeitszeit am Nachmittag zur Übernachtung wieder nach Hause gehen.

Der zeitliche Rahmen ist dabei immer gleich: Die Teilnehmer reisen an einem Sonntagabend an und nach dem Abendessen werden nach der Begrüßung und einer kurzen Einführung insgesamt acht Projekte vorgestellt. Dies geschieht durch die Projektbetreuer, die in der Regel Dozenten, Mitarbeiter und Doktoranden der TU Kaiserslautern, des Fraunhofer-Instituts für Techno- und Wirtschaftsmathematik ITWM sowie der Universität Koblenz-Landau sind, mit der seit einigen Jahren eine Kooperation besteht. Die Projektvorstellung dauert normalerweise 5–10 Minuten und wird wie in Abschn. 2 beschrieben in der Sprache des Anwenders formuliert, ist also allgemein nahezu frei von mathematischen Ausdrücken und Fragestellungen. Einige Beispiele für derartige Projektbeschreibungen werden im Anschluss an die Darstellung des organisatorischen Konzepts vorgestellt. Nach jeder Vorstellung haben die Teilnehmer die Möglichkeit, Fragen zu stellen. Auffallend ist, dass zu diesem Zeitpunkt allgemein sehr wenige Fragen auftreten, was sich genauso regelmäßig im weiteren Verlauf der Modellierungswoche ändert.

Nach Abschluss der Projektpräsentationen können die Teilnehmer ihre Präferenzen für die Wahl eines der acht Projekte äußern, die über eine speziell zu diesem Zweck entwickelte Software aufgenommen werden.[2] Dabei werden bis zu drei Favoriten gewählt, zusätzlich kann ein Thema angegeben werden, das man auf keinen Fall bearbeiten möchte. Nach Abschluss der Wahl werden von der Software acht Projektgruppen mit jeweils 5–7 Schülerinnen und Schülern sowie zwei Lehrkräften eingeteilt. Wichtigstes Kriterium sind dabei natürlich die Präferenzen der Teilnehmer, doch es gibt einige Nebenbedingungen, die ebenfalls berücksichtigt werden:

- Teilnehmer derselben Schule werden nach Möglichkeit in verschiedene Gruppen eingeteilt. Dies stößt zwar oft bei den Schülern zunächst nicht auf große Begeisterung, weil die eigenen Mitschüler meist die einzigen Personen sind, die man neben dem Lehrer vor Beginn der Veranstaltung kennt. Auf der anderen Seite wird nach unserer Erfahrung die Teamarbeit sehr dadurch erleichtert, dass sich nicht automatisch kleine Gruppen innerhalb der Projektgruppen bilden und die Teilnehmer offener kommunizieren, weil sie ihre Teammitglieder noch nicht so gut kennen und dadurch selten (evtl. falsche) Annahmen über deren Stärken und Schwächen treffen, die die Arbeit eher behindern würden.

  Da die Teilnehmer in den Projektgruppen in der Regel schnell zum „Du" übergehen, ist es auch für die Lehrkräfte unkomplizierter, wenn sie nicht mit den eigenen Schülern direkt zusammen arbeiten.
- Programmierkenntnisse sind bei den meisten Fragestellungen wünschenswert, so dass bei der Einteilung der Teams nach Möglichkeit in jede Gruppe mindestens ein Teilnehmer mit guten Kenntnissen eingeteilt wird. Je nach Anforderungen der Projekte können sich die Betreuer hier auch eine größere Anzahl von Programmierern oder weitere Spezialkenntnisse wünschen. Das können beispielsweise die Erfahrung mit Grafikprogrammierung oder dem Umgang mit Datenbanken sein oder ein guter Hintergrund in einer bestimmten Naturwissenschaft.

[2] Ausgangspunkt für diese Software war übrigens ein entsprechendes Projekt im Rahmen einer Modellierungswoche im Jahr 2009.

Nach Einteilung der Arbeitsgruppen gibt es zum Abschluss des ersten Abends noch eine kurze Informationsrunde mit den Projektbetreuern und den Lehrkräften zum Ablauf der Veranstaltung und der Rolle der Lehrkräfte, vgl. hierzu Abschn. 4.2.

Montags beginnt die Arbeit in den Projektgruppen. Zu diesem Zweck gibt es für jedes Team einen eigenen Arbeitsraum mit Flipchart oder Tafel. Das Programm liest sich relativ gleichförmig, denn die Arbeitszeiten umfassen jeden Tage 09:00–12:30 Uhr sowie 14:30–18:30 Uhr, wobei es am Vor- und Nachmittag jeweils eine feste Tee- & Kaffeepause gibt. Im Normalfall teilen die Teams sich ihre Pause aber nach eigenem Bedarf ein und nicht selten muss man zu den Pausen und Mahlzeiten die Teilnehmer daran erinnern, dass eine Unterbrechung der Arbeit auch sehr gut tun kann und der Mensch zwischendurch essen und trinken sollte!

Eine Ausnahme bildet der Mittwochnachmittag, der für einen gemeinsamen Ausflug genutzt wird. Hier steht ein Besuch im Fraunhofer-Institut für Techno- und Wirtschaftsmathematik ITWM und der TU Kaiserslautern an, wenn die Veranstaltung in hinreichender Nähe stattfindet. Andernfalls gibt es Firmenbesuche oder auch eine Freizeitaktivität wie Geocaching oder Rafting auf dem Rhein. Sinn dieses Ausflugs ist eine verordnete Auszeit, die ein Abschalten von der Beschäftigung mit dem eigenen Modellierungsprojekt ermöglicht und die Möglichkeit zum Austausch mit den anderen Teilnehmern gibt. In der Konsequenz wird nach der Rückkehr oft der Abend zur Fortsetzung der Arbeit genutzt, weil nach der Abwechslung neue Ideen entstanden sind, die ausprobiert werden wollen.

An den Abenden ist generell keine offizielle Arbeitsphase vorgesehen, die Teilnehmer beginnen aber im Laufe der Woche damit, auch in der vermeintlichen Freizeit weiter zu arbeiten. Für zukünftige Veranstaltungen sind optionale Mini-Workshops zu Themen wie *Umgang mit dem Schriftsatzsystem LaTeX* oder *Einführung in Matlab* geplant. Spätestens am Donnerstag, dem letzten Abend, sind dann alle Teilnehmer sehr lange aktiv: Da die Modellierungswoche am Freitag mit Ergebnispräsentationen aller Projektgruppen endet und auch eine kleine schriftliche Dokumentation der Arbeit vorgesehen ist, sind die ersten Teams meist gegen Mitternacht fertig mit ihrer Arbeit, für einige geht es bis tief in die Nacht. Dabei gehören auch Probepräsentationen – teilweise mehrfach – zum (freiwilligen) Programm.

Der Freitag steht dann im Zeichen der Ergebnispräsentationen: Jedes Team präsentiert die erarbeitete Lösung, wobei nur die Schüler aktiv eingebunden sind. Die Präsentationsdauer beträgt 20–25 Minuten und es schließt sich eine kurze Diskussion mit abschließendem Kommentar des betreuenden „Anwenders" an. Sehr wichtig ist an dieser Stelle, dass die Ergebnispräsentation in der Sprache des Anwenders – für den sie ja gedacht ist – erfolgt und auf mathematische Details so weit wie möglich verzichtet. Diese können in der schriftlichen Dokumentation natürlich ausgeführt werden. Dieser Umstand führt dazu, dass die Ergebnispräsentationen stets von allen Teilnehmern gut verstanden werden können und es auch eine rege Beteiligung in den Diskussionen mit zahlreichen Fragen gibt. Dabei fällt auf, dass sich die Teilnehmer zum einen trauen, ihre tatsächlichen Fragen zu stellen, auf der anderen Seite die Vortragenden wirkliche Experten ihrer Thematik geworden sind und die Fragen in aller Regel sehr souverän beantworten können. Auch Gäste der

Abschlusspräsentationen, die vorher keinen Einblick in die Arbeit der einzelnen Gruppen hatten, bestätigen diese Tatsache, die ein sehr wichtiges Merkmal der Modellierungswoche und auch der daraus abgeleiteten Veranstaltungen mit Schülern ist. Alle Teilnehmer bekommen selbstverständlich zum Schluss Teilnahmebescheinigungen und die Veranstaltung schließt mit einem gemeinsamen Kaffee- & Kuchenbuffet.

Zur Organisation lässt sich noch sagen, dass bei der Ausschreibung und Einladung die Teilnehmer dazu ermutigt werden, eigene Notebooks oder Tablets mitzubringen. Darüber hinaus gibt es einen Notebookpool, so dass jedes Team zumindest ein leistungsstarkes Gerät zur Verfügung hat. Während in der Anfangszeit der Modellierungswochen meist ein zentraler Computerraum eingerichtet wurde, in dem acht Desktopcomputer mit Internetzugang und Drucker vorhanden waren, werden seit einigen Jahren die Notebooks in den Gruppenräumen benutzt. Der Internetzugang erfolgt über WLAN und es gibt inzwischen auch die Möglichkeit, über ein separates Netzwerk Daten auszutauschen sowie einen Drucker zu benutzen. Während in der Anfangszeit die zur Verfügung gestellten Computer meist die einzigen Geräte waren, ist heute eine Anzahl von drei und mehr Notebooks pro Gruppe der Normalfall.

Bei der Software gibt es von unserer Seite keine Vorschriften, lediglich Angebote: Auf den bereitgestellten Geräten steht daher Standardsoftware wie ein Office-Paket, Tools zur Grafikbearbeitung und verschiedene Programmierumgebungen zur Verfügung (normalerweise Java, Free Pascal/Lazarus, Python, C/C++). Darüber hinaus bieten wir den Teilnehmern die Verwendung der wissenschaftlichen Programmierumgebung Matlab an. Diese Software ist kommerziell, doch die Firma Mathworks stellt uns für die Dauer der Veranstaltungen temporäre Lizenzen zur Verfügung, die von den Teilnehmern auch auf ihren eigenen Computern genutzt werden können. Matlab hat dabei den riesigen Vorteil, dass die sehr umfangreiche Dokumentation und Funktionsbibliothek es auch Programmieranfängern ermöglicht, ihre mathematischen Modelle und daraus entwickelten Algorithmen mit dem Computer zur Lösungsfindung umzusetzen. Nach sehr guten Erfahrungen in anderen Schulprojekten wird es in Zukunft auch eine Einführung in LaTeXgeben, da die Schüler sich meist sehr schnell damit zurecht finden und bei der Verarbeitung mathematisch-naturwissenschaftliche Inhalte Freude an der professionellen Darstellung haben.

4.2 Rolle der Lehrkräfte

Während der Modellierungswoche arbeiten, wie oben beschrieben, Lehrkräfte in den Schülergruppen mit. Sie übernehmen dabei verschiedene Aufgaben. Zunächst sind sie auf Grund ihrer rechtlichen Stellung Aufsichtspersonen für die Schüler. Andererseits sollen sie aber auch am Modellierungsprozess teilnehmen. Oftmals ist es auch für die Lehrer das erste Mal, dass sie ein alltägliches Problem mit Hilfe von mathematischer Modellierung bearbeiten. Wichtig dabei ist allerdings, dass sie den Schülern nicht ihre eigene Lösung aufdrängen. Vielmehr sollen sie in der Gruppe selbst – als Modellierer – „Schulter an Schulter" diskutieren, die Schüler aber selbst die rote Linie vorgeben lassen. Dennoch sind sie gerade bei der Umsetzung von für die Schüler unbekannten Techniken Ansprechpartner und sollen hier unterstützend wirken.

Es ist zu betonen, dass man den Lehrkräften vorher in einem „Briefing“ erklären muss, dass ein Scheitern während des Modellierens dazugehören kann und sie hierbei zunächst die Schüler scheitern lassen, sie dann aber für neue Ideen motivierend unterstützen sollen.

4.3 Ausgewählte Modellierungsprojekte

Dieser Abschnitt stellt einige sehr unterschiedliche Projekte vor, die bisher im Rahmen von Modellierungswochen bearbeitet worden sind. Die Beschreibung ist in der Sprache des jeweiligen Anwenders gefasst und stellt die schriftliche Ausführung der Projektpräsentationen dar, die von den Betreuern zu Beginn der Veranstaltung zur Vorstellung der Fragestellungen gegeben werden. Die mündlichen Präsentation werden nach Möglichkeit durch kurze Videosequenzen oder praktische Demonstrationen ergänzt.

Ziel ist an dieser Stelle nicht eine tiefe Darstellung der entsprechenden Projekte mit Vorstellung verschiedener Lösungsmöglichkeiten, sondern die Vermittlung eines Eindrucks von der Komplexität und Vielfältigkeit der behandelten (und behandelbaren) Fragen. Daher folgenden nach der jeweiligen Beschreibung jeweils einige Kommentare zu generellen Lösungsstrategien der bearbeitenden Gruppen sowie verwendeten Daten und Software.

Beispiel 1 (Ist das Watscheln der Pinguine energieeffizient?) Pinguine sind im Wasser sehr agil. Bei unter Wasser erreichten Geschwindigkeiten von über 10 km/h steht ihre Schwimmtauglichkeit außer Frage. Für das Laufen an Land scheinen sie jedoch nicht geschaffen zu sein mit ihrem torpedoförmigen Körper und den sehr kurzen Beinen. Die daraus resultierende Forstbewegungsart an Land ist der bekannte Watschelgang. Man weiß, dass Pinguine zum Laufen mehr Energie benötigen als andere Landtiere mit gleichem Körpergewicht. Aus diesem Grund ist es naheliegend anzunehmen, dass Pinguine ihre Energie nicht sehr effizient zum Laufen einsetzen. Das wäre jedoch seltsam, da einige Pinguinarten lange Strecken über Land zurücklegen, um ihre Brut- und Nistplätze zu erreichen. Und tatsächlich gibt es auch Forschungsergebnisse, aus denen sich folgern lässt: Pinguine haben den für ihre Körperform idealen Gang entwickelt und sparen durch das Watscheln sogar Energie! Dies wird unterstützt durch die Ergebnisse von Rodger Kram, welche er im Artikel „Penguin waddling is not wasteful“ vorstellt:

http://spot.colorado.edu/~kram/penguins.pdf

Ihr sollt diesem Sachverhalt vom mathematischen Standpunkt aus auf den Grund gehen, indem ihr eine Möglichkeit findet, den Watschelgang zu beschreiben und die dafür nötige Energie zu beurteilen. Könnt ihr die Forschungsergebnisse des Biologen bestätigen (Abb. 1)?

Abb. 1 Humboldt-Pinguine und physikalisches Modell (Foto, Zeichnung: ©Andreas Roth)

In der renommierten Zeitschrift *Nature* publizierte Rodger Kram im Jahr 2000 seine Forschungsergebnisse, in denen er mit Hilfe von Experimenten nachwies, dass Pinguine mit ihrem Watschelgang ihre Energie im Rahmen ihrer für die Wasserwelt optimierte Anatomie sehr effizient zur Fortbewegung an Land einsetzen.

Der angewandte Mathematiker stellt sich natürlich direkt die Frage, ob man auch ohne Experimente mit den Tieren diese Effizienz der ungewöhnlich aussehenden Fortbewegungsart nachweisen kann. In diesem Projekt, welches bereits zwei Mal im Rahmen einer Modellierungswoche bearbeitet wurde, ist es nicht einfach, ein geeignetes Modell zu entwickeln: Die wesentlichen biomechanischen Eigenheiten der Pinguine müssen abgebildet werden, doch zu viele Details machen das Modell schnell komplex – zumindest für eine weitere Analyse mit Mitteln der Schulmathematik.

Trotzdem kommt man sehr schnell zu einem Modell basierend auf Differentialgleichungen, die anschließend numerisch gelöst werden können. Das Beschaffen realistischer Daten für die Abmessungen und Masseverteilung von Pinguinen ist gar nicht leicht, doch mit geeigneten Werten kann tatsächlich auch in der Simulation gezeigt werden, dass Pinguine an Land im Vergleich zu anderen Tieren ihre Energie vergleichsweise gut einsetzen.

Zu dieser Fragestellung kann bemerkt werden, dass die Versuche der Schüler, in eigenen Experimenten den Gang der Pinguine nachzuahmen und dabei Erkenntnisse für das Erstellen eines guten Modells zu gewinnen, wirklich sehenswert waren!

Beispiel 2 (Faire Wertung im Laufladen-Cup) Im Jahr 2006 wurde in der Westpfalz zum ersten Mal der *Laufladen-Cup* ausgetragen, der seitdem jährlich statt findet. Die Serie umfasste 2013 die folgenden 10 Volksläufe:

Datum	Veranstaltung	Streckenlänge
24.03.	Der Laufladen Halbmarathon der TSG Kaiserslautern	21.1 km
07.04.	Trail Run Rodenbach	10 km
21.04.	Volkslauf *Auf der Platte* (Pirmasens)	10 km
03.05.	41. Intern. Volkslauf Höheinöd	10 km
31.05.	Mölschbacher Wildsaulauf	10 km
07.06.	Intern. Abend-Volkslauf (Frankenstein)	15.6 km
08.06.	9. Kuseler Hutmacherlauf	10 km
04.08.	Udo-Bölts-Lindenparkfestlauf (Heltersberg)	12.8 km
10.08.	Residenzfestlauf Kirchheimbolanden	10 km
31.12.	41. Intern. Silvester-Straßenlauf (Kottweiler)	10 km

Am Ende des Jahres gibt es jeweils eine Gesamtwertung für alle Teilnehmer, die an mindestens 6 der 10 Veranstaltungen teilgenommen haben. Dabei wird bei den einzelnen Wettkämpfen allen Teilnehmern eine Punktzahl zugeordnet gemäß folgender Berechnungsvorschrift:

$$P_i = 550 - 250 \cdot \frac{z_i}{z_s}, \quad P_i: \text{ Punktzahl für Läufer } i, \tag{1}$$

$$z_i: \text{ Zeit von Läufer } i \text{ in Sekunden} \quad z_s: \text{ Siegerzeit in Sekunden.} \tag{2}$$

Bei Etappenrennen im Laufen oder beim Radfahren bestreiten üblicherweise alle Teilnehmer jeden Wettkampf und für die Gesamtwertung werden die Zeiten jeweils addiert. Diese Form der Wertung ist einfach und erscheint fair. Bei der oben beschriebenen Art der Gesamtwertung stellen sich im Gegensatz dazu mehrere Fragen:

- Gibt obige Punktewertung die Leistungsunterschiede innerhalb eines Wettkampfs gut wieder?
- Ergibt die Gesamtwertung durch Addition der besten 6 Ergebnisse eines jeden Läufers eine objektive Reihenfolge?
- Kann man durch geschickte Auswahl der Veranstaltungen seine eigene Punktzahl optimieren – und wie müsste das System geändert werden, damit so etwas nicht möglich ist?

Die geschilderte Fragestellung klingt sehr unscheinbar. Wenn man die am Ende der Woche vorgestellte Lösung nur flüchtig betrachtet, könnte man den Eindruck bekommen, dass nicht viel dahinter steht – aber dieser Eindruck täuscht! Wenn man sich die Einführung einer neuen Wertung im Skispringen in der Saison 2009/10 anschaut, bei der die Einflüsse von Wind und Länge des Anlaufs in komplizierter Art und Weise einbezogen werden. Dazu wird ein komplexes Modell verwendet, welches die Wertung für Athleten wie Zuschauer wenig intuitiv erscheinen lässt.

Angesichts dieses „Vorbilds“ war es von Beginn an ein wichtiges Ziel, die verbesserte Wertung so zu gestalten, dass sie für die Sportler nachvollziehbar und möglichst einfach zu berechnen ist. Viele Diskussionen wurden zur Klärung des Begriffs einer *fairen Wertung* geführt, welche natürlich essentiell für die Entwicklung eines Modells ist.

Man erkennt relativ schnell, dass die konstante Vergabe von 300 Punkten für den Sieger einer Veranstaltung Kern des Problems ist: Erreicht dieser Sieger nur eine vergleichsweise schwache Zeit, bekommen alle anderen Läufer mehr Punkte, als sie normalerweise für ihre Leistung bekämen. Da für die Gesamtwertung nur 6 von 10 Veranstaltungen berücksichtigt werden, kann die Teilnahme an einem solchen Wettkampf mit vergleichsweise hohen Punktzahlen einen großen Vorteil gegenüber direkten Konkurrenten bedeuten, die nicht dabei sein konnten.

Aber wie behebt man dieses Problem, ohne die Wertung gleichzeitig stark zu verkomplizieren? Das bearbeitende Team hat eine sehr überzeugende Lösung gefunden, die ab dem Jahr 2014 als offizielle Wertung des Laufladen-Cups eingesetzt wird und nicht viel schwieriger zu berechnen ist als das alte System. Weiterhin hat einer der beteiligten Schüler eine webbasierte Software entwickelt, die zukünftig die automatische Auswertung des Cups erlaubt und dabei viele Vergleichs- und Prognosemöglichkeiten für die Läufer bietet. Hier ergab sich also die Möglichkeit, am Ende des Modellierungsprozesses ein Produkt zu entwickeln, welches tatsächlich vom Anwender eingesetzt wird – eine besondere Bestätigung der Leistungen der Modellierer.

Beispiel 3 (Optimales Streubild von Streufahrzeugen) Sobald Schnee und Glatteis drohen, rücken die Streufahrzeuge aus. Innerstädtisch sind die Fahrzeuge mit durchschnittlich 40 km/h ausreichend schnell unterwegs, doch auf Autobahnen sind sie mit durchschnittlich 60 km/h für viele Autofahrer ein Hindernis. Laut StVO sind Streufahrzeuge bei ihrem Winterdienst bevorrechtigt und dürfen nur überholt werden, wenn der Straßenzustand es wirklich erlaubt. Aber warum fahren die Streufahrzeuge denn nicht schneller?

Für die Straßenmeistereien ist es essentiell zu wissen, ob sie für Autobahnen Spezialfahrzeuge kaufen müssen, oder ob es ausreicht, auch dort die Standardfahrzeuge für den innerstädtischen Verkehr einzusetzen. Um die Einsätze möglichst effektiv planen zu können, müssen Straßenmeistereien und Hersteller von Streufahrzeugen genau wissen, welche Einflussfaktoren das Ausbringen des Streugutes beeinflussen.

- Bei welcher Geschwindigkeit z.B. wird die Straße optimal gestreut?
- Wie wirken sich Veränderungen des Wurfwinkels aus?
- Wie wird ein optimales Streubild von Winterdienst-Fahrzeugen erreicht?

Bei dieser Fragestellung muss man sehr aufpassen, dass man sich nicht in Details verliert. Wie genau sieht die Wirkung von Streusalz auf der Straße aus? Wie hoch muss abhängig von den Umweltbedingungen die Dichte des ausgestreuten Streusalzes sein, damit die gewünschte Wirkung erreicht wird? Man kann sich dazu chemische Reaktionen betrachten und hat es schnell mit komplexen Zusammenhängen zu tun. Vergleichswerte aus der Praxis bekommt man hingegen kaum.

Abb. 2 Streufahrzeug im Einsatz (Foto: glasseyes view (flikr), Creative-Commons Lizenz)

Ein weiterer wichtiger Einflussfaktor ist die Methode, mit der Salz aus dem Fahrzeug über einen sich drehenden Teller ausgebracht wird (Abb. 2). Hier geht es darum zu untersuchen, wie Drehgeschwindigkeit, Neigung des Tellers, Reibungskräfte und äußere Einflüsse wie Wind und Verwirbelungen hinter dem Fahrzeug sich auf die Verteilung auswirken.

Findet man einen guten Kompromiss aus hinreichender Einfachheit und den nötigen Details, so ergeben die Simulationen aufschlussreiche Zusammenhänge zwischen Geschwindigkeit des Fahrzeugs, Frequenz des Drehteller und pro Zeiteinheit ausgebrachter Salzmenge in Relation zur Breite der Straße.

Beispiel 4 (Optimierung der Qualität von Vliesstoffen) In der Textilindustrie werden mit Hilfe der Nadel-Technik (vgl. Abb. 3) aus flauschigen, lockeren Vliesstoffen preiswert und schnell strapazierfähige und reißfeste Gewebe hergestellt, die z.B. als Teppiche, Fütterungs- oder Isoliermaterialien ihre Verwendung finden.

Bei der Nadel-Technik wird der Ausgangsvliesstoff auf einem Transportband langsam unter einem Nadelbrett hindurchgeführt, das in einer vorgegebenen zeitlichen Periode auf den Stoff gepresst wird (vgl. Abb. 4). Auf diese Weise wird das lose Vliesmaterial zu einem festen Gewebe gestanzt. Die Einstanzlöcher der Nadeln ergeben im Gewebe Muster, die von der Nadelverteilung und dem Bandvorschub abhängen. Diese Muster entscheiden über die Einsetzbarkeit und Qualität des Endprodukts. Da Streifen, Raster oder Verdichtungen auf dem Textilmarkt eine Qualitätsminderung darstellen, möchte unser Auftragge-

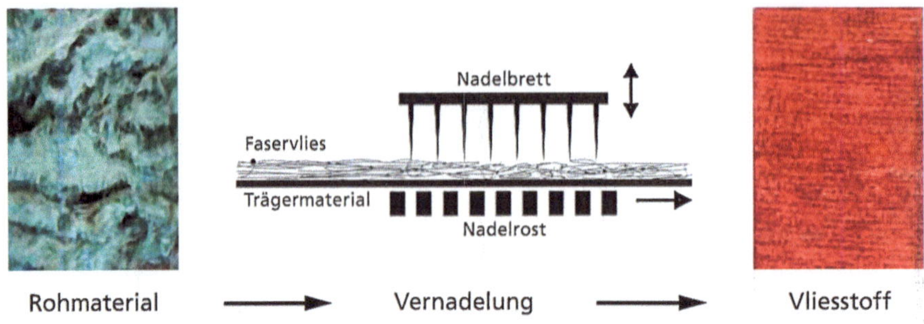

Abb. 3 Schematische Darstellung des Nadel-Prozesses (Grafik: Fraunhofer ITWM)

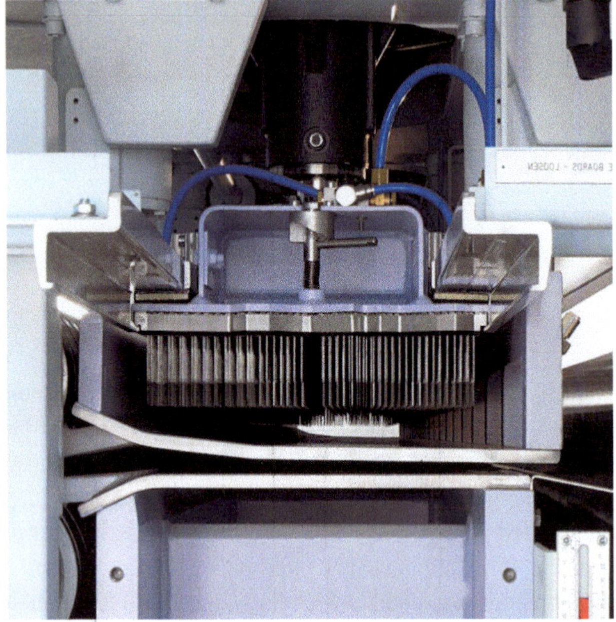

Abb. 4 Maschine zum Nadeln von Vliesstoffen (Foto: Autefa Solutions Germany Gmbh)

ber Gewebe mit einer besonders homogenen Verteilung der Einstanzlöcher produzieren. Wie kann er seine Nadel-Technik dazu perfektionieren?

Dieses Problem stellt die Schüler vor die Aufgabe, durch ein fix vorgegebenes Nadelbrett ein möglichst zufälliges erscheinendes Bild der Einstiche im Vlies zu erzeugen. Als Parameter können die Frequenz des Einstechens sowie die (konstante) Transportgeschwindigkeit des unter dem Nadelbrett durchlaufenden Vliesstoffes variiert werden.

Eine grundlegende Frage ist die nach einer passenden Definition eines nicht wahrnehmbaren Einstichmusters. Sehr starke Strukturen wie Linien sowie sich regelmäßig wiederholende Stellen höherer Einstichdichte können leicht wahrgenommen werden, doch wie kann man sich ein kontinuierliches Maß für den Grad an Muster bzw. Regelmäßigkeit vorstellen, mit dem die Güte verschiedener Konfigurationen bewertet werden kann?

Eine Herangehensweise der Schüler ist es, zunächst eine feste Anordnung der Nadeln auf dem Brett vorzugeben und dann durch Simulationen zu untersuchen, wie homogen und wie zufällig das zugehörige Bild ist, wenn man die vorhandenen Parameter verändert. Hierbei stellt gerade die Definition eines zufälligen Bildes die Schüler vor ein Problem. Außerdem müssen unterschiedliche Kombinationen der zwei Parameter systematisch untersucht und bewertet werden.

Das Problem hat in bisherigen Bearbeitungen ganz unterschiedliche Ansätze zu Tage gefördert: Es gab Schülergruppen, die sich sehr intensiv mit der mathematischen Beschreibung von Zufall und dem Erzeugen echter Zufallszahlen beschäftigt haben. Andere haben mit mechanischen Erweiterungen der Maschine experimentiert, so dass das Nadelbrett neben der vertikalen Stanzbewegung mit konstanter Frequenz noch weitere horizontale Bewegungen ausführen kann. Dabei entstehen teilweise sehr unerwartete Fragestellungen: Eine Schülergruppe der Jahrgangsstufe 10 stellte sich so selbst die Aufgabe, entlang einer Sinuskurve äquidistant Nadeln zu platzieren. So fanden sich die Betreuer plötzlich inmitten der Frage wieder, wie man die Bogenlänge einer Kurve definieren und berechnen kann, was die Erläuterung des den Schülern bis dahin unbekannten Ableitungsbegriffs nach sich zog...

Neben der mathematischen Herangehensweise bietet die Fragestellung auch die Möglichkeit, sich experimentell einer Lösung zu nähern: Wenn man aus Kork oder Styropor und dünnen Nägeln selbst Nadelbretter bastelt, kann man anschließend den realen Prozess durch Stanzen einer mit konstanter Geschwindigkeit bewegten Tapete simulieren und anschließen die sich ergebenen Einstichbilder analysieren und bewerten. Dies gibt schon sehr jungen Schülern die Möglichkeit, sich der Fragestellung auch ohne Zuhilfenahme von Computersimulationen zu nähern und sich Gedanken über die grundlegende Problematik zu machen. Wenn durch diese Art von Experiment das Interesse der Schüler geweckt wird, ist oft die Motivation zum Erlernen des Programmierens gegeben, die mühselige reale Experimente mit Kork und Nägeln in eine virtuelle Welt verlagert, in der sich neue Möglichkeiten eröffnen.

Beispiel 5 (Straßenbeurteilung anhand von Streckendaten) In diesem Projekt soll untersucht werden, wie man anhand von gegebenen Streckendaten eine Straße oder ein ganzes Straßennetzwerk beurteilen kann. Dies soll anhand eines Datensatzes von Kaiserslautern stattfinden, der uns von der Abteilung *Mathematische Methoden in Dynamik und Festigkeit* am Fraunhofer-Institut für Techno- und Wirtschaftsmathematik ITWM zur Verfügung gestellt wurde. Die Daten basieren auf der Open Source Datenbank *OpenStreetMap*.

Mit Hilfe der Charakterisierung eines Straßennetzes ist es möglich, typische Belastungen für Fahrwerk, Bremsen oder Kupplung/Getriebe von Fahrzeugen – beispielsweise LKW – zu prognostizieren. Damit können zeitaufwändige Testfahrten teilweise oder ganz eingespart werden, weil Informationen für Gebiete mit einer vergleichbaren Charakteristik bereits bekannt sind und übertragen werden können.

Abb. 5 Straßenkarte der Region Kaiserslautern (OpenStreetMap-Daten visualisiert via Matlab®)

Einige Ziele des Projekts sind

- die Charakterisierung einzelner Straßen anhand einzelner Datenpunkte,
- die Beschreibung eines Straßennetzes,
- der Vergleich von Straßen oder ganzen Straßennetzen anhand der charakteristischen Eigenschaften.

Das Projekt sieht auf den ersten Blick eher unscheinbar aus und es ist nicht klar, an welcher Stelle mathematische Methoden hilfreich sein können. Herausforderungen finden Schüler an mehreren Stellen: So ist schon die Interpretation und Verarbeitung der *OpenStreetMap*-Daten von Straßen eines relativ kleinen Kartenausschnitts von etwas 50 km Kantenlänge wie in Abb. 5 unerwartet aufwändig. Der Datensatz enthält Informationen zu einzelnen Knotenpunkten, die geographische Daten (Längen- und Breitengrade müssen vor der graphischen Darstellung zunächst umgerechnet werden), Höhendaten, den Typ einer Straße (Landstraße, Autobahn usw.), Geschwindigkeitsbegrenzungen und vieles mehr. Eine nicht triviale Aufgabe besteht zum Beispiel darin, aus knapp 30.000 Knotenpunkten für das dargestellte Gebiet überhaupt die Straßen und Kreuzungen zu identifizieren, die für weitere Schritte bekannt sein sollten.

Anschließend wurden verschiedene Charakteristika eines Straßennetzes diskutiert und Möglichkeiten gesucht, aus den vorhandenen Daten entsprechende Werte zu ermitteln. Erste Ansätze waren etwa die Kreuzungsdichte eines Gebietes, die (maximale) Steigung eines Streckenabschnitts oder dessen *Kurvigkeit*. Nachdem einige sinnvolle Merkmale gefunden waren, wurde als nächstes Ziel die Bewertung einer Region anhand dieser Merkmale ins Auge gefasst. Aus den betrachteten Merkmalen wurde ein Bewertungsindex definiert, der für ein gegebenes Straßennetz ermittelt werden kann.

Die Schüler erkannten aber schnell, dass nicht alleine Durchschnittswerte charakteristisch sind, sondern auch die Möglichkeit, Zonen mit schlechten Eigenschaften umfahren zu können, berücksichtigt werden muss. So stellt sich die allgemeinere Frage nach einem Navigationsalgorithmus, der unterschiedliche wichtige Punkte einer Region nach Verbindungen untersucht, die im Hinblick auf die selbst gewählten Merkmale des Straßennetzes eine möglichst gute Bewertung aufweisen. Die Verteilung dieser Indices für relevante Verbindungen einer Region sollte dann ein Maß für die Bewertung und den Vergleich unterschiedlicher Regionen darstellen. Diese Idee konnte allerdings im Rahmen einer fünftägigen Modellierungswochen nicht abschließend verfolgt werden und wird im Anschluss als außerschulisches Projekt über einen längeren Zeitraum von mehreren Monaten fortgeführt.[3]

5 Die Modellierungstage

Die Modellierungstage haben sich als Kurzformat aus der Modellierungswoche entwickelt. In jedem Jahr führt das Felix-Klein-Zentrum für Mathematik bis zu 10 Veranstaltungen an Schulen durch. Im Folgenden wird das Veranstaltungskonzept näher beschrieben. Des weiteren wird auf die Entwicklung der Modellierungstage aus der Sicht der Lehrerfortbildungen eingegangen.

5.1 Das Veranstaltungskonzept

Das Felix-Klein-Zentrum für Mathematik veranstaltet jährlich auf Anfrage mehrere Modellierungstage an Schulen in Rheinland-Pfalz. An einer solchen Veranstaltung nehmen 20–30 Schüler sowie Teile der Fachkollegien der Schulen statt. Die Anfrage geht hierbei von der Schule aus. Da das Felix-Klein-Zentrum das Ziel hat, mathematische Modellierung an Schulen zu etablieren, wird bei der Auswahl darauf geachtet, ob die Schule bereits Modellierungserfahrung hat, etwa durch eigene Modellierungsaktivitäten oder bereits durchgeführte Modellierungstage und das eigene Angebot ausbauen will oder neue Erfahrung in Modellierung sammeln möchte. Die Modellierungsteams setzen sich häufig aus Leistungskursschülern der MSS zusammen, genauso regelmäßig werden Modellierungstage für die Jahrgangsstufen 9 und 10 angeboten. Es werden jedoch auch immer wieder Modellierungstage für andere Schülergruppen, sogar in der Grundschule, durchgeführt. Der zeitliche Rahmen bei Modellierungstagen hängt in der Regel von den Terminen der

[3]Zum Zeitpunkt der Entstehung dieses Kapitels befand sich die außerschulische Fortsetzung des Modellierungswochenprojekt gerade in der Planungsphase.

Schule ab und kann von ein bis drei Tagen variieren. Je nach Schule und Klassenstufe werden dabei pro Tag vier bis acht Schulstunden angesetzt. Dabei sollten neben den Schülergruppen zu jeder Stunde Lehrkräfte anwesend sein. Im Idealfall führen Lehrkräfte die Modellierungstage selbst durch und werden dabei von Mitarbeitern des Felix-Klein-Zentrums unterstützt. Der zeitliche Ablauf entspricht dem der Modellierungswoche (vgl. Abschn. 4) in kompakter Form: Zunächst – ähnlich dem Vorgehen bei der Modellierungswoche – erhalten die Schüler durch den Vertreter des Felix-Klein-Zentrums eine kurze Einführung in die Arbeit als angewandter Mathematiker und das mathematische Modellieren. Danach werden je nach Anzahl der Schüler verschiedene Themen zur Bearbeitung in Gruppen vorgestellt. Die Themen sind hierbei auch wie in Abschn. 3 beschrieben in der Sprache des Anwenders formuliert. Da die Modellierungstage auf dem Prinzip der Modellierungswochen basieren, eignen sich in der Regel die gleichen Problemstellungen sowohl für Modellierungstage als auch für Modellierungswochen. Erfahrungsgemäß braucht sich hierbei der Problemsteller keine Gedanken hinsichtlich der Machbarkeit der Themen innerhalb der doch kürzeren Zeit der Modellierungstage zu machen. Lediglich Problemstellungen, bei denen man sehr große Datenmengen nutzen muss, d.h. bei denen viel Arbeit in die Aufbereitung der Daten gesteckt werden muss, sollte man vermeiden oder abwandeln. Hier kann es nützlich sein, die Datenmenge vorab von Seiten des Problemstellers zu verkleinern oder vorzubearbeiten.

Im Anschluss an die Gruppenverteilung geht es in den Gruppen sofort los mit dem Sammeln von Ideen zur Bearbeitung der Projekte. Durch die kürzere Arbeitszeit ist es sinnvoll von Tutorenseite die Gruppen etwas mehr zu führen als etwa bei Modellierungswochen. Gerade kritisches Fragen oder die Ermutigung der Schüler zum kritischen Hinterfragen des eigenen Ansatzes oder Modells können Phasen der Stagnation verkürzen oder gar im Vorfeld vermeiden. Wichtig dabei ist es jedoch, nicht zu viel zu intervenieren, damit die Motivation der Schüler bei der Bearbeitung des Problems nicht abgeschwächt wird.

Am letzten Tag tragen die Schülergruppen ihre Ergebnisse in Kurzpräsentationen vor. Dies kann in verschiedenen Rahmen geschehen. So kann das Publikum lediglich aus den Lehrern, Problemstellern und restlichen Schülergruppen bestehen. Des öfteren sind aber weitere Schüler der Jahrgangsstufe anwesend. Daher ist es auch bei diesen Präsentationen wichtig, die Sprache des Anwenders zu verwenden, um sie einem möglichst breiten Publikum verständlich zu machen. Durch die Verständlichkeit ist damit wieder die Basis für eine wissenschaftliche Diskussion geschaffen.

Zur Organisation gibt es zu beachten, dass nach Möglichkeit ein Computerraum oder Laptopwagen für die Zeit der Modellierungstage zur Verfügung stehen sollte. Ebenfalls sollte ein Internetzugang gewährleistet sein. Ebenso wie bei den Modellierungswochen kann jedoch auch auf den Notebookpool des Felix-Klein-Zentrums zurückgegriffen werden, falls oben genannte Möglichkeiten nicht bestehen. Da den Teilnehmern auf Grund der mangelnden Zeit innerhalb von Modellierungstagen keine Programmiereinführungen gegeben werden können, sollten die Schüler auf ihnen bekannte Programmiersprachen oder Tabellenkalkulationen zurückgreifen. Es ist sicherlich von Vorteil, sich vor Beginn der Modellierungstage einen Überblick über die Programmierkenntnisse der Teilnehmer zu verschaffen.

5.2 Modellierungstage als Lehrerfortbildung

Aus unserer Sicht muss Modellierung selbst durchgeführt und erlebt werden, um sie zu lernen. Während Modellierungswochen wurde vielfach von Lehrerseite erläutert, dass das Konzept zwar gut, jedoch die Umsetzung in der Schule auf Grund von Zeit- und Lehrplandruck und auch der fehlenden Erfahrung der Lehrkräfte kaum möglich sei. Um diesem entgegenzuwirken, wurden Lehrerfortbildungen im Rahmen von Modellierungstagen konzipiert, die die Lehrer darauf vorbereiten sollen, mathematische Modellierung selbst in ihren Unterricht einzubauen. Hierbei soll neben dem mathematischen Modellieren auch der Fokus auf praxisrelevante Fragestellungen, wie dem Umgang mit 45-Minuten-Takt in einer Modellierungsveranstaltung oder dem Fehlen geeigneter Räumlichkeiten eingegangen werden.

Zur Zeit sind diese Fortbildungsmaßnahmen in einer Erprobungsphase und werden bei positiver Evaluation auch einem breiteren Publikum angeboten werden. Die Fortbildung von ganzen oder großen Teilen von Fachkollegien hat den Effekt, dass sich an der Schule Modellierungsteams bilden können, in denen sich die Lehrkräfte gegenseitig bei der Planung und Durchführung von Modellierung an der Schule unterstützen. Erfahrungsgemäß ist Modellierung an einer Schule möglich, es bedarf – damit sie auf einer breiteren Basis durchgeführt wird – mehrere Lehrer, die sich damit identifizieren können.

6 Lehrerfortbildungen

Wir stellen immer wieder fest, dass zwar bei den Lehrkräften eine große Bereitwilligkeit besteht, sich auf das Wagnis „Modellieren und MINT in der Schule" einzulassen. Aber es besteht auch oft große Ratlosigkeit, besonders bei der Problemfindung und der Konzeption des Unterrichts für die häufig interdisziplinären, realen Probleme. Die Tatsache, dass vor allem Modellieren, aber auch Implementieren nur durch Tun gelernt werden kann, stellt die Frage nach passendem Unterrichtsmaterial in bisher ungekannter Schärfe. Man kann den Lehrkräften keine vollständigen Problemlösungen zur Verfügung stellen, denn es gibt immer mehrere Lösungswege, die die Schüler (und die Lehrkräfte) selbst finden sollen. In der Praxis müssen die Lehrer oft auf nicht vorhersehbare Lösungsansätze sowie Probleme bei der Lösungsfindung ihrer Schüler reagieren. Dies ist allerdings nicht mit vorbereitetem Material zu leisten, sondern es bedarf des intensiven Trainings, um in angemessener Weise – auch spontan – reagieren zu können. Die Gestaltung von Fortbildungsseminaren für Lehrkräfte sollte darauf Rücksicht nehmen. Letztere sollen ja nicht passiv hören oder lernen wie man ein spezielles gegebenes Problem löst – sie sollen das Problemlösen selber aktiv erlernen; dies ist ein „metastrategisches Wissen", das man zwar lernen, aber nur schwer lehren kann. Trotzdem müssen den Lehrkräfte natürlich Hilfsmittel und geeignete Werkzeuge gegeben werden. Man muss die Lehrer fortbilden, sie in die Lage versetzen, geeignete Probleme zu finden, sie zu modellieren, die Lösungen approximativ zu berechnen. Auch sie lernen dies zunächst durch Tun, zum Beispiel gemeinsam mit Schülern – „Schulter an Schulter" – im Rahmen einer Modellierungswoche oder auch in komprimierten Lehreinheiten. Bewährt haben sich hierzu in jüngster Zeit interne Fortbildungsveranstaltungen für einzelne Fachlehrerkollegien, die vom Prinzip her an die Idee der Modellierungswoche angelehnt sind. Dabei berücksichtigen sie, dass Lehrkräfte natürlich ein größeres mathematisches Grundwissen als die Schüler haben, welches sie allerdings meist nicht in der für die Bearbeitung komplexer realer Fragestellungen geeigneten Weise einbringen können. Die Möglichkeit zum Erfahrungsaustausch innerhalb des Kollegiums erleichtert die spätere Umsetzung in der Schule nach ersten Erfahrungen spürbar. Ein solches Konzept könnte beispielsweise die Teilnahme an einer Modellierungswoche, das Durchführen von Projekttagen an der eigenen Schule (mit Unterstützung des Felix-Klein-Zentrums) sowie zum Abschluss die Konzeption und Betreuung eines eigenen Projekts bei der Modellierungswoche umfassen. Die Nachhaltigkeit wird dadurch gewährleistet werden, dass derart fortgebildete Lehrer ihr Wissen und ihre Erfahrungen an Kollegen der eigenen Schule und auch an Schulen der Umgebung weiter geben können. So bilden sich nach und nach lokale Zentren der Problemlösungs- und auch der Problemfindungskompetenz, die nur noch selten der Unterstützung durch Externe bedürfen. Auf dem Gebiet der Lehrerfortbildung sind in Kaiserslautern schon seit längerer Zeit zahlreiche Angebote ausgearbeitet worden: Fortbildungsseminare über das Pädagogische Landesinstitut (bzw. früher IFB Speyer), die Felix-Klein-Modellierungswochen (2× jährlich in Rheinland-Pfalz sowie 1× in Südtirol zusammen mit dem Deutschen Schulamt in Bozen), interne Fortbildungen für Fachkollegien einzelner Schulen in Modellierung, sowie die Junior-Ingenieur-Akademie am Heinrich-Heine-Gymnasium in Kaiserslautern.

7 Junior-Ingenieur-Akademie

Seit 2010 führt das Felix-Klein-Zentrum für Mathematik in Zusammenarbeit mit dem Heinrich-Heine-Gymnasium Kaiserslautern eine Junior-Ingenieur-Akademie (JIA) durch. Im Laufe der letzten Jahre wurde das Konzept für die JIA von Durchgang zu Durchgang weiterentwickelt. Im Folgenden werden wir diese Entwicklung näher beleuchten. Weiterhin wird auf Besonderheiten der Unterrichtsform eingegangen.

7.1 Das Veranstaltungskonzept

Kurz gesagt ist die Junior-Ingenieur-Akademie ein dreijähriges Projekt, in dem ein interdisziplinäres Thema, welches die Fächer Mathematik, Informatik und mindestens eine Naturwissenschaft umfasst, im Rahmen eines wöchentlich dreistündig unterrichteten Wahlpflichtfachs angeboten wird.

Mit Hilfe dieser Veranstaltungsform soll nicht nur ein neues Konzept für Mathematik- und Physikunterricht entwickelt, sondern vielmehr eine neue organisatorische Struktur etabliert werden. Darum wurde das Heinrich-Heine-Gymnasium, ein Gymnasium mit Hochbegabtenzweig, als Partner ausgewählt. Hier war bereits ein Wahlpflichtfach MINT eingeführt, welches ab der Klassenstufe 7 belegt werden kann.

Das vorherige Konzept sah vor, das Fach in drei Abschnitte zu unterteilen: Im ersten Jahr wurden die Schüler in Informatik unterrichtet, im zweiten Jahr gab es zusätzliche Mathematikstunden und das dritte Jahr sah Unterricht in einer Naturwissenschaft, d.h. Biologie, Chemie oder Physik vor (in wechselnder Reihenfolge). Während dieses 3-jährigen Kurses hatte die Klasse drei Unterrichtsstunden MINT pro Woche. Es ist wichtig zu betonen, dass die Unterrichtsinhalte keine Überschneidung mit dem Lehrplan der Klassenstufen 7–10 haben sollten. Das Hauptaugenmerk bei der Auswahl der Schule war nicht der spezielle Hochbegabtenzweig, sondern vielmehr die bereits existierenden organisatorischen Strukturen. Ähnliche Projekte wurden bereits durch das TheoPrax®-Zentrum in Pfinztal für Regelklassen der Stufen 8–10 durchgeführt (vgl. [4]). Die Lehr-Lernmethode TheoPrax® wurde in den 1990er Jahren von Peter Eyerer, Bernd Hefer und Dörthe Krause am Fraunhofer Institut für Chemische Technologie ICT entwickelt. Ziel ist die Nutzung handlungs- und praxisorientierter Lernkonzepte, die in Kooperation mit externen Partnern aus Industrie, Forschung und Dienstleistern als „Schnittstelle zwischen Schule und Wirtschaft" umgesetzt werden.

Zusammen mit der Schulleitung und Lehrern von MINT-Fächern wurde der neue Kurs MINT geschaffen: Natürlich war es immer noch ein Wahlpflichtfach mit drei Unterrichtsstunden pro Woche in den Klassenstufen 7, 8 und 10 (Klasse 9 wird im Rahmen von BEGYS übersprungen), allerdings gibt es nun ein gemeinsames Thema für einen gesamten 3-Jahres-Zyklus und jeweils wöchentlichen Unterricht in Mathematik, Informatik und einer Naturwissenschaft. Im ersten Durchgang, der in 2010 startete und 2013 beendet wurde, wurde das Thema *Standortplanung von Windparks* behandelt und neben Mathematik und Informatik das Fach Physik unterrichtet. Die zweite Runde mit Start in 2011 beschäftigte sich mit *Batterien, Akkumulatoren und Brennstoffzelle: Die Suche nach dem Super-Speicher* mit Chemie als zugehöriger Naturwissenschaft. Der 2012 startende Durchgang hat das Thema *Bioakustik: Automatische Erkennung von Vogelstimmen* mit zusätzlichem Unterricht in Biologie. In der nun neu gestarteten Junior-Ingenieur-Akademie geht es darum, ein ehemaliges Industriegelände in Kaiserslautern neu zu planen. Hierbei wird zusätzlich Geographie unterrichtet. Das Projekt hat dabei die Besonderheit, dass das Thema erst im Laufe der Bearbeitungszeit konkretisiert wird, so dass auf individuelle Schülerinteressen eingegangen werden kann. Dies hat dazu geführt, dass die Schüler sich inzwischen Fragen aus dem sehr aktuellen Gebiet der Elektromobilität zugewandt haben.

Bereits beim Lesen dieser Themen wird der eine oder andere Leser denken, dass diese Projekte sehr ambitioniert für Schüler sind, ja vielleicht sogar unmöglich – zumindest für die Mittelstufe. Unsere Idee war es, an Real-World-MINT-Problemstellungen zu arbeiten, die für Schüler interessant sind. Während des Kurses geht es nicht nur darum Konzepte zu erlernen und Probleme zu lösen. Auch sind die Lehrer nicht als Leitung, sondern vielmehr als Partner im MINT-Thema angesehen. Für jeden Durchgang gibt es ein Team von regulären und externen Lehrern: Die externen Lehrer sind Informatiker (für den Informatikunterricht in Runde 1 und 2) und Mathematiker für den Mathematikunterricht in Runde 2 bzw. für den Mathematik und Informatikunterricht in Runde 3 und 4. Zusätzlich hat jedes Fach einen Experten von der TU Kaiserslautern bzw. dem Fraunhofer-Institut für Techno- und

Wirtschaftsmathematik ITWM. Das Konzept umfasst regulären Unterricht (3 Stunden pro Woche wie bereits angesprochen) sowie zusätzlich Exkursionen und Workshops, welche in den 3-Jahres Kurs eingearbeitet sind. Beispiele für Exkursionen sind Besuche von Laboratorien der Universität (auch zum eigenen Experimentieren) oder anderen Instituten oder Firmen. Die Workshops reichen von *Team Building* über *Zeit- und Projektmanagement* bis hin zu *Kreativtätstraining* und *Konfliktbewältigung*. Ein wichtiger Punkt des Pilotprojekts ist die Finanzierung: Für die erste Runde wurde durch das Felix-Klein-Zentrum und das Heinrich-Heine-Gymnasium eine sogenannte Junior-Ingenieur-Akademie der Deutschen Telekom Stiftung angeworben. Dies deckte die Kosten für Exkursionen, Workshops sowie Materialien und Geräte ab, welche nicht im regulären Budget der Schule inbegriffen sind. Da sich bereits im ersten Jahr deutliche Erfolge abzeichneten, beschlossen beide Partner das Programm auf mindestens drei Runden, d.h. eine 5-Jahres Periode zu erweitern. Im Schuljahr 2013/14 wurde dann die 4. Runde gestartet, die JIA ist inzwischen zu einer regelmäßigen Einrichtung an der Schule geworden.

7.2 Eigenschaften der Junior-Ingenieur-Akademie

Eigenständige Planung soll Identifikation und Motivation erhöhen. Durch den oben beschriebenen Workshop *Zeit- und Projektmanagement* sollen die Schüler in die Lage versetzt werden, möglichst viele Phasen des Unterrichts selbst zu planen. Dabei sollen Kleinprojekte bzw. Unterrichtsinhalte so oft wie möglich durch die Klasse selbst vorgegeben werden. Hierbei spielt auch die Einbeziehung von Experten oder das Bewusstwerden fehlender Kenntnisse eine Rolle. Die Einbeziehung von Schülerideen macht Änderungen in der Unterrichtsplanung notwendig, ebenso kann eine Planung im Gegensatz zum Regelunterricht nur sehr kurzfristig gemacht werden. Gleichermaßen soll die eigenständige Planung jedoch die Identifikation mit dem Projekt sowie die Motivation zur Beschäftigung mit dem Stoff erhöhen. Es ist erlaubt, ja sogar erwünscht, dass die Schüler auch einmal in eine Sackgasse rennen, d.h. auch einmal eine schlechte Idee bis zum Ende denken.

Schülern soll Zeit gegeben werden, möglichst viele Erfahrungen selbst zu sammeln Innerhalb des MINT-Unterrichts soll den Schülern viel Zeit gegeben werden, sich auf vielfältige Weise mit dem Thema auseinanderzusetzen. Hierzu wird versucht, möglichst viel Kleingruppenarbeit zu garantieren. Hierbei haben die Mitglieder einer Gruppe verschiedene Aufgaben (Zeitnehmer, Materialwart, Gruppensprecher, Protokollant). Ebenso werden viele Experimente, etwa mit dem Rechner oder falls benötigt auch physikalische Experimente-durchgeführt. Von Beginn an wurde darauf Wert gelegt, die Ergebnisse regelmäßig in Kurzform zu präsentieren und zu diskutieren. Ab Klasse 8 in Runde 3 der JIA wurde die Klasse in „Expertenteams" aufgeteilt. Dadurch sollen individuelle Stärken und Interessen besser berücksichtigt werden. Ein Nachteil ist sicherlich die notwendige Vernetzung der einzelnen Gruppen im Hinblick auf das gemeinsame Ziel.

Der Weg zum Produkt ist das Ziel Die Problemstellungen in der JIA sind Real-World-Probleme und zielen daher auf ein Produkt am Ende der drei Jahre ab. Das Arbeiten auf ein großes Ziel gibt einen roten Faden für die drei Jahre vor. Es liefert die Motivation für das Weitermachen, wenn man in einer Sackgasse steckt. Ein gemeinsames Überlegen der Frage: „Wo wollen wir hin?" gibt oft neue Aspekte und Sichtweisen auf das Thema. Das Produkt am Ende ist ebenfalls wichtig für die Identifikation mit dem Projekt.

Technologie-Einsatz In Runde 3 wurden im Schuljahr 2013/14 Tablets in die Klasse eingeführt. Zusammengefasst kann man den Technologieeinsatz in zwei Teilbereiche einteilen: Zu einem wird der Rechner klassisch zur Dokumentation, Kommunikation, Präsentation und natürlich zum Berechnen eingesetzt. Zum anderen wird er als „Blackbox"-Tool genutzt, um anspruchsvolle (mathematische) Techniken durch geeignete Computerprogramme zu ersetzen. So kann etwa die Fourieranalyse eines Audiosignals mit dem Rechner vorgenommen werden. Ebenso kann man mit Hilfe eines Oszilloskops etwa Schall als Schwingungen verdeutlichen, die man als Audiosignal noch einmal erkennen und bearbeiten kann.

7.3 Setting und Entwicklung

Bereits vor der Zusammenarbeit mit dem Felix-Klein-Zentrum für Mathematik gab es eine Wahlpflichtfach MINT in der Mittelstufe des Hochbegabtenzweigs des Heinrich-Heine-Gymnasiums in Kaiserslautern. Hierbei konnten sich die Schüler entweder für einen 3-jährigen MINT-Kurs mit drei Unterrichtsstunden pro Woche oder für das Fach Japanisch entscheiden. Da die Klasse im Wahlpflichtbereich geteilt ist, wurde als Vorgabe gegeben, dass im Fach MINT Unterrichtsinhalte additiv zum Regelunterricht stehen, also nach Möglichkeit keinen Stoff behandeln, der sich mit dem regulären Lehrplan der Klassenstufen 7, 8 und 10 (Klasse 9 wird übersprungen) überschneidet. Hierdurch soll vermieden werden, dass die Schüler des MINT-Teils Vorteile gegenüber denen des Japanisch-Teils haben. Die Note im Wahlpflichtfach ist positiv versetzungsrelevant.

7.3.1 Entwicklung der JIA (ab Schuljahr 2012/13)

Zeiteinteilung In den Junior-Ingenieur-Akademien wurde in den ersten beiden Durchläufen die drei einzelnen Fächer (Mathematik, Informatik und eine Naturwissenschaft) jeweils einstündig pro Woche unterrichtet. Im Hinblick auf die Projektstruktur ist eine solche Zeiteinteilung nicht hilfreich. Ab dem Schuljahr 2012/13 konnte eine neue Zeiteinteilung umgesetzt werden. So ist man dazu übergegangen, die Naturwissenschaft in Stufe 7 als Einzelstunde, Mathematik und Informatik jedoch im Teamteaching als Doppelstunde abzuhalten. Seit Beginn des Schuljahres 2013/14 wird der Biologieunterricht in Runde 3 von einer Lehrerin gehalten, die auch den Mathematik- und Informatikunterricht im Teamteaching mitgestaltet. Diese flexible Einteilung gibt den Zeit- und Inhaltsspielraum, der im Rahmen dieses Projekts gebraucht wird. Durch das gemeinsame Teamteaching ist die Vernetzung der Lehrenden untereinander bei Unterrichtsplanung und Reflexion stark verbessert worden.

Kleingruppenunterricht Wie bereits oben beschrieben, arbeiten die Schüler in Projektarbeit mit einem Produkt als Ziel. Diese Produktorientierung liefert den roten Faden für das 3-Jahres-Projekt. Innerhalb des Projekts wird jedoch auch an Klein- oder Miniprojekten gearbeitet, um benötigte Kenntnisse und Fertigkeiten zu erwerben, die für das große Ziel am Ende gebraucht werden. Die Vorgabe, welche Miniprojekte bearbeitet und welche Kenntnisse benötigt werden, soll hierbei von Schülerseite kommen. Seit Beginn des Schuljahres 2013/14 arbeiten die Schüler in Runde 3 aufgeteilt in Expertenteams an verschiedenen Teilbereichen des Projekts. Das Ziel dieser Runde ist es eine App zu programmieren, welche automatisch Vogelstimmen erkennt. Hierbei ist neben der algorithmischen Umsetzung auch mathematische Modellierung, technische Umsetzung und sogar Design gefragt. Die Kleingruppen arbeiten entsprechend in diesen Teilgebieten und müssen sich so oft wie möglich austauschen, um das gemeinsame Projekt nicht aus den Augen zu verlieren. Einerseits soll dies die individuellen Fähigkeiten fördern und ausbauen, aber auch die Interessen der Schüler berücksichtigen. Andererseits hat die notwendige Vernetzung der einzelnen Gruppen auch den Vorteil, dass Spezialisten den Nicht-Spezialisten Sachverhalte möglichst genau erläutern müssen. Dieses war zu Beginn für die Schüler ungewohnt. Durch regelmäßige Kurz-Präsentationen von Ergebnissen ab Klassenstufe 7 sollen diese Fähigkeiten gestärkt werden. Zu beobachten ist, dass die Klasse nun selbst sehr kritisch mit schlechten Präsentationen und unverständlichen Erklärungen umgeht.

7.3.2 Rolle der Lehrenden – Teamteaching

Die Lehrkraft tritt in den Unterrichtsstunden vermehrt als Moderator, gegebenenfalls auch als Experte auf. Die Thematik geht oft über den Schulstoff hinaus, daher ist es nötig zuzugeben, dass man – auch als Lehrer – auf die gestellte Frage keine Antwort hat und nach Möglichkeit Experten um Rat fragen muss. Der Umgang mit Experimenten und Software erfordert oft mehr Zeitaufwand als geplant. Die Schüler sollen ja möglichst viel experimentieren und ausprobieren. Hierbei hat sich das Unterrichten im Team als sehr hilfreich erwiesen. Das Teamteaching ermöglicht es, individuell auf Schülerprobleme einzugehen, ohne dass andere Teile der Klasse benachteiligt werden. Durch die Anwesenheit von zwei Lehrkräften in einer Doppelstunde ist es auch möglich die Klasse etwa zum Erlernen von Programmierkenntnissen zu teilen. Dies hat sich als sehr effektiv erwiesen. Der eine Teil der Klasse unternimmt dann etwa physikalische Versuche, während der andere Teil am Rechner Programmieraufgaben umsetzt. Für den zweiten Teil der Doppelstunde werden dann die Rollen getauscht. Ein weiterer Vorteil des Teamteachings ist die Unterstützung bei der Unterrichtsplanung gerade im Hinblick auf die interdisziplinäre Struktur des Projekts.

7.3.3 Herausforderungen und Ideen

Die offene Struktur gibt wenig Vorlaufzeit zur Unterrichtsvorbereitung. Durch den Anspruch, nach Möglichkeit auf Schülerideen einzugehen und die Schüler weitestgehend selbst planen zu lassen, sind die Unterrichtsthemen oft nicht absehbar oder planbar. Zusätzlich wurde durch die Einführung von Tablets der Zugang zu Informationen erleichtert. Hierbei tritt jedoch ein Problem mit dem Umgang mit der Fülle von Informationen auf. Oft liegt ein Problem auf Schülerseite darin, die gefundenen Informationen kritisch zu hinterfragen und im Hinblick auf die gegebene Fragestellung geeignet zusammenzufassen und aufzubereiten. Gerade die Interdisziplinarität und der Projektcharakter scheinen viele Lehrer vom MINT-Projektunterricht abzuschrecken. Hierbei kann das Teamteaching sicherlich ein Ausweg sein. Im Unterrichtsalltag stellt es sich jedoch oftmals als schwierig dar, Kollegen anderer Fächer als Experten für das Projekt zu gewinnen. Speziell in Nicht-MINT Fächern ist dies nach unseren Erfahrungen ein Problem. Durch Teamteaching und das Bilden von MINT-Teams an Schulen könnte die Kommunikation der einzelnen Fächer untereinander verstärkt werden. Besonders bei der Unterrichtsplanung und bei Fragen, welche in die Schnittstellen der einzelnen Fächer untereinander fallen, ist dies von großer Wichtigkeit.

8 Fraunhofer MINT-EC Math Talents

Im Herbst 2011 wurde das Programm Fraunhofer MINT-EC Talents als eine Kooperation der Fraunhofer-Gesellschaft und des Vereins MINT-EC ins Leben gerufen, wobei es die Schwerpunkte *Chemie*, durchgeführt vom Fraunhofer-Institut für Fertigungstechnik und Angewandte Materialforschung in Bremen, und *Mathematik* gibt. Nach einem Auswahlverfahren mit Bewerbern aus verschiedenen MINT-EC-Schulen der Jahrgangsstufe 10 (G8-Schulen) bzw. 11 (G9-Schulen) aus dem gesamten Bundesgebiet wurden jeweils 12 Schüler in das gut zwei Jahre dauernde Programm aufgenommen. Dieses startete mit einer gemeinsamen Kick-Off-Veranstaltung aller Teilnehmer im Januar 2012 und wird für die Math Talents vom Felix-Klein-Zentrum für Mathematik inhaltlich begleitet.

8.1 Projektbeispiele Math Talents

Für den Start der zweiten Runde des *Math Talents*-Programms wurde zunächst das Auswahlverfahren geändert. Aus den Bewerbern, die wiederum von MINT-EC-Schulen des gesamten Bundesgebietes kamen, wurden rund 40 Schüler zu einer Fraunhofer Talent School zum Thema *Mathematik & Sport* eingeladen, die Anfang Januar 2014 stattfand. Die Veranstaltung war nahe an das Konzept der Felix-Klein-Modellierungswoche angelehnt, allerdings verkürzt auf eine Dauer von drei Tagen. Dabei diente die Talent School zum einen dazu, die Eignung der Kandidaten und ihr Interesse für ein zweijähriges MINT-Programm zu untersuchen. Zum anderen war es für die Eingeladenen bereits ein Einblick in mathematische Modellierung im Rahmen von MINT-Projekten, auch wenn sie es letztlich nicht in die endgültige Auswahl geschafft haben.

Aufgrund der sehr guten Leistungen vieler Bewerber wurde die Anzahl der Teilnehmer in der zweiten Runde der *Math Talents* auf 24 erhöht. Bis zu ihrem Abitur werden die Schüler in voraussichtlich vier verschiedenen MINT-Projekten arbeiten und sich dabei zu sechs mehrtägigen Workshops treffen. In der übrigen Zeit können sie Zwischenergebnisse über eine Internetplattform austauschen und auch mit den Projektbetreuern diskutieren.

Im Unterschied zur ersten Runde des Programms sind die Teilnehmer deutlich stärker in die Auswahl ihrer Projekte eingebunden: Zu Beginn wurden lediglich weite Themenfelder vorgestellt und in einem ersten Workshop im April 2014 definierten die Schüler insgesamt vier Projekte, die im Folgenden kurz vorgestellt werden sollen. Die von den Schülern gewählten Projekte sind nicht zwingend aus dem Bereich „Mathematik und Sport“ und decken sich nur zum Teil mit den Projekten aus der Fraunhofer Talent School.

Beispiel 6 (Computergestützte Analyse von Spielstrategien im Poolbillard) In dem Projekt wird der Frage nachgegangen, wie man Spielsituationen im Poolbillard analysieren und bewerten kann, um daraus eine langfristige Strategie abzuleiten oder zumindest eine Empfehlung, welcher Spielzug in der augenblicklichen Situation am sinnvollsten ist (Abb. 6). Wegen der Komplexität der Situation und der Fülle an Faktoren, die berücksichtigt werden müssen, wird die Verarbeitung der Daten über den Computer vollzogen. Die Aufgabe lautet daher, eine Computersoftware zu entwickeln, die dem Spieler einen Spielzug (oder mehrere) empfiehlt, die als einfach oder strategisch sinnvoll bewertet werden, eventuell auch mit Berücksichtigung der Erfahrung des jeweiligen Spielers im Hinblick auf Spielzüge unterschiedlichen Schwierigkeitsgrades (wie z.B. das Spiel über die Bande oder das Spiel mit Effet) oder auch persönliche Vorlieben eines Spielers. Die letztgenannten Punkte würden dabei auch das Erstellen eines Spielerprofils erfordern. Die Teilnehmer des Projekts haben folgende vorläufige Ziele festgehalten:

- Über Foto/Video die Geometrie des Tisches und die Positionen der Kugeln erfassen; Erkennen welche Kugeln anspielbar sind.
- Entwicklung eines geeigneten Modells, um die Schwierigkeit der möglichen Spielzüge zu bewerten (Winkel und Abstände sind im Modell bereits erfasst, weitere Faktoren sollen folgen); dem Spieler soll eine Top-3-Liste an Spielzügen vorgeschlagen werden.
- Analyse des Spielzugs bezüglich Erfolg/Misserfolg/Foul aus der Videoaufnahme, um den Spielverlauf zu dokumentieren.
- Erstellung eines Computerprogramms oder einer Smartphone-App mit einer geeigneten Benutzeroberfläche.

Beispiel 7 (Autonom agierende Quadcopter) Kleine Fluggeräte mit Kamera und Sensorik, wie z.B. Quadcopter, sind heute für jedermann verfügbar und haben ein potentiell breites Anwendungsspektrum: Anwendungen in der Logistikbranche als automatische Zusteller oder als Mittel zur effektiven und kostengünstigen Überwachung von Großveranstaltungen

Abb. 6 Spielsituation in Billard-GL (GNU General Public License)

Abb. 7 Autonomes Fliegen mit Objekterkennung (Grafik: ©Andreas Roth) und virtueller Schwarm in MATLAB®

sind denkbar (Abb. 7). Damit man das realisieren kann, muss der Quadcopter allerdings zu einem gewissen Maß autonom fliegen können. Abgesehen von den juristischen Schwierigkeiten eines solchen Verhaltens (Wer haftet im Falle technischen Versagens, wenn das Fluggerät jemandem auf den Kopf fällt?), gibt es allerdings auch zahlreiche technische Herausforderungen zu meistern.

Im Rahmen dieses Projekts soll nun zunächst einmal das autonome Fliegen eines Quadcopters ermöglicht werden. Das Gerät soll hierzu in einem abgesteckten Bereich zur Objektsuche eingesetzt werden: Der Quadcopter muss dann basierend auf den Daten seiner Bordkamera farblich markierte Objekte identifizieren und entsprechende Flugmanöver absolvieren, um zu ihnen zu gelangen. Das soll technisch zunächst so realisiert werden, dass eine drahtlose Verbindung zwischen der Drohne und einem Steuerrechner besteht, sodass die Bildverarbeitung und Steuerung auf letzterem stattfinden kann. Damit könnte man in der Testphase eine leichter programmierbare Plattform nutzen.

Abb. 8 Herkömmliches Mountainbike

Interessant wäre auch das gemeinsame, koordinierte Fliegen mehrerer Drohnen mit eingeschränkter Sensorik, die sich gegenseitig über ihre Umgebung informieren. Auch dieser Schwarmansatz soll weiterverfolgt werden, sobald die automatisierte Steuerung einer einzelnen Drohne funktioniert.

Beispiel 8 (Optimiertes Training mit E-Mountainbikes) E-Bikes spielen eine immer größere Rolle auf dem Fahrradmarkt. Sie sollen es ermöglichen längere und schwierige Strecken fahren zu können, auch wenn die eigene Fitness dafür sonst nicht ausreichen würde. Dieser Trend erhält auch mehr und mehr Einzug im Mountainbikesport.

Hauptanliegen in diesem Projekt ist die optimale Trainingssteuerung mit E-Bikes. Ein Ziel ist es dabei, Effekte wie Gegenwind und Windschatten zu simulieren. Außerdem ist auch angedacht fremde Strecken auf der eigenen Hausstrecke zu simulieren, indem der Elektromotor bzw. Rekuperation in geeigneter Weise genutzt werden. Ein weiterer Punkt ist die Integration von Leistungsdaten wie Puls und Trittfrequenz, so dass dem Fahrer ein optimales Training geboten werden kann.

Die entsprechende Hardware sowie Steuerung wird vom Projektteam selbst entwickelt, die technische Basis soll gebildet werden durch ein Hardtail Mountainbike (Abb. 8), großdimensionierte Scheibenbremsen (extra Gewicht durch Motor) sowie ein Nabenmotor entweder für das Hinterrad oder zentral im Tretlager. Die Steuerung soll über einen *Raspberry Pi* oder einen *Arduino*-Mikrocontroller realisiert werden, wobei auch die Möglichkeit der Steuerung über ein Smartphone vorgesehen ist.

Beispiel 9 (Ein selbständig navigierender Outdoor-Roboter) Ziel dieses Projekts ist die Entwicklung eines Outdoor-Roboters, der selbstständig ein vorgegebenes Ziel im Gelände findet und erreicht. Seinen Weg soll er autonom bestimmen, dabei Energieverbrauch und Reichweite optimieren sowie selbstständig feste und bewegliche Hindernisse erkennen und ihnen ausweichen.

Der aktuelle Stand der Planung sieht ein möglichst robustes Untergestell mit Elektroantrieb vor, evtl. in Form eines Kettenfahrzeugs. Die Steuerung soll mit Hilfe eines *Raspberry Pi*-Minicomputers erfolgen. Weiterhin werden mehrere Sensoren, u.a. eine Kamera und Abstandsensoren, zum Einsatz kommen.

Als Herausforderungen wurde von den Schülern zunächst die technische Seite erkannt: Der technische Aufbau des Fahrzeugs muss robust genug sein, um im Geländeeinsatz überhaupt zu bestehen. Über den Raspberry Pi müssen die Motoren angesteuert und Sensordaten ausgewertet werden. In der Folge wird sich die Frage stellen, wie sich der Roboter mit Hilfe der gewonnenen Daten in seiner Umgebung orientieren kann, um schließlich ein vorgegebenes Ziel zu erreichen.

Während der Dauer des Programms werden die Teilnehmer möglichst selbstständig ihre Projekte entwickeln, wobei sie von den Betreuern des Felix-Klein-Zentrums unterstützt werden. So sind Mini-Workshops beispielsweise zur Programmierung des *Raspberry Pi*, zur mathematischen Bildverarbeitung, zu Simulation und Hardwareansteuerung mit Matlab/Simulink und zur App-Programmierung für Smartphones vorgesehen bzw. von den Schülern bereits angefragt worden.

Da immer die Entwicklung eines konkreten Produkts in allen Projekten eine wichtige Rolle einnimmt, werden die Math Talents am Ende des Programms bei Interesse bei der Einreichung ihrer Projekte im Rahmen des Wettbewerbs *Jugend forscht* unterstützt. Dafür werden zusätzliche Kurse in den Softskills *Präsentationstechniken, Projektplanung* und *Zeitmanagement* angeboten; schon zu Beginn des Programms erfolgte eine Einführung in das im mathematisch-naturwissenschaftlichen Bereich sehr verbreitete Schriftsatzsystem LaTeX, so dass die Teilnehmer direkt ein mächtiges Werkzeug zur Dokumentation und Darstellung ihrer Arbeit zur Verfügung haben.

Abschließend sei angemerkt, dass die zuvor beschriebenen Projekte in keiner Weise vordefiniert waren und auch die Abschätzung der Herausforderungen und Schwierigkeiten bei der Umsetzung zum großen Teil erst in der Bearbeitungsphase erfolgen kann. Dies bedingt auf der einen Seite eine gewisse Unsicherheit bezüglich der Realisierbarkeit, denn die selbst gesteckten Ziele sind sehr hoch und berühren teilweise aktuelle Forschungsgebiete. Auf der anderen Seite bietet sich aber auch eine große Chance, zu Beginn unbekannte und sich im Laufe des Programms entwickelnde Fähigkeiten der Schüler zu nutzen. Der Schlüssel liegt wie so oft in der Art der Erwartung, die alle Beteiligten an die Ergebnisse haben: Werden sehr konkrete Ziele oder sogar quantitative Vorgaben gemacht, sind Frustration und ein Scheitern sehr wahrscheinlich. Betrachtet man die Projekte allerdings als Forschungsprojekte mit ungewissem Ausgang (was sie in der Tat sind), so bedeutet das Erreichen einer Sackgasse nicht zwangsläufig das Ende, sondern bedingt zunächst das Überdenken bisheriger Arbeit und ggf. die Neuausrichtung der Ziele. Wie auch bei den ungezählten erfolgreichen Modellierungsprojekten in Modellierungswochen und -tagen wird jede der Gruppen am Ende ein funktionierendes Produkt in Form von Hard- und/oder Software erarbeitet haben, wobei die ursprünglich definierten Eigenschaften teilweise eingeschränkt, an anderen Stellen aber durchaus erweitert sein können.

9 Schlussbemerkung

Zum Abschluss dieses Kapitels, in dem ein Überblick über mögliche Umsetzungen mathematischer Modellierung mit realen Anwendungsproblemen mit Schülern gegeben wurde, möchten wir die Leser ermutigen:

Wagen Sie sich vor in die spannende Welt der Anwendungsprobleme, die an vielen Stellen auf Sie warten, wenn Sie sich mit offenen Augen durch den Alltag bewegen. So kann eine simple Zeitungsmeldung mit einer Behauptung, die ohne schlüssige Begründung erscheint, Ausgangspunkt für ein spannendes Modellierungsprojekt sein. Oder ein Gespräch mit einem Freund oder Bekannten, der von einer kniffligen Fragestellung in seiner Firma berichtet, zu der es keine Standardlösung gibt. Oder eine einfache Beobachtung eines allgemein akzeptierten Ablaufs, bei dem man sich plötzlich fragt, warum er eigentlich genau so und nicht anders aussieht und ob es eventuell besser ginge.

Wenn Sie von solch einer Fragestellung gefesselt sind, sich in eigene Modelle und Simulationen vertiefen können, dann sind optimale Voraussetzungen dafür geschaffen, dass Sie auch Schüler begeistern können – am besten mit Projekten, die von den Schülern selbst aufgeworfen werden. Und in der sich daraus ergebenden Arbeit werden Sie begeistert sein![4]

Danksagung Die Autoren bedanken sich für die jahrelange gute Zusammenarbeit mit vielen Kollegen des Felix-Klein-Zentrums bei der Durchführung von Schulprojekten. Ein besonderer Dank gilt allen Schülern und Lehrkräften, die als zentrale Personen die Projekte mit ihren kreativen Ideen, konzentrierter Arbeit und viel Freude in all ihrem Tun bereichert und geprägt haben.

Literaturverzeichnis

1. Ackoff, C., Arnoff, R., Churchman, E.: Introduction to Operations Research. Wiley, New York (1957)
2. Blum, W., Borromeo Ferri, R., Maaß, K.: Mathematikunterricht im Kontext von Realität, Kultur und Lehrerprofessionalität. Springer, New York (2012)
3. Bock, W., Bracke, M.: Project teaching and mathematical modelling in stem subjects: a design based research study. In: Ubuz, B., Haser, C., Mariotti, M. (eds.) Proceedings of CERME 8, Lecture Notes in Computational Science and Engineering, pp. 1010–1020. Middle East Technical University, Ankara (2013)
4. Eyerer, P.: TheoPrax®-Projektarbeit in Aus- und Weiterbildung. Bausteine für Lernende Organisationen. Klett-Cotta, Stuttgart (2000)
5. Gudjons, H.: Handlungsorientiert lehren und lernen: Projektunterricht und Schüleraktivität. Klinkhardt, Bad Heilbrunn (1986)
6. Jank, W., Meyer, H.: Didaktische Modelle. Cornelsen Scriptor, Berlin (2003)

[4]Über aktuelle Schulprojekte des Felix-Klein-Zentrums für Mathematik in Kaiserslautern können Sie sich informieren auf der Webseite des *Kompetenzzentrums für Mathematische Modellierung in* MINT-*Projekten* in der Schule (KOMMS), http://komms.uni-kl.de.

MIX
Papier aus verantwortungsvollen Quellen
Paper from responsible sources
FSC® C105338

If you have any concerns about our products,
you can contact us on
ProductSafety@springernature.com

In case Publisher is established outside the EU,
the EU authorized representative is:
Springer Nature Customer Service Center GmbH
Europaplatz 3, 69115 Heidelberg, Germany

Printed by Libri Plureos GmbH
in Hamburg, Germany